Dinosaur
Facts and Figures
The Theropods
and Other Dinosauriformes

专家团队

内页设计
鲁本·莫利纳-佩雷斯 和 阿西尔·拉腊门迪

封面设计
艾丝特·卢比奥-奥尔西 和 阿西尔·拉腊门迪

调查研究
鲁本·莫利纳-佩雷斯 和 阿西尔·拉腊门迪

计算
阿西尔·拉腊门迪 和 鲁本·莫利纳-佩雷斯

科学咨询
安琪尔·亚历山大·拉米雷斯-贝拉斯科

插图颜色咨询
鲁本·莫利纳-佩雷斯

插图
安德烈·瓦图金 和 桑特·马泽伊

技术插图
阿西尔·拉腊门迪 和 鲁本·莫利纳-佩雷斯

其他插图
豪尔赫·奥尔蒂斯·门迪塔 (233—243) 和
埃拉尔多·墨索里尼 (196)

中文审定
中国科学院古脊椎动物与古人类研究所副所长　徐星
四川省自贡恐龙博物馆首席专家　彭光照
中国地质大学（北京）副教授　邢立达

Dinosaur

Facts and Figures **The Theropods** and Other Dinosauriformes

恐龙全书 兽脚恐龙百科图鉴

全面缜密　首次公开兽脚亚目记录

[墨] 鲁本·莫利纳-佩雷斯　[西] 阿西尔·拉腊门迪——著

[俄] 安德烈·瓦图金　[意] 桑特·马泽伊——绘

邢立达　陈语——译

科学技术文献出版社

SCIENTIFIC AND TECHNICAL DOCUMENTATION PRESS

·北京·

图书在版编目(CIP)数据

恐龙全书：兽脚恐龙百科图鉴 / (墨) 鲁本·莫利纳 - 佩雷斯, (西) 阿西尔·拉腊门迪著；(俄罗斯) 安德烈·瓦图金, (意) 桑特·马泽伊绘；邢立达, 陈语译 . — 北京：科学技术文献出版社, 2021.6

书名原文: Récords y curiosidades de los dinosaurios terópodos y otros dinosauromorfos

ISBN 978-7-5189-7743-7

Ⅰ.①恐… Ⅱ.①鲁… ②阿… ③安… ④桑… ⑤邢… ⑥陈… Ⅲ.①恐龙—普及读物 Ⅳ.①Q915.864-49

中国版本图书馆CIP数据核字(2021)第051823号

著作权合同登记号 图字：01-2021-0410

中文简体字版权专有权归北京紫图图书有限公司所有

© Rubén Molina-Pérez and Asier Larramendi (text)

© Andrey Atuchin and Sante Mazzei (illustrations)

© 2016 Larousse Editorial, S.L.

The simplified Chinese translation rights arranged through Rightol Media

（本书中文简体版权经由锐拓传媒取得 Email: copyright@rightol.com）

恐龙全书：兽脚恐龙百科图鉴

策划编辑：王黛君　责任编辑：王黛君　宋嘉婧　责任校对：张永霞　责任出版：张志平

出 版 者	科学技术文献出版社
地　　址	北京市复兴路15号　邮编100038
编 务 部	（010）58882938，58882087（传真）
发 行 部	（010）58882868，58882870（传真）
邮 购 部	（010）58882873
官方网址	www.stdp.com.cn
发 行 者	科学技术文献出版社发行　全国各地新华书店经销
印 刷 者	天津联城印刷有限公司
版　　次	2021年6月第1版　2021年6月第1次印刷
开　　本	889×1194　1/16
字　　数	1026千
印　　张	19
书　　号	ISBN 978-7-5189-7743-7
定　　价	399.00元

引言

哪种恐龙最大？哪种恐龙最小？而最古老的又是哪一种呢？……绝大多数的孩子（以及很多成人）都曾提过这些问题。想要回答这类问题从来都不是容易的事，放在今天更是如此：接连不断的新发现会推翻之前确定的观点，使之变得老旧过时。当下，古生物学是一门正在以前所未有的速度发展的学科。如果你不想让自己滞后于前沿知识，就需要时刻关注最新动向。每年发布的大量科技研究新成果到达了一个个新的高度：短短几年内，在恐龙古生物学（恐龙学）领域已经发生了一场真正的革命。知识更新的速度是如此之快，以至于如果你买一本1995年的恐龙书，就像看一册2005年的旧式黄页一样落伍。

在这种情况下，我们必须持续关注所有关于这些奇妙生物的最新公布的信息。数年里，我们查阅过成千上万篇科学论文；造访过各类博物馆；翻看过数不胜数的博客、论坛和社交网站——里面有众多关于哪种恐龙最大或最小的非常有意思的争论；甄别过存在虚假数据的各类纸质和网络百科全书中的有效信息（尽管公正来说，这种情况正在一天天改善）。我们发现，只有极少数正式论文给出了本书所涉及问题的答案，甚至著名的《吉尼斯世界纪录大全》几年前都删除了关于恐龙的章节，就是因为不能满足符合事实的要求。所有这些因素让我们下定决心，搜集截至2016年的最新数据，写就一部关于恐龙大纪录的著作。

起初，我们想要把恐龙的所有种类全部汇集到这一本书中，但我们注意到，这需要大约900页的篇幅，因而我们只能从第一卷开始着手，聚焦兽脚类恐龙和其他形类恐龙大纪录。今后，我们将继续编写蜥脚类和鸟臀目恐龙大纪录。

本书以尽可能详备的方式，回答了大量与兽脚类恐龙相关的各类纪录的问题。除此之外，每一个纪录和数据都附有参考书目，以便任何一个读者都能够证实或扩充本书所介绍的信息，让本书更为真实可靠。

另一方面，在阅读过程中，读者将看到许多表格，其中包含了大量分散在浩繁科学论文中的新旧资料，例如，多种现存和已灭绝动物的咬合力列表。我们不仅收集了已发布的数据，还通过兽脚亚目恐龙的估测体型，进行了很多计算。我们还提出了用于测算两足恐龙运动速度的新方法。

本书分为八个章节进行叙述。大部分章节配有基于最新发现精心绘制的插图。实际上，正如我们最初提到的，古生物学在本书编写过程中发展如此迅速，以至于我们必须要重新整理某些恐龙的最新资料，比如，棘龙和恐手龙等。

回到本书的章节上，第一章介绍的恐龙分类是基于不同群组中最突出的分支建立的，这样能整合相当数量的标本，便于它们之间的比较。接下来的两个章节与第一章类似，展示了按照中生代不同时期，以及按照地理区域划分的最大和最小的恐龙，还包含了与这些题材相关，更宽泛的按时间顺序制作的中生代恐龙"日历"。在前三个章节中，每个恐龙纪录的旁边，同时展示了人体的相对尺寸，它们经过严密的调整，以便读者对这些动物的体型有更精确的认知。我们对这方面格外重视，因为我们发现大部分讲恐龙的书中，恐龙与人类的尺寸比较都有很多欠缺之处。

本书的第四章"史前难题"几乎展示了所有恐龙骨骼类别的各种纪录，例如，已发现最大和最小的股骨等。为了更有指导性，用一幅暴龙骨骼的图辅助展示了每块骨头所在的具体位置。接下来第五章介绍了兽脚亚目动物的生活，其中除了展示有关兽脚亚目生物各种类别的纪录之外，还呈现了关于其生长、觅食等方面的有趣信息，并整理了一份已发现的所有兽脚亚目恐龙蛋的列表。

本书第六章着重介绍了恐龙足迹，展示了依据时期划分的不同纪录，以及所有这些足迹的印痕。第七章转向了"恐龙热与大事记"的话题，这一章节对庞杂的各类历史纪录进行了细致的汇编，有些纪录甚至可以追溯到公元前10 000年！这些纪录既有艺术、文学、电影类型的，也有音乐类型的。

最后一个章节是一份记录了截至2016年正式发布的所有兽脚亚目恐龙的清单。任何一位恐龙专家对这张列表都可能会深有兴趣。我们相信，许多人将从中发现一些他们此前从未听闻的恐龙。

本书以术语表、中外文学名对照、参考书目（由于其篇幅巨大，它被放在指定网址的云盘中）等结尾。另外，还添加了网上附录的网页链接，以便读者参阅。该附录包括更全面的恐龙种类统计清单，其中除了已证实的物种，还包括潜在的种类。

阿西尔·拉腊门迪　鲁本·莫利纳-佩雷斯
2016年5月

本书内容导航

本书从介绍性内容开始，解释了如何推测出每种恐龙的大小和形态，还提供了用于理解恐龙形态的整体图画。值得一提的是，在本书中展示出的每一种恐龙的纪录都是已发现的最大或最小的标本，这是因为在同一物种内，恐龙的体型可能有相当大的差异。

接下来，有八个主要章节："物种比较""中生代时期""恐龙的世界""史前难题""兽脚亚目的生活""石头上的见证""恐龙热与大事记""兽脚亚目恐龙清单"。书中展现了对应于各个章节的纪录和信息。值得注意的是，足迹的鉴定是一项尚未发表的研究的一部分（莫利纳 - 佩雷斯等人正在编纂手稿）。最后一章提供了截至本书的原版书出版发行时，已发现的所有兽脚类恐龙的完整清单。本书最后是术语表、中外文学名对照、参考书目和附录等。

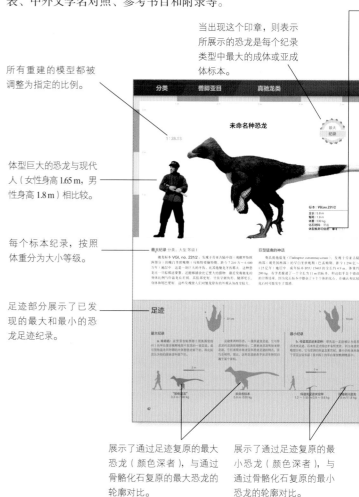

当出现这个印章，则表示所展示的恐龙是每个纪录类型中最大的成体或亚成体标本。

所有重建的模型都被调整为指定的比例。

体型巨大的恐龙与现代人（女性身高 1.65 m，男性身高 1.8 m）相比较。

每个标本纪录，按照体重分为大小等级。

足迹部分展示了已发现的最大和最小的恐龙足迹纪录。

展示了通过足迹复原的最大恐龙（颜色深者），与通过骨骼化石复原的最大恐龙的轮廓对比。

展示了通过足迹复原的最小恐龙（颜色深者），与通过骨骼化石复原的最小恐龙的轮廓对比。

本书中常用的比较动物

动物	体型	体重
吸蜜蜂鸟	全长 5 cm	2 g
麻雀	全长 15 cm	30 g
街鸽	全长 35 cm	300 g
乌鸦	全长 60 cm	1.2 kg
鼬	全长 50 cm	1.5 kg
家猫	全长 45 cm（不含尾巴）	4.5 kg
伊比利亚猞猁	全长 90 cm（不含尾巴）	15 kg
帝企鹅	身高 1.2 m	30 kg
德国牧羊犬	肩高 60 cm	35 kg
人类	身高 1.8 m	75 kg
鸵鸟	身高 2.7 m	120 kg
狮子	肩高 1.05 m	180 kg
棕熊	肩高 1.25 m	400 kg
公牛	肩高 1.4 m	600 kg
湾鳄	全长 5 m	600 kg
大白鲨	全长 5 m	1 000 kg
长颈鹿	身高 5.3 m	1.2 t
河马	肩高 1.5 m	1.5 t
白犀牛	肩高 1.75 m	2.5 t
亚洲象	肩高 2.75 m	4 t
非洲象	肩高 3.2 m	6 t
虎鲸	全长 8 m	7 t

其他参照物

物体	尺寸	重量
轿车	长 4 m	-
公交车	长 12 m，高 3 m	-

本书中采用的恐龙计算长度

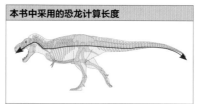

全长 ◄─►

活体动物的大致长度，即从其嘴部最前端，通过脊椎骨，到尾巴末端的总长度。

在大部分科学书籍与期刊中，对于长度的测量常常不太精确。对于脊椎动物，通常采用的长度是从嘴部突出处，直到动物靠近背部的尾巴端点（中间通过背部或高于脊椎骨部分）的距离。这种方法很大程度上增加了有高耸神经棘的动物（例如：棘龙或恐手龙）的长度，因而无法用来把它们与有较低脊椎的其他动物相比较。由于这个原因，对本书而言，展现出的长度都是从嘴部最前端，通过脊椎骨，到尾巴末端的距离（不包括羽毛）。

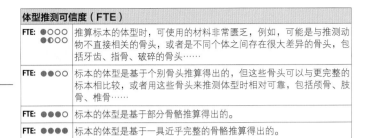

该栏帮助读者定位章节中的所在位置。

每章最后的纪录清单页面展示了按照时间顺序整理的纪录和奇趣事，这些与各章节内容相对应。

在每个章节中，可以看到阐明不同方面信息的图表。在图中，展示了真驰龙类的骨骼、足迹，以及两者在整个中生代时期的化石记录地理分布。

该恐龙不同类型各项纪录的具体信息。

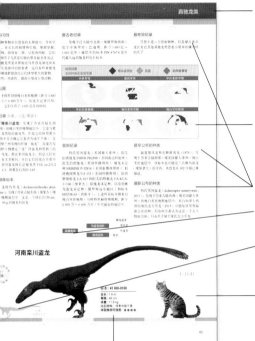

展示了该恐龙的分类信息。

在恐龙最小纪录的旁边，有时候会出现一个比这一纪录体型更小的幼年恐龙轮廓。

与小型恐龙体型尺寸相比较的动物有：猫、鸽子和麻雀等。

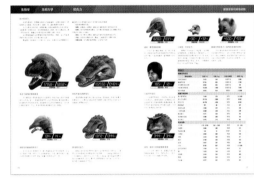

在不同的章节展示了不同主题的表格，其中可以找到有趣的摘要式比较资料。上图展示了现存动物和灭绝动物咬合力对比的数据。

当出现这个印章，则表示所展示的恐龙是每个纪录类型中最小的成体或亚成体标本。

每一个标本均附有一个描述性的"卡片"，介绍该标本所涉及的纪录、其大小、所基于的材料，以及"体型推测可信度"的相关信息。

每一个恐龙纪录标本（骨骼、足迹或恐龙蛋），按照大小的不同进行分组。这有助于对它们进行分类统计。

体型等级（根据动物体重划分）

迷你型		微型	
等级I	0～3 g	等级I	12～24 g
等级II	3～6 g	等级II	24～50 g
等级III	6～12 g	等级III	50～100 g
矮小型		**较小型**	
等级I	100～200 g	等级I	0.8～1.5 kg
等级II	200～400 g	等级II	1.5～3 kg
等级III	400～800 g	等级III	3～6 kg
小型		**中型**	
等级I	6～12 kg	等级I	50～100 kg
等级II	12～25 kg	等级II	100～200 kg
等级III	25～50 kg	等级III	200～400 kg
大型		**超大型**	
等级I	400～800 kg	等级I	3～6 t
等级II	0.8～1.5 t	等级II	6～12 t
等级III	1.5～3 t	等级III	12～25 t
巨型			
等级I		25～50 t	
等级II		50～100 t	
等级III		大于100 t	

体型等级（根据足迹长度划分）

迷你型	0～15 mm
微型	15～30 mm
较小型	30～60 mm
小型	60～120 mm
中型	120～250 mm
大型	250～500 mm
超大型	50～100 cm
巨型	100～200 cm

体型等级（根据蛋的重量划分）

较小型		小型	
等级I	0～0.25 g	等级I	1～2 g
等级II	0.25～0.5 g	等级II	2～4 g
等级III	0.5～1 g	等级III	4～8 g
中型		**大型**	
等级I	8～15 g	等级I	60～120 g
等级II	15～30 g	等级II	120～240 g
等级III	30～60 g	等级III	240～500 g
超大型		**巨型**	
等级I	0.5～1 kg	等级I	4～8 kg
等级II	1～2 kg	等级II	8～16 kg
等级III	2～4 kg	等级III	大于16 kg

方法与计算

恐龙的体型、形态和外观

本书中展现的恐龙的不同体型、形态和外观，是根据各个实例，通过不同的方法计算得出的。我们的计算基于严谨的骨骼重建，除了本书作者外，参与完成复原工作的都是当今颇具权威的专家，如格雷戈里·保罗、斯科特·哈特曼、杰米·A.希顿、瓦里·斯科南等。

恐龙的化石保存得越完整，就越容易且精确地展现出它在世时的体型和外观。不幸的是，很多恐龙只能通过非常少的骨骼，有时候甚至只能通过一块不完整的、残损的或变形的化石材料（骨头、牙齿、皮内成骨……）来辨识。对于这种情况，兽脚类恐龙的体型和外观可以通过系统发育、地理、形态和构造方面推测，以及通过与其亲缘关系近的动物保存更好的化石进行比较推测。由一块化石材料来计算恐龙的体型，我们力图做到精确和严谨，最大限度减小误差。例如：当我们拿到一颗单独的牙齿时，是通过与系统发育比较相近、骨骼更完整的其他恐龙的标本中最大、最坚固的牙齿进行比较而估算出完整恐龙大小的，这样即假设这块单独的牙齿是标本中最大的牙齿，从而我们可以尽可能保守地进行估算。

一只兽脚类恐龙有多重？

在历史上，人们提出过很多计算恐龙重量的办法。它们主要依据的是两个基础方法：异速生长模型和体积建模法。

异速生长模型依据的是被测量恐龙的躯体中不同骨骼的测量结果与动物体重之间的数学关系。为此，需要测定大量现代生物的数据，然后将这些结果转换成一条回归线，这条线可以转变成一个数学公式，适用于已经灭绝的生物。这种方法的主要问题在于：许多恐龙的体型非常巨大，呈现的比例也与当今的动物大相径庭，因此，在很多情况下，得到的结果是被放大了的。另一方面，获得的估算结果范围通常相当大，这是因为来自同一个体的各种骨头材料可能得出差异较大的数据，从而使结果的精确度较小。例如，一只恐龙的估算体重可能为 7 ～ 15 t。

体积建模法是基于所需估算动物的物理或数字模型进行分析。该方法的结果精确度取决于重建模型的精确度。为了使模型更加可靠，需要以科学真实的材料、骨骼测量数据、照片等作为依据，还要有比较广博的解剖学知识作为支撑。随后，一旦确定了模型的体积，将该结果乘以立方体的比例系数，就得到了动物自然尺寸下的体积。最后，用所得的体积乘以估算的活体动物的密度，就得到了它的质量。这种方法的主要问题在于很多情况下，需要计算的灭绝动物化石材料没有充分保存下来，不足以制作出一个精良的三维模型。

如今，在估算灭绝脊椎动物的体重时，人们越来越多地使用体积建模法。最早使用这种方法的人先完成等比例的恐龙复原模型，并将模型淹没在小水箱里，通过渗出的水计算它的体积。现在这种方法已被更新，模型制作通常实现了电子化。

在本书中，我们决定采用体积建模法，例如，双图形整合（GDI）法。在估算恐龙质量时，该方法以其简易、快捷且非常高效的优点为人熟知。GDI 法是 1973 年由杰里森创建的，一开始是用于从背面和侧面估算颅内模型的体积。后来，很多研究者开始尝试将该方法运用于动物整体上。在 GDI 中，研究的躯体或者部分躯体被当作椭圆柱体，为此，需要从模型的两个面（侧面和背面）进行处理。模型被分为几节，每一节的体积通过每个面的半径或直径计算得出。将每一节所得的数据相加，通过使用以下方程式，获得最终结果：

$$V = \pi \ (r_1)(r_2)(L)$$

尽管随着时间的推移，体积建模法正在逐渐完善，但如今仍有人对一些恐龙的估算体积结果提出异议。其中一个例子是估算暴龙标本（FMNH PR2081），也就是大名鼎鼎的"苏"（Sue）的体积。近些年发布的研究估算出它的体积为 7 ～ 10 m^3；采用 GDI 法，通过严密的骨骼重建（图 1）得到的结果为 8.7 m^3。

获得了恐龙的体积或各部分的体积之后，想要计算它的质量，就得弄清楚它身体的平均比重，或者不同部分的比重（视情况而定），将其乘以体积，就得出了相应的质量。另外，羽翼丰满的鸟类的羽毛重量通常占到动物总体重的 6%，因此，羽毛重量应被加到恐龙中演化程度较高、覆满羽毛的兽脚亚目恐龙的体重中。

比重

在这里，相对密度或比重（SG）是指相同温度、压力下，动物的身体密度与水密度的比值。作为参考值，水的相对密度等于 1.0。

需要说明的是，活体和非活体动物的比重会有所不同，因为在其呼吸系统中的空气量不同。理想情况是在活体动物放松的状态下（正常呼吸时）计算比重，这种状态是动物日常生活中最常见的。这时，肺部没有完全充满空气。然而，在计算不同动物的比重时，通常没有考虑到这一点，因而得到的结果不够精确。

由于恐龙已经灭绝，在模型中采用的比重一般是一个估算值。

为了更好地获取适用于兽脚亚目恐龙的比重，最好是用一些不同种类的现存动物作为例子，因为每个类群之间存在着巨大的差异。在现存动物中，鸟类是唯一一种在颅后骨骼中形成大面积气腔的动物，它还具有由气囊构成的呼吸系统。这些是与蜥臀目恐龙（包括蜥脚亚目和兽脚亚目）共有的，而鸟臀目恐龙不具备的特性。鸟臀目恐龙可能与现存哺乳动物和爬行动物更有可比性，因此，采用的比重在恐龙中变化很大。

分析出人类的密度或比重是很有指导意义的。为此，首先需要知道一个成年人的肺容量。

潮气量（TV）：每次正常呼吸时，吸入或呼出的空气容量；每千克大约为 500 mL 或 7 mL。

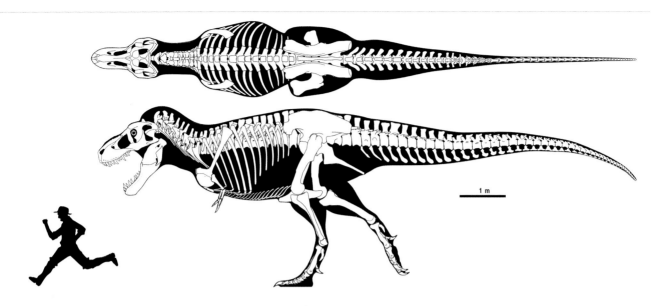

图1 暴龙标本 FMNH PR2081
大名鼎鼎的"苏"的骨骼精密复原。通过 GDI 法推算的总体积为 8 700 L，在采用 0.95 的比重后，推算出的体重约为 8 265 kg。

补吸气量（IRV）：在正常潮气量基础上，可以吸入的额外最大空气容量；通常来说约为 3 300 mL。

补呼气量（ERV）：在一次正常的平静呼气后，通过大口呼气，可以呼出的额外最大空气容量；一般大约为 1 000 mL。

残气量（RV）：大口呼气之后，在肺部剩下的空气容量；假定平均值约为 1 200 mL。

肺总量（TLC）是上述四个量相加之和，得出的结果为 6 L 空气，相当于人类总体积的 8%。该比例（8%～10%）对于陆生哺乳动物来讲是通用的，潮气量占到肺总量的 10%，在陆生哺乳动物里也是典型的情况，但是不适用于水生哺乳动物，它们的潮气量可以达到肺总量的 75%。

对于一个放松的成年人来说，在肺部的空气总量为 RV（1.2 L）+ERV（1 L）± TV（0.5 L）等于 1.7～2.7 L，占到肺部总容量的 28%～45%。当一个放松的人漂浮在淡水之上时，其比重等于 1.0，处于悬浮状态，但是当大部分人呼出潮气量和一小部分补呼气量时，则会下沉，呼出的空气容量仅占身体总体积的 1% 左右，因此，人类的比重为 0.99，实际上相当于淡水的密度。对于绝大多数的陆生哺乳动物来说，比重约等于 1.0 是通用的。

对于主龙类来说，除了鸟类，它们的肺容量远远小于哺乳动物。不少研究已计算出现存多种爬行动物的比重。科尔伯特 1962 年计算出的比重相当低，其中美洲鳄为 0.89，珠毒蜥则为 0.81。然而，科特在分析了 9 个个体后，计算出尼罗鳄的比重为 1.08。这些差异可以通过不同的原因来解释：美洲鳄的低密度可能是因为被测量的是一个很年幼、体重仅为 280 g 的个体，其骨头密度可能比成年个体更小，肌肉和骨骼的比例肯定也要小得多，因而不应被采纳为代表性数据。而科特是在已死亡的个体上得到的结果，所以做标本分析时的肺可能完全排空了空气，有可能它们中的一些胃部存在胃石，因此，获得的结果数值偏高。在不考虑摄入胃石

的情况下，对活体美洲鳄和鳄鱼，包括最年幼个体的观察显示：为了休息，它们有能力保持沉在河底。

在放松状态，美洲鳄与其近亲的比重应该约为 1.00～1.05。

另外，鸟类是当今与大部分兽脚亚目恐龙最相似的类群了。当估算恐龙的比重时，兽脚亚目恐龙可能是最复杂的一个种类。这是因为：不同于哺乳动物，鸟类除了肺之外，它们在呼吸系统中还拥有气囊，并在其后颅骨中出现了气腔，因而鸟类的比重差异很大，并且相对较低。此外，鸟类周身通常覆满浓密的羽毛，这增加了它们的总体积。除了一些科（主要为陆生鸟类），大部分鸟类都拥有一个著名的腺体，那就是尾脂腺。它会分泌一些浸渍羽毛的油脂，形成防水效果，从而增大鸟类的浮力。因此，在计算比重时，排除羽毛就显得十分重要了，之后再加上估算的羽毛重量，并得到最后的总重量。

回到鸟类肺容量的话题，有两个不同的概念经常被混淆。鸟类的肺和气囊体积可以占到身体总体积的 10%～20%（1966），但这并不意味着，呼吸系统的总容量必定是身体总体积的 10%～20%，因为肺和气囊有其自身的体积（包括侧支气管、软组织、体液、血液……）。另外，很多研究并没有明确在总容量计算中，肺和气囊是否为充满了空气的情况。

对于鸟类而言，比重差异相当大，数值可从 0.73、0.8、0.9 变化到 0.937。

黑兹尔赫斯特和雷恩 1992 年通过测量 12 个不同种类的 25 个鸟类样本，得到的平均比重为 0.73。为了计算该值，完成对已死亡鸟类的研究，他们通过人工方式向其呼吸系统充气，所得的结果几乎不具有可信度，因为在正常的呼吸状态，鸟类的肺和气囊不可能完全充满空气。

飞行鸟类肺的总容量有可能达到身体体积的 20%，高度发育的胸骨为它们的呼吸系统提供了更多的空间。同时，它们的含气骨或骨外憩室中有可能存留一部分空气。在这些情

方法与计算

况下，密度较小鸟类的比重在放松状态下约为0.85。

鸵鸟呼吸系统的总容量，与最轻的飞鸟相比还小很多，这是因为气囊的主要功能之一是给肺换气，以适应飞行所需的高代谢率；鸵鸟因体型巨大，同时缺乏飞行能力，其代谢较慢，不需要空间较大的呼吸系统。因此，不难推测它的比重与飞鸟相比要高很多。

一只100 kg的成年鸵鸟呼吸系统的总容量（包括气囊）约占其身体总体积的13.5%。同时，潮气量占其呼吸系统总容量的10%。这些数据可与一些陆生哺乳动物相比。处于放松状态的鸵鸟的呼吸系统并未完全充满空气，而身体的肌肉、骨骼系统，以及大部分组织的比重超过1.0。所以对于这种鸟类可以推测：比重最小为0.9，有可能更接近于0.95。此外，假如你观察到大型陆生鸟类游泳，比如，鸸鹋或鸵鸟，可以明显看出这些陆生鸟类的比重高于飞鸟。前者在游泳时只有头部、颈部和小部分胸部露在水面上，这些占据了身体总体积的10%～15%（图2）。此外，还可以留意到，它们在浮水时，身体向水面推进；当处于放松状态时，身体便沉向水下。因此，可以推断出，对于现在的大型陆生鸟类来说，其比重大约为0.9，甚至更高，该数据与韦尔蒂（1962）和亚历山大（1983）得出的结果相近。

动物的体型越大，它的代谢率就越低，肺的容量也就越小。这对各种动物都适用。同鸟类一样，在哺乳动物中也很明显；由海豚（鼠海豚）构成的一科，目前最小的鲸目动物，体型与人类差不多，肺容量和身体体积的比例跟我们的也相同，大约为8%。然而，在大型鲸鱼中，该比例减小到1.6%～1.7%。

上述研究给了我们一些线索，让我们想到：大型兽脚亚目恐龙应该有一套比现在的陆生动物或飞鸟小得多的呼吸系统，并且身体密度更大。此外，兽脚亚目恐龙作为有气囊鸟类的祖先，它们呼吸系统的发育程度可能更低。

最后，值得一提的是，具有半水栖习性的动物演化出对潜水和游泳一定的适应性。例如，半水栖动物的骨头通常比纯陆生动物的骨头密实很多。这一特性有助于它们增加身体密度，以便更好地控制浮力。该类型动物的比重通常会超过1.0。近期一项关于棘龙的研究明确指出，这种兽脚亚目恐龙已完全适应了水生生活。这可以通过它的外部形态得到证实，它长骨的密实程度比其他兽脚亚目恐龙高大约30%～40%。棘龙的比重可能可以与现存鳄鱼的比重相提并论。

图2 鸸鹋游泳场景的真实还原
鸸鹋大部分的身体（约为85%）没入水中。在放松状态时下沉更多，依靠双翅拍动的动作推动身体向上。这证明了大型陆生鸟类的骨头明显更密实，比重可能超过0.9。

综上所述，演化程度更高、体型更小的鸟类兽脚亚目恐龙是密度最小的恐龙，其比重可能约为0.85。一般来说，随着兽脚亚目恐龙身体体型的增大，比重也会升高，因为它们的呼吸系统体积所占比例将减小，就像现在的鸟类一样，骨骼会变得越发强壮密实。具有半水栖习性的兽脚亚目恐龙可能是密度最大的一种。

恐龙	比重	条件
兽脚亚目1	0.85	演化程度更高、体重小于30 kg
兽脚亚目2	0.9	体重：30～500 kg
兽脚亚目3	0.925	体重：500～1 000 kg
兽脚亚目4	0.95	基础类或体重大于1 000 kg
兽脚亚目5	1.0～1.05	水生或半水生

在本书中，推算对采用的不同兽脚亚目恐龙的比重根据其体型大小、演化程度和生活习性而定。

鳞片、丝状毛还是羽毛？

人们对每种恐龙的表皮属于哪种类型一直存疑，因为在各个标本上保留下来的结构不同，有鳞片、皮内成骨、丝状毛的遗迹，有些则显现出完整羽毛的痕迹。以前人们认为羽毛是鸟类独有的体表结构，但现在我们知道，羽毛不仅长在似鸟兽脚亚目恐龙身上，甚至还长在它们的一些远亲身上，比如，某些鸟臀目恐龙（库琳达奔龙、鹦鹉嘴龙、天宇龙）。此外，翼龙的丝状毛也有可能与其具有相同的起源，因为翼龙和其他恐龙都是由鸟跖主龙类演化而来（尽管对此还存有一些疑问）。

现在我们知道，和鸟类一样，有些恐龙具有不同于身体其他部分的鳞片和羽毛。由此可知，除了有明确证据，没有理由在复原恐龙时加上鳞片或丝状毛。然而，有必要考虑到这些带羽轴和倒刺的羽毛在似鸟恐龙和现代鸟类的类群身上都有发现。值得注意的是，在始祖鸟身上发现了对称与不对称的羽毛，以及分枝状的丝状毛，而在其他初鸟类甚至与鸟类亲缘更近的恐龙身上，还发现覆盖的是单根以及与基部融合的丝状羽。一个常见的错误就是，把兽脚亚目恐龙都复原为窃蛋龙类或者近鸟类恐龙那样，身体全覆盖着羽毛。

恐龙的颜色

很久以前，想要知道恐龙的颜色几乎是一件不可能的事情，从某种程度上说现在仍然如此，除非在某些标本中，羽毛化石里保存了黑素体（亦称之为黑色素体）。当物种的颜色已知时，我们尽可能精确地表现在了本书当中，若颜色不明，则是根据现代动物的生活方式、体型或生活习惯进行推测，以确保不仅只是为了美观效果，还很有可能与真实活体相符。在20世纪90年代，古生物学家们制作了一些未发表的草图，尝试绘制了各种恐龙可能的颜色，本书的插图中采用了不少这些草图。值得一提的是三只"虚骨龙"的草图（图3），整个身体呈棕红色，只有尾部带有白色条纹，可喜的是这种颜色图案于2010年在原始中华龙鸟身上得到证实。这并不是简单的巧合，而是因为采用了与其生活习性相似的动物种类的颜色，这里依据的是马来灵猫、小灵猫和南浣熊等。

图3 鲁本·莫利纳于1998年完成的"虚骨龙"复原图
该画作使用的颜色在12年后被证实与原始中华龙鸟身上的几种颜色相近，背景由马琳·莫雷诺绘制。（参见第25页）

术语定义

古生物学

古生物学是一门生物学和地质学的交叉学科。古生物学可以帮助我们认识史前生物的形态，它们的生活方式，演化历程，与现今物种的关系，在全世界的分布情况，以及其他方面。古生物学最具有代表性的研究对象有三叶虫、菊石、恐龙和猛犸象。

恐龙

几乎每个人都知道恐龙，我们通常认为它们是巨大的爬行动物，就像在不同文化的传说中出现的龙或羽毛蛇一样。但与传说不同，恐龙确实曾经真实存在过，并且它们的一部分后代——鸟类与我们共存至今。

恐龙的起源：鸟跖主龙类

鸟跖主龙类是一类非常敏捷的主龙类动物，爪子细长，双腿位于身体下方，这样使得它们能够完全以直立的姿势行走，不同于现在爬行动物常见的利用从身体两侧伸展出的四肢行走。它们可能长有某种类型的丝状皮肤结构，就像其后代翼龙和恐龙身上的一样。它们仅存在于三叠纪。

恐龙演化的中间形态：恐龙形态类

恐龙形态类是一种敏捷的肉食性或植食性动物，双足或四足行走。它们在三叠纪末期消失，只有它们的直系后代——恐龙存活下来。突出的演化特征之一是第 I 或第 V 跖骨消失，从而有了三趾型或四趾型的足迹。

著名的恐龙

恐龙演化支所表现出来的独有特性，使它们在与同期其他主龙类的竞争中占据优势。这些特质也让它们在上亿年间统治整个陆地环境。它们的一些特点至今仍在现代鸟类身上遗存。

就颅骨而言，它们在颞区（上颞孔）呈现出宽阔的开口，这样能附着巨大的肌肉，从而提高了它们的咬合力。在眼眶区域，颧骨后端分叉形成眶后骨突和方颧骨突，其眶后骨突与眶后骨关节将眼眶与下颞窝完全隔开，其功能尚不明确。

颈椎骨凸起或隆起的神经棘与前后突（骨骺），能让颈部肌肉更好附着，提高行动速度。

前臂骨（肱骨）具有一个巨大的三角嵴，能让它们附着更多肌肉，从而有更大力量抓住猎物的身体。

股骨，也就是大腿骨，以不对称的形式向后呈现出小块凸起，称之为第四转子。这一结构能嵌入尾部肌肉，该肌肉为走路或奔跑提供强大的推进力。

踝关节（跟骨）与腓骨关节的连接明显减少，这是因为腓骨和跟骨对肌肉的附着无太大用处。现代鸟类的跟骨已经与腓骨融合消失。

研究最深入的恐龙形态类恐龙
西里龙
恐龙化石在早三叠世和中三叠世从翼龙化石中分离出来，
是恐龙的直接祖先。

认识原始蜥臀目恐龙

蜥臀目恐龙（Saurischia）是恐龙的一个类群，包括兽脚亚目恐龙（大多数是肉食类）、鸟类和蜥脚类恐龙（长脖子的巨兽）。它们脖子长、爪子大、脚趾强壮有力。它们出现在中三叠世，是唯一生存至今的恐龙类。

原始的蜥臀目恐龙是双足行走的恐龙，不能被明确归入兽脚亚目或蜥脚类恐龙。它们是肉食性或杂食性恐龙，前后肢的每个爪有四到五个指（趾）头。它们仅存在于三叠纪。

令人惊叹的兽脚亚目恐龙

尽管也存在一些杂食性或植食性种类，兽脚亚目恐龙（Theropoda）仍然是中生代时期著名的掠食性恐龙。现在我们知道它们的体型存在巨大差异，有小型的蜂鸟（吸蜜蜂鸟），其体重大约只有 2 g；也有大型的兽脚亚目恐龙，比如，南方巨兽龙或暴龙，大约有 8.5 t 重。

它们的特征在于其身体后部拥有半僵直的尾巴，并演化出了气囊。

成功的鸟类

现在，"鸟类"这一术语已经带有歧义，因为它最初是为了定义一群带有羽毛、双足行走、有喙和翅膀的脊椎动物而创造的。然而，科学的进步证实了几乎所有这些构造细节在恐龙身上都有发现，因而"鸟类"这个概念消失了。当然，传统上我们仍习惯把能飞行的兽脚亚目恐龙（初鸟类演化支）称为"鸟类"。

从始祖鸟到现代鸟类，我们都将使用这个术语来描述。需要留意的是，身体覆满羽毛是现代鸟类的共有特征，它们并没有发育出近鸟类或伤齿龙类身上那种基部并合的丝状羽。

能飞行的兽脚亚目恐龙的特点有：牙根没有锯齿状的边缘；肱骨和尺骨长于股骨；股骨和髂骨向后伸长。在其演化过程中，现代鸟类演化出了短小的尾部，多块骨头融合，比如，尾综骨、复合的脊骨、综荐骨和颅骨。此外，它们失去了牙齿，演化出大型的气囊、带气腔的骨和有着巨大龙骨突的胸骨，以供飞行所需的强壮肌肉附着。

如今，世界上共有 10 157 种现代鸟类（包括近代灭绝的153 种）。

分类

中生代兽脚亚目恐龙的演化史

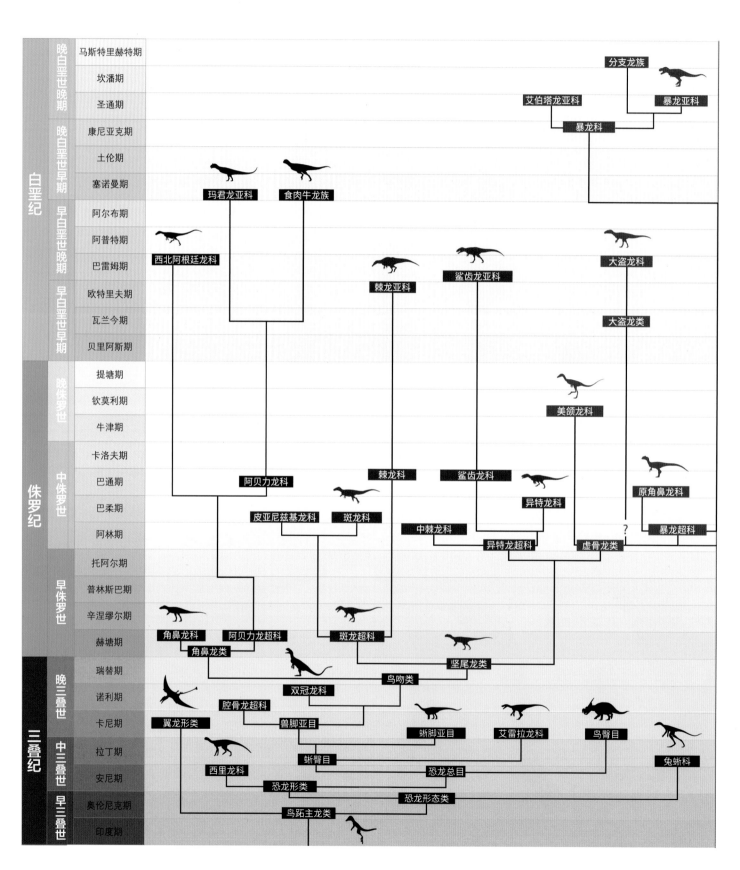

这张演化分支图依次显示了恐龙形态类、原始蜥臀目、兽脚亚目和中生代鸟类的最主要分支。图中显示的是每个生物分类群中已知的最古老的标本所处的时期。

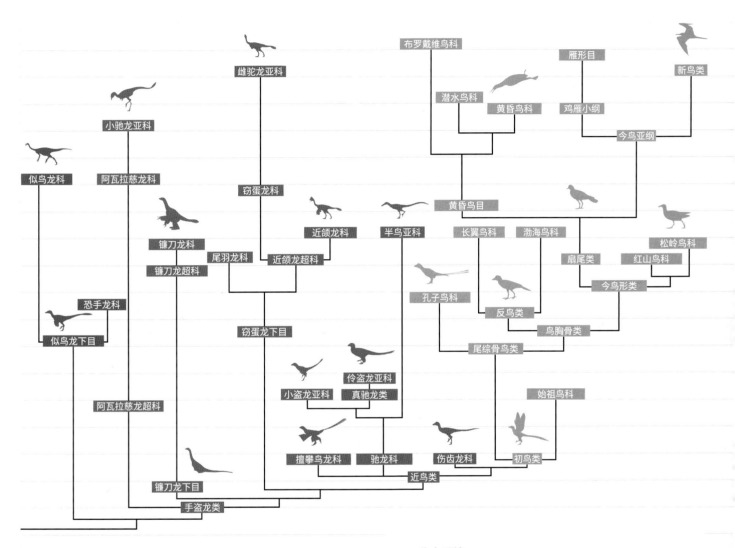

林奈系统

林奈分类法早于克拉底分类法，它是由卡尔·冯·林奈于1758年创建的。在这套方法中，一个大分类群包括了其他更小的分类群，同时，小分类群里还包含了更小的分类，就像一个便于文件分类的文件夹。每个大分类无一例外被命名，并且以严密的格式进行分组。

这套方法沿用了很多年，用于对现有的生物进行分类，但随着遗传学、古生物学和解剖学新的系统发展及知识的不断扩展，这套方法被分支系统学所取代，后者更加精确，还包含了林奈系统的很多理论成果，如双名法，并且其中某些大分类群就是林奈系统中的某些科。在一些特殊的情况下，比如，当以教育为目的，向非专业公众展示一定数量的生物时，或者涉及细分专门的学科，比如进行恐龙研究时，林奈分类法仍然是有用的。

分支系统

分支学（也被称为系统发育分类学）被用来了解恐龙的演化关系和组成它们的类群。它严格定义了共享的派生相似性（共有衍征）。我们在研究中整合的资料越多，就越能反映真实的系统发育情况。有时我们不能排除问题的存在，这是因为许多恐龙化石常常保存得不完整，或其处于未成年状态，或者夹杂着其他个体的化石。所有这一切导致并非所有的种类都可以被置于演化树上确定的位置，我们需要获得更多的信息，再来解决留下的疑惑。就像对于现代鸟类，除了能研究它们的完整骨骼结构以外，我们还有额外的资料，比如，DNA序列和生化数据。

最后，所有获得的数据都可以在系统发育树状图中显示，上面放置的节点表示一个共同的祖先的存在，演化出了不同的分支。

目录

物种比较

恐龙的世界

史前难题

兽脚亚目的生活

石头上的见证

恐龙热与大事记

兽脚亚目恐龙清单

物种比较
恐龙的分类

纪录：每个分类群中最大和最小的恐龙

对生物进行分类是很有必要的，这有助于了解其系统发育的阶段和在纷繁物种亲缘关系中所处的位置，特别是当组成某个类群的物种数量众多时。传统分类法把四足脊椎动物分为两栖类、爬行类、鸟类和哺乳类，然而随着时间的推移，这种分类方法已变得粗浅而远离实际。"爬行类"实际上是一种并系类群（它包括类群各成员的共同祖先，但不涵盖其所有后代），因此这种分类已经没有存在的意义了。

实际上，鸟类由于是恐龙的直系后代，不仅与恐龙在解剖学上相似，而且也被列入恐龙形类的演化支中。

如今，专家把恐龙定义为鸟跖主龙类的一个类群，其特点是演化出了开放式髋臼（在髂骨、耻骨和坐骨之间形成的空洞，以此连接股骨，并且将腿保持在躯干下面）；在肱骨上的脊骨粗大，有利于附着强健的肌肉；具有巨大的上颞孔，给予强大的咬合力。

1 m   2 m   3 m

未命名物种

最大
纪录

1：17.24

标本：未分类

全长：3 m
臀高：92 cm
体重：83 kg
化石材料：股骨
体型推测可信度：● ● ○ ○

最大纪录 分类：中型 等级 I

这是种巨型西里龙；它与一个成年人的体重相当。它生存于中三叠世（安尼期，距今 2.472 亿～ 2.42 亿年），分布在泛大陆中南部（现赞比亚）。它是植食性恐龙，双足或四足行走。它比其他任何一种恐龙形态类都要大，但在其生活时期，陆地上主要是食草的主龙和食肉动物，这些动物体型更大，行动速度更慢。同时期的西特韦高髋龙，可能是该类型中最大的。

体型不大但更健壮

巴氏巴西大龙（*Teyuwasu barberenai*）：它可能是一种西里龙或晚三叠世的一种原始恐龙，分布于现巴西地区。不同于其他的恐龙形态类，它非常强壮，以至于人们曾将它与主龙类的重装鳄混淆。它长约 2.3 m，体重约 75 kg，尚不清楚是否成年。

足迹

a

21 cm

b

0.8 cm

最大纪录

a. 未命名足迹：分布在泛大陆中北部（现法国）的很多中三叠世地层足迹都可能是恐龙留下的。从这个足迹的形态判断，其与由西里龙演化的类似恐龙形态类恐龙的足迹一致。这些足迹可能比从骨骼推算出的足迹尺寸更大。很多已命名的足迹仅出现在三叠纪，比如，阿特雷足迹、巴尼斯特贝茨足迹、副三趾龙足迹、原旋趾足迹和旋趾足迹，这些足迹属于鸟跖主龙类和原始恐龙形态类（均为双足或四足行走）。

最小纪录

b. 阿特雷足迹－跷脚龙足迹：在泛大陆中南部（现摩洛哥）的中三叠世地层发现了几个微型足迹。它们可能是类似于跷脚龙的恐龙形态类恐龙留下的，这是因为它们表现出奇蹄目的对称形态，不同于更古老种类的样子。足迹的尺寸非常小，只有 0.8 ～ 1.3 cm，可能属于一个新生或幼年个体。

2 m

足迹 21.6E
3.5 m/120 kg

未命名标本
3 m/83 kg

20 cm

阿特雷足迹－跷脚龙足迹
11 cm/2 g

泰氏斯克列罗龙
18.5 cm/18 g

4 m　　　　　　　　　5 m　　　　　　　　　6 m　　　　　　　　　7 m

鸟跖主龙类的特征与习性

头部大小不一，肉食性龙的牙齿形状为刀形，植食性龙的牙齿是圆锥形的，颈部中等长度，前后肢各有五指（趾），身体轻盈强壮，有中等至较长的尾巴。

食性：肉食性（捕捉小型动物），杂食性或采食特定的植物。

时间范围

从早三叠世至晚三叠世（距今 2.512 亿～2.013 亿年），从化石得知它们持续生存了4 990 万年。

最小纪录 分类：微型 等级 I

泰氏斯克列罗龙（Scleromochlus taylori）：生存于晚三叠世（卡尼期，距今 2.37 亿～2.27亿年）的泛大陆中北部（现苏格兰）。它是鸟跖主龙类中已知的最原始的属，接近于产生恐龙和翼龙的进化路线。它身体很短，体型非常小，体重约为麻雀的一半。其双爪更适应于跳跃，而非走。在恐龙形态类中，最小的种类是克罗姆霍无父龙和埃尔金跳龙（Saltopus elginensis），它们的长度分别为 35 cm 和 50 cm，体重分别为 45 g 和 110 g，尚不清楚是否为成年个体。泰氏斯克列罗龙的长度是在赞比亚发现的西里龙的 1/16，体重是西里龙的 1/4 600。

最小的幼年标本

泰氏斯克列罗龙标本 BMNH R3146B 和BMNH 3146B 的大小是标本 BMNH R3556的 85%。这两个个体的长度和重量几乎不超过 15 cm 和 11 g。

最古老纪录

西特韦高髋龙、古老阿希利龙、西里龙科 NHMUK R16303 等恐龙化石被发现于泛大陆中南部（现赞比亚和坦桑尼亚地区），地质年代为中三叠世（安尼期，距今 2.472 亿～2.42 亿年）。足迹化石记录表明它们出现在三叠纪前期（奥伦尼克期，距今 2.512 亿～2.472 亿年），分布于泛大陆中南部和西北部（现德国、波兰及美国亚利桑那州），具有代表性的足迹化石有旋趾足迹和原旋趾足迹。

最早公布的种类

第一种被描述的鸟跖主龙类是泰氏斯克列罗龙（1907），它被认为是一种恐龙。在同一地区，三年后发现了第一种恐龙形态类恐龙：埃尔金跳龙，它曾在数百年中被认为是一种小型恐龙。

最新纪录

真腔骨龙未定种曾分布于泛大陆西北部（现美国新墨西哥州），塞森多夫虚骨龙足迹发现于泛大陆的中北部（现德国），地质年代为晚三叠世末期（瑞替期，距今 2.085 亿～2.013 亿年）。人们对在埃及发现的早白垩世早期似旋趾足迹和在秘鲁发现的晚白垩世晚期似阿特雷足迹的研究结果存疑，以为它们有可能是另外一种四足行走动物留下的痕迹，因为原始恐龙形态类在三叠纪结束时就全部灭绝了。

化石记录
生存时间及活动范围　　　■ 骨头或牙齿　　　■ 足迹　　　■ 前两者兼有

早三叠世	中三叠世	晚三叠世

最新公布的种类

西特韦高髋龙（Lutungutali sitwensis）：生存于晚三叠世的泛大陆中南部（现赞比亚），公布于 2013 年。它之前被埋藏在陶威尔组地层。

最奇异纪录

巴氏巴西大龙是一种神秘的鸟跖主龙类。与任何恐龙形态类和原始恐龙相比，其身躯显得尤为健壮。它的外形让我们联想到同时期某些双足行走的蜥脚类恐龙。

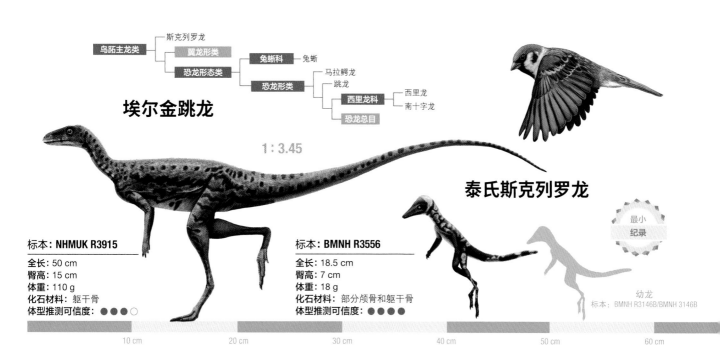

鸟跖主龙类
- 斯克列罗龙
- 翼龙形类
- 恐龙形态类
  - 兔蜥科 — 兔蜥
  - 恐龙形类
    - 马拉鳄龙
    - 跳龙
    - 西里龙科 — 西里龙 / 南十字龙
    - 恐龙总目

埃尔金跳龙

泰氏斯克列罗龙

1 : 3.45

标本：NHMUK R3915

全长：50 cm
臀高：15 cm
体重：110 g
化石材料：躯干骨
体型推测可信度：●●●○

标本：BMNH R3556

全长：18.5 cm
臀高：7 cm
体重：18 g
化石材料：部分颅骨和躯干骨
体型推测可信度：●●●●

最小纪录

幼龙
标本：BMNH R3146B/BMNH 3146B

3

1 m　　　　2 m　　　　3 m　　　　4 m

2 m

1 m

伊斯基瓜拉斯托富伦格里龙

1 : 22.99

标本：**PVSJ 53**

全长：5.3 m
臀高：1.55 m
体重：360 kg
化石材料：颅骨、不完整的骨骼和椎骨
体型推测可信度：●●●○

最大纪录 分类：中型 等级 Ⅲ

　　伊斯基瓜拉斯托富伦格里龙（*Frenguellisaurus ischigualastensis*）：生存于晚三叠世（诺利期早期，距今 2.27 亿～ 2.18 亿年）泛大陆东南部（现阿根廷）。它是三叠纪最大的肉食性恐龙，几乎与现在的一只棕熊一样重，但它的体型在当时并非是占优势的，因为某些原始主龙类的体型更大，比如，伽利略蜥鳄。富伦格里龙可能是伊斯基瓜拉斯托艾雷拉龙的一个成年个体，但前者比后者更晚被发现。

一个虚假的竞争者

　　佩氏佝偻龙（*Rachitrema pellati*）：生存于晚三叠世的泛大陆中北部（现法国）。有人认为它可能是一种恐龙，但进一步的研究揭示它其实是一种鱼龙，是与现代海豚外观类似的水生动物。如果它是一个蜥臀目恐龙，那么这种恐龙会具有一巨大的椎弓，它的体型将比富伦格里龙更大，长约 6.6 m，体重达到 695 kg。

足迹

a

21 cm

b

7 cm

最大纪录

　　a. 未命名：在泛大陆东北部（现泰国）发现的一系列晚三叠世足迹呈现出一个很长的后趾（足部的第 I 趾）。根据其各趾的比例推测，它们可能是艾雷拉龙类留下的足迹。

　　一些类型的足迹仅在中三叠世到晚三叠世地层被发现，知名的如奎德三趾龙足迹和茜恩三趾龙足迹，它们表现出的原始形态与瓜巴龙及其他原始蜥臀目恐龙的足迹一致。

最小纪录

　　b. 比萨跷脚龙足迹：一个鲜为人知的足迹，它的名称可能不是有效的。这可能是一种鸟臀目恐龙的足迹。它属于晚三叠世，在泛大陆中北部（现意大利）被发现。

2 m

30 cm

未命名足迹
4.9 m/295 kg

伊斯基瓜拉斯托富伦格里龙
5.3 m/360 kg

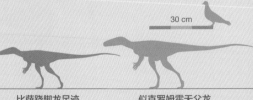

比萨跷脚龙足迹
80 cm/660 g

似克罗姆霍无父龙
1 m/1.3 kg

m   6 m   7 m   8 m   9 m

特征与习性

这种恐龙的脑部大，牙齿呈刀锋形，脖子相对较短，前肢五指，后肢四趾，躯体较健壮，尾巴长。有些恐龙的下颌骨有两处关节咬合部，这种结构可以使下颌有更大的灵活性，以适应撕咬大体积动物时的强大力量。

原始蜥臀目恐龙是从原始恐龙形类演化而来的，它们是兽脚亚目和蜥脚亚目恐龙的祖先。兽脚亚目和蜥脚亚目恐龙，再加上鸟臀目恐龙，便构成了整个恐龙类群。

食性：肉食性，捕捉小型或大型动物。

时间范围

它们可能出现在中三叠世到晚三叠世（距今 2.472 亿～2.013 亿年），持续生存了约 4 590 万年。

最小纪录 分类：较小型 等级 I

标本 VMNH 1751 被错误地确定为一种**克罗姆霍无父龙**（*Agnosphitys cromhallensis*）。它是原始蜥臀目恐龙中最小的一只，长仅 1 m，体重为 1.3 kg。尚不清楚它是幼年还是成年个体。它曾生活在晚三叠世（瑞替期，距今 2.085 亿～2.013 亿年）的泛大陆中北部（现英格兰），长度是伊斯基瓜拉斯托艾雷拉龙的 1/5.3，体重是它的 1/280。

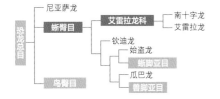

最小的幼年标本

不完整股骨 ZPAL V.39/47（波兰）可能属于一只幼年艾雷拉龙科恐龙。人们还发现它与其他更大的个体有关联，这些个体可能长达 2.4 m，重达 34 kg，而最小的个体只有约 1.35 m 长，6 kg 重。

化石记录 生存时间及活动范围	◆ 骨头或牙齿	◆ 足迹	◆ 前两者兼有
中三叠世		晚三叠世	

最新纪录

一块属于克罗姆霍无父龙的带牙齿上颌骨，在泛大陆中北部（现英格兰）被发现，这只恐龙生活于晚三叠世末期（瑞替期，距今 2.085 亿～2.013 亿年）。它可能和瓜巴龙类似，而后者属于恐龙形态类。

最古老纪录

晚三叠世早期（卡尼期，距今 2.37 亿～2.27 亿年）存活着很多种类的原始蜥臀目恐龙，其中有普氏南十字龙、伊斯基瓜拉斯托艾雷拉龙、马勒尔艾沃克龙和月亮谷始盗龙，它们来自泛大陆南部到西部（现印度和阿根廷）。其他已知较古老的有中三叠世（安尼期，距今 2.472 亿～2.42 亿年）来自泛大陆中南部（现坦桑尼亚）的帕氏尼亚萨龙，它们可能属于非常原始的蜥臀目恐龙，但遗憾的是，这个标本非常不完整，不能够确定它的正确形态。跷脚龙足迹化石（法国）可能

是已演化成的恐龙最古老的足迹纪录，地质年代处于中三叠世（安尼期～拉丁期，距今约 2.42 亿年）。还有其他更古老的足迹（现捷克），但可能属于恐龙形类恐龙。

最奇异纪录

月亮谷始盗龙（*Eoraptor lunensis*）：发掘于泛大陆西南部（现阿根廷），属于晚三叠世。它有非常大的双眼，并与兽脚亚目的曙奔龙一样，颌部有一些发育不全的牙齿。

最早公布的种类

原始"槽齿龙"（1905）：发掘于泛大陆中北部（现波兰）中三叠世地层，可能属于一只恐龙，或者是一只原始主龙类动物。对于西里西亚"镰齿龙"（1910）也存在同样的疑问，它的牙齿类似于兽脚亚目恐龙牙齿。

最新公布的种类

帕氏尼亚萨龙（*Nyasasaurus parringtoni*）：发掘于中三叠世的泛大陆中南部（现坦桑尼亚）。1967 年，它以"克氏尼亚萨龙"的名称出现在一篇论文中，但直到 46 年后的 2013 年才被正式展出。

似克罗姆霍无父龙

幼体
标本：ZPAL V.39/47

1 : 6.90

最小纪录

标本：VMNH 1751

全长：1 m
臀高：30 cm
体重：1.3 kg
化石材料：带牙齿的上颌骨
体型推测可信度：●●○○○

20 cm   40 cm   60 cm   80 cm   100 cm   120 cm

"沙湾中国龙"

1：40.23

最大纪录

标本：**IVPP V31**

全长：9.2 m
臀高：2.55 m
体重：1.7 t
化石材料：背椎
体型推测可信度：●●○○

最大纪录 分类：大型 等级 III

　　一块地质年代处于早侏罗世（赫塘期，距今 2.013 亿～ 1.993 亿年），来自泛大陆东北部（现中国）的大块椎骨，在一堆蜥脚亚目和其他兽脚亚目恐龙混合残骸中被发现。它可能属于一个名为中国"双脊龙"的大型标本，其体重比河马还重，它是一个危险的掠食者，除了体型比同期其他恐龙大，还因其身体瘦长而非常敏捷。**"沙湾中国龙"**（*Sinosaurus shawanensis*）的名称出现在一个网络上的恐龙列表中，并非正式命名。

第二大纪录

　　"禄丰角鼻龙"属于早侏罗世时期（辛涅缪尔期，距今 1.993 亿～ 1.908 亿年），分布于泛大陆东北部（现中国），被发现有大型的距骨、跟骨。它可能是一个三叠中国龙的成年个体，长约 7.5 m，重约 820 kg。

足迹

a ┤ 65 cm

最大纪录

　　a. 未命名：早侏罗世最大的兽脚亚目恐龙足迹可能是由一些类似于中国龙的种类留下的。它不同于巨齿龙的不对称足迹。它被发现于泛大陆北部（现波兰）。

属于腔骨龙类的足迹通过以下这组足迹化石被广为人知：安琪龙足迹、张北足迹、重龙足迹、次三趾龙足迹、双脊龙足迹、实雷龙足迹、极大龙足迹、跷脚龙足迹、郁氏足迹、伊氏龙足迹、金李井足迹、新三趾龙足迹、卡岩塔足迹、康美龙足迹、禄丰足迹、马斯提龙足迹、巨三趾龙足迹、新三趾域龙足迹、澳托足迹、似虚骨龙足迹、副跷脚龙足迹、近鸟龙足迹、分叉翘脚龙足迹、狭足迹、塔尔蒙足迹、威远足迹、杨氏足迹或资中足迹，不过现在认为它们中的一些其实是同物异名。

b ┤ 1.5 cm

最小纪录

　　b. 跷脚龙足迹未定种：早侏罗世最小的足迹属于一个腔骨龙类恐龙的幼年个体。它曾生存于泛大陆西北部（现美国新泽西州）。

4 m

未命名足迹
8.6 m/1.35 t

"沙湾中国龙"
9.2 m/1.7 t

40 cm

跷脚龙足迹未定种
22 cm/11 g

三叠原美颌龙
1 m/1.3 kg

10 m 12 m 14 m 16 m

特征与习性

这种兽脚亚目恐龙的颅骨有长有短，一些头顶长着骨冠，一些则没有，它们长着刀锋形的牙齿，长颈，前后肢各有四指（趾），身形纤细，尾部很长。

原始兽脚亚目恐龙是从原始蜥臀目恐龙演化而来，它们是角鼻龙和巨齿龙的祖先。最成功的群类当属腔骨龙超科恐龙，其种类广泛分布，形态上也表现出高度的相似性。

食性：肉食性，捕捉小型动物和（或）鱼类。

时间范围

我们知道它们从晚三叠世至晚侏罗世（距今 2.227 亿～ 1.45 亿年）持续生存了 7770 万年。

最小纪录 分类：较小型 等级 I

三叠原美颌龙（*Procompsognathus triassicus*）：生存于晚三叠世（诺利期，距今 2.227 亿～ 2.085 亿年）泛大陆中北部（现德国）。它的体重相当于一只白鼬，但尚不清楚是否为成年个体。有些专家怀疑该标本的颅骨属于一只类似于合跳鳄的主龙类恐龙。它的长度约是"沙湾中国龙"的 1/9，而后者的体重是它的 1300 倍。

最小的幼年标本

股骨 TTU P 9201 属于一只腔骨龙，和其他动物残骸一起被认定为得克萨斯原鸟化石。但它应该是一只未确定的腔骨龙超科的幼龙。如果我们将它与腔骨龙超科的其他幼

年恐龙相比进行推算，它的长度约为 43 cm，体重约 110 g。

化石记录
生存时间及活动范围 ◆骨头或牙齿 ◇足迹 ◈前两者兼有

| 晚三叠世 | 早侏罗世 | 中侏罗世 |

晚侏罗世

最奇异纪录

迭氏智利龙（*Lepidus praecisio*）：发现于泛大陆西南部（现智利）的晚侏罗世地层。显现出奇怪的混合特征，比如，它为植食性动物，但具有非常宽的爪子。尽管找到的化石非常完整，但还是很难将其分类，只能把它放到系统发育的一个独立位置上。

最古老纪录

破碎迷人龙（*Lepidus praecisio*）和其他未确定的腔骨龙幼年标本残骸一起，可能构成了得克萨斯原鸟嵌合体，它生存于晚三叠世（诺利期早期，距今 2.27 亿～ 2.17 亿年）泛大陆的西北部（现美国西部）。以前，一些兽脚亚目恐龙的足迹（现阿根廷）可以追溯到中三叠世，但现在我们知道那些足迹属于晚三叠世（卡尼期早期，距今 2.37 亿～ 2.32 亿年）。

最新纪录

迭氏智利龙生存于晚侏罗世（提塘期，距今 1.521 亿～ 1.45 亿年）。将军庙单脊龙和腔骨龙 SGP 2000/2 生存于中侏罗世（卡洛夫期，距今 1.661 亿～ 1.635 亿年）泛大陆东部（现中国）。

最早公布的种类

鲍氏腔骨龙和洛氏敏龙（1887，区别于鲍氏虚骨龙和洛氏虚骨龙）：生存于晚三叠世泛大陆西北部（现美国新墨西哥州），它们曾在最早的报告中被公布（尽管同年发布了另一个威氏"长颈龙"）。奥氏北极龙在它们之前 12 年被公布，但这些胸椎是属于兽脚亚目恐龙，主龙类还是冰脊龙仍存在争议。

最新公布的种类

破碎迷人龙（2015）：发掘于泛大陆西北部（现美国得克萨斯州）晚三叠世地层。这是一只北美的古老兽脚亚目恐龙。

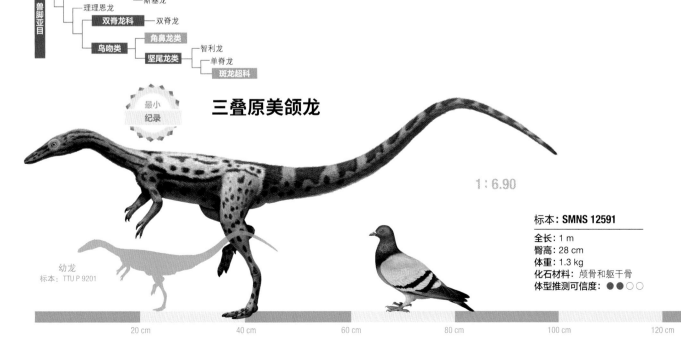

兽脚亚目
- 邪灵龙
- 虚骨龙超科
  - 腔骨龙
  - 斯基龙
- 理理恩龙
- 双脊龙科
  - 双脊龙
- 鸟吻类
  - 角鼻龙类
    - 智利龙
  - 坚尾龙类
    - 单脊龙
    - 斑龙超科

最小纪录

三叠原美颌龙

1 : 6.90

幼龙
标本：TTU P 9201

标本：SMNS 12591

全长：1 m
臀高：28 cm
体重：1.3 kg
化石材料：颅骨和躯干骨
体型推测可信度：●●○○○

20 cm 40 cm 60 cm 80 cm 100 cm 120 cm

敏捷三角洲奔龙

1 : 34.24

最大
纪录

标本：SGM-Din 2

全长：7.4 m
臀高：2.15 m
体重：659 kg
化石材料：躯干骨
体型推测可信度：●●○○

最大纪录 分类：大型 等级 I

敏捷三角洲奔龙（*Deltadromeus agilis*）：生存于晚白垩世早期（塞诺曼期，距今 1.005 亿～9 390 万年），分布于冈瓦纳古陆中北部（现摩洛哥）。最大的标本（SGM-Din 2）复原后比一只公牛还重，其长度相当于两辆汽车首尾相连。三角洲奔龙是最大的恐龙之一，对于奔跑有极强的适应能力，它的奔跑速度甚至可以超过著名的似鸡龙，它是神秘的似鸟龙类恐龙里最大的一种。

更长且更轻纪录

一块发掘于泛大陆中北部（现尼日尔）中侏罗世地层的前臂骨，先前从未被展出过，后来又丢失了。它被认为是似戈氏"轻巧龙"未定种。如果这个观点是正确的，它应该是最长的兽脚亚目恐龙，但体重比三角洲奔龙更轻。它身体长达 8.5 m，体重为 570 kg。

足迹

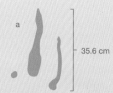

a

35.6 cm

b

2.8 cm

最大纪录

a. 二趾平行足迹：发掘于中侏罗世泛大陆中南部（现尼日尔）。这个足迹只显现出两个完整的趾头轮廓，因此，可能属于一种驰龙类，但是其趾样式呈现出角鼻龙足迹的特点，与阿尔戈足迹更为相似。

原始角鼻龙类的足迹与似鸟龙类的足迹相似，但是前者更瘦长，年代更古老，如阿尔戈足迹、平行足迹、斯泰罗足迹（三叉戟足迹）和三叉迹。

最小纪录

b. 最小阿尔戈足迹（平等近鸟迹）：发掘于泛大陆西北部（现美国康涅狄格州、马萨诸塞州）的早侏罗世地层。标本中最小的是由一个幼年个体留下的足迹。

		4 m	80 cm	
二趾平行足迹 6.7 m/310 kg	戈氏棘椎龙 8.5 m/570 kg	敏捷三角洲奔龙 7.4 m/650 kg	最小阿尔戈足迹 56 cm/185 g	难逃泥潭龙 1.8 m/15 kg

8 m   10 m   12 m   14 m

特征与习性

这种兽脚亚目恐龙的头部不大，长着微型牙齿，或者没有牙齿，长颈，前后肢各有四指（趾）。前肢和掌部发育不完全，爪子适应涉水，身体非常轻。

最早的鸟吻类恐龙是小型的非专性肉食性动物，它们是从腔骨龙超科恐龙演化而来，是角鼻龙和巨齿龙的祖先。轻巧龙及其近亲从这条演化线中分离出来，演化出一些类似于似鸟龙类和陆生鸟类的适应性。不过"轻巧龙"这一著名的名称，其实并未被科学界所认可，后改为棘椎龙。

食性：肉食性（捕食小型动物），杂食性和（或）植食性动物。

时间范围

可以肯定的是，这种恐龙出现于早侏罗世时期（距今约2.085亿年），尽管一些非常不完整的遗迹和遗痕反映它们可能出现在晚三叠世时期。它们灭绝于晚白垩世早期（距今约9390万年）。从化石记录中可推测出，它们存活了大约1.146亿年。

最小纪录 分类：小型 等级 II

难逃泥潭龙（*Limusaurus inextricabilis*）：生存于晚侏罗世（牛津期，距今1.635亿～1.573亿年），分布于古亚洲大陆东部（现中国）。它的体型相当于一只伊比利亚猞猁。至今为止，人们找到的所有难逃泥潭龙标本几乎都是未成年或幼年个体。它的体长是三角洲奔龙的1/4，而后者的体重是它的43倍。

最小的幼年标本

难逃泥潭龙的幼龙标本 IVPP V15303 是该类群中最小的一个标本。体长大约 50 cm，体重为 340 g。

最古老纪录

剑桥"牛顿龙"（"*Newtonsaurus*"*cambrensis*）是已知最古老的模式种，资料显示它生存于晚三叠世晚期（瑞替期，距今2.085亿～2.013亿年），分布于泛大陆中北部（现英格兰）。硕大斯泰罗足迹群（之前被人称为鸟形迹或者三叉戟足迹）被发现于泛大陆西北部（现美国新泽西州），同样古老，它们可能属于一只原始鸵鸟。

最新纪录

敏捷三角洲奔龙和似"轻巧龙"未定种生存于晚白垩世早期（塞诺曼期，距今1.005亿～9390万年），分布于冈瓦纳古陆中部（分别为现摩洛哥和苏丹地应）。一些

似鸟龙留下的足迹被认为来自同时期的冈瓦纳古陆中部（现以色列），它们可能属于这种类型的兽脚亚目恐龙。

最奇异纪录

难逃泥潭龙不同于其他已知的鸟吻类恐龙，因为它的成年个体没有牙齿。其整体外观与不会飞的鸟类非常相似。它的坐骨很长，这可能是因为它有一个巨大的胃，就像植食性动物一样。

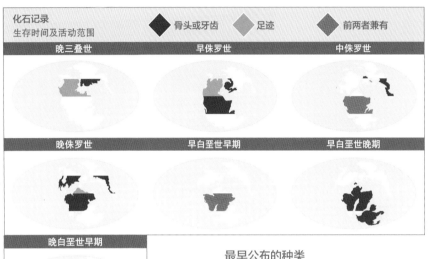

化石记录
生存时间及活动范围   ◆ 骨头或牙齿   足迹   前两者兼有

晚三叠世	早侏罗世	中侏罗世
晚侏罗世	早白垩世早期	早白垩世晚期
晚白垩世早期		

最早公布的种类

班氏轻巧龙（*Elaphrosaurus bambergi*，1920）：生存于晚侏罗世，分布于泛大陆中南部（现坦桑尼亚）。这是非洲最早被记录的兽脚亚目恐龙。HMN Gr. S. 38-44 是一个非常完整的标本，因优美的身材，以及快速奔跑的适应性，它曾在数十年间被认为是一种似鸟龙。

最新公布的种类

西氏卡马利亚斯龙（*Camarillasaurus cirugedae*，2014）：生存于晚白垩世中期，分布于劳亚古陆中部（现西班牙）。它的信息在 2012 年以电子版的形式对外刊登，并于 2014 年正式发表。

最小纪录

鸟吻类
塔奇拉盗龙
坚尾龙科
坚尾龙类
三角洲奔龙
轻巧龙
泥潭龙
角鼻龙类
角鼻龙科

难逃泥潭龙

幼体
标本：IVPP V15303

1 : 13.70

标本：IVPP V15924

全长：1.8 m
臀高：70 cm
体重：15 kg
化石材料：躯干骨
体型推测可信度：●●●●

50 cm   100 cm   150 cm   200 cm   250 cm

2 m　　　　　　　4 m　　　　　　6 m

角鼻龙未定种

2 m

1 : 34.24

标本: **QG 65**

全长: 8.4 m
臀高: 2.55 m
体重: 1.9 t
化石材料: 股骨
体型推测可信度: ●●○○

最大纪录 分类: 大型 等级 III

　　角鼻龙未定种（*Ceratosaurus sp.*）: 分布于泛大陆西北部、中北部, 也可能在中南部（现美国西部、葡萄牙、瑞士、坦桑尼亚、津巴布韦）, 是为人熟知的稀种。最大的个体生存于晚侏罗世（提塘期, 距今 1.521 亿～ 1.45 亿年）, 发现于津巴布韦。它的体重相当于两只大白鲨, 身长超过一只虎鲸。尽管其体型巨大, 但仍然比不上同时期的其他大型肉食性动物, 这可能是因为它只取食某种特定的食物。由于它扁垂的尾巴、宽宽的牙齿和在其附近发现的鱼类遗骸, 有些学者

猜想它可能捕食水生动物, 推测它是角鼻龙类的近亲。该类型最大的标本可能是一头大型劳氏角鼻龙, 但目前没办法确认这个推测。

可能的竞争对手

　　角鼻龙未定种: 发现于泛大陆西北部（现美国西部）。它比在津巴布韦发现的个体更小, 长度为 7.5 m, 体重可能在 1.35 t 左右, 但尚未成年。硕大"斑龙"在之前被描述成巨型角鼻龙, 但今天我们知道它实际上是一种非常古老的鲨齿龙类。

足迹

a

53 cm

b

4 cm

最大纪录

　　a. 卡梅尔足迹未定种: 应该是不同于斑龙类的一种大型肉食性动物留下的足迹, 其地质年代处于早侏罗世, 被发现于泛大陆中南部（现摩洛哥）。它既留有直接证据（化石骨骼）, 也留有间接证据（足迹）。

目前没有一种已知的兽脚亚目恐龙的足迹同卡梅尔足迹一致, 然而角鼻龙类的足迹也没有保存下来。这里把它们联系在一起, 除了是因为它们处于同时期, 还因为其与阿贝力龙类的足迹相似。

最小纪录

　　b. 乌氏卡梅尔足迹: 发现于泛大陆西北部（现美国犹他州）, 处于中侏罗世地层。该足迹化石留下的印记长达 20 cm, 比最小的卡梅尔足迹要大至少 5 倍。

4 m

卡梅尔足迹未定种
8 m/1.65 t

角鼻龙未定种
8.4 m/1.9 t

3 m

乌氏卡梅尔足迹
68 cm/1 kg

伍氏肉龙
3.35 m/71 kg

8 m　　　　10 m　　　　12 m　　　　14 m

特征与习性

这类兽脚亚目恐龙的头部很大，一些头顶长着骨冠，一些则没有。它们长着又大又平整的牙齿，呈刀锋形，短颈，前后肢各有四指（趾），身体纤细或健壮。

角鼻龙科是肉食性恐龙，它们从鸟吻类演化而来，是阿贝力龙超科的祖先。不同于其他更强壮、无惧于掠食所带来的物理性损伤的恐龙，长有非常华丽骨冠的角鼻龙科恐龙似乎不是无所畏惧的掠食者。

食性：肉食性，捕食小型动物和（或）鱼类。

时间范围

从早侏罗世到早白垩世晚期（距今2.013亿～1.13亿年），从化石记录可知，它们生存了约8830万年。

最小纪录 分类：中型 等级 I

伍氏肉龙（*Sarcosaurus woodi*）：生存于早侏罗世（辛涅缪尔期，距今1.993亿～1.908亿年），分布于泛大陆中北部（现英格兰）。这是一个成年个体，长度是角鼻龙未定种的2/5，体重是它的1/27。尽管早侏罗世最小的标本是IGM 6625（现墨西哥），长约1.25 m，体重约4.2 kg，但遗憾的是，我们尚不清楚它是幼年还是成年个体。

最小的幼年标本

尹氏芦沟龙（*Lukousaurus yini*）的模式种体长将近1 m，体重不到2 kg。它一定非常年幼，因为同种最大的标本（V263）长度超过了4 m，体重达到144 kg。一些专家认为它是类似于角鼻龙科的兽脚亚目恐龙，另有一些人怀疑它是一种鳄鱼。

最古老纪录

安氏肉龙（*Sarcosaurus andrewsi*）：生存于早侏罗世（赫塘期，距今2.013亿～1.993亿年），分布于泛大陆中北部（现英格兰），它可能是一种原始角鼻龙。钩状安蒂克艾尔足迹和皮鲁拉图斯安蒂克艾尔足迹年代相同，这些足迹的几个趾头比例与卡梅尔足迹群的趾头比例非常相似，据此推断这些足迹群可能属于角鼻龙科。

最奇异纪录

里阿斯柏柏尔龙（*Berberosaurus liassicus*）：生存于早侏罗世（现摩洛哥），可能是一只古老的阿贝力龙类，但其牙齿的形态表明它属于角鼻龙类。

最新纪录

近锐颌龙（*Genyodectes serus*）：生存于早白垩世晚期（阿普特期，距今1.25亿～1.13亿年），分布于冈瓦纳古陆西南部（现阿根廷）。其特征是每个前上颌骨有四个牙齿，而角鼻龙只有三个。标本TNM 03041（现桑尼亚）和角鼻龙未定种（现乌兹别克斯坦）两者都发现于早白垩世晚期（阿尔布期，距今1.13亿～1.005亿年），它们可能都属于角鼻龙类。

最早公布的种类

梅氏角鼻龙（在1870年被称为斑龙）：生存于晚侏罗世，分布于泛大陆中北部（现瑞士）。它的信息仅基于一个前上颌骨的牙齿推测得出。

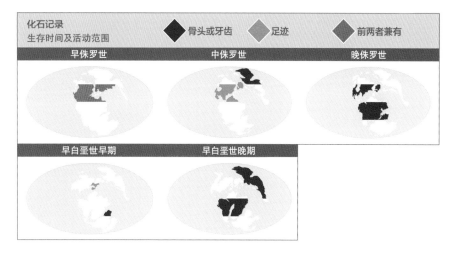

化石记录
生存时间及活动范围　◆骨头或牙齿　◆足迹　◆前两者兼有

早侏罗世	中侏罗世	晚侏罗世

早白垩世早期	早白垩世晚期

角鼻龙类 —— 角鼻龙科 —— 柏柏尔龙 / 角鼻龙
角鼻龙类 —— 阿贝力龙超科

最新公布的种类

舒氏福斯特猎龙（*Fosterovenator churei*，2014）：生存于晚侏罗世，分布于泛大陆西北部（现美国怀俄明州）。它仅基于几个可能是幼年角鼻龙科恐龙的标本推测得出。

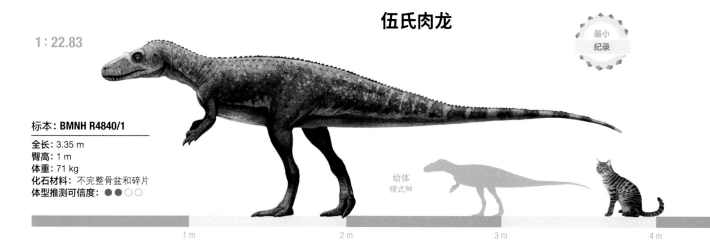

伍氏肉龙

1 : 22.83

最小纪录

标本：BMNH R4840/1

全长：3.35 m
臀高：1 m
体重：71 kg
化石材料：不完整骨盆和碎片
体型推测可信度：●●○○

幼体
模式种

1 m　　　　2 m　　　　3 m　　　　4 m

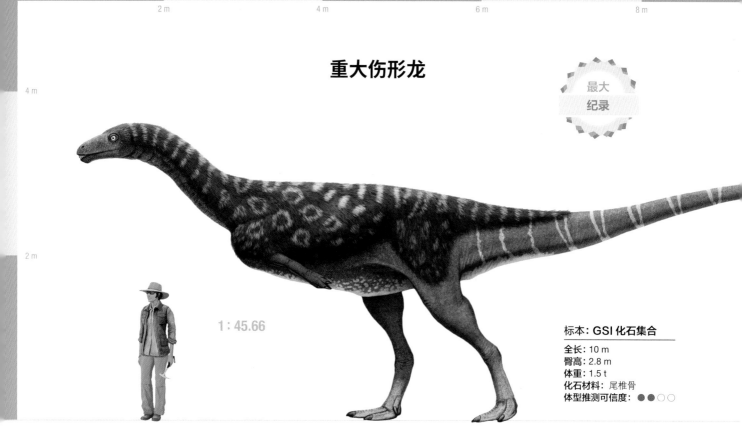

重大伤形龙

2 m 　 4 m 　 6 m 　 8 m

4 m

2 m

最大
纪录

1 : 45.66

标本: **GSI 化石集合**

全长: 10 m
臀高: 2.8 m
体重: 1.5 t
化石材料: 尾椎骨
体型推测可信度: ●●○○

最大纪录 分类: 大型 等级 II

　　重大伤形龙（*Dryptosauroides grandis*）: 生存于晚白垩世（马斯特里赫特期，距今 7 210 万～6 600 万年）的印度斯坦（现印度）。它属于阿贝力龙超科，体重相当于一只河马，长度几乎和一辆公交车一样长。根据其浅色的皮肤推断，它可能与它更小的近亲一样，捕食小型动物，或者吃同期的顶级掠食者——阿贝力龙科恐龙吃剩的腐肉。

其他竞争者

　　伊氏南手龙（*Austrocheirus isasii*）: 生存于晚白垩世晚期的冈瓦纳古陆西部（现阿根廷）。尚不清楚它属于西北阿根廷龙科，还是另外一个未知的种类，但其手臂不像阿贝力龙科那么萎缩。它体长约 9.3 m，体重接近 930 kg。

足迹

a —| 49 cm

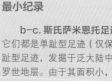

b —| 3.5 cm 　 c —| 4.4 cm

最大纪录

　　a. 形态类型 B: 一个不太常见的足迹，与两侧的趾相比，中趾（第 III 趾）显得特别长，它与似鸟龙类和西北阿根廷龙科留下的足迹相仿。这两种都是速度非常快的动物。由于该足迹被发掘于泛大陆中北部（现葡萄牙）的中侏罗世地层，因此，推测它可能是阿贝力龙超科留下的。

推测一些中趾尤为发达的足迹可能是原始阿贝力龙超科留下的。表现出这个特征的足迹有德法拉利迹、萨米恩托迹和郑氏足迹。

最小纪录

　　b-c. 斯氏萨米恩托足迹（内氏卡萨奎拉足迹）: 它们都是单趾型足迹（仅保存有一个趾的印迹）或三趾型足迹，发掘于泛大陆中南部（现阿根廷）的中侏罗世地层。由于其面积小，学者认为它们都是幼年个体留下的足迹。

4 m

1 m

| 未命名足迹 | 重大伤形龙 | 斯氏萨米恩托足迹 | 独特速龙 |
| 5.4 m/200 kg | 10 m/1.5 t | 37～65 cm/285～495 g | 1.5 m/4.7 kg |

12 m　　　　14 m　　　　16 m　　　　18 m

特征与习性

这种兽脚亚目恐龙的头小，前上颌骨牙齿较大，短颈，前后肢各有四根指（趾），身体非常轻盈。

不同于一些有着前倾牙齿的恐龙，它们是几乎不挑食的肉食性动物。它们从角鼻龙科演化而来，是阿贝力龙科的祖先。该类群中最知名的当属西北阿根廷龙科。

食性：肉食性，捕食小型动物和（或）鱼类。

时间范围

从侏罗纪到晚白垩世晚期（距今 2.013 亿～6 600 万年），从化石记录可知，它们总共存在了约 1.353 亿年的时间。

最小纪录 分类：较小型 等级 III

独特速龙（*Velocisaurus unicus*）：生存于晚白垩世晚期，分布于冈瓦纳古陆西部（现阿根廷）。大多数已发掘的标本都差不多大，整体比其他西北阿根廷龙科体型小。速龙的体重与一只家猫差不多。它的体长是重大伤形龙的 1/7，体重是重大伤形龙的 1/350。

最小的幼年标本

在新西兰发现了一只非常小的幼年恐龙个体的骨盆化石，该恐龙的长度应该不到 20 cm，体重约 5.3 g。

最古老纪录

里阿斯柏柏尔龙（*Berberosaurus liassicus*）：生存于早侏罗世（现摩洛哥）普林斯巴期—托阿尔期，距今约 1.827 亿年，它可能属于原始阿贝力龙科，但是人们对此存在疑问。晋宁郑氏足迹与西北阿根廷龙超科留下的足迹一样，表现出足部的中趾比其他两趾长出许多的特征。它有可能是由一只生存于早侏罗世（赫塘期，距今 2.013 亿～1.993 亿年）的泛大陆东部的阿贝力龙超科恐龙留下的。

最新纪录

大虚骨形龙、独巧鳄龙、印度福左轻鳄龙、细贾巴尔普尔龙、巴拉斯尔似鸟形龙、摩比西斯似鸟形龙、重大伤形龙：它们都是阿贝力龙超科恐龙，不过做出这些推测所根据的化石材料都非常不完整。它们都是同时期的恐龙，来自印度斯坦（现印度）的拉米塔组（马斯特里赫特期晚期，距今 6 900 万～6 600 万年）。它们中很多个体也许仅属于西北阿根廷龙科的一至两种。

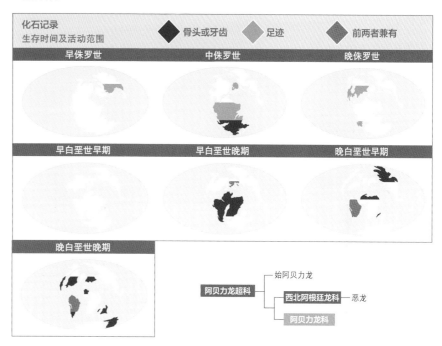

化石记录
生存时间及活动范围　　　◆骨头或牙齿　　◆足迹　　◆前两者兼有

早侏罗世	中侏罗世	晚侏罗世
早白垩世早期	早白垩世晚期	晚白垩世早期
晚白垩世晚期		

阿贝力龙超科
始阿贝力龙
西北阿根廷龙科 —— 恶龙
阿贝力龙科

最奇异纪录

诺氏恶龙（*Masiakasaurus knopfleri*）：生存于晚白垩世晚期，分布于冈瓦纳古陆中部（现马达加斯加）。不同于其他任何种类的兽脚亚目恐龙，它的前部牙齿前倾且回钩，这可能是因为其食性非常特殊的原因。

最早公布的种类

布氏怂鳄龙（*Betasuchus bredai*，在 1883 年被认为是"斑龙"）：生存于晚白垩世晚期的劳亚古陆中部（现荷兰）。它曾错误地被命名为"似鸟多鲁姆"。这一名称是指它有可能与似鸟龙类是近亲，但实际上并不是一个有效的命名。

最新公布的种类

孤独小匪龙（*Dahalokely tokana*，2013）：生存于早白垩世早期的冈瓦纳古陆中部（现马达加斯加）。正是这个时期，马达加斯加开始变成了一座岛屿。一些学者认为它属于原始阿贝力龙科。

最小
纪录

独特速龙

标本：MUCPv 41

全长：1.5 m
臀高：41 cm
体重：4.7 kg
化石材料：胫骨、距骨和不完整足部
体型推测可信度：●●○○

幼崽

1:11.41

50 cm　　　　100 cm　　　　150 cm　　　　200 cm

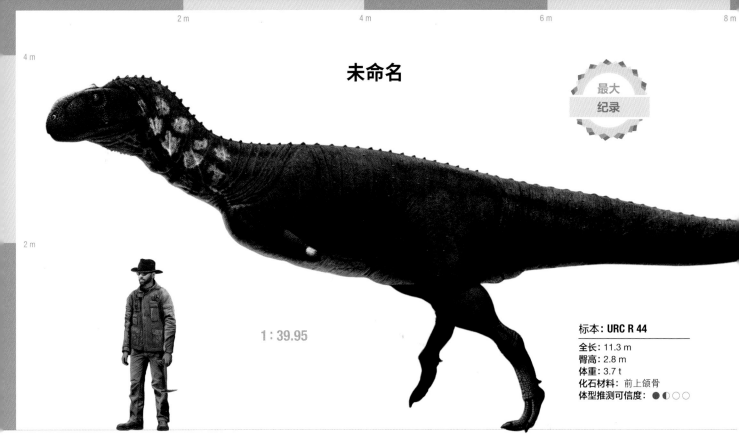

未命名

最大
纪录

1 : 39.95

2 m   4 m   6 m   8 m

4 m

2 m

标本: URC R 44

全长: 11.3 m
臀高: 2.8 m
体重: 3.7 t
化石材料: 前上颌骨
体型推测可信度: ●◐○○

最大纪录 分类: 超大型 等级 I

　　生存于晚白垩世早期（塞诺曼期，距今 1.005 亿～9 390 万年）的一大型阿贝力龙科恐龙（URC R 44）曾分布在冈瓦纳古陆西北部（现巴西），仅通过一块前上颌骨被识别出。它属于肉食性动物，体重约等于两只河马的总重，体长相当于两只湾鳄头尾相连的长度。一些强壮的阿贝力龙长着弯曲的牙齿，更适于抓住猎物以便把肉撕扯下来。此外，它们还具有灵活的下颚，避免在激烈活动中骨折。这些适应性对于捕获和杀死小型或年幼的兽脚亚目猎物来说是很有用的。

其他竞争者

　　纳巴达胜王龙（*Rajasaurus narmadensis*）：生存于晚白垩世（马斯特里赫特期晚期，距今 6 900 万～6 600 万年）的印度斯坦（现印度）。该种恐龙的成年复原模型是基于一些原被认为属于印度拉米塔龙的化石推测出的，实际上这些化石是由一些鳄鱼、蜥脚类巨龙和胜王龙的骨头组成的。纳巴达胜王龙大约长 10 m，重 3 t。有报道称：在冈瓦纳古陆中部（现肯尼亚），晚白垩世晚期有其他巨型阿贝力龙类，其体长有将近 11 m，但仍未有正式的描述。

足迹

a   48 cm

b   约15.4 cm

最大纪录

　　a. 未命名: 被保存下来的欧洲最大的阿贝力龙类的化石是牙齿化石 ML966，从该化石推测出该动物体长约 7.5 m，重 1 t。它是一个来自劳亚古陆中部（现西班牙）晚白垩世晚期的足迹，可能是由一个更大个体留下的。

阿贝力龙足迹、萨非足迹和其他类似的足迹很宽大，趾爪非常明显，尤其是第 II 趾的。对称的足迹形态一般与适应于奔跑的恐龙种类一致，比如，食肉牛龙。相反，对于那些短粗腿的种类，不对称的足迹形态显得更明显，比如，玛君颅龙。

最小纪录

　　b. 未命名: 这是一个来自冈瓦纳古陆中南部（现哥伦比亚），地质年代处于早白垩世早期的奇怪足迹，它与阿贝力龙留下的足迹有相似之处。

4 m

未命名足迹
9.8 m/2.45 t

未命名标本
11.3 m/3.7 t

2 m

未命名足迹
3 m/73 kg

萨洛维塔哈斯克龙
3.1 m/98 kg

10 m 12 m 14 m 16 m

特征与习性

这种兽脚亚目恐龙的头短，牙齿小且粗壮，呈刀锋形，短颈，前后肢各有四指（趾）。腿短且能涉水，身体笨重，表皮有鳞片存在。

阿贝力龙是肉食动物，从阿贝力龙科演化而来。它们擅长捕捉不同类型的猎物，一些长有比其他种类更宽的下颚，一些非常适应于快速奔跑。

食性：肉食性，捕食小型或大型动物。

时间范围

从中侏罗世到晚白垩世晚期（距今1.683亿～6 600万年），从化石记录可知，它们共生存了约1.023亿年的时间。

最小纪录 分类：中型 等级 I

由于尚不知道许多小型阿贝力龙科恐龙的年龄，人们因为对于它们之中到底哪种最小仍存疑问。阿根廷的"肉食龙"未定种，巴西的"斑龙"未定种，印度的拉氏"大椎龙"和"斑龙"未定种的体型都是基于其可能是幼年恐龙推测出的。最小的一个成年标本是**萨洛维塔哈斯克龙**（*Tarascosaurus salluvicus*），它生存于晚白垩世中期，在劳亚古陆中部（现法国）被发掘。它的长度是标本 URC R44 的2/7，体重约是后者的1/40。

最小的幼年标本

标本 CMN 50382 在摩洛哥早白垩世晚期的地层中被发现，它留存有完整的股骨。它属于一只长 1 m，重 3.4 kg 的小型肉食性恐龙。

最古老纪录

标本 MSNM V5800 可以追溯到中侏罗世（巴通期，距今 1.683亿～1.661亿年，现马达加斯加）。还有更古老的是梅氏始阿贝力龙（阿林期，距今 1.741亿～1.703亿年，现阿根廷），它可能是一只阿贝力龙科恐龙。

最新纪录

马氏印度龙、盗印度鳄龙、拉氏"大椎龙"、马氏直角龙、古吉拉特容哈拉龙、纳巴达胜王龙都是同时期的恐龙。它们被发掘于印度斯坦（现印度）的晚白垩世（马斯特里赫特期，距今 6 900万～6 600万年）地层。它们中的一些有可能是同物异名。同一时期还有来自马达加斯加的凹齿似玛君龙和来自罗马尼亚的标本 FGGUB R.351，但后者应该是一种鸭嘴龙类。

最奇异纪录

萨氏食肉牛龙（*Carnotaurus sastrei*）：发掘于冈瓦纳古陆西部（现阿根廷）的晚白垩世晚期地层中。它因为两只眼睛上方的两个小角而引人注目。其面部很短，而且比例与其他的阿贝力龙类差异很大。它的腿很长，双眼位置朝向前方，非常善于捕获行动迅速的小型猎物。

最早公布的种类

拉氏"大椎龙"（1890）：发掘于印度斯坦（现印度）的晚白垩世晚期地层中。人们原先认为它属于蜥脚亚目恐龙，但后面推翻了该观点，因为发现它生存的年代较近，而蜥脚亚目恐龙在中侏罗世已灭绝了。之后人们确定它是一种阿贝力龙类，并创立了新属名——"拉氏"直角龙。

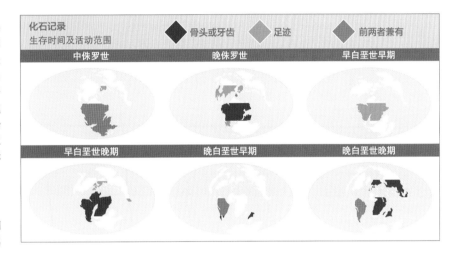

化石记录
生存时间及活动范围　　◆ 骨头或牙齿　　足迹　　前两者兼有

| 中侏罗世 | 晚侏罗世 | 早白垩世早期 |
| 早白垩世晚期 | 晚白垩世早期 | 晚白垩世晚期 |

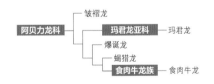

	皱褶龙
阿贝力龙科	玛君龙亚科 — 玛君龙
	爆诞龙
	蝎猎龙
	食肉牛龙族 — 食肉牛龙

最新公布的种类

埃氏阿克猎龙（*Arcovenator escotae*，2013）：发掘于劳亚古陆中部（现法国）的晚白垩世晚期地层中。它是欧洲发现的最大阿贝力龙之一，长达 7.2 m，体重 950 kg。

萨洛维塔哈斯克龙

最小
纪录

1 : 17.12

幼体
标本：CMN 50382

标本：FSL 330202

全长： 3.1 m
臀高： 98 cm
体重： 90 kg
化石材料： 胸椎骨
体型推测可信度： ●●○○

1 m　　　2 m　　　3 m

君王艾德玛龙

1 : 45.66

最大
纪录

标本：**CPS 1010**
全长：12 m
臀高：3.1 m
体重：4.2 t
化石材料：不完整耻骨
体型推测可信度：●●○○○

最大纪录 分类：超大型 等级 I

君王艾德玛龙（*Edmarka rex*）：生存于晚侏罗世（钦莫利期，距今 1.573 亿～1.521 亿年）的泛大陆西北部（现美国西部）。它是一种巨型兽脚亚目恐龙，体长与一辆公交车的长度接近，体重比一只亚洲象还重。它是侏罗纪时期北美洲的大型掠食者之一。在体型方面，它与巨型异特龙科的食蜥王龙不相上下，而且它们是同时期恐龙。两种庞然大物擅长捕食的猎物很可能各不相同，但也有可能会争夺某些食

物。专家怀疑艾德玛龙是一个谭氏蛮龙的巨型标本，但至今对此还没有详细研究。

三足鼎立

谭氏蛮龙的最大标本有 BYUVP 2003 和 BYUVP 4882，分别为格氏蛮龙和似蛮龙未定种（现美国西部，葡萄牙和坦桑尼亚）。它们的体型与君王艾德玛龙相差无几。

足迹

82 cm

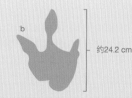

约24.2 cm

最大纪录

a. 未命名：晚侏罗世最大的足迹是在泛大陆中北部（现摩洛哥）发现的，其尺寸超过了 90 cm（包括距骨）。第二大的足迹大小不包括距骨，这应该是一个比君王艾德玛龙还大的巨型斑龙类留下的。

晚侏罗世时期大型兽脚亚目恐龙的足迹可分

为两大类：第一类是不对称的，主要是巨齿龙足迹（张北足迹、加布里龙足迹、巨龙足迹、沙门野兽足迹、土库曼龙和沱江足迹）；第二类是对称的，这类足迹是异特龙科留下的。

最小纪录

b. 未命名：很难区分特征不明显的小型兽脚亚目恐龙的足迹，但是，根据各趾的比例、不对称的形态和地质年代，我们可以推断出这个足迹属于一只斑龙（现意大利）。

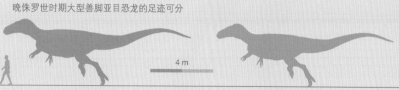

2 m

4 m

未命名足迹
12.7 m/5.1 t

君王艾德玛龙
12 m/4.2 t

未命名足迹
3 m/70 kg

大龙
4.5 m/220 kg

12 m   14 m   16 m   18 m

特征与习性

这些兽脚亚目恐龙的头大小各异，其骨冠原始，长有刀锋状的牙齿，脖子也长短各异，前肢有二至四指，后肢有四趾，体型中等至健壮。原始斑龙科是从鸟吻类恐龙演化而来的，它们是棘龙科和异特龙科恐龙的祖先。它们是肉食性恐龙，在其生存环境中属于统治级掠食者。

食性：肉食性，捕食小型或大型动物。

时间范围

从早侏罗世到晚侏罗世（距今2.013亿～1.45亿年），从化石记录可知，它们总计生存了约5 630万年。如果标本MLP 89-XIII-1-1是一只真正的斑龙科恐龙，那么这个时间范围还要再拓宽1.15亿年。

最小纪录 分类：中型 等级 III

内森考博大龙（*Magnosaurus nethercombensis*）：生存于中侏罗世（巴柔期，距今1.703亿～1.683亿年），分布于泛大陆中北部（现英格兰）。尽管它的名字叫"大龙"，实际上它却是原始斑龙科恐龙中最小的成年个体，其体型与一只狮子差不多大。几乎同样大的还有两百周年马什龙，它的体型更小，但更强壮，体长4.4 m，体重225 kg，尚不清楚它是否为成年个体。这两种恐龙的长度是君王艾德玛龙的1/2.7，体重是君王艾德玛龙的1/19。

最小的幼年标本

在葡萄牙发现的一些蛮龙未定种的胚胎，是该种类最小的标本，其中最小的可能是一个带牙的上颌骨ML1188。它属于一只长20 cm、重约30 g的小幼龙。

最古老纪录

体型巨大的"萨尔崔龙"是该类群中最古老的代表。它生存于早侏罗世（辛涅缪尔期，距今1.993亿～1.908亿年）的泛大陆中南部和中北部（现印度和意大利）。在泛大陆中北部（现意大利）发现的足迹呈现出不对称的特征，就像斑龙超科恐龙的足迹一样，这些足迹在早侏罗世（赫塘期，距今2.013亿～1.993亿年）地层中被发现。

最新纪录

坦达格鲁"异特龙"和似"蛮龙"未定种：都是晚侏罗世（提塘期晚期，距今1.485亿～1.45亿年）最新纪录的代表。一个神秘的化石MLP 89-XIII-1-1（现南极洲）可能属于巨斑龙科恐龙，这是因为人们发现它年代很近，与同组的其他标本（康尼亚克期，距今8 980万～8 630万年）相差了将近6 000万年。

最神秘纪录

绍氏展尾龙（*Teinurosaurus sauvagei*）：是一块很大的尾椎骨，发掘于泛大陆中北部（现法国）的晚侏罗世地层中。其特点在于体型巨大，但是不能肯定其亲缘关系。由其体型和所在地推断，它可能是一种斑龙科恐龙。

最早公布的种类

斑龙（*Megalosaurus*）：生存于中侏罗世的泛大陆中北部（现英格兰）。该名字于1822年被第一次提及，而它正式的描述在两年后才被公布。斑龙最初的名字是"巨人阴囊龙"，创建于1763年，之后被废除，该名字目前没有用于指定一个物种。仅凭一个化石的碎块是不能确定任何一个特殊的物种的，因为在其发现地存在着很多大型兽脚亚目恐龙。

最新公布的物种

格氏蛮龙（*Torvosaurus gurneyi*）：生存于晚侏罗世的泛大陆中北部（现葡萄牙）。该物种命名于2014年，此前它被当作蛮龙未定种。

化石记录
生存时间及活动范围   ■ 骨头或牙齿   ■ 足迹   ■ 前两者兼有

早侏罗世	中侏罗世	晚侏罗世

俄里翁龙类
- 丹达寇龙
- 斑龙超科
  - 皮亚尼兹基龙科 — 皮亚尼兹基龙
  - 斑龙科
    - 美扭椎龙
    - 非洲猎龙
    - 斑龙
- 异特龙超科
- 棘龙科
- 虚骨龙类

内森考博大龙

1 : 34.24

标本：OUM J12143

全长：4.5 m
臀高：1.25 m
体重：220 kg
化石材料：颌骨和躯干骨
体型推测可信度：●●●○

最小纪录

新生幼崽
标本：ML 1188

1 m   2 m   3 m   4 m   5 m   6 m

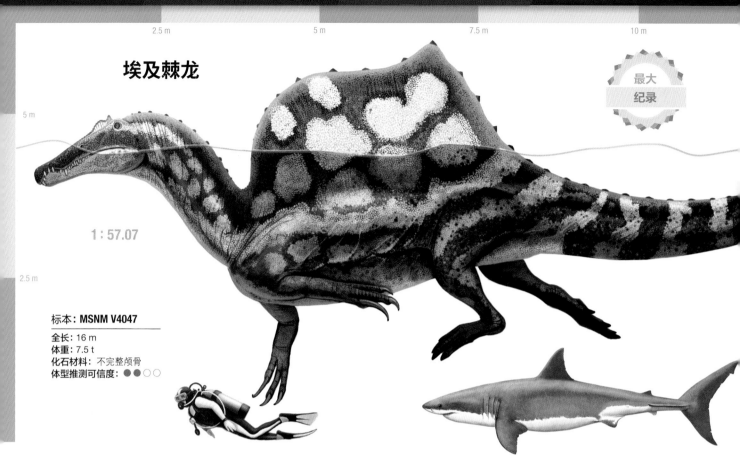

埃及棘龙

1:57.07

标本: MSNM V4047

全长: 16 m
体重: 7.5 t
化石材料: 不完整颅骨
体型推测可信度: ●●○○

最大纪录 分类: 超大型 等级 II

　　埃及棘龙 (*Spinosaurus aegyptiacus*): 生存于晚白垩世早期 (塞诺曼期, 距今 1.005 亿～9 390 万年), 分布在冈瓦纳古陆中北部 (现阿尔及利亚, 埃及和摩洛哥)。它属于巨型兽脚亚目恐龙, 并且是其中最大的一种。它的体长相当于一辆公交车和一辆轿车头尾相连的长度, 体重是一只非洲象和一只河马的体重之和。自从一个新标本被发掘之后, 人们对这种恐龙的传统认知被彻底颠覆, 其真实外形被揭晓: 它的后肢很短, 但有着非常长的身体。

其他竞争者

　　1996 年人们发现了摩洛哥棘龙化石 (现埃及, 摩洛哥和尼日尔)。最初, 恐龙学家认为它比埃及棘龙体型更大, 但随着时间的推移, 他们发现它与斯基玛萨龙体型相似, 因此, 估计它的体长和重量分别约为 14.4 m 和 6.5 t。

足迹

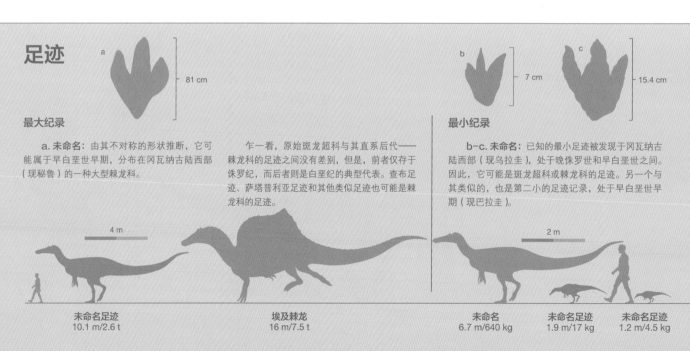

81 cm

最大纪录

a. 未命名: 由其不对称的形状推断, 它可能属于早白垩世早期, 分布在冈瓦纳古陆西部 (现秘鲁) 的一种大型棘龙科。

　　乍一看, 原始斑龙超科与其直系后代——棘龙科的足迹之间没有差别, 但是, 前者仅存于侏罗纪, 而后者则是白垩纪的典型代表。查布足迹, 萨塔普利亚足迹和其他类似足迹也可能是棘龙科的足迹。

7 cm　15.4 cm

最小纪录

b-c. 未命名: 已知的最小足迹被发现于冈瓦纳古陆西部 (现乌拉圭), 处于晚侏罗世和早白垩世之间。因此, 它可能是斑龙超科或棘龙科的足迹。另一个与其类似的, 也是第二小的足迹记录, 处于早白垩世早期 (现巴拉圭)。

4 m

未命名足迹
10.1 m/2.6 t

埃及棘龙
16 m/7.5 t

2 m

未命名
6.7 m/640 kg

未命名足迹
1.9 m/17 kg

未命名足迹
1.2 m/4.5 kg

.5 m 15 m 17.5 m 20 m 22.5 m

特征与习性

这种兽脚亚目恐龙的颅骨很长，一些头顶长着骨冠，一些则没有。它们长着锥形齿，长颈，前肢三指，后肢四趾，爪子很大，背部长着高高的神经棘，一次产 2～4 枚蛋。

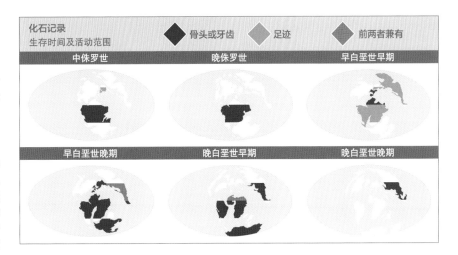

棘龙科是由原始斑龙超科演变而来的。它们非常适应半水生或水生生活，其头部构造与鳄鱼类似。大多数棘龙的背椎长有高高的神经棘，其作用尚不明确，但猜测它用于储藏脂肪和水，也可能具有求偶的功能。

食性：捕捉小型食肉动物和（或）鱼类。

时间范围

从中侏罗世到晚白垩世晚期（距今 1.683 亿～8 360 万年），它们持续生存了大约 8 470 万年。

最小纪录 分类：大型 等级 I

人们发现过许多小型棘龙科的化石，特别是散落的牙齿，然而尚不清楚它们的生长状态。最小的成年标本是 MPZ 2001/207（现西班牙），它与沃氏重爪龙非常相似，与湾鳄大小相当。从数据分析可知，它生存于早白垩世早期，埃及棘龙的身长几乎是它的 2.4 倍，而它的体重大约是埃及棘龙的 1/12。分别发现于中国和泰国的扶绥暹罗龙（之前被称为扶绥中国上龙）和萨氏暹罗龙可能是最小的种类，但是由于缺乏更完整的材料，很难将两者进行对比。

最小的幼年标本

"Weenyonyx" 是恐龙学家给一些小小的前肢化石起的非正式名称。这些化石可能属于一只幼年沃氏重爪龙，体长大约 1.6 m，体重约 10 kg。

最古老纪录

标本 TP4-2：发掘于泛大陆中南部（现尼日尔），处于中侏罗世（巴通期，距今 1.683 亿～1.661 亿年），可能属于一种原始棘龙类。由于其具有三叠纪（现坦桑尼亚）主龙类梳棘龙的大型背帆，它被恐龙学家认为是棘龙的祖先。

最新纪录

未命名的标本 XMDFEC V0010，来自劳亚古陆东部（现中国），曾存活于晚白垩世晚期（圣通期，距今 8 630 万～8 360 万年）。

最奇异纪录

老挝鱼猎龙（*Ichthyovenator laosensis*）：发掘于辛梅利亚古陆（现老挝），处于早白垩世晚期，和埃及棘龙一样，都是最奇异的棘龙类。鱼猎龙长有非常宽的神经棘，除了呈现出不寻常的外形，在其臀部的神经棘还具有相当明显的裂口，将背帆分成了两个部分。棘龙非常适应水生生活，因而它的后肢很短。它处于与巨型鳄鱼相当的生态位。

化石记录 生存时间及活动范围	◆ 骨头或牙齿	◇ 足迹	◆◇ 前两者兼有
中侏罗世	晚侏罗世	早白垩世早期
早白垩世晚期	晚白垩世早期	晚白垩世晚期

最早公布的种类

刀齿鳄龙（*Suchosaurus cultridens*，1841）：发掘于劳亚古陆中部（现英格兰），处于早白垩世晚期。由于其有锥形牙齿，多年以来被认为是一种鳄鱼，直到在后来的一项研究中，它才被辨认出是一种棘龙科恐龙。

最新公布的种类

老挝鱼猎龙（2012）：发掘于辛梅利亚古陆（现老挝），处于早白垩世，呈现出重爪龙类和棘龙类的混合特征。

棘龙科 ┬ 重爪龙
　　　 └ 棘龙亚科 ┬ 鱼猎龙
　　　　　　　　　 └ 棘龙

未命名

最小
纪录

1 : 34.24

幼体

标本：MPZ 2001/207

全长：6.7 m
臀高：1.65 m
体重：640 kg
化石材料：牙齿
体型推测可信度：●○○○

1 m 2 m 3 m 4 m 5 m 6 m

| 2 m | 4 m | 6 m | 8 m |

巨食蜥王龙

最大
纪录

1:45.66

标本：**OMNH 1935**

全长：12 m
臀高：3.25 m
体重：4.5 t
化石材料：肱骨
体型推测可信度：●●○○○

最大纪录 分类：超大型 等级 I

巨食蜥王龙（*Saurophaganax maximus*）：生存于晚侏罗世（钦莫利期，距今 1.573 亿～1.521 亿年），分布在泛大陆西北部（现美国俄克拉何马州）。它是同时期陆地上体型最大的掠食者之一，其体重超过了一只亚洲象。它的脖子非常强壮，下颚有很大的咬合力，能将猎物的肉大片撕扯下来，并杀死它们。为了捕捉一群大型猎物，它们需要团体狩猎。

其他竞争者

合依潘龙：生存于晚侏罗世（现美国科罗拉多州），是另一种体型巨大的异特龙超科恐龙。目前尚不清楚它是脆弱异特龙的大型个体，还是巨食蜥王龙的亚成体。它体长达到 10.4 m，重达 2.9 t。生存于晚侏罗世（现中国）的董氏中华盗龙和中棘龙科 IVPP V 15310 比合依潘龙更大更重，长约 11.5 m，重约 3.9 t。

足迹

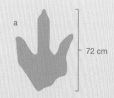

a ⟩ 72 cm

b ⟩ 17.8 cm

最大纪录

a. 未命名：长 65～82 cm，地质年代为中侏罗世的一组 92 个足迹在泛大陆中北部（现英格兰）被发现。其形态对称，不同于斑龙超科恐龙的足迹，再加上其长且窄的趾印、粗壮的外形，反映出它们是由一只中棘龙科恐龙留下的。

两组原始异特龙超科恐龙的足迹很好辨别：异特龙类的足迹宽度大于长度（阿吉龙足迹和伊韦尔龙足迹），而中棘龙类的足迹长度大于宽度（卡克希龙足迹和石根特龙足迹）。

最小纪录

b. 未命名：这些足迹发现于中侏罗世的泛大陆西北部（现墨西哥）。由强壮的形态、趾印的模式，可知其中一些足迹属于异特龙超科恐龙。它们的体型表明，这些足迹更有可能是幼龙而不是成年龙留下的，尽管在当地的动物群中显然没有大型的物种。

4 m

未命名足迹
11.9 m/3.2 t

巨食蜥王龙
12 m/4.5 t

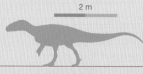

2 m

未命名足迹
2 m/36 kg

七里峡宣汉龙
4.8 m/265 kg

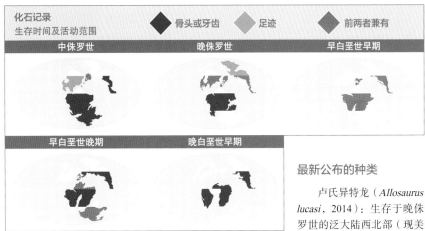

12 m · **14 m** · **16 m** · **18 m**

特征与习性

这种兽脚亚目恐龙的头部有大到中等大小，牙齿呈刀锋状，短颈，前肢有三或四指，后肢有四趾，身体健壮均一般。

异特龙超科是从原始斑龙超科演化而来的，是鲨齿龙科和虚骨龙类的祖先。它们是次级或统治级捕食者。异特龙科和中棘龙科在侏罗纪时期大量繁育，而类似于挺足龙的其他类群要到白垩纪才变得常见。

食性：肉食性，捕食小型或大型动物。

时间范围

从中侏罗世到晚白垩世早期（距今1.741亿～8980万年），从化石记录可知它们存活了长达8430万年的时间。

最小纪录 分类：中型 等级 III

七里峡宣汉龙（*Xuanhanosaurus qilixiaensis*）：发掘于中侏罗世（巴柔期，距今1.703亿～1.683亿年）的古亚洲东部（现中国）。它的长度相当于一只湾鳄，重量是一只狮子加一个成年人的体重之和。跟其他异特龙科恐龙一样，它的生长模式还未研究清楚。它的体长是合食蜥王龙的2/5，体重是合食蜥王龙的1/17。

最小的幼年标本

在葡萄牙发现了几颗幼年异特龙科恐龙的牙齿。其中最小的是 IPFUB GUI Th 4 a，长仅约 55 mm，重 130 g。

最古老纪录

金时代龙生存于中侏罗世（阿林期，距今1.741亿～1.703亿年）的古亚洲东部（现中国），它属于中棘龙科，是异特龙超科最原始的一种，也是起源于这个大陆的种类。

最新纪录

兽脚亚目恐龙 MCF-PVPH 320 被发掘于晚白垩世早期（土伦期，距今9390万年～8980万年）的冈瓦纳古陆西南部（现阿根廷）。该标本包括一块不完整的额骨，可辨认出是中华盗龙属恐龙。其他同样古老的材料发现于叙利亚，被认为可能是鲨齿龙或挺足龙。

最奇异纪录

上游永川龙（CV 00215）：这是一只未成年个体，其颅骨比股骨短约9%，然而在成年标本 CV 00216 中，颅骨的长度是股骨的1.85倍。这表明其身体比例在其生长过程中发生了巨大变化，比其他近亲更明显。

最早公布的种类

瓦伦斯腔躯龙（*Antrodemus valens*，1870）：生存于晚侏罗世的泛大陆西北部（现美国科罗拉多州）。它是一块不完整的尾椎骨，可能属于一个已知但未完全确定物种的恐龙，目前习惯于将其归为脆弱异特龙。

最新公布的种类

卢氏异特龙（*Allosaurus lucasi*，2014）：生存于晚侏罗世的泛大陆西北部（现美国科罗拉多州）。很多学者并不认可这个分类，因为他们认为这只是脆弱异特龙的一个个体，但是，这个成年个体体长比其他脆弱异特龙的短很多。

七里峡宣汉龙

1 : 34.24

最小纪录

幼体
标本：IPFUB GUI Th 4

标本：IVPP V6729

全长：4.8 m
臀高：1.3 m
体重：265 kg
化石材料：部分骨骼
体型推测可信度：●●●●

1 m · **2 m** · **3 m** · **4 m** · **5 m** · **6 m**

卡氏南方巨兽龙

最大
纪录

1 : 45.66

标本：MUCPv-95

体长： 13.2 m
臀高： 3.85 m
体重： 8.5 t
化石材料： 带牙齿的不完整齿骨
体型推测可信度： ●●○○○

最大纪录 分类：超大型 等级 II

　　卡氏南方巨兽龙（*Giganotosaurus carolinii*）：生存于晚白垩世早期（塞诺曼期早期，距今 1.005 亿～9 390 万年），分布于冈瓦纳古陆西南部（现阿根廷）。它是当时体型最大的掠食者之一，其体长超过了一辆公交车，体重是一只亚洲象和一只白犀牛体重之和。其最大标本的体型是基于一块非常不完整的齿骨推算出的，结果比模式种 MUCPv-Ch1 大 6.5%，这一个体的重量可与君王暴龙最大的标本相当。南方巨兽龙比暴龙更长，但它的身体没有后者健壮。

其他巨型种类

　　有很多体重达到或超过 7 t 的鲨齿龙科，比如：阿根廷的丘布特魁纣龙（12.5 m，7 t），南非的标本 MB R2352（12.5 m，7 t），阿根廷的玫瑰马普龙（12.6 m，7.6 t），尼日尔的鲨齿龙未定种（12.7 m，7.8 t）及摩洛哥的撒哈拉鲨齿龙（12.7 m，7.8 t）。

足迹

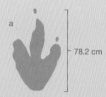

a

78.2 cm

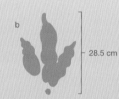

b

28.5 cm

最大纪录

　　a. 未命名： 留有足迹的最大的兽脚亚目恐龙之一是生存于早白垩世早期，冈瓦纳古陆西南部（现巴西）的一只鲨齿龙科恐龙。

　　著名的比克堡足迹，以及类似的其他足迹可能属于鲨齿龙科恐龙。其足迹对称，不同于巨龙留下的足迹。

最小纪录

　　b. 未命名： 当标本很小的时候，鉴别无明显特征的兽脚亚目恐龙足迹尤其困难，因为可忽略的边缘要大得多。该足迹由于痕迹深、形态对称，且来自冈瓦纳古陆西部（现巴西）的早白垩世早期地层，因此，可以推断它是由一只幼年鲨齿龙类恐龙留下的。

4 m

未命名足迹
10.6 m/5 t

卡氏南方巨兽龙
13.2 m/8.5 t

3 m

未命名足迹
4.2 m/230 kg

驼背昆卡猎龙
5.2 m/400 kg

12 m　　14 m　　16 m　　18 m

特征和习性

这种兽脚亚目恐龙的头部大，牙齿呈刀锋状，短颈，前肢也短，前肢三指，后肢四趾，身体比较健壮。

鲨齿龙科是从原始异特龙科恐龙演化而来的，是次级或统治级的掠食者。很多更大的兽脚亚目恐龙都是属于这一科。

食性：肉食性，捕食小型或大型动物。

时间范围

从中侏罗世到晚白垩世晚期（距今1.683亿～6 600万年），从化石记录可知，它们存活了长达1.023亿年的时间。

最小纪录
分类：大型　等级 I

驼背昆卡猎龙

（*Concavenator corcovatus*）：生存于早白垩世晚期（巴雷姆期，距今1.294亿～1.25亿年）的劳亚古陆中北部（现西班牙）。它的体重与一只大棕熊相当，体长比一只湾鳄更长。其模式种是一个成年个体，体长几乎是卡氏南方巨兽龙长度的2/5，体重是它的1/21。

最小幼年标本

标本 MACN-PV RN 1086：人们仅从一颗不完整的牙齿辨认出它属于一只阿根廷的鲨齿龙。这只恐龙在世时，至少长2.6 m，重64 kg。

最古老纪录

在泛大陆中南部（现尼日尔）的中侏罗世地层中发现的标本 TP4-6，被认为是最古老的鲨齿龙科恐龙。

最新纪录

一些鲨齿龙科恐龙灭绝于晚白垩世早期和晚期之间，但是其中一些类群在南美洲北部及欧洲都存活了下来。最新的标本 UFRJ-DG379-Rd 被认为是一个鲨齿龙科恐龙，它被发掘于晚白垩世晚期（马斯特里赫特期晚期，距今6 900万～6 600万年）地层，曾存活在冈瓦纳古陆西南部（现巴西）。

最奇异纪录

驼背昆卡猎龙的脊椎骨在骶骨处非常发达，可能具有储存脂肪或调节体温的功能。它的一个近亲：长棘比克尔斯棘龙，有着与其相似的神经棘，但其化石材料并不完整。

最早公布的种类

硕大"斑龙"（1920）：被发现于泛大陆中南部（现坦桑尼亚）的晚侏罗世地层中。它之前被称为硕大"角鼻龙"，因为当时专家推测它为一只巨型角鼻龙科恐龙。现在我们知道它属于原始鲨齿龙科恐龙。它与米氏旧鲨齿龙生存于同一时期，但是不能将两者进行比较，这是因为它们是通过不同的材料被认识和了解的。

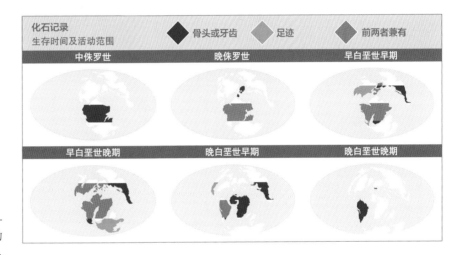

化石记录　生存时间及活动范围　■骨头或牙齿　◆足迹　◆前两者兼有

| 中侏罗世 | 晚侏罗世 | 早白垩世早期 |
| 早白垩世晚期 | 晚白垩世早期 | 晚白垩世晚期 |

鲨齿龙科 ┬ 新猎龙
　　　　 ├ 高棘龙
　　　　 └ 鲨齿龙亚科 ─ 鲨齿龙

最新公布的种类

广西大塘龙（*Datanglong guangxiensis*，2014）：在劳亚古陆东部（现中国）的早白垩世晚期地层中被发现。这是一个成年个体，体型中等。在相同位置发现的标本 NHMG 10858 可能也属于这一种类，而且人们推测这一标本体型更大。

驼背昆卡猎龙

最小纪录

1 : 34.24

幼体
标本：MAC-PV RN 1086

标本：**MCCM-LH 6666**
体长：5.2 m
臀高：1.9 m
体重：400 kg
化石材料：躯干骨 ●●●○
体型推测可信度：●●●○

1 m　　2 m　　3 m　　4 m　　5 m　　6 m

东北暹罗暴龙

最大
纪录

2 m

1 : 34.24

标本: PW9-1

全长: 10 m
臀高: 2.5 m
体重: 1.75 t
化石材料: 躯干骨
体型推测可信度: ●●●○

最大纪录 分类: 大型 等级 III

东北暹罗暴龙（*Siamotyrannus isanensis*）: 发现于辛梅利亚古陆（现泰国）的早白垩世晚期（巴雷姆期，距今 1.294 亿～ 1.25 亿年）地层中。这种兽脚亚目恐龙体重相当于四只棕熊的总重，身长是两条湾鳄的体长之和。它被认为可能是一种暴龙或是异特龙科恐龙，但近期人们推测它也许是一种原始虚骨龙类恐龙。

第二大纪录

除了一些更原始的种类以外，大部分的原始虚骨龙类体型演化得更小。安氏卢雷亚楼龙（*Lourinhanosaurus antunesi*）被发现于泛大陆中北部（现葡萄牙）的中侏罗世（钦莫利期，距今 1.573 亿～ 1.521 亿年）地层中。它体长 5.2 m，体重约 300 kg。它的的体长是暹罗暴龙的 1/2，体重是后者的 1/6。

足迹

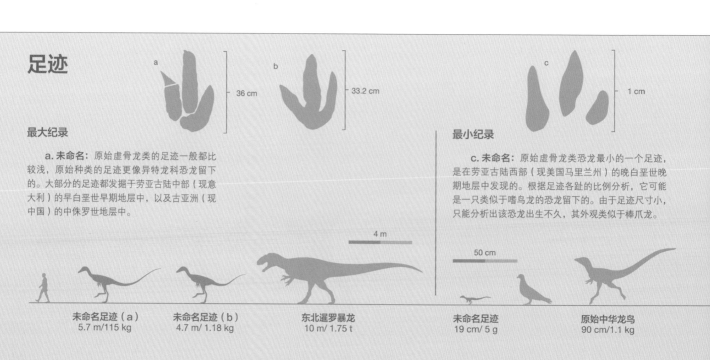

a
36 cm

b
33.2 cm

c
1 cm

最大纪录

a. 未命名: 原始虚骨龙类的足迹一般都比较浅，原始种类的足迹更像异特龙科恐龙留下的。大部分的足迹都发掘于劳亚古陆中部（现意大利）的早白垩世早期地层中，以及古亚洲（现中国）的中侏罗世地层中。

最小纪录

c. 未命名: 原始虚骨龙类恐龙最小的一个足迹，是在劳亚古陆西部（现美国马里兰州）的晚白垩世晚期地层中发现的。根据足迹各趾的比例分析，它可能是一只类似于嗜鸟龙的恐龙留下的。由于足迹尺寸小，只能分析出该恐龙出生不久，其外观类似于棒爪龙。

4 m

50 cm

未命名足迹（a）
5.7 m/115 kg

未命名足迹（b）
4.7 m/1.18 kg

东北暹罗暴龙
10 m/1.75 t

未命名足迹
19 cm/5 g

原始中华龙鸟
90 cm/1.1 kg

特征与习性

这种兽脚亚目恐龙的头部有小到中等大小，脑容量大，牙齿有小到中等尺寸，呈刀锋状；前臂和颈部的长度中等至较长，后肢和尾巴也长，整个躯体修长，前肢有三指，后肢有四趾。

虚骨龙是从原始异特龙科恐龙演化而来。它们中的绝大多数是小型快速捕食者。

食性：肉食性，捕食小型和（或）大型动物。

时间范围

从中侏罗世到晚白垩世早期（距今1.703 亿～ 8 630 万年），从化石记录可知，它们生存了长达 8 400 万年的时间。

最小纪录 分类：较小型 等级 I

原始中华龙鸟（Sinosauropteryx prima）的标本 NIGP 127587：于劳亚古陆东部（现中国）的早白垩世晚期（巴雷姆期，距今1.294 亿～ 1.25 亿年）地层中被发现。它是一个成年雌性恐龙，在其体内还有两枚恐龙蛋。这种恐龙的体型跟乌鸦一样大，体长几乎是东北暹罗暴龙的 1/11，体重是它的 1/1 600。

最小幼年标本

目前已发现近 300 个安氏卢雷亚楼龙的骨骼化石材料，其中 ML565 是最小的一个，长度仅为 47 cm，重量是 70 g。

最古老纪录

建设气龙（Gasosaurus constructus）：生存于中侏罗世（巴柔期，距今 1.703 亿～ 1.683亿年）的古亚洲东部（现中国）。它曾被认

为是一种异特龙科恐龙，但是新研究发现它是一种虚骨龙类恐龙。

最新纪录

原始虚骨龙类在白垩纪中期逐渐消失，但是有一些分支存活下来，直至晚白垩世晚期（康尼亚克期，距今 8 980 万～ 8 630 万年）。其中虚骨龙 MAU-PV-PH-447/1 来自冈瓦纳古陆西南部（现阿根廷），它可能是一只类似于阿根廷双百龙的恐龙，但是它生存的时代更近。

最奇异纪录

赫氏嗜鸟龙（Ornitholestes hermanni）：生存于晚侏罗世的泛大陆西北部（现美国怀俄明州）。这是一种不同于其他恐龙的奇怪的虚骨龙类，其腿部适应快速奔走，上下颌前方的牙齿又长又尖，十分适合咬食猎物，特点类似于暴龙。一些研究者把它归为手盗龙类。

最早公布的种类

长足美颌龙（Compsognathus longipes，1859）：生存于晚侏罗世的泛大陆中北部（现德国）。它是当地第一种被发现并确认的

恐龙。其化石仅缺了几个小部分，比如，尾巴末端和一些趾头，所以它是非常确凿的标本。在当时，恐龙都被认为有着非常硕大的形态，而这种恐龙体型小似一只鸟，因而直到 1896 年，它才被确认为恐龙。

最新公布的种类

赵氏敖闰龙（2013）：发掘于古亚洲东部（现中国）的中侏罗世地层中。它是以中文命名的，敖闰是长篇小说《西游记》中的西海龙王之名。

化石记录
生存时间及活动范围　◆ 骨头或牙齿　◆ 足迹　◆ 前两者兼有

中侏罗世	晚侏罗世	早白垩世早期

早白垩世晚期	晚白垩世早期

虚骨龙类
- 卢雷亚楼龙
- 暴龙超科
- 大盗龙科
- 虚骨龙
- 嗜鸟龙
- 美颌龙科 —— 美颌龙
- 似鸟龙下目
- 手盗龙类

最小纪录

原始中华龙鸟

1 : 5.71

幼体
标本：ML 565

标本：NIGP 127587

全长：90 cm
臀高：33 cm
体重：1.1 kg
化石材料：躯干骨
体型推测可信度：●●●●

未命名

最大
纪录

1 : 45.66

标本: NHMG 8500

全长: 12.9 m
臀高: 3.6 m
体重: 5.2 t
化石材料: 牙齿
体型推测可信度: ●●○○

最大纪录 分类: 超大型 等级 I

　　标本 NHMG 8500 发掘于劳亚古陆东部（现中国）的晚白垩世晚期地层中，它是通过一块巨型牙齿来辨识的。这块牙齿巨大，就像是鲨齿龙科或暴龙科的大型恐龙的牙齿一样，其形态表明它属于与前两者不同的兽脚亚目恐龙，也就是说，在同一时期或同一地方，有与勇士特暴龙共存的大盗龙科恐龙，并且其体型更大。它的体重相当于一只亚洲象和一只长颈鹿体重之和。它与有巨大爪子的其他兽脚亚目恐龙共存，比如，体型巨大的泰坦巨龙、鸭嘴龙科、身披盔甲的甲龙科和角龙科，它们都有可能是这种恐龙的猎物。

体型最为相近的物种

　　硕大巴哈利亚龙生存于晚白垩世晚期的冈瓦纳古陆中部（现埃及），属于大型大盗龙。它长达 12.2 m，重达 4.6 t。体型稍小一点的有大水沟吉兰泰龙和米氏野兽龙（现中国和美国犹他州），身长 11.7 m，体重 4.1 t。后者可能更大，因为它是一个亚成体标本。"巨型疏骨龙"是一个据推测长达 15 m 的巨型大盗龙科恐龙的非正式名称，尽管实际上它可能是一只体型相当小的鲨齿龙科恐龙。

足迹

a

60 cm

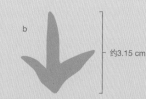

b

约3.15 cm

最大纪录

　　a. 未命名: 一个在冈瓦纳古陆西部（现巴西北部）的早白垩世早期地层中发现的足迹，根据其形态、位置和所属的年代推测，它可能是由一只巨大的大盗龙科恐龙留下的。

　　大盗龙类和暴龙科的足迹可以通过其趾头的比例进行区分，但有些种类很难分辨。因其脚趾的灵活性，大盗龙的足迹与某些鸟类的足迹相似，但脚掌的第二趾常呈现僵直的状态。已命名的足迹有哥伦布足迹、鸭嘴龙足迹、艾氏龙足迹和"巨龙足迹"。

最小纪录

　　b. 未命名: 一个在冈瓦纳古陆中部（现摩洛哥）的晚白垩世晚期地层中发现的小足迹，被推测可能是一只鸟类留下的。然而，它还具有一些类似于大盗龙类恐龙足迹的特征，并且这个大盗龙类会是一个非常年幼的个体。

4 m

未命名足迹
8.5 m/1.5 t

未命名标本
12.9 m/5.2 t

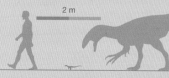

2 m

未命名足迹
43 cm/130 g

温顿南方猎龙
5.7 m/450 kg

12 m   14 m   16 m   18 m

特征与习性

这种兽脚亚目恐龙的头部较长，牙齿很大，呈现刀锋状，外鼻消失，前臂和脖子中等或短，前掌有巨大的爪子和扁平的拇指，身体较僵硬，前肢有三指，后肢有四趾。

大盗龙类与暴龙超科一样，是从原始虚骨龙演化而来的。一般来说，它们体型小，捕猎速度快，但也有一些体型很大。它们在冈瓦纳古陆和劳亚古陆部分地区占据着统治级掠食者的地位。

食性：肉食性，捕食小型和（或）大型动物。

时间范围

从早白垩世早期到晚白垩世晚期（距今1.294亿～6 600万年），从化石记录可知，它们生存了6 340万年的时间，并且出现在整个白垩纪时期。

最小纪录 分类：中型 等级 II

在澳大利亚发现了很多小型大盗龙类恐龙化石标本，但尚不清楚它们是否成年。发掘于早白垩世晚期（阿普特期，距今1.25亿～1.13亿年）地层中的**"大盗龙"未定种**是最小的个体，它比似鸟盗龙和温顿南方猎龙更古老，其体型与一只狮子接近。它是基于一个尺骨推测出的，被认为可以代表一个新的属。它的体长是未命名标本 NHMG 8500的1/3，体重是后者的1/30。

最小幼年标本

一些北谷福井盗龙在早白垩世早期（现日本）的地层中被发现。其中最小的是标本 FPDM – V980805018，它的体长只有 76 cm，体重是 1.9 kg。在更南部的地区（现澳大利亚），有许多年代相近的牙齿和椎骨化石。其中最小的可能是标本 NMV P221205，它是一个很小的牙齿，可能属于一只体长为 56 cm、体重为 450 g 的个体。

最奇异纪录

大盗龙有两个非常明显的爪子，每只爪子上有个巨大的拇指，长度可达到 34 cm。它们是著名的陆生掠食者。

最新纪录

标本 GNS CD 583：发现于新西兰查塔姆群岛，属于晚白垩世（马斯特里赫特晚期，距今 6 900万～6 600万年）地层。一些研究者认为它属于原始虚骨龙类，这意味着它可能是一只大盗龙科恐龙。

最古老纪录

西伯利亚"异特龙"是在 Tignin（也被称为 Turgin 或 Zugmar）地层中被发现的，尚不知道它的精确年代。它被认为生存于早白垩世早期（贝里阿斯期～欧特里夫期，距今约 1.294 亿年），分布在劳亚古陆东部（现俄罗斯东部）。

最早公布的种类

"斑龙"未定种（1913）：发现于冈瓦纳古陆西部（现巴西北部）的晚白垩世晚期地层中。它可能是一只大盗龙，这是因为它的牙齿与一种暴龙超科恐龙（鹰爪伤龙）相似，尽管该类群在南美洲并不常见。似鸟盗龙属是该类型中第一个建立的属，其他的种已被归属于异特龙属或斑龙属。

最新公布的种类

米氏西雅茨龙（*Siats meekerorum*，2013）：发现于劳亚古陆东部（现美国犹他州）的早白垩世早期地层。它有可能是属于异特龙超科新猎龙科，但据目前所知它是一种原始大盗龙。

化石记录
生存时间及活动范围　　◆ 骨头或牙齿　　◇ 足迹　　◆ 前两者兼有

| 早白垩世早期 | 早白垩世晚期 | 晚白垩世早期 |

| 晚白垩世晚期 |

巴哈利亚龙
福井盗龙
大盗龙类
南方猎龙
大盗龙科
大盗龙

"大盗龙" 未定种

1 : 28.53

最小纪录

幼体
标本：FPDM-V980805018

标本：**NMV P186076**

全长：4.1 m
臀高：1.25 m
体重：170 kg
化石材料：躯干骨
体型推测可信度：●●●○

1 m   2 m   3 m   4 m   5 m

希氏虐龙

最大
纪录

1 : 39.95

标本：NMMNH P-27469
全长：9 m
臀高：3 m
体重：3.3 t
化石材料：颅骨和躯干骨
体型推测可信度：● ● ● ○

最大纪录 分类：超大型 等级 I

　　希氏虐龙（*Bistahieversor sealeyi*）：生存于晚白垩世晚期（坎潘期，距今 7 800 万～ 7 210 万年）的劳亚古陆东部（现美国新墨西哥州）。它是一种健壮的肉食动物，外观同暴龙科类似，但先前被当作后弯齿龙似绝种或是达斯布雷龙未定种。在白垩纪末期北美洲大陆西部（拉腊米迪亚古大陆），暴龙超科的衍生物种被暴龙科所替代，东部（阿巴拉契亚古大陆）的物种没有与这里的亚洲动物群发生融合，统治级的掠食者是暴龙超科的恐龙，如虐龙。

最长但最轻纪录

　　似蒙古原恐齿龙（cf. *Prodeinodon mongoliensis*）：发现于劳亚古陆东部（现蒙古）的早白垩世晚期（瓦兰今期，距今 1.398 亿～ 1.329 亿年）地层中。根据一块胫骨、一块长约 1 m 的腓骨和一颗上颌牙的不完整化石，将它归为蒙古原恐齿龙，尽管这些遗骨化石不能与这个物种相比。它可能是一个外形类似华丽羽王龙的掠食者，因此，其体长可能比虐龙还长，约为 9.8 m，但它的身体更轻巧，体重约有 2.3 t。反常屿峡龙可能更重，体重有 2.6 t，但身长则短一些，约为 8.2 m。

足迹

a

约56.5 cm

b

1.78 cm

最大纪录

　　a. 未命名：这一足迹来自晚白垩世晚期的劳亚古陆东部（现韩国）。它可能是一个类似于伤龙的暴龙超科恐龙留下的。

　　暴龙超科恐龙的足迹（虚骨龙足迹、湖南足迹、艾氏足迹、陕西足迹、兽跖足迹、王尔德足迹、休宁足迹）有着与某些鸟类足迹相似的特点，这也许是因为它主要使用口鼻部捕食，行动时脚的功能就退化了。

最小纪录

　　b. 未命名：是已知的最小的足迹之一，脚掌的形状与暴龙超科恐龙一致。这一足迹是在泛大陆中部（现苏格兰）的中侏罗世地层中发现的。

4 m

未命名足迹
4.2 m/510 kg

希氏虐龙
9 m/3.3 t

40 cm

未命名足迹
20 cm/18 g

奇异帝龙
1.8 m/15 kg

10 m　　　　　　12 m　　　　　　14 m　　　　　　16 m

特征与习性

这种兽脚亚目恐龙的头部中等大小，大齿呈刀锋状，外鼻消失，前臂和脖子中等长度，尾巴长，躯体纤细，前肢有三指，后肢有四趾。

原始暴龙超科是从原始虚骨龙演化而来的，它们是暴龙超科恐龙的祖先。其中除了一些大型强壮的种类，还有体型小、轻巧并行动迅速的种类。

食性：肉食性，捕食小型到大型动物。

时间范围

从中侏罗世到晚白垩世晚期（距今1.677亿～6 600万年），从化石记录可知，它们生存了长约1亿年的时间。

最小纪录 分类：小型 等级 II

奇异帝龙（*Dilong paradoxus*）：生存于早白垩世晚期（巴雷姆期，距今1.294亿～1.25亿年）的劳亚古陆东部（现中国）。在中国神话中，帝龙是一种中国龙，掌管河水和溪流。最大的个体尚未成年，其体型可与一只猞猁相比。它的身长是似蒙古原恐齿龙的2/11，体重是似蒙古原恐齿龙的1/220。

最小的幼年个体

侦察龙未定种CHEm03.537发掘于法国早白垩世地层中，它是一块小的原始暴龙超科的牙齿。它的主人应该有85 cm长，体重有1.5 kg。

最古老纪录

帝胄哈卡斯龙和布氏原角鼻龙生存于中侏罗世（巴通期，距今1.683亿～1.661亿年），分布在古亚洲东部和泛大陆中北部（分别为现俄罗斯东部和英格兰）。

最新纪录

鹰爪伤龙（*Dryptosaurus aquilunguis*）：发现于劳亚古陆东部（现美国新泽西州）的晚白垩世晚期（马斯特里赫特中期，距今约6 900万年）地层中。它是第一种以双足行走姿势复原的兽脚亚目恐龙。

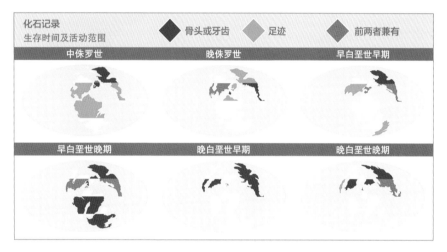

化石记录 生存时间及活动范围	◆ 骨头或牙齿	◆ 足迹	◆ 前两者兼有
中侏罗世	晚侏罗世	早白垩世早期
早白垩世晚期	晚白垩世早期	晚白垩世晚期

最早公布的种

鹰爪暴风龙（*Laelaps aquilunguis*，1866）：生存于晚白垩世的劳亚古陆西部（现美国新泽西州），后更名为伤龙，这是因为该名字在30年前已为一种厉螨所有。

最奇异纪录

五彩冠龙外形的奇怪之处在于它长长的口鼻部和高度发达的骨冠。似乎这是原角鼻龙科的一个常见特征，但很难用此鉴定科内的其他成员。奥氏掠龙的骨骼非常典型，其腿骨有几处与众不同的特征。反常屿峡龙有一些与鲨齿龙科相似的特征，然而，一个尚未有正式描述的新材料表明它是一种衍生暴龙超科或基础暴龙科恐龙。

最新公布的种

2010年3月，研究人员公布了新种白魔雄关龙，同年6月描述了希氏虐龙和帝胄哈卡斯龙。"希氏虐龙"的名字是在2005年的一篇论文中创建的。2013年，相关报道称发现有几颗牙齿归属于德国的隐匿�龙，但其实它是一个未确定的原角鼻龙科恐龙。

暴龙超科 ── 小掠龙
原角鼻龙科 ── 原角鼻龙
　　　　　── 羽王龙
伤龙
阿巴拉契亚龙
暴龙科

奇异帝龙

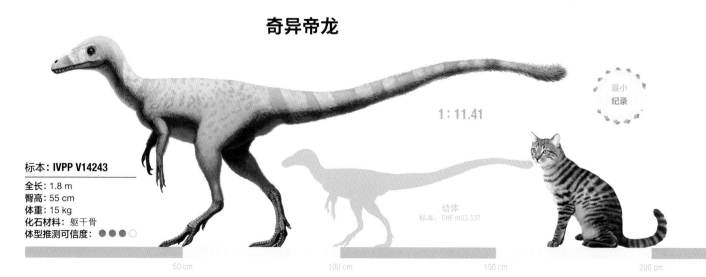

1：11.41

最小纪录

标本：**IVPP V14243**

全长：1.8 m
臀高：55 cm
体重：15 kg
化石材料：躯干骨
体型推测可信度：●●●○

幼体
标本：CHE m03.537

50 cm　　　　100 cm　　　　150 cm　　　　200 cm

29

君王暴龙

最大
纪录

1 : 45.66

标本：**UCMP 137538**

全长：12.3 m
臀高：3.75 m
体重：8.5 t
化石材料：趾骨
体型推测可信度：●○○○

最大纪录 分类：超大型 等级 II

君王暴龙（*Tyrannosaurus rex*）：代表这一物种最大个体的可能是标本 UCMP 137538——一截后肢第 IV 趾第二节趾骨。该部分与著名的标本"苏"（至今为止发现的最大最完整的骨骼化石）相比略微大一些。考虑到这一标本（UCMP 137538）的身体比例与"苏"的类似，保守估计，它的体重可能与卡氏南方巨兽龙的最大个体相当（比两头亚洲象加起来还重）。标本"塞莱斯特"MOR 1126 是另一个非常大的个体，遗憾的是关于它的描述还没有发布。我们推断暴龙会捕食甲龙科、鸭嘴龙科和角龙科恐龙，因为它们袭击的一些痕迹还留在幸存下来的猎物的骨头上。

其他竞争者

在另一时期，勇士特暴龙和巨型诸城暴龙被认为是与君王暴龙体型相近的恐龙，但实际上，这些种类的体重更轻，颅骨更长。还有一些君王暴龙的其他标本：强健蛮横龙、"巨型暴龙"、"将军暴龙"或"斯氏暴龙"。

足迹

86 cm

36.7 cm

最大纪录

a. 皮氏暴龙足迹：发现于劳亚古陆西部（现美国新墨西哥州）的晚白垩世晚期地层中。根据其位置和年代，人们推测它可能是一只君王暴龙留下的。另一个名为彼氏暴龙迹的足迹实际上是鸭嘴龙科恐龙留下的。

暴龙科在晚白垩世晚期出现，生存于北美洲西部（拉腊米迪亚）、亚洲西部和东部（泛大陆）。无论个体是否成年，其足迹都显得细长且非常强壮有力（贝拉足迹和暴龙足迹）。

最小纪录

b. 未命名：这个足迹发现于劳亚古陆东部（现蒙古）的晚白垩世晚期地层中，呈现出比特暴龙更原始的结构特征。根据其形状可推测它是由一只类似于阿利奥拉龙的暴龙科恐龙留下的。

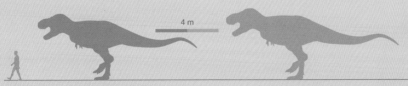

4 m

皮氏暴龙足迹
11.4 m/5.8 ~ 6.9 t

君王暴龙
12.3 m/8.5 t

3 m

未命名足迹
4 m/207 kg

中国虔州龙
6.3 m/750 kg

m　　　　　12 m　　　　　14 m　　　　　16 m　　　　　18 m

特征与习性

这种兽脚亚目恐龙的头部长且大,牙齿大且多,呈现刀锋状,外鼻消失,前臂短,前肢两指,后肢四趾,短颈,尾部长或相对较短,身体一般至强壮。

原始暴龙科是从原始暴龙超科恐龙演化而来的。它们中的大部分都是强健的掠食者,有着力量巨大的颌骨和短小的前臂。

食性:肉食性,捕食小型到大型动物。

时间范围

对于暴龙科而言,我们知道它们仅出现在晚白垩世早期至晚期(距今 8 630 万～6 600 万年)。

从化石记录可知,它们存活了约 2 030 万年的时间。

最小纪录 分类:大型 等级 I

中国虔州龙(*Qianzhousaurus sinensis*):生存于晚白垩世晚期(马斯特里赫特期早期,距今 7 210 万～6 900 万年),分布在劳亚古陆东部(现中国)。它可能是一种衍化的暴龙超科恐龙,或者是一种原始暴龙恐龙。豪氏白熊龙是暴龙科恐龙中最短但最重的一种,体长 6 m,体重 900 kg。中国虔州龙和豪氏白熊龙的体长是君王暴龙体长的1/2,体重分别是它的 1/11 和 1/9.5。

最小幼年标本

绝妙后弯齿龙(ANSP 9535)发现于劳亚古陆西部(现美国蒙大拿州)的晚白垩世地层中。这是一个幼年个体的前颌骨,推测其体长只有 85 cm,重 2 kg。

最古老纪录

最古老的暴龙科恐龙化石起初是在晚白垩世晚期(圣通期,距今 8 630 万～8 360 万年)地层中发现的。"勇士特暴龙" IZK 33/MP-61 是在劳亚古陆东部(现哈萨克斯坦)发现的一块不完整齿骨。

最新纪录

后弯齿龙未定种、威胁"艾伯塔龙"、豪氏白熊龙、似特暴龙未定种和君王暴龙(分别发现于现加拿大、美国、墨西哥、俄罗斯和中国):都在晚白垩世晚期(马斯特里赫特期晚期,距今 6 900 万～6 600 万年)的最上层地层中被发现。君王暴龙标本 TMP 81.12.1 长达 10.5 m,它位于晚白垩世地层中,距离古新世地层仅 10 m。

最早公布的种类

恐怖恐齿龙(*Deinodon horridus*,1856):发现于劳亚古陆西部(现美国蒙大拿州)的晚白垩世晚期地层中。它可能是第一个被命名,并且也许是第一个被找到的暴龙科恐龙标本。据说,1806 年威廉·克拉克率领的科考队在蒙大拿州发现了君王暴龙的肋骨,但是在该地区有着众多暴龙科化石,上述标本也丢失了,因而无据考证。

最新公布的种类

豪氏白熊龙和中国虔州龙在 2014 年第一次有了正式描述,前者发布于 3 月,后者发布于 5 月。

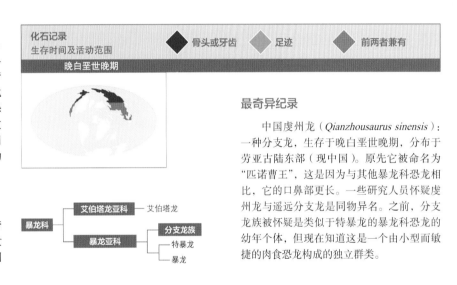

化石记录 生存时间及活动范围	◆ 骨头或牙齿	◆ 足迹	◆ 前两者兼有
晚白垩世晚期			

暴龙科
├─ 艾伯塔龙亚科 ── 艾伯塔龙
└─ 暴龙亚科 ──┬─ **分支龙族** ──┬─ 特暴龙
　　　　　　　　　　　　　　　└─ 暴龙

最奇异纪录

中国虔州龙(*Qianzhousaurus sinensis*):一种分支龙,生存于晚白垩世晚期,分布于劳亚古陆东部(现中国)。原先它被命名为"匹诺曹王",这是因为与其他暴龙科恐龙相比,它的口鼻部更长。一些研究人员怀疑虔州龙与遥远分支龙是同物异名。之前,分支龙族被怀疑是类似于特暴龙的暴龙科恐龙的幼年个体,但现在知道这是一个由小型而敏捷的肉食恐龙构成的独立群类。

1 : 39.95

中国虔州龙

最小 纪录

幼体
奇异后弯齿龙
标本:ANSP 9535

标本: **IGM 100/1844**

全长:6.3 m
臀高:2 m
体重:750 kg
化石材料:颅骨和躯干骨
体型推测可信度:●●●○

1 m　　2 m　　3 m　　4 m　　5 m　　6 m　　7 m

奇异恐手龙

最大
纪录

1:45.66

标本: IGM 100/127

全长: 12 m
臀高: 4.4 m
体重: 7 t
化石材料: 颅骨和躯干骨
体型推测可信度: ●●●●

最大纪录 分类: 超大型 等级 II

奇异恐手龙 (*Deinocheirus mirificus*): 生存于晚白垩世 (马斯特里赫特期早期, 距今 7 210 万～6 900 万年), 分布在劳亚古陆西部 (现蒙古)。这种奇特的兽脚亚目恐龙具有特别的前臂, 其长度可以超过 2.5 m。也许前臂是用来抓取食物的, 或者有防御的作用。奇异恐手龙体型巨大, 体重可与一只巨大的虎鲸相比, 再加上像这样很长的手臂, 使得其成年个体变成危险的狩猎者。在之前的很多年中仅发现了一对奇异恐手龙的巨型前臂, 但近期找到了两个新标本, 其中一个更大也更完整。

神秘又充满疑问的巨兽

一块在韩国找到的牙齿碎片化石的本体被命名为 "恐手龙" 未定种, 然而, 这个材料并不属于似鸟龙下目, 并且年代也更古老。据报道, 一块 1 m 长的尺骨在蒙古被发现, 但也没有正式描述。如果这个碎片是尺骨, 并且是恐手龙的化石, 那么它应该属于一只约 15.7 m、体重约为 16 t 的个体。它也有可能是另一种大型兽脚亚目恐龙, 或者是鸭嘴龙形恐龙, 其归类显得疑问重重。

足迹

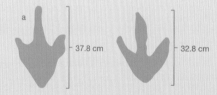

a ⌐ 37.8 cm

32.8 cm

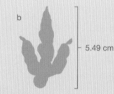

b ⌐ 5.49 cm

最大纪录

a. 似鸟足迹未定种: 发现于劳亚古陆西部 (现墨西哥) 晚白垩世晚期地层中。至今还没有它的正式描述 (正在准备公布)。最长的足迹有一个跖骨印, 但另一个略小的足迹是一个更大的个体留下的。另外, 现在还没有找到类似巨型恐手龙的足迹。它们与某些鸟臀目恐龙的足迹相似。

根据其形态和足迹中趾头的深度, 可以将原始似鸟龙与原始虚骨龙类区别开来。那些衍化种类的脚爪呈现出与似鸟龙爪子相似的外观, 其中趾最强劲有力。

最小纪录

b. 未命名: 一组从微小到中等尺寸的足迹群, 发现于劳亚古陆中部 (现西班牙) 早白垩世晚期的地层中。最大的足迹长 25 cm, 因而推测它们都是幼年恐龙留下的, 其成年个体长约 3.4 m, 体重为 55 kg。

4 m

未命名足迹
6.7 m/685 kg

奇异恐手龙
12 m/7 t

50 cm

未命名足迹
74 cm/590 g

特氏恩霹渥巴龙
1.2 m/2.5 kg

12 m   14 m   16 m   18 m

特征与习性

这种兽脚亚目恐龙的头部小，眼睛大，牙齿稀少或消失，前臂、颈部、尾巴和腿都很长，身体纤细或强壮，前后肢各有三指（趾）。

似鸟龙是从类似于嗜鸟龙的原始虚骨龙类演化而来。它们主要取食植物，也有可能取食其他类型的食物。

食性：植食性和（或）杂食性。

时间范围

它们存在于整个白垩纪时期（距今 1.35 亿～6 600 万年），从化石记录可知，它们存活了约 7 900 万年的时间。

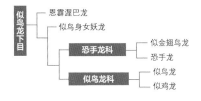

最小纪录 分类：较小型 等级 II

特氏恩霹渥巴龙（*Nqwebasaurus thwazi*）：发现于冈瓦纳古陆中南部（现南非）的早白垩世早期（贝里阿斯期，距今 1.45 亿～1.398 亿年）地层中。这是一个非常原始的亚成体，也是最古老的似鸟龙。它与轻翼鹤形龙一样长，但体重更重，成年个体长约 1.2 m，重 4.5 kg。特氏恩霹渥巴龙和轻翼鹤形龙是奇异恐手龙体长的 1/10，体重分别是它的 1/2 800 和 1/1 555。

似鸟龙下目
- 恩霹渥巴龙
- 似鸟身女妖龙
- **恐手龙科**
  - 似金翅鸟龙
  - 恐手龙
- **似鸟龙科**
  - 似鸟龙
  - 似鸡龙

最小的幼年标本

存在很多幼年似鸟龙化石，其中标本 YPM PU22416 是最小的，它发掘于劳亚古陆东部（现美国特拉华州）的晚白垩世晚期地层中。其体长可能只有 70 cm，体重约 1.1 kg。

最古老纪录

特氏恩霹渥巴龙：发现于冈瓦纳古陆中南部（现南非）的早白垩世早期（贝里阿斯期，距今 1.45 亿～1.398 亿年）地层中。据报道，有人发现了一个更古老的标本：可游鳞手龙，它在古亚洲东部（现俄罗斯西部）的中侏罗世地层中被找到，然而，人们怀疑它实际上是萨白卡尔库林达奔龙的遗骸。

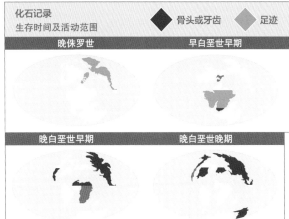

化石记录 生存时间及活动范围	◆ 骨头或牙齿	◆ 足迹	◆ 前两者兼有
晚侏罗世	早白垩世早期		早白垩世晚期
晚白垩世早期	晚白垩世晚期		

最早公布的种类

达氏鞘虚骨龙（在 1888 年被称为孔椎龙）化石可能是一种似鸟龙或原始镰刀龙的一块颈椎骨。欧氏"斑龙"（现在称为威尔顿盗龙）化石是一些不完整的跖骨，学者在几年后描述了这个标本。

最新纪录

急速似鸟龙、轿似鸵龙和"似奥克龙"发现于劳亚古陆（现美国西部）。来自大洋洲（现新西兰）的标本 GNS CD 579，发现于晚白垩世晚期（马斯特里赫特期晚期，距今 6 900 万～6 600 万年）最新的地层中。

最奇异纪录

奇异恐手龙的形态非常独特，有着宽大的口鼻部，较短的腿，存在一个尾综骨，还有一个驼峰。这外观在似鸟龙下目恐龙中显得十分怪异。

最新公布的种类

帕卡德似多多鸟龙（*Tototlmimus packardensis*，2016）：发现于劳亚古陆西部（现墨西哥）晚白垩世晚期地层中。这是第一种用纳瓦特语命名的兽脚亚目恐龙。在 2015 年有一些关于它的描述，但其最终公布是在 2016 年 3 月。

特氏恩霹渥巴龙

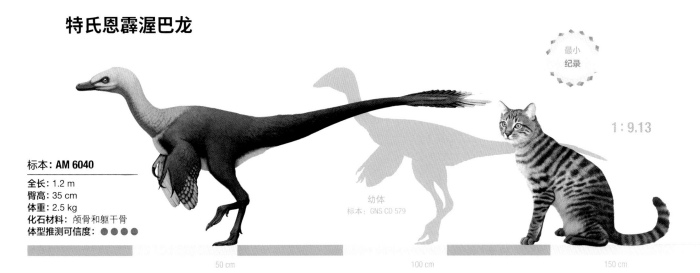

标本：AM 6040

全长：1.2 m
臀高：35 cm
体重：2.5 kg
化石材料：颅骨和躯干骨
体型推测可信度：●●●●

幼体
标本：GNS CD 579

最小纪录

1 : 9.13

50 cm   100 cm   150 cm

最大 纪录

新波氏爪龙

1 : 17.12

标本：MPCA 1290

全长：2.9 m
臀高：95 cm
体重：34 kg
化石材料：躯干骨
体型推测可信度：●●●○

最大纪录 分类：小型 等级 III

新波氏爪龙（*Bonapartenykus ultimus*）：发现于冈瓦纳古陆西部（现阿根廷）的晚白垩世晚期（坎潘期，距今 8 360 万～7 210 万年）地层中。唯一的标本是一个雌性个体，体内有两枚蛋（被命名为巴塔哥尼亚加达蛋）。尽管尚不明确它的食物来源，但推测它是蚁食性或杂食性动物，因此，一些大型的阿瓦拉慈龙科与现代的一些以群居昆虫为食的哺乳动物（如大食蚁兽或巨型食蚁兽）体型相似也就不足为奇了。

平局或三足鼎立

很多阿瓦拉慈龙超科恐龙是地球上最小的陆生兽脚亚目恐龙，包括那些最大的种类，体型都不值一提。布氏巴塔哥尼亚爪龙（*Patagonykus puertai*）发现于晚白垩世早期地层中，玛氏阿基里斯龙（*Achillesaurus manazzonei*）发现于晚白垩世晚期地层中，两者都来自冈瓦纳古陆西部（现阿根廷），长度约为 2.8 m，体重约 30 kg。它们的体型与新波氏爪龙非常接近，但尚不清楚它们是否为成年个体。

足迹

a ⎤ 29 cm

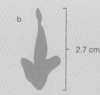

b ⎤ 2.7 cm

最大纪录

a. 未命名：最大的阿瓦拉慈龙科恐龙足迹，位于冈瓦纳古陆中部（现摩洛哥）早白垩世早期地层中。

阿瓦拉慈龙科的足迹与其他小型兽脚亚目恐龙的足迹相似，但其第 III 趾通常非常发达。原始形态（皮村足迹）的跟部比劳亚古陆的衍生新跷脚龙足迹更宽厚，这是因为它们不具有狭窄的跖骨。

最小纪录

b. 峨眉新跷脚龙足迹：尽管其爪子很大，它却是已知最小的兽脚亚目足迹之一。它被发现于劳亚古陆东部（现中国）早白垩世晚期地层中。阿瓦拉慈龙科的脚部比例差距很大，因此，当推测一个足迹的主人的精确体型时，需要使用一个范围，甚至还要考虑到一些尚不明确的其他特征。

2 m

未命名足迹 3.2 m/42 kg	新波氏爪龙 2.9 m/34 kg

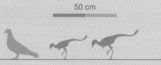

50 cm

峨眉新跷脚龙足迹 37～46 cm/75～122 g	遥远小驰龙 50 cm/185 g

4 m   5 m   6 m   7 m

特征与习性

这种兽脚亚目恐龙的头部中等至较大，大眼睛，小牙齿，短前臂，颈部、尾巴和后肢都较长，躯体纤细，前肢有一至三指，后肢有三趾。

阿瓦拉慈龙超科恐龙是从类似于嗜鸟龙的原始虚骨龙类演化而来的。它们有可能专食昆虫，也有可能是植食性动物。

食性：食虫和（或）杂食性动物。

时间范围

从晚侏罗世到晚白垩世晚期（距今1.635亿～6 600万年），从化石记录可知，它们总共生存了9 750万年的时间。

最小纪录 分类：矮小型 等级 I

遥远小驰龙（*Parvicursor remotus*）：生存于晚白垩世晚期（坎潘期，距今8 360万～7 210万年），分布在劳亚古陆东部（现蒙古）。其成年个体的体型比一只鸽子还小。另一种是在中国发现的阿瓦拉慈龙IVPP V20341，体型大小勉强超过了遥远小驰龙。遥远小驰龙的体长是新波氏爪龙的1/6，体重是新波氏爪龙的1/185。

最小的幼年标本

沙漠鸟面龙标本中最小的一个MGI 100/1001，是一个体长70 cm、体重约550 g的幼年个体。尽管它是已发现的最小幼年标本，但它还是比阿瓦拉慈龙科其他七个种类的恐龙无论是成年体还是亚成体体型大。

最古老纪录

灵巧简手龙：发现于古亚洲东部（现中国）的晚侏罗世（牛津期，距今1.635亿～1.573亿年）地层中。它非常原始，其外表与阿瓦拉慈龙科恐龙差异相当大。标本V15849是一个同时期的牙齿化石，与简手龙相似，但某些方面也有不同。

最新纪录

罗马尼亚的安德鲁七镇鸟龙，科罗拉多的小"似鸟龙"和蒙大拿的阿瓦拉慈龙科恐龙UCMP 154584，以及其他一些材料，都发掘于晚白垩世晚期（马斯特里赫特期晚期，距今6 900万～6 600万年）地层中。

最奇异纪录

当发现鹰嘴单爪龙时，人们认为它的每个前肢上只有一个指头，然而随后的一项研究证实，阿瓦拉慈龙科恐龙有两个退化的指头，但这一特征在这具化石标本中并没有保存下来。之后，学者发现了单指临河爪龙，这种恐龙的每个前肢上只有一个指头。

最早公布的种

小"似鸟龙"（1892）：发现于劳亚古陆西部（现美国科罗拉多州）白垩世晚期地层中。它只是一块残缺的距骨，被推测属于一种似鸟龙类恐龙，遗憾的是这一化石遗失了。

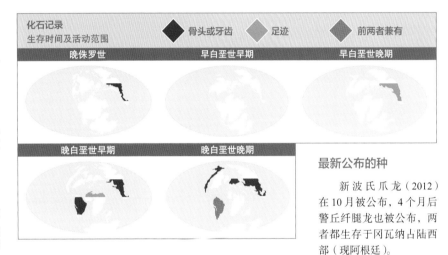

化石记录 生存时间及活动范围	◆骨头或牙齿	◇足迹	◆前两者兼有
晚侏罗世	早白垩世早期	早白垩世晚期	
晚白垩世早期	晚白垩世晚期		

最新公布的种

新波氏爪龙（2012）在10月被公布，4个月后警丘纤腿龙也被公布，两者都生存于冈瓦纳古陆西部（现阿根廷）。

手盗龙类 — 阿瓦拉慈龙超科 — 简手龙 — 阿瓦拉慈龙科 — 阿瓦拉慈龙 — 小驰龙亚科 — 单爪龙

镰刀龙下目

窃蛋龙下目

近鸟类

1 : 4.57

幼体 沙漠鸟面龙 MGI 100/1001

遥远小驰龙

最小 纪录

标本：**PIN 4487/25**

全长：50 cm

臀高：19 cm

体重：185 g

化石材料：部分躯干骨

体型推测可信度：●●●○

20 cm   40 cm   60 cm   80 cm

2 m 　　4 m 　　6 m 　　8 m

最大
纪录

1 : 45.66

龟型镰刀龙

标本：**IGM 100/15**

全长：9 m
臀高：3.1 m
体重：4.5 t
化石材料：肩胛乌喙骨和前臂骨
体型推测可信度：● ● ○ ○

最大纪录 分类：超大型 等级 I

龟型镰刀龙（*Therizinosaurus cheloniformis*）：生存于晚白垩世晚期（马斯特里赫特期早期，距今 7 210 万～6 900 万年）的劳亚古陆东部（现蒙古）。最初只知道它长有巨大的指爪，并且推测属于一只体长超过 3 m 的巨龟，之后找到了它更多的骨骼，其中有一根长为2.5 m、几乎完整的前臂骨。

和恐手龙一样，它们的前臂也是兽脚亚目恐龙里非常大的。它们的指爪长得像长柄大镰刀，当爪子完全伸展时，一定会给人留下深刻的印象。与恐手龙等其他兽脚亚目恐龙相比，我们得出结论，有这样前臂的动物体型应该比一只亚洲象还要大。

足迹

56 cm

22 cm

最大纪录

a. 重长足龙足迹：这个足迹发现于晚白垩世早期的地层，位于劳亚古陆东部（现塔吉克斯坦）。镰刀龙的足迹通常有一个非常长的跟部，四个脚趾朝向前方，它们可能是脚掌着地行走的跖行动物。

这些足迹很奇怪，它们并不常见，而且几乎所有都被确定为长足龙足迹的遗迹属。由于缺乏在欧洲有镰刀龙科恐龙的直接证据，在波兰发现的该足迹有些出人意料。

最小纪录

b. 未命名：这枚足迹发现于劳亚古陆西部（现阿拉斯加）的晚白垩世晚期地层中，并且人们确定它是一只镰刀龙留下的。它不像衍生类群的足迹，而像铸镰龙的足迹，因而人们推测有些原始类群存活到了中生代。

2 m

2 m

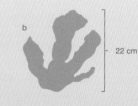
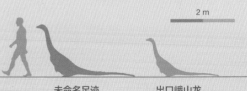

重长足龙足迹	龟型镰刀龙	未命名足迹	出口峨山龙
4.4～5 m/510～806 kg	9 m/4.5 t	3.6 m/110 kg	2.65 m/37 kg

特征与习性

这种兽脚亚目恐龙头部小，牙齿小且呈锯齿形，前臂和颈部短，身材沉重且庞大，爪子巨大扁平，后肢较短，尾巴有长有短，前肢三指，后肢四趾。

镰刀龙是从类似于嗜鸟龙的原始虚骨龙类演化而来。它们慢慢适应了食用植物。

食性：植食性和（或）杂食性。

时间范围

从早侏罗世或早白垩世早期到晚白垩世晚期（距今1.45亿或2.013亿～6 600万年），从化石记录可知，它们生存了7 900万或1.353亿年的时间。

最小纪录 分类：小型 等级 II

出口峨山龙（*Eshanosaurus deguchiianus*）：这是一个神秘的化石。它与镰刀龙有许多相似处，但它更古老，也不完整，因而有人怀疑它可能是恐龙形类恐龙，或者它没有我们认为的那么古老。同时，我们尚不清楚它是否为成年个体。意外北票龙被认为是一亚成体，只有1.85 m长，重43 kg。出口峨山龙和意外北票龙体长分别是龟型镰刀龙长度的1/3.4和1/5，体重分别是其1/120和1/105。

最小的幼年个体

在中国已发现了不少镰刀龙的胚胎，但体型最小的镰刀龙的牙齿和小型骨骼碎片是在哈萨克斯坦发现的。这些小恐龙宝宝在生前体长不足9.2 cm，体重约3.6 g。

最古老纪录

出口峨山龙（之前被称为杨氏峨山龙）：发现于泛大陆东北部（现中国）的早侏罗世（赫塘期，距今2.013亿～1.993亿年）地层中。在镰刀龙下目中，它显得尤为古老。不过，它的化石非常不完整，因而它确凿与否还是个疑问。另一个非常古老的材料是来自摩洛哥的一块牙齿化石，地质年代为早白垩世早期（贝里阿斯期，距今1.45亿～1.398亿年）。

最新纪录

未命名的镰刀龙科标本 RTMP 86.207.17 被发现于劳亚古陆西部（现加拿大），标本 WAM 90.10.2. 出土于澳大利亚，后者是一块归属仍存疑问的化石。两者都处于晚白垩世晚期（马斯特里赫特期晚期，距今6 900万～6 600万年）的地层中。

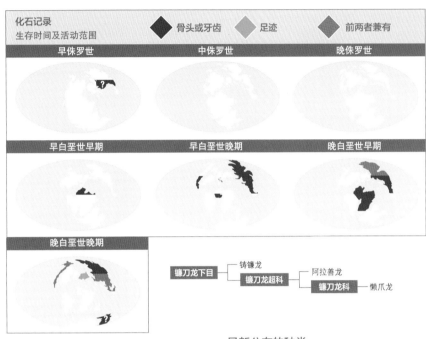

最早公布的种类

达氏鞘虚骨龙（1888）：是第一种被描述的镰刀龙下目恐龙，但有的学者认为它是一种似鸟龙类恐龙。在鞘虚骨龙的发现成果发表76年后，龟型镰刀龙才有了正式的描述。

最奇异纪录

最令人感到奇怪的当属龟型镰刀龙，它看上去像一只巨型树懒。此外，它还有巨大的、几乎长达70 cm的指爪，比已知其他所有动物的指爪都要长。

最新公布的种类

义县建昌龙（*Jianchangosaurus yixianensis*，2013）：发现于劳亚古陆东部（现中国）的早白垩世晚期地层中。这是一只幼年个体，保存得相当完整，连丝状羽毛也保留了下来。继意外北票龙的两个标本之后，这是人们发现的第三只带羽毛的镰刀龙。

出口峨山龙

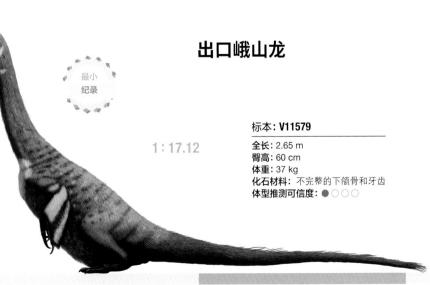

最小纪录

1 : 17.12

新生幼崽

标本：V11579

全长：2.65 m
臀高：60 cm
体重：37 kg
化石材料：不完整的下颌骨和牙齿
体型推测可信度：●○○○

似二连巨盗龙

1 : 45.66

最大
纪录

标本：MPC-D 107/17

全长：8.9 m
臀高：3.5 m
体重：2.7 t
化石材料：不完整下颌骨
体型推测可信度：●●○○

最大纪录 分类：大型 等级 III

标本 MPC-D 107/17 是一个类似于**二连巨盗龙**（*Gigantoraptor erlianensis*），但较之更大一些的恐龙的不完整下颌骨，人们怀疑它可能是同一物种的一个新个体。两者都来自劳亚古陆东部（现蒙古和中国）的晚白垩世晚期地层中。巨盗龙是一种植食性（也许是杂食性）动物，使用其巨大的爪子或凭借快速奔跑来防御、躲避天敌，它们的后肢比同时期的掠食者都要长得多。它是兽脚亚目恐龙中身形最高的一种，身高超过了一只长颈鹿。就体重而言，比白犀牛略微重些。目前发现有一些巨大的恐龙蛋化石，著名的有巨型长形蛋，它应该是像巨盗龙一样的巨型窃蛋龙下目恐龙产下的，但与之相比更古老。

足迹

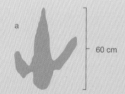

60 cm

最大纪录

a. 大鸟足迹未定种： 已发现了许多大型窃蛋龙下目恐龙的足迹。其中一个很大的足迹位于劳亚古陆西部（现美国新墨西哥州），处于早白垩世晚期地层。

窃蛋龙下目恐龙足迹与鸟类的足迹很相似，

因此，在很多时候都会使人混淆。由于足迹的形态和一些大型标本的存在，我们才能确定它们属于这一类型的兽脚亚目恐龙。这类足迹存在有不同种标本，比如，三长叉足迹、大鸟足迹、蜥伊洛尔足迹和湘西足迹。

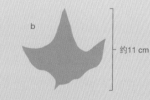

约11 cm

最小纪录

b. 未命名： 来自劳亚古陆西部（现墨西哥）。这个足迹被认为是鸟类留下的，但也有可能是窃蛋龙下目恐龙留下的，因为它与大鸟足迹或蜥伊洛尔足迹有许多相似之处。

4 m

大鸟足迹未定种
6.9 m/1.3 t

巨盗龙近似种
8.9 m/2.7 t

50 cm

未命名
70 cm/1.8 kg

粗壮原始祖鸟
75 cm/1.8 kg

特征与习性

这种兽脚亚目恐龙具有圆而小的头部，有些长有骨冠，有些没有，大眼睛，牙齿小或缺失，前臂、颈部和后肢都很长，尾短，体型纤细或半笨重，前肢三指，后肢四趾。

窃蛋龙下目恐龙是从类似于嗜鸟龙的原始虚骨龙类演化而来的。已知它们中的一些是肉食性的，一些是植食性的，有些可能是杂食性恐龙。

食性：肉食性（捕食小型动物）杂食和（或）植食动物。

时间范围

从早白垩世早期到晚白垩世晚期（距今1.398亿或1.45亿～6 600万年），从化石记录可知，它们生存了7 380万～7 900万年的时间。

最小纪录 分类：较小型 等级 II

粗壮原始祖鸟（*Protarchaeopteryx robusta*）：生存于早白垩世晚期（巴雷姆期，距今1.294亿～1.25亿年）的劳亚古陆东部（现中国）。这是一个成年个体，前臂和尾部的羽毛都较为发达，它仅比乌鸦大一点。标本BEXHM：2008.14.1的体型更小，发现于劳亚古陆中部（现英格兰）的早白垩世晚期地层。它体长约45 cm，体重约420 g。需要说明的是，人们对它依然存疑。粗壮原始祖鸟体长是标本MPC-D 107/17的1/12，体重是它的1/1 500。

最小幼年标本

目前为止发现的窃蛋龙胚胎数量比其他任何一种兽脚亚目恐龙都多。其中最小的可能是标本MPC-D100/1018，它发现于蒙古，被确定为似"雌驼龙"未定种，不过在同样的地点发现蒙古瑞钦龙或巴氏耐梅盖特母龙的可能性也很大。它体长可能有21 cm，体重约52 g。

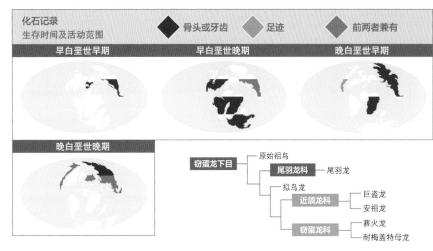

最古老纪录

已报道的最古老材料是BEXHM：2008.14.1，发现于劳亚古陆中部（现英格兰）的早白垩世早期（贝里阿斯期，距今1.45亿～1.398亿年）地层中。不过它有可能并不是一只窃蛋龙下目恐龙。年代更近一些的标本是在日本发现的SBEI-167（瓦兰今期－欧特里夫期，距今1.398亿～1.294亿年），标本化石是一枚前掌骨指骨的指爪。

最新纪录

维氏安祖龙（*Anzu wyliei*）：发现于二连巨盗龙之后，是已知的第二大窃蛋龙。它生存于晚白垩世晚期（马斯特里赫特期，距今6 900万～6 600万年）。它的昵称为"来自地狱的鸡"，这是因为它来自地狱溪组。

最奇异纪录

奇特拟鸟龙（*Avimimus portentosus*）：将它与其他长有冠的近亲相比较，它的外观显得很简单，然而它的腕骨与掌间、胫跗骨、跗距骨和髋部都出现了不同程度的融合，就像鸟类的结构一样。与其他兽脚亚目恐龙相比，其第 III 跖骨窄足型的特征非常明显。

最早公布的种类

嗜角窃蛋龙（*Oviraptor philoceratops*，1924）：发现于劳亚古陆东部（现蒙古）晚白垩世晚期地层中。最初它被命名为"葬火龙"，但是当找到与之相关的恐龙蛋化石后，人们改变了这一叫法。

最新公布的种类

赣州华南龙（*Huanansaurus ganzhouensis*，2015）：生存于晚白垩世晚期的劳亚古陆东部（现中国）。它被发现于南雄组地层，在这一区域发现了六种不同的窃蛋龙。这一现象表明其中每个物种都占据着不同的生态位。

粗壮原始祖鸟

1：6.85

幼体
标本：MPC D100/10

最小
纪录

标本：NGMC 2125

全长：75 cm
臀高：40 cm
体重：1.8 kg
化石材料：颅骨、部分躯干骨和羽毛
体型推测可信度：●●●●

2 m　　　　　　　　　4 m　　　　　　　　　6 m

最大
纪录

卡氏南方盗龙

1 : 34.24

2 m

标本：MML-195

全长：6.2 m
臀高：1.5 m
体重：340 kg
化石材料：颅骨和躯干骨
体型推测可信度：●●●●

最大纪录 分类：中型 等级 III

　　卡氏南方盗龙（*Austroraptor cabazai*）：发现于冈瓦纳古陆西部（现阿根廷）的晚白垩世晚期（马斯特里赫特期早期，距今 7 210 万～6 900 万年）地层中。它比一只湾鳄还长，体重相当于两只狮子。它是一个非常高效的捕鱼能手，因为它们的牙齿是圆锥形的，不像其他半鸟龙的牙齿呈扁平或刀锋状。值得注意的是，一些近鸟类恐龙及其后代并没有像它们更原始的亲戚那样拥有巨大的体型。这可能是因为无论在中生代还是新生代，它们都不占据统治地位。

第二大纪录

　　佩氏半鸟龙（*Unenlagia paynemii*）：发现于冈瓦纳古陆西部（现阿根廷）的晚白垩世早期（土伦期，距今 9 390 万～8 980 万年）地层中。尽管它是体型第二大的近鸟类，体长有 3.5 m，体重为 75 kg，但它还是比卡氏南方盗龙要小得多。实际上，人们对于它的完整生存状态知之甚少。标本 UFMA1.20.194-2 发现于巴西晚白垩世早期地层，这是一块极大的牙齿，并且人们确定它属于一只真驰龙类恐龙。由于这一演化支并不是该地独有的，因此，它有可能属于另一种驰龙科半鸟龙或甚至有可能属于某种阿贝力龙科恐龙。

足迹

— 28.8 cm

— 1.5 cm

最大纪录

　　a. 驰龙足迹未定种：这一足迹发现于冈瓦纳古陆西部（现玻利维亚）晚白垩世晚期地层中。毫无疑问它属于半鸟龙类。

　　由于其轮廓与某些驰龙足迹相似，因此，这一足迹有可能是类似于小盗龙和其他小型真驰龙类的原始近鸟类恐龙留下的。

最小纪录

　　b. 未命名：这枚疑似两趾足迹发现于泛大陆的中南部（现摩洛哥）的中侏罗世地层中。它可能是小型近鸟类恐龙的幼年个体留下的。

2 m

驰龙足迹未定种
3.2 m/75 kg

卡氏南方盗龙
6.2 m/340 kg

20 cm

未命名足迹
33 ～ 36 cm/70 ～ 77 kg

未命名标本
46 cm/175 g

特征与习性

这种兽脚亚目恐龙的头部中等大小，牙齿呈刀锋状，长着长前臂和长后肢，尾巴相对较短，身体纤细，前肢三指，后肢四趾，足部的第 II 趾非常发达。

近鸟类恐龙是从原始虚骨龙类演化而来的，它们是真驰龙类和伤齿龙科的祖先。一些专家认为它们对各种猎物都不挑剔，而另外一些人推测它们只食用特定种类的猎物。

食性：肉食性，捕食小型动物、鱼类和（或）昆虫。

时间范围

从中侏罗世到晚白垩世晚期（距今 1.683 亿～6 600 万年），从化石记录可知，它们存活了约 1.023 亿年的时间。

最小纪录 分类：矮小型 等级 I

标本 IVPP V22530 在劳亚古陆东部（现中国）的早白垩世晚期地层中被发现。它是一个亚成体的小盗龙，与其近亲相比，它可能是体型相当小的物种，其大小还不足一只鸽子的一半。胡氏耀龙（*Epidexipteryx hui*）发现于古亚洲东部（现中国）的中侏罗世（卡洛夫期，距今 1.661 亿～1.635 亿年）地层中，它是体长最短（25 cm），但体重较重（220 g）的个体。上述两者的身长分别是卡氏南方盗龙身长的 1/13.5 和 1/25，体重是后者的 1/1 950 和 1/1 550。

最小幼年标本

宁城树息龙和海氏擅攀鸟龙分别在中侏罗世和早白垩世早期地层中被发现（现中国）。它们的体长为 12 cm，体重是 6.8 g。

最古老纪录

吉氏理察伊斯特斯龙 GLRCM G.50823 发现于泛大陆中北部（现英格兰）的中侏罗世（巴通期，距今 1.683 亿～1.661 亿年）地层中。另一与之年代相近的，是发现于俄罗斯（欧洲地区）的理察伊斯特斯龙未定种标本 PIN 4767/5，但这一化石年代并不比前者古老，它来自地层上部，前者来自下部。

最新纪录

有很多关于在晚白垩世晚期（马斯特里赫特期晚期，距今 6 900 万～6 600 万年）上部地层发现了近鸟类恐龙化石的报道，这些发现中最著名的是一些牙齿化石：理察伊斯特斯龙似吉氏种（美国怀俄明州和南达科他州），理察伊斯特斯龙未定种 PIN 4767/5（美国怀俄明州和新墨西哥州，美国西部和加拿大西部），理察伊斯特斯龙似等边种（罗马尼亚）和理察伊斯特斯龙未定种（俄罗斯远东）。

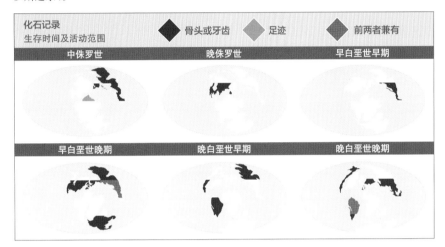

化石记录 生存时间及活动范围	◆ 骨头或牙齿	◆ 足迹	◆ 前两者兼有
中侏罗世	晚侏罗世	早白垩世早期	
早白垩世晚期	晚白垩世早期	晚白垩世晚期	

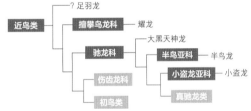

近鸟类
- ？足羽龙
- 擅攀鸟龙科 — 耀龙
- 驰龙科
  - 大羽天神龙
  - 半鸟亚科 — 半鸟龙
  - 小盗龙亚科 — 小盗龙
  - 真驰龙类
- 伤齿龙科
- 初鸟类

最奇异纪录

奇翼龙（*Yi qi*）是最奇特的种类，首先它的学名特别短，是所有恐龙名称中最短的一个，再有它是唯一一种长有类似飞鼠的腕部棒状骨的恐龙。

最早公布的种类

"汤氏古老翼龙"（1989）：发现于泛大陆西北部（现美国科罗拉多州）的晚侏罗世地层中。它之前被认为是疑名，直到八年后它获得修正，其中一部分化石材料被证实属于翼龙类的鸟球买萨翼龙，另一部分属于在美国科罗拉多州晚侏罗世地层中发现的一只小盗龙。

最新公布的种类

奇翼龙（2015）：发现于劳亚古陆东部（现中国）的早白垩世晚期地层中。它是第一种呈现一些明显特征，长有类似蝙蝠或飞鼠的膜的兽脚亚目恐龙。

未命名

幼崽
宁城树息龙
海氏擅攀鸟龙

标本：IVPP V22530

全长：46 cm
臀高：12.5 cm
体重：175 g
化石材料：躯干骨
体型推测可信度：●●●○

1 : 3.42

最小纪录

未命名种恐龙

1 : 28.53

最大
纪录

标本: VGI,no.231/2

全长: 5.8 m
臀高: 1.9 m
体重: 530 kg
化石材料: 牙齿
体型推测可信度: ●●○○○

最大纪录 分类: 大型 等级 I

　　驰龙标本 VGI, no. 231/2: 发现于劳亚古陆中部(现俄罗斯欧洲部分)的晚白垩世晚期(马斯特里赫特期,距今 7 210 万～6 600 万年)地层中。这是一块巨大的牙齿,比其他驰龙牙齿都大。这种恐龙比一只棕熊还要重,还能够捕食比它更大的猎物。最近发现驰龙的身体比例与伶盗龙有差别,其脸部更短,牙齿呈锯齿形,腿部更长,身体和尾巴更短。这些发现使人们对驰龙原有的外观认知改变较大。

巨型猛禽的神话

　　奥氏犹他盗龙(*Utahraptor ostrommaysorum*):发现于劳亚古陆西部(现美国西部)的早白垩世晚期(巴雷姆期,距今 1.294 亿～1.25 亿年)地层中。成年标本 BYU 15465 的全长约 4.9 m,体重约 280 kg。有学者报道了一个全长为 11 m 的标本,但这似乎是个错误的计算结果,因为化石标本中掺杂了 9 个个体的化石,在确认和比较化石时可能发生了混淆。

足迹

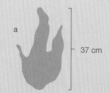

a

37 cm

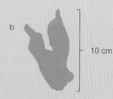

b

10 cm

最大纪录

　　a. 未命名: 在劳亚古陆西部(现美国犹他州)的早白垩世晚期地层中发现的一些足迹,是与犹他盗龙同时期的大体型恐龙留下的,因此姑且认为他们是驰龙科留下的。

　　足迹有两种形态:一是伶盗龙足迹,它与伶盗龙的足迹轮廓相吻合;二是驰龙足迹和驰龙型足迹,它们表现出驰龙亚科恐龙足迹的特点。因巧合相符,因此,这些足迹的名字还没有特别归属于某个亚科。

最小纪录

　　b. 伶盗龙足迹未定种: 原先这一足迹被认为是恐爪龙类足迹,后来在正式描述中有所更改,因为考虑到地理分布,它与亚洲的伶盗龙更匹配。最小的标本来自于劳亚古陆东部(现中国)的早白垩世晚期地层中。

2 m

"犹他盗龙"
3.3 m /100 kg

未命名标本
5.8 m /530 kg

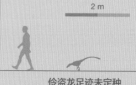

2 m

伶盗龙足迹未定种
1.2 ～ 1.55 m/3.9 ～ 5.6 kg

河南栾川盗龙
1.8 m/11.8 kg

7 m　　8 m　　9 m　　10 m　　11 m

特征与习性

　　这种兽脚亚目恐龙的头部很大，牙齿呈刀锋状，有长长的前臂和后肢，尾部坚挺，身体纤细，前肢有三指，后肢有四趾。它们的羽毛和爪子尤其是后肢的第Ⅱ趾非常发达。

　　真驰龙类是从原始近鸟类恐龙演化而来的，它们是强壮的掠食者。也许有些真驰龙类还能够成群猎食比它们体型更大的猎物。

　　食性：肉食性，捕食小型或大型动物。

时间范围

　　从中侏罗世到晚白垩世晚期（距今1.683亿～6 600万年），从化石记录可知，它们生存了1.023亿年的时间。

最小纪录 分类：小型 等级Ⅰ

　　河南栾川盗龙：发现于劳亚古陆东部（现中国）的晚白垩世晚期地层中。它是与蒙古伶盗龙类似的驰龙类，但是它的体型更小（虽然尚不完全确定它是否为成年个体）。在美国马里兰州发现的纤细"驰龙"、在蒙古发现的"伊卡博德克兰龙"伶盗龙和英格兰的臀环联鸟龙，都比栾川盗龙小，但是人们对它们存有太多疑问，并且它们的化石非常不完整。栾川盗龙体长是驰龙类VGI, no.231/2体长的1/3，体重是后者的1/45。

最小幼年标本

　　小龙原鸟形龙（*Archaeornithoides deinosauriscus*）：发现于劳亚古陆东部（现蒙古）晚白垩世晚期地层中。这是一个体长约50 cm、体重约90 g的驰龙科幼龙。

最古老纪录

　　发现于泛大陆中北部（现俄罗斯西部），处于中侏罗世（巴通期，距今1.683亿～1.661亿年）地层中的标本PIN 4767/6是年代最久远的驰龙科化石标本。

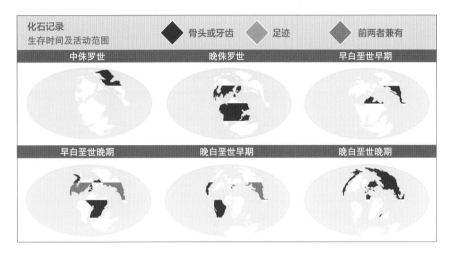

化石记录 生存时间及活动范围	骨头或牙齿	足迹	前两者兼有
中侏罗世	晚侏罗世		早白垩世早期
早白垩世晚期	晚白垩世早期		晚白垩世晚期

最新纪录

　　特氏冥河盗龙（美国蒙大拿州）、似艾伯塔驰龙FMNH PR2898（美国南达科他州）、似艾伯塔驰龙（美国怀俄明州）、驰龙未定种NMMNH P-32814（美国新墨西哥州）、似研磨彻剪龙UA 132（美国怀俄明州）、似研磨彻剪龙UA 103和似艾伯塔驰龙UA KUA-1:106（加拿大）、似驰龙未定种，以及似蜥鸟盗龙未定种（俄罗斯远东地区）和标本MPZ98-68（西班牙）：上述所有标本都来自晚白垩世晚期（马斯特里赫特期晚期，距今6 900万～6 600万年）年代最近的地层中。

最奇异纪录

　　尽管不是一个原始物种，但是蒙古恶灵龙长有比其他真驰龙类恐龙小很多的镰刀状的爪子。

最早公布的种类

　　扁宽暴风龙和光额暴风龙（1876）：发现于劳亚古陆西部（现美国蒙大拿州）晚白垩世地层中。该标本也可能是兰氏蜥鸟盗龙（现加拿大）的牙齿，该恐龙在102年前已被描述。

最新公布的种类

　　特氏冥河盗龙（*Acheroraptor temertyorum*，2013）：发现于劳亚古陆西部（现美国蒙大拿州）的晚白垩世晚期地层中。来自加拿大西部的塞氏北方爪龙（2015）可能是该类型最新公布的种，但有些学者认为这是一个古生物嵌合体，只有爪子属于塞氏北方爪龙。

真驰龙类 ── 伶盗龙亚科 ── 蜥鸟盗龙／恐爪龙／伶盗龙　驰龙亚科 ── 驰龙

河南栾川盗龙

最小纪录

幼崽
小型原鸟形龙

1 : 11.41

标本：41 HⅢ-0100

全长：1.8 m
臀高：49 cm
体重：11.8 kg
化石材料：颅骨和躯干骨
体型推测可信度：●●●●

50 cm　　100 cm　　150 cm　　200 cm

似美丽伤齿龙

最大
纪录

1 : 28.53

标本：**AK498 -V-001**

全长：5.4 m
臀高：1.65 m
体重：380 kg
化石材料：牙齿
体型推测可信度：●◐○○○

最大纪录 分类：中型 等级 III

　　标本 AK498-V-001 属 于 一 只 **似 美 丽 伤 齿 龙**（cf. *Troodon formosus*），它生存于晚白垩世晚期（坎潘期，距今 8 360 万～ 7 210 万年），分布在劳亚古陆西部（现美国阿拉斯加州）。这些化石材料包括一颗很大的牙，它可能属于一只比狮子重两倍的肉食动物。尽管它暂时被确认为属于似美丽伤齿龙，但也可能属于一个体型更大的新物种，它们生活在北半球的高纬度地区，这里光照很少。它的牙齿看起来类似于一些草食蜥蜴，不过其牙冠很窄，牙齿根尖像食肉动物一样呈现钩形。它们有可能是伺机性的杂食性动物，这样的饮食方式可以让它们利用不同来源的食物。

其他可能的竞争者

　　似美丽伤齿龙的牙齿化石 ZIN PH 1/28 被发现于劳亚古陆东部（现俄罗斯东部）的晚白垩世晚期地层中，这些化石很大，其主人生前可能长达 4.4 m，重达 208 kg，但是尚不清楚它的生存或发育状况。

足迹

 25.9 cm

最大纪录

　　a. 未命名：该足迹发现于劳亚古陆西部（现墨西哥）的晚白垩世早期地层中。该地层中存有一些大尺寸的足迹，从它们的比例推测，可能是大型伤齿龙科留下的。

　　由衍化的伤齿龙科留下的足迹，与驰龙科的足迹很相似，但是前者的第 III 趾相对更短。一些原始的种群足迹与鸟类的非常相似，就像它们的足迹一样，包括猛龙足迹和诺普基亚鸟足迹。

 4.2 cm 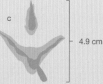 4.9 cm

最小纪录

　　b-c. 未命名：这些类似于鸟类足迹的古老足迹可能属于原始伤齿龙科，比如始中国羽龙。有不少标本长度在 42 ～ 49 mm，它们被发现于泛大陆中南部（现摩洛哥）的中侏罗世地层中。

2 m

未命名足迹
5 m/154 kg

伤齿龙未定种
5.4 m/380 kg

30 cm

未命名足迹
31 cm/120 g

短羽始中国羽龙
30 cm/100 g

特征与习性

这种兽脚亚目恐龙的头部中等大小，长着大眼睛，牙齿排布紧凑，呈刀锋状，前臂和后肢长，尾巴相对较短，身材纤细，前肢三指，后肢四趾。

伤齿龙科是从原始近鸟类恐龙演化而来的，它们是鸟类的祖先。它们的后肢适应奔跑，有很大的脑容量。

食性：肉食性（捕食小型动物），杂食性和（或）虫食性。

时间范围

从中侏罗世到晚白垩世晚期（距今1.683亿～6 600万年），从化石记录可知，它们生存了1.023亿年的时间。

最小纪录 分类：微型 等级 I

短 羽 始 中 国 羽 龙（*Eosinopteryx brevipenna*）：可能是一种非常原始的伤齿龙，或者原始近鸟类恐龙，它生存于中侏罗世时期的古亚洲东部（现中国）。它的体重勉强等于三只麻雀的总重。它同时呈现了幼年和成年个体的特性，因此，它可能是个亚成体。一些研究者认为它属于原始伤齿龙科，另一些人认为它是似鸟类。徐氏曙光鸟（*Aurornis xui*）的体型要更大一些，体长为40 cm，体重为260 g。短羽始中国羽龙和徐氏曙光鸟的体长分别是似美丽伤齿龙AK498-V-001体长的1/18.5和1/13.5，体重分别是它的1/3 800和1/1 460。

最小的幼年标本

美丽伤齿龙的一些胚胎化石被发现于晚白垩世晚期地层中（现美国蒙大拿州），它们原先被确定为马氏奔山龙。标本MOR 246-11和MOR 246-1体长大约35 cm，体重稍重于80 g。

最古老纪录

赫氏近鸟龙、徐氏曙光鸟、短羽始中国羽龙和郑氏晓廷龙：生存于中侏罗世时期（巴通期，距今1.683亿～1.661亿年），分布于古亚洲东部（现中国）。

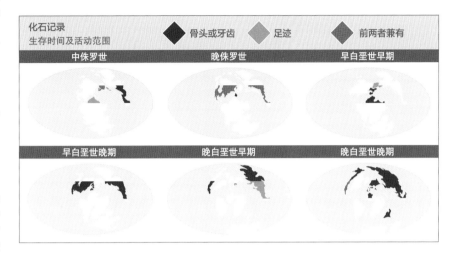

化石记录
生存时间及活动范围 ◆ 骨头或牙齿 ◆ 足迹 ◆ 前两者兼有

| 中侏罗世 | 晚侏罗世 | 早白垩世早期 |
| 早白垩世晚期 | 晚白垩世早期 | 晚白垩世晚期 |

最新纪录

西班牙的似欧爪牙龙未定种（似近爪牙龙未定种）、加拿大的近爪牙龙似湖种UA MR-48、美国南达科他州的近爪牙龙未定种、美国蒙大拿州的近爪牙龙未定种、美国怀俄明州的近爪牙龙未定种、罗马尼亚的近爪牙龙未定种、美国蒙大拿州和怀俄明州的巴克伤齿龙、美国得克萨斯州的伤齿龙未定种、加拿大的伤齿龙未定种、俄罗斯的伤齿龙未定种、美国犹他州的OMNH标本集合、罗马尼亚的标本FGGUB R.1318和存疑的诺氏沼泽鸟龙，这些都是在晚白垩世晚期（马斯特里赫特期晚期，距今6 900万～6 600万年）地层中发现的年代最近的伤齿龙科化石。

最奇异纪录

短羽始中国羽龙：与其近亲相比，它的羽毛更短更稀少。此外它还缺乏尾羽，甚至在下肢也没有羽毛覆盖。它可能属于原始似鸟类或原始伤齿龙科。

最早公布的种类

美丽伤齿龙（*Troodon formosus*，1856）：发现于劳亚古陆西部（现美国蒙大拿州）的晚白垩世晚期地层中。最初人们根据这块牙齿推测它可能是一只蜥蜴，直到发现它的45年后，才把它确定为恐龙。该种名可能在未来失去有效性，这是因为根据所描述的模式标本是一块非常典型的伤齿龙科化石，很难将它和同时期的其他种区分开来。

最新公布的种类

蒙古戈壁猎龙（*Gobivenator mongoliensis*，2014）：发现于劳亚古陆东部（现蒙古）的晚白垩世晚期地层中。这是至今为止已知的最完整的衍化伤齿龙科恐龙化石。发掘于加拿大西部的塞氏北方爪龙（2015）可能属于一只伤齿龙科恐龙。

短羽始中国羽龙

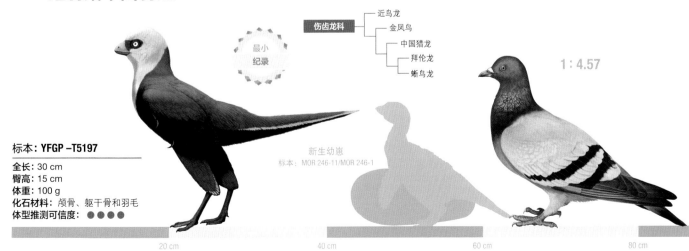

最小纪录

伤齿龙科
├ 近鸟龙
├ 金凤鸟
├ 中国猎龙
├ 拜伦龙
└ 蜥鸟龙

1：4.57

新生幼惠
标本：MOR 246-11/MOR 246-1

标本：YFGP –T5197

全长：30 cm
臀高：15 cm
体重：100 g
化石材料：颅骨、躯干骨和羽毛
体型推测可信度：●●●●

未命名

1 : 11.41

标本：QM F37912

全长：1.65 m
臀高：75 cm
体重：21 kg
化石材料：不完整胫跗骨
体型推测可信度：●●○○

最大纪录 分类：小型 等级 II

　　初鸟标本 **QM F37912**：发现于冈瓦纳古陆东部（现澳大利亚）的早白垩世晚期（阿尔布期，距今 1.113 亿～1.005 亿年）地层中。它是根据一块胫跗骨末端的化石推测得出的，外形类似于长尾雁荡鸟。其体型和体重与一只小美洲鸵（美洲小鸵）差不多，并且有可能它们的生活方式也是相似的。它可能跟雁荡鸟一样，是一种纯粹的陆生鸟类。

最长纪录

　　敏氏矾鸟（*Bauxitornis mindszentyae*）：发现于劳亚古陆中部（现匈牙利）的晚白垩世晚期（圣通期，距今 8 630 万～ 8 360 万年）地层中。它体长有 1.9 m，体重为 18 kg，是所有初鸟中最长的一种。它外形类似于巴拉乌尔龙，是一种奇怪的初鸟，但有些专家认为矾鸟是一种大型反鸟类。

足迹

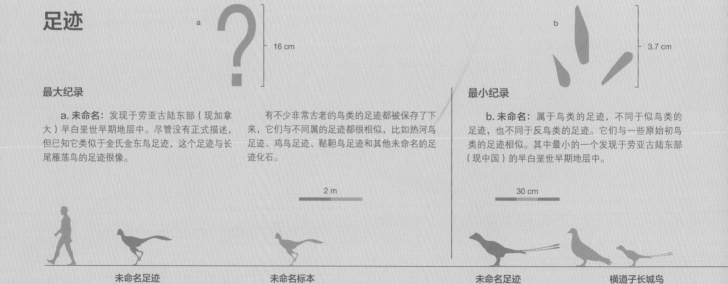

a
? 16 cm

b
3.7 cm

最大纪录

　　a. 未命名：发现于劳亚古陆东部（现加拿大）早白垩世早期地层中。尽管没有正式描述，但已知它类似于金氏金东鸟足迹，这个足迹与长尾雁荡鸟的足迹很像。

　　有不少非常古老的鸟类的足迹都被保存了下来，它们与不同属的足迹都很相似，比如热河鸟足迹、鸡鸟足迹、鞑靼鸟足迹和其他未命名的足迹化石。

最小纪录

　　b. 未命名：属于鸟类的足迹，不同于似鸟类的足迹，也不同于反鸟类的足迹。它们与一些原始初鸟类的足迹相似。其中最小的一个发现于劳亚古陆东部（现中国）的早白垩世早期地层中。

2 m

30 cm

未命名足迹
1.85 m/30 kg

未命名标本
1.65 m/21 kg

未命名足迹
28 cm/84 g

横道子长城鸟
17.5 cm/60 g

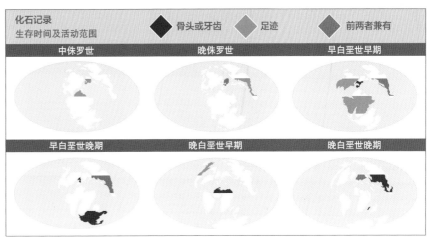

特征与习性

这种鸟类的头部大到中等，有些无牙齿，有些牙齿小或呈球状，长有大眼睛，前臂非常长，后肢也长，尾巴相对较短或非常短，身体纤细，前肢三指，后肢四趾。它们有厚厚的羽毛，有些能够有限地飞行，有些是陆生鸟类。

初鸟类是从伤齿龙科演化而来的，它们是反鸟类和今鸟形类的祖先。它们已适应了树栖或陆生生活。它们还不能进行熟练的飞行，因为胸骨上的龙骨还不发达，也没有帮助着陆的小翼羽。

食性：肉食性、鱼食、杂食和（或）虫食性动物。

时间范围

从中侏罗世到晚白垩世晚期（距今1.521亿～6 600万年），从化石记录可知，它们总共存活了8 610万年的时间。

最小纪录 分类：微型 等级 III

横道子长城鸟（*Changchengornis heng-daoziensis*）：这是一只成年的孔子鸟科个体，发现于劳亚古陆东部（现中国）的早白垩世早期（贝里阿斯期，距今1.45亿～1.398亿年）地层中。从其羽冠可以看出，它的外形很像现在的蕉鹃，但体型要小得多，还不及两只鸽子重。它的体长是初鸟 QM F37912 体长的1/9，体重是后者的1/350。

最小幼年标本

郝氏中鸟（*Zhongornis haoae*）：这是一个体长 8 cm，体重 6 g 的雏鸟。由于其所处年代太早，还未演化出尾综骨。它的短尾由13节椎骨构成。它像是一种原始孔子鸟科，但有些研究者猜测它可能属于近鸟类擅攀鸟龙科。

最奇异纪录

强壮巴拉乌尔龙（*Balaur bondoc*）：发现于劳亚古陆中部（现罗马尼亚）的晚白垩世晚期地层中。它的外形与驰龙类似，此外，它有两个可伸缩的爪子，并且每只爪子上只有两个指头可以活动。

最古老纪录

印石板始祖鸟（*Archaeopteryx lithographica*）：发现于泛大陆中北部（现德国）的晚侏罗世（提塘期，距今1.521亿～1.45亿年）地层中。它在历史上一直被认为是"最古老的鸟"，尽管"鸟"这个词的定义现在很模糊。这是因为定义鸟类的解剖学特征已逐渐在兽脚亚目恐龙中被发现。不同于其他类似于鸟类的兽脚亚目恐龙，印石板始祖鸟和其他近鸟类的身体被丰满的羽毛所覆盖。更古老的是发现于晚侏罗世（钦莫利期，距今1.573亿～1.521亿年）地层中的似始祖鸟未定种（现葡萄牙）。不过，一些专家认为它可能是一种原始伤齿龙科恐龙。

最新纪录

奥氏胁空鸟龙和邦多克巴拉乌尔龙都在晚白垩世晚期（马斯特里赫特期，距今7 210万～6 600万年）地层中被发现，它们分别来自现马达加斯加和罗马尼亚。对于前者是初鸟类，还是有长前臂的近鸟类半乌龙的问题，专家们仍存疑问。

最早公布的种类

印石板始祖鸟的第一个标本是一块非常不完整的化石，原先根据空气动力学形态判断，它被认为是翼龙目恐龙。在1857年它被叫作厚足翼手龙，在113年后才被确定为鸟类。有报道称发现了更古老的可能属于始祖鸟的化石，但还没有关于这些化石的详细描述。

最新公布的种类

曲足热河鸟（*Jeholornis curvipes*，2014）：发现于早白垩世晚期地层中（现中国）。它的两个名字（热河鸟和神舟鸟）中哪个更具优先性还存在争议，但更多的研究者还是认可使用热河鸟这一名称。

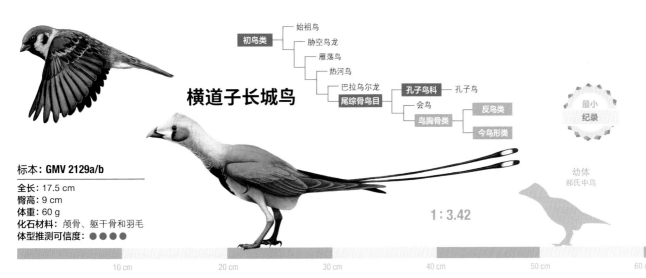

横道子长城鸟

标本：GMV 2129a/b
全长：17.5 cm
臀高：9 cm
体重：60 g
化石材料：颅骨、躯干骨和羽毛
体型推测可信度：●●●●

1 : 3.42

最小纪录

幼体
郝氏中鸟

50 cm　　　　　　　　　　100 cm　　　　　　　　150 cm

似南方姐妹龙鸟

1 : 7.99

最大
纪录

标本: PVL-4033

全长: 80 cm
臀高: 35 cm
体重: 7.25 kg
化石材料: 胫跗骨
体型推测可信度: ●●○○

最大纪录 分类: 小型 等级 I

　　反鸟类标本 **PVL-4033**: 发现于冈瓦纳古陆西部 (现阿根廷) 的晚白垩世晚期 (马斯特里赫特期早期, 距今 7 210 万～ 6 900 万年) 地层中。这是一块曾被归类于似马丁鸟的大型鸟类的胫跗骨, 直到近期才被叫作**南方姐妹龙鸟**。它的体重超过一只猫和一只乌鸦的体重之和。反鸟类动物有着多样的习性, 因此这种大型飞鸟到底取食哪种类型的食物还尚不可知。

最具疑问的认定

　　敏氏矾鸟 (发现于现匈牙利): 之前被确定为一种反鸟类, 它比似南方姐妹龙鸟 PVL-4033 还要大, 但是其他专家认为它更像邦多克巴拉乌尔龙。雷氏反鸟 (现阿根廷) 的体型非常接近似南方姐妹龙鸟, 其体长约 78 cm, 体重约 6.75 kg。

足迹

a　16.6 cm

最大纪录

　　a. 韩国鸟足迹未定种: 这是最大的中生代鸟类足迹之一, 发现于劳亚古陆中部 (现突尼斯) 的早白垩世早期地层中。

　　反鸟类在整个白垩纪都很繁盛。它们演化出不同的形态: 有长脚型的涉水古鸟足迹、泥泞沼泽足迹和舞迹, 有对趾型的山东鸟足迹, 有半水生的水生鸟足迹和攀爬的韩国鸟足迹。

b　1.77 cm

最小纪录

　　b. 哈曼韩国鸟足迹: 这是中生代最常见的鸟类的足迹之一。它发现于劳亚古陆东部 (现韩国) 的早白垩世晚期地层中。其大小在 17.7 ～ 38 mm 之间, 可推测出这个最小的足迹是只雏鸟留下的。该物种最大的成年个体身长约 25 cm, 体重为 185 g。

1 m

韩国鸟足迹未定种
85 cm/8 kg

似南方姐妹龙鸟
80 cm/7.25 kg

15 cm

哈曼韩国鸟足迹
10.5 cm/13 g

塞阿拉克拉图鸟
6.6 cm/4 g

200 cm   250 cm   300 cm

特征与习性

这种鸟类的头部大，有些无牙齿，有些牙齿小或呈球状，长有大眼睛，前臂非常长，尾巴很短，身体纤细，前肢三指，后肢四趾。它们有些能够飞行，有些是陆生鸟类。它们中的绝大部分已经适应于树栖生活，但还有一些习惯于半水栖环境。这种类型鸟类的大腿骨（股骨）与身体的比例大于现代鸟类，因此，预测远祖阿克西鸟的体型接近于一只鸽子，但是实际上鸽子比它还要重 2 倍。

食性：鱼食性、肉食性和（或）虫食性。

时间范围

从早白垩世早期到晚白垩世晚期（距今 1.398 亿～ 6 600 万年），从化石记录可知，它们总共生存了 7 380 万年的时间。

最小纪录 分类：迷你型 等级 II

塞阿拉克拉图鸟（Cratoavis cearensis）：发现于冈瓦纳古陆西部（现巴西）的早白垩世晚期（阿普特期，距今 1.25 亿～ 1.13 亿年）地层中。它是所有中生代恐龙中最小的一种。只有现代最小的鸟类——蜂鸟的体重比它更轻。它体长是似南方姐妹龙鸟 PVL-4033 全长的 1/12，体重是似南方姐妹龙鸟 PVL-4033 的 1/1 800。

最小幼年标本

列氏戈壁雏鸟（Gobipipus reshetovi）：发现于劳亚古陆东部（现蒙古）的晚白垩世晚期地层中，目前只能通过胚胎来了解该恐龙。标本 PIN 4492-4 是其中最大的一个，身长不足 4.7 cm，体重约 2 g。

化石记录 生存时间及活动范围	◆ 骨头或牙齿	◇ 足迹	◆ 前两者兼有
早白垩世早期	早白垩世晚期		晚白垩世早期
晚白垩世晚期			

最新纪录

阿氏鸟龙鸟和鸟龙鸟未定种（现美国蒙大拿州），标本 EME V.314 和 NVEN 1（现罗马尼亚）以及其他一些来自俄罗斯西部的化石，都是发现于晚白垩世晚期（马斯特里赫特期晚期，距今 6 900 万～ 6 600 万年）地层中的。

最奇异纪录

利伟大凌河鸟的爪指呈对趾型，这在中生代显得不太寻常。这种鸟具有对趾型的脚爪（两个趾头向前，两个趾头朝后）的特点，这一特征在某些鸟类中较为常见。在沐霞山东鸟的足迹中也发现了这一特征。

最古老纪录

反鸟标本 SBEI 307 是一块肱骨，形状与成吉思汗鄂托克鸟的肱骨类似。发现于早白垩世早期（瓦兰今期，距今 1.398 亿～ 1.329 亿年）地层中，曾生存在劳亚古陆东部（现日本）。与瓦尔登威利鸟（现英格兰）处于同一时期，但是尚不知道它是原始近鸟类还是反鸟类。

最早公布的种类

微小戈壁鸟（1974）是第一种被证实没有牙齿的反鸟，这一演化趋势分别出现在各种鸟类身上，其中包括孔子鸟、某些今鸟形类和所有今鸟亚纲。

最新公布的种类

在 2015 年公布的种类有：崔氏敦煌鸟（1 月）、有尾侯氏鸟和强壮原家窑鸟（2 月）、阔尾副鹏鸟（4 月）、塞阿拉克拉图鸟（5 月）、波氏赫伯鸟（6 月）、大平房翼鸟（8 月）和巨前颌契氏鸟（9 月）。

反鸟类		
	伊比利亚鸟	
	渤海鸟科	渤海鸟
	长翼鸟科	长翼鸟
		抓握鸟
	华夏鸟	
	始反鸟	
	勒库鸟	
	云加鸟	

最小
纪录

新生幼龙
列氏戈壁雏鸟
标本：PIN 4492-4

塞阿拉克拉图鸟

1 : 1.14

标本：UFRJ-DG 031 Av

全长：6.6 cm
臀高：2.9 cm
体重：4 g
化石材料：颅骨，躯干骨和羽毛
体型推测可信度：●●●●

5 cm   10 cm   15 cm   20 cm

恋酒卡冈杜亚鸟

最大
纪录

1 : 17.12

标本：MDE-A08

全长：1.8 m
臀高：1.3 m
体重：120 kg
化石材料：不完整股骨
体型推测可信度：●●○○

最大纪录 分类：中型 等级 II

　　恋酒卡冈杜亚鸟（*Gargantuavis philoinos*）：发现于劳亚古陆中部（现法国）的晚白垩世晚期（坎潘期，距今 8 360 万～7 210 万年）地层中。它是一种与鸵鸟体型相似的大型陆生鸟类，但是它更强健，类似于神翼鸟。它与巴塔哥鸟的骨骼比例有些差别，比如，它的股骨更短粗，这一特征使它与鸵鸟和鹤鸵更相似。它的发现曾造成了极大的轰动，因为其体型大小超过了中生代其他任何一种鸟

类。它曾被认为可能是一种大型翼龙目恐龙，然而相关研究最终证实它确实是一种鸟。

类群中最大的飞鸟

　　具有飞行能力的最大的原始今鸟形类是在加拿大西部发现的回足鸟未定种 RTMP 86.36.126。它体长估计有 85 cm，体重约 6.5 kg。

足迹

a

约 8.65 cm

最大纪录

　　a. 未命名：最大的足迹可能是由一只真鸟类留下的，它生存于早白垩世早期的劳亚古陆中部（现西班牙）。

　　一组重要的足迹与某些真鸟类吻合，因为它们有带蹼蹼的趾，如燕鸟；有强健有力的趾，如巴塔哥鸟（巴罗斯足迹、和平鸟足迹）；有对称

的蹼足，如昌马鸟（固城鸟足迹、庆尚南道鸟足迹和具蹼鸟足迹）；有不对称的蹼足，如甘肃鸟；有其他特征，如红山鸟。根据其生存年代来区分这些今鸟亚纲的足迹是困难的，因为它们繁盛于早白垩世，而真鸟类直到晚白垩世才开始繁盛。

b

2 cm

最小纪录

　　b. 未命名：这枚微型的足迹发现于劳亚古陆中部（现西班牙）的早白垩世晚期地层中。如果与多种原始真鸟类相比，留下这枚足迹的鸟体长可能是 7.3 cm～9.5 cm。

2 m

20 cm

未命名足迹
35～46 cm/770～1 800 g

恋酒卡冈杜亚鸟
1.8 m/120 kg

未命名足迹
7.3～9.5 cm/13～30 g

高冠红山鸟
12 cm/58 g

4 m 5 m 6 m 7 m

特征与习性

这种鸟类头部中等或大，牙齿小或缺失，前臂短或非常长，颈部长，尾巴非常短，身体纤细，前肢三指，后肢四趾。它们中有能够飞行、半水生或陆生的种类。

食性：鱼食性、杂食性和（或）虫食性。

时间范围

从早白垩世晚期到晚白垩世晚期（距今1.294亿～6 600万年），从化石记录可知，它们持续生存了6 340万年的时间。

最小纪录 分类：微型 等级 III

高冠红山鸟（*Hongshanornis longicresta*）：发现于劳亚古陆东部（现中国）的早白垩世晚期（巴雷姆期，距今1.294亿～1.25亿年）地层中。这是一个小的成年个体，还没有两只麻雀重。它身长是恋酒卡冈杜亚鸟的1/15，体重是后者的1/2 070。另一个更小的个体是今鸟类 UALVP 47942，发现于加拿大的晚白垩世晚期地层中。它身长约10 cm，体重为30 g，年龄未知。

最小幼年标本

标本 MACN PV RN 1108：发现于冈瓦纳古陆西部（现阿根廷）的晚白垩世晚期地层中。这是一只小阿拉米特鸟（*Alamitornis minutus*）的幼年个体。它是根据一块不完整的胫跗骨复原的，其体长不足11 cm，体重约20 g。

最古老纪录

发现于蒙古的得氏抱鸟，来自中国的弥曼始今鸟、高冠红山鸟和侯氏长腿鸟，发现于泰国的标本 K3-1，它们都属于早白垩世晚期（巴雷姆期，距今1.294亿～1.25亿年）之初。物种形态的多样性表明它们在早白垩世早期已经存在。

最新纪录

发现于比利时的标本 NHMM/RD 271和美国怀俄明州的一系列化石集合 BHI 和 SDSM 系列都处于晚白垩世晚期（马斯特里赫特期晚期，距今6 900万～6 600万年）的最上层地层中。

最奇异纪录

卢塞罗奥兰达鸟（*Hollanda luceria*）：发现于劳亚古陆东部（现蒙古）的晚白垩世晚期地层中。它的后肢相当长，并且后肢各趾的分布不同寻常。它可能已经适应了陆地生活，是一种像走鹃一样行动非常迅速的奔跑者。

最早公布的种类

两面鱼鸟（*Ichthyornis anceps*，原名为"革瑞克鸟"）：生存于晚白垩世晚期，分布在劳亚古陆西部（现美国堪萨斯州）。它在1870年被发现，两年后有了正式描述。它是已知的第一种有牙齿的鸟类，因为更早的始祖鸟没有保存下来的颅骨化石。

化石记录 生存时间及活动范围	◆ 骨头或牙齿	◆ 足迹	◆ 前两者兼有
早白垩世晚期	晚白垩世早期	晚白垩世晚期

最新公布的种类

张氏觉华鸟和弥曼始今鸟：两种都发现于劳亚古陆东部（现中国）的早白垩世晚期地层中。它们都在2015年公布，分别是在3月和5月。

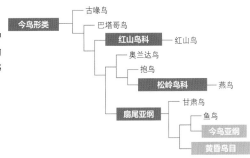

今鸟形类 — 古喙鸟
— 巴塔哥鸟
红山鸟科 — 红山鸟
— 奥兰达鸟
— 抱鸟
松岭鸟科 — 燕鸟
扇尾亚纲 — 甘肃鸟
— 鱼鸟
今鸟亚纲
黄昏鸟目

最小 纪录

高冠红山鸟

1 : 2.28

标本: IVPP V 14533

全长: 12 cm
臀高: 4 cm
体重: 58 g
化石材料: 颅骨、躯干骨和羽毛
体型推测可信度: ●●●●

小阿拉米特鸟
标本: MACN PV RN 1110

10 cm 20 cm 30 cm 40 cm

100 cm · 50 cm · 100 cm · 150 cm

50 cm

最大
纪录

俄罗斯黄昏鸟

1 : 9.13

标本：ZIN PO 5463
全长：1.6 m
体重：30 kg
化石材料：跗跖骨和胸椎骨
体型推测可信度：● ● ○ ○

最大纪录 分类：小型 等级 III

　　俄罗斯黄昏鸟（*Hesperornis rossicus*）：发现于劳亚古陆中东部（现俄罗斯西部和瑞典）的晚白垩世晚期（坎潘期，距今 8 360 万～7 210 万年）地层中。它的化石在俄罗斯、瑞典两国都有发现，表明它曾在两个地区迁徙。在它生活的时期，两地的距离比现在更近。它的体型与帝企鹅非常相近，是中生代时期最大的水生鸟类。它在水中是很灵活的渔鸟，但在陆地上却很笨拙，因此，它们的行动几乎不离开水，就像现在的水鸟一样，它们的腿位于身体的后部。

体型一样大

　　黄昏鸟未定种：发现于劳亚古陆东部（现俄罗斯西部）。它与俄罗斯黄昏鸟的体型相同，但年代更近些，发现于晚白垩世晚期末端（马斯特里赫特期早期，距今 7 210 万～6 900 万年）地层中。

足迹

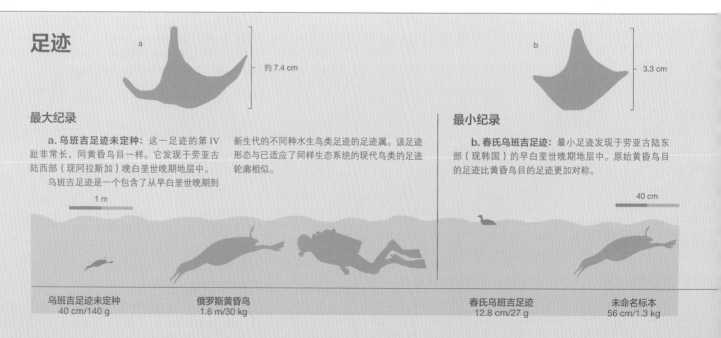

a

约 7.4 cm

b

3.3 cm

最大纪录

　　a. 乌班吉足迹未定种：这一足迹的第 IV 趾非常长，同黄昏鸟目一样。它发现于劳亚古陆西部（现阿拉斯加）晚白垩世晚期地层中。

　　乌班吉足迹是一个包含了从早白垩世晚期到新生代的不同种水生鸟类足迹的足迹属。该足迹形态与已适应了同样生态系统的现代鸟类的足迹轮廓相似。

最小纪录

　　b. 春氏乌班吉足迹：最小足迹发现于劳亚古陆东部（现韩国）的早白垩世晚期地层中。原始黄昏鸟目的足迹比黄昏鸟目的足迹更加对称。

1 m · 40 cm

乌班吉足迹未定种	俄罗斯黄昏鸟	春氏乌班吉足迹	未命名标本
40 cm/140 g	1.6 m/30 kg	12.8 cm/27 g	56 cm/1.3 kg

250 cm　　　　300 cm　　　　350 cm

特征与习性

这种鸟类头部中等或大，长有许多小牙齿，前臂萎缩退化，长颈，尾巴非常短，身体呈流线型，前肢没有指，后肢有四趾。它们是半水生或水生鸟。

食性：鱼食性动物。

时间范围

从早白垩世晚期到晚白垩世晚期（距今1.25亿～6 600万年），从化石记录可知，它们存活了5 900万年的时间。

最小纪录　分类：极小型 I

标本 V-2487：发现于劳亚古陆西部（现加拿大西部）的晚白垩世晚期（坎潘期，距今8 360万～7 210万年）地层中。这是一个小型成年个体，体型与一只雪貂相当。它是一个尚未命名的新种，体长几乎是俄罗斯黄昏鸟的1/3，体重是后者的1/23。

最小幼年标本

有不少幼年黄昏鸟目的碎片标本有待描述。遗憾的是，很多标本都损坏了，因而目前不能确定其中最小的是哪一个。候选名单很长，详列如下：

• 北美洲：哈氏帕斯基亚鸟 SMNH P2077.125，加拿大的北极加拿大鸟 NMC 41053 和黄昏鸟似帝王种，美国堪萨斯州的标本 YPM 5768 和外来潜水鸟 KUVP 16112。

• 欧洲：巴氏大洋鸟标本 BGS 87932，BGS 87936 和 BMNH A483；塞氏大洋鸟标本 BMNH A480，SMC B55287，SMC B55289，SMC B55297，SMC B55301，YORYMG 581 和 YORYMG 582；希氏大洋鸟标本 BMNH A481，BMNH A484，SMC B55290，SMC B55291，SMC B55292 和 SMC B55293。所有这些标本都发现于英格兰的早白垩世晚期地层中。

• 亚洲：来自哈萨克斯坦的标本集 ZIN PO，俄罗斯东部的"黄昏鸟"未定种。后者体长约 35 cm，体重约 330 g。

1 : 5.71

最古老纪录

巴氏大洋鸟、塞氏大洋鸟和希氏大洋鸟发现于英格兰的早白垩世晚期（阿尔布期，距今 1.13 亿～1.005 亿年）地层中。最古老的是一块尚未描述的牙齿，它发现于美国犹他州（阿普特期，距今 1.25 亿～1.13 亿年），可能属于黄昏鸟目。

最新纪录

加拿大西部的美洲布罗戴维鸟，美国南达科他州的贝氏布罗戴维鸟，美国怀俄明州和蒙大拿州的斯酷奇波塔姆鸟，美国蒙大拿州的似黄昏鸟，它们都发现于晚白垩世晚期（马斯特里赫特期晚期，距今 6 900 万～6 600 万年）的最上层地层中。

最奇异纪录

一些边缘呈锯齿状的牙齿被发现于美国犹他州的早白垩世晚期地层中。它与中生代鸟类牙齿的特征有些不同。

最早公布的种类

巴氏大洋鸟和塞氏大洋鸟于1858年被发现，1859年被报道。在1864年前这些标本被认为属于"巴氏古卡丽鸟"和"塞氏伪齿鸟"，直到1876年才被正式发表并命名，由于拖了这么久，帝王黄昏鸟比它们早公布了4年。

最新公布的种类

霍氏烟山鸟（*Fumicollis hoffinani*，2015）：发现于劳亚古陆西部（现美国堪萨斯州）的晚白垩世晚期地层中。它原先被认为是一个外来潜水鸟的标本，直到39年后，学者才把它确定为另一个属的物种。

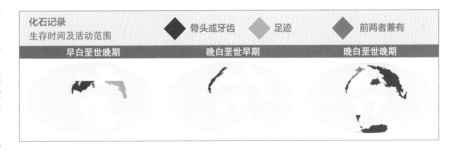

化石记录
生存时间及活动范围　　　◆ 骨头或牙齿　　　◆ 足迹　　　◆ 前两者兼有

早白垩世晚期	晚白垩世早期	晚白垩世晚期

最小
纪录

未命名

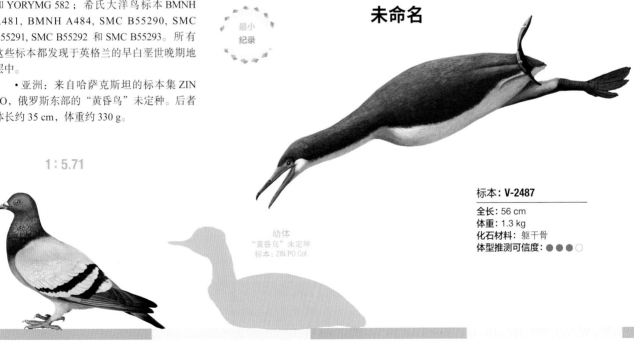

标本：**V-2487**

全长：56 cm
体重：1.3 kg
化石材料：躯干骨
体型推测可信度：●●●○

幼体
"黄昏鸟"未定种
标本：ZIN PO Col.

25 cm　　　　50 cm　　　　75 cm　　　　100 cm

50 cm   100 cm   150 cm   200 cm

100 cm

50 cm

洛氏斯待居莱塔鸟

最大
纪录

1 : 11.41

标本: RAM 6707

全长: 1.2 m
臀高: 70 cm
体重: 6 kg
化石材料: 不完整鸟喙骨
体型推测可信度: ●○○○

最大纪录 分类: 较小型 等级 III

标本 RAM 6707 是一只曾生存于晚白垩世晚期 (马斯特里赫特期, 距今 7 210 万~6 600 万年) 的鸭子, 它分布在劳亚古陆西部 (现美国蒙大拿州), 属于灭绝的普瑞斯比鸟科。这件标本在一篇论文中被命名为 "洛氏斯待居莱塔鸟" (*Stygenetta logfreni*)。它比一只鹳还高, 体重与一只天鹅相当, 是中生代时期最大的鸟类。

其他可能的竞争者

标本 UCMP 53964 是另一只体型相仿的水鸟, 身高为 1.15 m, 体重为 5.2 kg。最初, 它的化石被认为归属于 "拉拉水土鸟", 但现在我们知道它是一只来自美国怀俄明州的晚白垩世晚期水鸟。

足迹

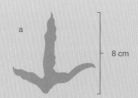

a — 8 cm

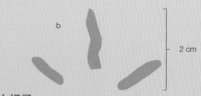

b — 2 cm

最大纪录

a. 禽雅克雷特足迹: 这一足迹被发现于冈瓦纳古陆西部 (现阿根廷) 的晚白垩世晚期地层中。其形态与叫鹤相似, 但显得更强壮。学者已确定这种类型的鸟类出现在中生代末期的南极洲。

现代鸟类或今鸟亚纲鸟类在晚白垩世晚期的多样性非常高。已知的半水生鸟类足迹有东阳鸟足迹、巴塔哥鸟足迹和萨基特足迹; 涉水鸟足迹有鹳足迹、"乌班吉足迹" 和雅克雷特足迹。

最小纪录

b. 未命名: 在晚白垩世晚期的劳亚古陆西部 (现美国怀俄明州), 保存下来的一个最小的今鸟足迹。

20 cm

2 m

禽雅克雷特足迹
56 cm/2.9 kg

洛氏斯待居莱塔鸟
1.2 m/6 kg

未命名足迹
14 cm/12 g

南方拉马克鸟
9.5 cm/18 g

特征与习性

中生代的现代鸟类头部中等或大，无牙齿，大眼睛，前臂非常长，后肢长，尾巴很短，身体纤细轻盈，前肢三指，后肢四趾，长有厚厚的羽毛，有能够飞行的，也有陆生鸟类。

食性：滤食动物、谷食性和（或）虫食性动物。

时间范围

从晚白垩世早期到现代，从化石记录可知，它们已经存活了 9 390 万年的时间。

最小纪录 分类：微型 等级 I

南方拉马克鸟（*Lamarqueavis australis*）：发现于冈瓦纳古陆西部（现阿根廷）的晚白垩世晚期（马斯特里赫特期，距今 7 210 万年～6 600 万年）地层中。它可能是中生代时期一种最小的海鸟，连鸽子都是它的两倍大。它的体长是"洛氏斯待居莱塔鸟"的 1/12.5，体重是后者的 1/33。由于几乎所有中生代新生鸟类的标本都很零碎，因而很难得知它们的发育状态。

最古老纪录

标本 PVPH 237（现阿根廷）和另一存疑的标本（现乌兹别克斯坦）被发现于晚白垩世早期（土伦期，距今 9 390 万年～8 980 万年）地层中。还有一个年代存疑的化石是在法国发现的，估计它生存于早白垩世早期到晚白垩世晚期（贝里阿斯期～马斯特里赫特期，距今 1.45 亿～6 600 万年）。后者是最有可能的，因为今鸟所在年代似乎没有这么久

远。其所在的位置也存争议，可能属于哈采格盆地地层，处于中生代末期。另外，一项基因研究推测今鸟亚纲出现在南美洲。

最新纪录

今鸟亚纲鸟类在中生代末期的大灭绝中存活了下来，到目前仍然存在的超过 1 万种。它们的化石位于白垩纪和古新世地层的交界处，因此，在两个时期的记录中它们都常常有出现。今鸟亚纲鸟类中最接近这种地质分离的是来自俄罗斯欧洲部分的海洋伏尔加鸟、美国蒙大拿州的"洛氏斯待居莱塔鸟"、美国西部怀俄明州的"待居莱塔鸟未定种"（全部来自白垩纪）。同时，在古新世，发现了君王无常鸟、迅捷革瑞克鸟、埃瓦迪西努斯拉鸟、亨氏新泽西鸟。

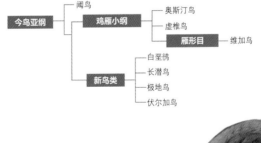

最奇异纪录

这些鸟类对我们来说非常熟悉，因为它们与现代鸟类长得很相似。但是它们是根据不完整标本和解剖结构相似性鉴定的，所以也有可能是错的。有一块化石被鉴定为疑似叫鹤的股骨，证明属于著名的"恐怖鸟"的叫鹤类早在中生代便已经出现，但是由于其化石太破碎，这个推测也存疑问。

最早公布的种类

敏捷虚椎鸟（*Apatornis celer*，1873，原名"敏捷鱼鸟"）：发现于劳亚古陆西部（现美国堪萨斯州）的晚白垩世晚期地层中。它和鱼鸟生活在同一时期，但比鱼鸟演化程度更高。

最新公布的种类

南方拉马克鸟：发现于冈瓦纳古陆西部（现阿根廷）的晚白垩世晚期地层中。在描述它的同一篇论文中，它的名字从最小水土鸟和佩特拉水土鸟变成了拉马克鸟属。

最小
纪录

南方拉马克鸟

1 : 1.14

标本：MML 207

全长：9.5 cm
臀高：7 cm
体重：18 g
化石材料：鸟喙骨
体型推测可信度：●○○○

2 m　　　　　4 m　　　　　6 m　　　　　8 m　　　　　10 m

恐手龙
全长：11 m
体重：7 t

克拉图鸟

镰刀龙
全长：9 m
体重：4.5 t

暴龙
全长：12 m
体重：8.5 t

南方巨兽龙
全长：13.2 m
体重：8.5 t

硕大"斑龙"
全长：12.6 m
体重：6.4 t

1 : 57.07

似姐妹龙鸟
全长：80 cm
体重：7.25 kg

富伦格里龙
全长：5.3 m
体重：360 kg

巨型驰龙科
全长：5.8 m
体重：530 kg

巨型西里龙科
全长：3 m
体重：85 kg

食肉牛龙
全长：7.7 m
体重：1.85 t

棘龙
全长：16 m
体重：7.5 t

黄昏鸟未定种
全长：56 cm
体重：1.3 kg

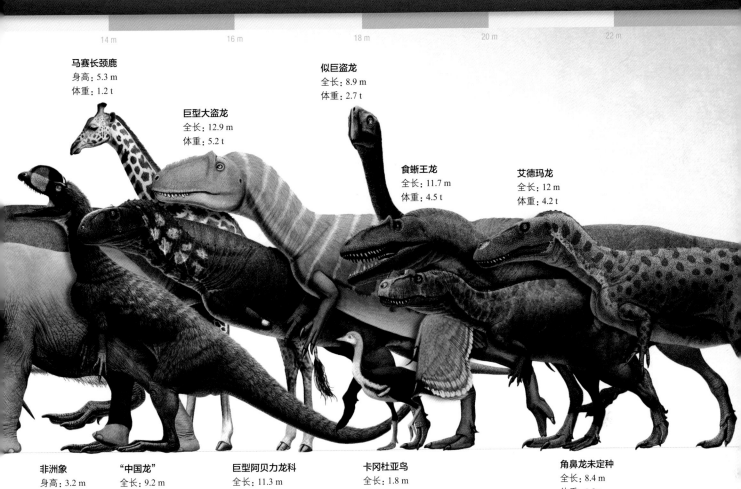

14 m　　　　　16 m　　　　　18 m　　　　　20 m　　　　　22 m

马赛长颈鹿
身高：5.3 m
体重：1.2 t

巨型大盗龙
全长：12.9 m
体重：5.2 t

似巨盗龙
全长：8.9 m
体重：2.7 t

食蜥王龙
全长：11.7 m
体重：4.5 t

艾德玛龙
全长：12 m
体重：4.2 t

非洲象
身高：3.2 m
体重：6 t

"中国龙"
全长：9.2 m
体重：1.7 t

巨型阿贝力龙科
全长：11.3 m
体重：3.7 t

卡冈杜亚鸟
全长：1.8 m
体重：120 kg

角鼻龙未定种
全长：8.4 m
体重：1.9 t

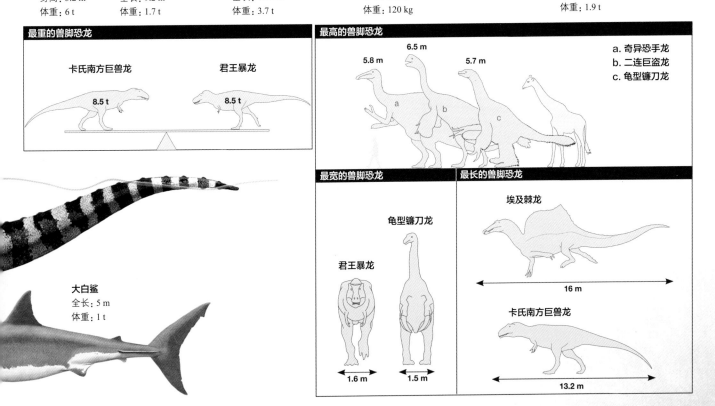

最重的兽脚恐龙

卡氏南方巨兽龙　　　君王暴龙

8.5 t　　　　8.5 t

最高的兽脚恐龙

5.8 m　　6.5 m　　　5.7 m

a. 奇异恐手龙
b. 二连巨盗龙
c. 龟型镰刀龙

a　　b　　c

最宽的兽脚恐龙　　**最长的兽脚恐龙**

龟型镰刀龙

君王暴龙

埃及棘龙

16 m

1.6 m　　1.5 m

卡氏南方巨兽龙

13.2 m

大白鲨
全长：5 m
体重：1 t

20 cm

30 cm

40 cm

30 cm

吸蜜蜂鸟
全长：5 cm
体重：2 g

克拉图鸟
全长：6.6 cm
体重：4 g

美颌龙（BSP AS I 536）
全长：90 cm
体重：550 g
历史上曾被认为是最小的恐龙。

曙光鸟
全长：40 cm
体重：260 g

跳龙
（恐龙形类）
全长：50 cm
体重：110 g

小驰龙
全长：50 cm
体重：185 g

20 cm

10 cm

1 : 2.28

斯克列罗龙
（鸟跖主龙类）
全长：18.5 cm
体重：18 g

伊比利亚鸟
全长：8.7 cm
体重：9.5 g

戈壁雏鸟（今鸟亚纲）
全长：4.7 cm
体重：2 g

南方拉马克鸟
全长：9.5 cm
体重：18 g

长城鸟
全长：17.5 cm
体重：60 g

黄昏鸟未定种
全长：56 cm
体重：1.3 kg

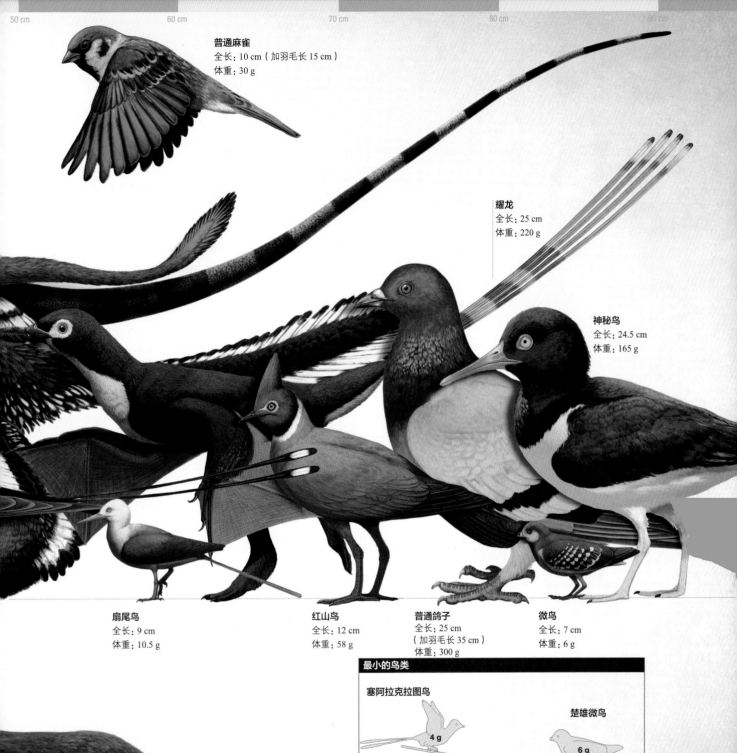

50 cm 　　　　　　60 cm 　　　　　　70 cm 　　　　　　80 cm 　　　　　　90 cm

普通麻雀
全长：10 cm（加羽毛长 15 cm）
体重：30 g

耀龙
全长：25 cm
体重：220 g

神秘鸟
全长：24.5 cm
体重：165 g

扇尾鸟
全长：9 cm
体重：10.5 g

红山鸟
全长：12 cm
体重：58 g

普通鸽子
全长：25 cm
（加羽毛长 35 cm）
体重：300 g

微鸟
全长：7 cm
体重：6 g

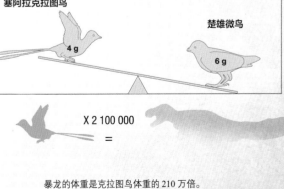

最小的鸟类

塞阿拉克拉图鸟

楚雄微鸟

4 g

6 g

X 2 100 000
=

暴龙的体重是克拉图鸟体重的 210 万倍。

恐龙形类、兽脚亚目恐龙和中生代鸟类的分类学发展历程和相关纪录

1686年 英格兰 奠定了现有分类学的重要基础

约翰·雷发表了对1 800多种植物的描述和分类研究成果。这项工作在后来成了卡尔·林奈对动物分类的参考。

1735年 荷兰 开启当前分类学的作品诞生

卡尔·林奈创作了《自然系统》。这本著作更进一步奠定了物种分类的基础。

1751年 瑞典 确立了双名法

卡尔·林奈奠定了现代分类学的基础——双名法。

1758年 瑞典 创造术语"鸟类（Aves）"

卡尔·林奈在他的第十版《自然系统》中，创造了基于拉丁语（"avis"＝鸟类）的术语"鸟类"，并描述了它的外部解剖学特征。

1768年 奥地利 创造术语"爬行纲（Reptilia）"

约瑟夫斯·尼古拉斯·劳伦蒂根据拉丁语（"reptilium"＝蠕动爬行）创造了术语"爬行纲"，在很长一段时间里，恐龙都被归为爬行动物。

1800年 法国 第一只恐龙怪兽嵌合体

两个物种的化石材料错误地混在了一起：1770年由神甫巴切莱特发现的鳄类小喙狭楔鳄，以及1776年由雅克·弗朗索瓦·迪克梅尔发现的兽脚亚目恐龙阿尔道夫扭椎龙。这两个种分别于1825年和1832年被确定和重新分类。

1808年 法国 第一只被科学描述的兽脚亚目恐龙

乔治·居维叶对扭椎龙的椎骨进行了描述和图解。在当时它们被认为属于一只鳄鱼。1825年它们被分为了两个种，1832年，其中的一块椎骨被鉴定为兽脚亚目恐龙的化石。

1813年 瑞士 创造术语"分类学（Taxonomia）"

奥古斯丁·彼拉姆斯·德堪多基于希腊语（"taxis"＝顺序标记＝条约或研究，后缀"ia"＝行动）创造了"分类学"这个术语。这是一门对现有生物和已成化石生物进行分类的生物学学科。

1837年 美国 有着最混乱的物种名称的兽脚亚目恐龙足迹

迷你安琪龙足迹（原为迷你石鸟的足迹）：它们不是兽脚亚目恐龙的痕迹，但一开始被鉴定为此。另一方面，最早发现的标本非常小，但当时被认为是安琪龙中足迹最大的一种。

1842年 英格兰 创造术语"恐龙（Dinosauria）"

理查德·欧文基于希腊语（"deinos"＝可怕的，"sauros"＝蜥蜴或爬行动物）创造了这个术语。在当时这一类群仅包括林龙、禽龙和斑龙。学者之后又对已有的属进行了重新归类，使其包括了央齿龙、鲸龙、板龙、扭椎龙、鳄龙、槽齿龙。

1843年 奥地利 肉食性恐龙的第一个分类单元

第一个创建的类是"斑龙类"，它把斑龙包括在内。由于该类是在1843年创建的，还未考虑到恐龙分类单元，因而只是兽脚亚目的一个旧的代名词。

1853年 奥地利 第一个创建的兽脚亚目恐龙科

术语"斑龙科"出现在1853年，但通常认为是托马斯·亨利·赫胥黎在1869年创造的。

1859年 英格兰 第一只"混合鸟臀目"，被错误鉴定持续时间最长的兽脚亚目恐龙怪兽嵌合体

哈氏肢龙被鉴定为一只鸟臀目恐龙，但它其实混合了未知的兽脚亚目恐龙的后肢，它在109年后才被重新辨认。该肉食动物以非正式的方式被命名为"纽氏米鲁龙"。

1871年 英格兰 第一个侏罗纪鸟科

始祖鸟科是代表了始祖鸟及其近亲的一个科。目前来看它是一个不活跃的演化支。

1872年 美国 第一个白垩纪鸟科

黄昏鸟科的创建源自帝王黄昏鸟，这是一种曾生活在晚白垩世的美国堪萨斯州的水生鸟类。

1875年 英格兰 第一个被混淆成兽脚亚目的蜥脚类恐龙

根据蜥脚类沟椎龙和马尔马拉椎龙的背椎进行推测，它们被鉴定成一种巨型兽脚亚目恐龙。

1881年 美国 创建分类"兽脚亚目"

兽脚亚目分类单元至今仍在使用。之前其他不成功的尝试名称有：斑龙类、弯足龙类、哈巴伦龙类、兽足类和肉食龙形类。

1883年 俄罗斯 第一只混合了蜥脚类的兽脚亚目恐龙嵌合体

在库尔斯克州发现的施氏杂肋龙，是兽脚亚目恐龙骨骼与巨龙形类掌骨的混合体，还有一些其他不确定的化石碎片。

1887年 英格兰 创造术语"蜥臀目"

目前把恐龙分为两个大组：鸟臀目和蜥臀目，并被使用至今。

1916年 英格兰 创造术语"蜥形纲"

蜥形纲是一个很大的分类单元，目前包括羊膜动物、兽脚亚目恐龙，它们属于合弓纲分支（包括哺乳动物及其近亲）。由于爬行纲是一个并系群，逐渐不被认为可为有效的分类。蜥形纲是一个在爬行纲后重新获得认可的术语。

1923年 印度 年代最近的兽脚亚目恐龙嵌合体

印度拉米塔龙的化石包括了蜥脚类恐龙的皮内成骨、鳄鱼的牙齿和兽脚亚目恐龙纳巴达胜王龙的骨骼。它被发现于晚白垩世晚期（马斯特里赫特期晚期，距今6 900万～6 600万年）地层中。

1974年 美国 把恐龙从爬行动物中分离出来

由于恐龙具有独特的结构特征，并且其生理特征与哺乳动物和鸟类更为相似，因此，有人建议将恐龙从爬行动物中分离出来。

1975年 阿根廷 第一个恐龙形态类的科

第一个恐龙形态类的科是兔鳄科，但现在发现它是一个不活跃的科。

1985年 英格兰 创建"恐龙形态类"分类单元

该分类单元包括了第Ⅰ和第Ⅴ跖骨较短的恐龙及其最近的近亲。

1986年 英格兰 创造术语"鸟颈总目"

这一术语包括了翼龙目和恐龙的演化支。最后它基本被"鸟颈类主龙"所代替。

1988年 美国 始祖鸟不再被认为是一种鸟

有人认为始祖鸟科也包括驰龙科和伤齿龙科。目前存在的争议是：始祖鸟是否位于朝向鸟类起源的准确路线上？还是只是众多演化分支中的一个？

1991年 美国得克萨斯州 最混杂的兽脚亚目恐龙嵌合体

得克萨斯原鸟是根据在同一区域找到的一堆杂乱的各种动物的化石复原的。这些化石被认为是同一种的不同标本。专家对这些化石进行了分析，以便确定每部分对应的恐龙，发现其中有几只幼年虚骨龙超科恐龙，一只原始翼龙形类恐龙，一只巨爪蜥，一只鳞龙形类恐龙和其他未确定的主龙形类恐龙。

1999年 英格兰 创建鸟颈类主龙演化支

鸟颈类主龙分类单元包括翼龙目和恐龙，它们还有具有长而扁跖骨的直系后代。

2003年 美国 有最短昵称的兽脚亚目恐龙

两具君王暴龙标本有着最简洁的昵称：FMNH PR2081被叫作"苏"，BHI 6219被称为"007"。

2009年 最新的恐龙形类恐龙分类单元

直到本书原版书出版，创建的最新一个恐龙形类恐龙的演化支是西里龙科。

2014年 美国 有最长昵称的兽脚亚目恐龙

维氏安祖龙，也叫作"来自地狱的鸡"。

2014年 最新一个中生代鸟类的分类单元

直到本书原版书出版，创建的最新一个鸟

类兽脚亚目恐龙的演化支是 Pengornithidae。

2014 年　法国　最新的兽脚亚目恐龙分类单元

直到本书原版书出版，兽脚亚目最新的一个分类单元是玛君龙亚科。

2015 年　美国　有最多昵称的兽脚亚目恐龙

君王暴龙标本被起了各种昵称，包括："007""B-君王""贝尔""血腥玛丽""鲍勃""巴基""C-君王""塞莱斯特""雷克斯郡""纸杯蛋糕""达菲""福克斯""E.D.柯普""F-君王""弗兰克""G-君王""H-君王""哈格尔·君王""J-君王""J-君王2""简""简-君王""金刚""L-君王""蒙蒂""Z先生""泥土壤T.君王""N-君王""内森""佩克的君王""皮特""皮蒂""女王""君王B""君王C""里格比标本""桑松""斯科蒂""斯坦""斯蒂文""苏""托马斯""危险的君王""维恩""维恩君王"和"Z-君王"。

兽脚亚目恐龙和中生代鸟类的名称纪录

1763 年　英格兰　第一个兽脚亚目恐龙的双名称

理查德·布鲁克斯将罗伯特·普洛特描述的标本取名为"阴囊龙"，这一名字是描述性质的，而非解释性质。在林奈分类之前的这个名称是无效的。

1822 年　英格兰　兽脚亚目恐龙名称的第一个命名者

威廉·丹尼尔·科尼比尔是"斑龙属"（*Megalosaurus*）这一名称的命名者。该名称是取自希腊语（"mega"＝巨大，"sauros"＝蜥蜴或爬行动物）。

1822 年　英格兰　第一个公布的兽脚亚目恐龙的属名

詹姆斯·帕金森公布了"斑龙属"这一名称，并预测其体长为 12 m，身高为 2.4 m。

1825 年　法国　第一个有双名称的兽脚亚目恐龙

大喙狭蜥鳄曾被认为是一个鳄鱼化石。在1932年它被鉴定为与阿尔道夫扭椎龙是同物异名。

1826 年　英格兰　第一个取自人名的兽脚亚目恐龙的种名

"科氏斑龙"这一名称被献给地质学家和古生物学家威廉·丹尼尔·科尼比尔。但这一名字不正式，继而失效了。一年后命名了巴氏斑龙，是为了纪念自然学家、地质学家和古生物学家威廉·巴克兰。

1826 年　英格兰　第一个指代兽脚亚目恐龙的拼写错误

"*Melagosaurus*"是第一个被发现的拼写错误，它指的是"*Megalosaurus*"（斑龙）。

1827 年　英格兰　兽脚亚目第一个正式认定的种名

"巴氏斑龙"的命名是为了纪念自然学家、地质学家和古生物学家威廉·巴克兰。

1832 年　英格兰　第一次尝试对兽脚亚目恐龙名称的修改

克莉斯汀·艾瑞克·赫尔曼·汪迈尔使用 *M. bucklandi* 命名而不是通名 *M. bucklandii*，这一做法被众多同行所接受。然而，使用双 i 的后缀指的是某个作者，根据命名规定来说是有效的，因而这一尝试未能成功。

1832 年　法国　第一个取自地名的兽脚亚目恐龙名称

阿尔道夫扭椎龙这一名称是取自瑞士的阿尔道夫镇。

1834 年　英格兰　第一个与中生代鸟类混淆的翼龙目

由于克氏古鸟的骨骼化石与现代鸟类的气骨有着很大的相似性，因而之前它被鉴定为一只巨大的鸟。不过，这个名字曾经被用来命名一种鸟类，学者后来又改了它的学名。后来该做法发生在另外一些翼龙目化石上："阿迪亚斯鸟掌翼龙"，戴奥米底斯鸟掌翼龙，长嘴鸟掌翼龙，戴奥米底斯西莫鸟龙，哈氏白垩鸟龙，普利斯劳翼龙和尼氏萨姆路奇亚龙。

1835 年　英格兰　第一个取自人名，与中生代鸟类化石混淆的种名

吉迪恩·曼特尔以馆长威廉·克里夫之名命名了一些化石，他认为这些零碎的化石属于一只巨型鸟类，因此，将其命名为克氏古鸟。后来证实这是在当时发现的第一只体型巨大的翼龙。

1837 年　法国　第一个重复使用的兽脚亚目恐龙种名

与斑龙一样，巴氏杂肋龙也是取自威廉·巴克兰之名。在当时推测这是一个海生物种，也能在海滩上栖息。一份非正式的发表文章在一年前提了到"巴氏杂肋龙"这一名称。

1838 年　法国　拼写错误最多的兽脚亚目恐龙名

巴氏杂肋龙（*Poekilopleuron bucklandii*）的学名是拼写错误最多的名字。在其正式发表的一年之前，它被叫作"*Poecilopleuron bucklandi*"。在各种刊物中写错的名称有："*Peukilopleuron*""*Pikilopleuron*""*Poecilopleuron*""*Poeiclopleuron*""*Poeciclopleurum*""*Poekilipleuron*""*Poekilopleuron*""*Poelicopleurum*"和"*Poicllopleuron*"。

1841 年　美国　第一个推测是兽脚亚目恐龙足迹的种名

为了纪念詹姆斯·迪恩，爱德华·希区柯克用他的名字命名了迪氏鸟类迹（现叫作迪氏宽跟迹），因为希区柯克对迪恩的发现很感兴趣，并与之来回通信数次。现在这些足迹被认为不是兽脚亚目恐龙留下的。

1843 年　美国　第一个兽脚亚目恐龙足迹的种名

为了感谢科学家本杰明·西利曼对马萨诸塞州康涅狄格山谷足迹研究做出的贡献，爱德华·希区柯克用他的名字命名了西氏鸟类迹（现叫作安琪龙足迹或西氏实雷龙足迹）。

1847 年　俄罗斯　创建了兽孔目

"*Dinosaurus*"不是指的恐龙，而是兽孔目。现在这是名字已无效了，标本被归入沟齿兽属。

1857 年　美国　第一个与鸟类混淆的原始主龙类

发现于北卡罗来纳州的鸵形古老鸟的荐骨被鉴定为一只三叠纪的巨型鸟，但其实它是植龙属，与狂齿鳄是同物异名。

1862 年　德国　第一只有两个名字的中生代鸟类

印石板始祖鸟（*Archeopteryx lithographica*）的模式种被重新命名为"疑问神秘龙"（*Griphosaurus problematicus*）和长尾神秘鸟（*Griphornis longicaudatus*）。这是因为有些作者认为它不是一种鸟。

1862 年　德国　第一只名字被遗忘的中生代鸟类

大尾始祖鸟曾是印石板始祖鸟的推荐名，但未经采纳。现在这一名字是一个受保护名称。

1863 年　英格兰　第一只名称被更改的中生代鸟类

种名"*Archaeopteryx macrurus*"（大尾始祖鸟）的名字被提议换成 *A.macrura*。这一更改没有必要，因为它是印石板始祖鸟（*Archaeopteryx lithographica*）的同义词。

1864 年　英格兰　第一个以人名来冠名的中生代鸟类的属名

"塞氏伪齿鸟"（现为"大洋鸟"）的名字取自塞穆奇威克。该名字在 12 年后正式生效。

1865 年　美国　被使用最多的兽脚亚目恐龙足迹的名称

雷普顿足迹后来被更换为狭足迹，因为在 28 年前这一名字已被海豹使用（现叫作德尔海豹属）。另一方面，该名字有许多同形异义词，比如鸟类中的花脸雀属、隐窗鸟属，哺乳动物小爪水獭属，甲虫中的圣甲虫和雷普顿甲虫，以及蜗牛中的平厣螺属。

1865 年　美国　之前被占用过的第一个兽脚亚目恐龙名称

虚骨龙属是于1865年创建的北美洲兽脚亚目恐龙的一个属，但该名称在 11 年前已存在了。只不过老名字已经将其遗弃，所以不需要再次替换名称。

1866 年　美国　第一个之前被占用过的兽脚亚目恐龙名称

鹰爪伤龙之前被称为鹰爪暴风龙（*Laelaps*

aquilunguis），改名发生在 1877 年，那是因为学者发现有一种螨类从 1836 年就叫那个名字了。

1866 年 美国 第一个基于神话故事命名的北美洲兽脚亚目恐龙

伤龙之前被称作暴风龙（*Laelaps*），在希腊语中是"暴风"之意。另外，"laelaps"或"le-lape"在希腊神话中，是一只捕捉猎物从未失败的狗，但最后被宙斯变成了一块石头。

1869 年 美国 引用兽脚亚目恐龙名称时的第一个错误组合

长足美颌龙（*Compsognathus longipes*）被错误地引用成"纤细美颌龙"（"*Compsognathus gracilis*"）。

1876 年 美国、法国 对于兽脚亚目恐龙名称的第一次修改

古生物学家 Henri Emile Sauvage，把 *Tröo-don*（伤齿龙）的分音符号去掉，最终变成了 *Troodon*。

1882 年 塔吉克斯坦 第一个取自地名的兽脚亚目恐龙足迹的名称

天山实雷龙足迹取名于天山山脉。而后该属被改为加布里龙，后来又被改为加布里龙足迹。

1892 年 美国 第一个被遗忘的兽脚亚目恐龙的名称

巨大多孔椎龙（"巨大的多孔脊椎"）是第一件不完整的君王暴龙化石的第一个名称。由于长时间未使用巨大多孔椎龙这个名字，并且暴龙这一名称被保护起来，终于导致老名字被遗忘废弃。

1902 年 美国 对中生代鸟类名称的第一次修改

拉力士水土鸟被古生物学家奥利弗·佩里·哈依改名为拉拉水土鸟。

1905 年 美国 有最直接同义词的兽脚亚目恐龙

在同一篇论文中出现了 *Tyrannosaurus*（暴龙）和 *Dynamosaurus*（蛮横龙）两个名称（前者出现在论文中的位置在后者之前不到一页处）。隔年，这两者被认为是相同的物种，因此，后者成为前者的同义词，被废弃。蛮横龙的颌骨化石属于暴龙，其他骨板极有可能属于甲龙的皮内成骨。

1906 年 英格兰 第一个假设的兽脚亚目恐龙名

创造了名称"先鸟"，一种假设的可能有着鸟类外观的鸟类祖先。

1907 年 英格兰 第一个也是唯一的原始鸟颈类主龙

泰氏斯克列罗龙是翼龙和恐龙的祖先的近亲。

1907 年 苏格兰 第一个种名取自人名的原始鸟颈类主龙

威廉·泰勒是泰氏斯克列罗龙的发现者，因而该龙以他的名字来命名。

1910 年 苏格兰 第一个种名取自地名的恐龙形类恐龙

埃尔金跳龙的命名是为了纪念埃尔金城。

1912 年 美国 在引用中生代鸟类名称时的第一个错误组合

对拉拉水土鸟发生过复杂的认定错误，误把它鉴定为奥古里蒂莫翼龙。

1912 年 德国 兽脚亚目恐龙第一个被废弃的名称

快支跳足鳄"*Hallopus celerrimus*"是三叠原美颌龙（*Procompsognathus triassicus*）第一个建议名。

1913 年 德国 第一个种名取自三叠纪时期的兽脚亚目恐龙

三叠原美颌龙在很长一段时间都被认为是最古老的恐龙之一。

1917 年 美国 名称最含糊的兽脚亚目恐龙

嗜鸟龙（*Ornitholestes*），比起捕捉鸟类，它的前臂更适于捕捉小型哺乳动物。

1922 年 德国 在引用中生代鸟类名称时第一个符号错误

由于语言的问题，"*Archaeopteryx*"（始祖鸟）曾被写成"*Archaeöpteryx*"（始祖鸟）。

1924 年 蒙古 属名和种名最含糊的兽脚亚目恐龙

嗜角窃蛋龙（*Oviraptor philoceratops*）之所以取这个名字，因为它被发现在可能是原角龙的巢穴附近。最后学者发现，该巢穴是窃蛋龙自己的，可能正在孵蛋。不论如何，我们也不能排除它会食用其他恐龙蛋的可能性。

1924 年 蒙古 在同一份出版物中出现的第一个兽脚亚目恐龙名称拼写错误

原恐齿龙（*Prodeinodon*）在其首次发表时同时出现了 *P. mongoliense* 和 *P. mongoliensis*（蒙古原恐齿龙）两个名字。所以学者选择了其中任一名称作为正式名称。

1931 年 法国 第一个名称取自民族的中生代鸟类

高卢鸟取名于高卢人，这个民族的人现在生活在德国、比利时、西班牙、法国、荷兰和瑞士等地区。

1932 年 加拿大 第一个名称取自国家的兽脚亚目恐龙

加拿大大趾龙的种名取自加拿大。它可能有一个同种异名叫作纤瘦纤手龙。一年前，帕氏巴西龙的种名取自巴西，但实际上它是一只鳄类。同样，在 1931 年命名的还有"印度福左轻鳄龙""马氏印度龙""印度鳄龙"，但直到 1933 年才正式生效。匈牙利斑龙这一名字始于 1902 年，但不是指国家匈牙利，而是指罗马尼亚的匈牙利区。

1933 年 中国 第一个种名取自亚洲大陆的兽脚亚目恐龙

亚洲古似鸟龙（原为"似鸟龙"）之前不是模式标本，在 57 年后才被指定为此。

1940 年 加拿大 第一个被当成鸟类的不能飞行的兽脚亚目恐龙

把一个类似于现代鸟类的、无牙且有着尖下颌的标本被命名为柯氏近颌龙。其他一开始被当成鸟类描述的兽脚亚目恐龙有：重腿龙、斯氏近颌龙、金凤鸟、古老翼龙、粗壮原始祖鸟、先鸟（部分标本）和中华龙鸟。

1942 年 巴西 最古老的恐龙嵌合体

一些古生物学家认为逃匿椎体龙是根据混合了主龙形类劳氏鳄科的原始蜥臀目恐龙骨骼推测出来的。该化石发现于中三叠世（拉丁期，距今 2.42 亿～ 2.37 亿年）地层。

1948 年 中国 种名最含糊的兽脚亚目恐龙

当发现三叠中国龙（*Sinosaurus triassicus*）时，它被认为来自三叠纪地层，现在我们知道它来自早侏罗世。

1952 年 德国 名称含义最简单的恐龙形态类恐龙足迹

"*Dinosauripus*"意为"恐龙的足迹"，这一名称没有种名。31 年后被同一作者改为阿氏虚骨龙足迹。

1956 年 阿尔及利亚 第一个种名取自非洲大陆的兽脚亚目恐龙

"非洲斑龙"是古生物学家弗里德里希·冯·休尼在列出撒哈拉斑龙时犯的一个错误。正式纪录属于非洲猎龙（*Afrovenator*）。

1956 年 格鲁吉亚 在引用兽脚亚目恐龙时的第一个错误

作者在创建萨塔利亚龙（*Satapliasaurus*）这个名字之后的一次引用时将其误写成"*Sathaplia-saurus*"。

1963 年 阿根廷 第一个种名取自地名的原始蜥臀目恐龙

伊斯基瓜拉斯托艾雷拉龙这一种名取自伊斯基瓜拉斯托省公园。西里西亚镰齿龙的命名比它晚，取自西里西亚地区，现位于德国、波兰和捷克共和国部分地区。我们尚不清楚这是一种非常古老的恐龙，还是一种劳氏鳄科主龙类。

1969 年 韩国 第一个名称取自国家的中生代鸟类

韩国鸟名称取自韩国国名。

1969 年 哈萨克斯坦 第一个名字取自白垩纪时期的兽脚亚目恐龙

萨利苏白垩小鸟龙长着非对称的羽毛，最初把它当成了鸟类，但现在我们知道，羽毛也可能属于近鸟类兽脚亚目恐龙。

1971 年 美国亚利桑那州 第一个名字取自民族的兽脚亚目恐龙足迹

霍皮卡岩塔足迹是根据古老的霍皮族命名

的，因为在他们的服装里，有这些足迹的装饰图案。另一个足迹叫作成氏霍皮足迹（现为异样龙足迹），它被认为是一只兽脚亚目恐龙留下的，但现在我们知道它是一只鸟臀目恐龙的足迹。

1972 年 阿根廷 最古老的恐龙形类化石嵌合体
混合刘氏鳄最初是根据一些混杂了主龙形类原鳄形类的化石描述的。好在后来学者对其进行了一次修订，刘氏鳄现在被认为是一只近似于马拉鳄龙的原始恐龙形类恐龙，它位于中三叠世（拉丁期，距今 2.42 亿～ 2.37 亿年）地层中。

1973 年 美国 关于中生代鸟类一科的第一个错误
"外来潜水鸟"（"Baptornis advenus"）被错误地引用成了"Bathornis veredus"。这一事件造成其他人做出引用"Baptornitidae"（潜水鸟科）时，写作"Bathornithidae"。

1973 年 坦桑尼亚 恐龙形类恐龙名字的第一个拼写错误
"Nyasasaurus"是"Nyasasaurus"（尼亚萨龙）的错误拼写。

1974 年 蒙古 第一个取名于地名的中生代鸟类
戈壁鸟名称取自戈壁沙漠，位于中国北部和蒙古国南部。哈萨克斯坦发现的萨利苏小鸟龙和英格兰发现的瓦尔登威利鸟分别早于戈壁鸟 5 年和 1 年被命名，但是前者有不对称羽毛，可能属于一只能飞行的兽脚亚目恐龙，后者是一个不完整的肱骨，其有效性依然存疑，不能确定它是一只反鸟类，还是一只幼年兽脚亚目恐龙。

1974 年 阿根廷 第一个被当成兽脚亚目恐龙的翼龙
小赫伯斯翼龙的不完整化石曾被当作一只小型肉食恐龙来描述。

1975 年 罗马尼亚 第一个种名取自科幻人物的欧洲兽脚亚目恐龙
德古拉重腿龙取名于布拉姆·斯托克的同名小说《德古拉》。

1975 年 中国 第一个名字取自地名的兽脚亚目恐龙蛋
南雄蛋（Nanshiungoolithus）是以南雄命名的，之前的名字为 Oolithes nanshiungensis，但有些作者怀疑它不属于兽脚亚目恐龙。另一个卡氏巨型长形蛋（Macroelongatoolithus carlylensis）也是之前创立的名称（再之前被称为伯乐图蛋），但由于是以人名，而非地名命名的，所以种名被改为了 carlylei（卡氏）。

1975 年 中国 属名和种名最相似的兽脚亚目恐龙蛋
长形长形蛋（Elongatoolithus elongatus）比长形蛋早 21 年被人所知。

1976 年 美国 第一个因节日命名的兽脚亚目恐龙
两百周年马什龙（Marshosaurus bicentesimus）是为纪念美国独立两百周年而命名的，该日期是 1976 年 7 月 4 日。

1977 年 德国 第一个名字被保护的中生代鸟类
印石板始祖鸟这一名字受到了保护，因为这不是为该种创建的第一个名字，在它之前叫作厚趾翼手龙。但是，由于始祖鸟这个名字在历史上的重大影响，以及上述初始模式标本的不完整性，使得该学名在发生任何情况下都会受到保护，也就是不会再被更改。

1978 年 法国 由同一个原因名字被改变最多次的兽脚亚目恐龙
蜥鸟龙这一名字被改为尾椎龙，这是因为在四年前已有另一只兽脚亚目恐龙叫了这个名字。但学者后来发现尾椎龙也被占用了，只能又改成了展尾龙。

1980 年 阿根廷 名字最含糊的兽脚亚目恐龙足迹
鸭嘴龙足迹（Hadrosaurichnus）不属于鸭嘴龙科恐龙，实际上它是兽脚亚目恐龙留下的。

1980 年 澳大利亚 第一个名称取自神话生物的兽脚亚目恐龙
彩蛇龙（Kakuru）是根据澳大利亚神话彩虹之蛇命名的。这些骨骼保持在蛋白石中，这是一种当它反射光线时，看起来像彩虹的矿石。

1980 年 阿根廷 兽脚亚目恐龙的第一个首字母是缩略词的名字
西北阿根廷龙"Noasaurus"的命名源自西北阿根廷（Noroeste Argentino）的缩写 NOA。

1981 年 蒙古 亚洲第一个名称取自神话生物的兽脚亚目恐龙
死神龙（Erlikosaurus）的命名源自"Erlik"——西伯利亚、土耳其和蒙古神话中的死神。

1982 年 乌兹别克斯坦 第一个种名取自国家的兽脚亚目恐龙足迹
乌兹别克斯坦巨龙足迹名称取自乌兹别克斯坦。现在它被叫作巨龙足迹是因为该名称属于另一种之前发现于澳大利亚的足迹类型。

1983 年 蒙古 第一个种名取自白垩纪时期的中生代鸟类
哈氏白垩龙比真白垩花刺子模鸟早 102 年命名，但前者是翼龙，后者是水土鸟。另一个名字白垩翼鸟，意为"白色土地的翅膀"，也就是来自白垩纪岩层之意，因此，这也是一个比花刺子模鸟早了 90 多年的间接证明。

1984 年 美国 第一个名称取自人名的恐龙形类恐龙
斯氏科技龙是为了纪念布莱恩·J. 斯莫尔，感谢他在野外和实验室工作时提供的帮助。

1984 年 德国 第一个属名和种名最相似的兽脚亚目恐龙
理氏敏捷龙（Halticosaurus liliensterni）在 50 年后被改名为理氏理恩龙（Liliensternus liliensterni）。如果发现诸城"暴龙"（"Tyrannosaurus" zhuchengensis）是巨型诸城龙（Zhuchengtyrannus magnus）的同物异名时，在未来也会出现这一类似的情况。因此，将出现一个新的组合"诸城诸城暴龙"（"Zhuchengtyrannus zhuchengensis"）。

1984 年 美国 第一个名字取自学校的恐龙形类恐龙
科技龙是为了纪念得克萨斯科技大学而得名的。

1985 年 中国 第一个随心命名的兽脚亚目恐龙
建设气龙是在一个天然气矿坑的建设期间被发现的，因此得名。

1985 年 美国 第一个弄错成非兽脚亚目恐龙的鸟类
阿氏鸟龙鸟的跗骨看上去像一只有着类似鸟类特征的兽脚亚目恐龙。新的化石揭示了它实际上属于一只来自蒙大拿州的反鸟类。

1985 年 西班牙 中生代鸟类中最难察觉的一个错误
领先鸟（Ilerdopteryx）和莱尔德鸟（Llerdopteryx），两者由于字母相似常常搞混。

1985 年 德国 第一个名字取自侏罗纪时期的中生代鸟类
厦曲侏鸟是印石板始祖鸟的一个幼年标本。

1985 年 日本 兽脚亚目恐龙的第一个日文的名字
御船龙（"Mifunesaurus"）和山出龙（"Sanchusaurus"）来自其他不正式的名字，比如，"Mifune ryu"或"sanchu ryu"。它们的名字变得拉丁化。但两者都是无效的名字。

1986 年 印度 第一个之前被占用了名字的原始蜥臀目恐龙
Walkeria 被改名为艾沃克龙（Alwalkeria），因为原来的名字已在 163 年前被一种苔藓虫占用了。

1987 年 蒙古 第一个名字取自诗句的兽脚亚目恐龙
无聊龙（Borogovia）意为一只像掸子一样长着竖羽毛的纤细的鸟，它在刘易斯·卡罗尔《爱丽丝镜中奇遇记》里的诗歌"无意义的话"中提到过。

1988 年（1882）塔吉克斯坦 改变属名花费时间最长的足迹
天山勃朗迹被改名为天山加布里龙，并且在 106 年之后又改为了天山加布里龙足迹。

1989 年 中国 第一个属名取自地名的中生代鸟类足迹

安徽水生鸟足迹在中国安徽省被发现，"中国水生鸟足迹"取自中国，该名字先于安徽水生鸟足迹，但前者直到 7 年后才被正式确定。

1991 年 葡萄牙 第一个以欧洲大陆命名的兽脚亚目恐龙

葡萄牙欧爪牙龙是基于几个类似于近爪牙龙牙齿的小或不完整牙齿推断出的。在之前命名了科氏欧湖鸟，它原被认为是一只鸟，但实际是翼龙。

1991 年 哈萨克斯坦 第一个名字取自亚洲大陆的兽脚亚目恐龙

巴氏亚洲黄昏鸟。一些学者认为它属于黄昏鸟目。

1992 年 中国 第一个名字取自国家的中生代鸟类

中国鸟这一名称取自中国。

1992 年 西班牙 第一个在名字中发生重大错误的中生代鸟类

伊比利亚鸟（*Iberomesornis*）曾因发生字母顺序调换错误，被当成了美索伊比利亚鸟（*Mesoiberornis*）。

1993 年 澳大利亚 第一个名字取自小男孩的兽脚亚目恐龙

似提姆龙是托马斯·瑞奇和帕特丽夏·威克斯—瑞奇以他们的孩子提姆·瑞奇命名的。巧合的是，在小说《侏罗纪公园》中，哈蒙德的侄子叫提姆西·墨菲（小名为"提姆"）。

1993 年 中国 第一个种名取自小女孩的中生代鸟类足迹

沐霞山东鸟足迹这一名字以古生物学家李日辉的女儿——李沐霞命名，她参与了该足迹的发现。

1993 年 蒙古 第一个名字变得最快的兽脚亚目恐龙

"Mononychus" 仅在 29 天后就被改成了 "Mononykus"（单爪龙）。这是因为在 169 年前 "Mononychus" 的拼写已被一个甲虫属占用了。

1994 年 尼日尔 第一个名字取自非洲大陆的兽脚亚目恐龙

非洲猎龙（*Afrovenator*）：在恐龙物种清单中经常出现的另一个名字非洲斑龙之前，但是该名字是一个错误，它本该是撒哈拉斑龙。

1994 年 蒙古 第一个发生在中生代鸟类名字上最奇怪的拼写错误

"Hoblbotia"（赫伯鸟）在这里被写成了 "Kholbotiaka"（"候伯西亚加鸟"）。

1994 年 蒙古 名字最含糊的兽脚亚目恐龙蛋

Protoceratopsirovum 是兽脚亚目恐龙蛋，它被错误当成了原角龙蛋。它已被建议改名为

"窃蛋龙蛋"（"*Oviraptoroolithus*"），但是该提议还未被采纳。

1995 年 乌兹别克斯坦 第一个名字取自美洲大陆的兽脚亚目恐龙

亚洲亚美龙（*Asiamericana asiatica*，现为理查德伊斯特斯龙）的名字取自两个大洲：亚洲和北美洲。

1995 年 印度 第一个属名取自地名的中生代鸟类蛋化石

克钦细小蛋的命名是为了纪念城市克钦。

1995 年 中国 第一个名字取自哲学家的中生代鸟类

圣贤孔子鸟是为了纪念中国伟大的思想家孔子而得名的。

1995 年 中国 第一个名字取自征服者的兽脚亚目恐龙

成吉思汗龙是特暴龙的同物异名，其名字取自蒙古战士和征服者成吉思汗。

1995 年 葡萄牙 第一个种名取自作家的兽脚亚目恐龙

格氏蛮龙的命名是为了纪念作家、艺术家、畅销书《恐龙乌托邦：时间之外的土地》的作者詹姆斯·格尔尼。这本书描写了一片恐龙和人类共存的梦幻般的世界。

1996 年 巴西 第一个种名取自虚构人物的南美洲兽脚亚目恐龙

种名"查氏激龙"是根据阿瑟·柯南·道尔的小说《迷失的世界》中人物乔治·爱德华·查林杰教授命名的。属名激龙是指他具有侵略性的性格倾向。

1996 年 加拿大 第一个种名取自国家名的兽脚亚目恐龙蛋化石

加拿大延续蛋是唯一一个种名取自国家名称的恐龙蛋化石。之后在美国蒙大拿州发现了该种的其他标本。

1996 年 美国 第一个名字取自电影怪兽的兽脚亚目恐龙

哥斯拉龙取自日本电影《哥斯拉》中的怪兽之名。

1996 年 蒙古 第一个名字取自虚构人物的亚洲兽脚亚目恐龙

一具没有颅骨的驰龙科标本 IGM 100/980 被命名为"伊卡博德克龙"。这一名字的意思是"伊卡博德头颅"，这是华盛顿·欧文的小说《沉睡谷传奇》或《无头人》中的一个人物。

1997 年 中国 第一个名字取自诗歌的中生代鸟类

华夏鸟这一名字取自诗歌《华夏集》，这是中国古代诗歌的合集。

1998 年 法国 第一个名字取自虚构人物的中生代鸟类

卡冈杜亚鸟这一名字取自法国作家弗朗

索瓦·拉伯雷的讽刺小说《巨人传》中的人物"庞大固埃"。

1998 年 蒙古 名字变得最快的中生代鸟类

胁空鸟龙的名字从"Rahona"变成"Rahonavis"仅用了 21 天（从 3 月 20 日到 4 月 10 日），因为前一名字在 83 年前已被一种蝴蝶占用了。

1998 年 意大利 第一个名字有双重意义的兽脚亚目恐龙

棒爪龙（*Scipionyx*）又译为思倍欧龙，其名字是以地质学家希皮奥内·布赖斯克以及古罗马政治家普布里奥·科尔内略·西庇阿命名的。

1998 年 美国 第一个名字取自比赛的兽脚亚目恐龙

贾斯汀·霍夫曼是一次发现卡举办的抽签比赛的中奖者，抽签中奖者可以命名一个物种。贾氏内德科尔伯特龙就取自他的名字，这种恐龙有过一个非正式名字，叫"Nedcolbertia whittlei"。

1999 年 中国 两次被描述和命名的同一个中生代鸟类标本

娇小辽西鸟和小凌源鸟先后一个月被描述和命名，但是两者均来自同一化石。人们对两个种名都存有疑问，因为它们代表的都是幼年个体。

2000 年 南非 唯一一个名字读音里有噼啪声音的兽脚亚目恐龙

恩霹渥巴龙（*Nqwebasaurus*）取名于猎物"Nqewba"，它的读音像是"恩加上霹渥巴"，这是非洲南部语言中的一种典型发音。

2000 年 美国 第一个名字取自虚构人物的北美洲兽脚亚目恐龙

斑比盗龙是根据费利克斯·萨尔腾的小说《小鹿斑比》中的人物命名的。这是因为它是一个幼年标本，也为了纪念发现它的孩子们。

2001 年 蒙古 第一个名字取自神话人物的中生代鸟类

神翼鸟一名源于阿普萨拉（天女），她是印度教神话的水泽中的仙女，她能够随意改变形态。

2001 年 阿根廷 第一个名字取自地区小城的兽脚亚目恐龙

酋尔龙是为了纪念阿根廷的一座小城基尔梅斯而命名的。之前它被称为卡曼奇龙，但这是个非正式的名称。

2001 年 马达加斯加 第一个名字取自歌手的兽脚亚目恐龙

多齿的诺氏恶龙意为"马克·诺弗勒的恶毒蜥蜴"，这一名字取自摇滚乐队恐怖海峡的主唱。这是因为古生物学家在听歌曲《苏丹摇摆乐队》时发现了这具化石。一个类似的情况发生在冰脊龙身上，根据它的骨冠形状像猫王高耸的发型，在 1993 年的《史前时代》中将其命

名为"埃尔维斯龙"。

2002年（1838）在兽脚亚目同属中发现时间间隔最长的两个种（尚未生效）

巴克兰杂肋龙比比士敦杂肋龙早164年被命名，但是后者变成了一个新的属：迪布勒伊洛龙。时间间隔更长的还有：巴格兰斑龙和"查楚斑龙"之间差了177年，但可能后者是达步卡斑龙，并且两者都是非正式名称。

2002年 中国 第一次同时给兽脚亚目恐龙取名的冲突

宁城树息龙和海氏擅攀鸟龙之间发生了一场关于谁的描述更领先的冲突，因为它们双方被认为属于同一种。树息龙在8月21日以电子版本描述，9月30日印刷出版，而海氏擅攀鸟龙（Scansoriopteryx heilmanni）在8月1日被描述，出版于9月2日。不过，它们可能不是同物异名，因为它们的年代相差了几百万年。

2002年 中国 第一次同时给中生代鸟类取名的冲突

神州鸟公布于7月23日，比热河鸟提前2天。当揭晓两者属于同种鸟时，这使得部分作者认为后者是前者的同物异名，而其他作者持相反观点。最后ICZN（国际动物命名委员会）宣布神州鸟获胜，虽然是在没有特定日期的一份月刊中公布的这个决定。另外，第二种热河鸟——棕尾热河鸟随后被描述，这是对热河鸟名称的支持。

2002年 名字最复杂的恐龙形类恐龙

无父龙（Agnosphitys）这一名字发音听起来很复杂，甚至在描述它的同篇论文中错误拼写"Agnostiphys"都出现了三次。

2002年 中国 第一个名字为首字母缩略词的中生代鸟类

会鸟（Sapeornis）这一名称源于"国际古鸟类与进化学会"。

2002年 蒙古 兽脚亚目恐龙名字最奇怪的拼写错误

拜伦龙（Byronosaurus）曾被写成了"Byranjaffia"。

2004年 中国 在书刊中发生名字拼写错误数量最多的兽脚亚目恐龙

巴氏耐梅盖特母龙（Nemegtia barsboldi）在被提及时发生的拼写错误有："Nemrgtia barsholdi""Nemrgtia harsboldi""Nemegita harsboldi""Nemegtiu barbsoldi""Nemrgtiu barsbolidi"和"Nemegtia hursholdi"。

2004年 西班牙 第一个发生在兽脚亚目恐龙足迹名称上意义重大的错误

极大龙足迹（Gigandipus）被写成了"Grandipus"，两个词从含义上来说是一样的。

2005年 南极洲 第一个名字是缩写词的中生代鸟类

阿极协维加鸟，这一名源于阿根廷南极研究所。

2005年 南极洲 第一个名字是回文词的中生代鸟类

阿极协维加鸟（Vegavis iaai）这一种名是一个回文词，是指从左至右或者从右至左读法一样的词。

2005—2006年 南非 第一个名字取自神话人物的非洲兽脚亚目恐龙名字

龙猎龙的名字可以用两种方法来解释：打猎的龙或者猎龙者。它在德拉肯斯堡或者"龙山"被发现，尽管这个名字出现在2005年12月的非洲古生物学杂志上，但在2006年才被正式发表。

2006年 巴西 第一个名字取自神话人物的恐龙形类恐龙名字

塞龙（Sacisaurus）这一名字源于"Saci"，是巴西神话中一个抽着烟斗的跛脚小精灵。他是一个可笑又烦人的人，但是能够满足追赶上他的人的愿望。

2006年 日本 第一个名字失效的兽脚亚目恐龙

"千叶龙"是为一具可能是暴龙科的化石创建的，但这一名字从未正式确定过。现在这一名字用于一只蛇颈龙。一个相似的情况发生在"朝鲜龙"身上，这是一个兽脚亚目恐龙的非正式名称，但现在被鸟臀目的宝城韩国龙占有。

2006年 阿根廷 第一个名字被意外泄露的兽脚亚目恐龙

巴约龙在发表前便意外出现在一个演化支图上。它是指标本MCF PVPH 237，一具非常不完整的阿贝力龙科化石。

2007年 蒙古 名字最相似的兽脚亚目恐龙和鸟类化石

大黑天神龙（Mahakala）是一只驰龙科恐龙，而马卡拉鸟（Makahala）是一只灭绝于新生代时期的鹱形目鸟类。

2009年 中国 第一个名字取自精神领袖的中生代鸟类

扎纳巴扎尔龙取名于哲布尊丹巴呼图克图，一位蒙古藏传佛教的精神领袖。

2009年 中国 第一个名字取自公司的兽脚亚目恐龙

金时代龙这一名字取自金时代公司，该公司建造了中国云南禄丰的世界恐龙谷公园。

2010年 中国 第一个名字取自学校的中生代鸟类

沈师鸟，这一名字源于沈阳师范大学。

2010年 中国 第一个名字取自庆祝活动的中生代鸟类

神七鸟的命名是为了庆祝"神舟七号"飞船的胜利升空，这是中国第三次载人航天任务。

2010年 美国 名字给其他两个种名带来灵感的兽脚亚目恐龙

根据君王暴龙的名字又命名了许多其他的标本，比如：兽脚亚目恐龙的君王艾德玛龙（Edmarka rex）一种已灭绝的甲虫；暴君水蛭（Tyrannobdella rex），一种长有巨大"牙齿"的水蛭；霸王螺（Tyrannoberingius rex），一种已灭绝的海螺；君王暴蚁（Tyrannomyrmex rex），一种已灭绝的蚂蚁。此外，还有暴龙足迹和暴龙迹足迹。

2010年 罗马尼亚 第一个名字取自神话人物的欧洲兽脚亚目恐龙

风神龙的名字源自罗马尼亚民间传说中的巨龙。当风神张开它的嘴时，它的下颌触到大地，上颌顶到天空，它还有鳍、腿和无数蛇头。

2011年 中国 第一个名字取自歌手的中生代鸟类

格拉芬祁连鸟是为了纪念格雷格·格拉芬而命名的，他是一位古生物学家，也是"邪教"朋克乐队的成员。

2011年（1957）英格兰 非正式和正式学名发表时间间隔最长的恐龙

"尼亚萨龙"在一篇博士论文中被描述，直到56年后才被正式发表。它的种名从"克氏尼亚萨龙"变成了帕氏尼亚萨龙。

2012年（1920）坦桑尼亚 从发现到其科学命名时间间隔最长的兽脚亚目恐龙

作为标本，厚锯齿东非龙被当作斯特乔异特龙的标本被提到，但它的鉴定在92年后才完成。

2012年 加拿大 第一个种名取自美洲大陆的中生代鸟类

美洲布罗戴维鸟是一个种，它与其他三个可能的种：莱氏布罗戴维鸟，蒙古布罗戴维鸟和瓦氏布罗戴维鸟在同一属中。

2012年 摩洛哥 第一个名字取自科幻人物的非洲兽脚亚目恐龙

索伦龙，意为"索伦之眼"，这是约翰·罗纳德·瑞尔·托尔金史诗级小说《指环王》中的一个人物。根据虚构的精灵语，名字"索伦"意为"可怕或令人憎恶的人"。

2012年 摩洛哥 第一个名字具有双重含义的恐龙形类恐龙

强臂狄奥多罗斯，这一种名在希腊语中意为"粗糙的皮革"，同时命名也是为了纪念酒神斯库托伯拉齐俄，它是北非的一个神话人物。

2012年 阿根廷 第一个属名是缩写词的兽脚亚目恐龙

梅氏始阿贝力龙（Eoabelisaurus mefi）这一名字取自阿根廷埃吉迪奥·费鲁格里奥古生物博物馆（MEF）。

2013年 中国 第一个名字取自古大陆的兽脚亚目恐龙

盘古盗龙（Panguraptor）有两个相似的含

义：其一是指"盘古大陆"；其二，"盘古"是中国神话中的世界的创造之神。

2013 年 美国 名字最可怕的兽脚亚目恐龙

有不少名字指的是掠食者特性，或令人恐惧的外形，可能最极端的一个例子是血王龙，它名字的意思"嗜血的君王"。

2013 年 津巴布韦 用在兽脚亚目恐龙名字和鸟臀目种名的同一个词

合踝龙（Syntarsus）的名字现已被废弃，因为在 100 年前一种甲虫已占用了它。艾伯塔奔龙合踝龙是一种鸟臀目恐龙，它沿用了这一名词，同样是因为其足部的骨头融合。

2014 年 中国 在兽脚亚目恐龙名字中出现最多次的国家

中国在兽脚亚目恐龙的名字中出现过 12 次（中国虔州龙、中国神州鸟、中华丽羽龙、中国虚骨龙、中国鸟、中国鸟脚龙、中国似鸟龙、中国鸟龙、中国龙鸟、中国龙、中国暴龙和中国猎龙）；在足迹名中出现过 2 次（中国水生鸟足迹和中国猛龙足迹），此外，还有 2 个现已无效的名字："中国双棘龙"和中国颌锯齿龙。

2014 年 兽脚亚目同一属下描述时间相隔最久的两个种

脆弱异特龙和卢氏异特龙之间被描述时间相差了 137 年，但有些研究员怀疑后者是前者的同物异名。梅氏"贪食龙"（现为角鼻龙）与小齿角鼻龙和大角鼻龙之间相差 130 年。如果发现于瑞士的种不属于角鼻龙属，那么角鼻角鼻龙和后两者之间相差了 116 年。

2014 年 兽脚亚目恐龙的种名中出现最多次的国家（蒙古）

蒙古被在 9 个不同属中都有采用（恶灵龙、布罗戴维鸟、秘龙、似鸡龙、戈壁猎龙、瑞钦龙、原恐齿龙、似鸟龙和伶盗龙）。

2015 年 蒙古 科学名字生效经历时间最长的中生代鸟类

波氏赫伯鸟在它正式发表的 33 年前已被命名了。

含义最简单的兽脚亚目恐龙名称

铸镰龙（Falcarius）一词来自拉丁文"Falcatus"，意思是一把大刀。

鹤形龙（Hexing）：在汉语里是仙鹤的外形的意思。

可汗龙（Khaan）：蒙古语中是"先生或领导者"之意。

哈卡斯龙（Kileskus）：在土耳其语中意思是"蜥蜴"，哈卡斯人读作"Khakas"。

鸟面龙（Shuvuuia）：在蒙古语中是"鸟"的意思。

郊狼龙（Yurgovuchia）：在犹他原始部落

语言中是"土狼"之意。

名字含义最简单的中生代鸟类

抱鸟（Ambiortus）：意思是"模棱两可"。

加拿大鸟（Canadaga）：指来自加拿大。

甘肃鸟（Gansus）：指中国甘肃省。

祁连鸟（Qiliania）：意为"天空"。

乌如那鸟（Vorona）：在马拉加斯语中是"鸟"的意思。

有最多同物异名的兽脚亚目恐龙的种

君王暴龙有 14 个：它的正式同物异名有 5 个（莫氏后弯齿龙，强健蛮横龙，大纤细恐暴龙，巨大多孔椎龙和兰斯矮暴龙）；存疑的同物异名有 2 个（大后弯齿龙，冠后弯齿龙）；非正式同义词有 7 个（"芝加哥暴龙"，"克利夫兰暴龙"，"矮暴龙"，皇帝暴龙，斯氏暴龙，巨暴龙和狂热暴龙）。

名字组合最多的兽脚亚目恐龙的种

君王暴龙有 25 个：（兰斯艾伯塔龙，大纤细艾伯塔龙，大后弯齿龙，冠后弯齿龙，兰斯后弯齿龙，莫氏后弯齿龙，莫拉后弯齿龙，兰斯蛇发女怪龙，大恐齿龙，冠恐齿龙，兰斯恐齿龙，强健蛮横龙，大纤细恐暴龙，大多孔椎龙，巨大多孔椎龙，兰斯矮暴龙，大暗脉龙，冠暗脉龙，莫氏暗脉龙，大暴龙，强健暴龙，巨暴龙，皇帝暴龙，斯氏暴龙，狂热暴龙）。

有最多同物异名的中生代鸟类的种

印石板始祖鸟有 10 个：正式同义词有 8 个巴伐利亚始祖鸟，厚足始祖鸟，大尾始祖鸟，欧氏始祖鸟，西氏始祖鸟，厦曲侏鸟，厚足翼手龙（喙嘴翼龙），重大沃氏鸟；非正式同物异名有 2 个：长尾神秘鸟和疑问神秘鸟。

名字组合最多的中生代鸟类的种

印石板始祖鸟有 14 个：（巴伐利亚始祖鸟，厚足始祖鸟，大尾始祖鸟，欧氏始祖鸟，厦曲始祖鸟，西氏始祖鸟，西氏古鸟，长尾神秘鸟，长尾神秘鸟，疑问神秘鸟，厦曲侏鸟，厚足翼手龙，重大沃氏鸟）。

有最多同物异名的兽脚亚目恐龙足迹

跷脚龙足迹有 40 个：安琪龙足迹、勃朗迹、蜥龙足迹、张北足迹、重龙足迹、重庆足迹、船城足迹、虚骨龙足迹、西布莉足迹、次三趾龙足迹、双脊龙足迹、实雷龙足迹、希区柯克龙足迹、加布里龙足迹、加布里龙、极大龙足迹、极大龙迹、恐龙足迹、热河足迹、金李井足迹、新三趾龙足迹、卡岩塔足迹、马斯提斯龙足迹、新跷脚龙足迹、新三趾龙足迹、新三趾龙迹、鸟类迹、澳托足迹、似虚骨龙足迹、副跷脚龙足迹、普拉斯足迹、扁龙足迹、近鸟迹、似鸟迹、原三趾龙域迹、原三趾龙足迹、酋恩三趾龙足迹、分叉跷脚龙足迹、威远足迹、杨氏足迹。一些作者提出跷脚龙足迹、

安琪龙足迹与实雷龙足迹是同义词，其差异可能是由于行为或个体发育因素造成的，而非因为骨骼不同。其他作者总结了其他更多的种，因而产生了更多的组合。可能在未来，在更详细的标准和分析下，一些名字会得到重新验证。

归属有最多种的兽脚亚目恐龙

斑龙用来定义了不少兽脚亚目恐龙，因为材料之间没有较多不同的差异可作为参考。这被称为"裁缝的盒子"属，因为它包括多个物种，随着时间的推移，这些物种将被确定为不同种的标本，甚至有些不是兽脚亚目恐龙。实际上，斑龙属仅包含巴氏斑龙，以及存疑的菲氏斑龙，斑龙有 55 个：有效的有 1 个（巴氏斑龙），存疑的有 1 个（菲氏斑龙），同物异名有 1 个（"康氏斑龙"），不属于的有 48 个（安氏斑龙，鹰爪斑龙，阿根廷斑龙，厚叉掘颌龙，布拉德利斑龙，剑桥斑龙，坎氏斑龙，丘布特斑龙，克洛刻斑龙，凹齿斑龙，居氏斑龙，破坏者斑龙，邓氏斑龙，纤细斑龙，赫斯珀瑞斯斑龙，恐怖斑龙，匈牙利斑龙，匿名斑龙，意外斑龙，硕大斑龙，夺目斑龙，莱氏斑龙，兰泽斑龙，马氏斑龙，巨斑龙，梅尔茨斑龙，梅氏斑龙，莫氏斑龙，角鼻斑龙，内森考博斑龙，尼卡斑龙，迟钝斑龙，欧氏斑龙，潘农斑龙，帕氏斑龙，杂肋斑龙，彭氏斑龙，拉氏斑龙，撒哈拉斑龙，施氏斑龙，施氏斑龙，西里西亚斑龙，傲慢斑龙，谭氏斑龙，泰氏斑龙，三联齿斑龙，瓦伦斯斑龙和伍氏斑龙），无效的有 4 个（非洲斑龙，查楚斑龙，达布卡斑龙和西藏斑龙）。

有最多有效种的兽脚亚目恐龙

角鼻龙有 7 个：有效种有 3 个（小齿角鼻龙，大角角鼻龙和角鼻角鼻龙），存疑的有 3 个（梅氏角鼻龙，劳氏角鼻龙和槽角鼻龙），无效的有 1 个（威氏角鼻龙），不同属的有 1 个（硕大角鼻龙）。

有最多有效种的中生代鸟类

黄昏鸟有 10 个：有效种有 5 个（周氏黄昏鸟，厚足黄昏鸟，纤细黄昏鸟，帝王黄昏鸟和俄罗斯黄昏鸟），可能的有 1 个（巴氏黄昏鸟）存疑的有 4 个（高黄昏鸟，贝氏黄昏鸟，孟氏黄昏鸟和蒙塔纳斯黄昏鸟），不同属的有 1 个（马氏黄昏鸟）。

兽脚亚目恐龙中使用最多的种名

蒙古龙：有效的有 14 个（恶灵龙、顶棘龙、布罗戴维鸟、葬火龙、恐齿龙、秘龙、戈壁猎龙、天青石龙、窃蛋龙、原恐齿龙、瑞钦龙、蜥鸟龙、伤齿龙和伶盗龙），无效的有 2 个（似鸡龙和吐鲁茨龙）。

恐龙形类恐龙、兽脚亚目恐龙和中生代鸟类的双名法的记录和奇趣事学名

为了准确无误地确定和引用所有的恐龙和所有生物（现存或已灭绝的），它们获得了学名。分类严格按照国际命名法则的规定，其中值得一提的是：对于每一个分类单元，学名必须至少是一个唯一的双名，它由一个属名和一个种名构成（特定的种类）。

最长和最短的双名和三名

名字最长和最短的恐龙形类恐龙是：克罗姆霍无父龙（*Agnosphitys cromhallensis*，24个字母）；罗氏奔股骨蜥（*Dromomeron romeri*，16个字母）。

名字最长和最短的原始蜥臀目恐龙是：伊斯基瓜拉斯托富伦格里龙（*Frenguellisaurus ischigualastensis*，33个字母，可能是伊斯基瓜拉斯托艾雷拉龙的同物异名），伊斯基瓜拉斯托艾雷拉龙（*Herrerasaurus ischigualastensis*，30个字母）；月亮谷始盗龙（*Eoraptor lunensis*，16个字母，可能是原始恐龙形类），卡氏伊斯龙（*Ischisaurus cattoi*，17个字母，可能是伊斯基瓜拉斯托艾雷拉龙的同物异名）。

名字最长和最短的兽脚亚目恐龙是：蒙氏阿巴拉契亚龙（*Appalachiosaurus montgomeriensis*，31个字母），冠状里斯本鳄（*Lisbosaurus mitracostatus*，37个字母，但它不是恐龙，而是一只鳄鱼）；上游中棘龙（*Metriacanthosaurus shangyouensis*，31个字母，但这一名称现在无效）；奇翼龙（*Yi qi*，4个字母）。

名字最长和最短的中生代鸟类：六齿大嘴鸟（*Largirostrisornis sexdentornis*，30个字母），朝阳副红山鸟（*Parahongshanornis chaoyangensis*，30个字母），横道子长城鸟（*Changchengornis hengdaoziensis*，30个字母），棘鼻大平房鸟（*Dangpinfangornis sentisorhinus*，30个字母）；厄俄斯侏儒鸟（*Nanantius eos*，12个字母）。

名字最长和最短的恐龙形类恐龙足迹：虚骨龙足迹（*Coelurosaurichnus schlauersbashense*，34个字母），"舍伦贝格虚骨龙足迹"（"*Coelurosaurichnus schlehenbergensis*"，35个字母，是*Coelurosaurichnus schlehenbergense*的印刷错误，后手兽形副手兽足迹（*Parachirotherium postchirotheroides*，34个字母，不是恐龙形类恐龙，而是一只原始主龙类）；梅氏阿特雷足迹（*Atreipus metzneri*，16个字母），槽阿特雷足迹（*Atreipus sulcatus*，16个字母），强悍斯芬克斯足迹（*Sphingopus ferox*，15个字母，可能不属于恐龙形类）。

名字最长和最短的原始蜥臀目恐龙足迹：威趾原三趾龙足迹（*Prototrisauropus angustidigitus*，30个字母）；首要酋恩三趾龙足迹（*Qemetrisauropus princeps*，23个字母），"鹅状蜥龙足迹"（"*Saurichnium anserinum*"，20个字母组成，现为无效名）；直线原三趾龙足迹慢亚种（*Prototrisauropus rectilineus lentus*，33个字母），直线原三趾龙足迹重亚种（*Prototrisauropus rectilineus gravis*，33个字母）。

名字最长和最短的兽脚亚目恐龙足迹：天山加布里龙足迹（*Gabirutosaurichnus tianschanicus*，31个字母），泰坦派勒巴迪达斯巨龙迹（*Megalosauripus titanopelobatidus*，31个字母，可能不是兽脚亚目恐龙足迹）；何氏极大龙足迹（*Gigandipus hei*，13个字母，之前为何氏重龙足迹 *Chonglongpus hei*）；奔窄马斯提斯龙足迹（*Masitisisauropus angustus cursor*，30个字母）。

名字最长和最短的中生代鸟类足迹：半蹼萨基特足迹（*Sarjeantopodus semipalmatus*，26个字母组）；敏捷舞足迹（*Wupus agilis*，11个字母）。

名字最长和最短的兽脚亚目恐龙蛋：固城巨型长形蛋（*Macroelongatoolithus goseongensis*，32个字母），瘤突龙蛋（*Dinosauriovum Grumuliovum tuberculatum*，36个字母，现为无效名）；比利牛斯桑科法蛋（*Sankofa pirenaica*，17个字母），粗皮蛋（*Oolithes rugustus*，16个字母，现为粗皮巨形蛋 *Macroolithus rugustus*）。

最长和最短的属名

属名最长和最短的恐龙形类恐龙：伪兔鳄属（*Pseudolagosuchus*，16个字母）；鸟足龙属（*Avipes*，6个字母）。

属名最长和最短的原始蜥臀目恐龙：富伦格里龙属（*Frenguellisaurus*，16个字母，可能是艾雷拉龙属 *Herrerasaurus* 的同物异名），艾雷拉龙属（*Herrerasaurus*，13个字母）；始盗龙属（*Eoraptor*，8个字母，可能属于原始蜥脚形亚目）。

名称最长和最短的兽脚亚目恐龙：鲨齿龙属（*Carcharodontosaurus*，19个字母），熊本御船龙属（*Kumamotomifunesaurus*，20个字母，现为无效名），伊卡博德克兰龙属（*Ichabodcraniosaurus*，19个字母，现为无效名）；奇翼龙属（*Yi*，2个字母）。

名称最长和最短的中生代鸟类：副红山鸟属（*Parahongshanornis*，18个字母）；甘肃鸟属（*Gansus*，6个字母），乌如那鸟属（*Vorona*，6个字母）。

名字最长和最短的恐龙形类恐龙足迹：虚骨龙足迹（*Coelurosaurichnus*，17个字母）；阿特雷足迹（*Atreipus*，8个字母），卡洛迹（*Calopus*，7个字母，但不是恐龙足迹）。

名字最长和最短的蜥脚形亚目恐龙足迹：原三趾龙迹（*Prototrisauropodiscus*，21个字母）；酋恩三趾龙足迹（*Qemetrisauropus*，15个字母），蜥龙足迹（*Saurichnium*，11个字母，现为无效名）。

名字最长和最短的兽脚亚目恐龙足迹：似虚骨龙足迹（*Paracoelurosaurichnus*，23个字母），原三趾龙域迹（*Prototrisauropodiscus*，23个字母）；查布足迹（*Chapus*，6个字母）。

名称最长和最短的中生代鸟类足迹：古鸟足迹（*Archaeornithipus*，16个字母）；舞足迹（*Wupus*，5个字母）。

名字最长和最短的兽脚亚目恐龙蛋：球状棱柱蛋（*Spheruprismatoolithus*，21个字母）；桑科法蛋（*Sankofa*，7个字母）。

名称最长和最短的中生代鸟蛋：散结节蛋（*Dispersituberoolithus*，21个字母）；阿氏蛋（*Ageroolithus*，12个字母）。

最长和最短的种加词

种名最长和最短的恐龙形类恐龙：迪尔斯特蒂（*dillstedtianus*，14个字母，鸟足龙属），塔兰布（*talampayensis*，13个字母）和强臂狄奥多罗斯龙（*Diodorus scytobrachion*，种加词有13个字母）；大伪兔鳄（*Pseudolagosuchus major*，种加词有5个字母）。

种名最长和最短的原始蜥臀目恐龙：伊斯基瓜拉斯托（*ischigualastensis*，17个字母，富伦格里龙属和艾雷拉龙属）；普氏（*pricei*，6个字母，南十字龙属），原（*primus*，"槽齿龙"属，存疑），卡氏（*cattoi*，6个字母，伊斯龙属，是艾雷拉龙的同物异名）。

种名最长和最短的兽脚亚目恐龙：阿瓜达格兰特（*aguadagrandensis*，16个字母，肌肉龙属），警丘（*cerropoliciensis*，16个字母，纤腿龙属），似鸟（*ornitholestoides*，16个字母，盗龙属），莱德克惠恩龙（"*lydekkerhuenerorum*"，19个字母，现为无效名），惠恩莱德克（"*lydekkerhuenensis*"，19个字母，现为无效名）；奇（*qi*，2个字母，奇翼龙属）。

种名最长和最短的中生代鸟类：大平房（*dapingfangensis*，15个字母，翼鸟属），巨前颌（*magnapremaxillo*，15个字母，侯氏鹏鸟的同物异名）；杜氏（*dui*，3个字母，孔子鸟属），厄俄斯（*eos*，3个字母，侏儒鸟属），季氏（*jii*，3个字母，二指鸟属，朝阳会鸟的同物异名），李氏（*lii*，3个字母，食鱼鸟属），李氏（*lii*，3个字母，叉尾鸟属），李氏（"*lii*"，3个字母，"始扇尾鸟属"，现为无效名），君王（*rex*，3个字母，无常鸟属，不是中生代鸟，而是新生代早期），吴氏（*wui*，3个字母，异齿鸟属）。

种名最长和最短的恐龙形类恐龙足迹：施劳尔斯巴赫（*schlauersbachensis*，恐龙迹属），施莱亨伯格（*schlehenbergensis*，17个字母，虚骨龙足迹属），后手兽形（*postchirotheroides*，17个字母，恐龙迹属，不是恐龙足迹）；拉氏（*rati*，4个字母，虚骨龙足迹属）。

种名最长和最短的原始蜥臀目恐龙足迹：威趾（*angustidigitus*，14个字母，原三趾龙足迹属）；小（*minor*，5个字母，酉恩三趾龙足迹属）。

种名最长和最短的兽脚亚目恐龙足迹：碾盘山（*nianpanshanensis*，16个字母，金李井足迹属），泰坦派勒巴迪达斯（"*titanopelobatidus*"，17个字母，"实雷龙足迹"，可能不是兽脚亚目恐龙足迹属）；何氏（*hei*，3个字母，极大龙足迹属），徐氏（*xui*，4个字母，暹罗足迹属，也可能是鸟臀足迹）。

种名最长和最短的中生代鸟类足迹：半蹼（*semipalmatus*，12个字母，萨基特足迹属），石印（*lithographicum*，14个字母，足迹属，不是鸟类留下的足迹，它们是肢口纲动物留下的）；鸟（*avis*，4个字母，雅克雷特足迹属），金氏（*kimi*，4个字母，金东鸟足迹属）。

种名最长和最短的兽脚亚目恐龙蛋：风光村（*fengguangcunensis*，18个字母，树枝蛋属）；李维斯（*levis*，5个字母，棱柱形蛋属），"西峡"（"*xixia*"，5个字母，巨型长形蛋，它是 *xixianensis* 的印刷错误）。

种名最长和最短的中生代鸟蛋：范特隆（*fontllongensis*，14个字母，阿氏蛋属）；闫氏（*yani*，4个字母，内乡鳄鱼蛋属）。

兽脚亚目恐龙清单

如果将学名按照字母顺序排列在不同的类别中，那么以下名称将是该行中第一个和最后一个。

双名

恐龙形类：克罗姆霍无父龙（*Agnosphitys cromhallensis*）；小科技龙（*Technosaurus smalli*）或巴氏巴西大龙（*Teyuwasu barberenai*，尚不清楚它是恐龙形类还是原始恐龙）。

原始蜥臀目：马勒尔艾沃克龙（*Alwalkeria maleriensis*，可能是原始蜥脚形亚目）；普氏南十字龙（*Staurikosaurus pricei*）或西里西亚"镰齿龙"（"*Zanclodon*" *silesiacus*，可能是原始主龙类）。

兽脚亚目：科马约阿贝力龙（*Abelisaurus comahuensis*）；罗氏恶魔龙（*Zupaysaurus rougieri*）。

中生代鸟类：波氏曾祖鸟（*Abavornis bonaparti*）；洛氏者勒鸟（*Zhyraornis logunovi*）。

属名

恐龙形类恐龙：无父龙（*Agnosphitys*）；科技龙（*Technosaurus*）或巴西大龙（*Teyuwasu*，尚不清楚它是恐龙形类恐龙还是原始恐龙类）。

原始蜥臀目恐龙：艾沃克龙（*Alwalkeria*，可能是蜥脚形亚目）；南十字龙（*Staurikosaurus*）或"镰齿龙"（"*Zanclodon*"，可能是原始主龙类）。

兽脚亚目恐龙：阿贝力龙（*Abelisaurus*）；恶魔龙（*Zupaysaurus*）。

中生代鸟类：曾祖鸟（*Abavornis*）；者勒鸟（*Zhyraornis*）。

恐龙形类恐龙足迹：阿吉亚足迹（*Agialopus*）；原旋趾足迹（*Prorotodactylus*）。

原始蜥臀目恐龙足迹：虚骨龙足迹（*Coelurosaurichnus*）；酉恩三趾龙足迹（*Qemetrisauropus*）。

兽脚亚目恐龙足迹：阿贝力龙足迹（*Abelichnus*）；郑氏足迹（*Zhengichnus*）。

鸟类足迹：翼足迹（*Alaripeda* sp.，属于新生代时期），水生鸟足迹（*Aquatilavipes*）；雅克雷特足迹（*Yacoraitichnus*）。

兽脚亚目恐龙蛋：安氏蛋（"*Apheloolithus*"，可能不是一个有效名称），阿里亚加达蛋（*Arriagadoolithus*）；三角蛋（*Trigonoolithus*）。

中生代鸟蛋：阿氏蛋（*Ageroolithus*）；提顿结节蛋（*Tubercuoolithus*）。

种加词

恐龙形类恐龙：混合（*admixtus*，刘氏鳄属）；高髋龙（*sitwensis*，阿希利龙属），塔兰布（*Talampayensis*，兔鳄龙属，疑名），泰勒（*taylori*，斯克列罗龙属，一种原始鸟颈类主龙类）。

恐龙形类恐龙足迹：怀俄明阿吉亚足迹（*Agialopus wyomingensis*）；神奇原旋趾足迹（*Prorotodactylus mirus*）。

兽脚亚目恐龙足迹：阿斯蒂加拉加阿贝力足迹（*Abelichnus astigarrae*）；晋宁郑氏足迹（*Zhengichnus jinningensis*）。

中生代鸟类足迹：安徽水生鸟足迹（*Aquatilavipes anhuiensis*，现为安徽韩国鸟足迹），柯氏水生鸟足迹（*Aquatilavipes curriei*）；禽雅克雷特足迹（*Yacoraitichnus avis*）。

兽脚亚目恐龙蛋：水南安氏蛋（"*Apheloolithus shuinanensis*"，可能是无效名），巴塔哥尼亚阿加达蛋（*Arriagadoolithus patagonicus*）；阿氏三角蛋（*Trigonoolithus amoae*）。

中生代鸟蛋：范特隆阿氏蛋（*Ageroolithus fontllongensis*）；提顿结节蛋（*Tubercuoolithus tetonensis*）。

原始蜥臀目恐龙：逃匿（*absconditum*，椎体龙属）；普氏（*pricei*，南十字龙属），原（*primus*，"槽齿龙属"，存疑），西里西亚（*silesiacus*，"镰齿龙属"，存疑）。

兽脚亚目恐龙：阿巴卡（*abakensis*，非洲猎龙属）；邹氏（*zoui*，尾羽龙属）。

中生代鸟类：异常（*aberransis*，"华夏鸟属"）；郑氏（*zhengi*，波罗赤鸟属），郑氏（*zhengi*，始孔子鸟属），甄氏（*zheni*，甘肃鸟属，可能为赫氏旅鸟的同物异名）。

恐龙形类恐龙足迹：阿加底亚（*acadianus*，阿特雷足迹属）；齐格朗（*ziegelangernensis*，虚骨龙足迹属）。

原始蜥臀目恐龙足迹：鹅状（"*anserinum*"，蜥龙足迹属，现为无效名）；小（*minor*，酉恩三趾龙足迹属），首要（*princeps*，酉恩三趾龙足迹属）。

兽脚亚目恐龙足迹：异常（*abnormis*，迪波足迹或蜥龙足迹属，不属于恐龙），尖（*acutus*，艾沃足迹属）；扎氏（*zvierzi*，跷脚龙足迹属）。

中生代鸟类足迹：安徽（*anhuiensis*，韩国鸟足迹属）；杨氏（*yangi*，具蹼鸟足迹属）。

兽脚亚目恐龙蛋：阿克鲁伊（*achloujensis*，尖蛋属）；赵营（*zhaoyingensis*，树枝蛋属）。

相似的名字

如果你觉得中华龙鸟（*Sinosauropteryx*）与中华丽羽龙（*Sinocallioteryx*），南方盗龙（*Austroraptor*）与南方猎龙（*Australoraptor*）是非常相似的名称，那你还应知道以下巧合：

名字最近的兽脚亚目恐龙：理查德伊斯特斯龙（*Richardoestesia*）、理察伊斯特斯龙（*Ricardoestesia*）：15个字母，1处不同，相似度93.34%，它是由于名称的改正而引起的。

名字最相近的兽脚亚目和蜥脚形亚目恐龙：南方巨兽龙（*Giganotosaurus*）、南方巨兽龙（*Gigantosaurus*）：14个字母，1处不同，相似度92.86%。

名字最相近的兽脚亚目和主龙类恐龙：巨齿龙（*Teratosaurus*）、角鼻龙（*Ceratosaurus*）：12个字母，1处不同，相似度91.67%。

名字最相近的兽脚亚目和鸟臀目恐龙：赣州龙（*Ganzhousaurus*）、兰州龙（*Lanzhousaurus*）：13个字母，1处不同，相似度92.37%。

同属下名字最相近的两个种名：敏捷虚骨龙（*Coelurus agilis*）、脆弱虚骨龙（*C. fragilis*）、纤细虚骨龙（*C. gracilis*）：16个字母，1到2处不同，相似度93.75%～87.5%。

名字最相近的兽脚亚目恐龙足迹：巨龙迹（*Megalosauripus*）、巨龙足迹（*Megalosauropus*）：14个字母，1处不同，相似度92.86%。

双名最相近的兽脚亚目恐龙足迹：布里翁巨龙迹（*Megalosauripus brionensis*）、布鲁姆巨龙足迹（*Megalosauropus broomensis*）：23 个字母，3 处不同，相似度 86.96%。

名字最相近的兽脚亚目和鸟臀目恐龙足迹：蜥龙足迹（*Saurichnium*）、斯塔尔足迹（*Staurichnium*）：12 个字母，1 处不同，相似度 91.67%）。

名字最相近的兽脚亚目和蜥脚形亚目恐龙足迹：新龙足迹（*Neosauropus*）、始龙足迹（*Eosauropus*）：11 个字母，1 处不同，相似度 90.9%。

名字最相近的中生代鸟类：始孔子鸟（*Eoconfuciusornis*）、孔子鸟（*Confuciusornis*）：16 个字母，2 处不同，相似度 87.5%。

种加词最相近的中生代鸟类：陈氏（*chengi*）、郑氏（*zhengi*）：6 个字母，1 处不同，相似度 83.3%（天宇鸟 vs. 波罗赤鸟、始孔子鸟、晓廷龙），甄氏（*zheni*）、张氏（*zhangi*）：6 个字母，1 处不同，相似度 83.3%（觉华鸟 vs. 波罗赤鸟、始孔子鸟、晓廷龙），郑氏（*zhengi*）、甄氏（*zheni*）：5～6 个字母，1 处不同，相似度 83.3%（波罗赤鸟、始孔子鸟、晓廷龙 vs. 甘肃鸟）。

种加词最相近的兽脚亚目恐龙足迹：强壮（*robusta*）、强健（*robustus*）：7～8 字母，3 处不同，相似度 62.5%（具蹼鸟足迹、副跷脚龙足迹 vs. 伶盗龙足迹）。

种加词最相近的兽脚亚目和鸟臀目恐龙足迹：王氏（*wangi*）、杨氏（*yangi*）：5 个字母，1 处不同，相似度 80%）（神木足迹 vs. 具蹼鸟足迹、副跷脚龙足迹）。

不同种之间的综合名称

名字中字母相同程度最高的兽脚亚目恐龙：

中国龙（*Sinosaurus*）、阴龙（*Inosaurus*）：10 个字母，9 处相同，相似度 90%。

美扭椎龙（*Eustreptospondylus*）、扭椎龙（*Streptospondylus*）：18 个字母，16 处相同，相似度 88.88%。

名字中字母相同程度最高的兽脚亚目和蜥脚形亚目恐龙：

簧龙（*Calamosaurus*）、阿拉摩龙（*Alamosaurus*）：12 个字母，11 处相同，相似度 91.67%。

名字中字母相同程度最高的兽脚亚目和恐龙形类恐龙：

真腔骨龙（*Eucoelophysis*）、腔骨龙（*Coelophysis*）：13 个字母，11 处相同，相似度 84.62%。

名字中字母相同程度最高的兽脚亚目和鸟臀目恐龙：

细爪龙（*Stenonychosaurus*）、慢行龙（*Onychosaurus*）：16 个字母，12 处相同，相似度 75%。

名字中字母相同程度最高的兽脚亚目和原兽脚亚目恐龙：

纤龙（*Rhadinosaurus*）、阴龙（*Inosaurus*）：12 个字母，9 处相同，相似度 75%。

原兽脚亚目恐龙中字母相同程度最高的名字：

阿瓦隆尼亚龙（*Avalonianus*，现为阿瓦隆尼亚龙）、阿瓦隆尼亚（*Avalonia*）：11 个字母，8 处相同，相似度 72.73%。

名字中字母相同程度最高的中生代鸟类：

周鸟（*Zhouornis*）、侯氏鸟（*Houornis*）：9 个字母，8 处相同，相似度 88.88%。

名字中字母相同程度最高的兽脚亚目恐龙蛋：

三棱柱蛋（*Triprismatoolithus*）、棱柱形蛋（*Prismatoolithus*）：18 个字母，15 处相同，相似度 83.33%。

名字中字母相同程度最高的兽脚亚目恐龙足迹：

新跷脚龙足迹（*Neograllator*）、跷脚龙足迹（*Grallator*）：12 个字母，9 处相同，相似度 75%。

名字中字母相同程度最高的恐龙形类恐龙足迹：

似虚骨龙足迹（*Paracoelurosaurichnus*）、虚骨龙足迹（*Coelurosaurichnus*）：21 个字母，17 处相同，相似度 80.95%。

名字中字母相同程度最高的原恐龙足迹：

副手兽足迹（*Parachirotherium*）、手兽足迹（*Chirotherium*）：16 个字母，12 处相同，相似度 75%。

在其他恐龙名称中出现次数最多的兽脚亚目恐龙名称：

阴龙（*Inosaurus*）总共出现了 16 次，其中在不同的兽脚亚目恐龙中出现了 4 次：中华龙（*Sinosaurus*）、棘龙（*Spinosaurus*）、镰刀龙（*Therizinosaurus*）和秋田龙（*Wakinosaurus*）；在蜥脚形亚目恐龙中出现了 7 次：阿根廷龙（*Argentinosaurus*）、恐龙（*Dinosaurus*）、耆那龙（*Jainosaurus*）、细长龙（*Lirainosaurus*）、莫里尼龙（*Morinosaurus*）、奥林龙（*Orinosaurus*）和宜宾龙（*Yibinosaurus*）；在鸟臀目恐龙中出现了 2 次：巨刺龙（*Gigantspinosaurus*）和厚鼻龙（*Pachyrhinosaurus*）；在可能最终被认为是恐龙中出现了 3 次：北京龙（*Pekinosaurus*）、纤龙（*Rhadinosaurus*）、塔平龙（*Tapinosaurus*）。

在其他兽脚亚目恐龙足迹名字中出现次数最多的兽脚亚目恐龙足迹名称：

跷脚龙足迹（*Grallator*）一词出现在新跷脚龙足迹（*Neograllator*）、副跷脚龙足迹（*Paragrallator*）和分叉跷脚龙足迹（*Schizograllator*）中。

在其他兽脚亚目恐龙蛋的名字中出现次数最多的兽脚亚目恐龙蛋的名称：

蛋（"*Oolithus*"）出现了 78 次（它目前为无效名称），涉及兽脚亚目恐龙蛋化石的 36 个属、16 个中生代鸟类蛋化石、13 个蜥脚形亚目恐龙蛋化石和 13 个鸟臀目恐龙蛋化石。这一属名尚且无效。

棱柱形蛋（*Prismatoolithus*）出现在前棱柱形蛋（*Preprismatoolithus*）、三棱柱蛋（*Triprismatoolithus*）和球状棱柱蛋中。

名字几乎一致的两种兽脚亚目恐龙：

华夏龙（*Huaxiaosaurus*）、华夏龙（*Huaxiasaurus*，非正式名）：13 个字母，12 处相同，相似度 92.31%。

名称在其他恐龙名字中出现最完整的兽脚亚目恐龙：

棘龙（*Spinosaurus*）的名字分散出现在棘刺龙（*Spinophorosaurus*）的名字中：16 个字母，12 处相同，相似度 68.75%。

在历史上发现被认为最大的兽脚亚目恐龙

年份	名称和标本	体型 （体长，体重）	有趣的资料	国家或地区
1824	巴氏斑龙，OUM J13505	8.2 m，1.1 t	第一个"大型肉食性蜥蜴"	英格兰
1856	恐怖恐齿龙模式种	7.5 m，1.8 t	它的牙齿比斑龙还大	美国
1869	怪异鸟踝龙，YPM 3221	—	错误地被认为是一个巨型兽脚亚目恐龙。实际上它是一只大型鸭嘴龙	美国
1878	合依潘龙，AMNH 5767	10 m，2.9 t	可能是一只成年脆弱异特龙，推测它的全长为13～14 m	美国
1905	君王暴龙，CMN9380 或 AMNH973	10.6 m，6 t	获得了前所未有的关注，推测出其全长大概为14 m	美国
1913	尼卡阿吉龙		被认为是一只类似于暴龙的兽脚亚目恐龙，实际上它是一只湾鳄	法国
1915	埃及棘龙，IPHG 1912 VIII 19	13.4 m，3.8 t	它的椎骨非常长，因而推测它体长达 15 m	埃及
1920	硕大斑龙，MB R 1050	11.5 m，5.7 t	这是一个单独的牙齿，目前已知它是一只鲨齿龙	坦桑尼亚
1955	勇士特暴龙，PIN 551-1	10 m，4.5 t	从脸部很长的特征判断，它的体型被认为与暴龙一样大	蒙古
1960	鲨齿龙未定种，MNNHN col	12.7 m，7.8 t	这是在同时期发现的最大的鲨齿龙牙齿	尼日尔
1970	奇异恐手龙，ZPAL MgD-I/6	11 m，5.4 t	推测其体重达到 12 t	蒙古
1988	君王暴龙，UCMP 118742m	10.4 m，5.7 t	推测其全长达到 13.6 m，体重达到 12 t	美国
1989	马氏巨体龙	—	被认为是一只长为 20 m，体重为 15 t 的兽脚亚目恐龙，实际上它是蜥脚亚目恐龙或是硅化木化石	印度
1990	君王暴龙，FMNH PR2081 或 BHI 2033	12 m，8.3 t	在一本杂志中被提到是"巨型暴龙"	美国
1993	"巨大克拉玛依龙"	—	是一本非正式出版物的错误产物，它可能是一只体长为 22 m 的蜥脚亚目恐龙	
1995	卡氏南方巨兽龙，MUCPv-Ch	12.2 m，7 t	它因比"君王暴龙"还大而出名	阿根廷
1996	撒哈拉鲨齿龙，SGM-Din 1	12.7 m，7.8 t	体型巨大的它堪比暴龙	摩洛哥
1996	摩洛哥棘龙，CMN 41852	14.4 m，6.5 t	成了当时发现的最大的兽脚亚目恐龙	摩洛哥
2000	卡氏南方巨兽龙，MUCPv-95	13.3 m，8.5 t	第二个卡氏南方巨兽龙标本，是当时发现的最大的兽脚亚目恐龙	阿根廷
2000	君王暴龙	—	著名的 MOR 1126，它的骨骼没有正式描述，但被认为比 FMNH PR2081 更大	美国
2004	恐手龙未定种	15.7 m，15.7 t	报道称有一个趾骨长达 1 m，它的鉴定存疑	蒙古
2005	埃及棘龙，MSNM V4047	16 m，7.5 t	推测其体长达 17 m	摩洛哥
2010	君王暴龙，UCMP 137538	12.3 m，8.5 t	推测的最小体型创了该种的纪录	美国

在历史上发现被认为最小的兽脚亚目恐龙编年史

年份	名称和标本	体型 （体长，体重）	有趣的资料	国家或地区
1824	大喙扭椎龙，MNHN 8900	5 m，400 kg	于 1770 年发现，原被认为是一只鳄鱼	法国
1854	破坏侦察龙，DORCM G 913	3.6 m，110 kg	在当时被认为是一只巨蜥	英格兰
1856	美丽伤齿龙，ANSP 9259	2.5 m，39 kg	截至当时发现的最小兽脚亚目恐龙	美国
1859	长足美颌龙，BSP AS I 536	86 cm，540 g	该幼年标本在很多年都保持了"最小恐龙"的纪录	德国
1907	泰氏斯克列罗龙，BMNH R3556	18.5 cm，18 g	推测它可能是一只恐龙，但实际它不是	苏格兰
1910	埃尔金跳龙，NHMUK R3915	50 cm，120 g	推测是一只原始兽脚亚目恐龙，现在我们知道它是恐龙形类恐龙	苏格兰
1971	塔兰布兔鳄，UPLR 09	40 cm，70 g	推测是一只恐龙形类恐龙，但后来被认为是一只非常原始的恐龙	阿根廷
1972	长足美颌龙，MNHN CNJ 79	1.5 m，2.3 kg	最初是被当作科拉埃斯特里斯美颌龙描述的，但它是一只成年长足美颌龙	法国
1994	杨氏中国鸟脚龙，IVPP V9612	1.1 m，2.5 kg	身长比美颌龙还短	中国
1996	遥远小驰龙，PIN 4487/25	50 cm，187 g	尽管体型小，但它是一只成年标本。直到 2013 年，它一直是最小恐龙纪录保持者	蒙古
2000	赵氏小盗龙，IVPP V 12330	45 cm，155 g	属于一只幼年动物，其成年个体体长超过 95 cm，体重达 1.45 kg	中国
2008	赫氏近鸟龙，LPM-B00169	30 cm，72 g	被认为是最小恐龙。有几个体长为 40 cm，体重为 260 g 的个体	中国
2008	胡氏耀龙，IVPP V15471	25 cm，220 g	比其他非鸟类兽脚亚目恐龙的身体短得多	中国
2013	短羽始中国羽龙，YFGP-T5197	30 cm，100 g	一只亚成体兽脚亚目恐龙，但有人猜测它是幼年个体	中国
2013	徐氏曙光鸟，YFGP-T5198	40 cm，260 g	与近鸟龙体型相同	中国
2015	未命名，IVPP V22530	46 cm，175 g	一个类似于千禧中国鸟龙的亚成体标本	中国

在历史上发现被认为最大的中生代鸟类

年份	名称和标本	体型 （体长，体重）	有趣的资料	国家或地区
1864	塞奇威克伪齿鸟	—	实际上它是一只翼龙目恐龙	英格兰
1866	巴雷特氏伪齿鸟	—	体型比上述翼龙还大的翼龙目恐龙	英格兰
1870	埃瓦迪西努斯拉鸟	1 m，5.5 kg	原被认为生存于白垩纪，但后来被证明来自古新世早期	美国
1871	奥地利厚甲龙	—	这是一个结节龙的颅骨，它看上去像似于鸵鸟的鸟类	奥地利
1872	帝王黄昏鸟，YPM 1476	1.4 m，20 kg	发现的第一只大体型中生代鸟类	美国
1940	柯氏近颌龙，CMN 8776	—	从它的喙部判断它是一只鸟，实际上它是一只兽脚亚目窃蛋龙类恐龙	加拿大
1981	似南方姐妹龙鸟，PVL-4033	80 cm，7.25 kg	可能是最大的中生代飞行鸟，它被归属于雷氏反鸟	阿根廷
1992	德氏巴塔哥鸟，MACN-N-03	40 cm，2 kg	1998 年以前发现的最大的陆生鸟	阿根廷
1998	恋酒卡冈杜亚鸟，MDE-A08	1.8 m，120 kg	最大的中生代鸟类	法国
2002	未命名，CMN 50852	1.7 m，8.8 kg	最大的滑翔鸟	摩洛哥
2002	周氏黄昏鸟，17208	1.4 m，21 kg	最大的水鸟	美国
2004	俄罗斯黄昏鸟，ZIN PO 5463	1.6 m，30 kg	取代了周氏黄昏鸟，成为中生代最大的水鸟	俄罗斯
2005	俄罗斯黄昏鸟，SGU 3442 Ve02	1.6 m，30 kg	一个新的材料，属于体型与 ZIN PO 5463 相同的个体	瑞典
2010	敏氏矾鸟，MTM V 2009.38.1	1.9 m，16 kg	被描述为一只可飞行的反鸟属鸟，它可能是一只类似于巴拉乌尔龙的陆生鸟	匈牙利
2012	尼氏萨姆路奇亚龙，WDC Kz-001	—	一只最初被视为巨型飞行鸟类的翼龙	哈萨克斯坦

在历史上发现被认为最小的中生代鸟类

年份	名称和标本	体型 （体长，体重）	有趣的资料	国家或地区
1857	厚足翼手龙，TM 6928/29	42 cm，220 g	是一只始祖鸟的幼年标本	德国
1861	印石板始祖鸟，BMNH 37001	45 cm，310 g	是一只年龄大于一岁的成年个体	德国
1873	敏捷虚椎鸟，YPM 1451	13 cm，100 g	在当时，鸟类不被视为恐龙	美国
1880	泰内雷鱼鸟（现为吉尔得鸟），YPM 1760	14 cm，100 g	当时被描述过的最小的中生代鸟类的种	美国
1976	远祖阿克西鸟，LACM 33213	11.4 cm，22 g	它的骨骼使人联想到现生翠鸟	墨西哥
1981	列氏戈壁雏鸟，PIN 4492-4	4.7 cm，2 g	不同胚胎中最小的一个	蒙古
1992	罗氏伊比利亚鸟，LH-22	8.7 cm，9.5 g	在很多年里保持了"最小中生代鸟类"的纪录	西班牙
1994	似伊比利亚鸟未定种，LH-8200	10.1 cm，15g	不确定是否为一只伊比利亚鸟	西班牙
1999	娇小辽西鸟，NIGP 130723	8.3 cm，8 g	最初被认为是一个成年个体，但它是个幼年标本	中国
1999	小凌源鸟，GMV-2156	8.3 cm，8 g	比辽西鸟标本小一半	中国
2006	利伟大凌河鸟，CNU VB2005001	5.7 cm，2.7 g	是个幼年个体	中国
2009	库珀扇尾鸟，DMNH D1878	9 cm，10.5 g	比伊比利亚标本还小	中国
2014	楚雄微鸟，IVPP V18586	7.5 cm，6 g	是个亚成体标本	中国
2015	塞阿拉克拉图鸟，UFRJ-DG 031	6.6 cm，4 g	可能是个亚成体标本。	巴西

全长最长的兽脚亚目恐龙

在非专业书籍中发表的全长最长的恐龙：
"巨型克拉玛依龙"，22 m（可能属于蜥脚亚目，未确定）

在专业书籍中发表的全长最长的恐龙：
埃及棘龙，17 m（长度可能为 16 m）

推测体重最重的兽脚亚目恐龙

在文化传播类杂志上发表的体重最大的恐龙：
君王暴龙，30 t（该数据可能是它实际体重的 3.5 倍）

在正式发表文章中体重最重的恐龙：
埃及棘龙，12 ～ 20.9 t（该数据可能是它实际体重的 2.8 倍）

中生代时期
恐龙编年史

纪录：生存年代最远和最近的恐龙
　　　每个时期最大和最小的恐龙

恐龙出现在中生代，这是一个介于古生代和新生代之间的地质时代。它始于约 2.521 7 亿年前发生的已知最大规模的灭绝事件，并在 6 600 万年前结束，其间发生了有记载以来第二剧烈的灭绝事件。

中生代分为三个时期：三叠纪，侏罗纪和白垩纪。在这个时代，地球发生了巨大的变化，例如，大陆的漂移，新的山系和山脉的形成，众多形态的动植物的出现以及各种大规模的生物灭绝。

中生代的开始与结束，都伴随着一场大灭绝。

我们如今所认识的地球与中生代时期的地球非常不同。在中生代恐龙活动的亿万年间，地球的地理形态不断在发生变化，直到转变成我们今天所了解的样子。在下面几页中，我们将看到这一逐渐演变的过程。

中生代开始于一场地球历史上最大规模的物种灭绝之后。在二叠纪时期结束时，将近 95% ～ 97% 的海洋生物，以及大约 75% 的陆地生物消失了。现在普遍认为这是在泛大陆东北部地区（现俄罗斯东部）出现的一场巨大的火山运动造成的，其规模之巨大，导致了这次物种灭绝大灾难的发生。在这段时期，不断有陨石冲撞地球，扩大了灾难的影响。

第二场在地球历史上颇具破坏性的大灭绝发生于白垩纪和古新世交接时，中生代由此结束，新生代拉开序幕。当时几乎 75% 的陆地生物消失，其中包括所有不能飞翔的恐龙和当时大部分的鸟类。只有某些今鸟类幸存下来，它们也成了现代鸟类的祖先。推测有三个现象是完全或部分引起这次灾难的原因：一是大型陨石坠落；二是巨型火山喷发；三是海平面的下降。这些现象的发生又伴随着一些其他后果，比如，有毒物质释放，气候变化，大型海啸，遮蔽日光，紫外线穿透，氧气缺乏，生态系统崩溃等。

中生代持续了 1.8617 亿年，相当于地球的显生宙时期（还包括古生代和新生代）34% 的时间。不过，这仅仅占了地球存在时间的 4%，毕竟地球有约 46 亿年的历史。

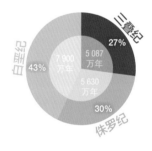

三叠纪 27%
白垩纪 43%
7 900 万年
5 087 万年
5 630 万年
侏罗纪 30%

大陆的分离

为了理解恐龙的生物地理（物种的地理分布），有必要了解它们在每个时期的迁移、古气候、生物群和动物群。每个恐龙类群从一个起源点开始演化，随着时间的推移，它们散布到世界各地。这一分布被高山、海洋、气候和其他自然屏障因素所阻隔。

按年代划分的首次发现纪录

第一个被命名的三叠纪蜥脚亚目恐龙——古槽齿龙。

第一个被命名的侏罗纪兽脚亚目恐龙——巴氏斑龙。

第一个被命名的白垩纪鸟臀目恐龙——安格理克斯禽龙。

中生代时期也被称为"第二纪元"、"爬行动物的时代"或"苏铁时代"。

三叠纪

三叠纪持续了 5 087 万年，这相当于整个中生代时期的 27%。

鸟颈类主龙、恐龙和鸟类的出现

鸟颈类主龙从早三叠世到现在已存活了约 2.51 亿年的时间，而有恐龙出现的时间约为 2.47 亿年。最古老的鸟类（飞行兽脚亚目恐龙）的化石发掘了中侏罗世和晚侏罗世早期地层，因而它们有记载的出现时间为 1.70 亿～1.57 亿年前。

三叠纪时期

在三叠纪时期，一天有 23 小时，一年超过 380 天！后来地球与月球之间的距离增加，引起地球的自转速度逐渐下降，并且每过一年，地月距离就增加约 17 μm。

侏罗纪

侏罗纪持续了 5 630 万年的时间，这相当于整个中生代时期的 30%。

恐龙统治地球

植食性恐龙在三叠纪末期已遍及整个大陆，到了侏罗纪时期，在陆地生态系统中恐龙几乎占据完全统治地位。由于不少主龙类类群，这一时期以肉食性恐龙为主导。

分散的大陆

这一时期之初，所有陆地仍聚集在泛大陆。随着中生代时期的到来，陆地分成了两部分：古亚洲大陆（现亚洲中部、东部和东南亚地区）和新泛大陆（北美洲、欧洲、亚洲西部、印度斯坦、南美洲、非洲、南极洲和大洋洲）。在侏罗纪末期，北美洲和欧洲与泛大陆的其他地区分离开，形成了冈瓦纳古陆的南部区域。

白垩纪

白垩纪持续了大约 7 900 万年的时间，这相当于中生代持续时间的 43%，超过了整个新生代时期。

恐龙的剧烈改变

尽管白垩纪与恐龙的火绝有关，但在该时期也出现了各种改变其生活的新事物。比如：开花植物占据优势，以及海洋面积增加；一些兽脚亚目恐龙演化出了不对称的羽毛，由此它们征服了天空；同时其他群体演化出各类型的植食性类群。

白垩纪的难题

这一时期，陆地在不同的时间分离或结合。北部地区叫作劳亚古陆，南部则称为冈瓦纳古陆。劳亚古陆的中部（现欧洲）临时变成了一道连接北美洲、古亚洲和冈瓦纳古陆的神奇桥梁。另外，其他一些地区最终变成了孤立状态。白垩纪末期，马达加斯加和印度斯坦变成了大型岛屿。

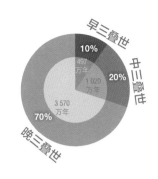

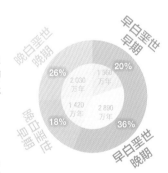

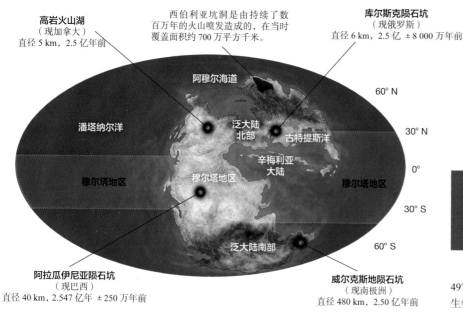

高岩火山湖
（现加拿大）
直径 5 km，2.5 亿年前

西伯利亚坑洞是由持续了数
百万年的火山喷发造成的，在当时
覆盖面积约 700 万平方千米。

库尔斯克陨石坑
（现俄罗斯）
直径 6 km，2.5 亿 ± 8 000 万年前

阿穆尔海道

潘塔纳尔洋

泛大陆
北部

古特提斯洋

辛梅利亚
大陆

穆尔塔地区

穆尔塔地区

穆尔塔地区

60° N

30° N

0°

30° S

60° S

泛大陆南部

阿拉瓜伊尼亚陨石坑
（现巴西）
直径 40 km，2.547 亿年 ±250 万年前

威尔克斯地陨石坑
（现南极洲）
直径 480 km，2.50 亿年前

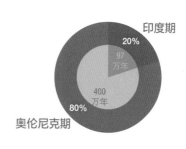

印度期

20%

97
万年

400
万年

80%

奥伦尼克期

早三叠世

印度期 2.5217亿～2.512亿年前

奥伦尼克期 2.512亿～2.472亿年前

三叠纪的第一阶段持续时间最短，约
497 万年，这相当于三叠纪的 10%，占到中
生代持续时间的 3%。

印度期

气候极端炎热，在热带地区气温达到 50 ～ 60 ℃，海洋温度达
到 40 ℃，这对于动物来说是无法忍受的。由此导致一个被称为"死
区"的大面积区域的出现，那里几乎无生命存在。由于有机质含量
高，极度缺乏水分，因而环境中遍布真菌。高温的部分原因是陆地
植物缺乏。在海洋中，氧气含量很低。生命在两极地区（30°N 和
40°S）的河边缓慢地生长繁殖。这是三叠纪最短的一个时期，持续
了约 97 万年。

奥伦尼克期

在二叠纪的大灭绝之后，生命几乎花了一百万年才在各个角落重
新恢复。各大洲适合生物生存的条件也重新建立起来。然而，由于氧
气含量依旧很低，该时期没有体积较大的动物存在。泛大陆的西北部
和中北部，出现了鸟颈类主龙和最原始的恐龙形类恐龙（仅通过足迹
鉴定出，比如，原旋趾足迹和旋趾足迹）。

早三叠世最小纪录 分类：微型 等级 III

实际上，没有能够证明在三叠纪的第一阶段出现了恐龙形类
恐龙的直接证据。然而，有一些间接的遗迹被保存了下来，比
如，有外旋对称的微型四足足迹。可以将**旋趾足迹未定种**（b）
（*Rotodactylus isp.*）（现波兰）与晚三叠世的兔蜥（a）相比较，进
行初步重建。从这些足迹表现出的特征来看，它们的比例存在一些
差异。两者之间最显著的差别在于旋趾足迹未定种的跗骨更短，后
肢的中趾更发达，前臂更长，以四足方式行走。旋趾足迹未定种非
常小，仅是一只麻雀的两倍大。其身长是神奇原旋趾足迹最大标本
的 1/2，体重是后者的 1/8。

40 cm

1 : 4

20 cm

a

最小
纪录

旋趾足迹未定种

标本： 未分类

全长： 27 cm

臀高： 10 cm

体重： 55 g

化石材料： 四足足迹

体型推测可信度： ●●○○○

b

20 cm　　　　　　　40 cm　　　　　　　60 cm　　　　　　　80 cm

1 : 4.57

神奇原旋趾足迹

最大
纪录

标本：未分类

全长: 55 cm
臀高: 21 cm
体重: 445 g
化石材料: 四足足迹
体型推测可信度: ●●○○

b

早三叠世最大纪录 分类：矮小型 等级 III

神奇原旋趾足迹（*Prorotodactylus mirus*）（现波兰）：它属于一个基于在泛大陆中北部（现波兰）发现的足迹而确定的恐龙遗迹属。这些足迹有可能是由一只比鸽子稍大的动物留下的。这些神奇原旋趾足迹主人的外形是通过与晚三叠世的微型鸟颈类主龙斯克列罗龙（b）对比而得到的。该属与翼龙和恐龙有近亲关系。它的行动方式主要是跳跃而非步行。

最早的恐龙起源的痕迹

由于缺乏♂骨骼化石证据，恐龙演化的最早阶段尚未可知。不过，还好有间接证据（足迹化石），我们知道它们出现在中生代开始后的

几百万年。在这一时期几乎所有的陆生脊椎动物都表现为四足遗迹，而且研究者普遍认为双足恐龙形类动物直到中三叠世才出现。

最早公布的早三叠世恐龙种类

跑者旋趾足迹（*Rotodactylus cursorius*，1948）：发现于泛大陆西北部（现美国亚利桑那州）。这是一枚在北美洲发现的最古老的恐龙形类动物足迹。

最新公布的早三叠世恐龙种类

路特夫原旋趾足迹（*Prorotodactylus lutevensis*，2000）：发现于泛大陆中北部（现法国）。最初它被认为是喙头龙类遗迹属的一个新种，这些遗迹可能是某种喙头类留下的。

足迹

a
— 4.7 cm

b
— 6 cm

c
— 2 cm

最大纪录

a. 神奇原旋趾足迹： 这是一个早三叠世最大的鸟颈类主龙足迹。这只恐龙生活于泛大陆中北部（现波兰）。

b. 跑者旋趾足迹： 这是已知的最古老的恐龙形类动物留下的，这只动物生存于泛大陆西北

部（现美国亚利桑那州）。

据推测，已知的一些足迹，比如，原旋趾足迹可能是非常古老和原始的恐龙形类动物留下的，但是这些外旋的趾头是原始鸟颈类主龙所表现出的一个特征，它们是鸟颈类和翼龙类恐龙的祖先。

最小纪录

c. 原旋趾足迹未定种： 在早三叠世没有发现能够确定为原始鸟颈类主龙的骨骼化石，只有足迹。最小的足迹标本被保存于泛大陆中北部（现德国）。

40 cm

20 cm

跑者旋趾足迹
42 cm/156 g

神奇原旋趾足迹
55 cm/445 g

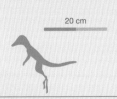

原旋趾足迹
27 cm/55 g

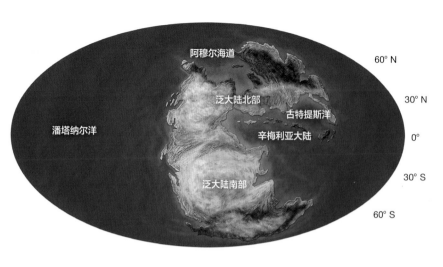

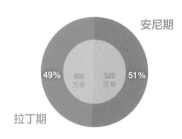

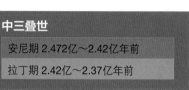

中三叠世

安尼期 2.472亿～2.42亿年前

拉丁期 2.42亿～2.37亿年前

三叠纪的第二阶段持续了 1 020 万年，这相当于三叠纪持续时间的 20%，中生代时期的 5%。

安尼期

尽管气候条件极端，但相比于早三叠世已有了极大的改善。炎热和干燥气候持续，尤其是在内陆地区。"死亡区域"消失，在赤道地区，出现伴有强烈季风的潮湿热带气候。两极区域气候温暖潮湿，冬季非常寒冷。由于 20 ～ 30 ℃的气温，海平面较低。在这一时期，恐龙形类动物已出现在陆地以南地区，甚至演化出了专以植物为食的种类。可能也有原始恐龙类生存，但尚未占据统治地位，那时大型的掠食者还是主龙类引鳄科的动物。

拉丁期

在世界的不同地区，伴有强烈降雨的潮湿气候继续扩大其影响力，但丛林会发生季节性干旱。此时具代表性的大型肉食性动物有劳氏鳄，它们类似于陆生鳄鱼。另一方面，恐龙形类动物已遍布于世界各地。

中三叠世最小纪录 分类：矮小型 等级 III

迪尔斯特蒂鸟足龙（*Avipes dillstedtianus*）：发现于泛大陆中北部（现德国）。这是一块不完整的跖骨，其形状较长，横向被挤压，它的对称性表明它可能属于一只演化程度较高的恐龙形类动物或一只原始恐龙类。在可能最小的早期恐龙中，有阿罗霍斯"槽齿龙"，它长约 2.45 m，体重约 19 kg。它与帕氏尼亚萨龙可能是同物异名，后者体型略微大些，体长 2.6 m，体重 23 kg。

最小
纪录

迪尔斯特蒂鸟足龙

1 : 4.57

标本：未分类

全长： 90 cm
臀高： 约 27 cm
体重： 630 g
化石材料： 不完整跖骨
体型推测可信度： ●○○○

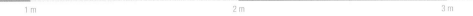

未命名物种

1 : 17.12

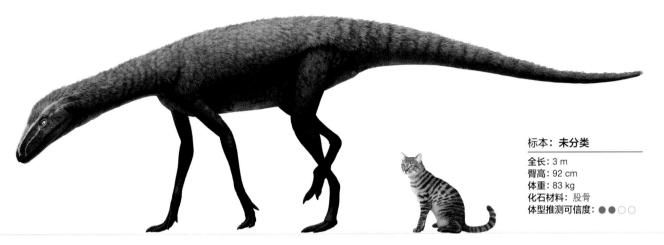

1 m

标本：未分类

全长：3 m
臀高：92 cm
体重：83 kg
化石材料：股骨
体型推测可信度：●●○○○

中三叠世最大纪录 分类：中型 等级 I

在最古老的恐龙形类动物中，最大的当属发掘于泛大陆中南部（现赞比亚）的一个尚未命名的标本。它的体重与一个成年人相当。由于它有了相当程度的演化，因而从至今已知的直接化石证据来推测，它是最古老的恐龙形类动物。除了这具标本，世界各地（现阿尔及利亚、美国、西班牙、法国、荷兰、意大利、摩洛哥和瑞士）还遍布了不同的足迹，证明在中三叠世已有恐龙形类动物出现。

最早公布的中三叠世物种

原"槽齿龙"（"*Thecodontosaurus*" *primus*，1905）：发现于泛大陆中北部（现波兰），它是一只原始主龙类动物或蜥臀目恐龙。西里西亚"镰齿龙"（1910）是一颗牙齿标本，它可能属于劳氏鳄科或者非常古老的兽脚亚目。迪尔斯特蒂鸟足龙（1932）可能是一只恐龙形类动物或者原始恐龙。

最新公布的中三叠纪物种

西特韦高髋龙（*Lutungutali sitwensis*，2013）：发现于泛大陆中南部（现赞比亚）。它是西里龙科恐龙，在获得正式名称之前，被称为"N'tawere 型"。

足迹

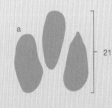

a | 21 cm

b | 约6.2 cm

c | 0.8 cm

最大纪录

a. 未命名物种足迹： 位于泛大陆中北部（现法国），看上去像是一个大体积的恐龙形态类西里龙留下的足迹。

b. 跷脚龙足迹未定种： 在同一位置发现的，最古老的恐龙足迹。

在这一地层中发现的足迹表明植食性恐龙形类动物在中三叠世达到了它们的最大体型；而原始恐龙是肉食性的，它们身体更长，但更轻盈。

2 m

最小纪录

c. 阿特雷足迹－跷脚龙足迹： 在泛大陆中南部（现摩洛哥）发现的微型足迹可能是幼年个体留下的，该足迹表现出比某些恐龙形类动物（如马拉鳄龙）更具演化性的特征，与跳龙足迹相似。

20 cm

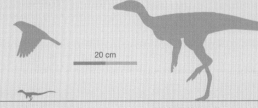

跷脚龙足迹未定种
84 cm/765 g

未命名物种足迹
3.5 m/120 kg

未命名物种
3 m/83 kg

阿特雷足迹－跷脚龙足迹
11 cm/2 g

迪尔斯特蒂鸟足龙
90 cm/630 g

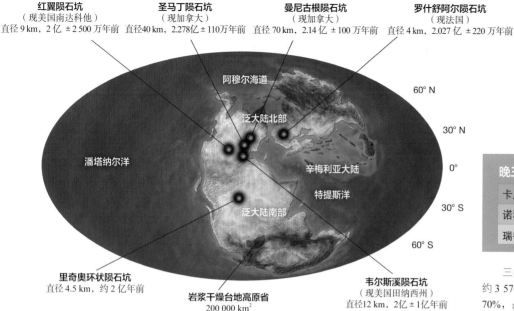

红翼陨石坑
（现美国南达科他）
直径 9 km, 2 亿 ±2 500 万年前

圣马丁陨石坑
（现加拿大）
直径 40 km, 2.278 亿 ±110 万年前

曼尼古根陨石坑
（现加拿大）
直径 70 km, 2.14 亿 ±100 万年前

罗什舒阿尔陨石坑
（现法国）
直径 4 km, 2.027 亿 ±220 万年前

阿穆尔海道
泛大陆北部
辛梅利亚大陆
潘塔纳尔洋
特提斯洋
泛大陆南部

60° N
30° N
0°
30° S
60° S

里奇奥环状陨石坑
直径 4.5 km, 约 2 亿年前

岩浆干燥台地高原省
200 000 km²

韦尔斯溪陨石坑
（现美国田纳西州）
直径 12 km, 2亿 ±1亿年前

瑞替期　卡尼期
20%
28%　1 000 万年
720 万年
1 850 万年
52%
诺利期

晚三叠世	
卡尼期 2.37 亿～ 2.27 亿年前	
诺利期 2.27 亿～ 2.085 亿年前	
瑞替期 2.085 亿～ 2.013 亿年前	

三叠纪的第三个阶段持续的时间最长，约 3 570 万年。这相当于三叠纪持续时间的 70%，占到中生代时期的 20%。

卡尼期

由于地球上开花植物的增加，二氧化碳的含量在大气中逐渐增高，创造了类似于温室效应的条件。另外，由于泛大陆的分离，降雨量有了显著增加，尤其是在赤道地区。同时，内陆地区非常干旱，泛大陆的西北部还有陨石撞击的迹象。

诺利期

多颗陨石坠落在加拿大东部，形成一个被称作曼尼古根陨石坑或"魁北克之眼"的圈地。当时具有代表性的大型肉食类陆生动物是劳氏鳄类、迅猛鳄科和植龙类，而恐龙仍处于次级地位。诺利期持续了 1 850 万年。

瑞替期

大气中二氧化碳的浓度在这一阶段达到了三叠纪的最高点。另外，在三叠纪末期，有一颗陨石撞击到泛大陆中北部（现法国），这一事件造成了第五次生物大灭绝，摧毁了当时 76% 的物种。

晚三叠世最小纪录 分类：微型 等级 I

泰氏斯克列罗龙：发现于泛大陆中北部（现苏格兰），它是最小的鸟颈类主龙，体长 18.5 cm，体重 18 g。在恐龙形类动物克罗姆霍无父龙（现英格兰）和埃尔金跳龙（现苏格兰）中，最微型个体的体长分别约为 35 cm 和 50 cm，体重分别是 45 g 和 70 g。在兽脚亚目恐龙中，最小的是三叠原美颌龙（现德国），体长 1 m，体重 1.3 kg，与一只乌鸦差不多。

最小的幼年个体

泰氏斯克列罗龙的最小标本是 BMNH R3146B 和 BMNH 3146B，体型大小仅达到模式种 BMNH R 3556 的 85%。它身长约 15 cm，体重仅 11 g。

20 cm

泰氏斯克列罗龙

10 cm

1 : 1.71

最小
纪录

标本：BMNH R 3556

全长： 18.5 cm
臀高： 7 cm
体重： 18 g
化石材料： 颅骨和部分其他骨骼
体型推测可信度： ●●●●

10 cm　　　20 cm　　　30 cm

1 m 2 m 3 m 4 m 5 m

2 m

伊斯基瓜拉斯托富伦格里龙

最大
纪录

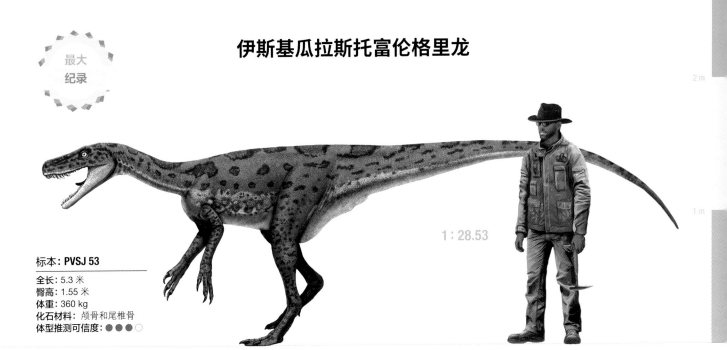

1 : 28.53

标本：**PVSJ 53**

全长：5.3 米
臀高：1.55 米
体重：360 kg
化石材料：颅骨和尾椎骨
体型推测可信度：●●●○

1 m

晚三叠世最大纪录 分类：中型 等级 III

蜥臀目恐龙 PVSJ 53 被鉴定为**伊斯基瓜拉斯托富伦格里龙**，仅这一个体的体型（体重是一只狮子的两倍重）比伊斯基瓜拉斯托艾雷拉龙更大。它生存于泛大陆西南部（现阿根廷）。另一体长更长，但体重轻一些的标本可能是腔骨龙超科的 SMNS 51958（现德国），它的体长可能达到约 6.8 m，体重约 315 kg。

最早公布的晚三叠世物种

鲍氏虚骨龙、洛氏虚骨龙和威氏长颈龙（现为腔骨龙）（1887）：发现于泛大陆西北部（现美国新墨西哥州）。之前公布的被鉴定为

克洛克现"斑龙"（1858）和钝"斑龙"（1876）的化石被发现于泛大陆中北部（分别为现德国和法国），但人们对它们的鉴定结果仍存有疑问。第一个被命名的恐龙形类动物是埃尔金跳龙（*Saltopus elginensis*，1932），它被发现于泛大陆中北部（现苏格兰）。

最新公布的晚三叠世物种

脆弱未知龙（*Ignotosaurus fragilis*，2013）：发现于泛大陆西南部（现阿根廷）。在兽脚亚目恐龙中，发现于泛大陆西北部（现美国得克萨斯州）的腔骨龙超科破碎迷人龙（2015）是最新命名的。另外，最新公布的兽脚亚目恐龙种是来自智利的标本 SGO.PV.22250。

足迹

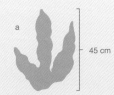

a

45 cm

b

2 cm

最大纪录

a. 似实雷龙足迹未定种：发现于泛大陆中北部（现斯洛伐克），有类似于理理恩龙的大型兽脚亚目恐龙，它们是三叠纪的肉食性大型恐龙。

比起其他腔骨龙超科恐龙足迹，一些三叠纪的非常不对称的足迹与理理恩龙足迹的一致性更高，它们趾头的比例更相近。

最小纪录

b. 膨大旋趾足迹：发现于泛大陆西北部（现美国犹他州）。最初它被认为是喙头龙类的遗迹属，现在我们知道它属于类似于兔蜥的动物，是非常原始的恐龙留下的足迹。

2 m

似实雷龙足迹未定种
8.4 m/600 kg

伊斯基瓜拉斯托富伦格里龙
5.3 m/360 kg

20 cm

膨大旋趾足迹
14 cm/6 g

埃尔金跳龙
50 cm/110 g

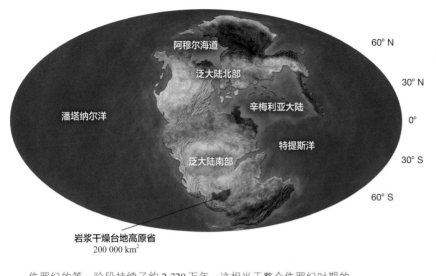

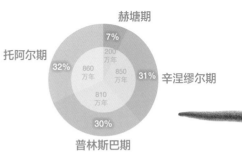

岩浆干燥台地高原省
200 000 km²

早侏罗世

| 赫塘期 2.013亿～1.993亿年前 |
| 辛涅缪尔期 1.993亿～1.908亿年前 |
| 普林斯巴期 1.908亿～1.827亿年前 |
| 托阿尔期 1.827亿～1.741亿年前 |

侏罗纪的第一阶段持续了约 2 720 万年，这相当于整个侏罗纪时期的 48%，约占中生代持续时间的 15%。

赫塘期

在大灭绝之后，生命重新开始恢复，最后恐龙在陆地生态系统中成了霸主。在这个阶段，原始蜥臀目和恐龙形类动物已经不存在了。气候和大气条件与晚三叠世时期的情况相似，气温比现在略高 5 ～ 10 ℃。在赤道地区有包含沙丘和绿洲的半干旱沙漠，同时在南部，冬天寒冷又晦暗。

辛涅缪尔期

泛大陆以南和以北的地区开始有体重超过 1 t 的大型兽脚亚目恐龙出现。

普林斯巴期

在这一阶段，全球开始变暖，这可能是"卡鲁"岩浆活动造成的，是由于南美洲和非洲分离所带来的现象。

托阿尔期

由于卡鲁（现南非）的火山大面积喷发，海洋中氧气含量大幅下降。尽管它是侏罗纪最热的一个阶段，但也出现了由于干扰太阳辐射的各种原因所造成的几股大气寒流。

早侏罗世最小纪录 分类：小型 等级Ⅰ

腔骨龙超科**似合踝龙**（曾有一个非正式名称"墨西哥合踝龙"）：发现于泛大陆西北部（现墨西哥），它是最小的成年标本，体长不足 1 m，体重约 1.1 kg。

最小幼年标本

霍利约克快足龙（*Podokesaurus holyokensis*）的模式种：发现于泛大陆西北部（现美国马萨诸塞州），它是一只体长 90 cm，体重 900 g 的幼年腔骨龙超科恐龙。

似合踝龙（"墨西哥合踝龙"）

最小
纪录

1 : 5.71

标本：IGM 6624

全长： 91 cm
臀高： 26 cm
体重： 1.1 kg
化石材料： 部分躯干骨
体型推测可信度： ●●●○

最大
纪录

印度丹达寇龙

1 : 45.66

4 m

2 m

标本：**Colección GSI**

全长：10 m
臀高：2.8 m
体重：2.3 t
化石材料：牙齿、椎骨和不完整坐骨
体型推测可信度：● ● ○ ○

早侏罗世最大纪录 分类：大型 等级 III

    印度丹达寇龙（*Dandakosaurus indicus*）：发现于泛大陆中南部（现印度）。它是已知最早的体重超过 2 t 的掠食性恐龙。从这种恐龙出现开始，巨型陆生肉食性恐龙开启了新篇章。

世界上的分布情况

    在这一时期，兽脚亚目恐龙遍布世界各地。在每个大洲既发现了直接证据（骨骼），也找到了间接证据（足迹）。

最早公布的早侏罗世物种

    发现于泛大陆西北部（现美国马萨诸塞州）的霍利约克快足龙（1911）是第一个被鉴定的种。在此 52 年前发现的一种材料是来自泛大陆中部地区（现英格兰）的"纽氏米鲁龙"。这块材料还掺杂着鸟臀目的哈氏肢龙的化石。被发现 109 年后，"米鲁龙"才被确认是兽脚亚目的一属。

最新公布的早侏罗世物种

    可敬塔奇拉盗龙（*Tachiraptor admirabilis*，2014）：发现于泛大陆西南部（现委内瑞拉），它是第一只在该国发现的兽脚亚目恐龙。它可能与从原始角鼻龙类演化出的分支有关联。

足迹

a

65 cm

b

1.5 cm

最大纪录

    a. 未命名足迹：从其对称的形态可知，这一足迹不是由斑龙科留下的，因而有可能属于一只原始俄里翁龙类，它类似于中国龙属，来自泛大陆中北部（现波兰）。

这种早侏罗世的兽脚亚目龙体重超过 1 t，它们承袭了晚三叠世大型掠食者——陆生主龙类的地位。

最小纪录

    b. 跷脚龙足迹未定种：这是一个属于幼年小型腔骨龙超科恐龙的足迹，发现于泛大陆西北部（现美国新泽西州），它是如此之小，毫无疑问是一只幼年恐龙留下的。

4 m

20 cm

未命名足迹
8.6 m/1.35 t

印度丹达寇龙
10 m/2.3 t

跷脚龙足迹未定种
22 cm/11 g

似合踝龙
91 cm/1.1 kg

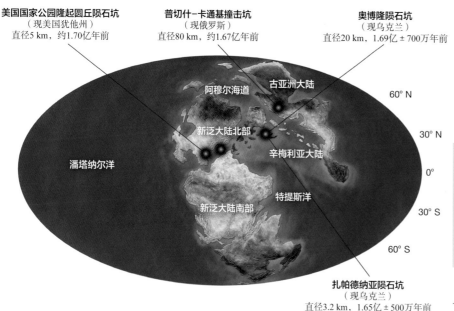

美国国家公园隆起圆丘陨石坑
（现美国犹他州）
直径5 km，约1.70亿年前

普切什-卡通基撞击坑
（现俄罗斯）
直径80 km，约1.67亿年前

奥博隆陨石坑
（现乌克兰）
直径20 km，1.69亿±700万年前

阿穆尔海道
古亚洲大陆
60° N
新泛大陆北部
30° N
潘塔纳尔洋
辛梅利亚大陆
0°
特提斯洋
30° S
新泛大陆南部
60° S

扎帕德纳亚陨石坑
（现乌克兰）
直径3.2 km，1.65亿±500万年前

卡洛夫期 24%　36% 阿林期
260万年　380万年
220万年　200万年
巴通期 21%　19%
巴柔期

中侏罗世

阿林期	1.741 亿～ 1.703 亿年前
巴柔期	1.703 亿～ 1.683 亿年前
巴通期	1.683 亿～ 1.661 亿年前
卡洛夫期	1.661 亿～ 1.635 亿年前

中侏罗世持续了约 1 060 万年，这相当于整个侏罗纪时期的 19%，占到中生代时期的 6%。

阿林期

这一时期有潮湿的丛林，冬季寒冷而晦暗。另外，沙漠开始后退缩小，在海岸出现了红树林。

巴柔期

本时期出现了伴有潮湿周期的季节性干旱气候。海洋表面气温 26 ～ 30 ℃。这种情况一直持续到早白垩世晚期（阿普特期）。

巴通期

在巴柔期和巴通期期间，一系列陨石坠落于乌克兰、俄罗斯和美国（犹他州）。全世界的海平面开始上升，这有可能是海床的扩张所造成的，这一现象使部分沿海地区被淹没。

卡洛夫期

在海洋中发生剧烈降温，并可能出现了持续约 260 万年的冰期。这是整个中生代时期气候最冷的一个阶段。

中侏罗世最小纪录 分类：矮小型 等级 III

胡氏耀龙（*Epidexipteryx hui*）：发现于古亚洲东部（现中国），是一种微型又奇怪的近鸟类，尾巴非常短，有长而笔直的羽毛。它的牙齿巨大，向前倾斜，据此可以推测它是虫食性的，其体型比一只鸽子还要小。

最小幼年标本

宁城树息龙（*Epidendrosaurus ningchengensis*）：发现于古亚洲东部（现中国）。它类似于胡氏耀龙，但尾巴非常长。它体长约 13 cm，体重约 6.7 g。

40 cm

胡氏耀龙

20 cm

1 : 3.42

标本：IVPP V15471

全长：25 cm
臀高：14 cm
体重：220 g
化石材料：颅骨、部分其他骨骼和羽毛
体型推测可信度：●●●●○

最小纪录

20 cm　　　　　40 cm　　　　　60 cm

最大
纪录

似巴氏斑龙

标本: **PVSJ 53**

全长: 10.7 m
臀高: 2.75 m
体重: 3 t
化石材料: 不完整股骨
体型推测可信度: ●●○○○

1 : 45.66

中侏罗世最大纪录 分类: 大型 等级 III

一个在泛大陆中北部发现的未分类的材料被认为是巴氏斑龙, 但其年代更近。这一个体的体重相当于两只河马的体重之和。

最早公布的中侏罗世物种

斑龙（Megalosaurus, 1824）: 发现于泛大陆中北部（现英格兰）。尽管在此一年之前（1823 年）, 有一本刊物提到了它的名字, 但它是在被发现 3 年之后（1827 年）才被正式命名的。这里的模型是根据 1815 年发现的材料复原的。

最新公布的中侏罗世物种

奇翼龙（2015）: 发现于古亚洲东部（现中国）。包括现代鸟类在内, 它的学名是已公布的兽脚亚目恐龙名里最短的。

足迹

a ⌐ 72 cm

b ⌐ 1.78 cm

最大纪录

a. 未命名: 在泛大陆中北部（现英格兰）发现的一道 180 m 的行迹是巨型中棘龙科留下的。这种兽脚亚目恐龙可能与体形类似的斑龙生活在一起, 共享一种类型的猎物, 也存在激烈的竞争。

已知最早的体重超过 3 t 的兽脚亚目恐龙出现在中侏罗世, 其中有斑龙超科和异特龙超科恐龙。

最小纪录

b. 未命名: 在泛大陆中北部（现苏格兰）发现的不同足迹中最小的一个被认为是全世界最小恐龙足迹的纪录, 不过这一纪录现在被取消了。

未命名足迹
11.9 m/3.2 t

似巴氏斑龙
10.7 m/3 t

4 m

未命名足迹
28 cm/18 g

胡氏耀龙
25 cm/220 g

20 cm

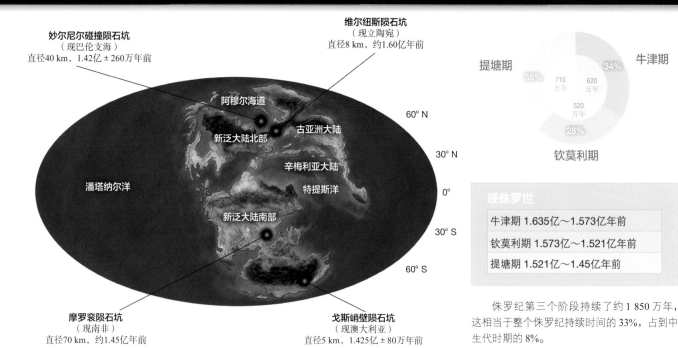

妙尔尼尔碰撞陨石坑
（现巴伦支海）
直径40 km，1.42亿±260万年前

维尔纽斯陨石坑
（现立陶宛）
直径8 km，约1.60亿年前

阿穆尔海道
古亚洲大陆
新泛大陆北部
辛梅利亚大陆
潘塔纳尔洋
特提斯洋
新泛大陆南部

60° N
30° N
0°
30° S
60° S

摩罗衮陨石坑
（现南非）
直径70 km，约1.45亿年前

戈斯峭壁陨石坑
（现澳大利亚）
直径5 km，1.425亿±80万年前

提塘期 38% 710万年 | 牛津期 34% 620万年
钦莫利期 28% 520万年

晚侏罗世

| 牛津期 1.635亿～1.573亿年前 |
| 钦莫利期 1.573亿～1.521亿年前 |
| 提塘期 1.521亿～1.45亿年前 |

侏罗纪第三个阶段持续了约1 850万年，这相当于整个侏罗纪持续时间的33%，占到中生代时期的8%。

牛津期

这一阶段的气候与卡洛夫期类似，但要更炎热一些。有开阔的丛林，越往大陆深处植被越密集。

钦莫利期

在泛大陆的西北部和中北部环境干燥，在古亚洲大陆较高纬度地区（现俄罗斯）和冈瓦纳古陆地区（现大洋洲）气候寒冷。这有可能在全球范围内带来新的气候条件。

提塘期

海平面的上升使得大陆相互分离，淹没了欧洲和北美洲的大范围区域，因而全球气候改变，形成有强降雨的季节，同时伴随气温的升高。挪威附近、非洲南部和澳大利亚中部地区发现了彗星撞击的证据，该事件可能与开启白垩纪的大灭绝有关。

晚侏罗世最小纪录 分类：矮小型 等级 III

印石板始祖鸟（*Archeopteryx lithographica*）：最大的一个标本发现于泛大陆中北部（现德国），它的体重是乌鸦的1/3。兽脚亚目的长足美颌龙和道氏剖齿龙体重约2.3 kg，体长分别为1.5 m和1 m。

最小幼年个体

在泛大陆中北部（现葡萄牙）发现的蛮龙未定种的胚胎体长可能不足22 cm，体重不足52 g。在鸟类中最小的幼年个体是印石板始祖鸟 JM SoS 2257（现德国），体长为28 cm，体重为60 g。

40 cm

印石板始祖鸟

20 cm

1 : 3.42

最小
纪录

标本：BMMS 500

全长： 53 cm
臀高： 20 cm
体重： 420 g
化石材料： 颅骨、部分躯干骨和羽毛
体型推测可信度： ●●●●

20 cm | 40 cm | 60 cm

最大纪录

1 : 57.07

硕大 "斑龙"

标本：**MNHUK R6758**

全长：12.6 m
臀高：3.6 m
体重：6.4 t
化石材料：牙齿
体型推测可信度：●◐○○

4 m

2 m

晚侏罗世最大纪录 分类：超大型 等级 II

硕大 "斑龙"：发现于冈瓦纳古陆中南部（现坦桑尼亚），它是根据几块特征与衍化的鲨齿龙科的牙齿类似的、带锯齿的巨型牙齿进行鉴定的。但是由它的年代推测，这可能是一个一致的特征。标本 MNHUK R6758 是该时期已知的最大化石。其主人在生前体重大于一只成年非洲象，体型比同时期的巨型斑龙科和异特龙科还大。

最早公布的晚侏罗世恐龙种类

兽脚亚目莫氏蜥头龙（*Saurocephalus monasterii*，1846）：发现于泛大陆中北部（现德国），它原先被当成一块鱼牙齿化石。在它被发现的 151 年后研究者才揭示其真实种类。

最新公布的晚侏罗世恐龙种类

迭氏智利龙（*Chilesaurus diegosuarezi*，2015）：发现于冈瓦纳古陆西南部（现智利）。它是已知最奇怪的恐龙之一，有着短前臂，爪子可能有两指，脖子长，头部短，足部宽扁，是植食性动物。尽管已找到的化石近乎完整，但由于其长得尤为特殊，直到现在也没有发现它的近亲，因而很难确定它与其他恐龙的亲缘关系。

足迹

a

87 cm

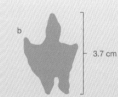

b

3.7 cm

最大纪录

a. 未命名：发现于泛大陆中南部（现摩洛哥）。斑龙是大型掠食者，同期更往南边迁移，巨型鲨齿龙科在体型上比它们还大。

在晚侏罗世首次出现了体重大于 4 t 的兽脚亚目恐龙，有些种类体重超过了 6 t。

最小纪录

b. 王尔德足迹未定种：这枚微型足迹发现于泛大陆中北部（现波兰），它可能是由一只类似于中华鸟龙的幼年原始虚骨龙留下的。

4 m

40 cm

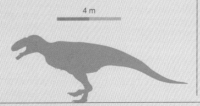

未命名足迹
12.7 m/5.1 t

硕大 "斑龙"
12.6 m/6.4 t

王尔德足迹未定种
62 cm/140 g

印石板始祖鸟
53 cm/420 g

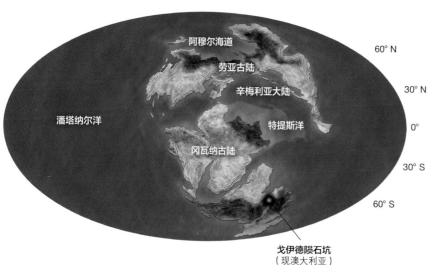

戈伊德陨石坑
（现澳大利亚）
直径3 km（最初是在9～12 km之间），约1.36亿年前

欧特里夫期 23%
贝里阿斯期 33%
350万年 520万年
690万年
瓦兰今期 44%

早白垩世早期

贝里阿斯期 1.45亿～1.398亿年前

瓦兰今期 1.398亿～1.329亿年前

欧特里夫期 1.329亿～1.294亿年前

早白垩世早期持续了约 1 560 万年，这相当于整个白垩纪的 20%，占到中生代时间的 8%。

贝里阿斯期

这一阶段赤道地区的气候相对炎热干燥，有开阔的丛林，越往内陆植被覆盖越密集，有着季风性气候。

瓦兰今期

这时气温下降，可能伴有临时性冰川，但之后气温又回升了。

欧特里夫期

气温升高之后保持稳定。推测戈伊德陨石坑（现澳大利亚）形成于这一时期。遗憾的是它侵蚀严重，并且地形复杂，难以靠近，因而不容易得到精准的研究结果。

早白垩世早期最小纪录 分类：微型 等级 II

从这一时期开始，体型最小的兽脚亚目恐龙是鸟类。**马氏始鹏鸟**（*Eopengornis martini*）发现于古亚洲大陆东部（现中国），它是一只体型同麻雀一样大的亚成体反鸟。反鸟类的鹏鸟科长有小牙齿，牙冠较低，表明它们取食较为松软的食物。相同体型的还有 SBEI 307（现日本），但不清楚它的生长状态。在兽脚亚目恐龙中，近鸟类标本 ISMD-VP09 显得十分突出，它体长有 74 cm，体重为 720 g，但它的发育状态仍未确定。

20 cm

1 : 2.28

马氏始鹏鸟

最小纪录

10 cm

标本：STM24-1

全长：14 cm
臀高：7 cm
体重：39 g
化石材料：颅骨和部分躯干骨
体型推测可信度：●●●●

10 cm　　20 cm　　30 cm　　40 cm

最大
纪录

未命名

2 m　4 m　6 m　8 m　10 m

4 m

2 m

1 : 57.07

标本：MB R2352

全长：13 m
臀高：3.75 m
体重：7 t
化石材料：牙齿
体型推测可信度：●●◐○○

早白垩世早期最大纪录 分类：超大型 等级 II

鲨齿龙科 MB R2352 发现于冈瓦纳古陆中南部（现南非），它是仅通过一块不完整的牙齿来鉴定的，这块牙齿的宽度大于已有记载的其他所有兽脚亚目恐龙的牙齿，它属于一个罕见的掠食者，其体重与一只虎鲸相当。在鸟类当中，郑氏始孔子鸟是当时体型最大的鸟，体长近乎 18.5 cm，体重达 70 g。

最早公布的早白垩世早期物种

棘龙科的刀齿鳄龙（*Suchosaurus cultridens*，1841）是该时期第一个被命名的恐龙，但由于它圆柱形的牙齿和较长的头部，它曾被误认为鳄鱼。

最新公布的早白垩世早期物种

马氏始鹏鸟（2014）是人们了解较少的早白垩世早期鸟类之一。弥曼始今鸟（*Archaeornithura meemannae*，2015）来自劳亚古陆东部（现中国），它是在花吉营组地层中被发现的，由此可以推测出它所属的年代，但是实际上它可能生存于早白垩世晚期之初。

足迹

a

78 cm

b

3.7 cm

最大纪录

a. 未命名足迹：一个在劳亚古陆中部（现西班牙）发现的单独的足迹，根据其对称的形态、巨大的尺寸、趾头的比例和强健的趾印推测，它可能属于一只鲨齿龙科恐龙。

在早白垩世早期，兽脚亚目恐龙的体重达到了 7 t。

最小纪录

b. 未命名足迹：几个非常古老的鸟类足迹可能是原始鸟类留下的。它们是在劳亚古陆东部（现中国）发现的。

4 m

未命名足迹
9.9 m/4 t

未命名标本
13 m/7 t

20 cm

马氏始鹏鸟
14 cm/39 g

未命名足迹
28 cm/84 g

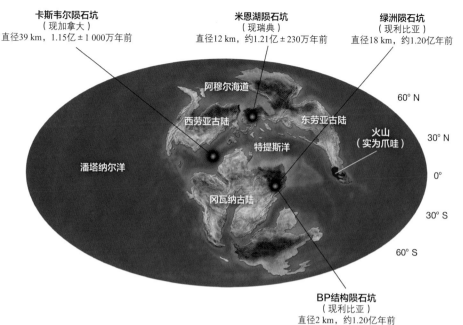

卡斯韦尔陨石坑
（现加拿大）
直径39 km，1.15亿±1 000万年前

米恩湖陨石坑
（现瑞典）
直径12 km，约1.21亿±230万年前

绿洲陨石坑
（现利比亚）
直径18 km，约1.20亿年前

阿穆尔海道

西劳亚古陆　　东劳亚古陆

特提斯洋

火山
（实为爪哇）

潘塔纳尔洋

冈瓦纳古陆

60° N

30° N

0°

30° S

60° S

BP结构陨石坑
（现利比亚）
直径2 km，约1.20亿年前

巴雷姆期
15%

阿尔布期 43%

阿普特期 42%

440万年

1 250万年

1 200万年

早白垩世晚期

| 巴雷姆期 1.294 亿～ 1.25 亿年前 |
| 阿普特期 1.25 亿～ 1.13 亿年前 |
| 阿尔布期 1.13 亿～ 1.005 亿年前 |

早白垩世晚期持续了约 2 890 万年，这相当于整个白垩纪的 36%，中生代的 15%。

巴雷姆期

赤道地区气候炎热，有开阔的丛林，其内部有季风性降雨。被子植物在世界各地繁殖，这一现象被称为"可怕的神秘"。在这一时期开始时，可能有一颗陨石撞击在澳大利亚地区。

阿普特期

这时气候炎热，直到距今 250 万年前开始出现临时性冰川。位于辛梅利亚古陆的火山活动频繁。

阿尔布期

这一阶段气温上升，尤其是在赤道地区。大气中二氧化碳浓度提高。赤道地区的海水温度已高到海洋生物无法承受的地步，海洋深处的氧气循环中断。同时在陆地上，大片沙漠扩张。一系列陨石在该阶段的中期撞击在加拿大、利比亚和瑞典等地区。

早白垩世晚期最小纪录 分类：迷你型 等级 II

塞阿拉克拉图鸟（*Cratoavis cearensis*）：发现于冈瓦纳古陆西部（现巴西）。其骨骼既有成年个体特征也有幼年个体特征，因而推测它可能是亚成体。它的体型比新生代最小的鸟类保加利亚戴菊还小，并且可能比生存于巴哈马的布氏翠蜂鸟更小，这是近代灭绝的最小鸟类。在该时期最小的不能飞行的兽脚亚目恐龙可能是标本 IVPP V22530，它有可能是一个成年个体，体长约 46 cm，体重约 174 g。

最小幼年标本

利伟大凌河鸟（*Dalingheornis liweii*）：这是一个长有曲折腿部的雏鸟，这一特征也出现在某些鸟类身上，以便它们更好地站立在树枝上。它的体长可能在 5.7 cm 左右，体重不到 2 g，与有史以来最小的鸟类吸蜜蜂鸟的体型类似。

10 cm

5 cm

塞阿拉克拉图鸟

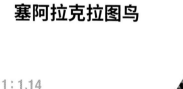
最小
纪录

1 : 1.14

标本：UFRJ-DG 031 Av

全长：	6.6 m
臀高：	2.9 cm
体重：	4 g
化石材料：	颅骨、部分躯干骨和羽毛
体型推测可信度：	●●●●

5 cm　　　　　10 cm　　　　　15 cm　　　　　20 cm

最大 纪录

鲨齿龙似撒哈拉种

1 : 57.07

标本: MNNHN 集

全长: 12.7 m
臀高: 3.75 m
体重: 7.8 t
化石材料: 牙齿
体型推测可信度: ●◐○○○

早白垩世晚期最大纪录 等级：大型 等级 II

　　鲨齿龙科是生存于晚侏罗世到晚白垩世晚期的肉食性动物统治者。这一优势地位持续了将近 7 400 万年的时间。从标本集 MNNHN 复原的**鲨齿龙似撒哈拉种**（*Carcharodontosaurus cf. saharicus*）曾生存于冈瓦纳古陆中部地区（现尼日尔）。该标本为一块巨大的牙齿，其主人应是历史上最大的兽脚亚目恐龙之一，这一标本比撒哈拉鲨齿龙更加古老，发现地的位置更偏南。这一时期最大的鸟类是 QM F37912，它的体长有 1.65 m，体重有 21 kg（发现于现澳大利亚）。

最早公布的早白垩世晚期物种

　　欧文氏簧椎龙（*Calamospondylus oweni*）：发现于劳亚古陆中部（现英格兰），是一些可能属于暴龙超科恐龙的残骸碎片化石。

最新公布的早白垩世晚期物种

　　弥曼始今鸟、塞阿拉克拉图鸟、崔氏敦煌鸟、张氏觉华鸟、阔尾副鹏鸟、强壮原家窪鸟在 2015 年有了确切描述。有尾侯氏鸟在 2015 年改名为有尾华夏鸟。2015 年最新公布的是波氏赫伯鸟，其名字在这之前 33 年已存在，但之前一直是无效名称。

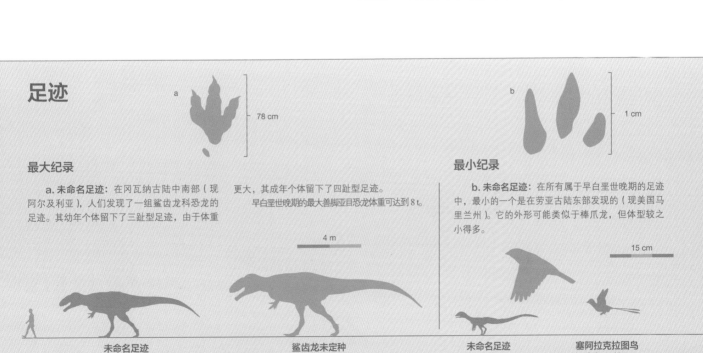

足迹

a ⟶ 78 cm

b ⟶ 1 cm

最大纪录

　　a. 未命名足迹：在冈瓦纳古陆中南部（现阿尔及利亚），人们发现了一组鲨齿龙科恐龙的足迹。其幼年个体留下了三趾型足迹，由于体重更大，其成年个体留下了四趾型足迹。

早白垩世晚期的最大兽脚亚目恐龙体重可达到 8 t。

最小纪录

　　b. 未命名足迹：在所有属于早白垩世晚期的足迹中，最小的一个是在劳亚古陆东部发现的（现美国马里兰州）。它的外形可能类似于棒爪龙，但体型较之小得多。

4 m

15 cm

未命名足迹
9.2 m/3.2 t

鲨齿龙未定种
12.7 m/7.8 t

未命名足迹
20 cm/5 g

塞阿拉克拉图鸟
6.6 cm/4 g

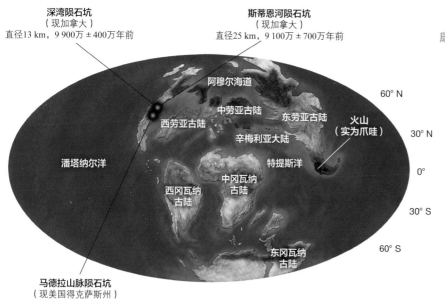

深湾陨石坑
（现加拿大）
直径13 km，9 900万年±400万年前

斯蒂恩河陨石坑
（现加拿大）
直径25 km，9 100万年±700万年前

阿穆尔海道

西劳亚古陆

中劳亚古陆

东劳亚古陆

火山
（实为爪哇）

辛梅利亚大陆

60° N

30° N

潘塔纳尔洋

特提斯洋

0°

西冈瓦纳
古陆

中冈瓦纳
古陆

30° S

东冈瓦纳
古陆

60° S

马德拉山脉陨石坑
（现美国得克萨斯州）
直径13 km，约1亿年前

康尼亚克期

25%

塞诺曼期

45%

350
万年

660
万年

410
万年

土伦期

29%

晚白垩世早期

塞诺曼期 1.005亿～9 390万年前

土伦期 9 390万～8 980万年前

康尼亚克期 8 980万～8 630万年前

晚白垩世早期持续了约1 420万年，这相当
于整个白垩纪的18%，占到中生代时期的8%。

塞诺曼期

在这一阶段气温开始逐渐降低，并持续到中生代末期。值得一提的是，尽管如此，还是存在非常炎热的天气。在辛梅利亚古陆（现爪哇岛），火山重新活跃起来。在极地区域，冬天昏暗无光，而夏天阳光明媚。在冈瓦纳古陆西部（现巴西）沿海有红树林生长。美国得克萨斯州和加拿大的天坑是这时陨石坠落撞击形成的。

土伦期

在劳亚古陆的中东部（现俄罗斯东部和蒙古），气温达到45 ℃，同时北赤道地区的南美洲和非洲气温为30 ～ 42 ℃。在某些短暂的时期，南半球的气温非常低，这可能是形成了极地冰帽所带来的影响。另外，一颗陨石落在现加拿大境内。

康尼亚克期

赤道地区的气温升高，森林从中纬度向高纬度地区蔓延。到这一时期末，辛梅利亚大陆的火山活动停止。

晚白垩世早期最小纪录 分类：迷你型 等级 II

楚雄微鸟（*Parvavis chuxiongensis*）：发现于劳亚古陆东部（现中国）。它是亚洲最小的中生代鸟类。它的体型很小，体重只有吸蜜蜂鸟的三倍。在不能飞行的兽脚亚目恐龙中，阿瓦拉慈龙科的张氏西峡爪龙（现中国）是最小的种，其体长为65 cm，体重为440 g。

10 cm

最小
纪录

5 cm

楚雄微鸟

1 : 1.14

标本：IVPP V18586

全长：7 cm
臀高：3.3 cm
体重：6 g
化石材料：部分躯干骨和羽毛
体型推测可信度：●●●○

5 cm　　　　10 cm　　　　15 cm　　　　20 cm

卡氏南方巨兽龙

最大
纪录

1 : 57.07

4 m

2 m

标本：MUCPv-95

全长：13.2 m
臀高：3.85 m
体重：8.5 t
化石材料：带牙齿的不完整齿骨
体型推测可信度：●●○○○

晚白垩世早期最大纪录 分类：超大型 等级 II

卡氏南方巨兽龙（*Giganotosaurus carolinii*）：发现于冈瓦纳古陆西部（现阿根廷）。它是已知最大的鲨齿龙科恐龙，与同期的大型恐龙乌因库尔阿根廷龙共存。相对于捕杀健康的成年兽脚亚目恐龙个体来说，它可能更倾向于猎捕幼年或生病的个体，因为它们难以抵御猎物的激烈反抗。这一时期的最大鸟类是似黄昏鸟类的 FHSM VP-6318（现美国堪萨斯州），其体长为 1.15 m，体重为 12 kg。

最早公布的晚白垩世早期物种

施氏杂肋龙（*Poekilopleuron schmidti*，1883）：发现于劳亚古陆

东部（现俄罗斯西部），它是一个嵌合体。现在我们知道其标本是由掺杂有兽脚亚目恐龙化石的蜥臀目恐龙残骸组成的。

最新公布的晚白垩世早期物种

楚雄微鸟（2014）（现中国）：是塞阿拉克拉图鸟被发现之前最小的中生代兽脚亚目动物。两个属于私人收藏的标本曾被非正式地命名为"埃尔贝吉马洛肯盗龙"和"巨型疏骨龙"。前者应该是一块鳄鱼的骨头，后者可能属于鲨齿龙科恐龙，其原有的推测体型是被夸大了的。

足迹

a

78.2 cm

b

2.5 cm

最大纪录

a. 未命名足迹：这枚足迹发现于冈瓦纳古陆西部（现巴西北部），它是一个大型掠食者留下的足迹。从地理区域、尺寸和比例来推测，它

应该属于一只南方巨兽龙。

在晚白垩世晚期，兽脚亚目恐龙体重可超过 8 t。

最小纪录

b. 韩国鸟足迹似哈曼种：如果与同期的其他鸟类足迹相比，这一时期所发现的最小足迹实际上非常大。韩国鸟足迹似哈曼种发现于劳亚古陆西部（现美国犹他州）。

4 m

15 cm

未命名足迹
10.6 m/5 t

卡氏南方巨兽龙
13.2 m/8.5 t

韩国鸟足迹似哈曼种
17.5 cm/73 g

楚雄微鸟
7 cm/6 g

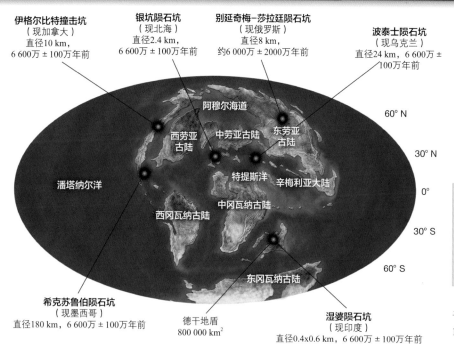

伊格尔比特撞击坑
（现加拿大）
直径10 km，
6 600万±100万年前

银坑陨石坑
（现北海）
直径2.4 km，
6 600万±100万年前

别延奇梅–莎拉廷陨石坑
（现俄罗斯）
直径8 km，
约6 000万±2000万年前

波泰士陨石坑
（现乌克兰）
直径24 km，6 600万±
100万年前

阿穆尔海道

西劳亚古陆

中劳亚古陆

东劳亚古陆

60° N

30° N

潘塔纳尔洋

特提斯洋

辛梅利亚大陆

0°

西冈瓦纳古陆

中冈瓦纳古陆

30° S

东冈瓦纳古陆

60° S

希克苏鲁伯陨石坑
（现墨西哥）
直径180 km，6 600万±100万年前

德干地盾
800 000 km²

湿婆陨石坑
（现印度）
直径0.4x0.6 km，6 600万±100万年前

圣通期

马斯特里赫
特期

30%

13%

270
万年

610
万年

1 150
万年

57%

坎潘期

晚白垩世晚期

圣通期 8 630万～8 360万年前

坎潘期 8 360万～7 210万年前

马斯特里赫特期 7 210万～6 600万年前

晚白垩世晚期持续了 2 030 万年，这相当于整个白垩纪的 26%，占到整个中生代时期的 11%。

圣通期

这一阶段出现了有过渡性冰川的寒季，时间跨度只有 270 万年。

坎潘期

这一阶段持续的时间几乎等于整个晚白垩世晚期的三分之二。在这期间，恐龙繁盛，生存有大量种类。两颗陨石在本阶段中期撞击于现在的芬兰和美国艾奥瓦州的部分地区，本阶段以一系列陨石碰撞在俄罗斯和阿尔及利亚为结束点。这些撞击可能引起了大规模的火山爆发，形成了"德干地盾"（现印度）。

马斯特里赫特期

本阶段以一段寒冷的时期开始，是白垩纪四个阶段的最后一部分。在马达加斯加有沼泽和沿海沼泽地。海平面的下降造成了剧烈的环境变化。在印度斯坦（现印度）火山活动频繁，还有陨石撞击在俄罗斯和阿尔及利亚，推测这些影响叠加造成了恐龙种类的减少。大量陨石陨落于拉腊米迪亚（现墨西哥和加拿大）、欧洲东部（现挪威和乌克兰），以及可能撞击在现印度和俄罗斯境内，将恐龙摧毁殆尽。

晚白垩世晚期最小纪录 分类：微型 等级 I

远祖阿克西鸟（*Alexornis antecedens*）：发现于劳亚古陆西部（现墨西哥）。这是在北美洲发现的最小的中生代鸟类，麻雀都比它大。阿瓦拉慈龙科的遥远小驰龙是本时期最小的不能飞行的兽脚亚目恐龙，它体长为 50 cm，体重为 185 kg。

最小幼年标本

列氏戈壁雏鸟（*Gobipipus reshetovi*）PIN 4492-4：发现于劳亚古陆东部（现蒙古）。这是一个反鸟类的胚胎，体长为 4.7 cm，体重为 2 g。

10 cm

远祖阿克西鸟

最小
纪录

1：1.14

5 cm

标本：LACM 32213

全长： 11.4 cm

臀高： 4 cm

体重： 22 g

化石材料： 部分躯干骨

体型推测可信度： ●●●○

5 cm   10 cm   15 cm   20 cm

2 m　　　4 m　　　6 m　　　8 m　　　10 m

4 m

2 m

君王暴龙

最大
纪录

1 : 57.07

标本：UCMP 137538

全长：12.3 m
臀高：3.75 m
体重：8.5 t
化石材料：趾骨
体型推测可信度：●○○○

晚白垩世晚期最大纪录 分类：超大型 等级 II

　　君王暴龙（*Tyrannosaurus rex*）：发现于劳亚古陆西部（现加拿大、美国和墨西哥）。它是一个巨型掠食者，表现出明显的性别二态性，雌性可能更加强壮。尽管有些研究对此观点提出质疑，但一项新的分析证实了确实是雌性的体型较大。这一时期，最大的鸟是恋酒卡冈杜亚鸟，它大约高 1.8 m，重 120 kg。

最早公布的晚白垩世晚期物种

　　恐怖恐齿龙和美丽伤齿龙（1856）：发现于劳亚古陆西部（现美国蒙大拿州），它们是最早公布的两种白垩纪末期兽脚亚目恐龙。两者仅是通过牙齿推断出的，因而不足以将它们列为有效的物种。

最新公布的晚白垩世晚期物种

　　迭氏智利龙、斯氏达科他盗龙、霍氏烟山鸟、赣州华南龙、沙利文氏蜥鸟盗龙、普克德似多多鸟龙、奇翼龙、孙氏振元龙和塞氏北方爪龙于 2015 年公布，其中塞氏北方爪龙是该年 12 月最新公布的物种。可游鳞手龙同样在 2015 年公布，但它的鉴定受到质疑，因为有些专家认为它是鸟臀目萨白卡尔库林达奔龙的化石。

足迹

a

86 cm

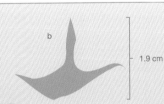

b

1.9 cm

最大纪录

　　a. 皮氏暴龙足迹：在劳亚古陆西部（现美国新墨西哥州）发现的目前已知的最大足迹之一。它可能是君王暴龙留下的足迹。

　　在白垩纪末期，最大的兽脚亚目恐龙体重与卡氏南方巨兽龙一样，从而引起猜测：兽脚亚目恐龙的体型已达到了陆生掠食者的体型极限。

最小纪录

　　b. 韩国鸟未定种：在劳亚古陆东部（现韩国）发现了一系列 19 ～ 25 mm 的足迹，它应该是由体长为 11 ～ 16 cm，体重为 16 ～ 52 g 的小型反鸟类留下的。

4 m

15 cm

皮氏暴龙足迹
11.4 m/5.8 ～ 6.9 t

君王暴龙
12.3 m/8.5 t

韩国鸟未定种
11.2 cm/20 g

远祖阿克西鸟
11.4 cm/22 g

1月（距今 2.5217 亿～ 2.3636 亿年）

周一	周二	周三	周四	周五	周六	周日
印度期 1 1：00 早三叠世开始	**印度期** 2 早三叠世南极洲最大的半水生肉食性动物 未命名	**奥伦尼克期** 3 三叠纪最古老的可滑翔脊椎动物 波兰帕梅拉蜥	**奥伦尼克期** 4 早三叠世亚洲最大的陆生肉食性动物 三头肋武氏鳄	**奥伦尼克期** 5 有陨石撞击于加拿大高岩火山湖和俄罗斯库尔斯克州	**奥伦尼克期** 6 最古老的鸟跖主龙类恐龙足迹 原旋趾足迹未定种	**奥伦尼克期** 7 欧洲最古老的恐龙形类动物足迹 旋趾足迹未定种
奥伦尼克期 8 北美洲最古老的恐龙形类动物足迹 跑者旋趾足迹	**奥伦尼克期** 9 最古老的植龙 弗氏中喙龙	**奥伦尼克期** | **安尼期** 10 17：00 中三叠世开始	**安尼期** 11 最古老的植食性恐龙形类动物足迹 未命名	**安尼期** 12 非洲最古老的恐龙形类动物足迹 旋趾足迹似贝氏种	**安尼期** 13 非洲最古老的恐龙形类动物 阿希利龙和高髋龙	**安尼期** 14 最大的恐龙形类动物 未命名
安尼期 15 最古老的恐龙? 帕氏尼亚萨龙	**安尼期** 16 三叠纪最大的肉食性昆虫 吉氏三叠蜓	**安尼期** 17 中三叠世最大的陆生肉食性动物 非洲引鳄	**安尼期** 18 中三叠世最大的昆虫 斯格脉巨虫	**安尼期** 19 中三叠世最长的半水生肉食性动物 显齿长颈龙	**安尼期** | **拉丁期** 20 原始斯臀目恐龙足迹 未命名	**拉丁期** 21 三叠纪最古老的可滑翔的鱼 乌沙飞翼鱼
拉丁期 22 非洲最小的恐龙形类动物（通过足迹推测） 阿特雷足迹–跷脚龙足迹	**拉丁期** 23 南美洲最古老的原始斯臀目恐龙? 逃匿椎体龙	**拉丁期** 24 南美洲最古老的恐龙形类动物足迹 跷脚龙足迹未定种	**拉丁期** 25 唯一能滑翔的原龙 奇特沙洛夫龙	**拉丁期** 26 欧洲最古老的原始斯臀目恐龙? 西里西亚镰齿龙	**拉丁期** 27 中三叠世最小的恐龙形类动物 迪尔斯特蒂鸟足迹	**拉丁期** 28 中三叠世最大的恐龙形类动物（通过足迹推测） 未命名
拉丁期 29 中三叠世最大的半水生肉食性动物 巨大乳齿蜥	**卡尼期** 30 1：00 晚三叠世开始	**卡尼期** 31 南美洲最古老的原始斯臀目恐龙足迹 未命名				

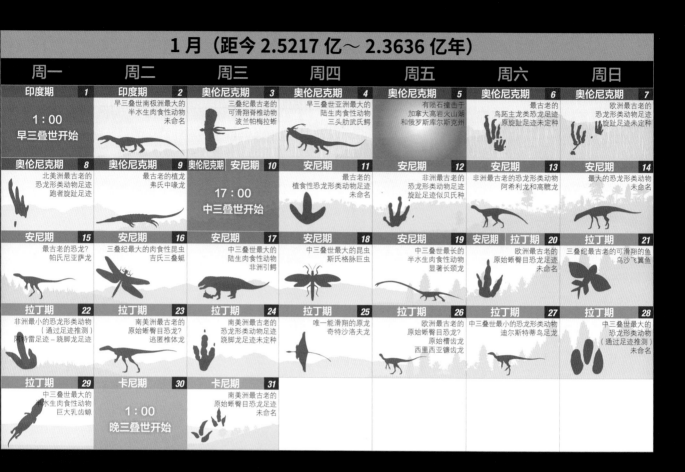

2月（距今 2.3636 亿～ 2.2208 亿年）

周一	周二	周三	周四	周五	周六	周日
			卡尼期 1 最古老的兽脚亚目恐龙足迹 未命名	**卡尼期** 2 南美洲最古老的恐龙形态类动物 兔蜥、刘氏鳄、马拉鳄龙和伪兔鳄	**卡尼期** 3 非洲最大的恐龙形类动物（通过足迹推测） 旋趾足迹未定种	**卡尼期** 4 三叠纪最大的昆虫 吉加巨虫
卡尼期 5 三叠纪最大的滑翔鱼 特氏翼鱼	**卡尼期** 6 最小的原始鸟跖主龙类 泰氏斯克列罗龙	**卡尼期** 7 晚三叠世最小的恐龙形类 埃尔金跳龙	**卡尼期** 8 最古老的鳄形类 沙蒂波拉鳄	**卡尼期** 9 南美洲最古老的原始斯臀目 伊斯基瓜拉斯托艾雷雷拉龙和普氏南十字龙	**卡尼期** 10 南美洲最古老的杂食性斯臀目恐龙 月亮谷始盗龙	**卡尼期** 11 最小的原始斯臀目恐龙（通过足迹推测） 比萨跷脚龙足迹
卡尼期 12 亚洲最古老也是最小的原始斯臀目恐龙 马勒尔艾沃龙	**卡尼期** 13 非洲最大的原始斯臀目恐龙 未命名	**卡尼期** 14 非洲最古老的原始斯臀目恐龙足迹 小西恩三趾足迹和似羌善三趾龙足迹	**卡尼期** 15 大洋洲最古老的原始斯臀目恐龙足迹 实雷龙足迹未定种	**卡尼期** 16 非洲最古老的兽脚亚目恐龙足迹 未命名	**卡尼期** 17 加拿大圣马丁陨石撞击坑	**卡尼期** 18 北美洲最古老的恐龙形类动物 未命名
卡尼期 | **诺利期** 19 最古老的兽脚亚目恐龙 破碎迷人龙	**诺利期** 20 三叠纪最小的幼年兽脚亚目恐龙 得克萨斯原鸟（部分）	**诺利期** 21 三叠纪最古老的翼龙形类恐龙 得克萨斯原鸟（部分）	**诺利期** 22 北美洲最大的三叠纪陆生食肉动物 柯氏波斯特鳄	**诺利期** 23	**诺利期** 24	**诺利期** 25
诺利期 26 休息姿势类似于鸟类的最古老恐龙 埃德拉里瓜巴龙	**诺利期** 27 北美洲最古老的斯臀目恐龙足迹 跷脚龙足迹未定种	**诺利期** 28 北美洲最古老的兽脚亚目恐龙足迹 实雷龙足迹未定种				

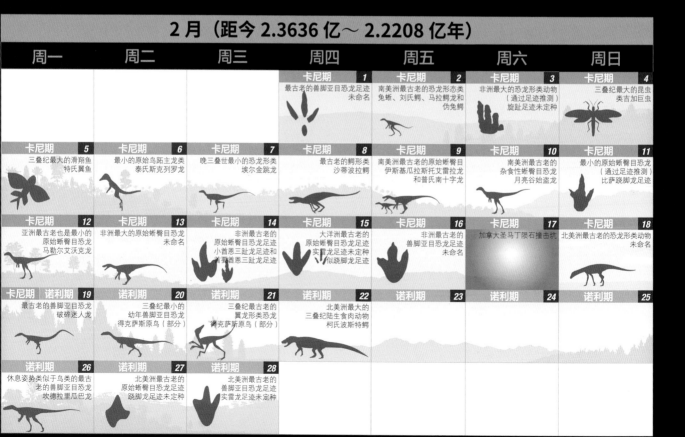

在这个"日历"中，1 天代表 51 万年，1 小时代表 21 000 年，1 分钟代表 350 年，1 秒代表 5.8 年。

"宇宙日历"模型是一种模拟方法，用来比较特定的时间范围，并在年历中对其进行划分，以便了解数百万年前的事件发生的相对时间。这一模型清楚显示了中生代的持续时间，表现了相应时间内恐龙形类动物、原始蜥臀目恐龙、兽脚亚目恐龙、中生代的鸟类、其他陆生捕食者，以及一些生存在同时期能滑翔或能飞行的动物相关的各种事件和记录的时间。在这里，我们将在一年的 365 天对应到跨越中生代三个时期（距今约 1.861 7 亿年）的时间。通过这种方式可以比较每个事件所占时间的份额，以及新物种的出现和消失、大规模的灾难以及它们结束在地球上统治的时间的跨度对比。

在侏罗纪时期开始之前，肉食性恐龙并不是陆地环境中占优势的食肉动物。这个位置被其他大型的主龙类以及和鳄鱼相似的近亲（例如：植龙类，鸟鳄科，迅猛鳄科，劳氏鳄科等）占据。

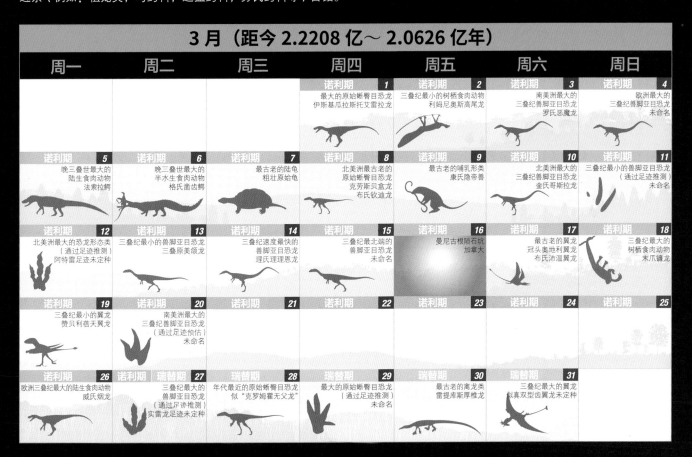

在侏罗纪中，兽脚亚目恐龙占据生态系统主导地位，除了一些体型巨大的鳄鱼，基本上它们没有直接的竞争对手。

一场大灭绝终结了三叠纪，并开启了侏罗纪的序幕。这一场灾难使得许多物种消失，其中包括大部分的主龙类，仅有一些恐龙、翼龙和鳄鱼存活下来。这使得兽脚亚目恐龙发挥起主导作用，并在其生态位繁衍生息。

4 月（距今 2.0218 亿～ 1.9045 亿年）

周一	周二	周三	周四	周五	周六	周日
赫塘期 9 19：00 早侏罗世开始	赫塘期 10 侏罗纪最小的兽脚亚目侏罗犸（通过足迹推测）跷脚龙足迹未定种	赫塘期 11 早侏罗世最大的兽脚亚目侏罗纪（通过足迹推测）未命名	赫塘期 12 亚洲最古老的兽脚亚目恐龙足迹泽巴伊氏足迹	辛涅缪尔期 13 侏罗纪最古老的阿贝力龙超科晋宁郑氏足迹（通过足迹呈现）	辛涅缪尔期 14 欧洲早侏罗世最大的兽脚亚目侏罗纪（通过足迹推测）分叉实雷龙足迹	辛涅缪尔期 15 侏罗纪最长的侏罗纪足迹木拉特巨三趾龙足迹
辛涅缪尔期 16 亚洲最古老的兽脚亚目尹氏芦沟龙	辛涅缪尔期 17 最古老的鳞翅类厚密始祖蛾	辛涅缪尔期 18 大洋洲最古老的兽脚亚目恐龙足迹实雷龙足迹未定种跷脚龙足迹未定种	辛涅缪尔期 19 大洋洲早侏罗世最大的兽脚亚目恐龙（通过足迹推测）未命名	辛涅缪尔期 20 亚洲最古老的兽脚亚目恐龙禄丰盘古盗龙	辛涅缪尔期 21 最古老的斑龙超科恐龙"萨尔崔龙"	辛涅缪尔期 22 侏罗纪最南端的兽脚亚目恐龙艾氏冰脊龙
辛涅缪尔期 23 侏罗纪最小的哺乳动物吴氏巨颅兽	辛涅缪尔期 24 北美洲早侏罗世最小的兽脚亚目恐龙未命名	辛涅缪尔期 25 北美洲最古老的翼龙詹氏喙颈龙	辛涅缪尔期 26 古亚洲早侏罗世最大的兽脚亚目恐龙"沙湾中国龙"	辛涅缪尔期 27 北美洲早侏罗世最大的兽脚亚目恐龙（通过足迹推测）李岩塔足迹未定种	辛涅缪尔期 28 侏罗纪速度最快的兽脚亚目恐龙（通过足迹推测）实雷龙未定种	辛涅缪尔期 29 早侏罗世最大的兽脚亚目恐龙印度丹达窥龙
辛涅缪尔期 普林斯巴期 30 骨冠最大的兽脚亚目恐龙魏氏双脊龙						

5 月（距今 1.9045 亿～ 1.7515 亿年）

周一	周二	周三	周四	周五	周六	周日
	普林斯巴期 1	普林斯巴期 2	普林斯巴期 3	普林斯巴期 4 早侏罗世速度最快的兽脚亚目恐龙哈氏斯基龙	普林斯巴期 5 最古老的有毒蜥蜴吉氏毒蛇蜥	普林斯巴期 6 早侏罗世最大的翼龙温氏双型齿翼龙
普林斯巴期 7 早侏罗世最小的兽脚亚目恐龙似斑龙	普林斯巴期 8 非洲早侏罗世最大的兽脚亚目恐龙（通过足迹推测）卡梅尔足迹未定种	普林斯巴期 9 二趾兽脚亚目恐龙足迹阿尔戈尔足迹未定种	普林斯巴期 10 最古老的带病状兽脚亚目恐龙足迹未命名	普林斯巴期 11 早侏罗世最大的肉食性昆虫细脉翼蝎虫	普林斯巴期 12 最古老的阿贝力龙超科恐龙里阿斯柏柏尔龙	卡鲁－费拉的 13 玄武岩火山活动活跃
普林斯巴期 14	普林斯巴期 托阿尔期 15	托阿尔期 16	托阿尔期 17	托阿尔期 18 卡鲁－费拉的玄武岩火山停止活动	托阿尔期 19 早侏罗世最小的翼龙班思矛颌翼龙	托阿尔期 20
托阿尔期 21	托阿尔期 22	托阿尔期 23	托阿尔期 24 亚洲最古老的翼龙印度曲颌形翼龙	托阿尔期 25 亚洲早侏罗世最大的兽脚亚目（通过足迹推测）自贡实雷龙足迹（威远足迹）	托阿尔期 26	托阿尔期 27
托阿尔期 28	托阿尔期 29	托阿尔期 30	托阿尔期 31			

6月（距今 1.7515 亿～ 1.5985 亿年）

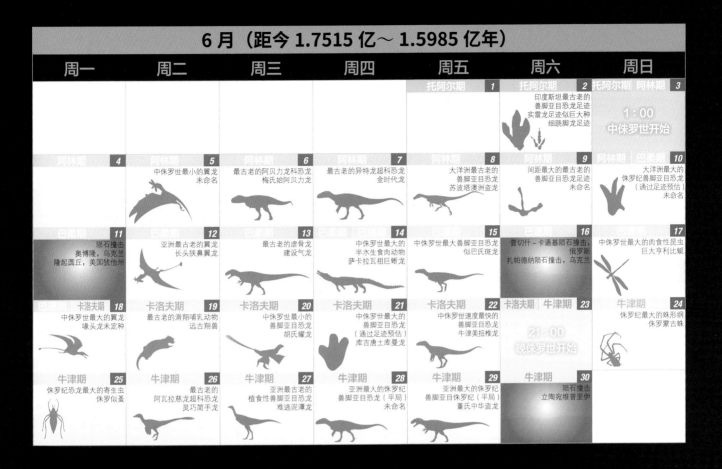

周一	周二	周三	周四	周五	周六	周日
				托阿尔期 **1** 印度斯坦最古老的兽脚亚目恐龙足迹 实雷龙足迹似巨大种 细晓脚龙足迹	托阿尔期 **2**	托阿尔期 阿林期 **3** 1：00 中侏罗世开始
阿林期 **4**	阿林期 **5** 中侏罗世最小的翼龙 未命名	阿林期 **6** 最古老的阿贝力龙科恐龙 梅氏始阿贝力龙	阿林期 **7** 最古老的异特龙超科恐龙 金时代龙	阿林期 **8** 大洋洲最老的兽脚亚目恐龙足迹 苏波塔澳洲盗龙	阿林期 **9** 间距最大的最古老的兽脚亚目恐龙足迹 未命名	阿林期 巴柔期 **10** 大洋洲最大的侏罗世兽脚亚目恐龙（通过足迹预估）未命名
巴柔期 **11** 陨石撞击 奥博隆，乌克兰 隆起圆丘，美国犹他州	巴柔期 **12** 亚洲最古老的翼龙 长头狭鼻翼龙	巴柔期 **13** 最古老的虚骨龙 建设气龙	巴柔期 **14** 中侏罗世最大的半水生食肉动物 萨卡拉瓦祖巨蜥龙	巴柔期 **15** 中侏罗世最大兽脚亚目恐龙 似巴氏斑龙	巴通期 **16** 普切什-卡通基陨石撞击，俄罗斯 扎帕德纳陨石撞击，乌克兰	巴通期 **17** 中侏罗世最大的肉食性昆虫 巨大亨利利蜓
巴通期 卡洛夫期 **18** 中侏罗世最大的翼龙 喙头龙未定种	卡洛夫期 **19** 最古老的滑翔哺乳动物 远古翔兽	卡洛夫期 **20** 中侏罗世最大的兽脚亚目恐龙 胡氏耀龙	卡洛夫期 **21** 中侏罗世最大的兽脚亚目恐龙（通过足迹预估）库吉唐土库曼龙	卡洛夫期 **22** 中侏罗世速度最快的兽脚亚目恐龙 牛津美扭椎龙	卡洛夫期 牛津期 **23** 21：00 晚侏罗世开始	牛津期 **24** 侏罗纪最大的蛛形纲 侏罗蒙古蛛
牛津期 **25** 侏罗纪恐龙最大的寄生虫 侏罗似蚤	牛津期 **26** 阿瓦拉慈龙超科龙 灵巧简手龙	牛津期 **27** 亚洲最古老的植食性兽脚亚目恐龙 难逃泥潭龙	牛津期 **28** 亚洲最大的侏罗纪兽脚亚目恐龙（平局）未命名	牛津期 **29** 亚洲最大的侏罗纪兽脚亚目恐龙（平局）董氏中华盗龙	牛津期 **30** 陨石撞击 立陶宛维普里伊	

7月（距今 1.5985 亿～ 1.4506 亿年）

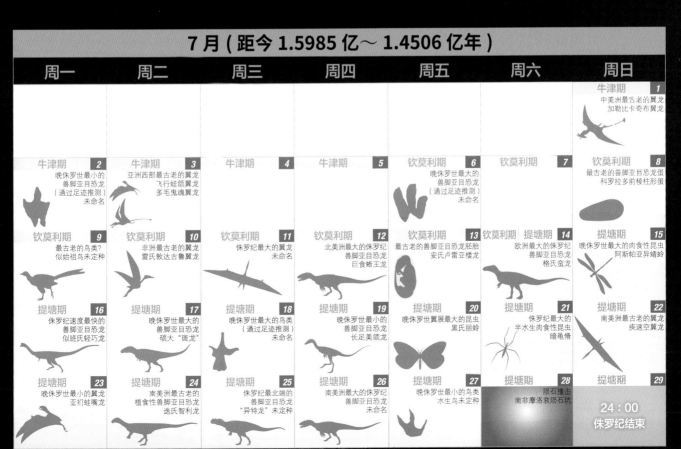

周一	周二	周三	周四	周五	周六	周日
						牛津期 **1** 中美洲最古老的翼龙 加勒比卡奇布翼龙
牛津期 **2** 晚侏罗世最小的兽脚亚目恐龙（通过足迹推测）未命名	牛津期 **3** 亚洲西部最古老的翼龙 飞行蛙颌翼龙 多毛鬼魂翼龙	牛津期 **4**	牛津期 **5**	钦莫利期 **6** 晚侏罗世最大的兽脚亚目恐龙（通过足迹推测）未命名	钦莫利期 **7**	钦莫利期 **8** 最古老的兽脚亚目恐龙蛋 科罗拉多前棱柱形蛋
钦莫利期 **9** 最古老的鸟类？ 似祖始鸟未定种	钦莫利期 **10** 非洲最古老的翼龙 雷氏敦达古鲁翼龙	钦莫利期 **11** 侏罗纪最大的翼龙 未命名	钦莫利期 **12** 北美最大的侏罗世兽脚亚目恐龙 巨食蜥王龙	钦莫利期 **13** 最古老的兽脚亚目恐龙胚胎 安氏卢雷亚楼龙	钦莫利期 提塘期 **14** 欧洲最大的侏罗纪兽脚亚目恐龙 格氏蛮龙	提塘期 **15** 晚侏罗世最大的肉食性昆虫 阿斯帕亚异蜻蛉
提塘期 **16** 侏罗纪速度最快的兽脚亚目恐龙 似班氏轻巧龙	提塘期 **17** 晚侏罗世最大的兽脚亚目恐龙 硕大"斑龙"	提塘期 **18** 晚侏罗世最大的鸟类（通过足迹推测）未命名	提塘期 **19** 晚侏罗世最小的兽脚亚目恐龙 长足美颌龙	提塘期 **20** 晚侏罗世最大的昆虫 黑氏丽蛉	提塘期 **21** 侏罗纪最大的半水生肉食性昆虫 暗龟脩	提塘期 **22** 南美洲最古老的翼龙 疾速空翼龙
提塘期 **23** 晚侏罗世最小的翼龙 亚朳蛙嘴龙	提塘期 **24** 南美洲最古老的植食性兽脚亚目恐龙 迭氏智利龙	提塘期 **25** 侏罗纪最北端的兽脚亚目恐龙 "异特龙"未命名	提塘期 **26** 南美洲最大的侏罗纪兽脚亚目恐龙 未命名	提塘期 **27** 晚侏罗世最小的鸟类 水生鸟未定种	提塘期 **28** 陨石撞击 南非摩洛衰陨石坑	提塘期 **29** 24：00 侏罗纪结束

　　在早白垩世期间，大陆的位置以及陆地植物的分布发生了很大的变化。此外，还出现了新的物种，其中鸟类脱颖而出。毫无疑问，它们的存在改变了环境，并影响了整个生态。由于鸟类与翼龙（一种能飞行的"爬行动物"）有着同类型的运动方式和类似的习性，它们必须以非常激烈的方式竞争食物和空间。在白垩纪中期，小型翼龙的大幅度减少与鸟类多样性的增加同步发生，专家们猜测这两种现象可能是有关联的。

　　尽管有巨大的鳄鱼占领了河流、湖泊和海洋领域，巨大的兽脚亚目恐龙仍然是环境中的超级掠食者。一些翼龙体型硕大，但它们并不是大型肉食性恐龙的竞争者。

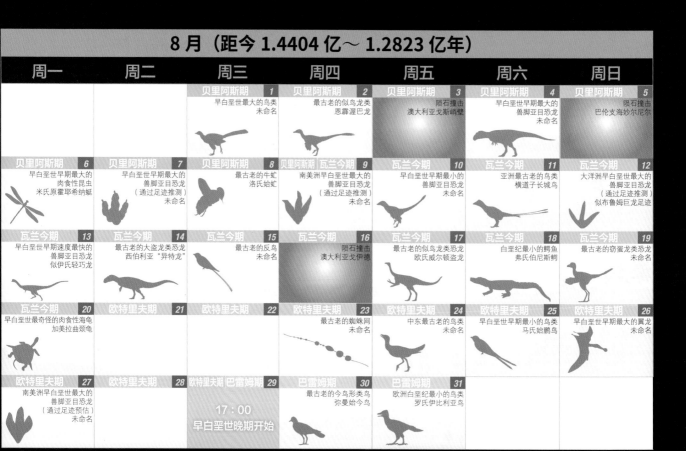

7 月（距今 1.4506 亿～ 1.4404 亿年）

周一	周二	周三	周四	周五	周六	周日
						贝里阿斯期　29 1：00 早白垩世早期开始
贝里阿斯期　30 早白垩世早期最大的鸟类 （通过足迹推测） 梅氏古鸟足迹	贝里阿斯期　31 早白垩世早期最小的翼龙 塞氏都迷科翼龙					

8 月（距今 1.4404 亿～ 1.2823 亿年）

周一	周二	周三	周四	周五	周六	周日
		贝里阿斯期　1 早白垩世最大的鸟类 未命名	贝里阿斯期　2 最古老的似鸟龙类 恩霹渥巴龙	贝里阿斯期　3 陨石撞击 澳大利亚戈斯峭壁	贝里阿斯期　4 早白垩世早期最大的兽脚亚目恐龙 未命名	贝里阿斯期　5 陨石撞击 巴伦支海妙尔尼尔
贝里阿斯期　6 早白垩世早期最快的肉食性昆虫 米氏原霍堪希纳蜓	贝里阿斯期　7 早白垩世早期最大的兽脚亚目恐龙 （通过足迹推测） 未命名	贝里阿斯期　8 最古老的牛虻 洛氏始虻	贝里阿斯期/瓦兰今期　9 南美洲早白垩世早期最大的兽脚亚目恐龙 （通过足迹推测） 未命名	瓦兰今期　10 早白垩世早期最小的兽脚亚目恐龙 未命名	瓦兰今期　11 亚洲最古老的鸟类 横道子长城鸟	瓦兰今期　12 大洋洲早白垩世早期最大的兽脚亚目恐龙 （通过足迹推测） 似布鲁姆巨龙足迹
瓦兰今期　13 早白垩世早期速度最快的兽脚亚目恐龙 似伊贝轻巧龙	瓦兰今期　14 最古老的大盗龙类恐龙 西伯利亚"异特龙"	瓦兰今期　15 最古老的反鸟 未命名	瓦兰今期　16 陨石撞击 澳大利亚戈伊德	瓦兰今期　17 最古老的似鸟龙类恐龙 欧氏威尔顿盗龙	瓦兰今期　18 白垩纪最小的鳄鱼 弗氏伯尼斯鳄	瓦兰今期　19 早白垩世早期的窃蛋龙类恐龙 未命名
瓦兰今期　20 早白垩世最奇怪的肉食性海龟 加美拉曲颈龟	欧特里夫期　21	欧特里夫期　22 最古老的蜘蛛网 未命名	欧特里夫期　23 中东最古老的鸟类 未命名	欧特里夫期　24 早白垩世早期最小的鸟类 马氏始鹏鸟	欧特里夫期　25	欧特里夫期　26 早白垩世早期最大的翼龙 未命名
欧特里夫期　27 南美洲早白垩世最大的兽脚亚目恐龙 （通过足迹预估） 未命名	欧特里夫期　28	欧特里夫期/巴雷姆期　29 17：00 早白垩世晚期开始	巴雷姆期　30 最古老的今鸟形类鸟 弥曼始今鸟	巴雷姆期　31 欧洲白垩纪最小的鸟类 罗氏伊比利亚鸟		

9 月（距今 1.2823 亿～ 1.1292 亿年）

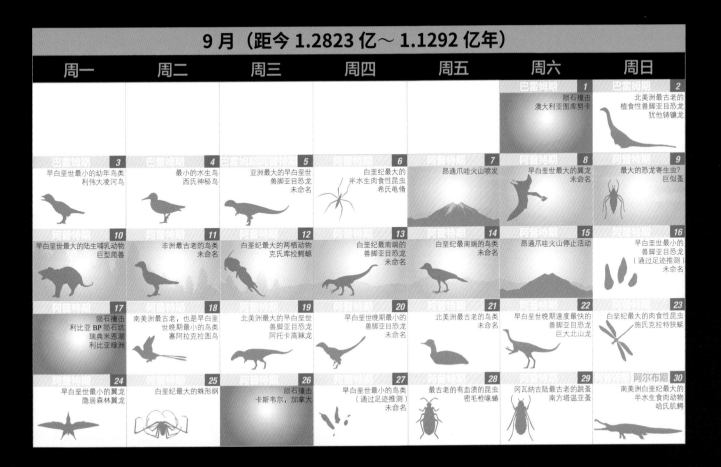

周一	周二	周三	周四	周五	周六	周日
					1 巴雷姆期 陨石撞击 澳大利亚图库努卡	**2** 巴雷姆期 北美洲最古老的植食性兽脚亚目恐龙 犹他铸镰龙
3 巴雷姆期 早白垩世最小的幼年鸟类 利伟大凌河鸟	**4** 巴雷姆期 最小的水生鸟类 西氏神秘鸟	**5** 巴雷姆期/阿普特期 亚洲最大的早白垩世兽脚亚目恐龙 未命名	**6** 阿普特期 白垩纪最大的半水生食肉性昆虫 希氏龟蝽	**7** 阿普特期 昂通爪哇火山喷发	**8** 阿普特期 早白垩世最大的翼龙 未命名	**9** 阿普特期 最大的恐龙寄生虫？ 巨似蚤
10 阿普特期 早白垩世最大的陆生哺乳动物 巨型爬兽	**11** 阿普特期 非洲最古老的鸟类 未命名	**12** 阿普特期 白垩纪最大的两栖动物 克氏库拉鳄螈	**13** 阿普特期 白垩纪最南端的兽脚亚目恐龙 未命名	**14** 阿普特期 白垩纪最南端的鸟类 未命名	**15** 阿普特期 昂通爪哇火山停止活动	**16** 阿普特期 早白垩世最小的兽脚亚目恐龙（通过足迹推测）未命名
17 阿普特期 陨石撞击 利比亚 BP 陨石坑 瑞典米恩湖 利比亚绿洲	**18** 阿普特期 南美洲最古老，也是早白垩世晚期最小的鸟类 塞阿拉克拉图鸟	**19** 阿普特期 北美洲最大的早白垩世兽脚亚目恐龙 阿托卡高棘龙	**20** 阿普特期 早白垩世晚期最小的兽脚亚目恐龙 未命名	**21** 阿普特期 北美洲最古老的鸟类 未命名	**22** 阿普特期 早白垩世晚期速度最快的兽脚亚目恐龙 巨大北山龙	**23** 阿普特期 白垩纪最大的肉食性昆虫 施氏克拉特狭蜓
24 阿普特期 早白垩世最小的翼龙 隐居森林翼龙	**25** 阿普特期 白垩纪最大的蛛形纲	**26** 阿普特期 陨石撞击 卡斯韦尔，加拿大	**27** 阿普特期 早白垩世最小的鸟类（通过足迹推测）未命名	**28** 阿普特期 最古老的有血渍的昆虫 密毛枪喙蝽	**29** 阿普特期 冈瓦纳古陆最古老的跳蚤 南方塔温亚蚤	**30** 阿普特期 南美洲白垩纪最大的半水生食肉动物 哈氏肌鳄

10 月（距今 1.1292 亿～ 1.0017 亿年）

周一	周二	周三	周四	周五	周六	周日
1 阿尔布期 早白垩世最大的翼龙（通过足迹推测）盖恩海南足迹	**2** 阿尔布期	**3** 阿尔布期	**4** 阿尔布期	**5** 阿尔布期	**6** 阿尔布期 最古老的带伪装的综合性昆虫 戴氏假象蛉	**7** 阿尔布期 最古老的带猎物的蜘蛛网 未命名
8 阿尔布期 欧洲早白垩世最大的兽脚亚目恐龙 "斑龙" 未定种	**9** 阿尔布期 白垩纪最大的半水生哺乳动物 里氏十字齿兽	**10** 阿尔布期 最后的角鼻龙科 近锐颌龙和未命名	**11** 阿尔布期 早白垩世最大的半水生食肉动物 帝王肌鳄	**12** 阿尔布期 南美洲早白垩世最大的兽脚亚目恐龙 丘布特魁纣龙	**13** 阿尔布期 早白垩世最人的鸟类 未命名	**14** 阿尔布期 早白垩世晚期最大的兽脚亚目恐龙（通过足迹推测）未命名
15 阿尔布期 早白垩世晚期最大的兽脚亚目恐龙 鲨齿龙未定种	**16** 阿尔布期 北美洲早白垩世最大的（通过足迹预估）艾氏足迹未定种	**17** 阿尔布期 北美洲最大的兽脚亚目恐龙蛋 卡氏巨型长形蛋	**18** 阿尔布期	**19** 阿尔布期	**20** 阿尔布期 早白垩世最大的水生兽脚亚目恐龙 棘龙未定种	**21** 阿尔布期 早白垩世最长的鸟类 未命名
22 阿尔布期 最古老的捕猎的蜘蛛 缅甸古络新妇蛛	**23** 阿尔布期 最古老的吸血蚊 古缅蚊	**24** 阿尔布期 最长的兽脚亚目恐龙足迹 大鸟足迹未定种	**25** 阿尔布期 9：30 早白垩世晚期结束			

在晚白垩世，生存着有史以来最大的兽脚亚目恐龙，以及在体长或高度上可与它们相媲美的巨型鳄鱼和翼龙。另外，鸟类的演化进一步多样化，出现完全的水生或陆生物种。

晚白垩世出现了两次重要的灭绝事件。第一次发生在塞诺曼期和土伦期交界时，被称为塞诺曼期－土伦期灭绝事件（"博纳雷利事件"）。在这次灭绝事件中，无数的恐龙消失，导致其他物种占据灭绝物种的生态位。这次灭绝事件可能是由于海洋下的火山活动引起的，这导致了海洋中的氧气含量降低，以及太平洋和印度洋的海洋地壳膨胀。这一事件发生的证据在世界各地都可找到。

第二次大规模灭绝始于白垩纪—古近纪交界时，导致了 75% 的陆地物种灭绝。它几乎将幸存者摧毁殆尽，甚至是鸟类和哺乳动物也曾处于消失的危险中。菊石类、箭石类、反鸟类、鱼龙类、叠瓦蛤类、黄昏鸟类、沧龙类，今鸟形类、蛇颈龙类、上龙类、翼龙类、厚壳蛤类、蜥脚亚目恐龙、非禽类兽脚亚目恐龙和许多微生物完全消失。

10 月（距今 1.0068 亿～ 9711 万年）

周一	周二	周三	周四	周五	周六	周日
			塞诺曼期 25 9:30 晚白垩世早期开始	塞诺曼期 26 晚白垩世早期最大的兽脚亚目恐龙（通过足迹推测）未命名	塞诺曼期 27 陨石撞击 美国得克萨斯州马德拉山脉 加拿大深湾 昂通爪哇火山喷发	塞诺曼期 28 晚白垩世早期最大的鸟类（通过足迹推测）未命名
塞诺曼期 29 非洲晚白垩世最大的兽脚亚目恐龙 撒哈拉鲨齿龙	塞诺曼期 30 白垩纪最长的兽脚亚目恐龙 埃及棘龙	塞诺曼期 31 晚白垩世晚期速度最快的兽脚亚目恐龙 敏捷三角洲奔龙				

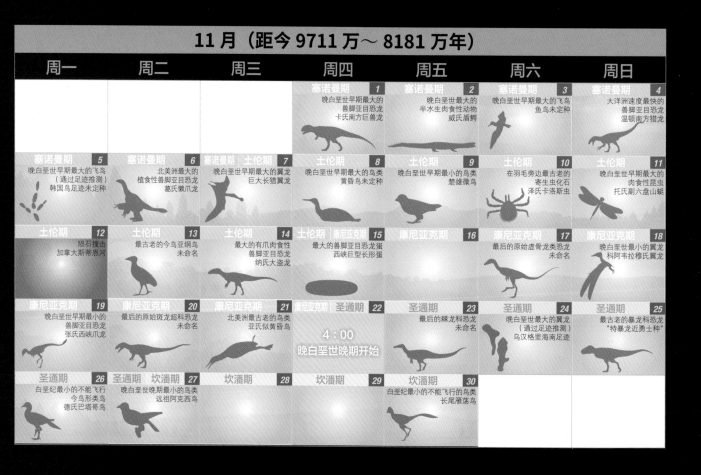

11 月（距今 9711 万～ 8181 万年）

周一	周二	周三	周四	周五	周六	周日
			塞诺曼期 1 晚白垩世早期最大的兽脚亚目恐龙 卡氏南方巨兽龙	塞诺曼期 2 晚白垩世早期最大的半水生肉食性动物 威氏盾鳄	塞诺曼期 3 晚白垩世早期最大的飞鸟 鸟类未定种	塞诺曼期 4 大洋洲速度最快的兽脚亚目恐龙 温顿南方猎龙
塞诺曼期 5 晚白垩世早期最大的鸟类（通过足迹推测）韩国鸟足迹未定种	塞诺曼期 6 北美洲最大的植食性兽脚亚目恐龙 葛氏懒爪龙	塞诺曼期 土伦期 7 晚白垩世早期最大的翼龙 巨大长猎翼龙	土伦期 8 晚白垩世早期最大的鸟类 黄昏鸟未定种	土伦期 9 晚白垩世早期最小的鸟类 楚雄微鸟	土伦期 10 在羽毛旁最古老的寄生虫化石 泽氏卡洛斯虫	土伦期 11 晚白垩世早期最大的肉食性昆虫 托氏副六盘山蜓
土伦期 12 陨石撞击 加拿大斯蒂恩河	土伦期 13 最古老的今鸟亚纲鸟 未命名	土伦期 14 最大的有爪肉食性兽脚亚目恐龙 纳氏大盗龙	土伦期 康尼亚克期 15 最大的兽脚亚目恐龙蛋 西峡巨型长形蛋	康尼亚克期 16	康尼亚克期 17 最后的原始虚骨龙类恐龙 未命名	康尼亚克期 18 晚白垩世早期最小的翼龙 科阿拉穆氏翼龙
康尼亚克期 19 晚白垩世早期最小的兽脚亚目恐龙 张氏西峡爪龙	康尼亚克期 20 最后的原始斑龙超科恐龙 未命名	康尼亚克期 21 北美洲最古老的鸟类 亚氏似黄昏鸟	康尼亚克期 圣通期 22 4:00 晚白垩世晚期开始	圣通期 23 最后的棘龙类恐龙 未命名	圣通期 24 晚白垩世最大的翼龙（通过足迹推测）乌汉格里海南足迹	圣通期 25 最古老的暴龙科恐龙 "特暴龙近勇士种"
圣通期 26 白垩纪最小的不能飞行今鸟形类鸟 德氏巴塔哥鸟	圣通期 坎潘期 27 晚白垩世晚期最小的鸟类 远祖阿克西鸟	坎潘期 28	坎潘期 29	坎潘期 30 白垩纪最小的不能飞行的鸟类 长尾雁荡鸟		

有多种理论试图解释这场大灭绝，但是目前只有三种理论有足够的证据来解释这场大灭绝，根据"复杂成因论"的理论，甚至三者叠加才可能造成这一灾难。有人提出，海平面下降和极端的火山活动在相当长时间内使生物数量大量减少，这引起了一段恐龙经历过的、与过去类似的那种紧张高压的时期。然而，这时恰好有一些陨石坠落，最终导致了生态平衡崩溃。此外还要考虑有毒物质的释放、大气变化、大海啸、太阳耀斑、紫外线的穿透、氧气的缺乏、生态危机、火山气体和火山灰、火灾等所有因素的作用。

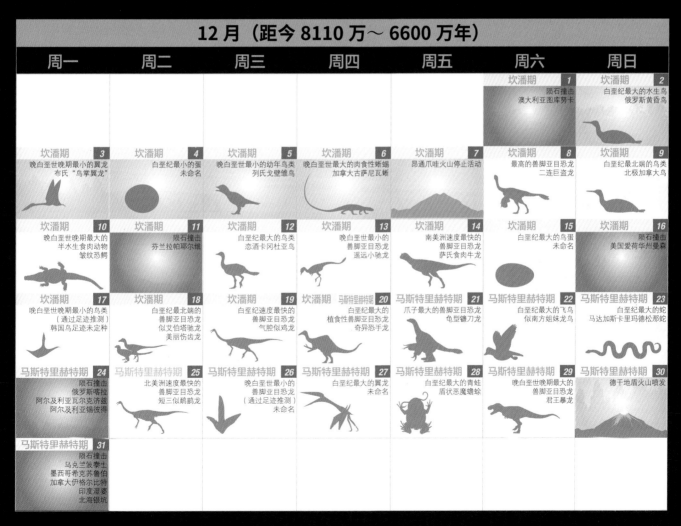

12月（距今 8110 万～ 6600 万年）

周一	周二	周三	周四	周五	周六	周日
					坎潘期 **1** 陨石撞击 澳大利亚图库努卡	坎潘期 **2** 白垩纪最大的水生鸟 俄罗斯黄昏鸟
坎潘期 **3** 晚白垩世晚期最小的翼龙 布氏"鸟掌翼龙"	坎潘期 **4** 白垩纪最小的蛋 未命名	坎潘期 **5** 晚白垩世最小的幼年鸟类 列氏戈壁雏鸟	坎潘期 **6** 晚白垩世最大的肉食性蜥蜴 加拿大古萨尼巨蜥	坎潘期 **7** 昂通爪哇火山停止活动	坎潘期 **8** 最高的兽脚亚目恐龙 二连巨盗龙	坎潘期 **9** 白垩纪最北端的鸟类 北极加拿大鸟
坎潘期 **10** 晚白垩世晚期最大的半水生食肉动物 皱纹恐鳄	坎潘期 **11** 陨石撞击 芬兰拉帕耶尔维	坎潘期 **12** 白垩纪最大的鸟类 恋酒卡冈杜正鸟	坎潘期 **13** 晚白垩世最小的兽脚亚目恐龙 遥远小驰龙	坎潘期 **14** 南美洲速度最快的兽脚亚目恐龙 萨氏食肉牛龙	坎潘期 **15** 白垩纪最大的鸟蛋 未命名	坎潘期 **16** 陨石撞击 美国爱荷华州曼森
坎潘期 **17** 晚白垩世晚期最小的鸟类（通过足迹推测） 韩国鸟足迹未定种	坎潘期 **18** 白垩纪最北端的兽脚亚目恐龙 似艾伯塔驰龙 美丽伤齿龙	坎潘期 **19** 白垩纪速度最快的兽脚亚目恐龙 气腔似鸡龙	马斯特里赫特期 **20** 白垩纪最大的植食性兽脚亚目恐龙 奇异恐手龙	马斯特里赫特期 **21** 爪子最大的兽脚亚目恐龙 龟型镰刀龙	马斯特里赫特期 **22** 白垩纪最大的飞鸟 似南方姐妹龙鸟	马斯特里赫特期 **23** 白垩纪最大的蛇 马达加斯卡里玛德松那蛇
马斯特里赫特期 **24** 陨石撞击 俄罗斯喀拉 阿尔及利亚瓦尔克济兹 阿尔及利亚锡彼得	马斯特里赫特期 **25** 北美洲速度最快的兽脚亚目恐龙 短三似鸸鹋龙	马斯特里赫特期 **26** 晚白垩世最小的兽脚亚目恐龙（通过足迹推测） 未命名	马斯特里赫特期 **27** 白垩纪最大的翼龙 未命名	马斯特里赫特期 **28** 白垩纪最大的青蛙 盾状恶魔蟾蜍	马斯特里赫特期 **29** 晚白垩世晚期最大的兽脚亚目恐龙 君王暴龙	马斯特里赫特期 **30** 德干地盾火山喷发
马斯特里赫特期 **31** 陨石撞击 乌克兰波泰士 墨西哥希克苏鲁伯 加拿大伊格尔比特 印度湿婆 北海银坑						

由于地质结构是数亿年来逐渐形成的，因此，化石的地质年代可能会覆盖相当长的时间范围。这导致有些物种可能在中生代的日历模型中占据好几天时间，我们把它们集中放置在可能的最古老和最近的时期之间，因此，日期的确定是相对的。

恐龙的世界
史前地理

纪录：按照地理位置划分的最大和最小纪录

1885 年，斯克莱特确定了六大动物地理区，并分别命名为：大洋洲界、旧热带界、东洋界、新北界、新热带界和古北界。这些动物地理区至今依然在使用，不过有一些研究者认为岛屿地区或者次大陆（安的列斯群岛、阿拉伯地区、大洋洲、中美洲、格陵兰岛、马达加斯加、东南亚、新西兰等）是独立的区域。

　　无论是从恐龙演化而来的现有物种，还是恐龙的遗骸化石，在各个大陆都有存在。

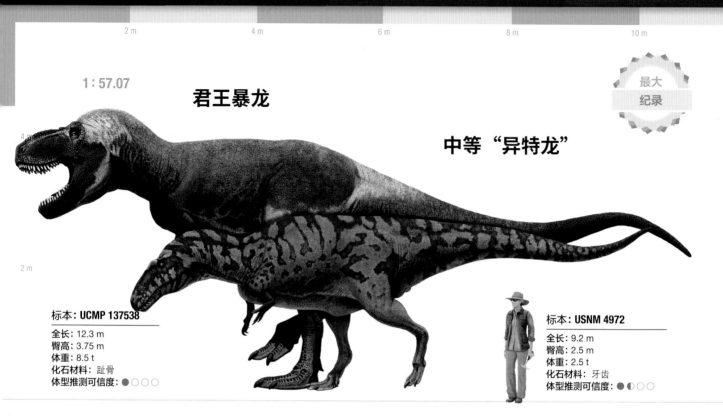

2 m　　　4 m　　　6 m　　　8 m　　　10 m

1 : 57.07

君王暴龙

中等"异特龙"

最大
纪录

标本: UCMP 137538

全长: 12.3 m
臀高: 3.75 m
体重: 8.5 t
化石材料: 趾骨
体型推测可信度: ●○○○○

标本: USNM 4972

全长: 9.2 m
臀高: 2.5 m
体重: 2.5 t
化石材料: 牙齿
体型推测可信度: ●◐○○○

北美洲西部最大纪录

兽脚亚目: 君王暴龙(现加拿大西部、美国西部和墨西哥)是该大陆最大的兽脚亚目恐龙。

中生代鸟类: 最大的鸟是黄昏鸟似帝王种 UA 9716(现加拿大),它体长 1.48 m,体重超过 25 kg。

恐龙形类: 标本 UCMP 25793(现美国亚利桑那州)体长为 2 m,体重为 26 kg。阿特雷足迹未定种(现美国犹他州)的体长可能有 2.8 m,体重可能有 19 kg。

原始蜥臀目: 布氏钦迪龙和克劳斯贝盒龙(现美国亚利桑那州、新墨西哥州和得克萨斯州)体型是最大的,它们体长都为 2.4 m,体重为 19 kg。

北美洲东部最大纪录

兽脚亚目: 中等"异特龙"(现美国马里兰州),它的体型很大,体重与一只白犀牛相当。

中生代鸟类: 帝王黄昏鸟(现美国堪萨斯州),休长为 1.4 m,体重超过 20 kg。

足迹

a

 — 60.5 cm

b — 86 cm

c — 1 cm

 d — 2.5 cm

最大纪录

a. 似实雷龙足迹: 这是在北美洲东部(现美国弗吉尼亚州)发现的最大兽脚亚目恐龙足迹。它的主人可能与三叠中国龙类似。

b. 皮氏暴龙足迹: 在北美洲西部(现美国新墨西哥州)发现的一枚足迹,据推测属于该大陆最大的兽脚亚目恐龙。它可能既灵活又强壮。

最小纪录

c. 未命名: 这是已鉴定的最小的恐龙足迹。它发现于北美洲东部(现美国马里兰州)。

d. 韩国鸟似哈曼种: 是在北美洲西部(现美国犹他州)发现的最小的反鸟类足迹。

4 m

似实雷龙足迹
8.1 m/1.1 t

皮氏暴龙足迹
11.4 m/5.8 ~ 6.9 t

20 cm

未命名足迹
20 cm/5 g

韩国鸟似哈曼种
17.5 cm/73 g

北美洲兽脚亚目恐龙记录

北美洲西部和东部地区在晚白垩世晚期真正分开来。为了进行比较，这里将整个中生代的北美洲都按东西部划分。

有兽脚亚目恐龙的骨骼化石分布的北美洲西部地区有：美国西部的爱达荷州、蒙大拿州、内布拉斯加州、北达科他州、俄克拉何马州和华盛顿州；有骨骼与足迹混合记录分布的地区有：墨西哥，加拿大艾伯塔省和萨斯喀彻省，美国阿拉斯加州、亚利桑那州、加利福尼亚州、科罗拉多州、新墨西哥州、南达科他州、得克萨斯州、犹他州和怀俄明州。

有兽脚亚目恐龙的骨骼化石分布的北美洲东部地区有：加拿大东部的新斯科舍省，美国东部的阿肯色州、堪萨斯州、马里兰州、新泽西州、宾夕法尼亚州和弗吉尼亚州；有骨骼与足迹混合记录分布的地区有：格陵兰岛和美国东部的亚拉巴马州、北卡罗来纳州、康涅狄格州、哥伦比亚特区、特拉华州、佐治亚州、马萨诸塞州、密西西比州、密苏里州、纽约州和田纳西州。

在中美洲的中生代地层没有找到任何兽脚亚目恐龙的化石。

北美洲西部最小纪录

中生代鸟类：远祖阿克西鸟（现墨西哥）曾被认为可能是佛法僧目和鸮形目鸟类的祖先，现在我们知道它是一种反鸟类。

恐龙形类：最小的足迹是跑者旋趾足迹（现美国亚利桑那州），它长 3.8 cm，推测是由一只长约 28 cm，体重约 60 g 的动物留下的。格氏奔股骨蜥（现美国亚利桑那州和得克萨斯州），体长只有 85 cm，体重约 1.2 kg，其体型和一只乌鸦差不多。

兽脚亚目：最小纪录属于得克萨斯原鸟 TTU P9201（现美国得克萨斯州）的幼年腔骨龙超科化石，其体长约 43 cm，体重约 110 g。成年腔骨龙超科似合踝龙或"墨西哥合踝龙"（现墨西哥），体长为 1 m，体重为 1.1 kg。

北美洲东部最小纪录

兽脚亚目：最小的兽脚亚目恐龙是从一枚长为 1 cm 的未命名足迹（现美国马里兰州）推测出的。它可能是一只新生恐龙，体长大约 22 cm，体重约 12 g。

中生代鸟类：辛普森氏海积鸟（现美国亚拉巴马州）是一种在海洋环境中生存的反鸟类，体型与现在的鸽子相当。

北美洲最古老纪录

跑者旋趾足迹（现美国亚利桑那州）是一些生存于早三叠世（奥伦尼克期，距今 2.512 亿～2.472 亿年）的恐龙形类动物足迹。原始蜥臀目恐龙克劳斯贝盒龙和布氏钦迪龙（现美国亚利桑那州、新墨西哥州和得克萨斯州）生存于晚三叠世（诺利期，距今 2.27 亿～2.085 亿年）。破碎迷人龙（现美国得克萨斯州）是北美洲最古老的兽脚亚目恐龙（诺利期早期，距今 2.27 亿～2.17 亿年）。

远祖阿克西鸟

标本：LACM 32213

全长：11.4 cm
臀高：5 cm
体重：22 g
化石材料：部分躯干骨
体型推测可信度：●●●○

辛普森氏海积鸟

最小纪录

1 : 3.42

标本：UAMNH PV996.1.1

全长：33 cm
臀高：14.3 cm
体重：490 g
化石材料：椎骨和不完整肩胛骨
体型推测可信度：●●○○

10 cm　　　20 cm　　　30 cm　　　40 cm　　　50 cm　　　60 cm

2 m　　　　　4 m　　　　　6 m　　　　　8 m　　　　　10 m

卡氏南方巨兽龙

歌伦波奥沙拉龙

1 : 57.07

标本：**MUCPv-95**

全长：13.2 m
臀高：3.95 m
体重：8.5 t
化石材料：带牙齿的不完整齿骨
体型推测可信度：● ● ○ ○

标本：**MN 6117-V**

全长：13.3 m
体重：5 t
化石材料：不完整前颌骨
体型推测可信度：● ○ ○ ○

南美洲北部最大纪录

兽脚亚目： 歌伦波奥沙拉龙（现巴西北部）是一只体长接近 13 m，体重约 5 t 的棘龙，它比一辆公交车还长，体重几乎与一只非洲象相当。

中生代鸟类： 该地区中生代最大的鸟类是反鸟 CPP 482（现巴西北部）。它长约 37 cm，重约 573 g。

南美洲南部最大纪录

兽脚亚目： 卡氏南方巨兽龙（现阿根廷）是南半球最大的陆生肉食性动物。

原始蜥臀目： 最大的当属伊斯基瓜拉斯托富伦格里龙（现阿根廷），其体长有 5.3 m，体重有 360 kg。它有可能与伊斯基瓜拉斯托艾雷拉龙是同物异名，但它所生存的年代更近。

恐龙形类： 巴氏巴西大龙（现巴西南部）体型很大，其体长约 2.3 m，体重约 75 kg。

中生代鸟类： 反鸟似南方姐妹龙鸟 PVL-4033（现阿根廷）是最大的一种，其体长约 80 cm，体重约 7.25 kg。

足迹

a ──── 65 cm

b ──── 78.2 cm

c ── 2.8 cm

d ?　── 9 cm

最大纪录

a. 未命名： 最大的兽脚亚目恐龙是从南美洲南部（现智利）的一个足迹推测得出的，这枚足迹可能属于一只鲨齿龙科恐龙。

b. 未命名： 南美洲北部（现巴西北部）最大的恐龙足迹是一只鲨齿龙科恐龙留下的。它是留有足迹的最大的兽脚亚目恐龙之一。

最小足迹

c. 斯氏巴罗斯足迹： 这是在南美洲南部（现阿根廷）发现的最小的中生代鸟类足迹群，它们长 28 ～ 40 mm。

d. 未命名： 在南美洲北部（现厄瓜多尔）发现的最小三趾型足迹，尚未被正式描述，它是在一个古生物大全里被公布的。

4 m

未命名足迹
9.1 m/2.9 t

未命名足迹
10.6 m/5 t

20 cm

斯氏巴罗斯足迹
15.3 cm/280 g

未命名足迹
? cm/? g

南美洲兽脚亚目恐龙记录

在南美洲北部地区发现的恐龙种类要比南部地区（也被称为"南锥体"）少。由于南美洲北部和非洲北部的大部分地区在中生代时期合并在一起，因此，它们的动物群非常相似。一些研究将南美洲和非洲合称为"Samafrica"。

在北部地区，有发现于委内瑞拉的骨骼化石；骨骼与足迹混合记录分布于玻利维亚，巴西北部的亚马孙州、巴伊亚州、塞阿拉州、戈亚斯州、马拉尼昂州、米纳斯吉拉斯州、马托格罗索州、帕拉伊巴州，哥伦比亚和秘鲁；遗迹化石（足迹）分布于厄瓜多尔和圭亚那。在南部地区，骨骼与足迹混合记录分布于阿根廷，巴西南部的巴拉那州、南里奥格兰德州、圣保罗州，智利和乌拉圭；遗迹化石在巴拉圭有留存。

南美洲北部最小纪录

中生代鸟类： 塞阿拉克拉图鸟（现巴西西北部）是有化石记录的最小的一种鸟。其体重比最小的鸣禽短尾侏霸鹟还要轻，与最小的蜂鸟差不多大。

兽脚亚目： 虚骨龙类不对称小坐骨龙（现巴西西北部）体长1.5 m，体重5 kg。另有一个长9 cm的足迹（现厄瓜多尔）于1984年，但未被正式描述，因此，还不能对留下这枚足迹的恐龙的大小进行估计。

南美洲南部最小纪录

中生代鸟类： 南方拉马克鸟（现阿根廷）的体重几乎是一只麻雀的二分之一。

恐龙形类： 最小的当属利略马拉鳄龙（现阿根廷）。它体长65 cm，体重大约320 g。体型更小的是塔兰布兔鳄，但这是一个幼年个体，体长约40 cm，体重约70 g。

兽脚亚目： 斯氏萨米恩托足迹的模式标本可能是一只阿贝力龙超科恐龙留下的，它体长约28 cm，体重约285 g。

原始蜥臀目： 月亮谷始盗龙生存于泛大陆西南部（现阿根廷），其体长为1.5 m，体重为5 kg。

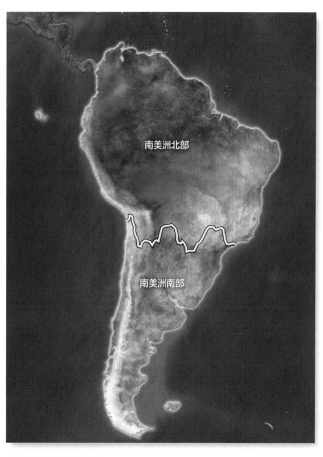

南美洲最古老纪录

恐龙形类动物查纳尔兔鳄、混合刘氏鳄、利略马拉鳄龙和大伪兔鳄发现于查纳雷斯地层（现阿根廷），它们生存于晚三叠世（卡尼期早期，距今2.37亿年～2.22亿年）。来自伊思丘卡组和洛斯拉斯特罗斯组的恐龙形类、蜥臀目和兽脚亚目恐龙的足迹年代相同。原来这两个地层都被认为属于中三叠世，但一项新的研究认为它们所属的年代要更近一些。

塞阿拉克拉图鸟

最小纪录

标本：UFRJ–DG 031 Av

全长：6.6 cm
臀高：2.9 cm
体重：4 g
化石材料：部分躯干骨
体型推测可信度：●●●●

南方拉马克鸟

1 : 1.14

标本：MML 207

全长：9.5 cm
臀高：7 cm
体重：18 g
化石材料：不完整鸟喙骨
体型推测可信度：●○○○

5 cm　　　　　10 cm　　　　　15 cm　　　　　20 cm

最大
纪录

2 m　　　　4 m　　　　6 m　　　　8 m　　　　10 m

格氏蛮龙

似潘农"斑龙"

1 : 57.07

4 m

2 m

标本: ML 1100

全长: 11.7 m
臀高: 3.1 m
体重: 4 t
化石材料: 部分颅骨和牙齿
体型推测可信度: ●●○○

标本: **V.01** 集

全长: 6.8 m
臀高: 1.75 m
体重: 750 kg
化石材料: 牙齿
体型推测可信度: ●●◐○○

欧洲西部最大纪录

兽脚亚目: 格氏蛮龙（现葡萄牙）体长与一辆公交车相当，体重与一只亚洲象相当。

恐龙形类: 一枚中三叠世的足迹（现法国）是一只体长为 3.5 m，体重为 120 kg 的西里龙科动物留下的。

中生代鸟类: 恋酒卡冈杜亚鸟（现法国）的体型在中生代鸟类中显得异乎寻常地大。它身高近 1.8 m，体重约 120 kg。

欧洲东部最大纪录

兽脚亚目: 似潘农"斑龙"是在奥地利发现的一个种，它是根据西欧（现法国和葡萄牙）和东欧（现匈牙利）的其他材料鉴定出来的。原先它被认为是驰龙科，但现在专家们认为它更可能属于暴龙超科。

中生代鸟类: FGGUB R.1902（现罗马尼亚）是一只体长为 58 cm，体重为 7 kg 的今鸟形类鸟。另外报道的鸟龙属于兽脚亚目。

恐龙形类: 一枚足迹（现捷克）可能是由一只身长为 2.2 m，体重为 30 kg 的动物留下的。

足迹

a — 65 cm

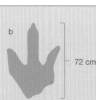
b — 72 cm

c — 78 cm

d — 2 cm

e — 3.7 cm

最大纪录

a. 未命名: 欧洲东部最大的足迹是一个单独的足迹（现波兰）。这是早侏罗世最长的足迹，可能属于一只类似于三叠中国龙的掠食者。

c. 未命名: 欧洲西部（现西班牙）已知的最大兽脚亚目足迹，可能属于一只鲨齿龙科恐龙，体长比格氏蛮龙稍短，但体重更重。

b. 这枚足迹可能是一只中棘龙科恐龙留下的，它体长更长，但比前者略轻。

最小纪录

d. 未命名: 欧洲西部（现西班牙）发现的最小足迹是由鸟类留下的。

e. 未命名: 欧洲东部（现波兰）发现的最小足迹是由恐龙形类留下的。

4 m

20 cm

未命名足迹
8.6 m/1.35 t

未命名足迹
10.8 m/3.2 t

未命名足迹
10.1 m/4 t

未命名
7.3 ～ 9.5 cm/13 ～ 30 g

未命名足迹
30 cm/54 g

欧洲兽脚亚目恐龙记录

欧洲东部和西部不是由地理屏障划分的，这一划分是本书虚构的，用于帮助比较两个地区的动物群。

在西部地区，化石记录分布在奥地利、比利时、丹麦、爱尔兰和卢森堡；骨骼与足迹混合记录分布于德国、西班牙、法国、荷兰、意大利、挪威、葡萄牙、英国、瑞典和瑞士。在东部地区，化石记录分布在亚美尼亚、保加利亚、斯洛文尼亚、罗马尼亚和俄罗斯欧洲地区；遗迹化石分布在克罗地亚、斯洛伐克和格鲁吉亚；骨骼与足迹混合记录分布在匈牙利、波兰和捷克。

欧洲西部最小纪录

鸟类： 罗氏伊比利亚鸟（现西班牙）体型大小不到一只麻雀的三分之一。还有一些足迹，可能是由长度为 7.3～9.5 cm，体重为 7～15 g 的鸟留下的。

恐龙形类： 古老而小型的膨大旋趾足迹（现英格兰）可能是由一只长约 25 cm，重约 12 g 的动物留下的。

鸟颈类主龙： 泰氏斯克列罗龙（现苏格兰）是产生恐龙目和翼龙目的演化支上最原始的一种。它体长约 18.5 cm，体重约 18 g，比一只麻雀还小。

兽脚亚目： 一枚足迹（现苏格兰）是由一个长约 20 cm，体重约 18 g 的幼年个体留下的。

原始蜥臀目： 比萨"跷脚龙足迹"（现意大利）是由长约 80 cm，体重约 66 g 的个体留下的足迹群。

欧洲东部最小纪录

鸟类： 反鸟 NVEN 1（现罗马尼亚）是根据一个不完整肱骨还原的，它应该是一只非常小的鸟。

恐龙形类： 旋趾足迹未定种（现波兰）是由一只体长约 30 cm，体重约 54 g 的动物留下的。

兽脚亚目： 标本 MTM PAL 2011.18 可能是一只体长约 66 cm，体重约 550 g 的成年福氏气腔盗龙（现匈牙利）。伤齿龙科的牙齿 ACKK–D–8/088 发现于劳亚古陆中部（现斯洛文尼亚），它可能属于一只身长为 38 cm，体重为 110 g 的幼年个体。

原始蜥臀目： 一些足迹（现波兰）可能是由长约 2.5 m，重约 20 kg 的个体留下的。

欧洲最古老纪录

原旋趾足迹未定种（现波兰）是一些原始鸟颈类主龙留下的足迹，它来自早三叠世最古老的地层（奥伦尼克期，距今 2.512 亿～2.472 亿年）。

最小
纪录

未命名种

标本：NVEN1

全长：24.4 cm
臀高：10.7 cm
体重：200 g
化石材料：不完整肱骨
体型推测可信度：●○○○○

1 : 3.42

罗氏伊比利亚鸟

标本：LH–22

全长：8.7 cm
臀高：4.3 cm
体重：9.5 g
化石材料：部分躯干骨
体型推测可信度：●●●○

10 cm　　20 cm　　30 cm　　40 cm　　50 cm　　60 cm

未命名物种

1 : 57.07

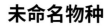

撒哈拉鲨齿龙

标本：**MB R2352**

全长：13 m
臀高：3.6 m
体重：7 t
化石材料：牙齿
体型推测可信度：●◐○○○

标本：**SGM–Din 1**

全长：12.7 m
臀高：3.75 m
体重：7.8 t
化石材料：不完整颅骨
体型推测可信度：●●○○○

非洲北部最大纪录

兽脚亚目：撒哈拉鲨齿龙（现埃及和摩洛哥）是一种庞大的兽脚亚目恐龙，其体重超过了一只虎鲸。它的体型与另一种更古老的恐龙——鲨齿龙未定种（现尼日尔）相匹敌。埃及棘龙比它身长更长，但体重较之更轻。

恐龙形类：强臂狄奥多罗斯龙（现摩洛哥）是一种体长为 1.7 m，体重为 15.5 kg 的西里龙科恐龙。

中生代鸟类：标本 CMN 50852（现摩洛哥）是一枚类似胁空鸟龙的化石，专家猜测它属于初鸟类或兽脚亚目半鸟龙属。如果它是一只鸟，它的全长可能为 1.7 m，体重约 8.8 kg。

非洲南部最大纪录

原始蜥臀目：标本 SAM–PK–K10013（现南非）可能与艾雷拉龙类似。它的体型可与鸵鸟相比，体长 4.2 m，体重 130 kg。

恐龙形类：最大纪录所有者是一只全长达 3 m，体重为 83 kg 的巨大的西里龙科动物（现赞比亚）。它与西特韦高髋龙生存于同一时期，因此它们有可能属于同一个种。

兽脚亚目：鲨齿龙科恐龙 MB R2352（现南非）是基于几个牙齿化石推断出的，这些牙齿比已知的所有兽脚亚目恐龙的牙齿都厚，前后长度为 52.8 mm。

足迹

 a ← 47 cm

 b ← 82 cm

 c ← 0.8 cm

 d ← 6.7 cm

最大纪录

a. 斑龙足迹未定种：这是通过足迹推测出的非洲南部（现赞比亚）最大兽脚亚目恐龙。它的对称形态揭示它可能是异特龙超科恐龙。发现它的地点、其所处时代和比例表明它可能是一只鲨齿龙科恐龙留下的，该恐龙与旧鲨齿龙属于同时代。

b. 未命名足迹：留下最大足迹的兽脚亚目恐龙来自侏罗纪。另一个类似的化石（现摩洛哥）长度超过 90 cm，但包括了部分距骨的印痕。

最小纪录

c. 阿特雷足迹 – 跷脚龙足迹：人们在非洲北部（现摩洛哥）发现的最小足迹，它属于一只幼年恐龙形类动物。

d. 原三趾龙域迹：人们在非洲南部（现莱索托）发现的最小足迹，它可能是由腔骨龙超科恐龙留下的。

4 m

15 cm

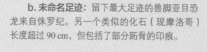

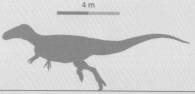

斑龙未定种
7.1 m/1.4 t

未命名足迹
12.7 m/5.1 t

阿特雷足迹 – 跷脚龙足迹
11 cm/2 g

原三趾龙域迹
79 cm/530 g

非洲兽脚亚目恐龙记录

本书把非洲划分为北部和南部两个部分，以便相互比较。其差异在靠近赤道地区的兽脚亚目恐龙群体中有所体现。

在北部地区，化石记录分布在乍得、利比亚、埃及、毛里塔尼亚、马里、苏丹和塞内加尔；骨骼与足迹混合记录分布于阿尔及利亚、喀麦隆、摩洛哥、尼日尔和突尼斯。在南部地区，化石记录分布在安哥拉、刚果、肯尼亚、马拉维、莫桑比克、南非和赞比亚；骨骼与足迹混合记录分布于埃塞俄比亚、莱索托、坦桑尼亚和津巴布韦；遗迹化石分布于纳米比亚。

非洲北部最小纪录

恐龙形类：在三叠纪最小的足迹中，专家们鉴定出一些发现于泛大陆中南部（现摩洛哥）、类似于阿特雷足迹－跷脚龙足迹的足迹。从其尺寸可判断，它可能是一只体长不足 11 cm，体重不到 2 g 的新生幼龙留下的。

兽脚亚目：最小的足迹（现摩洛哥）可能是由一个长约 36 cm，体重为 70 ～ 77 g 的近鸟类恐龙留下的。

中生代鸟类：存在一些形态各异的遗迹（现摩洛哥），可能是由类似于印石板始祖鸟（一种中侏罗世鸟类）留下的，它体长大约 59 cm，体重约 685 g。此外，本区域唯一一个通过化石材料鉴定的中生代鸟类生存于早白垩世晚期，其外形与胁空鸟龙类似，但体型较之更大。

非洲南部最小纪录

中生代鸟类：有报道称发现了一只来自早白垩世晚期（现坦桑尼亚）的反鸟，但目前该发现尚未正式发表。

兽脚亚目：原三趾龙域迹（现莱索托）是一枚兽脚亚目恐龙足迹，可能是由一只体长为 79 cm，体重为 530 g 的腔骨龙超科恐龙留下的。似鸟龙类特氏恩霹渥巴龙（*Nqwebasaurus thwazi*）来自冈瓦纳古陆中部，其体长为 1.2 m，体重约 2.5 kg。

原始蜥臀目：鹅状蜥龙足迹（现南非）可能是由一些体长约 8.8 cm，体重约 895 g 的肉食性原始蜥臀目恐龙留下的。

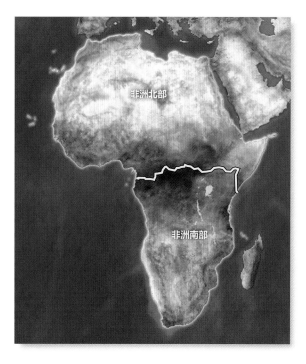

非洲北部

非洲南部

非洲最古老纪录

帕氏尼亚萨龙（现坦桑尼亚）来自中三叠世（安尼期，距今 2.472 亿～ 2.42 亿年），生存于泛大陆中南部（现赞比亚）。它可能是恐龙形类动物或是原始蜥臀目恐龙。恐龙形类的旋趾足迹似贝氏种发现于泛大陆中南部（现阿尔及利亚），年代与之相同。

特氏恩霹渥巴龙

1 : 17.12

标本：AM 6040

全长： 1.2 m
臀高： 35 cm
体重： 2.5 kg
化石材料： 颅骨和部分躯干骨
体型推测可信度： ●●●●

未命名

最小
纪录

标本：CMN 50852

全长： 1.7 m
臀高： 55 cm
体重： 8.8 kg
化石材料： 不完整椎骨
体型推测可信度： ●◐○○

1 m   2 m   3 m

最大
纪录

未命名

1 : 57.07

未确定物种

标本：SQU-2-7

全长：6.1 m
臀高：1.65 m
体重：690 kg
化石材料：尾椎骨
体型推测可信度：●○○○

标本：PRC 61

全长：11.2 m
臀高：3.25 m
体重：5 t
化石材料：上颌骨和不完整牙齿
体型推测可信度：●●○○

中东地区最大纪录

兽脚亚目： 标本 SQU-2-7（现阿曼）是一只比强壮的公牛更重的食肉恐龙。尚不确定它与其他兽脚亚目恐龙的关系，但推测它可能属于鲨齿龙科。

中生代鸟类： 一枚足迹（现以色列）是由一只体长约 59 cm，体重约 3.1 kg 的涉水鸟留下的。

辛梅利亚大陆最大纪录

兽脚亚目： 标本 PRC 61 是一只来自辛梅利亚大陆东部（现泰国）的鲨齿龙。它的体重约为一只白犀牛的两倍，体长几乎与一辆公交车相当。

原始蜥臀目： 有些足迹的形状与艾雷拉龙留下的足迹非常相似，它们是在该地理区域（现泰国）发现的最大足迹，应是由一只长约 4.9 m，重约 295 kg 的掠食者留下的。

足迹

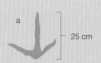

a ⌐ 25 cm

b ⌐ 43 cm

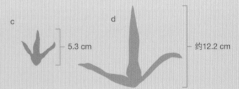

c ⌐ 5.3 cm

d ⌐ 约12.2 cm

最大纪录

a. 未命名： 中东地区最大的兽脚亚目恐龙是从一枚足迹（现以色列）推测出的，它应该与行动迅速的鸟吻类恐龙相似，比如，三角洲奔龙。

b. 未命名： 一枚类似于阿贝力龙足迹的足迹在辛梅利亚大陆（现泰国）被发现。其位置比已发现的阿贝力龙足迹化石所在地更偏东。

最小纪录

c. 王尔德足迹未定种： 这是辛梅利亚大陆（现伊朗）最小的一枚足迹。留下足迹的动物与幼年虚骨龙类似。

d. 未命名： 这是中东地区最小的足迹（现以色列），可能是涉水鸟留下的，类似于古鸟足迹。

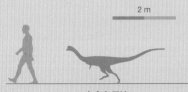

2 m

未命名足迹
3.2 m/82 kg

未命名足迹
6.4 ～ 7.1 m/1 ～ 1.2 t

1 m

王尔德足迹未定种
70 cm/300 g

未命名足迹
69 cm/4.5 kg

中生代时期的中东地区和辛梅利亚大陆

在整个中生代时期，中东地区与非洲北部相连，有着相同的地理演变进程。在三叠纪和早侏罗世期间，它是泛大陆中南部地区的一部分。在中侏罗世和晚侏罗世，它被整合到泛大陆的中南部地区。在白垩纪早期，它是组成冈瓦纳古陆中南部地区的一部分，而最后成了非洲东北部和阿拉伯地区的一部分。

中东地区兽脚亚目恐龙记录

在中东地区发现的恐龙化石非常少。化石记录分布在沙特阿拉伯、黎巴嫩、阿曼和叙利亚；骨骼与足迹混合记录在以色列有发现。

辛梅利亚是一块被古特提斯洋环绕的古大陆。它由从三叠纪到早侏罗世的泛大陆东北部、从中侏罗世到晚侏罗世的古亚洲、白垩纪的劳亚大陆东部延伸到下部的一系列岛屿组成。新生代中期，除了喜马拉雅山脉、兴都库什山脉和扎格罗斯山脉之外，辛梅利亚还与欧洲北部大陆相撞，形成了阿尔卑斯山和高加索地区的高山造山带。

辛梅利亚大陆的兽脚亚目恐龙记录

化石记录分布于亚美尼亚、老挝、马来西亚、土耳其和越南；骨骼与足迹混合记录分布于泰国；遗迹化石（足迹）在阿富汗和伊朗有发现。

中东地区最小纪录

中生代鸟类：嗜珀反凤鸟（*Enantiophoenix electrophyla*）（现利比亚）是一种反鸟，它体型非常小，即使鸽子站在它身边，都会显得身形巨大。

兽脚亚目：最小纪录的保持者是标本 SGS 0061 和 SGS 0090，它们是仅通过牙齿被辨别出的，它们表现出与阿贝力龙科恐龙的相似性，可能是长为 1.35 m、体重为 6 kg 的幼年个体。

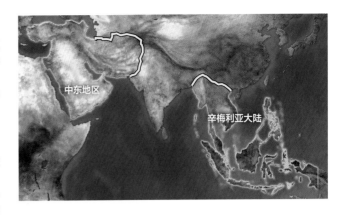

辛梅利亚大陆最小纪录

中生代鸟类：今鸟形类鸟类 K3-1 被发现于辛梅利亚大陆东部（现泰国），是目前已知最古老的一种。它的体型相当小，一只乌鸦的体重是它体重的三倍。

兽脚亚目：最小的标本是发现于辛梅利亚大陆东部（现泰国）的虚骨龙 TF 1739-1 和 TF 1739-2。用长足美颌龙作为参照来复原它们，前者体长为 80 cm、体重为 340 g，后者身长将近 1.5 m、体重约 2.3 kg。

中东地区最古老纪录

一些保有在琥珀中的羽毛（现黎巴嫩）的所属年代是早白垩世早期（欧特里夫期，距今 1.329 亿～1.294 亿年）。它们被鉴定为鸟类的羽毛，但也有可能是兽脚亚目恐龙的羽毛。

辛梅利亚大陆最古老纪录

一些原始蜥臀目的足迹（现泰国）可能属于一只类似于伊斯基瓜拉斯托艾雷拉龙，体长约为 4.9 m、体重约为 295 kg 的肉食性动物。还有报道称发现了所属年代为早侏罗世（赫塘期—普林斯巴期，距今 2.013 亿～1.827 亿年），可能属于兽脚亚目恐龙的足迹（现阿富汗）。

未命名

标本：K3-1

全长：22 cm
臀高：18.5 cm
体重：415 g
化石材料：不完整肱骨
体型推测可信度：●●○○

反凤鸟

最小
纪录

1:4.57

标本：MSNM V3882

全长：26.3 cm
臀高：11.5 cm
体重：250 g
化石材料：部分躯干骨
体型推测可信度：●●●○

20 cm　　　　　　40 cm　　　　　　60 cm　　　　　　80 cm

奇异恐手龙

1：57.07

似特暴龙近勇士种

标本： IGM 100/127

全长： 12 m
臀高： 4.4 m
体重： 7 t
化石材料： 颅骨和部分躯干骨
体型推测可信度： ●●●●

标本： IZK 33/MP–61

全长： 9.5 m
臀高： 2.9 m
体重： 3.8 t
化石材料： 不完整齿骨
体型推测可信度： ●●○○

亚洲西部最大纪录

兽脚亚目： 似特暴龙近勇士种（现哈萨克斯坦）几乎与一只亚洲象一样重，但尚不清楚它是否成年。库吉唐土库曼龙足迹（现土库曼斯坦）是一些由体长为 11.2 m，体重为 3.4 t 的巨型斑龙科恐龙留下的足迹。

中生代鸟类： 巴氏亚洲黄昏鸟（现哈萨克斯坦）是一种水生巨型黄昏鸟，其体长 1.25 m，体重 14.8 kg。一些研究人员认为它可能属于黄昏鸟。

亚洲东部最大纪录

兽脚亚目： 奇异恐手龙（现蒙古）是一种巨型植食性恐龙，它长着巨大的前臂和背帆，尾部长有尾综骨。亚洲最大的肉食性兽脚亚目恐龙是标本 NHMG 8500（现中国），其体长可达 12.9 m，体重约 5.2 t。

原始蜥臀目： 唯一的肉食性恐龙化石证据保存于亚洲东部的三叠纪地层中，它是一个表现出原始蜥臀目特征的恐龙足迹（现中国）。它可能是由一只长约 3 m，重约 34 kg 的动物留下的。

中生代鸟类： 长尾雁荡鸟（现中国）不能飞行，因为它已经非常适应在陆地上奔跑。其体长约 60 cm，体重约 2.1 kg。

足迹

  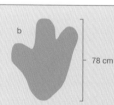 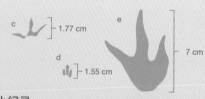

a — 58.2 cm
b — 78 cm
c — 1.77 cm
d — 1.55 cm
e — 7 cm

最大纪录

a. 洛克里查布足迹： 从其趾头比例推测，它可能是一只棘龙科恐龙留下的，这是从足迹推测出的亚洲东部（现中国）最大的兽脚亚目恐龙。有报道称在日本发现了一个长为 68.5 cm 的足迹化石，但目前尚未有正式描述。

b. 库吉唐土库曼龙： 单单通过该足迹可推测出亚洲西部（现土库曼斯坦）最大的兽脚亚目恐龙。它可能属于一只巨型斑龙科恐龙。

最小纪录

c. 哈曼韩国鸟足迹： 最大的足迹长为 38 mm。

d. 甄朔南小龙足迹： 尺寸更小，但有人怀疑它是幼年鸟臀目留下的足迹。两者均发现于亚洲东部（现韩国）。

e. 罗氏虚骨龙足迹： 从该足迹推测出了亚洲西部（现塔吉克斯坦）最小的兽脚亚目恐龙。

4 m

40 cm

洛克里查布足迹
8.9 m/1.5 t

库吉唐土库曼龙
11.2 m/3.4 t

哈曼韩国鸟足迹
10.5 cm/16～17 g

罗氏虚骨龙足迹
96 cm/2.1 kg

中生代时期的亚洲

1942 年，中生代的三大地理区域得到承认，包括劳伦大陆（北美洲）、安加里亚大陆（亚洲和欧洲），以及冈瓦纳大陆（南美洲、非洲、中东、印度斯坦、南极洲和大洋洲）。现在的亚洲是几个古大陆相互碰撞结合而成的。

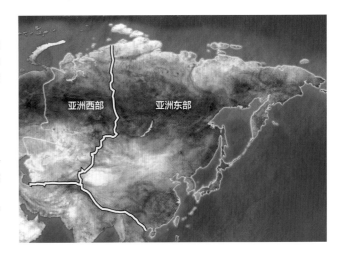

亚洲兽脚亚目恐龙记录

在这里，我们将亚洲划分成西部和东部，便于相互比较。

在西部地区，化石记录分布于吉尔吉斯斯坦和俄罗斯西部；骨骼与足迹混合记录分布于哈萨克斯坦、塔吉克斯坦、土库曼斯坦和乌兹别克斯坦。

在东部地区，化石记录分布在朝鲜；骨骼与足迹混合记录在中国、韩国、日本、蒙古和俄罗斯东部均有发现。

亚洲东部最小纪录

中生代鸟类： 楚雄微鸟（现中国）是全球范围内中生代时期体型第二小的鸟类。它的体型非常微小，5 只楚雄微鸟才抵得上 1 只麻雀的体重。与之相比更小的还有鸟类的胚胎，比如，列氏戈壁雏鸟（现蒙古）的标本 PIN 4492–4，它的体长为 4.7 cm，体重为 2 g。

兽脚亚目： 宁城树息龙和海氏擅攀鸟龙（现中国）是一些长 13 cm，重 6.7 g 的幼龙。有些专家认为擅攀鸟龙生存于中侏罗世，宁城树息龙生存于早白垩世晚期。遥远小驰龙（现蒙古）是一种体长为 50 cm，体重为 185 g 的成年阿瓦拉慈龙科恐龙。

亚洲西部最小纪录

中生代鸟类： 白垩克孜勒库姆鸟（现乌兹别克斯坦）比一只麻雀还小。

兽脚亚目： "伶盗龙" 未定种 ZIN PH 34/49（现哈萨克斯坦）可能是一只体长为 66 cm，体重为 410 g 的小盗龙的化石。镰刀龙科恐龙的胚胎标本 ZIN PH 35/49（现哈萨克斯坦）体长仅为 8.7 cm，体重为 3.6 g。

亚洲最古老的纪录

最古老遗迹当属年代为晚三叠世（诺利期～瑞替期，距今 2.27 亿～2.013 亿年）的足迹化石 PI4。它可能是原始蜥臀目留下的足迹。年代为晚三叠世（瑞替期，距今 2.085 亿～2.013 亿年）的磁峰彭县足迹和其他足迹（现中国）可能属于兽脚亚目恐龙或原始蜥脚亚目恐龙。

最小
纪录

白垩克孜勒库姆鸟

1 : 1.14

标本: TsNIGRI 51/11915

全长: 12.5 cm
臀高: 5.4 cm
体重: 25 g
化石材料: 部分躯干骨
体型推测可信度: ●●●○

楚雄微鸟

标本: IVPP V18586

全长: 7.5 cm
臀高: 3.3 cm
体重: 6 g
化石材料: 部分躯干骨
体型推测可信度: ●●●○

5 cm   10 cm   15 cm   20 cm

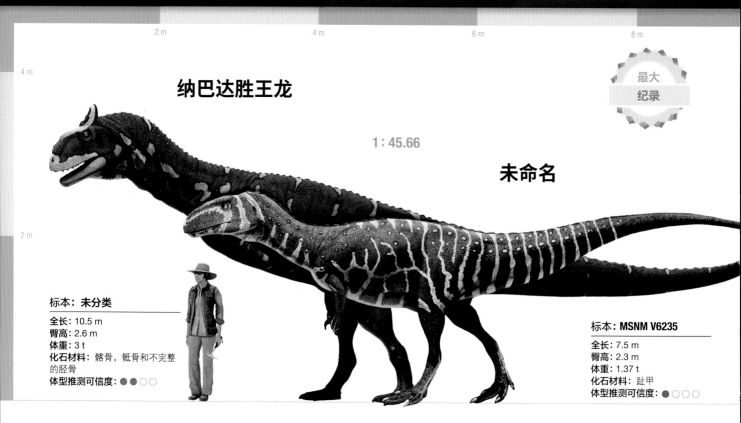

2 m　　　　4 m　　　　6 m　　　　8 m

4 m

最大

纪录

纳巴达胜王龙

1 : 45.66

未命名

2 m

标本：未分类

全长： 10.5 m
臀高： 2.6 m
体重： 3 t
化石材料： 髂骨，骶骨和不完整的胫骨
体型推测可信度： ●●○○

标本：MSNM V6235

全长： 7.5 m
臀高： 2.3 m
体重： 1.37 t
化石材料： 趾甲
体型推测可信度： ●○○○

印度斯坦最大纪录

　　兽脚亚目： 在冈瓦纳古陆中南部（现印度）发现的一些化石骨骼的来源最初被认为是身负鳞甲的印度拉米塔龙，最后被鉴定为大型阿贝力龙科的纳巴达胜王龙。

马达加斯加最大纪录

　　兽脚亚目： 角鼻龙科 MSNM V6235 体长约 7.5 m，体重约 1.37 t。它体长比凹齿玛君龙短，但体重与之相近。在当时，马达加斯加是

构成泛大陆中南部的一部分，与非洲、印度斯坦和南极洲相连。凹齿玛君龙（之前被称为凹齿"南方巨兽龙"）是阿贝力龙科恐龙，在马达加斯加岛形成后便生存于此，其体长为 8.1 m，体重约为 1.3 t。

　　中生代鸟类： 马达加斯加最大的中生代鸟类是贝里沃特鸟如那鸟，其体长为 51 cm，体重为 4.5 kg。

足迹

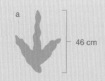

a

46 cm

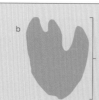

b

60 cm

c　5.5 cm

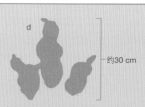

d

约30 cm

最大纪录

　　a. 未命名： 从一枚发现于马尔加什地区（现马达加斯加）的足迹推测出了最大的兽脚目恐龙，它类似于卡岩塔足迹，属于一只体重超过 500 kg 的动物。

　　b. 苏氏沙门野兽足迹： 推测它是一枚阿贝力龙科恐龙留下的足迹，但其不对称的形状与斑龙类吻合。它被发现于印度斯坦（现巴基斯坦）。

最小纪录

　　c. 细跷脚龙足迹： 印度斯坦最小的足迹是由一只腔骨龙超科恐龙留下的。

　　d. 未命名： 马尔加什地区（现马达加斯加）最小的兽脚亚目恐龙足迹可能是中等体型的阿贝力龙科恐龙留下的。

3 m

未命名足迹
6.4 m/510 kg

苏氏沙门野兽足迹
8.1 m/860 kg

2 m

细跷脚龙足迹
74 cm/436 g

未命名足迹
5.6 m/470 kg

中生代时期的印度马尔加什

在三叠纪和侏罗纪早期，印度马尔加什是泛大陆中南部的一部分。后来，在侏罗纪中期和晚期，它并入了泛大陆的西南地区。早白垩世期间，它形成了冈瓦纳古陆中南部地区，直到它与其他大陆分离。最后，它在晚白垩世分为两个地区，马达加斯加和印度斯坦。

在1亿到1.2亿年前，印度斯坦和马达加斯加结合在一起。它们与南极洲和非洲分离，在5 500万年后与古亚洲相撞。印度斯坦和马达加斯加之间的分离发生在8 500万年前。

印度斯坦兽脚亚目恐龙记录

骨骼与足迹混合记录分布在印度和巴基斯坦。

马达加斯加兽脚亚目恐龙记录

骨骼与足迹混合记录分布在马达加斯加岛。

印度斯坦最小纪录

原始蜥臀目： 发现于泛大陆中南部（现印度）的马勒尔艾沃克龙是类似于月亮谷始盗龙的原始蜥臀目恐龙，因而可能是原始恐龙形类。

兽脚亚目： 腔骨龙超科 K.33/606b 是一个幼年恐龙化石，与比它大两倍的另一个体（K.33/606a）一起被发现。它体长为 2 m，体重为 7.5 kg。细骁脚龙足迹（现印度）是一个体长为 74 cm，体重为 435 g 的腔骨龙超科恐龙足迹。

马达加斯加最小纪录

中生代鸟类： 标本 UA 9601 可能是半水生鸟燕鸟的近亲。它比鸽子体型更小。

兽脚亚目： 标本 MSNM 5589 是一些牙齿，可能属于一只体长为 2.1 m，体重为 23 kg 的驰龙科恐龙。值得一提的是，有一些专家认为它属于阿贝力龙科。多齿的诺氏恶龙，其体长可达到 4.6 m，体重达 115 kg。

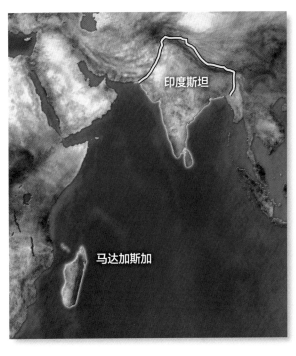

印度斯坦

马达加斯加

印度斯坦最古老纪录

原始蜥臀目的马勒尔艾沃克龙和兽脚亚目的腔骨龙超科恐龙（K.33/621a 和 K.33/606b）来自晚三叠世（卡尼期，距今 2.37 亿～ 2.27 亿年）（现印度）。

马达加斯加最古老纪录

在中侏罗世（巴柔期，距今 1.703 亿～ 1.683 亿年）地层中发现了一些足迹，它们类似于卡岩塔足迹和阿贝力龙足迹。

最小
纪录

马勒尔艾沃克龙

标本：ISI R 306

全长：1.3 cm
臀高：38 cm
体重：2 kg
化石材料：股骨和椎骨
体型推测可信度：● ● ○ ○

未命名

标本：FMNH PA 747

全长：20 cm
臀高：8.9 cm
体重：119 g
化石材料：肱骨
体型推测可信度：● ● ○ ○

1 : 6.85

20 cm   40 cm   60 cm   80 cm   100 cm

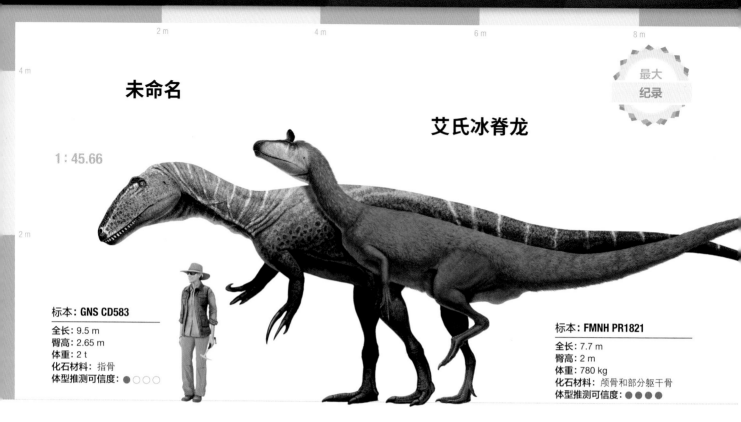

2 m　　　　4 m　　　　6 m　　　　8 m

4 m

未命名

艾氏冰脊龙

1 : 45.66

2 m

标本：**GNS CD583**

全长：9.5 m
臀高：2.65 m
体重：2 t
化石材料：指骨
体型推测可信度：●○○○

标本：**FMNH PR1821**

全长：7.7 m
臀高：2 m
体重：780 kg
化石材料：颅骨和部分躯干骨
体型推测可信度：●●●●

最大
纪录

大洋洲最大纪录

兽脚亚目：标本 GNS CD 583 应该属于一种比河马还重的兽脚亚目恐龙。它可能是一只体长为 9.5 m，体重为 2 t 的大盗龙科恐龙。

原始蜥臀目：实雷龙足迹未定种与艾雷拉龙留下的足迹相似。其体长可能为 4.7 m，体重大约为 265 kg。

中生代鸟类：标本 QM F37912 与长尾雁荡鸟类似，但前者体型更大，体长为 1.65 m，体重为 21 kg。

南极洲最大纪录

兽脚亚目：艾氏冰脊龙发现于泛大陆东南部，是腔骨龙超科或原始坚尾龙类恐龙，其体长相当于两辆轿车头尾相连，体重相当于一只湾鳄和一只狮子的体重之和。它的头上长有一片扇形的怪异骨冠，这就是它在正式命名的一年前被称为"猫王"的原因。

中生代鸟类：有报道称发现了一个类似于鹤的股骨，它属于目前在该大陆上发现的最大的鸟类，其体长约 74 cm，体重约 4.1 kg。

足迹

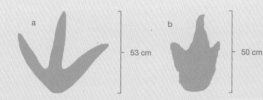

a

53 cm

b

50 cm

c

7.2 cm

最大纪录

a. 似布鲁姆巨龙足迹：大洋洲（现澳大利亚）最大的兽脚亚目恐龙是从该足迹推测出的。这些标本看上去与 b. 布鲁姆巨龙足迹不同，因此可能属于不同种。两者的足迹与大盗龙类恐龙的足部相吻合。

南极洲的中生代兽脚亚目恐龙。相反，在新生代发现了富氏南极足迹或似乌班吉足迹。这两者都来自新世地层。

最小纪录

c. 似跷脚龙足迹：人们从这枚足迹推测出了大洋洲（现澳大利亚）最小的肉食性恐龙。它可能是由一只生存于晚三叠世的原始蜥臀目恐龙留下的。

30 cm

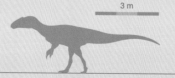

3 m

布鲁姆巨龙足迹
5 m/310 kg

布鲁姆似巨龙足迹
6.8 m/750 kg

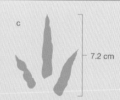

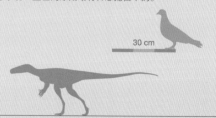

似跷脚龙足迹
98 cm/1.2 kg

中生代时期的大洋洲 – 南极洲

在三叠纪和侏罗纪早期，这片广袤的区域是构成泛大陆东南部地区的其中一部分。后来，在晚侏罗世中期，它成为泛大陆东南部的一部分。在白垩纪早期，该区域整合了冈瓦纳古陆南部地区，在马达加斯加、印度斯坦、南美洲和大洋洲之间开辟出了一条通道。最后在晚白垩世晚期，该区域开始远离其他大陆。

在白垩纪中期，今天大洋洲的一些地区比当时南极洲的某些地区更偏南。因为气温低，低温季节长达半年，这里的动物适应了寒冷的环境。

大洋洲和南极洲兽脚亚目恐龙记录

在南极洲和新西兰有化石记录分布，此外，在澳大利亚发现有骨骼与足迹混合记录。

大洋洲最小纪录

中生代鸟类： 侏儒鸟未定种 QM F31813 是一种反鸟。

原始蜥臀目： 似跷脚龙足迹可能是一只体长约 98 cm，体重为 1.2 kg 的动物留下的足迹。

兽脚亚目： 苏氏澳洲盗龙发现于泛大陆东南部（现澳大利亚），是一种神秘的兽脚亚目恐龙，被鉴定属于原始阿贝力龙科。它可能体长约 2.3 m，体重约 13 kg。另外，有枚腔骨龙超科恐龙的足迹化石被保存下来，推测它属于一只体长为 1.65 m，体重为 4.9 kg 的小型动物。

南极洲最小纪录

中生代鸟类： 鸻形目的标本 MLP 98–I–10–25 可能是最小的一个。它的体型仅仅比麻雀大一些。尚不清楚它是否为成年个体。

兽脚亚目： 该地区最小的兽脚亚目恐龙是在詹姆斯罗斯岛发现的。其体长约为 2.9 m，体重约为 48 kg。

大洋洲最古老纪录

似跷脚龙足迹（现澳大利亚）可能是一只生存于晚三叠世（卡尼期，距今 2.37 亿～2.27 亿年）的原始蜥臀目恐龙留下的。另外还有很多早侏罗世（辛涅缪尔期，距今 1.993 亿～1.908 亿年）的兽脚亚目腔骨龙超科恐龙留下的足迹。

南极洲最古老纪录

艾氏冰脊龙和一些未描述的腔骨龙超科恐龙的牙齿是在早侏罗世（辛涅缪尔期，距今 1.993 亿～1.908 亿年）地层中被发现的。

最小纪录

侏儒鸟未定种

未命名物种

1 : 3.42

标本: QM F31813

全长: 23.4 cm
臀高: 10.3 cm
体重: 175 g
化石材料: 部分躯干骨
体型推测可信度: ●●●○

标本: MLP 98–I–10–25

全长: 19 cm
臀高: 9 cm
体重: 40 g
化石材料: 部分后肢骨骼
体型推测可信度: ●●○○

20 cm　　40 cm　　60 cm　　80 cm　　100 cm　　120 cm

世界上中生代恐龙形态类、兽脚亚目和鸟类的发现纪录

约前 1000 年 中国 亚洲最早关于恐龙的记载

当时最古老的传统观念认为，在田野中寻找到龙骨预示着好兆头。

约前 430 年 埃及 非洲最早关于恐龙的记载

在一次埃及之旅中，"史学之父"希罗多德发现了大量"蛇的脊椎和骨头"。有人怀疑有一些是兽脚亚目恐龙和其他恐龙的化石。

约前 200 年 中国 亚洲最早关于恐龙的报道

在挖掘河道的时候发现了恐龙骨头的化石。

1671 年 英格兰 在欧洲西部发现了第一个侏罗纪时期的兽脚亚目恐龙化石

在英格兰发现了一个年代为中侏罗世的兽脚亚目恐龙的股骨远端化石，尽管它被命名为斑龙，但实际上可能是同时期的某一种肉食性恐龙。

1806 年 美国 发现了北美洲西部的第一只恐龙

报道称在由克拉克率领的在蒙大拿州的一次探险中，发现了一些可能是恐龙的巨型肋骨。

1828 年 法国 在第二个国家关于兽脚亚目恐龙的首次报道

报道称在法国诺曼底发现了"斑龙"的存在。

1834 年 美国 发现了北美洲西部的第一个鸟类化石

旧古鹬鸟最初被确定为是一只丘鹬。很久以后才被认为是一种中生代的鸟类，但也有可能属于新生代。这是北美洲发现的第一个鸟类化石。

1854 年 加拿大 第一篇关于北美洲东部脚亚目恐龙的错误报道

北方深颌龙被发现于爱德华岛（加拿大），它实际上是二叠纪时期的盘龙目恐龙。

1856 年 美国 在北美洲西部首次发现兽脚亚目恐龙

可怕恐齿龙和美丽伤齿龙在蒙大拿州被发现，它们也是最早被命名的北美洲兽脚亚目恐龙。由于只是通过牙齿被确定的，因而两者被认为是疑名。

1857 年 美国 第一篇关于北美洲东部鸟类的错误报道

在北卡罗来纳州的三叠纪地层中发现的一个推测为鸟类的化石最初被命名为鸵形古老鸟，但它实际上是植食性的卡罗莱纳狂齿鳄。

1858 年 德国 在欧洲西部发现的第一个三叠纪兽脚亚目恐龙

克洛克"斑龙"是根据可能的兽脚亚目或者是主龙类恐龙的牙齿推测出的。目前认为它是存疑的。

1859 年 印度 在亚洲南部（印度斯坦）首次发现兽脚亚目恐龙

一颗单独的，被认为是原蜥龙类的牙齿被命名为拉氏"大椎龙"。它于 1859 年在萨格尔被发现，于 1890 年被命名。

1859 年 南非 第一篇关于非洲南部的兽脚亚目恐龙的错误报道

扁头鹈龙兽被误认为是一只恐龙。实际上，它是一种生存于早三叠世的合弓纲动物。

1859 年 俄罗斯 第一篇关于欧洲东部的兽脚亚目恐龙的错误报道

毕欧斯多特罗龙兽被误认为是一只恐龙。实际上，它是一种发现于俄罗斯巴什科尔托斯坦共和国的早二叠世合弓纲动物。

1860 年 巴西 第一篇关于南美洲北部的兽脚亚目恐龙的错误报道

在报道中提到发现了一个"斑龙"的背椎骨，但后来证明这是一个鳄鱼化石。

1865 年 美国 在北美洲东部首次发现兽脚亚目恐龙

古空骨龙是在马里兰州发现的一个似鸟龙类胫骨化石。这一名字已被一个未确定的动物占用，因而被认为是一个疑名。

1865 年 印度 第一篇关于亚洲南部（印度斯坦）的肉食性恐龙的错误报道

印度蝮蛇是一种早三叠世的主龙形类。它最初被认为是恐龙，直到 1972 年才认定它与古鳄为同物异名。

1869 年 美国 在北美洲西部发现的第一个侏罗纪兽脚亚目恐龙

瓦伦斯腔躯龙是根据一块不完整的尾椎化石鉴定出的。它可能属于异特龙类，但不能完全确定。另外，这块化石遗失了。

1870 年 美国 在北美洲西部首次发现中生代鸟类（水生）

帝王黄昏鸟的模式标本发现于堪萨斯州，两年后被学者正式描述。

1872 年 美国 在北美洲西部第一个被命名的中生代鸟类

帝王黄昏鸟是第一个被命名的中生代鸟类。不久之后，在同一年命名了两面革瑞克鸟、马氏科隆龙和异鱼鸟，它们与两面鱼鸟为同物异名。

1872 年 美国 在北美洲东部第一个被命名的中生代鸟类

迅捷利墨斯鸟（现为革瑞克鸟）在发现它的 7 年后被命名。

1881 年 奥地利 在欧洲东部首次发现兽脚亚目恐龙

潘农"斑龙"是一块晚白垩世兽脚亚目龙的不完整牙齿化石。

1881 年 美国 在北美洲西部首次发现三叠纪兽脚亚目恐龙

鲍氏虚骨龙和洛氏虚骨龙（现为鲍氏腔骨龙）是第一个被发现的三叠纪肉食性恐龙。之后在同一年还发现了威氏长颈龙，这些化石都是在新墨西哥州发现的。

1896 年 马达加斯加 在马达加斯加首次发现兽脚亚目恐龙

玛君龙最初被命名为凹齿"斑龙"。

1898—1899 年 阿根廷 第一篇关于南美洲南部的兽脚亚目恐龙的报道

阿根廷酋长龙在 1898—1899 年的某篇文章中首次被提及。实际上这是一块鸟臀目恐龙的股骨和未确定的兽脚亚目恐龙牙齿的嵌合体。

1901 年 阿根廷 在南美洲南部第一个被命名的兽脚亚目恐龙

在艾雷拉龙被发现之前，近锐颌龙是 62 年间最完整的南美洲兽脚亚目恐龙化石。

1905 年 阿尔及利亚 在非洲北部首次发现白垩纪兽脚亚目恐龙

有报道称在阿尔及利亚发现了两块可能为埃及棘龙的部分牙齿化石。在这之后的 1915 年，该种恐龙再次被发现。

1906 年 澳大利亚 在大洋洲首次发现白垩纪兽脚亚目恐龙

报道称在帕特森角发现了一块指爪（前肢）化石。

1910 年 英格兰 在欧洲西部首次发现恐龙形类恐龙

埃尔金跳龙从它被发现到 2000 年，一直被认为是一种恐龙，现在我们知道它属于恐龙形类。

1910 年 巴西 在南美洲北部首次发现兽脚亚目恐龙

报道称在白垩纪地层中发现了类似槽齿龙的牙齿化石，它可能属于兽脚亚目的阿贝力龙科。

1912 年 德国 在欧洲首次发现三叠纪兽脚亚目恐龙

三叠原美颌龙最初被命名为"快支跳足鳄"。克洛克"斑龙"在它之前被发现，但不清楚它是兽脚亚目还是主龙类。

1913 年 罗马尼亚 第一篇关于欧洲东部的中生代鸟类的错误报道

诺氏沼泽鸟龙是在罗马尼亚新皮特姑发现的一块股骨碎片。它最初被认为是鸟类，直到后来才被鉴定为似鸟类兽脚亚目恐龙。

1915 年 俄罗斯 在亚洲东部首次发现白垩纪兽脚亚目恐龙

西伯利亚"异特龙"是在俄罗斯赤塔州发现的，它也被称为西伯利亚"吉兰泰龙"。

1920 年 坦桑尼亚 在非洲南部首次发现兽脚亚目恐龙

班氏轻巧龙和硕大"斑龙"发现于坦桑尼亚敦达古鲁。

1931 年 智利 在南美洲南部首次发现中生代鸟类

韦氏尼欧加鸟是现生潜鸟的近亲。

1931 年 美国 在北美洲西部首次发现白垩纪鸟类的足迹

足迹化石麦氏具蹼鸟足迹发现于科罗拉多州，这是半水生鸟类留下的。

1932 年 澳大利亚 在大洋洲第一个被命名的兽脚亚目恐龙

似鸟盗龙和伍氏沃格特鳄龙是在澳大利亚新南威尔士州发现的非常不完整的化石碎片。

1932 年 坦桑尼亚 在非洲南部首次发现三叠纪恐龙

阿罗霍斯槽齿龙可能是帕氏尼亚萨龙的近亲，两者生存于中三叠世的同一时期。目前不知道它们是原始恐龙还是衍生的恐龙形类恐龙，但它们表现出两种兼有的特性。

1933 年 瑞典 在欧洲东部首次发现中生代鸟类

斯氏似斯堪鸟在罗马尼亚的诺氏沼泽鸟类被发现 20 年后有了描述。但后者是一种非鸟类兽脚亚目恐龙。

1938 年 巴西 在南美洲南部首次发现恐龙形类恐龙

一些原被鉴定为恩吐龙类重装鳄的化石重新被鉴定为恐龙形类恐龙，目前它与其他恐龙形类恐龙的关系尚不清楚，但它比任何种类都要强壮。这些化石在发现 22 年后被命名为巴氏巴西大龙。

1942 年 巴西 在南美洲南部首次发现原始蜥臀目恐龙

逃窜椎体龙最初被描述为原蜥脚类，但之后被辨识为混合了原始恐龙和土龙类为氏爬科的化石。

1942 年 中国 在亚洲东部首次发现侏罗纪兽脚亚目恐龙

在中国有了角形剑阁龙、中国虚骨龙和甘氏四川龙的描述。角形剑阁龙实际上是混有兽脚亚目化石的西蜀鳄。

1948 年 中国 第一篇关于亚洲东部的三叠纪兽脚亚目恐龙的错误报道

三叠中国龙所生存的年代比推测的更近，现在我们知道它来自早侏罗世。

1963 年 阿根廷 在南美洲南部首次发现原始蜥臀目恐龙

伊斯基瓜拉斯托艾雷拉龙（猜测它与卡氏伊斯龙为同物异名）。

1967 年 澳大利亚 在大洋洲首次发现侏罗纪兽脚亚目恐龙

苏氏澳洲盗龙发现于 1967 年，但当时被鉴定为海龟的化石。31 年后它被重新确定为兽脚亚目恐龙。

1968 年 叙利亚 在中东地区首次发现兽脚亚目恐龙

大马士革省公布了一块兽脚亚目恐龙的胫骨碎片。

1969 年 津巴布韦 第一个改变了国籍的兽脚亚目恐龙

罗得西亚合踝龙最初在南罗得西亚是以合踝龙的名字被描述的。从 1980 年开始罗得西亚改称为津巴布韦共和国。

1972 年 蒙古 在亚洲东部首次发现中生代鸟类

微小戈壁鸟是一种反鸟，在它发现两年后被命名。

1979 年 印度 第一篇关于亚洲南部（印度斯坦）中生代鸟类的错误报道

一则新闻报道称在科塔组地层发现了一个早侏罗世的鸟类化石。实际上这是印度腔棘鱼的化石。

1979 年 阿根廷 在南美洲南部首次发现侏罗纪兽脚亚目恐龙

皮亚尼兹基龙是一具保存相当完整的斑龙超科骨骼化石。

1982 年 印度 在亚洲南部（印度斯坦）首次发现侏罗纪兽脚亚目恐龙

印度丹达寇龙是早侏罗世最早期的肉食性恐龙。

1983 年 乌兹别克斯坦 在亚洲西部首次发现中生代鸟类

真白垩花刺子模鸟是一种发现于克扎尔组地层的今鸟形类鸟类。白垩小鸟龙在其之前被发现，但是从其不对称的羽毛来推断，它可能属于鸟类或兽脚亚目。

1984 年 美国 在北美洲西部首次发现恐龙形类恐龙

在得克萨斯州发现的斯氏科技龙最初被认为是鸟臀目，但后来发现它实际上是西甲龙科恐龙。

1984 年 泰国 在辛梅利亚大陆首次发现兽脚亚目恐龙

一些非常不完整，但类似于美颌龙的小型兽脚亚目恐龙化石被描述。

1986 年 澳大利亚 在大洋洲首次发现中生代鸟类

厄俄斯侏儒鸟是在昆士兰州发现的一种反鸟。

1989 年 加拿大 第一篇关于北美洲西部的侏罗纪中生代鸟类足迹的错误报道

一份报道中提到了一些可能为晚侏罗世的鸟类足迹，但近期证实这些足迹年代属于早白垩世。

1989 年 南极洲 在南极洲首次发现中生代鸟类

格氏极地鸟发现于 1989 年，在 2002 年被正式发表。该名字在 1997 年以非正式的方式被提及。

1993 年 在最多国家被报道的兽脚亚目恐龙

斑龙的种类在德国、阿尔及利亚、阿根廷、奥地利、比利时、中国、西班牙、美国、法国、荷兰、英国、马达加斯加、摩洛哥、波兰、葡萄牙、罗马尼亚、瑞士和坦桑尼亚；此外，未确定的种（斑龙未定种）在巴西、韩国、印度和马里有过报道，年代涵盖晚三叠世到晚白垩世晚期。其实只有一个种：在英格兰发现的，生存于中侏罗世的巨型巴氏斑龙。

1994 年 南极洲 在南极洲首次发现兽脚亚目恐龙

在艾氏冰脊龙被正式发表的前一年，根据它奇怪的骨冠，它在著名杂志《史前时代》中被昵称为"猫王龙"。

1994 年 印度 首次在亚洲南部（印度斯坦）发现原始蜥臀目恐龙

马勒尔艾沃克龙（之前称为沃克龙）可能是始盗龙的近亲。

1996 年 泰国 在辛梅利亚大陆第一个被命名的兽脚亚目恐龙

萨氏暹罗龙看上去是暴龙超科的近亲，但实际上它是异特龙超科或原始虚骨龙。

1996 年 马达加斯加 在马达加斯加首次发现中生代鸟类

贝里沃特鸟如那鸟是马达加斯加最大的中生代鸟类。

2002 年 黎巴嫩 在中东地区首次发现中生代鸟类

当年发现了一只反鸟化石，在 6 年后被命名为嗜珀反凤鸟。

2003 年 坦桑尼亚 在非洲南部首次发现中生代鸟类

当年发现了被鉴定为反鸟的化石集合 TNM。但尚未有正式的描述。

2003 年 阿根廷 首次在南美洲南部发现三叠纪兽脚亚目恐龙

之前所有的报道都推测瞢以恶魔龙是晚三叠纪的兽脚亚目恐龙，实际上它是原始蜥臀目恐龙。

2004 年 摩洛哥 在非洲北部首次发现中生代鸟类?

一个椎骨标本 CMN 50852 与胁空鸟龙类似。这块化石引发了争议，因为不知道它是兽脚亚目驰龙科半鸟龙属，还是原始鸟类。

2005 年 巴西 在南美洲北部首次发现中生代鸟类

报道称在圣保罗州发现了一个反鸟标本（UFRJ DG 06 Av）。但尚未有正式描述。

2008 年 黎巴嫩 在中东地区第一个被命名的中生代鸟类

嗜珀反凤鸟在六年前已被发现。它的名字意为"品尝琥珀者的相反凤凰"，这是因为在该反鸟化石中找到一块琥珀。

2010 年 坦桑尼亚 在非洲南部首次发现恐龙形类恐龙

报道称至少发现了 14 具古老阿希利龙的标本。

2011 年 摩洛哥 在非洲北部首次发现恐龙形类恐龙

强臂狄奥多罗斯龙是一种植食性西里龙科。它的牙齿向前倾斜。

地质带的最大纪录

美国 最大的三叠纪恐龙地质带

多克姆组或钦利组宽约 400 km，长约 800 km。自 1893 年以来从这里发现了大量三叠纪晚期的化石。它由亚利桑那州、科罗拉多州、堪萨斯州、内华达州、新墨西哥州、俄克拉何马州、得克萨斯州和犹他州组成。

加拿大和美国 最大的侏罗纪恐龙地质带

莫里森组是晚侏罗世的沉积序列，覆盖面积约 1 500 000 km²。它包括美国亚利桑那州、科罗拉多州、爱达荷州、蒙大拿州、内布拉斯加州、新墨西哥州、犹他州和怀俄明州，以及加拿大艾伯塔省的部分地区。自 1877 年以来，人们在这里发现了大量的恐龙遗骸。

中国和蒙古 最大的白垩纪恐龙地质带

戈壁沙漠面积达 1 295 000 km²，它包括阿拉坦乌尔、巴彦扎格、巴伦仑伊特、布吉恩察布、加多克塔、古尔林察布、米格特和诺冈察布等众多地层，自 1922 年以来在这里发现各种恐龙化石。

中国 最大的有羽毛恐龙地质带

义县组和九佛堂组是世界范围内发现带毛的兽脚亚目恐龙，包括各种中生代鸟数量最多的地层。学者所描述的各种中间形态的化石彻底颠覆了有关鸟类飞行起源的一些观点。大量完好保存的化石至少由于两种现象聚集在一起：造成大规模死亡的剧烈火山爆发和火山碎屑涌浪。这些物质具有掩埋和防腐的功能。

在世界上发现恐龙形态类恐龙、兽脚亚目恐龙和中生代鸟类的最高纬度记录

北半球纪录
（基于古生物学数据库的资料）

最北端的鸟跖主龙类

泰氏斯克列罗斯龙被发现于 57.7ºN（晚三叠世时期的纬度为 36.3ºN，现苏格兰）。

最北端的鸟跖主龙类足迹

神奇原旋趾足迹被发现于大约 50.4ºN（早三叠世时期的纬度为 16.2ºN，现波兰）。

最北端的恐龙形类动物

埃尔金跳龙被发现于 57.7ºN（晚三叠世时期的纬度为 36.3ºN，现苏格兰）。

最北端的恐龙形类动物足迹

旋趾足迹未定种被发现于 52.1ºN（早三叠世时期的纬度为 16.3ºN，现德国）。

最南端的恐龙形类

脆弱未知龙（现阿根廷）被发现于 30.1ºS（晚三叠世时期的纬度为 46.7ºS），它是目前发现地最南端的恐龙。古老阿希利龙和西特韦高髋龙所处的纬度偏北，分别为 10.3ºS 和 10.8ºS，但是按当时的纬度，是非常靠南的（中侏罗世时期的纬度为 53.7ºS，现坦桑尼亚和赞比亚）。

最南端的恐龙形类动物足迹

一些恐龙形类足迹被发现于 29.8ºS（晚三叠世时期的纬度为 49.9ºS，现阿根廷）。某些知名的足迹，比如，原始旋趾足迹被当作恐龙形类恐龙足迹，但是实际上它们并不是。这些足迹处于 28.6ºS（早三叠世时期纬度为 65.7ºS，现莱索托）。

最北端的原始蜥臀目恐龙

原槽齿龙和西里西亚镰齿龙被发现于 50.5ºN（中三叠世时期的纬度为 19.1ºN，现加拿大西部）。发现地更北端是奥氏北极龙，它位于 76.6ºN（晚三叠世时期的纬度为 50.8ºN，现加拿大西部），但该化石非常不完整，并且它是否为恐龙还存疑。

最北端的原始蜥臀目恐龙足迹

一些跖骨印记的足迹化石被发现于 50.9ºN（晚三叠世时期的纬度为 43.4ºN，现波兰）。

最南端的原始蜥臀目

原始蜥臀目的月亮谷始盗龙和伊斯基瓜拉斯托艾雷拉龙被发现于 31.1ºS（晚三叠世时期的纬度为 47.7ºS，现阿根廷）。被推测为原始恐龙的帕氏尼亚萨龙和阿罗霍斯"槽齿龙"被发现于 10.5ºS（中三叠世时期的纬度为 53.9ºS，现坦桑尼亚）。

最南端的原始蜥臀目恐龙足迹

一些可能是原始蜥臀目恐龙足迹化石被发现于 29.8ºS（晚三叠世时期的纬度为 49.9ºS，阿根廷）。疑惑崔克里斯托足迹常被当作恐龙足迹，但实际上它并不是。这一足迹被发现于 28.6ºS（中三叠世时期的纬度为 65.7ºS，现莱索托）。

最北端的三叠纪兽脚亚目恐龙

一个在格陵兰岛的腔骨龙超科恐龙化石被发现于 71.8ºN（晚三叠世时期的纬度为 46ºN，现格陵兰）。

最北端的三叠纪兽脚亚目恐龙足迹

跷脚龙足迹未定种和其他足迹被发现于 71.5ºN、76.6ºN（晚三叠世时期的纬度为 45.8ºN，现格陵兰）。

最南端的三叠纪兽脚亚目恐龙

鲁氏恶魔龙被发现于 29.9ºS（晚三叠世时

期的纬度为 39ºS，现阿根廷）。

最南端的兽脚亚目恐龙足迹

实雷龙足迹未定种和跷脚龙足迹未定种被发现于 27.6ºS（晚三叠世时期的纬度为 59.3ºS，现澳大利亚）。

最北端的侏罗纪兽脚亚目恐龙

异特龙未定种 PIN 4874/2 可能为角鼻龙科恐龙，它被发现于 55.7ºN（晚侏罗世时期的纬度为 58ºN，现俄罗斯东部）。

最北端的侏罗纪兽脚亚目恐龙足迹

实雷龙足迹未定种、跷脚龙足迹未定种和极大龙足迹未定种被发现于 57.6ºN（中侏罗世时期的纬度为 47ºN，现苏格兰）。还有一些偏南的足迹位于现在的 44.5ºN，但这些早侏罗足迹被保存下来时，其化石点的纬度更偏北，为 53.4ºN（现中国）。

最南端的侏罗纪兽脚亚目

艾氏冰脊龙和腔骨龙超科恐龙 FMNH PR1822 的发现地非常靠南端，位于 84.3ºS（早侏罗世时期的纬度为 57.7ºS，现南极洲）。与之相对的是未确定的兽脚亚目恐龙 AV 13802，它被发现于 37.4ºS（晚侏罗世时期的纬度为 85.8ºS，现新西兰）。

最南端的侏罗纪兽脚亚目恐龙足迹

跷脚龙足迹未定种、斯氏萨米恩托足迹和纳维斯王尔德足迹被发现于 47.6ºS（中侏罗世时期的纬度为 44.2ºS，现阿根廷）。另有些足迹被发现于 27.6ºS（中侏罗世时期的纬度为 67.8ºS，现澳大利亚）。

最北端的白垩纪兽脚亚目

一些未确定的暴龙科恐龙的牙齿，似艾伯塔驰龙和巨大的似美丽伤齿龙被发现于 70.1ºN（晚白垩世晚期的纬度为 84.1ºN，现美国阿拉斯加州）。

最北端的白垩纪兽脚亚目恐龙足迹

德氏大鸟足迹和蜥伊洛尔足迹未定种被发现于北纬 63.3ºN（晚白垩世晚期的纬度为 72.4ºN，现美国阿拉斯加州）。

最南端的白垩纪兽脚亚目

一组混杂有各种兽脚亚目恐龙化石（其中有大盗龙和手盗龙）的嵌合体化石被发现于 38.7ºS（早白垩世晚期的纬度为 77.8ºS，现澳大利亚）。

最南端的白垩纪兽脚亚目恐龙足迹

贝氏皮村足迹、巴塔哥布雷桑足迹、马普奇德德法拉利迹和阿斯蒂加拉加阿贝力足迹被发现于 39.5ºS（早白垩世早期的纬度为 46.6ºS，阿根廷）。布鲁姆巨龙足迹被发现于 18ºS（早白垩世早期的纬度为 51ºS，现澳大利亚）。

最北端的中生代鸟类

北极加拿大鸟是一个发现位置最靠北端的鸟类化石，它被发现于 76.3ºN（晚白垩世晚期的纬度为 72.4ºN，现加拿大西部）。黄昏鸟未定种所处位置更偏南，位于 69.4ºN（晚白垩世晚期的纬度为 82.1ºN，现美国阿拉斯加州）。

最北端的中生代鸟类足迹

斯氏水生鸟足迹、鹤足迹、麦康奈尔氏具蹼鸟足迹、春氏乌班吉足迹和乌班吉足迹未定种被发现于63.3°N（晚白垩世晚期的纬度为72.4°N，现美国阿拉斯加州）。

最南端的中生代鸟类

格氏极地鸟被发现于64.3°S（晚白垩世晚期的纬度为62.6°S，现南极洲）。此外，反鸟标本 P 208183 被发现于38.7°S（早白垩世晚期的纬度为77.8°S，现澳大利亚）。

最南端的中生代鸟类足迹

一些未确定的鸟类足迹被发现于36.7°S（早白垩世晚期的纬度为74.1°S，现澳大利亚）。斯氏巴罗斯足迹、具蹼鸟足迹未定种和似水生鸟足迹未定种被发现于38.8°S（晚白垩世晚期的纬度为41.7°S，现阿根廷）。

最北端的兽脚亚目恐龙蛋化石

一些棱柱形蛋科的蛋壳被发现于62.9°N（晚白垩世晚期的纬度为75.8°N，现俄罗斯东部）。

最北端的中生代鸟蛋化石

细散结节蛋和克拉西奥伊德斯翠特拉古蛋被发现于49.1°N（晚白垩世晚期的纬度为56.8°N，现加拿大西部）。

最南端的兽脚亚目恐龙蛋

巴塔哥尼亚加达蛋被发现于39.5°S（晚白垩世晚期的纬度为42.3°S，现阿根廷）。一些长型蛋科的蛋壳被发现于38.5°S（晚白垩世晚期的纬度为44.4°S，现阿根廷）。

最南端的中生代鸟蛋

位于最南端的鸟蛋是飞鱼座内乌肯鸟，被发现于38.9°S（晚白垩世晚期的纬度为43.5°S，现阿根廷）。

最北端的中生代鸟类羽毛

羽毛标本 PIN 3064/10593 可能属于非鸟类兽脚亚目恐龙，也可能是鸟类羽毛，因为它有对称的形态。它被发现于51.2°N（早白垩世早期的纬度为52.9°N，现俄罗斯东部）。

最南端的中生代鸟类羽毛

在发现印石板始祖鸟10年之后，有报道称在38.6°S（早白垩世晚期的纬度为77°S 至 79°S，现澳大利亚）找到了一些真实的羽毛化石。它们可能属于鸟类兽脚亚目恐龙或者鸟类。

按照国家（或地区）、大陆划分，发现最多或最少的化石纪录和描述

苏格兰 命名唯一原始鸟跖主龙类化石的国家（或地区）

泰氏斯克列罗龙是至今发现的唯一一个鸟跖主龙类化石。

阿根廷 命名恐龙形类恐龙最多的国家

脆弱未知龙、查纳尔兔蜥、混合刘氏鳄、利略马拉鳄龙以及存疑物种塔兰布兔鳄、大伪兔鳄。

德国、苏格兰、英格兰、摩洛哥、波兰、坦桑尼亚和赞比亚 命名恐龙形类恐龙最少的国家（或地区）

在这些国家只有一个种被描述过。

法国 命名恐龙形类恐龙足迹最多的国家

在法国命名了13个可能的足迹种。第14个——路特夫原旋趾足迹，它可能是恐龙形类恐龙，或者原始鸟跖主龙类恐龙留下的足迹，因为留下这些足迹的脚部有膨胀的脚趾。

加拿大、荷兰、英格兰和波兰 命名恐龙形类恐龙足迹最少的国家（或地区）

至今为止在这些国家只有一个足迹种被命名。波兰的神奇原旋趾足迹可能是恐龙形类的原始鸟跖主龙类留下的足迹。

阿根廷 命名原始蜥臀目恐龙最多的国家

伊斯基瓜拉斯托艾雷拉龙和戈氏圣胡安龙是非常确定的种。月亮谷始盗龙可能是原始蜥脚形亚目。卡氏伊斯龙和伊斯基瓜拉斯富伦格里龙可能是伊斯基瓜拉斯托艾雷拉龙的同物异名。

印度 命名原始蜥臀目恐龙最少的国家

马勒尔艾沃克龙是印度命名的唯一一个原始蜥臀目恐龙的种。它可能是原始蜥脚形亚目。

莱索托 命名原始蜥臀目恐龙足迹最多的国家

根据兽脚亚目恐龙的足迹来确定原始蜥臀目恐龙的足迹是很困难的，但是酋恩三趾足迹和原三趾龙足迹应有4个种被认为可能是兽脚亚目恐龙的足迹。

纳米比亚 命名原始蜥臀目恐龙足迹最少的国家

鹅状蜥龙足迹可能是原始蜥臀目恐龙足迹，但这是个疑名。

中国 命名兽脚亚目恐龙最多的国家

现已有115个种有了描述。最接近这一数字的国家是美国，有105个种被描述。

南极洲、阿尔及利亚、奥地利、智利、韩国、丹麦、荷兰、匈牙利、意大利、哈萨克斯坦、巴基斯坦、瑞士、委内瑞拉和津巴布韦 命名兽脚亚目恐龙最少的国家（或地区）

在这些地区和国家只有一个种被发现。

美国 命名兽脚亚目恐龙足迹最多的国家

在美国东部命名了34个种，在西部有16个种被命名。

克罗地亚、斯洛伐克、印度、伊朗、纳米比亚、尼日尔、巴基斯坦、秘鲁、瑞典和乌兹别克斯坦 命名兽脚亚目恐龙足迹最少的国家

在这些国家只有一个种被命名。

中国 命名中生代鸟类最多的国家

目前有描述的有91个种。在世界上的其他国家还有107个种有描述。

德国、澳大利亚、巴西、智利、匈牙利、哈萨克斯坦、黎巴嫩和罗马尼亚 命名中生代鸟类的最少国家

在这些国家只有一个种被命名。

中国 命名了最多中生代鸟类足迹的国家

有11个种被命名。

西班牙和日本 命名中生代鸟类足迹最少的国家

有1个足迹种被命名。

第一个在非海洋环境中发现的中生代今鸟形类鸟类 得氏抱鸟 PIN 3790–271/272

在它被发现之前，大部分已知的中生代鸟类都是来自湖泊、海岸或海洋沉积层中。在它之前发现了反鸟：远祖阿克西鸟和小戈壁鸟。

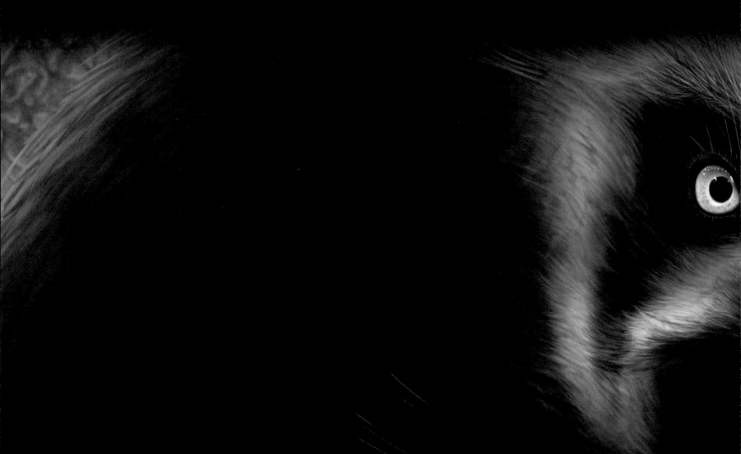

史前难题
兽脚亚目恐龙的解剖结构

绝大部分的恐龙化石为骨骼和牙齿。这是因为骨骼是矿化结构，能最大限度地保存下来；而牙齿是最耐腐蚀和磨损的部位。

一具完整的成年人类的骨骼共有 206 块骨头。绝大部分的恐龙，由于拥有长长的尾巴，它们的骨头数量比我们的多。例如，君王暴龙，尽管至今没发现任何一具完整骨骼，没办法知道其骨头的精确数量，但推测它一共有约 300 块骨头。

当你观察到兽脚亚目巨兽的股骨比成年非洲象的还大时，当你发现那些最小的兽脚亚目恐龙的股骨小到如同一枚大头针时，这将非常有趣。兽脚亚目恐龙骨骼形态和大小的巨大差异，使这些动物有着各式各样并且震撼人心的外表。

在接下来各页中呈现出的最小骨骼纪录，属于较小体型的某个成年物种，或未成年个体最大的部位。这是因为很难确定一些骨骼的大小，例如，最小的指骨、肋骨或椎骨。

骨骼

　　恐龙是脊椎动物，这意味着它们的身体是由骨骼骨架支撑起来的。这是一个由关节连接的结构，用于塑造身体、固定肌肉和肌腱，并具有保护神经系统等功能。

可怕的头部

　　兽脚亚目恐龙的头部由颅骨和下颌组成。两者都是由一组紧密连接在一起的骨头组成的，与爬行动物非常相似，在某些情况下与现在的鸟类非常相似。

测量颅骨所使用的数据

LO：从嘴部到枕骨的长度
LE：从嘴部到鳞骨的长度
LC：从嘴部到方轭骨的长度
AM：颅骨的最大宽度
LM：颌骨的长度

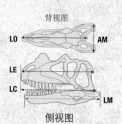

背视图

侧视图

最大的头部　1 : 20.54

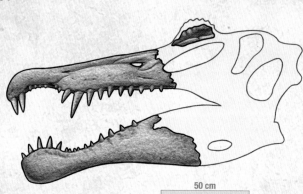

埃及棘龙
标本：MSNM V4047
LO：约168 cm
AM：约47 cm
纪录：
最大的白垩纪颅骨。
根据标本IPHG 1912 VIII 19（加长的下颌骨）和SMNS 58022（查氏激龙）复原。

50 cm

卡氏南方巨兽龙
标本：MUCPv-95
LC：约159 cm
LM：约164 cm
纪录：
最长的白垩纪完整颅骨。

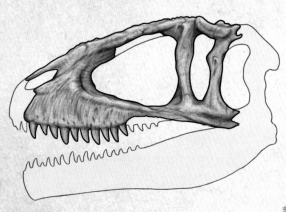

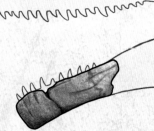

撒哈拉鲨齿龙
标本：SGM-Din 1
LO：约140 cm
LC：约153 cm
AM：约60 cm
纪录：
非洲脑容量最大的颅骨。

勇士特暴龙
标本：PIN 551-1
LCO：约125 cm
LE：约135 cm
AM：约51 cm
LM：约121 cm
纪录：
亚洲最长的颅骨。

非洲象的颅骨

君王暴龙
标本：FMNH PR2081
LO：约128 cm
LE：约144 cm
LM：139 cm
AM：约84 cm
纪录：
北美洲最大的颅骨。

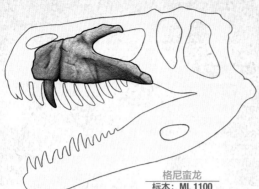

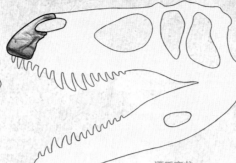

湾鳄的颅骨

格尼蛮龙
标本：ML 1100
LC：约128 cm
纪录：
欧洲和侏罗纪最大颅骨
（与谭氏蛮龙并列）。

谭氏蛮龙
标本：BYUVP 4882
LC：约128 cm
纪录：
侏罗纪最大颅骨
（与格尼蛮龙并列）。

帝王黄昏鸟
标本：YPM 1206
LE：25.7 cm
LM：25.7 cm
纪录：
最大的中生代鸟类颅骨。

谣言：巨大的三叠纪兽脚亚目恐龙

这块巨大的上颌骨化石（BMNH
R3301）长 42 cm，它原被认为属于一个
大型的肉食性恐龙，但却发现它实际上
属于劳氏鳄科主龙类。

伊斯基瓜拉斯富伦格里龙
标本：PVSJ 53
LE：约56 cm
纪录：
三叠纪最大的颅骨
（在兽脚亚目恐龙中，该纪录
的保持者是罗氏恶魔龙，它
的颅骨 LE 长为 45 cm）。

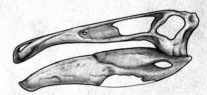

奇异恐手龙
标本：IGM 100/127
LCO：102 cm
LE：106 cm
AM：约25 cm
LM：约99 cm
纪录：
最大的植食性兽脚亚目恐龙的颅骨。

最小的头部 1：1.14

麻雀的颅骨

三塔中国鸟
标本：BPV 538
LE：约2.68 cm
LM：约2.4 cm
纪录：
三叠纪最短的下颌骨。

列氏戈壁雏鸟
标本：PIN 4492-3
LE：约1.00 cm
LM：约1.8 cm
纪录：
三叠纪最小的颅骨
（幼年）。

泰勒斯克列罗龙
标本：R3556
LE：3.6 cm
LM：0.1 cm
纪录：
鸟跖主龙类的最短颅骨。
比较对象是幼年（R3146A）。
LE：3.2 cm，LM：3 cm。

塞阿拉克拉图鸟
标本：UFRJ-DG 031 Av
LE：约1.5 cm
纪录：
三叠纪最短的颅骨。

2 cm

胡氏耀龙
标本：IVPP V15471
LE：4.3 cm
LM：3.9 cm
纪录：
侏罗纪最短的颅骨。短羽始中
国羽龙的颅骨长为 4.32 cm。

宁城树息龙
标本：IVPP V12653
LE：约2.15 cm
LM：约1.8 cm
纪录：
侏罗纪最小的颅骨
（幼年）。

三叠原美颌龙
标本：SMNS 12591
LC：约 6.5 cm
纪录：
最短的三叠纪兽脚亚目恐龙的颅骨
（原始蜥臀目恐龙中颅骨最小的是似克罗姆霍无
父龙 VMNH 1751，其颅骨长度约 10 cm）。

骨冠和犄角

骨冠是颅骨的突起，它具有不同的功能，比如，"展示功能"，以及其他未知的功能。"犄角"实际上就是骨冠，但它们不适合被强烈撞击。

顶骨

顶骨是颅骨中非常厚实的一部分骨头，用于争夺领地、食物或者为了获得繁育伙伴时的对抗。

最大的骨冠和"犄角"　1：5.71

10 cm

魏氏双脊龙
标本：UCMP 37302
长度：约 43 cm×13 cm
纪录：
最大的骨冠。
属于一个亚成体。

角鼻角鼻龙
标本：UMNH 5278
长度：约 14 cm×7 cm
纪录：
最大的鼻角。

萨氏食肉牛龙
标本：MACN-CH 894
长度：约 8.7 cm×12.5 cm
纪录：
最大的眶上角。

最大的顶骨　1：5.71

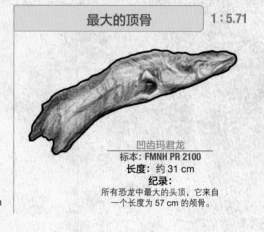

凹齿玛君龙
标本：FMNH PR 2100
长度：约 31 cm
纪录：
所有恐龙中最大的头顶，它来自一个长度为 57 cm 的颅骨。

巩膜环

在某些"爬行动物"和鸟类的眼睛内，巩膜环是由许多小骨头组成的环状物。它起到支持虹膜肌肉的作用。

测量巩膜环所用的数据

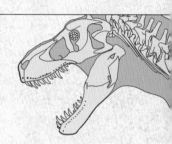

侧视图　　直径

最大的巩膜环　1：3.42

5 cm

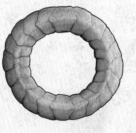

欧洲异特龙
标本：ML 415
直径：约 6.4 cm
纪录：
基于脆弱异特龙（DINO 11541）推测，这是侏罗纪最大的巩膜环。

伊斯基瓜拉斯托艾雷拉龙
标本：PVSJ 407
直径：约 3.4 cm
纪录：
三叠纪最大的巩膜环。

奇异恐手龙
标本：IGM 100/127
直径：约 11.6 cm
纪录：
基于塞氏似鸸鹋龙（ROM 840）推测，这是白垩纪最大的巩膜环。

最小的巩膜环　×10

1 mm

库氏扇尾鸟
标本：PVSJ 407
直径：3.2 mm
纪录：
最小的巩膜环。幼年兽脚亚目恐龙宁城树息龙的巩膜环直径约 4.5 cm。

舌骨

舌头由形成舌骨的几根骨头支撑。人们对于恐龙这些骨头的了解很少，因为它们往往是软骨结构。

测量舌骨所用的数据

侧视图　　长度

最大的舌骨　1：5.71

10 cm

董式中华盗龙
标本：IVPP 10600
长度：50 cm
纪录：
最长的舌骨。
它属于一个亚成体。

萨氏食肉牛龙
标本：MACN-CH 894
长度：35 cm
纪录：
侏罗纪最长的舌骨。
它属于一个亚成体。

耳柱骨（镫骨）

兽脚亚目恐龙，以及现有的鸟类、"爬行动物"和两栖动物在中耳有个单一的骨头，称为耳柱骨或镫骨。

测量镫骨所使用的数据

侧视图

长度

最大的镫骨 1:2.28

君王暴龙
标本：**FMNH PR2081**
长度： 约 14.5 cm
纪录：
最大的镫骨。

4 cm

脆弱异特龙
标本：**IVPP 10600**
长度： 约 10 cm
纪录：
侏罗纪最大的镫骨。
它属于一个亚成体。

椎骨

脊椎是由许多保护脊髓的骨头组成的。一般而言，除了第一和第二块椎骨（寰椎和枢椎），这些支撑颅骨并可让它移动的椎骨是相似的。颈部由颈椎骨组成，背部由背椎骨组成，荐部由荐椎骨组成，尾巴由尾椎骨组成。在一些兽脚亚目恐龙和所有现代鸟类的尾巴末端，是一种称为尾综骨的结构，它由几个融合的尾椎形成，用来支撑羽毛扇。

测量椎骨所使用的数据

LCV： 椎骨主干前部到后部的长度
AV： 椎骨的最大高度

侧视图

最大的颈椎 1:5.71

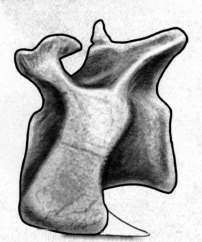

上游永川龙
标本：**CV 00216**
LCV： 138 cm
纪录：
侏罗纪最长的颈椎。

10 cm

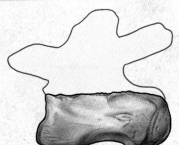

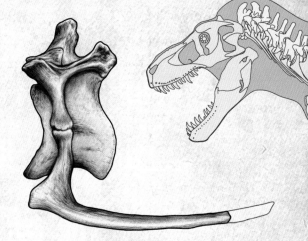

奇异恐手龙
标本：**IGM 100/127**
LCV： 236 cm
纪录：
白垩纪最长的颈椎。

短颈斯基玛萨龙
标本：**BSPG 2011 I 118**
LCV： 212 cm
纪录：
肉食性恐龙中最长的颈椎。

艾雷勒冠椎龙
卡昂大学标本集
LCV： 83 mm
纪录：
三叠纪最长颈椎。
在原始蜥臀目恐龙中，该纪录的保持者是伊斯基瓜拉斯托艾雷拉龙（PVL 2566），它高 47 mm。

最小的颈椎

2 cm

胡氏耀龙
标本：**IVPP V15471**
LCV： 5.4 mm
纪录：
侏罗纪最短的颈椎。

三叠原美颌龙
标本：**SMNS 12591**
LCV： 约 16 mm
纪录：
三叠纪最短的颈椎。
来自同一标本最小的颈椎骨长度仅为约 14 mm。

×10

1 mm

罗氏伊比利亚鸟
标本：**BSPG 2011 I 118**
LCV： 2.3 mm
纪录：
白垩纪最短的颈椎。
该标本最小的颈椎骨长度为 1.7 mm。非鸟类兽脚亚目恐龙该纪录的保持者是标本 BEXHM：2000.14.1，它的颈椎骨长度为 7.1 mm。更小的是胚胎化石美丽伤齿龙的颈椎骨，长度为 4.4 mm。

最大的胸椎　1 : 11.41

未命名
标本：ISI R282
LCV：约 7.9 cm
纪录：
最长的原始蜥臀目恐龙的脊椎。

硕大巴哈利亚龙
标本：IPHG 1922×47
LCV：22.5 cm
纪录：
最长的背椎。
这块化石遗存在第二次世界大战中被损毁。

埃及棘龙
标本：IPHG 1912 VIII 19
LCV：23.6 cm
AV：165 cm
纪录：
最高的背椎。
它属于一个亚成体。该化石遗存在第二次世界大战中被损毁。

非洲象的椎骨 T10

20 cm

艾雷勒冠椎龙
标本：卡昂大学化石集合
LCV：7.7 cm
纪录：
三叠纪最长的背椎。
在原始蜥臀目恐龙中该纪录的保持者是伊斯基瓜拉斯托艾雷拉龙，它的背椎骨长度为 5 cm，它也有可能属于早侏罗世。

"沙湾中国龙"
标本：IPHG 1922×47
LCV：22.5 cm
纪录：
侏罗纪最长的背椎。
丹达寇龙的背椎与之一样长。

君王暴龙
标本：FMNH PR2081
LCV：约 20 cm
AV：78 cm
纪录：
体积最大的背椎。

最小的胸椎　1 : 1.14

2 cm

胡氏耀龙
标本：IVPP V15471
LCV：6.6 mm
纪录：
侏罗纪最短的背椎。
幼年宁城树息龙的背椎长度为约 1.5 mm。

遥远小驰龙
标本：PIN 4487/25
LCV：7.5 mm
纪录：
白垩纪时期非鸟类兽脚亚目恐龙最短的背椎。美丽伤齿龙胚胎（MOR 993）的背椎长度为 2.5 mm。

三叠原美颌龙
标本：SMNS 12591
LCV：16.8 mm
纪录：
三叠纪最短的背椎。其中最短的一块长度约为 12.6 mm。

×10
1 mm

罗氏伊比利亚鸟
标本：BSPG 2011 I 118
LCV：1.8 mm
纪录：
白垩纪最短的背椎。

最大的骶椎　1 : 17.12

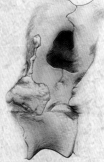

20 cm

未命名
标本：ISI R282en
LCV：约 7.9 cm
纪录：
三叠纪最长的骶椎。
该恐龙属于原始蜥臀目。

上游永川龙
标本：CV 00216
LCV：14.5 cm
纪录：
侏罗纪最长的骶椎。

艾雷勒冠椎龙
标本：卡昂大学化石集合
LCV：7.7 cm
纪录：
三叠纪兽脚亚目恐龙最长的骶椎。
它也有可能属于早侏罗世。

君王暴龙
标本：FMNH PR2081
LCV：28.5 cm
纪录：
白垩纪最长的骶椎。

最小的骶椎　1 : 1.14

胡氏耀龙
标本：IVPP V15471
LCV：约 5.7 mm
纪录：
侏罗纪最短的骶椎。

罗氏伊比利亚鸟
标本：BSPG 2011 I 118
LCV：1.4 mm
纪录：
白垩纪最短的骶椎。
没有配插图，其中最小的长度仅为 9 mm。非鸟类兽脚亚目恐龙最短的脊椎是来自美丽伤齿龙胚胎（MOR 246-1），它的长度为 5.1 mm。

墨氏曙奔龙
标本：PVSJ 560
LCV：19 mm
纪录：
三叠纪最短的骶椎。没有配插图，其中最小的长度为约 18 mm。
在原始蜥臀目恐龙中，该纪录的保持者是布氏钦迪龙（PEFO 10395），它的骶椎长为 32 mm 和 38 mm。

最大的骶骨　1：17.12

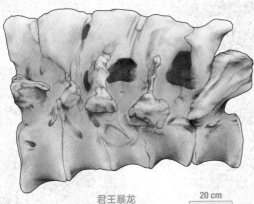

君王暴龙
标本：BHI 3033
LCS：106 cm
纪录：
白垩纪最大的骶骨。

上游永川龙
标本：CV 00216
LCV：63 cm
纪录：
侏罗纪最长的骶骨。

20 cm

侧视图

LCS：荐骨主干的长度。

LCS

伊斯基瓜拉斯托艾雷拉龙
标本：PVL 2566
LCS：16.3 cm
纪录：
三叠纪最大的骶骨。

最小的骶骨　1：1.14

2 cm

墨氏曙奔龙
标本：PVSJ 560
LT：约 5.5 cm
纪录：
三叠纪最短的骶骨。
没有配插图。

胡氏耀龙
标本：IVPP V15471
LCS：30 mm
纪录：
侏罗纪最短的骶骨。

塞阿拉克拉图鸟
标本：UFRJ-DG 031 Av
LE：约 9.7 mm
纪录：
白垩纪最短的骶骨。
没有配插图。

最大的尾椎骨　1：17.12

异特龙未定种
标本：NMMNH P-26083
LCV：20 cm
纪录：
侏罗纪最长的尾椎骨。

20 cm

艾雷勒冠锥龙
标本：卡昂大学化石集
LCV：7 cm
纪录：
三叠纪最长的尾椎骨。在原始蜥臀目恐龙中，该纪录的保持者是伊斯基瓜拉斯托富伦格里龙，它的尾椎骨长度为约 6.4 cm。

平衡恐爪龙
标本：YPM 5201
LCV：5.06 cm
（全长为 63 cm）
纪录：
白垩纪最长的尾椎骨。
奥氏犹他盗龙的尾椎骨的 LCV 长度为 6.79 cm，其全长可能达到约 82 cm。

非洲象的尾椎骨

君王暴龙
标本：FMNH PR2081
长度：约 21 cm
纪录：
白垩纪最长的尾椎骨。

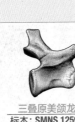

最小的尾椎骨　1：1.14

2 cm

三叠原美颌龙
标本：SMNS 12591
LCV：15 mm
纪录：
三叠纪最短的尾椎骨。

胡氏耀龙
标本：IVPP V15471
LCV：7.2 mm
纪录：
侏罗纪最短的尾椎骨。
幼年宁城树息龙的尾椎骨长度约为 1.3 ～ 4.3 mm。

×10

1 mm

塞阿拉克拉图鸟
标本：UFRJ-DG 031 Av
LCV：0.65 mm
纪录：
白垩纪最短的尾椎骨。
该标本最短的一块尾椎骨的长度为约 0.49 mm。

最大的尾综骨　1：1.14

戈壁天青石龙
标本：GIN 100/119
LCV：5 cm
纪录：
最大的尾综骨。

最小的尾综骨　1：1.14

罗氏伊比利亚鸟
标本：BSPG 2011 I 118
LCV：9.2 mm
纪录：
最短的尾综骨。
列氏戈壁雏鸟 PIN 4492-1 的尾综骨长度为 8.6 mm，但它是个幼年个体。

肋骨

　　肋骨形成了胸腔，用于保护内脏。它们是可活动的，为呼吸提供
条件。另一种类型的肋骨位于颈部的颈肋，在一些恐龙体内，它与椎
骨融合。

最大的颈肋　1 : 11.41

侧视图

长度

20 cm

君王暴龙
标本: FMNH PR2081
长度: 61 cm
纪录:
最长的颈肋骨。

最小的颈肋　×5

2 mm

胡氏耀龙
标本: IVPP V15471
LCV: 约 4 mm
纪录:
最短的颈肋。

最大的肋骨　1 : 17.12

侧视图

长度

君王暴龙
标本: FMNH PR2081
长度: 147.3 cm
纪录:
白垩纪最长的背肋骨。

君王艾德玛龙
标本: FMNH PR2081
长度: 127.5 cm
纪录:
侏罗纪最长的背肋骨。

伊斯基瓜拉斯托艾雷拉龙
标本: PVL 2566
长度: 约 30 cm
纪录:
三叠纪最长的背肋骨。
没有配插图。兽脚亚目恐龙该
纪录的保持者是理氏理理恩龙，
尽管它的背肋骨都是碎块。

最小的肋骨　1 : 1.14

三叠原美颌龙
标本: SMNS 12591
长度: 约 5.3 cm
纪录:
三叠纪最短的背肋骨。
还有其他肋骨化石长度为约
3.3 cm，还有些更短的，但
不完整的化石。

2cm

胡氏耀龙
标本: IVPP V15471
长度: 约 3.1 cm
纪录:
侏罗纪最短的背肋骨。

×5

2 mm

罗氏伊比利亚鸟
标本: BSPG 2011 I 118
长度: 约 1.8 mm
纪录:
白垩纪最短的背肋骨。

脉弧

　　在一些兽脚亚目恐龙的尾巴底部，可以发现许多被称为脉弧
或尾肋的骨骼。它们用于保护血管和尾神经，并起到支持尾巴肌
肉的作用。

最大的脉弧　1 : 9.13

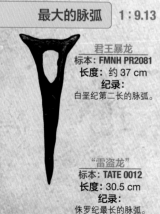

侧视图

长度

君王暴龙
标本: FMNH PR2081
长度: 约 37 cm
纪录:
白垩纪第二长的脉弧。

"雷盗龙"
标本: TATE 0012
长度: 30.5 cm
纪录:
侏罗纪最长的脉弧。
没有配插图。

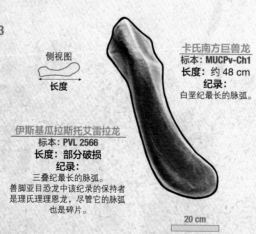

卡氏南方巨兽龙
标本: MUCPv-Ch1
长度: 约 48 cm
纪录:
白垩纪最长的脉弧。

伊斯基瓜拉斯托艾雷拉龙
标本: PVL 2566
长度: 部分破损
纪录:
三叠纪最长的脉弧。
兽脚亚目恐龙中该纪录的保持者
是理氏理理恩龙，尽管它的脉弧
也是碎片。

20 cm

最小的脉弧　1 : 1.14

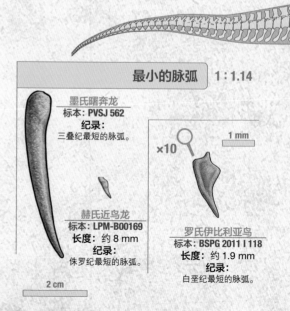

墨氏曙奔龙
标本: PVSJ 562
纪录:
三叠纪最短的脉弧。

×10

1 mm

赫氏近鸟龙
标本: LPM-B00169
长度: 约 8 mm
纪录:
侏罗纪最短的脉弧。

罗氏伊比利亚鸟
标本: BSPG 2011 I 118
长度: 约 1.9 mm
纪录:
白垩纪最短的脉弧。

2 cm

腹肋

　　它们是一组"浮动"的肋骨。它们是存在于所有非禽类兽脚亚目恐龙体内的小骨头，但在向现代鸟类演化的过程中逐渐消失。它们起到支持内脏和促进呼吸的作用，尽管在鸟类身上，胸骨扩大，取代了这一功能。

最大的腹肋　1 : 17.12

君王暴龙
标本：FMNH PR2081
长度：约 90 cm
纪录：
最长的腹肋。

20 cm

最大的肩胛骨和乌喙骨　1 : 17.12

肩胛骨和乌喙骨

　　这些骨骼将手臂和锁骨（或胸骨）与背部连接在一起，在兽脚亚目恐龙身上起到支持肌肉和肌腱的作用。

在测量椎骨时所使用的数据：
LC：乌喙骨的长度
LE：肩胛骨的长度
LEC：肩胛骨加上乌喙骨的长度

侧视图

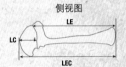

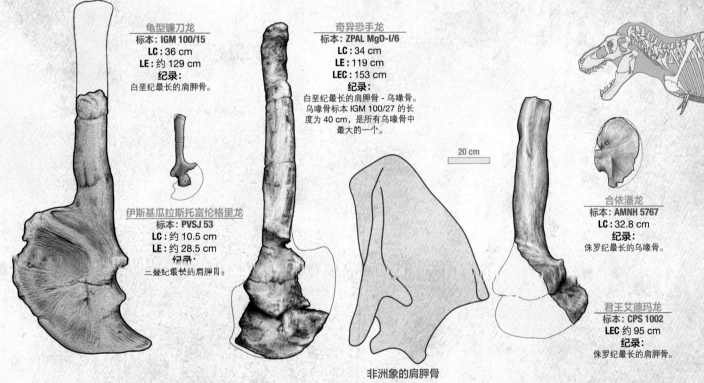

龟型镰刀龙
标本：IGM 100/15
LC：36 cm
LE：约 129 cm
纪录：
白垩纪最长的肩胛骨。

奇异恐手龙
标本：ZPAL MgD-I/6
LC：34 cm
LE：119 cm
LEC：153 cm
纪录：
白垩纪最长的肩胛骨 - 乌喙骨。
乌喙骨标本 IGM 100/27 的长度为 40 cm，是所有乌喙骨中最大的一个。

20 cm

合依潘龙
标本：AMNH 5767
LC：32.8 cm
纪录：
侏罗纪最长的乌喙骨。

伊斯基瓜拉斯托富伦格里龙
标本：PVSJ 53
LC：约 10.5 cm
LE：约 28.5 cm
纪录：
二叠纪最长的肩胛骨。

君王艾德玛龙
标本：CPS 1002
LEC：约 95 cm
纪录：
侏罗纪最长的肩胛骨。

非洲象的肩胛骨

最小的肩胛骨和乌喙骨　1 : 1.14

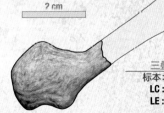

2 cm

三叠原美颌龙
标本：SMNS 12591
LC：约 12 mm
LE：约 65 mm
纪录：
三叠纪最短的乌喙骨和肩胛骨。

胡氏耀龙
标本：IVPP V15471
LC：约 12.2 mm
纪录：
侏罗纪最短的乌喙骨。

罗氏伊比利亚鸟
标本：BSPG 2011 I 118
LE：约 19.4 mm
纪录：
白垩纪最小的肩胛骨。

短羽始中国羽龙
标本：YFGP T5197
LE：23.8 mm
纪录：
侏罗纪最小的肩胛骨。
幼年宁城树息龙的肩胛骨长度为 11.3 mm。

塞阿拉克拉图鸟
标本：GFRJ-DG 031 Av
LE：7.7 mm
纪录：
白垩纪最短的乌喙骨。
兽脚亚目恐龙中该纪录保持者是斑点角爪龙（BSPG 2011 I 118），它的乌喙骨长度为约 10.5 mm。

胸骨板、锁骨和叉骨

胸骨板（或胸骨，当二者逐渐融合时）用于保护心脏和肺部。锁骨存在于一些原始恐龙体内，虽然在一些兽脚亚目和鸟类中，它融合形成了一个叉骨，它也被称为"如愿骨"。

测量胸骨板所采用的数据：

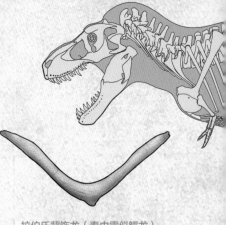

最大的胸骨和叉骨　1：6.85

君王暴龙
标本：FMNH PR2081
高度： 约 14 cm
长度： 29 cm
纪录：
白垩纪最高的叉骨。

帝王黄昏鸟
标本：YPM 1206
长度： 约 20 cm
纪录：
最长的叉骨。

脆弱异特龙
标本：UUVP 6132
高度： 约 10 cm
长度： 约 24 cm
纪录：
侏罗纪最长的叉骨。

拉伯氏背饰龙（泰内雷似鳄龙）
标本：MNN GDF 500
长度： 32 cm
纪录：
最宽的叉骨。

最小的胸骨和叉骨　1：1.14

2 cm

罗氏伊比利亚鸟
标本：BSPG 2011 I 118
长度： 7.6 mm
纪录：
最短的叉骨。

罗氏伊比利亚鸟
标本：BSPG 2011 I 118
长度： 7.8 mm
纪录：
最短的胸骨。
原化石该部分骨骼显得不太清晰，这里借用库氏扇尾鸟的胸骨作为展示。

鲍氏腔骨龙
标本：NMMNH P-42353
长度： 49 mm
纪录：
三叠纪最长的叉骨。

胡氏耀龙
标本：IVPP V15471
长度： 8.8 mm
纪录：
侏罗纪最短的胸骨板。

肱骨

这块骨头位于肩膀和前臂之间。其三角形脊的形状和大小对于臂膀强壮程度至关重要。

测量肱骨所采用的数据

最大的肱骨

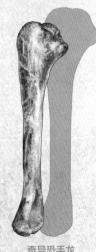

1：17.12

　20 cm

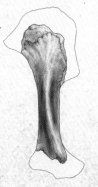

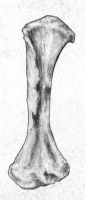

非洲象的肱骨

奇异恐手龙
标本：ZPAL MgD I/6
长度： 93.8 cm
纪录：
杂食性兽脚亚目恐龙最长的肱骨。标本 IGM 100/127（见插图阴影）更长，其长度为 100 cm。

短颈斯基玛萨龙
标本：CMN 41852
长度： 约 75 cm
纪录：
食鱼兽脚亚目恐龙最长的肱骨。

巨食蜥王龙
标本：OMNH 1935
长度： 54.5 cm
纪录：
侏罗纪最长的肱骨。

龟型镰刀龙
标本：IGM 100/15
长度： 76 cm
纪录：
植食性兽脚亚目恐龙最长的肱骨。

伊斯基瓜拉斯托艾雷拉龙
标本：MCZ 7064
长度： 26.6 cm
纪录：
三叠纪蜥臀目恐龙的最长肱骨。兽脚亚目恐龙中该纪录的保持者是理氏理恩龙，它的肱骨长为 21.4 cm。

20 cm

大水沟吉兰泰龙
标本：**IVPP V2884**
长度：58 cm
纪录：
肉食性兽脚亚目的最长肱骨。

人类的肱骨

二连巨盗龙
标本：**IVPP V2884**
长度：73.5 cm

最小的肱骨 1 : 2.28

2 cm

墨氏曙奔龙
标本：**PVSJ 562**
长度：85 mm
纪录：
三叠纪最小的肱骨。

胡氏耀龙
标本：**IVPP V15471**
长度：50 mm
纪录：
侏罗纪最短的肱骨。

塞阿拉克拉图鸟
标本：**UFRJ DG 031 Av**
长度：1.4 cm
纪录：
白垩纪最短的肱骨。
非鸟类兽脚亚目恐龙中该纪录的保持者是斑点角爪龙（BSPG 2011 I 118），它的肱骨长度为20.8 mm。幼年海氏擅攀鸟龙的肱骨长18.5 mm。

克罗姆霍无父龙
标本：**BSPG 2011 I 118**
长度：40 mm
纪录：
原始蜥臀目恐龙最短的肱骨。

斑点角爪龙
标本：**IVPP V15471**
长度：20.8 mm
纪录：
白垩纪非鸟类兽脚亚目恐龙的最短肱骨。

海氏擅攀鸟龙
标本：**BSPG 2011 I 118**
长度：约 18.5 mm
纪录：
幼年标本。

短羽始中国羽龙
标本：**YFGP T5197**
长度：37.9 mm
纪录：
侏罗纪最小的肱骨。幼年宁城树息龙的肱骨长为17.1 mm。

尺骨和桡骨

　　两块骨头一起形成了前臂，它们往往纤长而薄弱。在一些鸟类中，它们是身体中最长的骨头。在某些兽脚亚目龙和鸟类的尺骨中，具有称为羽茎瘤的结节，翅膀的羽毛插入其中。

测量尺骨和桡骨所采用的数据

侧视图　　　侧视图

长度　　　　长度

最人的尺骨 1 : 11.11

奇异恐手龙
标本：**ZPAL MgD-I/6**
长度：68.6 cm
纪录：
白垩纪最长的尺骨。标本 IGM 100/127 完整的尺骨长度约为 71.5 cm。

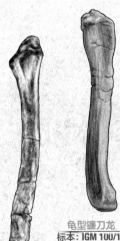

人类的尺骨

戈氏棘椎龙
标本：**MNHN 化石集合**
长度：30 cm
纪录：
侏罗纪最长的尺骨。没有配插图。

龟型镰刀龙
标本：**IGM 100/15**
长度：62 cm
纪录：
第二长的尺骨。

20 cm

伊斯基瓜斯托艾雷拉龙
标本：**PVSJ 407**
长度：16.8 cm
纪录：
三叠纪蜥臀目恐龙最长的尺骨。在兽脚亚目恐龙中该纪录的保持者是理氏理理恩龙，它的尺骨长度为 15.8 cm。

最小的尺骨 1 : 1.14

2 cm

塞阿拉克拉图鸟
标本：**UFRJ-DG 031 Av**
长度：13.3 mm
纪录：
白垩纪最小的尺骨。

短羽始中国羽龙
胡氏耀龙
标本：**SMNS 12591 & IVPP V15471**
长度：42 mm
纪录：
侏罗纪最小的尺骨。幼年宁城树息龙的尺骨长度为 15 mm。

三叠原美颌龙
标本：**SMNS 12591**
长度：34.2 mm
纪录：
三叠纪最小的尺骨。

最大的桡骨　1 : 11.41

20 cm

人类的桡骨

脆弱异特龙
标本: CMN 41852
长度: 22.2 cm
纪录:
侏罗纪最长桡骨。它是一只
中等体型恐龙的标本。

伊斯基瓜拉斯托艾雷拉龙
标本: PVSJ 37 3
长度: 15.3 cm
纪录:
三叠纪蜥臀目恐龙最长的桡骨。
在兽脚亚目恐龙中该纪录的保
持者是理氏理理恩龙，它的桡
骨长度为 15.1 cm。

奇异恐手龙
标本: ZPAL MgD I/6
长度: 63 cm
纪录:
白垩纪最长桡骨。
标本 IGM 100/127 的
桡骨长度约为 65.5 cm。

龟型镰刀龙
标本: IGM 100/15
长度: 55 cm

最小的桡骨　1 : 1.14

墨氏曙奔龙
标本: PVSJ 562
长度: 6.6 cm
纪录:
三叠纪最短的桡骨

2 cm

胡氏耀龙
标本: IVPP V15471
长度: 3.9 cm
纪录:
侏罗纪最短的桡骨。

塞阿拉克拉图鸟
标本: UFRJ-DG 031 Av
长度: 13.3 mm
纪录:
白垩纪最短的桡骨。
在非鸟类兽脚亚目恐龙中，
该纪录的保持者是鹰嘴单爪龙
（IGM N107/6），
它的桡骨长度为: 18.2 mm。

罗氏伊比利亚鸟
标本: BSPG 2011 I 118
长度: 18.2 mm

掌骨

这些骨头构成前掌的一部分。在最原始的物种中掌骨可以达到 5 个，
大多数是 3 个，在某些黄昏鸟目鸟类的体内甚至根本没有这块骨头。

测量掌骨所采用的数据

前视图

 长度

最大的掌骨　1 : 5.71

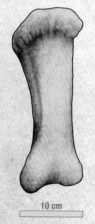

10 cm

非洲象的第 III 掌骨

龟型镰刀龙
标本: IGM 100/15
长度: 28.7 cm
纪录:
白垩纪最长的掌骨。

伊斯基瓜拉斯托艾雷拉龙
标本: PVSJ 380
长度: 7.4 cm
纪录:
三叠纪蜥臀目恐龙最长的掌骨。
在兽脚亚目恐龙中该纪录的
保持者是理氏理理恩龙，
它的掌骨长度为 7 cm。

阿巴卡非洲猎龙 & 董氏中华盗龙
标本: UC UBA 1 & IVPP 10600
长度: 13.5 cm
纪录:
侏罗纪最长的掌骨。

人类的第 III 掌骨

奇异恐手龙
标本: ZPAL MgD I/6
长度: 24.6 cm
纪录:
标本 MPCJ-D 100/127 的不
完整掌骨长度为 7.2 cm。
完整长度可能达到 25.6 cm。

纳氏大盗龙
标本: MUCPv 341
长度: 17 cm
纪录:
肉食性兽脚亚目恐龙最长的掌骨。

最小的掌骨　1 : 1.14

2 cm

墨氏曙奔龙
标本: PVSJ 562
长度: 2.8 cm
纪录:
三叠纪最短的掌骨。

塞阿拉克拉图鸟
标本: UFRJ-DG 031 Av
长度: 7.2 mm
纪录:
第二短的掌骨。九佛堂纤细
鸟幼鸟的掌骨长度为 1.9 ～
12.5 mm。

单指临河爪龙
标本: IVPP V17608
长度: 5.1 mm
纪录:
非鸟类兽脚亚目恐龙最短的指骨。

胡氏耀龙
标本: IVPP V15471
长度: 13.4 mm
纪录:
侏罗纪最短的掌骨。该标本
最小的掌骨长度为 5.1 mm。
幼年宁城树息龙的掌骨长度
为 5.2 ～ 5.8 mm。

棒状骨

只有在一些滑翔动物中才能发现，比如，兽脚亚目恐龙奇翼龙。

测量棒状骨所采用的数据

侧视图

长度

针形骨 1 : 2.28

2 cm

奇翼龙

标本: STM 31-2

长度: 13.3 cm

纪录:

兽脚亚目恐龙体内唯一的棒状骨。

指骨

前肢指头的骨头被称为指骨。爪子是由称为指爪的特殊指骨组成的。

测量指骨和爪子所采用的数据

前视图　　　侧视图

长度　　弯曲长度　直线长度

最大的指骨 1 : 5.71

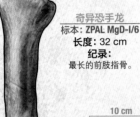

奇异恐手龙

标本: ZPAL MgD-I/6

长度: 32 cm

纪录:

最长的前肢指骨。

纳氏大盗龙

标本: MUCPv 341

弯曲长度: 约 37 cm

纪录:

肉食性兽脚亚目恐龙最长的前肢指爪。

未命名

标本: LRF 100 -106

弯曲长度: 约 12 cm

纪录:

大洋洲最长的前肢指爪。

10 cm

奇异恐手龙

标本: ZPAL MgD-I/6

直线长度: 19.6 cm

弯曲长度: 32.3 cm

纪录:

亚洲最长的前肢指爪。

伊斯基瓜拉斯托艾雷拉龙

标本: MUCPv 341

直线长度: 4.7 cm

纪录:

三叠纪蜥臀目恐龙最长的前肢指爪。在兽脚亚目恐龙中该纪录的保持者是太阳神龙（GR242），它的前肢指爪长度为 2.4 cm。

巨食蜥王龙

标本: OMNH 780

直线长度: 21 cm

纪录:

侏罗纪最长的前肢指爪。

未命名

标本: BMNH R9951

弯曲长度: 约 34 cm

纪录:

非洲最长的前肢指爪。它可能属于棘龙科或鲨齿龙科恐龙。

沃克氏重爪龙

标本:

弯曲长度: 24 cm

纪录:

欧洲最长的前肢指爪。

龟型镰刀龙

标本: PIN 551-483

弯曲长度: 约 75 cm

纪录:

白垩纪最长的前肢指爪。

最小的指骨 1 : 1.14

2 cm

胡氏耀龙

标本: IVPP V15471

长度: 14 mm

纪录:

侏罗纪最短的前肢指爪。该标本最短的指爪长度为 7.6 mm。幼年宁城树息龙的前肢指爪长度为 5～7.1 mm。

墨氏曙奔龙

标本: PVSJ 562

长度: 11 mm

纪录:

三叠纪最短的前肢指爪。

短羽始中国羽龙

标本: IVPP V12721

长度: 约 6.5 mm

纪录:

侏罗纪最短的后肢趾骨。该标本最短的趾骨长度为约4.3 mm。

×10

1 mm

九佛堂纤细鸟

标本: PMOL-ABOU170

直线长度: 1.5 mm

纪录:

白垩纪最短的前肢指爪。该标本最小的指爪长度为0.7 mm。

腰带骨

肠骨、耻骨和坐骨形成腰带骨。它们是连接到荐骨和后肢臀部的骨头。耻骨和坐骨给内脏和生殖系统留出空间。

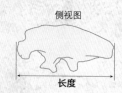

侧视图

长度

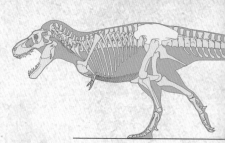

| 最大的肠骨 | 1：20.54 |

50 cm

君王暴龙
标本：FMNH PR2081
长度：146 cm
纪录：
第二长的肠骨。标本 BHI 3033 的肠骨最长，达到 155 cm。

雷盗龙
标本：TATE 0012
长度：约 97 cm
纪录：
白垩纪最长的肠骨。

冠椎龙
卡昂大学标本集
长度：约 35 cm
纪录：
三叠纪最大的肠骨。在原始蜥臀目恐龙中，该纪录的保持者是伊斯基瓜拉斯托艾雷拉龙（PVL 2566），其肠骨长度为 24 cm。

理氏理理恩龙
标本：MB.R.2175
长度：27 cm
纪录：
三叠纪最长的完整肠骨。

| 最小的肠骨 | 1：3.42 |

5 cm

三叠原美颌龙
标本：SMNS 12591
长度：7 cm
纪录：
三叠纪最短的肠骨。

月亮谷始盗龙
标本：PVSJ 512
长度：8.2 cm
纪录：
原始蜥臀目恐龙最短的肠骨。

1：1.14

罗氏伊比利亚鸟
标本：BSPG 2011 I 118
长度：10.3 mm
纪录：
白垩纪最短的肠骨。

短羽始中国羽龙
标本：IVPP V12721
长度：25 mm
纪录：
侏罗纪最短的肠骨。

2 cm

| 最大的耻骨 | 1：20.54 |

侧视图

长度

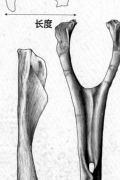

硕大巴哈利亚龙
标本：CPS 1010
长度：103 cm
纪录：
最长的耻骨之一。它在第二次世界大战中被损毁。

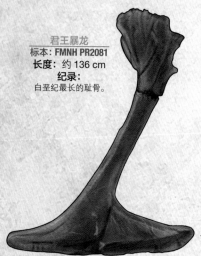

君王暴龙
标本：FMNH PR2081
长度：约 136 cm
纪录：
白垩纪最长的耻骨。

| 最小的耻骨 | 1：2.28 |

三叠原美颌龙
标本：SMNS 12591
长度：8.8 cm
纪录：
三叠纪最短的耻骨。

2 cm

君王艾德玛龙
标本：CPS 1010
长度：86.6 cm
纪录：
侏罗纪最长的耻骨。

艾雷勒冠椎龙
标本：CPS 1010
长度：86.6 cm
纪录：
三叠纪最长的耻骨。在原始蜥臀目恐龙中，该纪录的保持者是伊斯基瓜拉斯托艾雷拉龙（PVL 2566），其耻骨长度为 43 cm。

50 cm

罗氏伊比利亚鸟
标本：BSPG 2011 I 118
长度：约 1.4 cm
纪录：
白垩纪最短的耻骨。在白垩纪非鸟类兽脚亚目恐龙中，该纪录的保持者是原始中华龙鸟（NIGP 127587），其耻骨长度为 7.4 cm。

胡氏耀龙
标本：BSPG 2011 I 118
长度：2.8 cm
纪录：
侏罗纪最短的耻骨。

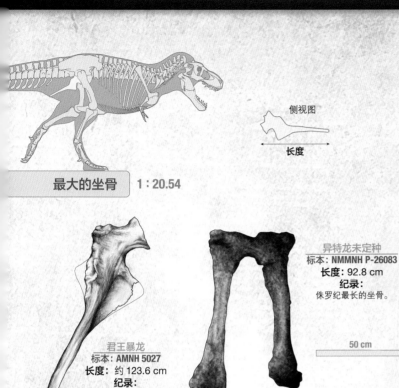

侧视图

长度

最大的坐骨　1：20.54

君王暴龙
标本：AMNH 5027
长度：约123.6 cm
纪录：
白垩纪最长的坐骨。

异特龙未定种
标本：NMMNH P-26083
长度：92.8 cm
纪录：
侏罗纪最长的坐骨。

50 cm

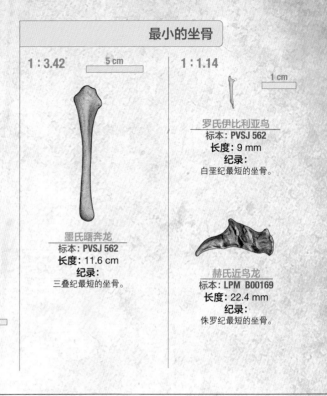

最小的坐骨

1：3.42　5 cm

1：1.14　1 cm

墨氏曙奔龙
标本：PVSJ 562
长度：11.6 cm
纪录：
三叠纪最短的坐骨。

罗氏伊比利亚鸟
标本：PVSJ 562
长度：9 mm
纪录：
白垩纪最短的坐骨。

赫氏近鸟龙
标本：LPM B00169
长度：22.4 mm
纪录：
侏罗纪最短的坐骨。

最大的股骨　1：17.12

股骨

　　它是组成大腿的骨头。在某些情况下，它的最小周长和长度被用来估算恐龙的重量，但这种方法目前不再被认为是可靠的。

测量股骨时采用的数据：

侧视图

长度

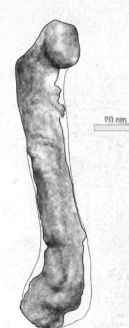

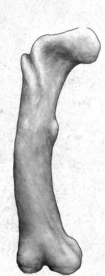

80 nm

卡氏南方巨兽龙
标本：MUCPv-Ch1
长度：143 cm
纪录：
白垩纪最长的股骨。推测最大标本的股骨长度为153 cm。

君王暴龙
标本：FMNH PR2081
长度：132 cm
（最小周长：58 cm）
纪录：
最粗大的股骨。

巨食蜥王龙
标本：OMNH 01708
长度：113.5 cm
纪录：
侏罗纪最长的股骨。

人类的股骨

未命名
标本：SMNS 51958
长度：60 cm
纪录：
三叠纪最长的股骨。在原始蜥臀目恐龙中，持有这一纪录的是伊斯基瓜拉斯托艾雷拉龙（MCZ 7064），其股骨的长度为约52 cm。

撒哈拉鲨齿龙
标本：IPHG 1922X46
长度：126 cm
纪录：
非洲最长的股骨，并且是所发现的最大的股骨之一。该化石遗存在第二次世界大战中被损毁。

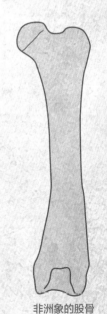

非洲象的股骨

最大的股骨 1：17.12

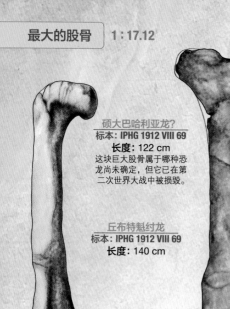

硕大巴哈利亚龙？
标本：IPHG 1912 VIII 69
长度：122 cm
这块巨大股骨属于哪种恐龙尚未确定，但它已在第二次世界大战中被损毁。

丘布特魁纣龙
标本：IPHG 1912 VIII 69
长度：140 cm

雷盗龙
标本：TATE 0012
长度：83 cm
（最小周长：37.6 cm）
纪录：
侏罗纪最粗壮的股骨。

最小的股骨

1：2.28

三叠原美颌龙
标本：SMNS 12591
长度：约 93 mm
纪录：
三叠纪最短的股骨。

短羽始中国羽龙
标本：IVPP V12721
长度：48.5 mm
纪录：
侏罗纪最短的股骨。幼年宁城树息龙的股骨长度为 16.2 mm。

1：1.14

1 cm

塞阿拉克拉图鸟
标本：UFRJ-DG 031 Av
长度：约 12.8 mm
纪录：
白垩纪最短的股骨。在非鸟类兽脚亚目恐龙中，该记录的保持者是遥远小驰龙，其股骨长度为 52.6 mm。

胫骨和腓骨

在行动最迅速的动物中，腿部的这两个骨头通常比股骨长。

测量胫骨和腓骨所采用的数据：

侧视图   侧视图

长度   长度

最大的胫骨 1：17.12

人类的胫骨

非洲象的胫骨

伊斯基瓜拉斯托艾雷拉龙
标本：MCZ 7064
长度：约 47.4 cm
纪录：
三叠纪最长的胫骨。在兽脚亚目恐龙中，该记录的保持者是奎氏哥斯拉龙，其胫骨长度为 54.9 cm。

硕大巴哈利亚龙？
标本：IPHG 1912 VIII 70
长度：115 cm
这块化石属于哪种恐龙尚未确定，但它已在第二次世界大战中被损毁。

20 cm

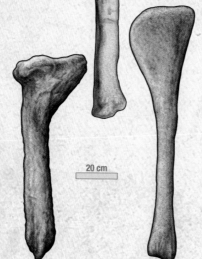

君王暴龙
标本：FMNH PR2081
长度：118.6 cm
纪录：
白垩纪最长的胫骨。

巨食蜥王龙
标本：OMNH 1370
长度：95.5 cm
纪录：
侏罗纪最长的胫骨。

二连巨盗龙
标本：LH V0011
长度：118 cm
它属于一个亚成体。

最小的胫骨

1：1.14

1 cm

塞阿拉克拉图鸟
标本：UFRJ-DG 031 Av
长度：约 15.6 mm
纪录：
白垩纪最短的胫骨。在非鸟类兽脚亚目恐龙中，该记录的持有者是遥远小驰龙（PIN 4487/25），其胫骨长度为 52.6 mm。

罗氏伊比利亚鸟
标本：BSPG 2011 I 118
长度：20 mm

1：2.28

胡氏耀龙
标本：BSPG 2011 I 118
长度：63 mm
纪录：
侏罗纪最短的胫骨。幼年宁城树息龙的胫骨长度为 18.9 mm。

三叠原美颌龙
标本：SMNS 12591
长度：112.6 mm
纪录：
三叠纪最短的胫骨。

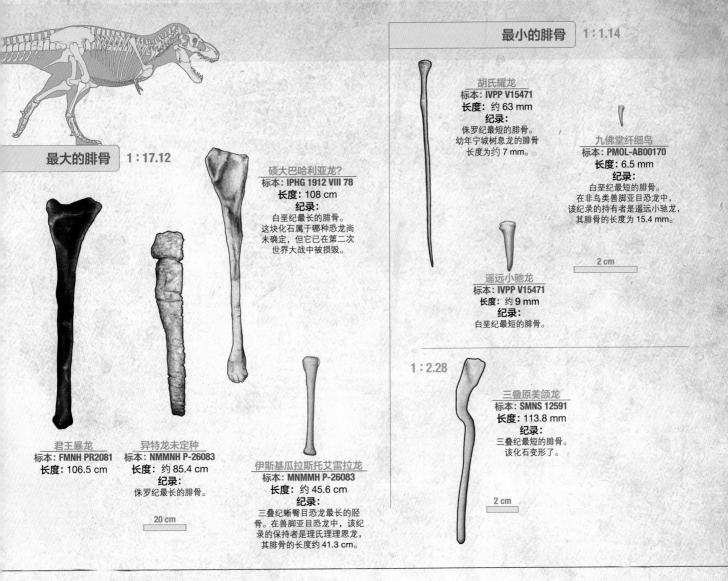

最大的腓骨 1：17.12

硕大巴哈利亚龙？
标本：IPHG 1912 VIII 78
长度：108 cm
纪录：
白垩纪最长的腓骨。
这块化石属于哪种恐龙尚
未确定，但它已在第二次
世界大战中被损毁。

君王暴龙
标本：FMNH PR2081
长度：106.5 cm

异特龙未定种
标本：NMMNH P-26083
长度：约 85.4 cm
纪录：
侏罗纪最长的腓骨。

伊斯基瓜拉斯托艾雷拉龙
标本：MNMMH P-26083
长度：约 45.6 cm
纪录：
三叠纪蜥臀目恐龙最长的胫
骨。在兽脚亚目恐龙中，该纪
录的保持者是理氏理理恩龙，
其腓骨的长度约 41.3 cm。

20 cm

最小的腓骨 1：1.14

胡氏耀龙
标本：IVPP V15471
长度：约 63 mm
纪录：
侏罗纪最短的腓骨。
幼年宁城树息龙的腓骨
长度为约 7 mm。

九佛堂纤细鸟
标本：PMOL-AB00170
长度：6.5 mm
纪录：
白垩纪最短的腓骨。
在非鸟类兽脚亚目恐龙中，
该纪录的持有者是遥远小驰龙，
其腓骨的长度为 15.4 mm。

2 cm

遥远小驰龙
标本：IVPP V15471
长度：约 9 mm
纪录：
白垩纪最短的腓骨。

1：2.28

三叠原美颌龙
标本：SMNS 12591
长度：113.8 mm
纪录：
三叠纪最短的腓骨。
该化石变形了。

2 cm

膝盖骨（髌骨）

在一些鸟类中形成膝盖的骨头。它的作用与哺乳动物的髌骨类似。

测量髌骨所采用的数据：

侧视图

长度

最大的髌骨 1：2.28

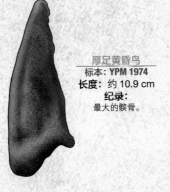

厚足黄昏鸟
标本：YPM 1974
长度：约 10.9 cm
纪录：
最大的髌骨。

谣言：在博物馆中复原的恐龙骨架，反映了动物生前的
确切体型尺寸

情况并非如此。很多时候，恐龙仅是通过几个破碎的骨
头进行辨识的。在重构骨架时，对于其尺寸大小有很多猜
测，所以误差幅度通常很大。另外，科学在进步，现在人们
意识到，实际上恐龙与哺乳动物相比，有更为发达的关节软
骨，因而在许多情况下，骨骼间的分隔距离应该更大。

跗骨

通常它们是位于胫骨和距骨之间的骨骼，是那些形成我们脚踝的骨骼。在兽脚亚目恐龙中，最大的骨骼是距骨和跟骨。鸟类的胫骨与距跟骨融合，被称为胫跗骨。

测量跗骨所采用的数据

侧视图

长度

最大的跗骨　1:11.41

20 cm

脆弱异特龙
未分类
长度：20.8 cm
纪录：
侏罗纪最大的距跟骨。

君王暴龙
标本：AMNH 5027
长度：约 42 cm
纪录：
最大的距跟骨。
该距跟骨的宽度为 37.2 cm。

伊斯基瓜拉斯托艾雷拉龙
标本：PVL 2566
长度：约 14 cm
纪录：
三叠纪最大的距跟骨。在兽脚亚目恐龙中，该纪录的保持者是理氏理理恩龙，其距跟骨的长度约 7.9 cm。

最小的跗骨　×5

2 mm

库氏扇尾鸟
未分类
长度：约 3 mm
纪录：
白垩纪最小的距跟骨。

三叠原美颌龙
标本：SMNS 12591
长度：约 1 cm
纪录：
三叠纪最小的距跟骨。保存状况欠佳。

胡氏耀龙
未分类
长度：7 mm
纪录：
侏罗纪最小的距跟骨。幼年宁城树息龙的距跟骨长度约为 2 mm。

跖骨

它们是形成脚掌上部的长条形骨骼。兽脚亚目恐龙身上一般有四个跖骨。在善于奔跑的动物中，它们通常又细又长，而在行动笨重的动物中，它们又短又宽。在某些兽脚亚目恐龙中，出现了一种被称为"跖弓"的情况，这时跖骨被两个侧面"夹住"或压缩在一起。

测量跖骨所采用的数据

侧视图

长度

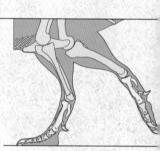

最大的跖骨　1:11.41

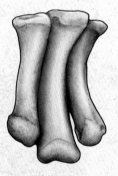

20 cm

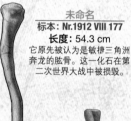

君王暴龙
标本：RTMP 81.12.1
长度：69.8 cm
纪录：
白垩纪最长的跖骨。

巨食蜥王龙
标本：OMNH 01338
长度：47 cm
纪录：
侏罗纪最长的跖骨。

理氏理理恩龙
标本：MB.R.2175
长度：23 cm
纪录：
三叠纪最长的跖骨。

未命名
标本：Nr.1912 VIII 177
长度：54.3 cm
它原先被认为是敏捷三角洲奔龙的肱骨。这一化石在第二次世界大战中被损毁。

伊斯基瓜拉斯托艾雷拉龙
标本：PVL 2566
长度：22.3 cm
纪录：
三叠纪蜥臀目恐龙最长的跖骨。

二连巨盗龙
标本：LH V0011
长度：58.3 cm

最小的跖骨　1:1.14

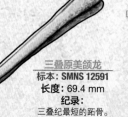

2 cm

胡氏耀龙
标本：IVPP V15471
长度：31 mm
纪录：
侏罗纪最短的跖骨。

三叠原美颌龙
标本：SMNS 12591
长度：69.4 mm
纪录：
三叠纪最短的跖骨。

塞阿拉克拉图鸟
标本：UFRJ-DG 031 Av
长度：8.9 mm
纪录：
白垩纪最短的跖骨。

遥远小驰龙
标本：IGM 100/99
长度：14 mm
纪录：
非鸟类兽脚亚目恐龙最短的跖骨。它的跖蹠骨长度为 58.1 mm。但是中间一块非常短。

罗氏伊比利亚鸟
标本：BSPG 2011 I 118
长度：11.8 mm

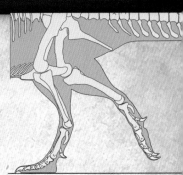

趾骨

后掌脚趾的骨头被称为趾骨。爪子是由被称为指爪的特殊趾骨组成的。

测量趾骨和爪子所采用的数据

侧视图 长度

侧视图 弯曲长度 直线长度

最大的趾骨　1：3.42

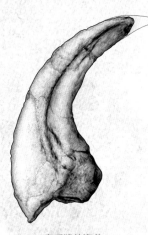

5 cm

伊斯基瓜拉斯托艾雷拉龙
标本：NMMNH P-26083
直线长度：7.5 cm
纪录：
原始蜥臀目恐龙中最长的趾骨。

奥氏犹他盗龙
标本：DYU 9420
直线长度：20.6 cm
弯曲长度：24 cm
纪录：
白垩纪最长的脚爪。

董氏中华盗龙
标本：IVPP 10600
直线长度：11.1 cm
纪录：
侏罗纪第二长的脚爪。

君王暴龙
标本：FMNH PR2081
直线长度：20.4 cm
纪录：
尺寸最大的脚爪。

理氏理理恩龙
标本：MB.R.2175
直线长度：5.5 cm
纪录：
三叠纪最长的脚爪。在原始蜥臀目恐龙中，该记录的持有者是伊斯基瓜拉斯托艾雷拉龙（PVL 2566），其脚爪长度为7.5 cm。

异特龙未定种
标本：NMMNH P-26083
直线长度：约 12 cm
纪录：
侏罗纪最长的脚爪。

最小的趾骨　1：1.14

2 cm

×5

2 mm

林氏遁龙
标本：LPM D001G0
直线长度：14.9 mm
纪录：
侏罗纪最短的脚爪。

三叠原美颌龙
标本：SMNS 12591
直线长度：10.6 mm
纪录：
三叠纪最短的脚爪。该标本最小的爪子长度为7.2 mm。

三叠原美颌龙
标本：SMNS 12591
长度：17.1 mm
纪录：
三叠纪最短的趾骨。该标本最短的趾骨长度为5.2 mm。

罗氏伊比利亚鸟
标本：RSPG 2011 I 118
长度：2.5 mm
纪录：
白垩纪最短的脚爪。这一个体最小的脚爪长度为1.8 mm。

塞阿拉克拉图鸟
标本：UFRJ-DG 031 Av
长度：约 3.2 mm
纪录：
白垩纪最短的趾骨。这一个体最短的趾骨长度约为1.4 mm。

道虎沟足羽龙
标本：IVPP V12721
直线长度：约 13 mm

英雄游光爪龙
标本：IGM 100/3004
直线长度：11.5 mm

短羽始中国羽龙
标本：IVPP V12721
直线长度：约 7.7 mm
纪录：
侏罗纪最短的脚爪。该标本最小的脚爪长度约为5.2 mm。

短羽始中国羽龙
标本：IVPP V12721
直线长度：约 6.5 mm
纪录：
侏罗纪最短的趾骨。这一个体最小的趾骨长度约为4.3 mm。

牙齿

牙齿化石是位于恐龙前上颌骨、上颌骨和齿骨之间的器官，虽然其中有几个物种没有牙齿。

测量牙齿所采用的数据
AC： 牙冠的高度
AAP： 前后的宽度
GLM： 侧边的厚度

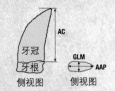

最大的牙齿 　1：2.28

君王暴龙
标本：MOR 1125
AC： 100 mm
AC+牙根： 305 mm
纪录：
最长的完整化石遗存。
加上牙根，其全长
可达到约 35.5 cm。

君王暴龙
标本：LACM 23844
AC： 117 mm
AAP： 54.5 mm
GLM： 34.4 mm
纪录：
最宽的牙齿
标本 FMNH PR2081（"苏"）的
牙齿尺寸为：AC 108.8 mm；
AAP 52.1 mm；GLM 37.2 mm，
因而它的牙齿是最厚的。

阿托卡高棘龙
标本：NCSM 14345
AC： 93 mm
AAP： 42 mm
纪录：
早白垩世晚期最大的牙齿。

埃及棘龙
标本：MSNM V4047
AAP： 约 54 mm
GLM： 约 43 mm
纪录：
最大的牙齿化石。

勇士特暴龙
标本：MSNM V4047
AC： 约 120 mm
AAP： 约 50 mm
纪录：
亚洲最大的牙齿。

`10 cm`

栾川特暴龙
标本：IVPP V4733
AC： 110 mm
AAP： 47 mm
纪录：
亚洲第二大的牙齿。

鲨齿龙未定种
标本：MNNHN coll
AC： 125 mm
AAP： 47 mm
纪录：
早白垩世早期最大的牙齿。

未命名
标本：MB R2352
AAP： 52.8 mm
GLM： 约 24.9 mm
纪录：
非洲最大的牙齿。

卡氏南方巨兽龙
标本：MUCPv-52
AC： 约 90 mm
AAP： 约 45 mm
AAP： 21 mm
纪录：
南美洲最大的牙齿。
它属于一只体型小于模式
种MUCPv-Ch1的动物。

硕大"斑龙"
标本：MB R 1050
AC：120 mm
AC+ 牙根：155 mm
AAP：48 mm
纪录：
侏罗纪最长的牙齿。

硕大"斑龙"
标本：MNHUK R6758
AC：约 145 mm
AAP：50 mm
纪录：
侏罗纪最宽的牙齿。

格氏蛮龙
标本：ML 1100
AC：约 120 mm
AAP：48 mm
纪录：
欧洲最大的牙齿。
加上牙根部分，该完整牙
齿的长度为 12.7 cm。

撒哈拉鲨齿龙
标本：SGM-Din 1
AC：约 130 mm
AAP：46.7 mm

棘龙
标本：-IPHG 1912 VIII 19
AC：85 mm
AAP：34 mm
AC+ 牙根：230 mm
（这里没有展示完整的牙根）

巴氏斑龙
标本：OUM J13505
AC：约 46 mm
AAP：20 mm
纪录：
最早发现的牙齿。

伊斯基瓜拉斯托富伦格里龙
标本：PVSJ 53
AC：约 60 mm
AAP：约 24 mm
纪录：
三叠纪最大的牙齿（蜥臀目）。
在兽脚亚目恐龙中，该纪录的保
持者是原美颌龙未定种，其牙齿
长度约为 2.7cm×1.17 cm。

伤齿龙未定种
标本：AK498 -V-001
AC：14.3 mm
AAP：9 mm
纪录：
最大的兽脚亚目恐龙
化石牙齿。

夺目斑龙
勒阿弗尔博物馆收藏品
AC：120 mm
AAP：42 mm

10 cm

1：1.14

三叠原美颌龙
标本：SMNS 12591
AC：约 27.5 mm
AAP：约 2 mm
纪录：
三叠纪最小的牙齿。
鸟跖主龙类恐龙最小牙齿属于
泰氏斯克列罗龙，
其牙齿长度 AC 为
0.6～1.2 mm，
AAP 为 0.5 mm。

最小的牙齿 ×10 🔍

葡萄牙欧爪牙龙
标本：TV 18-20
AC：2.05 mm
AAP：约 1.11 mm
纪录：
根据最小的化石推测出的白垩
纪恐龙种类。最小的化石长度
AC：1.01～1.45 mm，
AAP：0.65～0.74 mm。

未命名
标本：IPFUB GUI 94
AC：1.02 mm
AAP：0.92 mm
纪录：
侏罗纪最小的牙齿。

小龙原鸟形龙
标本：ZPAL MgD-II/29
AC：约 0.17 mm
AAP：0.24 mm
纪录：
白垩纪最小的牙齿（属于一个幼
年个体）。最大的牙齿长度 AC：
2.2 mm，AAP：0.78 mm。

道氏剞齿龙
标本：DINO 3353
AC：2 mm
AAP：2 mm
基于最小的化石推
断出的侏罗纪恐龙
种类。

印石板始祖鸟
标本：BMNH 37001
AC：1.6 mm
AAP：9 mm
纪录：
侏罗纪鸟类最大的牙齿。

鹰嘴单爪龙
标本：IGM N107/6
AC：约 0.3 mm
AAP：约 0.3 mm
纪录：
白垩纪最小的牙齿。

杨氏弯齿鸟
标本：IGM N107/6
AC：11 mm
AAP：7.7 mm
纪录：
白垩纪鸟类最大的牙齿。

147

外皮（皮肤及其特性）

皮肤系统完全覆盖动物，它包括皮肤、角质板、皮内成骨、嘴鞘（喙）、角、指爪、丝状皮肤结构和演化后的羽毛。

嘴鞘

它是角质覆盖物，起到保护鼻子，并帮助进食的作用。它是形成鸟喙的结构，出现在草食性兽脚亚目恐龙、一些中生代鸟类和其他在脸上长有喙的恐龙身上。

最大的嘴鞘 　1 : 2.28

2 cm

气腔似鸡龙
标本：IGM 100/11
长度：约15.4 cm
纪录：
最长的嘴鞘。

皮内成骨皮肤的骨化，常见于鳄鱼、犰狳和甲龙恐龙。唯一有皮内成骨的兽脚亚目恐龙是角鼻龙。

最大的皮内成骨 　1 : 1.14

2 cm

小齿角鼻龙
标本：UMNH 5278
长度：10 cm
（宽：3.3 cm）
纪录：
最大的皮内成骨。

羽毛

最大的羽毛 　1 : 2.28

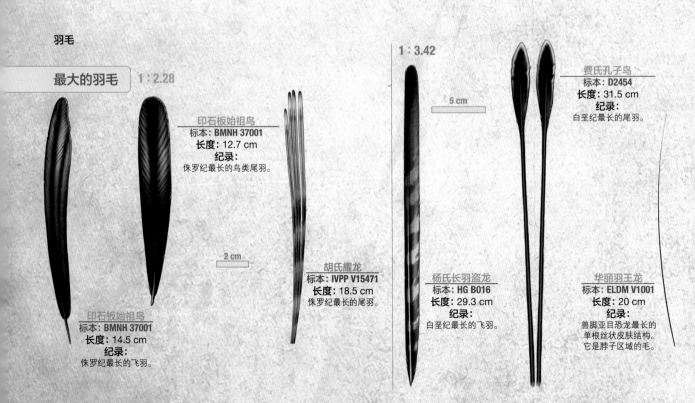

1 : 3.42

费氏孔子鸟
标本：D2454
长度：31.5 cm
纪录：
白垩纪最长的尾羽。

5 cm

印石板始祖鸟
标本：BMNH 37001
长度：12.7 cm
纪录：
侏罗纪最长的鸟类尾羽。

2 cm

胡氏耀龙
标本：IVPP V15471
长度：18.5 cm
侏罗纪最长的尾羽。

杨氏长羽盗龙
标本：HG B016
长度：29.3 cm
纪录：
白垩纪最长的飞羽。

华丽羽王龙
标本：ELDM V1001
长度：20 cm
纪录：
兽脚亚目恐龙最长的
单根丝状皮肤结构。
它是脖子区域的毛。

印石板始祖鸟
标本：BMNH 37001
长度：14.5 cm
纪录：
侏罗纪最长的飞羽。

恐龙形类恐龙、兽脚亚目恐龙和中生代鸟类的解剖结构纪录

1699 年 英格兰 第一颗兽脚亚目恐龙的牙齿

第一个兽脚亚目恐龙的牙齿以编号 1328 出现在自然学家爱德华·路德的一本书中。

1728 年 英格兰 第一块兽脚亚目恐龙的完整骨骼

一块被鉴定并命名为"标本 A1"的股骨，是最早纳入科学体系收藏中的化石。它现在被收藏在剑桥伍德沃迪亚纳博物馆中。

1755 年 英格兰 第一块恐龙的椎骨

乔舒亚·普拉特在英格兰斯托菲尔德发掘出三个巨大的椎骨，遗憾的是这些化石都遗失了，而且没有经过鉴定，只能猜测它们可能属于兽脚亚目恐龙。尚不确定它是否属于斑龙。

1797 年 英格兰 第一块兽脚亚目恐龙的颌骨

模式种巴氏斑龙的化石标本于 1797 年被发现于斯托菲尔德组，在 1818 年被鉴定为一种巨大的海洋爬行动物，最终于 1824 年，与其他可能属于另外个体的化石碎片一同被公布。

1815 年 英格兰 第一块兽脚亚目恐龙的颅骨

巴氏斑龙的颅骨发现于 1815 年，起初它被鉴定为一个巨型巨蜥，第一次被提及是在 1822 年，但是没有对它的正式描述。在它被确定后的第二年，这一标本被正式发表。

1855 年 德国 第一只小体型的兽脚亚目恐龙

厚足"翼手龙"是已发现的第一个体型可能比人类小的中生代兽脚亚目恐龙。第一个确切已知的比人类小的恐龙标本是始祖鸟，在当时它被认为是翼龙。

1855 年 英格兰 第一只有高椎骨的兽脚亚目恐龙

化石收集者塞缪尔·哈斯班德·贝克尔斯给理查德·欧文寄了几个有高隆神经棘的椎骨化石，它是从它的脊柱上取下的尾椎。欧文认为，使得该兽脚亚目恐龙的第一个重建模型像是一个长有人背帆的蜥蜴。后来这些椎骨被认为属于另一种恐龙：邓氏"斑龙"，再晚些它们被鉴定属于独立的属——长棘比克尔斯棘龙。

1859 年 德国 第一个兽脚亚目恐龙的颅骨

发现的模式种长足美颌龙的标本骨架相当完整，还包括颅骨。

1859 年 德国 第一只几乎完整的恐龙

长足美颌龙的标本发现于索尔霍芬。它的骨骼在被发现时几乎完好，并留存有它最后一次进食晚餐的证据。即使如此，直到 1896 年它才被认定为恐龙，尽管在 1868 年已提出过这种可能性。

1865 年 美国（堪萨斯州）牙齿最多的中生代鸟类

帝王黄昏鸟有 28 颗上颌牙和 66 颗下颌齿，所以它的嘴里总共约有 94 颗牙齿。

1870 年 美国（堪萨斯州）发现第一个有牙齿的鸟类

异鱼鸟发现于 1870 年，两年后有了对它的正式描述。在此之前一年，发现了第一个有牙齿的标本始祖鸟，它被发现于 1874—1875 年间，但直到 1884 年才被正式描述。

1876 年 法国 基于最小化石材料得出的三叠纪兽脚亚目恐龙的模式标本

钝"斑龙"是由一块高 2.6 mm，前后长 0.8 mm 的牙齿化石识别认定的。它可能属于兽脚亚目或者恐龙形类。

1877 年 美国 前肢指爪最少的中生代鸟类

帝王黄昏鸟的上肢萎缩，前臂和脚趾都很短。

1880 年 美国 尾巴占身体比例最小的中生代鸟类

帝王黄昏鸟的尾巴仅占其全长的 11%。

1883 年 德国 基于最不完整材料鉴定出的兽脚亚目恐龙的种类

很多兽脚亚目恐龙是根据化石骨骼的碎片确定并命名的。可能其中最极端的例子是希尔斯鸟脚龙，它是根据一个第 IV 掌骨中不完整的第 II 指骨推断出其属了翼龙。事实上不可能仅通过这些骨骼来命名一种新的恐龙，因为它与其他兽脚亚目恐龙差异不大。

1884 年 美国 第一只"有犄角"的兽脚亚目恐龙

角鼻角鼻龙是人们发现的第一个呈现出犄角，长有骨冠的恐龙。原先犄角被认为是攻击的武器，但可能只具有视觉展示物的功能。

1884 年 德国 第一块中生代鸟类的颅骨

印石板始祖鸟 HMN 1880 是第一个带颅骨的标本。它于 1874 年被发现，10 年后有了关于它的正式描述。

1902 年 美国 在中生代鸟类身上发现的第一个化石鳞片

在堪萨斯州发现的亚氏似黄昏鸟标本中保存有鳞片和羽毛。

1901 年 德国 在兽脚亚目恐龙身上发现的第一块皮肤印痕

有文章提到，在长足美颌龙的腹部发现了多边形状的印痕存在。

1901 年 美国 第一个也是唯一的兽脚亚目恐龙皮内成骨

有报道称在角鼻角鼻龙的尾部上发现有一排尖锐的皮内成骨片。

1903 年 美国 荐椎最多的中生代鸟类

帝王黄昏鸟长有 14 块非常长的荐椎。

1905 年 美国 脖子占身体比例最小的兽脚亚目恐龙

君王暴龙的脖子只占其全长的 10%。

1907 年 苏格兰 最古老的鸟跖主龙类皮肤印痕

泰氏斯克列罗龙的腹部呈现出直径为 1 mm 的矩形小鳞片的皮肤印痕，它发现于晚三叠世（卡尼期，距今 2.37 亿～ 2.27 亿年）地层中。

1915 年 埃及 背椎骨最高的兽脚亚目恐龙

埃及棘龙的脊椎骨非常发达，它巨大神经棘的高度是长度的 8.1 倍。

1916 年 加拿大 发现的第一只没有牙齿的兽脚亚目恐龙

第一个高似鸵龙标本的颅骨保存了下来，它揭示出这种恐龙没有牙齿。该化石发现于艾伯塔省。

1917 年 美国 颈椎骨最多的中生代鸟类

黄昏鸟的颈椎骨有 17 节，因而可以推测它行动非常灵活。

1917 年 美国 背椎最少的中生代鸟类

黄昏鸟目的外来潜水鸟或帝王黄昏鸟在胸部仅有 7 节椎骨。

1933 美国 在兽脚亚目恐龙身上发现的第一个锁骨

斯基龙在 1933 年发现于亚利桑那州，在 3 年后有了正式描述。其锁骨在任何其他恐龙化石中都没有保存下来，因而它的缺失使人们认为鸟类的祖先是原始主龙类。

1950 年 美国 后肢占身体比例最小的兽脚亚目恐龙

阿托卡高棘龙的后肢非常短小，仅占其全长的 24%。

1955 年 蒙古 前肢占身体比例最小的兽脚亚目恐龙

前肢占全长比例最小的纪录保持者是勇士特暴龙，该比例为 7.8%。

1962 美国 第一次推测兽脚亚目恐龙的体重

有一篇以正式的方式推测恐龙可能的体重，脆羽异特龙和君王暴龙的体重分别为 2.09t 和 0.89t。

1963 年 阿根廷 三叠纪最粗壮的原始蜥臀目恐龙股骨

伊斯基瓜拉斯托艾雷拉龙 PVL 2566 的股骨是最粗壮的，最小周长有 16.95 cm（占股骨长度的 35.1%）。

1963 年 美国 基于最不完整材料鉴定出的中生代鸟类的种类

鳍"长潜鸟" UCMP 53961 发现于怀俄明州，它是一个只有 6.6 mm 长的掌骨的远端部分化石，因此很难验证它作为一个物种的准确性。

1969 年 美国 尾椎骨最长的兽脚亚目恐龙

平衡恐爪龙尾椎骨的长度是高度 13.3 倍，因而它应该具有非常发达的关节。

1970 年 巴西 颈椎骨最少的蜥臀目恐龙

原始蜥臀目下的始盗龙、艾雷拉龙和南十字龙是颈部椎骨最少的恐龙，它们只有 9 节颈椎骨。

1970 年 巴西 背椎骨最多的蜥臀目恐龙

在原始蜥臀目恐龙中，背椎骨数量最多的是南十字龙和始盗龙，它们有 15 节背椎骨。

1971 年 阿根廷 趾骨最多的恐龙形类恐龙

塔兰布兔鳄可能每只后肢上有 16 个趾骨。一般来说恐龙形类和原始蜥臀目恐龙的 5 个趾上一共有 15 个趾骨，兽脚亚目恐龙和鸟类的 4 个趾头上通常有 14 个趾骨。

1972 年 蒙古 头部占身体比例最小的兽脚亚目恐龙

在兽脚亚目恐龙中，气腔似鸡龙的颅骨比例最短，仅占其全长的 6%。

1972 年 法国 相较于体型，尾巴比例最长的兽脚亚目恐龙

标本 MNHN CNJ 79 是一个成年长足美颌龙，它的尾巴不完整，但是推测长度占到该动物全长的 59%。

1972 年 巴西 发现的第一个胃肠印痕

桑塔纳盗龙标本 MN/UFRJ MN 4802 V 是发现的第一只留存有消化道印痕的恐龙。28 年后发现了另一个相似的化石 SMNK 2349，但尚不清楚它是否属于同一个种。

1974 年 蒙古 第一个没有牙齿的中生代鸟类

戈壁鸟是第一只呈现出无牙鸟喙的中生代鸟类。但是，可以确定在 85 年前发现的今鸟亚纲下的拉力水土鸟（原为拉力士水土鸟）和钝水土鸟是无牙鸟类。

1981 年 蒙古 荐椎最多的兽脚亚目恐龙

雌驼龙和耐梅盖特母龙是已知荐椎最多的非鸟类兽脚亚目恐龙，它们有 8 节荐椎。

1981 年 蒙古 最极端的夹跖骨情况

第 III 跖骨被夹在第 II 和第 IV 跖骨中间，是一种已知的夹跖情况。这是一个至少有五个兽脚亚目下类别中出现的，非常普遍的特征。其中最极端的例子发生在窃蛋龙类的拟鸟龙和演化后的阿瓦拉慈龙科恐龙身上。对于后者而言，第 III 跖骨缩小到失去了运动的功能性。

1985 年 阿根廷 相较于后肢，前臂最短的兽脚亚目恐龙

萨氏食肉牛龙的前臂非常短，仅占其后肢总长度的 14%。

1985 年 阿根廷 相较于体型，头部最小的掠食类恐龙

萨氏食肉牛龙脱颖而出，其颅骨仅占身体整体长度的 12.9%。

1987 年 美国 最奇怪的锯齿

在兽脚亚目恐龙的牙齿中，大多数的锯齿稍向上倾斜，而且尺寸非常小，伤齿龙科恐龙的锯齿是一个例外，它们呈 90°，并且尺寸与牙齿相比显得非常大。

1991 年 德国 基于最小材料获知的恐龙形类模式标本

迪尔斯特蒂鸟足龙仅留存下来三个长度为 35 mm 的不完整跖骨。

1991 年 葡萄牙 基于最小材料获知的白垩纪兽脚亚目模式标本

葡萄牙欧爪牙龙是仅通过两个单独的牙齿识别出的，模式标本 CEPUNL TV 20 的高度为 1.8 mm，前后长度为 0.65 mm。

1992 年 阿根廷 指骨最多的蜥臀目恐龙

原始蜥臀目恐龙的指骨比兽脚亚目恐龙的多，这是因为指骨随着演化逐渐减少。不同于原始形态中的兽脚亚目恐龙只有 9 个指骨（直到在鸟类身上指骨发生融合），艾雷拉龙的每个前肢上有 10 个指骨。

1993 年 中国 有高背椎骨的最古老兽脚亚目恐龙

自贡永川龙（原称为四川龙）生存于中侏罗世（卡洛夫期，距今 1.635 亿年～ 1.661 亿年）。中棘龙科是最古老的具有高神经棘的兽脚亚目恐龙。

1994 年 西班牙 牙齿最多的兽脚亚目恐龙

多锯似鹈鹕龙有 14 个前上颌骨牙，60 个颌骨牙和 150 个下颌牙，总共有 224 个牙齿。

1994 年 美国 基于最小材料获知的侏罗纪兽脚亚目模式标本

道氏剖齿龙 DINO 3553 发现于犹他州，是一个仅通过高 2 mm、前后长 2 mm 的小牙齿来获知的伤齿龙。

1994 年 西班牙 兽脚亚目恐龙第一个非骨质的头嵴

由于特殊的保存，锯似鹈鹕龙化石中可以看到一个柔软的头嵴。

1995 年 西班牙 白垩纪牙齿最小的兽脚亚目恐龙

驰龙科牙齿 MPZ 96/97 的高度是 1.5 mm，前后长度是 1.07 mm，唇舌长度是 0.67 mm，在内侧边缘每毫米有 26.6 个细锯齿，因为它们非常小，尺寸仅为 0.0375 mm×0.005 mm。

1995 年 葡萄牙 侏罗纪牙齿最小的兽脚亚目恐龙

似始祖鸟未定种的牙齿非常小，每毫米有 24 个细锯齿。

1995 年 德国 三叠纪股骨最粗壮的兽脚亚目恐龙

理氏理理恩龙的股骨 MB.R.2175 的最小周长为 11cm（占其全长的 25%）。

1996 年 德国、美国 兽脚亚目恐龙最古老的皮肤印痕

在异特龙未定种幼年标本 CJW 295（现美国怀俄明州）和斯氏侏罗猎龙（现德国）的标本中保存下来皮肤的印痕。两种恐龙生存于晚侏罗世时期（钦莫利期，距约 1.573 亿～ 1.521 亿年）。

1996 年 美国 牙齿更换速度最慢的恐龙

当一颗牙齿达到一定的使用寿命后，其根部被重新吸收，牙冠脱落，这样它就被一颗全新的牙齿取代。君王暴龙一颗牙齿的平均使用时间约为 777 天。

1996 年 美国 侏罗纪股骨最粗壮的兽脚亚目恐龙

异特龙未定种 NMMNH P 26083 的股骨最小周长为 46 cm（相当于股骨全长的 41.8%）。相较于尺寸而言，最粗壮的是"雷盗龙"TATE 0012 的股骨（最小周长相当于股骨全长的 45.3%）。

1996 年 中国 尾椎骨最多的兽脚亚目恐龙

尽管化石不完整，但我们仍可知道原始中华龙鸟的尾巴又长又灵巧。预计尾巴总计有 59 ～ 64 个椎骨。

1996 年 美国 牙齿更换速度最快的恐龙

平衡恐爪龙的每颗牙齿大约 290 天一换。

1996 年 蒙古 后肢骨骼融合最多的兽脚亚目恐龙

某些成年兽脚亚目恐龙的后肢股骨最后融合在一起。奥氏小掠龙身上的距骨、跟骨、胫骨和腓骨变成了一块坚硬的整体，在奔跑时给予更多的力量。

1997 年 中国 上颌牙最多的中生代鸟类

六齿大嘴鸟的颌骨每边长了 6 颗牙齿，总共 12 颗牙。在中生代鸟类身上最常见的是颌骨每侧长有最多 5 颗牙齿。

1998 年 法国 中生代鸟类最粗壮的股骨

恋酒卡冈杜亚鸟 MDE A08 股骨的最小周长很粗，达到 14.8 cm（相当于股骨预计全长的 41.7%）。

1999 年 中国 颈椎骨最少的中生代鸟类

郝氏中鸟和长尾雁荡鸟只有 9 节颈椎骨。

1999 年 中国 融合尾椎骨最多的兽脚亚目恐龙

意外北票龙的尾综骨是由 7 节尾椎骨构成的。

2000 年 中国 背椎骨最少的兽脚亚目恐龙

在兽脚亚目恐龙中，该纪录的持有者是尾羽龙，它只有 9 节背椎骨。

2000 年 蒙古 第一个有尾综骨的兽脚亚目恐龙

一些兽脚亚目恐龙发育有尾综骨，这也是鸟类典型的结构。戈壁天青石龙是第一个被确定有尾综骨的非鸟类兽脚亚目恐龙。这种结构通过融合而出现在各种恐龙中。尾综骨由最后的尾椎骨融合而成，起到支撑的作用并使尾羽活动。

2001 年 加拿大、蒙古 首次在兽脚亚目恐龙身上发现嘴鞘

报道称第一次在似鸡龙标本 IGM 100/1 113 和埃德蒙顿似鸟龙 RTMP 95.110.1 身上发现了角质喙的存在。

2001 年 中国 头部占身体比例最大的中生代鸟类

朝阳长翼鸟的鼻子非常长，约占其全长的 28%。

2002 年 中国 颈椎骨最多的兽脚亚目恐龙

黄氏河源龙在颈部有 13 节椎骨。大部分的兽脚亚目恐龙有 10 块颈椎骨。

2003 年 中国 尾椎骨最多的中生代鸟类

中华神舟鸟（原热河鸟）的尾椎骨达到 27 块。

2003 年 中国 脖子占身体比例最长的兽脚亚目恐龙

朝阳会鸟的脖子非常长，占到其全长的 30%。

2003 年 美国 白垩纪股骨最粗壮的兽脚亚目恐龙

君王暴龙标本 FMNH PR2801 和 MOR 1128 的股骨中间部分最小周长为 58 cm（分别占到股骨长度的 44.5% 和 46%）。植食性恐龙中奇异恐手龙 IGM 100/127 的股骨最粗壮，它的最小周长为 56 cm（占到股骨长度的 42.4%）。

2003 年 中国 前臂占身体比例最大的中生代鸟类

朝阳会鸟的前臂对于它的体型来说非常大，每只前臂的长度占到其全长的 87%。

2004 年 美国 在兽脚亚目恐龙身上年代最近的皮肤印痕

在君王暴龙标本 BHI 6230 和 MOR 1125 上发现了皮肤印痕。这些恐龙曾生存于晚白垩世晚期（马斯特里赫特期，距今 6 900 万～ 6 600 万年）。

2005 年 阿根廷 头部占身体比例最大的兽脚亚目恐龙

阿根廷鹫龙的颅骨很长，达到其全长的 15.4%。

2006 年 德国 荐椎最少的兽脚亚目恐龙

在原始兽脚亚目恐龙中，荐椎通常有 5 块，但是幼年标本斯氏侏罗猎龙仅有 3 块荐椎。

2006 年 美国 前臂扭转幅度最大的兽脚亚目恐龙

已证实异特龙能将其前臂从原来位置扭转约 140°。

2006 年 中国 前臂扭转幅度最大的中生代鸟类

为了适应飞行，鸟类的前臂失去了旋转的能力。例如，乌鸦前臂的扭转幅度仅能达到 20°。朝阳会鸟的前臂能扭转 112°，这超越了远超大部分鸟类的能力范围

2006 年 西班牙 前臂扭转幅度最小的中生代鸟类

奥氏始小翼鸟前臂能扭转的仅为 29%。

2006 年 中国 中生代鸟类最奇怪的后掌

利伟大凌河鸟是唯一一种趾头呈现“Z”字形排列的中生代鸟类，也就是说，第 II 趾（内部）和第 III 趾（中部）朝前，而第 IV（外部）和第 I 趾（拇指）指向后方。这使得现代鸟类可以更好地抓住树枝或攀爬树干。只有沐霞山东鸟足迹表现出这一特征，可能该足迹是由同种反鸟类留下的。

2006 年 美国 前臂扭转幅度最小的兽脚亚目恐龙

斑比盗龙前臂能扭转的最多只有 75%。

2008 年 中国 荐椎最少的中生代鸟类

与大部分的非鸟类兽脚亚目恐龙一样，始祖鸟有 5 块荐椎。中生代鸟类中荐椎最少的是未成年的中鸟，它有 4 块荐椎。

2008 中国 背椎骨最多的兽脚亚目恐龙

在兽脚亚目恐龙中，耀龙特殊在于它有 14 块背椎骨。

2008 年 中国 尾椎骨最少的兽脚亚目恐龙

耀龙的尾巴特别短，只有 16 节椎骨。幼鸟郝氏中鸟在其尾部仅有 13 块椎骨。

2008 年 中国 相较于体型，后肢最大的兽脚亚目恐龙

胡氏耀龙的后肢占其全长的 77%。

2008 年 中国 尾椎骨最少的中生代鸟类

孔子鸟的标本在尾部有 7 ～ 10 节椎骨，并具有尾综骨（融合的末端椎骨），因而尾椎骨的实际数量更多。幼年郝氏中鸟在其尾部仅有 13 块椎骨。

2009 年 阿根廷 气腔最大的非鸟类兽脚亚目恐龙

大盗龙类在椎骨中的气腔与其他许多兽脚亚目恐龙一样，不同的是在叉骨、荐骨和腹肋中也有气腔，所以也许它们有一个与鸟类相似的气囊系统，其体温调节和呼吸系统可能非常高效。

2009 年 中国 第一个侏罗纪无齿兽脚亚目恐龙

在发现难逃泥潭龙之前，所有无齿的兽脚亚目恐龙都来自白垩纪。

2010 年 罗马尼亚 有最多镰刀爪的中古鸟

强壮巴拉乌尔龙的发现令人惊讶，部分原因是它后肢的两只爪子与驰龙科（盗龙）的相似。

2011 年 意大利 有最多化石器官的兽脚亚目恐龙

萨姆奈特棒爪龙是一个特殊的化石，因为它的几种软组织以三维方式呈现矿化形态：气管、肠、肝脏和肌肉。

2011 年 中国 趾甲尖头的中生代鸟类

玉门甘肃鸟腿上的趾甲有两个尖头。这可能是为了避免在泥地里滑倒，或者像今天有些鸟一样用于梳理羽毛。

2011 年 中国 在前掌指骨最少的兽脚亚目恐龙

单指临河爪龙是唯一一种单根指头上有两个指骨的非鸟类兽脚亚目恐龙。鹰嘴单指龙原先被认为是单爪动物，但仔细观察可以发现有 2 个小的萎缩的指头保存下来。

2011 年 加拿大 在后肢趾骨最少的兽脚亚目恐龙

奇特拟鸟龙后肢和似鸟龙科在每只后肢上仅有由 12 个趾骨构成的 3 个趾头。

2012 年 相较于体型，牙齿最大的兽脚亚目恐龙

与体型相比，牙齿占身体比例最大的兽脚亚目恐龙是显齿邪灵龙。它的上颌牙能达到其颅骨长度的 10 ～ 12.8 倍。

2013 年 阿根廷 最不完整的恐龙形类恐龙种类

脆弱未知龙是通过一块肠骨获知的。一个类似于奔股骨蜥的未命名兔蜥科仅通过一块骨骼化石推断而出（现美国科罗拉多州）。

2015 年 美国 颌骨张开幅度最大的兽脚亚目恐龙

一项关于鳄鱼、鸟类和兽脚亚目恐龙的研究表明，脆弱异特龙可以将其下颌骨张开到 79°。这与 17 年前古生物学家鲍勃·巴克尔提出的估值类似。

2015 年 巴西 中生代最小的恐龙

反鸟类的塞阿拉克拉图鸟是目前已知中生代最小的恐龙。它的体型非常小，甚至比最小的鸟类化石或已灭绝的鸟还要小。它的体长大约为 6.6 m（尾羽将近 15 cm），化石重量 4 g 多一点。

2015 年 西班牙 兽脚亚目恐龙第一个带软组织的后足

[illegible]了皮肤和后肢爪子的印痕，就鳞片的排列和形状而言，它们与现代鸟类非常相似。

头部占身体比例最大的兽脚亚目恐龙
西班牙鹫龙
标本：MPCA 24
它的颅骨特别长，占到其体全长的 5.4%。

兽脚亚目恐龙和中生代鸟类化石羽毛的纪录

羽毛的起源与飞行关系甚远，因为在适应空中生活之前，羽毛已存在了数百万年。专家推测这些角质层经过了不同形态的变化。从单根丝状皮肤结构，到出现基部的丝状羽毛，直至真正的羽毛或炫耀性的羽毛。可能在开始时，单根丝状皮肤结构具有帮助温度调节、种内交流（代表性吸引力、社会等级、成熟程度或其他作用）或种间交流（伪装、威胁或警告的标志、模仿等）的功能。这样看来，由于内部和外部解剖结构的各种演化发展叠加，使飞行成为可能，当获取新的食物来源或从逃离掠食者的需要增加时，这种演化进一步发展固定。

对称性和不对称性

鸟类的正羽具有不对称排列的主轴，也就是说，它们并不完全以椭圆形（标准的）羽轴为中心。一些滑翔的兽脚亚目恐龙，比如，小盗龙已经具有明显不对称的羽毛，以及诸如始祖鸟或者热河鸟等更古老的鸟类，直到这个特征一直存在于所有飞鸟中。

另外，值得一提的是，不同于近鸟龙、晓廷龙和其他非常相似的种类，始祖鸟是呈现出不对称正羽覆盖身体的、最古老、最原始的兽脚亚目恐龙。这种差异在本书中作为一个特征来定义模糊的术语"鸟类"，因为卡洛斯·林奈建立的分支系统认为鸟类的身体覆盖着羽毛，而不是简单的单丝。

颜色

现代鸟类羽毛的颜色受到黑素体的形状和排列的影响，以及由可以反射一部分可见光波的羽毛的物理结构决定。在这两个特征中，只有黑色素体被保存在恐龙中。如果它们又长又窄，那么颜色就是黑色或灰色，如果它们又短又宽，则呈现微红色，而那些缺少它们的则是白色。我们都知道，如果黑素体排列在同一个方向上，会产生一种彩虹色（例如，鸭子羽毛中出现金属蓝）。

须羽

脸部的须羽是一种羽毛或硬毛，起到触觉的功能，因为它们非常敏感。这是哺乳动物和鸟类中非常常见的结构，所以也许它们也出现在恐龙和翼龙中。

1836 年 美国 发现第一个带羽毛印痕的兽脚亚目恐龙足迹

清晰相异鸟形迹、扁趾相异鸟形迹和硕大鸟形迹（现为斯泰罗足迹）发现于马萨诸塞州早侏罗世地层中，从足迹中可以看出脚后跟出现几缕羽毛的痕迹。

1855 年 德国 侏罗纪第一个羽毛化石

印石板始祖鸟的第一个标本发掘于德国里登堡。该化石非常不完整，因而在 1857 年被鉴定成了翼龙目（厚足"翼手龙"），直到 113 年后才揭示了它的真实种类。该化石保存了羽毛的痕迹。

1857 年 德国 有羽毛恐龙的第一个名字

始祖鸟的第一个标本被称为"厚足翼手龙"。在当时它被认为是翼龙目。没有将其命名为"厚足始祖鸟"是因为印石板始祖鸟是保护名，可以无视历史上出现的其他领先命名。

1865 年 美国（马萨诸塞州）最古老的带羽毛印痕的兽脚亚目恐龙足迹

迷你实雷足迹 PMNH EHC 1/7 被认为属于腔骨龙超科。从中可以看到跖骨、坐骨和内脏的印痕。最不寻常的是有一层单丝存在。这个化石自 1926 年就已经被识别出了，但是这些印痕的真实属性过了 71 年才被重新认识。相异斯泰罗足迹和硕大斯泰罗足迹的脚跟有奇怪的羽毛。奇美近鸟足迹 AC 51/16 的足迹附近也有类似羽毛的印痕，但是其他专家对此有所怀疑。这些足迹发现于早侏罗世（赫塘期—普林斯巴期，距今 2.013 亿～1.827 亿年）地层中。

1955 年 西班牙 发现的第一个欧洲白垩纪羽毛化石

报道称在西班牙蒙特塞克发现了一个单独的羽毛化石。这距离发现第一个侏罗纪羽毛正好过去 100 年。

1966 年 澳大利亚 第一个大洋洲白垩纪羽毛化石

报道称在库纳瓦拉发现了几个单独的羽毛化石。

1969 年 哈萨克斯坦 仅通过一个羽毛来描述的兽脚亚目恐龙的种类

萨利苏白垩小鸟龙是通过长度仅为 1.7 cm 的一根单独羽毛来识别的。这一羽毛的形状不对称，所以在中华龙鸟正式被描述的四年前，它被鉴定为可能是近鸟类。

1970 年 吉尔吉斯斯坦 第一个关于三叠纪羽毛化石的错误报道

夺目长鳞龙化石上呈现出的奇怪附着物被认为是羽毛，但是它的结构看上去与羽毛无关。

1971 年 吉尔吉斯斯坦 东亚第一个侏罗纪羽毛化石

最初发现了一些羽毛的痕迹，它们的主人被命名为沙氏前鸟，后来又将它们鉴定为苏铁属的叶子，直到最后，随着新标本的发现和化学分析，这些材料再次被确认是真正的羽毛，但它们可能属于任何恐龙。

1973 年 黎巴嫩 中东第一个白垩纪羽毛化石

报道称发现了几个单独的，年代比嗜珀反风鸟还古老的，可能是鸟类羽毛的化石。

1973 年 黎巴嫩 保存在琥珀里最古老的羽毛

最古老的标本发现于黎巴嫩杰津，它来自早白垩世早期（欧特里夫期，距今 1.329 亿～1.294 亿年）的冈瓦纳古陆中南部（现黎巴嫩）。

1978 年 哈萨克斯坦 仅通过羽毛获知的未确定恐龙

沙氏前鸟仅通过两根奇怪的羽毛来辨识，它曾被认为是苏铁的叶子，但后来的研究揭示它们是真正的羽毛。考虑到恐龙具有多种多样的羽毛，因而它们只能被分配到未确定的恐龙种类。

1985 年 蒙古、俄罗斯 东亚第一个白垩纪羽毛化石

报道称在古文埃伦、申德库杜克和特兰斯贝加利亚发现了几个羽毛化石。在最后一个化石点发现的化石可看出有颜色。

1985 年 哈萨克斯坦 仅基于羽毛推测出的鸟类种类

威氏领先鸟仅通过 9 根羽毛来鉴定的，从其不对称形态可知，它是一种鸟类。

1987 年 蒙古 发现的第一个带完好羽毛的兽脚亚目恐龙

在发现原始祖鸟约 10 年前，学者就有了对恐龙前臂上长有飞羽的猜测，后来，对奇特拟鸟龙前臂的研究证实了这一预测。

1988 年 巴西 在南美洲北部发现第一个中生代羽毛化石

一个在桑塔纳地层发现的羽毛化石被认为是鸟类的化石，现在我们知道它也可能属于某种兽脚亚目恐龙。

1995 年 加拿大 在北美洲发现的第一个羽毛证据

在埃德蒙顿古似鸟龙的一个成体标本中找到了细丝的印痕，但这在 17 年后才被确定。

1995 年 加拿大 在北美洲西部发现的第一个白垩纪羽毛化石

在艾伯塔省发现了保存在琥珀中的羽毛化石。

1995 年 美国 在北美洲东部发现的第一个白垩纪羽毛化石

一些保存在琥珀里的羽毛化石发现于新泽西州。

1996 年 中国 第一个有直接羽毛（细丝）证据的兽脚亚目恐龙

在原始中华龙鸟化石上的单根丝状皮肤结构存在让人震惊，以至于人们认为它可能是原始鸟类。这是因为在当时羽毛被当成鸟类的唯一特征。如今我们知道从原始枝开始就已发现有这一结构。

1997 年 中国 第一个有完整羽毛的兽脚亚目恐龙

尽管属于以陆生为主的恐龙种类，但粗壮原始祖鸟具有飞羽和尾羽。

1997 年 美国 关于非鸟类兽脚亚目恐龙羽毛证据的第一个争议

一些研究人员怀疑保留在原始中华龙鸟中的单丝结构是被分解的胶原纤维。然而，新的

分析表明，它们确实是覆盖有"原始羽毛"。

1998 年 马达加斯加 非洲第一只长有羽毛的兽脚亚目恐龙（推论）

通过对奥氏胁空鸟龙骨骼的研究，正式确认了其身上有羽毛。

1999 年 蒙古 第一只通过生化分析证实的长有羽毛的兽脚亚目恐龙

用电子显微镜观察沙漠鸟面龙属一年后，发现它的身体应该有羽毛覆盖。这是通过角蛋白衰变的产物来证实的。

1999 年 中国 第一只有羽毛的植食性兽脚亚目恐龙

意外北票龙是第一只在身体上保存有单根丝状皮肤结构的植食性恐龙。

2002 年 中国 第一只有"四个翅膀"的非鸟类兽脚亚目恐龙

赵氏小盗龙（保罗氏羽龙）是已发现的第一只在前后肢都长有不对称羽毛的非鸟类兽脚亚目恐龙。

2002 年 中国 白垩纪飞羽最长的中生代鸟类

中华神州鸟前肢的羽毛最长可达 21 cm，比任何其他地方的羽毛都要长。圣贤孔子鸟标本 BSP 1999 I 15 的羽毛最长可达到 20.7 cm，但它并非成年个体。

2002 年 中国 白垩纪飞羽最长的兽脚亚目恐龙

窃蛋龙类中的邹氏尾羽龙的羽毛最长有 20 cm。短三似鹌鹋龙（＝埃德蒙顿似鸟龙）标本 TMP 2009.110.1 和 TMP 2008.70.1 有一系列形成大面积细丝的皮肤结构覆盖在前臂上，虽然它们整体外观尚不清楚。

2002 年 加拿大 有完整羽毛的直接证据的最大兽脚亚目恐龙

短三似鹌鹋龙（埃德蒙顿似鸟龙）的两个标本，一个为幼年个体 TMP 2009.110.1，另一个为成年个体 TMP 2008.70.1，这个成年个体体重约为 81 kg，它们的前臂上有与鸟类翅膀类似的结构。

2006 年 中国 相较于体型，羽毛最大的中生代鸟类

两片棘鼻大平房鸟的尾羽长达 13 cm，比其骨架还长（为其全长的 126%）。

2007 年 中国 纤维丝最细的非鸟类兽脚亚目恐龙

报道称原始中华龙鸟的一些单根丝状皮肤结构的直径仅为 0.08 ～ 0.3 mm。

2009 年 中国 纤维丝最粗的兽脚亚目恐龙

意外北票龙标本 STM31 1 的单根丝状皮肤结构能达到 3 mm 粗，是模式种 IVPP 11559 单丝粗度的两倍。与其他兽脚亚目恐龙不同的是，它们呈扁平的形状，而另一些单丝在颈部尤为坚硬，并且是空心的。

2009 年 中国 尾羽最长的白垩纪中生代鸟类

费氏孔子鸟标本 D2454 的尾羽长度大约为 31.5 cm。一些成年圣贤孔子鸟的标本尾羽达 40 cm，但是它们的尾羽没有被保存下来，可能没有身体长。

2009 年 中国 尾羽最长的白垩纪兽脚亚目恐龙

近鸟类的杨氏长羽盗龙尾部有一根羽毛长度为 29.27 cm。

2010 年 德国 侏罗纪最长的飞羽

印石板始祖鸟 HMN. 1880/81 有长达 14.5 cm 的羽毛，并且最长的可能超过 15 cm。最大的始祖鸟标本的羽毛没有保存下来，因而它羽毛的最大尺寸不得而知。

2010 年 中国 侏罗纪最长的尾羽

胡氏耀龙的最长尾羽可达 18.5 cm。该羽毛是不完整的。

2010 年 中国 侏罗纪占身体比例最长的羽毛

胡氏耀龙的羽毛相对于其身体来说非常长，它身长约 30 cm，羽毛长约 18.5 cm。

2010 年 中国 羽毛颜色最丰富的中生代鸟类

根据对圣贤孔子鸟 IVPP V13171 黑素体的研究，该兽脚亚目恐龙羽毛呈现微红色调，伴有灰色、红褐色和黑色的色彩，羽毛色调类似于斑胸草雀。

2010 年 阿根廷 欧洲西部第一只有羽毛证据的非鸟类兽脚亚目恐龙

尽管斯氏侏罗猎龙发现于 1998 年，但直到紫外线研究的深入，其羽毛证据才被获知。

2011 年 美国（亚拉巴马州）最长的单根羽毛

羽毛化石 KIS 706 是中生代最大的单根丝状皮肤结构，它的长度为 16.5 cm，可能属于鸟类或非鸟类兽脚亚目恐龙。

2011 年 加拿大 年代最近的，保存在琥珀中的中生代羽毛

一些类似于现代水生鸟类的羽毛来自晚白垩世晚期（坎潘期，距今 8 360 万 ～ 7 210 万年）的劳亚古陆西部。

2012 年 中国 最长的兽脚亚目恐龙纤维丝

华丽羽王龙颈部的最长单根丝状皮肤结构长达 20 cm。

2012 年 中国 颜色最艳丽的兽脚亚目恐龙

赵氏小盗龙（顾氏小盗龙）BMNHC PH881 的羽毛中有一些黑色素体，与一些彩虹色羽毛的鸟颜色排列方向相同的。它也许是黑色或深蓝色，带有光泽的色调。

2012 年 中国 最大的有羽毛的恐龙

华丽羽王龙的模式种 ZCDM V5000 是一个大型肉食性恐龙，长约 8.4 m，体重约 1.5 t。它是长羽毛的恐龙中体型最大的一个。

2014 年 蒙古 最大的有羽毛的兽脚亚目恐龙

奇异恐手龙的标本 IGM 100/127 具有尾综骨，这是一个用来支持和活动羽毛的结构，位于尾巴的尖端。该恐龙长 12 m，重约 7 t。

2015 年 巴西 南美洲南部保存有羽毛的第一个中生代鸟类

塞阿拉克拉图鸟是一种发现于巴西塞阿拉州的微型鸟类。它保存有羽毛的痕迹，其中有一些比它的骨架长度还要长。

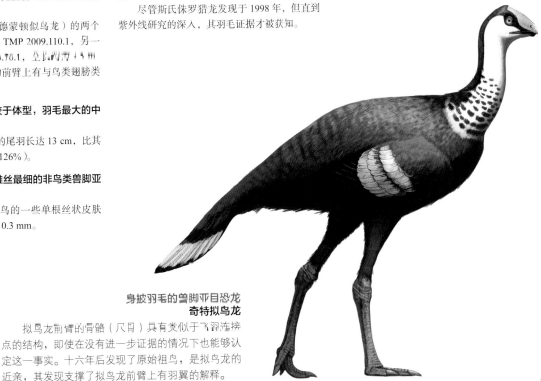

身披羽毛的兽脚亚目恐龙
奇特拟鸟龙

拟鸟龙前臂的骨骼（尺骨）具有类似于飞羽连接点的结构，即使在没有进一步证据的情况下也能够认定这一事实。十六年后发现了原始祖鸟，是拟鸟龙的近亲，其发现支撑了拟鸟龙前臂上有羽翼的解释。

兽脚亚目的生活
兽脚亚目恐龙的生物特征

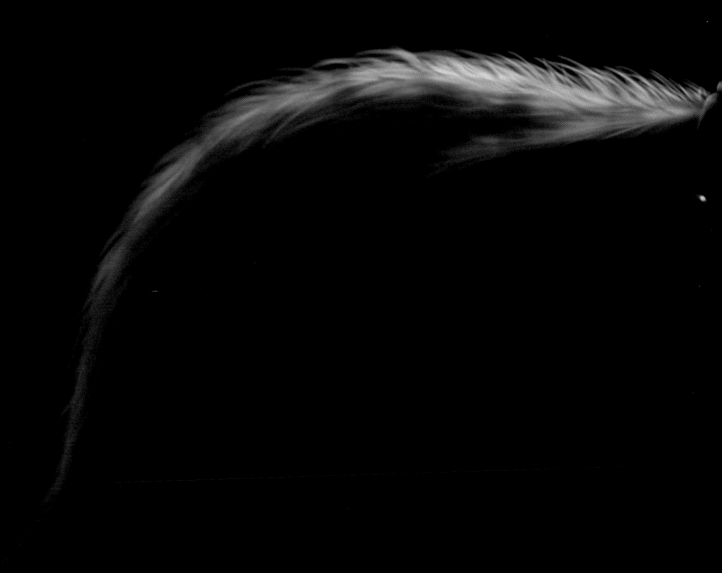

纪录：最敏捷的兽脚亚目恐龙；能飞行的最大和最小恐龙；
最大和最小的蛋，等等。

不同于在大众心目中残暴迅猛的形象，恐龙的行为应当与现存动物的行为类似：获取食物和水，繁殖，防御其他动物、气候和疾病以及各种寄生虫的侵害。

兽脚类恐龙占据了各种适宜的栖息地，包括水生、空中、树栖、半水生，以及陆地环境。根据栖息地的不同，它们可以分为适于奔跑的，适于掘地（挖掘）的，适于游泳的，适于攀爬的，适于飞翔或适于跳跃的，具有多种能力的。

陆生类

几乎所有的兽脚亚目和恐龙形类恐龙在演化的高级阶段都较适于奔跑。鸟跖主龙类和兔蜥类可能更擅长跳跃，并且从足迹来判断，后来的种类开始适应行走。

飞行类

第一个鸟类的兽脚亚目恐龙应该是完全或偶尔的攀禽，虽然有些可以进行滑翔，但是不能控制飞行。扑翼能力有可能是为了获取新的食物来源，或逃离掠食者的追捕时，为了帮助爬升斜坡演化而来。真正的飞行始于孔子鸟类，但形式有限，因为它们缺乏小翼羽（一种可以控制飞行和着陆的结构），以及一个现代鸟类特有的高度发达的胸骨。为了适应飞行，反鸟以不同于今鸟形类的独立方式演化，它们飞行的方式非常类似于现代鸟类。

适于掘地或挖掘类

在洞穴或地下巢穴中没有发现兽脚亚目恐龙，但有证据表明，驰龙科或伤齿龙科恐龙为了捕捉隐藏在洞穴中的哺乳动物，具有挖掘的能力。

寐龙的两个标本 IVPP V12733 和 DNHM D2154 被发现时处于蜷缩姿态，所以有人推测它们死在一个洞穴里。它们有可能挖掘或者占领了其他动物的巢穴。

适于游泳类

在兽脚亚目恐龙和中生代鸟类的一些足迹中，可以看到蹼的存在，这表明它们应该具有水生的生活方式，尽管有些痕迹被认为是较

软的沉积物经受压力而形成的印痕。报道称在美颌龙的一个标本中发现了掌上有蹼的直接证据，但 6 年后证明了这是错误的。不过，另一方面，蹼的存在在马氏燕鸟身上已得到证实：它的脚掌可以像凤头䴙䴘的一样张开。

无论如何，我们已经知道某些兽脚亚目恐龙有能力在海中移动，以利用这个栖息地提供的自然资源，或进入新的领土。在那些更适应水生环境的生物中，有棘龙科和黄昏鸟类。还有人提出，角鼻龙由于身体长，尾巴扁平，可能擅长游泳，除此之外，还发现它与鱼食性有关，并且其牙齿上没有出现太多的磨损。

中生代鸟类的游泳适应性可以在不同的现有生物之间进行比较。

游泳适应性等级

等级 1 信天翁
快速没入较浅水中，骨头轻，可飞行。伏尔加鸟类似于军舰鸟，几乎从来不在水上停留。

等级 2 鲣鸟
快速没入半深水中，骨头轻，可飞行。水土鸟、拉马克鸟和其他原始鸽形目在水中停留的时间很短。

等级 3 鸬鹚
快速没入，并长时间潜在深水中，骨头轻，通常可飞行，擅于游泳。甘肃鸟和神秘鸟的生活习性与这种鸟类相似。

等级 4 潜水海燕
长时间潜在深水中，有些骨头密实，通常可飞行，擅于游泳。潜鸟目的尼欧加鸟属于这一等级。

等级 5 海雀
长时间潜在深水中，有些骨头密实，羽毛中排除空气，通常可飞行，非常擅于游泳。布罗戴维鸟可能是一种可飞行的黄昏鸟。

等级 6 企鹅
长时间潜在深水中，有些骨头密实，羽毛中排除空气，没有气囊，它们具有高超的潜水技巧来追逐猎物，不可飞行，却是游泳高手。演化后的黄昏鸟目属于这一类别，比如潜水鸟科和黄昏鸟类。

1 : 2.28

在哺乳动物洞穴附近发现的爪子印痕

最小的中生代水鸟
西氏神秘鸟
PM TSU 16/5-45
从其跗骨的形状推断，它是一种长度仅为 25 cm，体重约 200 g 的潜水鸟。

1870 年 第一个获得有效名称的中生代飞鸟
两面鱼鸟
标本：YPM 1208

因为两面鱼鸟的下颌骨有牙齿，所以它被认为属于海生爬行动物，并被命名为马氏科隆龙和两面革瑞克鸟。大洋鸟早于其 6 年——在 1864 年被命名，但是直到 1876 年才正式生效。这是一个事实，再加上在大洋鸟之前有超过 15 个化石最终被证实为翼龙、新生代鸟类或尚未演化出真正飞行能力的鸟类，所以，两面鱼鸟成了第一个有效的中生代飞鸟的学名。

最古老的涉水鸟
梅氏古鸟足迹
标本：SRT-6

梅氏古鸟足迹化石非常古老，它发现于侏罗纪和早白垩纪交界（以中阿斯期，距今 141 亿～ 1.98 亿年）的地层中。从其足迹比例可知，它是一种涉水鸟。

最完整的兽脚亚目恐龙印痕
实雷龙足迹
标本：SGDS.18 T1

尽管大多数兽脚亚目恐龙长有长长的前肢，但并不是用四肢行走。这是由于它们手的位置和掌心指向胸部。

由于这个原因，除了处于休息的姿态，几乎没有留下兽脚亚目恐龙的前足迹。这个实雷龙足迹的印痕包括带双胫跗骨、双手、腹部和坐骨末端的痕迹，以及调整休息位置后的较浅印痕。

157

陆生兽脚亚目恐龙

一些兽脚亚目恐龙是运动速度最快的动物，其中最快的速度可能达到 80 km/h（22 m/s），而在飞行中，有些楼燕的速度超过 170 km/h。老鹰、游隼和楼燕在飞行中最高速度可以到达甚至超过 300 km/h。几乎所有的兽脚亚目恐龙都具有奔跑的能力，除了一些特别适应了水生（潜鸟、燕鸟、黄昏鸟或某些棘龙科）或空中生活的种类（蜂鸟和楼燕），它们在陆地会变得相当笨拙。

由于巨型兽脚亚目恐龙体重非常沉（超过 2.5 t），它们奔跑的速度可能不超过 45 km/h，但值得一提的是，幼年暴龙的奔跑速度可以接近 60 km/h，接近现生鸵鸟的速度，鸵鸟是今天跑得最快的鸟。

最快的恐龙包括似鸟龙类和其他适应奔跑的种类，比如，安祖龙、达科塔盗龙、轻巧龙等。这些动物的解剖结构适应于高速奔跑：非常长的双腿，股骨比例较短，胫骨与跖骨成比例。

谣言：所有的非鸟类兽脚亚目恐龙都擅于奔跑

在 2014 年以前，人们认为每个兽脚亚目恐龙都有奔跑能力，但是棘龙的一个骨架的发现，证实它是一种适应水生生活的动物：其后肢太短，无法奔跑。在陆地上，棘龙行动的速度可能不超过 15 km/h。

1 m

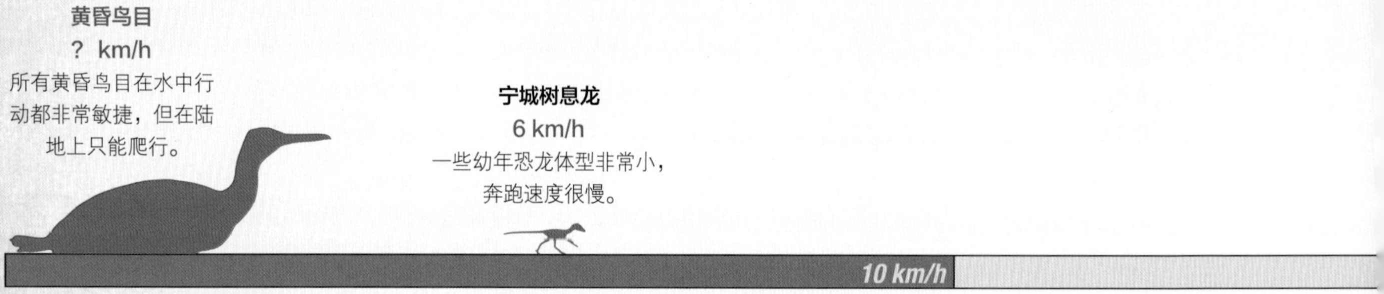

黄昏鸟目

？ km/h

所有黄昏鸟目在水中行动都非常敏捷，但在陆地上只能爬行。

宁城树息龙

6 km/h

一些幼年恐龙体型非常小，奔跑速度很慢。

10 km/h

理氏理理恩龙

47 km/h

三叠纪速度最快的兽脚亚目恐龙。

1 m

尤塞恩·博尔特

44.7 km/h

历史上速度最快的人类。

伊斯基瓜拉斯托艾雷拉龙

42 km/h

速度最快的原始蜥臀目恐龙。可能富伦格里龙能达到 46 km/h。

鸵鸟

65 km/h

它可以在很长一段时间持续奔跑，并且不会感到明显的疲劳。

40 km/h　　　50 km/h　　　60 km/h

这些特征同样出现在目前行动最快的陆地动物中。这些兽脚亚目恐龙可以达到的速度相当于奔跑的马匹的速度，但在任何情况下都不可能接近猎豹或某些羚羊的最高速度，这些动物的速度可以超过 100 km/h。任何兽脚亚目恐龙都可以追上人类，尽管人类的速度比我们原来认为的还要快：运动员的速度可以达到 30 ～ 39 km/h（8.3 ～ 10.8 m/s），而专业短跑运动员的速度会超过 43 km/h（12 m/s）。这些速度与许多兽脚亚目恐龙的速度相当，但如果赛跑长度增加，我们就不能保持同样的速度了。

讽刺的是，最慢的兽脚亚目恐龙竟然是原先被认为速度非常快的那些。这不是由于它们跑步的能力有限，而是因为其体型太小，阻碍了它们达到非常高的速度，尽管它们的步频很高。这个规律在现代鸟类中可以观察到，比如，加州走鹃，它具有惊人的能力，每秒可以跑 12 步，几乎是鸵鸟的 3 倍，但是由于步长很短，它的速度只能达到鸵鸟的一半。

谣言：美颌龙以 64 km/h 的速度奔跑

通过计算机程序完成的一项研究表明，小型美颌龙是最快的恐龙之一：可以和鸵鸟一样快。为了达到这样的速度，该兽脚亚目恐龙每秒应奔跑约 20 步，几乎是现代陆栖鸟的两倍，这是不太可能的。

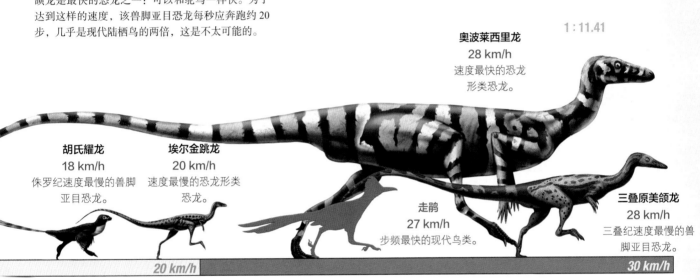

奥波莱西里龙
28 km/h
速度最快的恐龙
形类恐龙。

1 : 11.41

胡氏耀龙
18 km/h
侏罗纪速度最慢的兽脚
亚目恐龙。

埃尔金跳龙
20 km/h
速度最慢的恐龙形类
恐龙。

走鹃
27 km/h
步频最快的现代鸟类。

三叠原美颌龙
28 km/h
三叠纪速度最慢的兽
脚亚目恐龙。

20 km/h   30 km/h

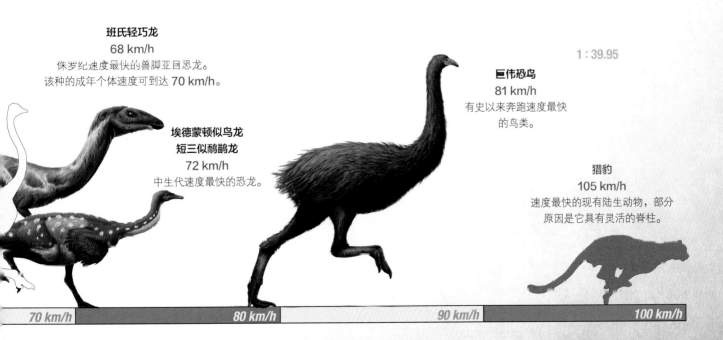

班氏轻巧龙
68 km/h
侏罗纪速度最快的兽脚亚目恐龙。
该种的成年个体速度可到达 **70 km/h**。

埃德蒙顿似鸟龙
短三似鸸鹋龙
72 km/h
中生代速度最快的恐龙。

巨伟恐鸟
81 km/h
有史以来奔跑速度最快
的鸟类。

1 : 39.95

猎豹
105 km/h
速度最快的现有陆生动物，部分
原因是它具有灵活的脊柱。

70 km/h   80 km/h   90 km/h   100 km/h

如何计算兽脚亚目恐龙的速度？

目前有一些研究把重点放在计算恐龙的速度，特别是兽脚亚目恐龙的速度上。已经灭绝的动物的速度现在计算起来很复杂，但是可以考虑复步长度，每秒可能的步数（步频）、躯体的重量以及腿部骨骼之间的比例来进行估计。

如今完成的大多数调查研究都是基于足迹化石记录，或者根据附肢骨骼（四肢的骨骼和将它们与身体相连的腰带部骨骼）的比例进行的，将这些骨骼与当前的类似动物在生物力学上做对比。对于兽脚亚目恐龙下，陆地鸟类通常是这些研究中最常用的对照。

陆生动物通常按其运动能力分为四类：

重度支撑类： 这些动物是四足行走的动物，并且腿部完全适应于承受巨大的重量。它们不能驰骋或慢跑，因而它们可以达到中等速度。在哺乳动物和恐龙中，它们的腿是柱状的（如大象和蜥脚亚目恐龙）。

中度支撑类： 腿部基本适于承载重量，但具有一些善于奔跑的特征，如弯曲的腿、趾行的姿势等。这个类别中的所有动物都可以慢跑，有些甚至可以驰骋（像河马、犀牛、角龙类、结节龙科、甲龙科等）。

次级善于疾走类： 这个类别几乎包括所有的兽脚亚目。这个群体具有较适于奔跑的特征，四肢的变化很少或没有改变。其中一些动物是非常好的奔跑者；在哺乳动物中包括最快的动物（如猫科动物、犬科动物、兽脚亚目恐龙、双足蜥脚形亚目恐龙、原始鸟脚类恐龙等）。

善于疾走类： 附肢骨架在各方面演化，完全适应了奔跑（如许多有蹄类哺乳动物，鸵鸟类和似鸟龙类）。

每种动物所能达到的速度受到不同类型的特征和因素的限制。其中，体重起着重要的作用。不同的研究表明，对于奔跑型的动物而言，最佳体重在 50～500 kg 之间。500 kg 以上或 50 kg 以下，动物的最高速度会明显降低。另一个重要特征，特别是在两足动物中，表现在股骨、胫骨和跖骨之间的比例上。一般而言，股骨相对于胫骨越短，移动速度越快，跖骨相对长也是如此。当然这些规律都是在限定的条件之内才能成立。

对于本书而言，通过与现有陆栖鸟（从最小的鸟类，比如，不到 300 g 的走鹃、常见的美洲鸵鸟，到最重且迅速的非洲鸵鸟）比较分析，估计了兽脚亚目恐龙的最大假想速度，比较对象还包括人类。我们仔细研究了每秒的步数或节奏、复步长度、体重、股骨长度与胫骨长度和第 III 跖骨长度的总和之间的关系。影响速度和复步比率（复步和腿长之间的比率）的最重要因素是体重和股骨与胫骨 - 跖骨的比例。当测试方法用在现在的动物中时，获得了理想的结果。这种方法目前已经被应用于已经灭绝的兽脚亚目恐龙中，具有合理的逻辑结果，并且与目前的一些研究相一致。

正如可以预料的那样，一方面，速度最快的兽脚亚目恐龙是鸵鸟目，一些类似于轻巧龙和似鸟龙类，包括重量在 50～500 kg 之间的动物；另一方面，速度最慢的是体型最小的兽脚亚目恐龙，尽管步频非常高，但腿的长度阻碍了它们的速度。另外，需要强调这些估值是近似值，因为在对不同的奔跑动物进行的研究中，即使有相同的复步，个体运动的能力并不总是相同的，因而建议应慎用这种计算方法。影响这些动物奔跑能力的其他因素还有肌肉强度和尾部肌肉，有些情况下肌肉能提供更大的牵引力。

奔跑能力（最佳）		
体重 / kg	最佳步频	最佳复步比
(0,0.5)	12	3
[0.5,1)	11	3
[1,2)	10	3
[2,4)	9	3
[4,10)	8	3
[10,20)	7	3
[20,50)	6	3
[50,100)	5	3
[100,250)	4.5	2.8
[250,500)	4	2.6
[500,1000)	3.5	2.4
[1000,2000)	3	2.2
[2000,4000)	2.5	2
[4000,8000)	2	1.8
[8000,∞)	1.5	1.6

（胫骨长度 + 第 III 跖骨长度）/ 股骨长度	× 最佳步频	× 最佳复步比
[0.9,1)	0.89	0.85
[1,1.1)	0.90	0.86
[1.1,1.2)	0.91	0.87
[1.2,1.3)	0.92	0.88
[1.3,1.4)	0.93	0.89
[1.4,1.5)	0.94	0.90
[1.5,1.6)	0.95	0.91
[1.6,1.7)	0.96	0.93
[1.7,1.8)	0.97	0.95
[1.8,1.9)	0.98	0.97
[1.9,2.0)	0.99	0.99
[2.0,3.8)	1	1

速度计算： 上面的两个表格可以用来计算任何双足动物的速度。在左边的表格中，是为特定体重的动物估算的最佳奔跑能力。右边表格中的数值，是左侧表格中的最佳参数乘以你要计算的样本的胫骨长度与第 III 跖骨长度之和除以股骨长度得到的比值，计算中始终要考虑体重的因素。获得步频（C）和复步比（SR）的数值后，将其乘以腿的长度（L，以 mm 计）（股骨 + 胫骨 + 第 III 跖骨的长度）。为了获得以 km/h 为单位的速度，时空变量（ST）必须固定为一个值：0.0036。为了获得以米 / 秒为单位的速度，ST=0.001。

$$V = (L \times C \times SR) \times ST$$

例如：董氏中华盗龙 IVPP 10600 的股骨长度为 876 mm，胫骨长度为 776 mm，第 III 跖骨长度为 410 mm。三者加起来总和为 2 062 mm，腿部胫骨 + 第 III 跖骨长度之和除以股骨长度的比值为 1.35。估计这个动物的体重是 1 400 kg。这个体重的动物的最佳步频是 3，复步比是 2.2。然而，从胫骨长度与第 III 跖骨长度之和除以股骨长度的比值得到的结果表明步频（C）应该乘以 0.93 再乘以复步比（SR）0.89（右表），得到的结果分别是 2.79 和 1.96。因而它的速度是 40.6 km/h 或 11.3 m/s：$V_{(km/h)} = (2\,062 \times 2.79 \times 1.96) \times 0.003\,6$；$V_{(m/s)} = (2\,062 \times 2.79 \times 1.96) \times 0.001$。

　　兽脚亚目恐龙的速度表包括有完整的腿部或其提议有可靠记录的标本。善于跳跃的小型斯克列罗龙或兔蜥、水生的棘龙和黄昏鸟目等被省略，因为它们的移动方式与这里使用的公式不符。完全飞行的鸟类也不包括在内，因为它们会在飞行之前跳动（最小的反鸟可能只能以接近 1～2 km/h 的速度在陆地上移动）。小盗龙和其他善于攀爬的鸟类被谨慎地添加到该表中，因为它们长长的羽毛和弯曲的指爪会影响它们的跑步能力。

兽脚亚目恐龙的速度

属名和种名	标本	腿长 / mm	（胫骨长度 + 第 III 跖骨长度） / 股骨长度	体重 / kg	步频	复步比	速度 /（km/h）	速度 /（m/s）	纪录
恐龙形态类									
塔兰布兔鳄（幼体）	UPLR 09	112	1.72	0.08	11.64	2.85	**13.3**	**3.7**	速度最慢的幼年恐龙形态类恐龙
埃尔金跳龙	NHMUK R3915	157	2.34	0.11	12	3	**20.3**	**5.7**	速度最慢的恐龙形态类恐龙
混合刘氏鳄	PULR 01	239	1.27	1.4	9.2	2.64	**20.9**	**5.8**	-
利略马拉鳄龙	PVL 3871	169	1.93	0.225	11.88	2.97	**21.4**	**5.9**	-
奥波莱西里龙	ZPAL Ab III/361	452	1.26	13	6.44	2.64	**27.7**	**7.7**	速度最快的恐龙形态类恐龙
原始蜥臀目									
普氏南十字龙	MCZ 1669	584	1.54	12.7	6.65	2.73	**38.2**	**10.6**	-
卡氏伊斯龙（幼体）	MACN 18.060	700	1.45	32	5.64	2.7	**38.4**	**10.7**	-
伊斯基瓜拉斯托艾雷拉龙	PVL 2566	1 107	1.34	145	4.19	2.49	**41.6**	**11.6**	速度最快的原始蜥臀目恐龙
兽脚亚目腔骨龙超科									
三叠原美颌龙	SMNS 12591	278	1.9	1.3	9.8	2.91	**28.5**	**7.9**	三叠纪速度最慢的兽脚亚目恐龙
霍利约克快足龙（幼体）		255	1.97	0.9	10.89	2.97	**29.7**	**8.2**	-
鲍氏虚骨龙（幼体）	AMNH 7246	337	1.76	2.7	8.73	2.85	**30.2**	**8.4**	-
鲍氏虚骨龙	UCMP 129618	653	1.67	32	5.76	2.79	**37.8**	**10.5**	-
罗德西亚合踝龙	QG 1	563	1.71	13	6.79	2.85	**39.2**	**10.9**	早侏罗世速度最慢的兽脚亚目恐龙
理氏理理恩龙（亚成体）	MB.R.2175	1 079	1.45	110	4.23	2.52	**41.4**	**11.5**	三叠纪速度最快的兽脚亚目恐龙
卡岩塔合踝龙	MNA V2623	741	1.68	30	5.76	2.79	**42.9**	**11.9**	-
魏氏双脊龙	UCMP 77270	1 448	1.54	350	3.76	2.34	**45.9**	**12.7**	-
哈氏斯基龙	UCMP 32101	408	1.81	4.4	10.78	2.91	**46.1**	**12.8**	早侏罗世速度最快的兽脚亚目恐龙
未确定兽脚亚目									
迭氏智利龙	SNGM-1935	358	1.51	4.9	7.6	2.73	**26.7**	**7.4**	-
鸟兽脚亚目									
敏捷三角洲奔龙	SGM-Din 2	1 891	1.55	650	3.33	2.18	**49.4**	**13.7**	晚白垩世早期速度最快的兽脚亚目恐龙
难逃泥潭龙	IVPP V15923	614	1.92	10	7.92	2.97	**52**	**14.4**	-
班氏轻巧龙	HMN Gr.S. 38-44	1 518	1.92	210	4.46	2.77	**67.5**	**18.8**	晚侏罗世非洲速度最快的兽脚亚目恐龙
角鼻龙科									
大角角鼻龙	MWC 1	1 384	1.2	560	3.19	2.09	**33.2**	**9.2**	-
角鼻角鼻龙	USNM 4735	1 431	1.31	550	3.26	2.14	**35.9**	**10**	-
西北阿根廷龙科									
独特速龙	MUCPv 41	365	1.7	4.7	7.68	2.79	**28.1**	**7.8**	-
诺氏恶龙	FMNH PR2481	503	1.6	14	6.65	2.73	**32.8**	**9.1**	马达加斯加速度最快的兽脚亚目恐龙
梅氏始阿贝力龙	MPEF PV 3990	1 507	1.35	445	3.72	2.32	**46.8**	**13**	-
阿贝力龙科									
盗印度鳄龙	-	2 000	1.29	2 000	2.3	1.76	**29.1**	**8.1**	-
凹齿玛君龙	FMNH PR 2778	1 351	1.14	715	3.18	2.01	**31.1**	**8.6**	-
诺氏爆诞龙	MUCPv-294	1 775	1.29	1 400	2.76	1.94	**34.2**	**9.5**	-
加氏奥卡龙	MCF-PVPH-236	1 665	1.34	600	3.26	2.14	**41.8**	**11.6**	-
萨氏食肉牛龙	MACN-CH 894	2 511	1.44	1 850	2.82	1.98	**50.5**	**14**	南美洲速度最快的兽脚亚目恐龙
斑龙超科									
阿氏似松鼠龙（幼体）	BMMS BK	137	1.71	0.225	11.64	2.85	**16.3**	**4.5**	-
原始川东虚骨龙（幼体）	CCG 20010	664	1.76	14	6.79	2.89	**38.0**	**10.7**	-
兑氏皮亚尼兹基龙	PVL 4073	1 320	1.4	270	3.72	2.31	**41**	**11.4**	-
巴氏斑龙	-	1 730	1.4	950	3.26	2.14	**43.4**	**12.1**	-
阿巴卡非洲猎龙	UC UBA 1	1 791	1.36	790	3.26	2.14	**45**	**12.5**	-
牛津美扭椎龙（亚成体）	-	1 255	1.41	230	4.23	2.52	**48.2**	**13.4**	中侏罗世欧洲速度最慢的兽脚亚目恐龙

属名和种名	标本	腿长/mm	（胫骨长度+第Ⅲ跖骨长度）/股骨长度	体重/kg	步频	复步比	速度/（km/h）	速度/（m/s）	纪录
棘龙科									
拉氏背饰龙（似鳄龙）	MNN GDF500	2 466	1.29	2 500	2.3	1.76	**35.9**	**10**	-
重爪龙未定种	La Rioja	2 020	1.34	1 300	2.79	1.96	**39.8**	**11.1**	-
异特龙超科									
脆弱异特龙（亚成体）	未列入	2 141	1.2	2 050	2.28	1.74	**30.6**	**8.5**	-
异特龙未定种	AMNH 290	2 220	1.25	2 100	2.3	1.76	**32.4**	**9**	-
巨食蜥王龙	OMNH	2 512	1.21	3 200	2.3	1.76	**36.6**	**10.2**	-
董氏中华盗龙（亚成体）	IVPP 10600	2 062	1.35	1 400	2.79	1.96	**40.6**	**11.3**	-
脆弱异特龙（幼体）	USNM 4734	1 787	1.32	1 050	3.26	1.96	**41.1**	**11.4**	-
上游永川龙	CV 00214	1 365	1.33	433	3.72	2.31	**42.2**	**11.7**	-
萨氏挺足龙	MNHN 2001-4	1 137	1.37	225	4.19	2.49	**42.7**	**11.9**	-
鲨齿龙科									
阿托卡高棘龙	OMNH 10168	2 690	1.11	4 900	1.82	1.57	**27.7**	**7.7**	-
卡氏南方巨兽龙	MUCPv-Ch1	3 180	1.22	7 000	1.84	1.58	**33.3**	**9.2**	-
驼背昆卡猎龙	MCCM-LH 6666	1 355	1.38	410	3.72	2.41	**43.1**	**12**	-
萨氏新猎龙	MIWG 6348	1 755	1.4	850	3.26	2.14	**44.1**	**12.2**	-
虚骨龙科									-
斯氏侏罗猎龙（幼体）	JME Sch 200	144	1.77	0.25	11.64	2.85	**17.2**	**4.8**	
原始中华龙鸟（幼体）	GMV 2123	154	1.9	0.22	11.76	2.91	**19**	**5.3**	
原始中华龙鸟（亚成体）	NIGP 127587	248	1.88	1.1	9	3	**24.1**	**6.7**	早白垩世早期速度最慢的兽脚亚目恐龙
赫氏嗜鸟龙	AMNH 619	488	1.36	12	6.51	2.64	**30.2**	**8.4**	
长足美颌龙	MNHN CNJ 79	323	1.93	2.3	8.91	2.97	**30.8**	**8.6**	
中华龙鸟未定种	NGMC 2124	349	2.23	2.2	9	3	**33.9**	**9.4**	
东方华夏颌龙	CAGS-IG02-301	449	1.74	6.4	7.76	2.85	**35.7**	**9.9**	
建设气龙	IVPP V7264	1 045	1.46	150	4.23	2.52	**40.1**	**11.1**	
贾氏内德科尔伯特龙（幼体）	TMP 96.90.2	451	2.12	3.4	9	3	**43.8**	**12.2**	
原角鼻龙科									
奇异帝龙	IVPP V14243	501	1.77	26	5.82	2.85	**29.9**	**8.3**	-
长臂猎龙（亚成体）	TPII 2000-09-29	959	1.69	114	4.32	2.6	**38.8**	**10.8**	-
大猛龙科									
大水沟吉兰泰龙	IVPP V2884.2	2 614	1.2	4 100	1.82	1.57	**26.9**	**7.5**	晚白垩世早期速度最慢的兽脚亚目恐龙
北谷福井盗龙	FPDM 9712201	1 312	1.59	320	3.8	2.37	**42.5**	**11.8**	
温顿南方猎龙	AODF 604	1 469	1.54	450	3.8	2.37	**47.6**	**13.2**	
暴龙超科									
华丽羽王龙	ZCDMV5000	1 925	1.26	1 500	2.76	1.76	**33.7**	**9.4**	
希氏虐龙	OMNH 10131	2 407	1.33	2 800	2.33	1.78	**35.9**	**10**	
鹰爪伤龙	ANSP 9995	1 983	1.48	1 100	2.82	1.98	**39.9**	**11.1**	
欧氏阿莱龙	AMNH 6554	1 865	1.88	560	3.43	2.33	**53.7**	**14.9**	
蒙氏阿巴拉契亚龙	RMM 6670	2 049	1.61	1 000	3.36	2.23	**55.3**	**15.4**	
暴龙科									
君王暴龙（强健态）	FMNH PR2081	3 161	1.38	8 265	1.41	1.44	**23.1**	**6.4**	晚白垩世晚期速度最慢的兽脚亚目恐龙
君王暴龙（轻巧态）	MOR 555	3 122	1.43	6 500	1.88	1.62	**34.2**	**9.5**	
强健惧龙	AMNH 5438	2 330	1.33	2 700	2.33	1.78	**34.8**	**9.7**	
埃氏特暴龙（亚成体）	PIN 552-1	2 455	1.53	2 100	2.38	1.82	**38.3**	**10.6**	
大角艾伯塔龙	ROM 807	2 636	1.58	2 550	2.38	1.82	**41.1**	**11.4**	
西南风血王龙	UMNH VP 20200	2 032	1.54	1 400	2.85	2	**41.7**	**11.6**	
蛇发女怪龙	AMNH 5458	2 707	1.54	2 900	2.38	1.82	**42.2**	**11.7**	
埃氏特暴龙（幼体）	PIN 552-2	1 851	1.85	715	3.43	2.33	**53.3**	**14.8**	
平衡蛇发女怪龙（幼体）	ROM 1247	2 037	1.8	520	3.43	2.33	**58.6**	**16.3**	速度最快的幼年兽脚亚目恐龙

属名和种名	标本	腿长/mm	（胫骨长度+第Ⅲ跖骨长度）/股骨长度	体重/kg	步频	复步比	速度/（km/h）	速度/（m/s）	纪录
似鸟龙形类									
特氏恩霹渥巴龙（亚成体）	AM 6040	322	1.81	2.5	8.82	2.91	**30.6**	8.5	-
奇异恐手龙	MPC-D 100/127	3 100	1.35	7 000	1.86	1.6	**33.2**	9.2	
轻翼鹤形龙	JLUM-JZ07b1	404	1.99	4.5	7.92	2.97	**34.2**	9.5	
似鸟身女妖龙	GIN 960910KD	768	1.81	35	5.88	2.91	**47.3**	13.1	
短脚似金翅鸟龙	GIN 100/13	988	1.66	90	4.8	2.79	**47.6**	13.2	
气腔似鸡龙（幼年）	MgD-1/94	789	1.96	26	5.94	2.97	**50.1**	13.9	
扁爪似鹅龙	IGM 100/300	1 216	1.8	115	4.37	2.66	**50.9**	14.1	
气腔似鸡龙（幼年）	-	1 030	1.86	64	4.9	2.91	**52.9**	14.7	
科氏似鸵龙	ROM 851	1 227	1.82	111	4.41	2.72	**53**	14.7	
巨大北山龙（亚成体）	FRDC-GS GJ (06)01-18	1 723	1.61	500	3.84	2.42	**57.6**	16	早白垩世晚期速度最快的兽脚亚目恐龙
轿似鸵龙	AMNH 5339	1 380	1.88	185	4.41	2.72	**59.6**	16.6	
似鸵龙未定种	AMNH 5257	1 458	1.84	220	4.41	2.72	**63**	17.5	
似鸵龙	USNM 4736	1 807	1.86	410	3.92	2.66	**67.8**	18.8	
气腔似鸡龙	IGM 100/11	1 925	1.89	500	3.92	2.52	**68.5**	19	亚洲速度最快的兽脚亚目恐龙
短三似鸸鹋龙	CMN 12228	1 443	2.08	140	4.5	3	**70.1**	19.5	
短三似鸸鹋龙（亚成体）	CMN 12068	1 326	2.18	98	5	3	**71.6**	19.9	中生代北美洲速度最快的兽脚亚目恐龙
阿瓦拉慈龙科									
遥远小驰龙	PIN 4487/25	187	2.55	0.19	12	3	**24.2**	6.7	亚洲速度最慢的兽脚亚目恐龙
小驰龙未定种	IGM 100/120	230	2.59	0.34	12	3	**29.8**	8.3	
张氏西峡爪龙（亚成体）	XMDFEC V0011	231	2.3	0.4	12	3	**29.9**	8.3	
沙漠鸟面龙	MPD 100/120	256	2.36	0.6	11	3	**30.4**	8.4	
斑点角爪龙	MPC 100/24	293	2.45	0.8	11	3	**34.8**	9.7	
鹰嘴单爪龙	IGM N107/6	431	2.12	3.4	9	3	**41.9**	11.6	
灵巧简手龙	IVPP V15988	628	1.93	15	6.93	2.97	**46.5**	12.9	
镰刀龙科									
杨氏内蒙龙	LH V0001	796	1.17	115	4.1	2.44	**28.7**	8	
戈壁慢龙	IGM 100/82	2 093	1.18	2 050	2.23	1.74	**29.2**	8.1	
意外北票龙	IVPP 11559	647	1.44	43	4.7	2.7	**29.6**	8.2	
葛氏懒爪龙	UMNH VP 16420	1 567	1.25	784	3.22	2.11	**38.3**	10.6	
义县建昌龙（幼体）	41HIII-0308A	694	2.36	21	6	3	**44.9**	12.5	
窃蛋龙科									
迷你豫龙（幼体）	HGM 41HIII-0107	204	1.83	0.525	10.78	2.91	**23**	6.4	-
粗壮原始祖鸟	NGMC 2125	371	1.97	1.8	9.9	2.97	**39.3**	10.9	
杨氏雌驼龙	MPC-D100/32	680	1.88	+20	5.76	2.79	**39.9**	10.9	
黄氏河源龙	HYMV1-1	710	1.78	+20	5.76	2.79	**41.1**	11.4	
麦氏可汗龙	MPC D-100/1002	536	1.73	9.2	7.76	2.85	**42.7**	11.9	
纤弱窃螺龙	MPC-D102/03	638	1.66	17	6.72	2.79	**43.1**	12	
似雌驼龙未定种	MPC no catalogado 1	641	1.69	16.5	6.72	2.79	**43.2**	12	
邹氏尾羽龙	NGMC 97-4-A	450	2.06	2.2	9	3	**43.7**	12.2	
戈壁乌拉特龙	IVPP V 18409	723	1.84	27	5.88	2.91	**44.5**	12.4	
纤瘦纤手龙	TMP.79.30.1	890	1.86	46	4.9	2.91	**45.7**	12.7	
董氏尾羽龙	IVPP V 12344	472	2.11	2.3	9	3	**45.9**	12.8	
奥氏葬火龙	MPC-D100/978	934	1.71	51	4.85	2.85	**46.5**	12.9	
奇特拟鸟龙	PIN 3907/1	593	2.16	9	8	3	**51.3**	14.3	
葬火龙未定种	MPC-D100/42	865	1.84	36	5.88	2.91	**53.3**	14.8	
义县似尾羽龙	IVPP V12556	639	1.96	6.7	7.92	2.97	**54.1**	15	-
二连巨盗龙	LH V0011	2 863	1.6	<2 000	2.85	2	**58.7**	16.3	体重超过一吨速度最快的兽脚亚目恐龙
维氏安祖龙	CM 78001	1 444	1.86	195	4.41	2.72	**62.4**	17.3	

属名和种名	标本	腿长 /mm	（胫骨长度+第Ⅲ跖骨长度）/股骨长度	体重 /kg	步频	复步比	速度 /（km/h）	速度 /（m/s）	纪录
近鸟类									
宁城树息龙（幼体）	IVPP V12653	47.2	1.88	0.067	11.76	2.91	5.8	1.6	侏罗纪速度最慢的幼年兽脚亚目恐龙
海氏擅攀鸟龙（幼体）	CAGS02-1/DM 607	47.8	1.9	0.07	11.76	2.91	5.9	1.6	白垩纪速度最慢的幼年兽脚亚目恐龙
胡氏耀龙	IVPP V15471	145	1.84	0.22	11.76	2.91	17.9	5	侏罗纪亚洲速度最慢的兽脚亚目恐龙
阿根廷鹫龙	MPCA 24.5	396	1.69	5.5	7.68	2.79	30.5	8.5	
顾氏小盗龙	IVPP V13352	333	1.84	1.45	9.8	2.91	34.2	9.5	-
赵氏小盗龙（幼体）	NGMC 00-12-A	322	2.07	1.1	10	3	34.8	9.7	-
南戈壁大黑天神龙	IGM 100/1033	271	2.43	0.45	12	3	35.1	9.8	
千禧中国鸟龙	IVPP V12811	417	1.81	2.9	8.82	2.91	38.5	10.7	
孙氏振元龙	JPM-0008	529	1.74	6.4	7.76	2.85	42.1	11.7	
费氏斑比盗龙	FIP 002-136	500	1.94	6	7.92	2.97	42.3	11.8	
卡氏南方盗龙	MML-195	1 455	1.6	340	3.8	2.37	47.2	13.1	
奥氏天宇盗龙（亚成体）	STM1-3	601	2.01	7.1	8	3	51.9	14.4	
盗龙类									
强壮巴拉乌尔龙（幼体）	EME PV.313	348	1.6	3.6	8.55	2.73	29.2	8.1	
蒙古伶盗龙	IGM 100/986	592	1.49	24	5.64	2.7	32.5	9	
白魔龙	IVPP V16923	610	2.65	23	5.76	2.79	35.3	9.8	
平衡恐爪龙	MCZ 4371	870	1.6	76	4.75	2.73	40.6	11.3	
蓝斯顿氏蜥鸟盗龙	TMP 88.121.39	614	1.9	11.7	6.86	2.91	44.1	12.3	
巨大阿基里斯龙	FR.MNUFR-15	1 230	1.44	165	4.23	2.42	45.3	12.6	
斯氏达科他盗龙（亚成体）	STM1-3	1 551	1.78	220	4.37	2.6	63.4	17.6	速度最快的掠食性兽脚亚目恐龙
伤齿龙科									
短羽始中国羽龙	YFGP-T5197	154	2.16	0.1	12	3	19.9	5.5	-
徐氏曙光鸟	YFGP-T5198	200	2.04	0.26	12	3	26	7.2	
华美金凤鸟	CAGS-IG-04-0801	225	2.2	0.37	12	3	29.1	8.1	
赫氏近鸟龙	LPM-B00169	228	2.44	0.26	12	3	29.5	8.2	
柯瑞氏菲利猎龙	IVPP V 10597	299	2.45	0.98	11	3	35.5	9.9	
张氏中国猎龙	IVPP V 12615	357	2.04	1.3	10	3	38.6	10.7	
巨齿曲鼻龙	IVPP V 11527	435	2.09	2.3	9	3	42.3	11.8	
蒙古蜥鸟龙	AMNH 6516	582	1.91	12	6.93	2.97	43.1	12	
杨氏中国似鸟龙	IVPP V9612	449	2.2	2.5	9	3	43.7	12.1	
美丽伤齿龙	MOR748	1 113	1.3	170	4.14	2.64	43.8	12.2	
初鸟类									
粗颌大连鸟	D2139	160	2.27	0.2	12	3	20.7	5.8	
东方吉祥鸟（幼体）	CDPC-02-04-001	196	1.73	0.65	10.67	2.85	21.5	6	
棕尾热河鸟（亚成体）	SDM 20090109	174	2.01	0.35	12	3	22.6	6.3	
印石板始祖鸟	-	208	1.97	0.42	11.88	2.97	26.4	7.3	侏罗纪奔跑速度最快的鸟
奥氏胁空鸟龙	UA 8656	256	1.91	0.95	10.89	2.97	29.8	8.3	
长尾雁荡鸟	M1326	308	1.91	0.75	10.89	2.97	35.9	10	中生代亚洲奔跑速度最快的鸟
今鸟型类									
德氏巴塔哥鸟	MACN-N-11	282	1.82	2	8.82	2.91	23.9	7.2	
平胸总目									
重足恐鸟	-	1 145	2.48	130	4.5	2.8	51.9	14.4	-
魏氏古鸵	-	613	3.23	7	8	3	53	14.7	
南方鹤鸵	-	1 030	2.9	60	5	3	55.6	15.4	
希氏象鸟	-	1 563	2.61	300	4	2.6	58.5	16.3	
美洲鸵鸟	-	904	2.93	25	6	3	58.6	16.3	
澳洲鸸鹋	-	1 099	3.56	45	5	3	59.3	16.5	
鸵鸟	-	1 377	3.34	115	4.5	2.8	62.5	17.4	非洲现生奔跑速度最快的鸟
最大隆鸟	-	1 755	2.77	370	4	2.6	65.7	18.3	马达加斯加奔跑速度最快的鸟

属名和种名	标本	腿长 / mm	（胫骨长度 + 第Ⅲ跖骨长度） / 股骨长度	体重 / kg	步频	复步比	速度 /（km/h）	速度 /（m/s）	纪录
最大恐鸟	-	1 978	3.21	380	4	2.6	74.1	20.6	-
伟恐鸟	-	1 790	3.41	245	4.5	2.8	81.2	22.6	历史上奔跑速度最快的鸟，曾生存于新生代的大洋洲
今颌总目									
走鹃	MVZ 176050	210	2.73	0.3	12	3	27.2	7.5	-
勒氏裸翼鸟	-	555	2.96	15	7	3	42	11.7	-
荣光梅塞伯鸟	MMP-S1551	1 110	3.01	106	4.5	2.8	50.3	14	-
巴西副雷鸣鸟	DGM-1418-R	1 215	2.47	240	4.5	2.8	55.1	15.3	-
马氏巴塔哥尼亚鸟	BMNH-A516	906	2.99	38	6	3	58.7	16.3	-
姊形巨恐鸟	-	914	2.32	40	6	3	59.2	16.5	南美洲奔跑速度最快的鸟
劳氏伊班德鸟	-	1 340	3.12	110	4.5	2.8	60.8	16.9	-
伍氏伊尔班德鸟	-	1 220	3.21	80	5	3	65.9	18.3	-
史氏雷啸鸟	-	1 765	2.76	460	4	2.6	66.1	18.4	-
其他现存动物									
人类	-	950	0.94	75	4.55	2.55	38.8	10.8	-

速度最慢的植食性兽脚亚目恐龙

迭氏智利龙

标本：SNGM-1935

在所有植食性兽脚亚目恐龙中，智利龙是速度最慢的一属。

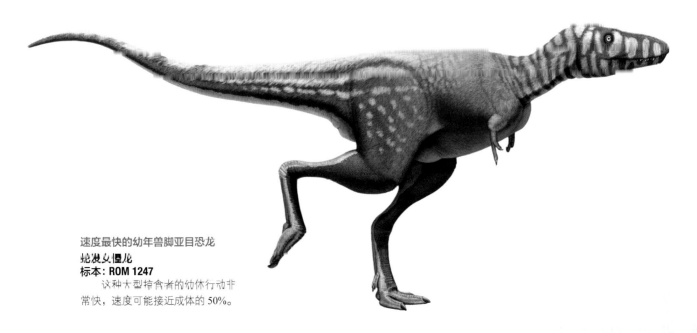

速度最快的幼年兽脚亚目恐龙

蛇发女怪龙

标本：ROM 1247

这种大型捕食者的幼休行动非常快，速度可能接近成体的 50%。

中生代的微型飞行生物

中生代的飞行恐龙可以有多小呢？我们知道，现在的蜂鸟体型小得令人难以置信，甚至会被误认为是大黄蜂或甲虫。这种极端的特例已属罕见，但还是比塞阿拉克拉图鸟大，后者是所有反鸟中最小的一种，其重量应该和现今最小的鸣鸟短尾侏霸鹟一样轻，其成年状态的体重几乎不到 4.2 g。

如果我们把这种鸟的大小与其他中生代的飞行生物的体型进行比较，我们可以看到，与现今的情况相差无几，有的昆虫比它大得多（一只巨型甲虫的体重可以超过 50 只吸蜜蜂鸟的重量）。

显然有很多动物可以"飞行"，其中有鱼类、两栖类、蜥蜴类、蛇类、有袋类、啮齿类等很多利用重力与风在空中移动的其他动物。然而，只有昆虫、鸟类和蝙蝠是目前仅有的能够主动飞行的动物，因为它们可以自由上升或下降，也可以改变方向并执行复杂的动作。当然，在这一群体中，还包括已经灭绝的翼龙。

楚雄微鸟

标本：IVPP V18586　　　　　1 : 2.28

翅展： 约 19 cm

全长： 7.5 cm

体重： 6 g

纪录：

中生代北方最小的恐龙。

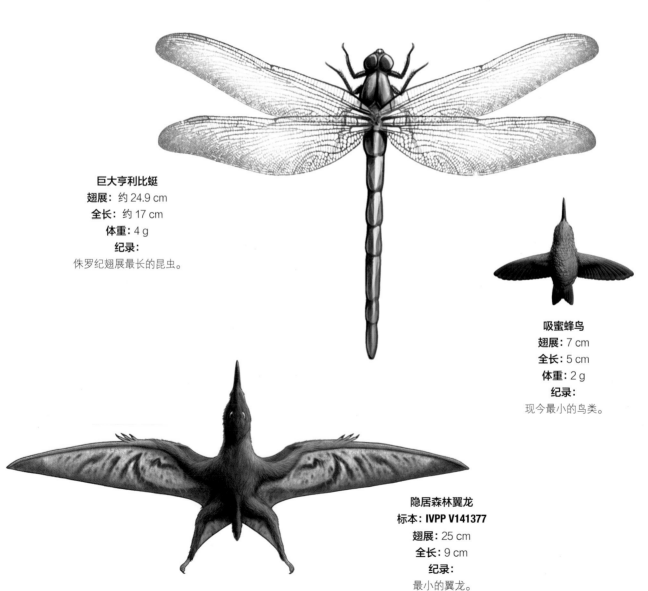

巨大亨利比蜓

翅展： 约 24.9 cm

全长： 约 17 cm

体重： 4 g

纪录：

侏罗纪翅展最长的昆虫。

吸蜜蜂鸟

翅展： 7 cm

全长： 5 cm

体重： 2 g

纪录：

现今最小的鸟类。

隐居森林翼龙

标本：IVPP V141377

翅展： 25 cm

全长： 9 cm

纪录：

最小的翼龙。

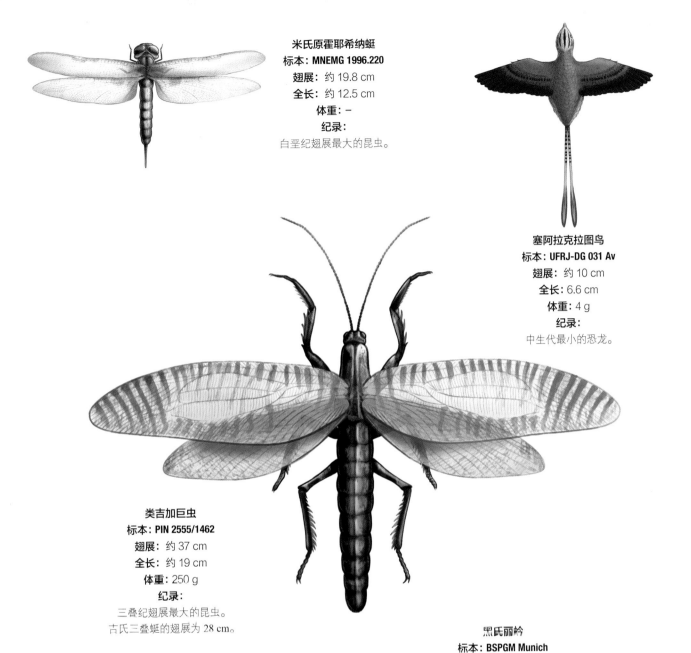

米氏原霍耶希纳蜓
标本：MNEMG 1996.220
翅展：约 19.8 cm
全长：约 12.5 cm
体重：－
纪录：
白垩纪翅展最大的昆虫。

塞阿拉克拉图鸟
标本：UFRJ-DG 031 Av
翅展：约 10 cm
全长：6.6 cm
体重：4 g
纪录：
中生代最小的恐龙。

类吉加巨虫
标本：PIN 2555/1462
翅展：约 37 cm
全长：约 19 cm
体重：250 g
纪录：
三叠纪翅展最大的昆虫。
古氏三叠蜓的翅展为 28 cm。

黑氏丽蛉
标本：BSPGM Munich
翅展：24 cm
全长：7 cm
体重：－

奇趣事：索伦之眼

　　索伦之眼以"眼睛"形状（或者也被称为具瞳点的斑点）存在于许多鳞翅目昆虫中。关于其功能目前存在两种理论。第一种理论认为其功能是吓唬捕食者，与蝴蝶、猫头鹰身上的情况如出一辙。另外一些专家认为，它是一种吸引周围注意的信号，因为通常来讲非常醒目的猎物是有毒的。尽管外观相似，但丽蛉并非蝴蝶，而是类似于草蛉、蚁狮和其他脉翅目昆虫，它们模仿的也许是同时代的掠食者恐龙的眼睛。

中生代的大型飞行动物

　　有史以来最大的飞行动物是翼龙，其体重超过 250 kg。
相较之下，中生代最大的鸟类体重仅为其 1/34。

1 : 11.41

似南方姐妹龙鸟
标本： PVL-4033
翅展： 约 1.85 m
全长： 80 cm
体重： 7.25 kg
纪录：
最大的反鸟。

胡氏耀龙
翅展： 约 40 cm
全长： 25 cm
体重： 220 g
纪录：
侏罗纪最小的滑翔鸟。

印石板始祖鸟
标本： BMMS 500
翅展： 约 50 cm
全长： 53 cm
体重： 420 g
纪录：
侏罗纪最大的滑翔鸟。

赫氏近鸟龙
标本： STM 0-8
翅展： 约 49 cm
全长： 50 cm
体重： 570 g
纪录：
侏罗纪最大的滑翔恐龙。近鸟类的道虎
沟足羽龙体型比它更大，但尚未确定它
是否靠滑翔飞行，其羽毛是对称的。

杨氏长羽盗龙
标本： HG B016
翅展： 约 1.15 m
全长： 1.22 m
体重： 3.2 kg
纪录：
白垩纪最大的滑翔兽脚亚目恐龙。

关于恐龙形态类、兽脚亚目和中生代鸟类姿态和运动方式的记录

1858 年 发现的第一个水生飞行鸟类

一些骨骼在发现后的第 7 年被命名为"巴氏古卡丽鸟"和"塞氏伪齿鸟"。这两个名字直到 1876 年被正式描述并配上插图后才生效。

1872 年 最适应水生生活的中生代鸟类

黄昏鸟目的脚与现代水生鸟类的脚非常相似：趾头很长且不对称，可能覆盖着脚蹼。它们的前臂萎缩，从而减小了水的阻力，剩下的部分可以帮助它们保持平衡或游泳转向。它们的牙齿呈纵向排列，非常类似于沧龙类的牙齿。有些种仅被发现于海洋沉积物中。

1910 年 苏格兰 处于休息姿态最古老的恐龙形类恐龙

埃尔金跳龙被发现时保持着类似于温血动物所采用的休息姿态。它生存于晚三叠世（卡尼期，距今 2.37 亿～ 2.27 亿年）。

1933 年 美国（亚利桑那州）处于休息姿态最古老的兽脚亚目恐龙

哈氏斯基龙被发现时处于在沙尘暴中保护自己的姿势。它生存于晚三叠世（诺利期，距今 2.27 亿～ 2.085 亿年）。

1981 年 阿根廷 最大的飞行兽脚亚目恐龙

标本 PVL 4033 是一块反鸟类的胫蹠骨，它被归为似南方姐妹龙鸟，生前体长约为 80 cm，体重 7.25 kg。更大的一种鸟是敏氏矶石，它是根据一块胫蹠骨推测出的，可能属于一只体长为 88.4 cm，体重 9.5 kg 的反鸟，该化石也有可能属于一种类似于强㾿巴拉乌尔龙的不能飞行的动物，后者的可能性更大一些。

1992 年 阿根廷 中生代最小的陆生鸟类

德氏巴塔哥鸟是一种体长为 40 cm，体重为 2 kg 的不能飞行的鸟。它的体型比鹬稍微大一些。小阿拉米特鸟的标本则小得多，体长仅为 6.3 cm，体重为 8 g。它们有可能都是幼体。

1003 瑞典和俄罗斯 中生代最大的水鸟

在所有的中生代鸟类中，最大的水鸟是俄罗斯黄昏鸟，它体长 1.6 m，重 30 kg。

1995 年 蒙古 处于休息姿态的年代最近的兽脚亚目恐龙

奥氏葬火龙的一些标本被发现时卧在巢里，像现在的鸟一样，它用胳膊保护着巢里的蛋。它存在于晚白垩世晚期（坎潘期，距今 8 360 万～ 7 210 万年）。

2000 年 美国 中生代最大的陆生鸟类

在中生代鸟类中，恋酒卡冈杜亚鸟与其近亲相比，体型是最大的。它高约为 1.8 m，体重为 120 kg。

2000 年 日本 最古老的飞鸟

反鸟标本 SBEI 307 在日本被发现，是最古老的飞鸟，它生存于早白垩世早期（瓦兰今期，距今 1.398 亿～ 1.329 亿年）。发现于中国的鸟类足迹年代更为古老，可以追溯到晚侏罗世（提塘期，距今 1.521 亿～ 1.45 亿年）。

2000 年 中国 最古老的滑翔兽脚亚目恐龙

兽脚亚目近鸟类的胡氏耀龙与道虎沟足羽龙（尚未确认）可以在空中滑翔。前者可能具有某种膜，后者有"后翼"，尽管道虎沟足羽龙有对称的羽毛（与小盗龙不同），但如果它以这种方式活动，它的滑翔能力也是非常初始的。它们生存于中侏罗世（卡洛夫期，距今 1.661 亿～ 1.635 亿年）。

2000 年 美国 最不善于奔跑的兽脚亚目恐龙

与胫骨和跗骨长度之和相比，阿托卡高棘龙（OMNH 10168）的股骨非常长，复步比是 1.1。可能是因为它们的猎物不是行动很快的动物，如小型或幼年的蜥脚形亚目动物。

2001 年 蒙古 最善于奔跑的兽脚亚目恐龙

与胫骨和跗骨长度之和相比，小驰龙未定种 IGM 100/120 的股骨非常短，复步比是 2.58。对于小型恐龙来说，它的速度应该非常快。

2007 年 巴西 处于休息姿态最古老的原始蜥臀目恐龙

坎德拉里瓜巴龙 UFRGS PV 0725T 生存于诺利期，距今 2.27 亿～ 2.085 亿年。它是被发现的处于休息姿势的最古老的恐龙，这一姿势是为了给脚保暖。

2008 年 中国 中生代最小的滑翔兽脚亚目恐龙

近鸟类的胡氏耀龙可能会滑翔，因为有迹象表明它具有一些类似于奇翼龙的膜翅。不计其长尾羽，它体长约 30 cm，重约 220 g。

2011 年 俄罗斯西部 中生代最小的水鸟

反鸟类的西氏神秘鸟的第二跗骨平坦且短小，是可潜水的水生鸟类的典型特征。它的体长约为 25 cm，重量为 165 g。

2011 年 摩洛哥 最大的水生兽脚亚目恐龙

埃及棘龙体长 16 m，体重 7.5 t，它的腿非常短，相较于陆地，更适于在水中行动。

2014 年 最适于水生生活的非鸟类兽脚亚目恐龙

最进化的棘龙科恐龙非常适应水生生活，它们具有类似于鳄鱼的感应结构，这使得它们可以察觉水中的运动。它们还有非常短的后肢和减少了髓腔的非常密实的骨骼，能够更好地沉入水中。它们很可能大部分时间都待在水中。

2014 年 中国 最大的滑翔兽脚亚目恐龙

杨氏长羽盗龙可能是最大的会滑翔的兽脚亚目恐龙，它体长为 1.25 m，体重为 3.2 kg。其他大型的小盗龙类，比如振元龙或天宇盗龙，它们的翅膀短，因而被认为是陆生动物。

2015 年 中国 最小的陆生兽脚亚目恐龙

最小的非鸟类兽脚亚目恐龙是近鸟 IVPP V22530，它体长 46 cm，重 175 g。

2015 年 巴西 中生代最小的飞鸟

塞阿拉克拉图鸟体长 6.6 cm，体重为 4 g，其化石是个几近成年的个体，它比现在大部分的鸟都小。

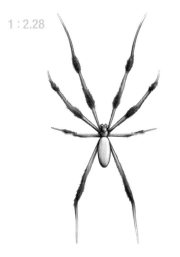

1 : 2.28

侏罗蒙古蛛
标本：CNU-ARA-NN2010008
躯体长度：2.46 cm
全长：15 cm

它是侏罗纪最大的蜘蛛，类似于络新妇蛛，它们会编织巨大的蜘蛛网，能够捕捉大型的飞虫和鸟类。它们可能有着相似的生活方式，甚至可以捕食小型滑翔兽脚亚目恐龙。

1 : 11.41

郑氏晓廷龙
标本：STM 27-2
全长：50 cm
体重：530 g

没有一个滑翔兽脚亚目或原始初鸟类动物可以主动控制飞行，它们仅能滑翔。这是因为主动飞行需要有一个宽阔的胸骨和龙骨来支撑保持在空中所需的强壮肌肉，此外，还需要能够控制着陆的小翼羽和其他结构。晓廷龙的发现让鸟的概念变得复杂，使得鸟类有了不同的定义。

超大咬合力

在各类恐龙中，兽脚亚目的咬合力是最强的。在现存动物中，鳄鱼的咬合力最强，其次是河马、鬣狗、龟、鲨鱼和猫科动物等。

为了计算咬合的力度，对现存和已灭绝的动物进行了许多研究。为此使用了不同的方法，从使用机械设备，比如，咬合力测试仪，到工程分析技术，如通过 3D 技术进行的有限元分析（FEA）。

由于测量值通常是从嘴部的不同位置获取的，因此，迄今为止获得的结果存在差异，往往难以相互比较。

测量值以力的单位——牛顿（N）表示。该单位对应的数值可以

通过除以 9.8 近似转化成以千克为单位对应的数值。

最常用的测量类型：

单侧：在嘴的一边测量，通常在后部覆盖两个或更多的牙齿。

双侧：同时在嘴的两边测量，这个测量结果通常会比单侧获得的结果高出 30% ～ 100%。

单齿：在一颗牙上测量，通常选后部的牙齿或单独的牙齿。

犬齿：在食肉动物的犬齿上测量，它通常适用于猫科动物。

鸟喙尖端：在鸟嘴的前部测量，它适用于鸟类。

57158 N ｜ 5832 kg
测量类型：后牙

咬合力最强的兽脚亚目

君王暴龙的下颌特别适合用于咬碎骨头，咬合力超过其他任何兽脚亚目恐龙。在一个单独的后部牙齿上由不同专家计算出的结果从 13 400 N 到 57 158 N 不等，双侧的咬合力达到 235 000 N 这一令人难以置信的数字。不过，并非所有的科学家都认可这一数据。

102550 N ｜ 10464 kg
测量类型：单侧

中生代最大的咬合力

褶皱恐鳄的体重约 8 t，体长达 11 m，它是地球上存在过的最大的鳄鱼之一。它那长达 1.8 m 的巨大的颚可以施加的咬合力比现存大多数的近亲要高 10 倍。

134 N ｜ 14 kg
测量类型：后牙

兽脚亚目最弱的咬合力

安氏死神龙所测得的咬合力是所有兽脚亚目恐龙中最弱的。它们的下颌缺乏力量，表明它们应该是植食性的，主要以嫩芽和树叶为食。死神龙的颅骨形态表明，更进化的镰刀龙类的咬合力下降。

13172 N ｜ 1344 kg
测量类型：单侧

最强的咬合力

鳄鱼比现在其他任何的陆生或水生动物都有更强大的咬合力。最突出的物种是美国短吻鳄鱼和巨大的湾鳄。一只 240 kg 的鳄鱼可产生 13 000 N 以上的咬合力。另一方面，长 4.6 m，重 530 kg 的湾鳄可施加 16 400 N 的咬合力。最大标本测得的体长为 6.7 m，估计它可以施加超过 34 000 N 的咬合力。

8200 N **837 kg**
测量类型：单侧

盗龙：更危险的动物

由恐爪龙在腱龙骨骼上留下的印痕显示，这种盗龙拥有与体型相似的现代鳄鱼相当的力量。它的亲戚驰龙可能有着更大的咬合力。

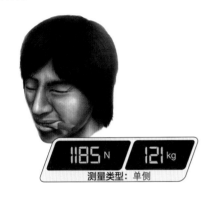

1185 N **121 kg**
测量类型：单侧

人类并不弱小

大多数研究表明，人类实际上有非常强大的咬合力，数值在 965 ～ 1 500 N 之间，这些数字可以与狼所测得的数据相媲美。最大的纪录是由因纽特人的后裔创造的，他们咬合力的值高达 4 437 N！

3441 N **341 kg**
测量类型：双侧

谣言：食肉牛龙是超级掠食者

长久以来，食肉牛龙一直被认为是大型猎物的掠食者，然而一项研究显示，它的咬合力很弱，不足以攻击大型动物。

+310 N **+32 kg**
测量类型：鸟喙尖端

小体型，大咬合力

锡嘴雀只有 18 cm 长，50 g 重，它能用嘴咬破樱桃核，这需要 310 ～ 700 N 的力。大多数体型相似的鸟类最大咬合力才不到 10 N。相对于其体重，它的咬合力可能比其他任何脊椎动物都要强大得多。另外，一只鹦鹉的咬合力可以达到 755 N（77 kg）。

4500 N **459 kg**
测量类型：单侧

最强大的咬合力（现代陆生食肉动物）

从斑点鬣狗单侧获得的结果表明它具有高达 4 500 N 的咬合力，而从双向施加的咬合力甚至可以超过 9 000 N。该强度的力量足以咬碎河马或长颈鹿的股骨，并且在这些动物身上已经观察到了证据。

咬合力

属名和种名	力量 / N	力量 / kg	咬合力类型	体重 / kg
兽脚亚目恐龙				
肉食艾伯塔龙	3 413	348	后部牙齿	2 500
脆弱异特龙	8 724	890	后部牙齿	1 200
中华丽羽龙木定种	8 880	906	后部牙齿	100
卡氏南方巨兽龙	13 258	1 353	后部牙齿	7 000
蛇发女怪龙	6 053	618	单颗牙	约2500
其他灭绝动物				
泰尔雷邓氏鱼	7 400	755	双侧	约1 000
昆士兰克柔龙	27 716	2 828	双侧	6 000
凯氏上龙	48 278	4 926	双侧	6 000
晚锯齿虎	787	80	犬齿	187
致命刃齿虎	1 926	197	犬齿	218
一般刃齿虎	2 258	230	犬齿	278
鲍氏傍人	3 471	354	单侧	50
非洲南方古猿	2 598	265	单侧	40
直立猿人	2 075	212	单侧	80
现代动物				
尼罗鳄	3 172～22 000	324～2 245	单侧	87～500
印度鳄	2 006	205	单侧	121
科莫多巨蜥	149	15	单侧？	70
大猩猩	2 865	292	单侧	150
猩猩	3 424	349	单侧	57
狮子	4 168	425	双侧	163
老虎	3 007	307	单侧	200
河马	8 100	827	单侧	约1 300
拉布拉多猎犬	1 100	112	单侧	31
狼	1 412	144	双侧	32
北极熊	2 404	245	单侧	100
野猪	2 280	233	单侧	40
大白鲨	4 577	467	双侧	423

兽脚亚目恐龙的智力

人类的智商都很难测量，更不用说动物了，已经灭绝的物种更是如此。1973 年，杰里森发明了称为"脑商"或"EQ"的衡量动物的认知能力的方法。EQ 是大脑实际的质量与为给定体型的动物预测的大脑质量之间的比率。在这个系统中，EQ 等于 1.0 被认为是正常的或平均的，所以一个更高或更低的数值可以被认定为更"聪明"或更"笨"。例如，人类的 EQ 约为 7.0，而一些海豚的 EQ 可能高达 4.0，黑猩猩的 EQ 接近 2.5，大象的 EQ 高于 2.0，狗的 EQ 为 1.2。

格兰特·赫尔伯特（1996）通过提出三个新方程式，每个方程式各适用于哺乳动物（MEQ）、鸟类（BEQ）和爬行动物（REQ），从而完善了杰里森方法。采用这些新的方法计算得出，麻雀的 BEQ 接近 1.35，鸽子的 BEQ 大约为 0.85，鸵鸟的 BEQ 只有 0.35，而最聪明的鸟之一——乌鸦具有大于 2.5 的 BEQ。就爬行动物而言，鬣蜥是智力中等的一个参照，其 REQ 约为 1.0。在爬行动物中 REQ 值变化不大，所有的爬行动物都有相似的认知能力。

如今，我们通过测量颅内腔来推测恐龙的"智力"。如果想推测恐龙的认知能力，首先必须做一个它的脑模型来测量它的体积。我们通常需要大脑在颅腔容积中的比例来估计它的实际质量，因为硬脑膜和颅内液体所占空间的比例非常高。对于爬行动物而言，脑约占颅内总容量的 37%。在鸟类和大多数哺乳动物中，脑几乎占据整个颅腔，所以对于这两类动物，推荐采用的百分比为 95%。这也就意味着根据恐龙的类型不同，采用的百分比将会不同。为了获得演化程度较低的恐龙（*）脑的近似质量，将使用 0.37 的系数，对于具有羽毛的非鸟类恐龙（**），推荐采用的系数是 0.95。

* 例 1：原始蜥臀目、兽脚亚目除虚骨龙类、原始虚骨龙类（暴龙超科和其他类似科）。

** 例 2：似鸟龙类、阿瓦拉慈龙类和手盗龙类。

动物的智力

属和种（个体）	颅内容量 /mL	脑质量 /g	体重 /kg	REQ	BEQ
兽脚亚目					
阿托卡高棘龙（OMNH 10146）	190	70.3	2 000	1.49	0.12
脆弱异特龙（UUVP 294）	188	69.6	2 000	1.47	0.11
脆弱异特龙（UUVP 5961）	169	62.5	2 000	1.32	0.10
印石板始祖鸟（BMNH 37001）	1.6	1.5	0.31	4.11	0.44
费氏斑比盗龙（KUPV 129737）	14	13.3	2.75	10.75	1.06
杰氏拜伦龙（IGM 100/983）	4.6	4.4	7.2	2.08	0.20
撒哈拉鲨齿龙（SGM-Din 1）	264	97.7	7 800	0.97	0.07
大角鼻龙（MWC 1）	88	32.6	560	1.39	0.11
奥氏葬火龙（IGM 100/978）	25	23.8	50	3.86	0.34
短背似鸸鹋龙（CMN 12228）	88	83.6	140	7.69	0.66
卡氏南方巨兽龙（MUCPV-CH 1）	250	92.5	7 000	0.98	0.07
"兰斯矮暴龙"（ROM 1247）	129	47.7	540	2.08	0.169
"兰斯矮暴龙"（CMN 7541）	111	41.1	295	2.5	0.208
犸君颅龙（FMNH PR. 2100）	168	62.2	465	2.94	0.24
董式中华盗龙（IVPP 10600）	95	35.2	1 400	0.91	0.07
美丽伤齿龙（RTMP 86.36.457）	41	39	20	10.51	0.97
君王暴龙（AMNH 5117）	314	116.2	6 500	1.28	0.095
君王暴龙（FMNH PR2081）	414	153.2	8 265	1.48	0.109
君王暴龙（AMNH 5029）	382	141.3	6 500	1.56	0.115
现生动物					
绿头鸭（TMM）	6.8	6.5	0.72	-	1.14
马赛鸵鸟	-	42.1	123	-	0.36
印度鸵鸟	-	12.9	5.5	-	0.68
地犀鸟	-	26.3	2.15	-	2.43
雕鸮	-	13.7	1.18	-	1.8
黑颈叫鸭（KU 81969）	8	7.6	2.2	-	0.69
乌鸦	-	9.3	0.337	-	2.56
红色原鸡	-	3.55	2.2	-	0.32
麻雀	-	1.03	0.024	-	1.35
几维鸟（ANMH 18456）	9.4	8.9	0.88	-	1.4
普通鸽子	-	2.7	0.282	-	0.83
棕穴鹩（KU 34658）	-	1.4	0.44	-	0.34
现生"爬行动物"					
美洲短吻鳄（ROM 8328）	27	10	238	0.69	-
美洲短吻鳄（ROM 8333）	33	12.2	277	0.77	-
美洲短吻鳄	-	14.4	205	1.05	-
普通蟒蛇	-	0.44	1.83	0.45	-
美洲鳄	-	15.6	134	1.47	-
鬣蜥	-	1.44	4.2	0.92	-
蟒蛇	-	1.13	6.1	0.59	-
绿海龟	-	8.6	114	0.89	-

兽脚亚目恐龙和中生代鸟类的大脑和感官纪录

1928 年 加拿大 眼睛占身体比例最大的兽脚亚目恐龙

在所有的恐龙中，塞氏似鹬鹋龙的眼睛占身体比例是最大的。现代非洲鸵鸟的眼睛比例比它的还大。

1982 年 美国、加拿大 双目视力最好的兽脚亚目恐龙

伤齿龙的眼睛是向前的，所以它有更好地感知物体的深度和距离的能力，其他如斑比盗龙、食肉牛龙、暴龙和其他伤齿龙科等兽脚亚目恐龙也具备这种能力，但这种能力较不发达。

1996 年 加拿大 "认知能力" 最高的兽脚亚目恐龙（更新后的数据在上一页的表格中）

对各种恐龙的脑化率进行了一些计算。数值最高的通常是似鸟龙类（如短背似鹬鹋龙）和美丽伤齿龙，它们的 REQ 分别为 8.6 和 7.1。

1996 年 美国（蒙大拿州）脑部占身体比例最大的幼年兽脚亚目恐龙

幼年恐龙的脑部占身体比例一般大于成年恐龙。费氏斑比盗龙 AMNH 30556 的脑部占身体比例远高于成体，它的 REQ 为 13.1。

1996 年 美国 侏罗纪脑最大的兽脚亚目恐龙

脆弱异特龙 UUVP 3304 的脑长 18.2 cm。遗憾的是目前仅保存有其颅骨的一个碎片，因而不能推测出该动物的完整体型。

2002 年 美国 眼睛占身体比例最小的兽脚亚目恐龙

君王暴龙的眼眶仅占其颅骨大小的 4.1%，这表明它的眼睛占身体比例非常小。在幼年个体中该数值上升到 8.35%。

2002 年 阿根廷 三叠纪脑最大的兽脚亚目恐龙

伊斯基瓜拉斯托艾雷拉龙的幼年个体 PVSJ 407 的脑长度接近 10 cm。

2007 年 兽脚亚目恐龙的视力

现生鸟类的眼睛对快闪动作察觉能力很强。它的效率比人眼高出 70%。一些兽脚亚目恐龙的视力可能类似于现代鸟类。

2007 年 马达加斯加 运动协调性最差的兽脚亚目恐龙

根据对协调眼球和运动肌肉的小脑区域的研究，凹齿玛君龙几乎没有能力捕捉到行动快速的小型猎物。它只可能猎捕中等或大型动物。

2011 年 蒙古 嗅觉最发达的兽脚亚目恐龙

根据对鸟类嗅球进行的一项研究，白魔龙比绝大多数兽脚亚目恐龙有更好的嗅觉，与红头美洲鹫相似，它们的这种感官能力比目前大多数鸟类都更为发达。

2011 年 阿根廷 嗅觉最发达的中生代鸟类

在已经灭绝的鸟类中，鹱形目的嗅觉是最灵敏的。虽然它们生存于古新世，但晚白垩世的巴塔哥尼亚阈鸟可能与它们有关。

2011 年 美国 白垩纪脑最大的兽脚亚目恐龙

君王暴龙标本 FMNH PR2081 脑容量有 414 ml，可推断出它的脑大约重 153.2 g。人类脑的平均容量为 1 400 mL。

2011 年 蒙古 听力最发达的兽脚亚目恐龙

阿瓦拉慈龙科的斑点角爪龙的听神经叶非常大，因此，它的听力应该非常发达。伤齿龙科与现在的猫头鹰一样，它们的耳朵不对称，其中一只的位置比另一只更高。这个特征表明，它们靠听力定位隐藏着的或在黑暗中的猎物。

2011 年 加拿大 嗅觉最不发达的兽脚亚目恐龙

与其他恐龙相比，短背似鹬鹋龙的嗅觉最不灵敏，非洲鸵鸟也是如此，与今天大多数鸟类相比其嗅觉都更弱。

2011 年 美国 嗅觉最不发达的中生代鸟类

帝王黄昏鸟的嗅觉比任何非鸟类兽脚亚目恐龙都弱。这与阿德莱德企鹅非常相似，两者都是水生鸟类。

2011 年 摩洛哥 "认知能力" 最低的兽脚亚目恐龙

对撒哈拉鲨齿龙的标本 SGM Din 1 计算时采用的数据为脑长 26 cm，重量为 224.4 g，其体重为 7.4 t，所得到的 REQ 为 2.3。考虑到它的身材可能更大一些，达到 7.8 t，则脑的真实质量约占衍化程度较低的非鸟类兽脚亚目恐龙颅内容量的 37%，它的 REQ 应该只有 0.83。该数值比沙漠巨蜥小一些，但比美洲鳄的 REQ 值大。

2014 年 蒙古 眼睛最大的兽脚亚目恐龙

奇异恐手龙的眼睛直径是 8 cm，大约是人类眼睛的 3.3 倍。来自阿拉斯加的似美丽伤齿龙 AK498 V 001 可能会超过前者，但因其化石非常零碎，因而不得而知。在目前的鸟类中，非洲鸵鸟的眼睛直径有 5 cm，超过了其他鸟类。

鼻子最大的兽脚亚目恐龙
将军庙单脊龙
标本. IVPP 84019

因为它的鼻子非常发达，所以嗅觉可能很好，它的鼻孔下方有一个深深的凹槽，这是一个功能未知的独特部位。

5 cm　　　10 cm　　　15 cm　　　20 cm

25 cm

马鞭草蜂鸟
小吸蜜蜂鸟
1 cm ×0.8 cm

反鸟类
IGM 100/1027
2.58 cm ×1.58 cm

华美金凤鸟
1 cm × 0.7 cm

LPRP-USP 0359
31.4 cm ×1.95 cm

普通麻雀
家麻雀
2.27 cm × 1.55 cm

似马丁鸟
4 cm ×2.5 cm

1:1.14

20 cm

派雷内卡桑科法蛋
UM1
7 cm ×4 cm

飞鱼座内乌肯鸟
MUCPv-284
4.7 cm × 2.9 cm

15 cm

圣贤孔子鸟
B072
2.5 cm × 1.7 cm

斯氏三棱柱蛋
ES 101
7 cm × 3 cm

科罗拉多前棱柱形蛋
MWC 122.3.1/HEC 457
11 cm × 6 cm

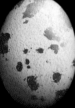

反鸟类
STM29-8
0.58 cm

10 cm

原始中华龙鸟
NIGP 127587
3.6 cm × 2.6 cm

5 cm

兽脚亚目恐龙未定种
9.1 cm × 5.8 cm

原鸽
Columbia livia
4 cm × 2.9 cm

微孔树枝蛋
IVPP V 16857.1
7 cm × 6 cm

家鸡
Gallus domesticus
5.9 cm × 4.4 cm

　　非鸟类兽脚亚目恐龙的蛋大多呈圆柱状，与鳄类的蛋相似，呈球形的蛋类似于海龟蛋，呈椭圆形的蛋类似于鸡蛋，中生代鸟类的蛋则为椭圆形或圆柱形。

最小的蛋

晚白垩世晚期 蒙古 亚洲（古亚洲大陆）最小的中生代鸟蛋

反鸟蛋化石 IGM 100/1027 大小为 2.58 cm×1.59 cm。

晚白垩世晚期 中国 亚洲最小的、未产下的蛋

在原始中华龙鸟（GMV 2123 或 NIGP 127586）的体内发现了几枚正在孕育的微小的蛋。

晚白垩世晚期 罗马尼亚 欧洲最小的中生代鸟蛋

在反鸟（有可能类似于马丁鸟）的鸟巢中发现了几枚 4 cm×2.5 cm 的蛋。

晚白垩世晚期 西班牙 欧洲最小的兽脚亚目恐龙蛋

派雷内卡桑科法蛋的形状与现代鸟蛋非常相似，但是它的外壳有两层，与非鸟类兽脚亚目恐龙的蛋一样。它的大小为 7 cm×4 cm。

晚白垩世晚期 巴西 南美洲最小的中生代鸟蛋

一枚 3.14 cm×1.95 cm 的蛋被发现于南美洲北部。它是在该地区发现的第一枚蛋化石。

晚白垩世晚期 巴西 南美洲最小的兽脚亚目恐龙蛋

一枚 9.1 cm×5.8 cm 的蛋以前被认为属于鸟臀目恐龙，直到一项对其外壳的研究表明它是兽脚亚目恐龙蛋。

晚白垩世晚期 美国（蒙大拿州）北美洲最小的兽脚亚目恐龙蛋

阿瓦拉慈龙科的斯氏三棱柱蛋属于北美洲最小的兽脚亚目恐龙。这个蛋大小为 7 cm×3 cm。

晚白垩世晚期 印度 印度斯坦最大的兽脚亚目恐龙蛋

我们似获得了几块克钦细小蛋的外壳。它与微结核细小蛋（现蒙古，大小为 72 mm×30 mm）相似，但外壳更厚。恐龙蛋化石的厚度和体量并无直接关联，所以根据这一数据无法推测它的大小。

晚白垩世晚期 蒙古 最小的圆形兽脚亚目恐龙蛋

镰刀龙最小的蛋是微孔树枝蛋，其直径为 7 cm×6 cm。呈圆形，与其他兽脚亚目恐龙蛋常见的近圆柱形的形状不同。

晚侏罗世 美国（科罗拉多州）侏罗纪最小的兽脚亚目恐龙蛋

科罗拉多前棱柱形蛋化石大小为 11 cm×6 cm。它与异特龙类有关。

其他纪录

1923 晚白垩世晚期 蒙古 第一个兽脚亚目恐龙巢

第一个被发现的巢地被认为属于原角龙，但是后来发现它们属于窃蛋龙科。兽脚亚目恐龙巢中的蛋排列形成一个圆环，中央形成一个凹陷，能够保护它们。与演化程度更高的鸟类——比如，今鸟形类和现代鸟类不同，它们用前肢把蛋部分埋藏在沉积物中。

1972 年 晚白垩世晚期 蒙古 第一个兽脚亚目恐龙胚胎

在蛋壳里的一块不完整的跗骨，是第一个没有孵化的恐龙的证据。

1991 年 晚白垩世晚期 蒙古 亚洲最大的中生代鸟蛋

蛋化石 ZPAL MgOv II/9d（现蒙古）大小为 1.6 cm×1.3 cm。还有的蛋化石可以达到 2.7 cm×1.5 cm，但是对它们的鉴定还存疑。

1993 年 晚侏罗世 德国 欧洲最小的兽脚亚目恐龙蛋

长足美颌龙的模式标本有一个 1 cm 的球体，它被鉴定为皮内成骨或蛋。

1995 年 晚白垩世晚期 中国 最大的兽脚亚目恐龙巢

预估西峡巨型长形蛋的巢直径长约 2.1 m，大约有 26 枚蛋。

1996 年 晚白垩世晚期 中国 恐龙蛋化石最丰盛的岩层

在西班牙、法国和中国的很多地方发现有成百上千枚恐龙蛋化石。其中，中国河源市最为突出，自 1996 年以来出土的蛋化石超过 1.7 万枚。其出土量最高的一次是在 2004 年发现了 10 008 枚蛋化石。

1996 年 晚白垩世晚期 加拿大和美国（蒙大拿州）最奇怪的兽脚亚目下蛋排列模式

兽脚亚目恐龙的下蛋排列模式通常是圆形的，形成一个环。一个例外的情况是有三对加拿大延续蛋是平行排列的。其他地方发现的加拿大延续蛋（现美国蒙大拿州）也呈平行排列。作者推测这种模式是因某些对恐龙有影响的外部因素而形成的。

1996 年 蒙古 发现的第一个虫蛹与恐龙的关系

在几枚恐龙蛋附近发现了戈壁谎蛹，这其实是昆虫的蛹，大小约为 15～18 mm×8～9 mm。它们最初被鉴定为甲虫，现在被认为是黄蜂蛹。

2000 年 早白垩世晚期 中国 最厚的兽脚亚目恐龙蛋壳

西峡巨型长形蛋的外壳厚度达到 4.75 mm，而非洲鸵鸟蛋的外壳厚度仅为 1.6～2.2 mm。

2005 年 晚白垩世晚期 中国 可能是亚洲（古亚洲大陆）最小的兽脚亚目恐龙蛋

在华美金凤鸟体内一些卵形的结构被认为可能是蛋。但是它们的直径仅为 1 cm，可能是不成熟的蛋。

2006 年 晚白垩世晚期 蒙古 孔隙最多的兽脚亚目恐龙蛋

原角龙蛋化石的大小为 12 cm×5 cm，它大约有 2 600 个孔隙。尽管它叫这一名字，但实际上它是兽脚亚目恐龙蛋。

2007 年 早白垩世晚期 中国 最古老的中生代鸟蛋

圣贤孔子鸟蛋被发现于早白垩世早期（巴雷姆期，距今 1.294 亿～1.25 亿年）地层中。

2008 年 晚白垩世晚期 蒙古 有最多蛋的兽脚亚目恐龙巢

奥氏葬火龙的巢中有 30 枚蛋，与非洲鸵鸟巢中蛋的数量相似，它们共用一个巢。

2009 年 晚白垩世晚期 法国、乌拉圭 外壳最厚的中生代鸟蛋

除了鸵鸟目的陆生鸟类，其他鸟类的蛋通常十分纤薄。准噶尔扒针蛋的蛋壳非常厚，达到 2.6 mm，但它可能属于非鸟类兽脚亚目恐龙。范特隆阿氏蛋的蛋壳厚度为 0.25～0.26 mm 之间，比家鸡蛋的外壳厚度略小。

2009 年 晚白垩世晚期 西班牙 被蜗牛侵蚀的蛋

棱柱形蛋未定种 MPZ 2000/3558 和一枚长形蛋上留有了齿舌迹的印记，这是一种由水生腹足动物引起的侵蚀。这些虫迹主要位于内部，因为那里有更多的蛋白质。

2010 年 晚白垩世晚期 外壳层数最多的非鸟类兽脚亚目恐龙蛋

阿瓦拉慈龙科有许多类似鸟类的解剖特征，甚至它的蛋有三层的外壳，这也与鸟类相似。

2012 年 晚白垩世晚期 西班牙 外壳最纤薄的兽脚亚目恐龙蛋

派雷内卡桑科法蛋的外壳厚度在 0.19～0.34 mm 之间，结构伪壁而作的外壳厚度，计到 0.22～0.36 mm。如果不考虑组织结构，后者更薄一些（0.13～0.29 mm）。

2012 年 晚白垩世晚期 蒙古 外壳最纤薄的中生代鸟蛋

曲小蛋的外壳不到 0.1 mm 厚。

2012 年 晚白垩世晚期 罗马尼亚 蛋化石的数量聚集程度最高的巢

片面积为 80 cm×50 cm，高 20 cm 的区域含有 46 枚蛋化石，其中仅有 7 枚接近完整。此外，还有上千片破碎的蛋壳。专家推测这一片巢在繁殖季节曾被重复使用。

2013 年 晚白垩世晚期 阿根廷 最大的中生代鸟类的巢

最大的巢为反鸟（暂走为澳大利亚内鸟肖鸟）所建，这一单面积为 2.25 cm×1.35 cm（1 718 cm²）。它被埋在沙丘的巢穴中。已经恢复了大约 65 个完整的、半完整的或破碎的蛋，因而也是产量最丰的巢。

20 cm　　　　40 cm　　　　60 cm　　　　80 cm

100 cm

家鸡
5.9 cm × 4.4 cm

凯达椭圆形蛋
11 cm × 8 cm

微结核细小蛋
7.2 cm × 3.2 cm

今鸟形类
11 cm × 8.1 cm

曼氏鸟蛋
11.6 cm × 7 cm

兽脚亚目恐龙未定种
11.3 cm × 8.5 cm

1:4.57

反鸟类
北岛几维鸟
1.6 cm × 1.3 cm

80 cm

安氏卢雷亚楼龙
前棱柱形蛋未定种
13.7 cm × 10 cm

巴塔哥尼亚加达蛋
17.5 cm × 7 cm

60 cm

40 cm

卡氏巨型长形蛋
39.8 cm × 10.2 cm

风光村树枝蛋
17 cm × 15 cm

西峡巨型长形蛋
61 cm × 17.9 cm

20 cm

鸵鸟
17 cm × 13.6 cm

瑶屯巨形蛋
17.5 cm × 8 cm

疣鼻天鹅
12.4 cm × 8 cm

巨象鸟
35.1 cm × 25.9 cm

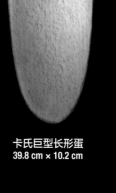

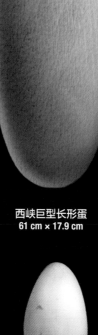

最大纪录

早白垩世晚期 中国 亚洲（古亚洲大陆）最大的兽脚亚目恐龙蛋

西峡巨型长形蛋中最大的达到 61 cm×17.9 cm。它应该属于一个体型和外形类似于巨盗龙的动物，并且年代更古老。

晚白垩世晚期 蒙古 亚洲（古亚洲大陆）最大的中生代鸟蛋

微结核细小蛋大小为 7.2 cm×3.2 cm。它与其他的鸟蛋相比要长得多。

晚白垩世晚期 中国 未产下的最大的蛋

在黄氏河源龙不完整骨骼的骨盆区，发现了两枚瑶屯巨形蛋。由于这一发现，有人推测，兽脚亚目恐龙可能有两个功能性输卵管。因为现代的鸟类只有一个功能性的输卵管，或许这样能减轻体重，提高其飞行能力。

晚侏罗世 葡萄牙 侏罗纪欧洲最大的兽脚亚目恐龙蛋

前棱柱形蛋未定种被鉴定属于安氏卢雷亚楼龙，它的长度在 11.7～13.7 cm 之间，宽度为 8～10 cm。

晚白垩世晚期 乌拉圭 南美洲最大的中生代鸟蛋

一枚大小为 11 cm×8.1 cm 的蛋化石是最大的中生代鸟蛋。它与几维鸟蛋的尺寸相似。

晚白垩世晚期 阿根廷、乌拉圭 南美洲最大的兽脚亚目恐龙蛋

阿瓦拉慈龙科的新波氏爪龙的蛋被命名为巴塔哥尼亚加达蛋，它的宽度为 7 cm（如果我们将其与斯氏三棱柱蛋相比，它的长度可能超过 17.5 cm）。在乌拉圭发现的另一枚兽脚亚目恐龙蛋长度稍短，但它的宽度更大，为 11.3 cm×8.5 cm。

早白垩世晚期 美国爱达荷州 北美洲最大的兽脚亚目恐龙蛋

一枚卡氏巨型长形蛋（之前被称为伯乐图蛋），大小为 39.8 cm×10.2 cm，与在亚洲东部发现的西峡巨型长形蛋非常相似，从而可推测在北美洲西部曾存在大型窃蛋龙。

晚白垩世晚期 印度 印度斯坦最大的兽脚亚目恐龙蛋

在印度斯坦发现的唯一一个完整的兽脚亚目恐龙蛋是凯达椭圆形蛋，它的大小是 11 cm×8 cm。

晚白垩世晚期 中国 最大的圆形兽脚亚目恐龙蛋

风光村树枝蛋是镰刀龙的蛋，它的直径约在 15～17 cm 之间。

蛋／兽脚亚目恐龙的比例

重量是实际值，或根据迪基森 2007 年的方法所得的估算值

属名和种名	最大的蛋 重量	蛋／ 成年兽脚亚目恐龙 比例
圣贤孔子鸟 362 g，雌 600 g，雄	约 2.5 cm×1.7 cm （推测） 4.1 g	1.14 %～0.68 % 88～146 倍
原始中华龙鸟 1.1 kg	3.6 cm×2.6 cm 13.7 g	1.24 % 80.3 倍
似马丁鸟 730 g	4 cm×2.5 cm 13.8 g	1.89 % 52.9 倍
飞鱼蛋内乌肯鸟 280 g	4.7 cm×2.9 cm 19 g	6.78 % 14.7 倍
似曲剑龙（蛋） 32 kg	15 cm×5.5 cm 245 克	0.76 % 131 倍
大戈壁蛋 微小戈壁鸟 140 g	5.35 cm×3.2 cm 31 g	22 % 45 倍
伤齿龙未定种 李维斯棱柱形蛋 39 kg	16 cm×7 cm 331 g	0.85 % 118 倍
新波氏爪龙 巴塔哥尼亚加达蛋 34 kg	17.5 cm×7 cm 484 g	1.42 % 70 倍
奥氏葬火龙 83 kg	19 cm×7.2 cm 566 g	0.68 % 147 倍
瑶屯巨形蛋 黄氏河源龙 22.5 kg	17.5 cm×8 cm 633 g	0.28 % 35 倍
前棱柱形蛋未定种 安氏卢雷亚楼龙 310 kg（亚成体）	13.7 cm×10 cm 774 g	0.25 % 400 倍

1 : 3.42

名字最含糊的兽脚亚目恐龙蛋
原角龙蛋
尺寸／mm：150×57

尽管它的名字意为"原角龙蛋"，然而实际上它是兽脚亚目窃蛋龙的蛋，窃蛋龙类曾与原角龙科被混淆了。有人建议将其名字更换成"窃蛋龙蛋"，但该提议还未被采纳。

其他纪录

2013 年 早白垩世晚期 中国 亚洲最小的中生代蛋化石

一般来讲，卵细胞（未受精的蛋）比成熟的蛋要小。在反鸟类的标本 STM29–8 和 STM10–45 6.72 体内发现的卵细胞在 5.83～8.83 mm。

2014 年 早白垩世晚期 日本 最新命名的中生代鸟蛋

最新获知的中生代鸟蛋被称为福井创蛋，仅有一些厚度为 0.44 mm 的蛋壳保留下来。

2015 年 早白垩世晚期 日本 最新命名的兽脚亚目恐龙蛋

在 2015 年，一颗恐龙蛋被命名为分枝日本蛋，它被发现时旁边还有长形蛋未定种、棱柱形蛋未定种以及一个未确定的棱柱形蛋科的蛋化石。它们都属于同一时期。

2015 年 早白垩世晚期 泰国 最小非鸟类的蛋

蛋化石 SK1-1 的大小为 1.8 cm×1.1 cm，看上去是鸟蛋，因为它的外壳有二层，就像鸟蛋一样，但是当发现里面有胚胎时，新的证据表明它是蛇蜥类的蛋。

2015 年 晚白垩世晚期 中国 在兽脚亚目恐龙蛋中的第一个皮膜

在瑶屯巨形蛋中发现了它的原始色素，呈蓝绿色，类似于鸸鹋蛋。据了解，这种色素有利于其在环境中伪装。这一发现是恐龙蛋中色素保存的第一个证据。

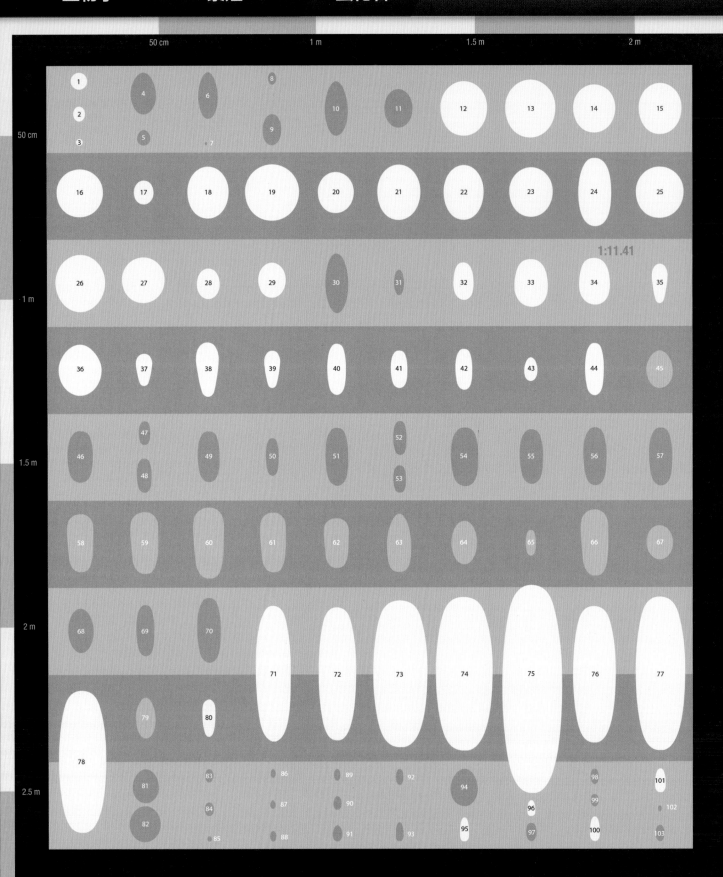

兽脚亚目恐龙和中生代鸟类蛋（蛋化石）的纪录

约 1 万年前 蒙古 带有最古老的恐龙蛋化石物件

旧石器时代晚期或新石器时代早期的一些古人，把恐龙蛋壳作为项链饰品。

1859 年 法国 欧洲西部的第一只恐龙蛋壳

第一个恐龙蛋的碎片曾被鉴定为巨型鸟蛋。其年代不详。

1859 年 英格兰 第一篇关于欧洲西部恐龙蛋的错误报道

巴思"蛋"（现为龟形蛋），是一枚在英格兰发现的完整蛋化石。它曾被鉴定为恐龙蛋或翼龙蛋，但其实它是海龟蛋。

1877 年 法国 第一个对恐龙蛋微结构的研究

在显微镜分析之前，在外壳涂上环氧树脂，然后用锯分割成非常薄的薄片。几乎一个半世纪以前创建的这种方法今天仍在使用。

1901 年 德国 第一个兽脚亚目恐龙卵细胞

在长足美颌龙（BSP AS I 536）体内发现了一组直径为 1 cm 的球体，当时它们被鉴定为骨化真皮。后来人们推断它们可能是蛋，但是它们尺寸太小了，并且该个体并未成年，因而它们可能是卵细胞。

1904 年 葡萄牙 欧洲西部第一枚侏罗纪兽脚亚目恐龙蛋

在众多兽脚亚目恐龙骨架旁边发现了一枚蛋化石。但是它的发现未经证实，因而这一纪录被其他更新的发现占据。

1913 年 美国 北美洲西部发现的第一个蛋壳

在蒙大拿州的黑足族遗址中，发现了几枚蛋壳化石。

1922 年 蒙古 亚洲东部第一枚兽脚亚目恐龙蛋

在亚洲发现的第一枚兽脚亚目恐龙蛋位于戈壁沙漠。最初它被认为是安氏原角龙蛋，但实际上它是兽脚亚目窃蛋龙的蛋。

1925 年 蒙古 第一个对中生代鸟蛋壳的详细研究

在蒙古的一项对两片蛋壳的研究分析出了它的厚度和微结构。

1954 年 中国 第一个被命名的亚洲兽脚亚目恐龙蛋

在 1923 年发现的几枚蛋化石被称为长形蛋。

1958 年 法国 第一个有病理的恐龙蛋

据报道发现了有多层外壳的蛋，这是一种鸟类和爬行动物的蛋在压力下发生的异常现象。

1961 年 吉尔吉斯斯坦 在亚洲西部发现的第一个兽脚亚目恐龙蛋壳

报道称发现了几片恐龙蛋壳。

1966 年 美国 北美洲西部第一枚兽脚亚目恐龙蛋

卡氏蛋（现为卡氏巨型长形蛋）发现于犹他州，它曾被称为伯乐图蛋。

1977 年 乌兹别克斯坦 亚洲东部第一枚完整的中生代鸟蛋

在亚洲西部只找到了一些蛋化石的碎片，直到在亚洲东部发现了完整的蛋。

1980 年 乌拉圭 南美洲南部第一枚兽脚亚目恐龙蛋

由于长塔夸伦博蛋是椭球形状，因而最初被划分为鸟臀目恐龙蛋，但现在它被认为是兽脚亚目恐龙蛋。有人曾尝试将其名字改成塔夸伦博蛋，但未成功。

兽脚亚目恐龙蛋（它们的剪影展示于前一页）

（根据迪基森2007年的方法所得的预估质量）

编号	属名和种名	活动时间与范围	尺寸 / mm	质量 / g
未确定的可能是恐龙的蛋化石				
1	钝蛋	晚侏罗世 英格兰	5 × 5	0.1
2	南雄蛋	晚白垩世晚期 中国	44 × 36	32
3	球形蛋	晚侏罗世 英格兰	20 × 20	4.5
未确定或未定科的兽脚亚目恐龙蛋				
4	加拿大延续蛋	晚白垩世晚期 加拿大、美国（蒙大拿州）	123 × 77	413
5	金国微椭圆蛋	晚白垩世晚期 中国	45.5 × 40.4	42
6	赫氏网状蛋	晚白垩世晚期 加拿大	约137 × 60	279
7	未命名	早白垩世晚期 中国	10 × 7	0.3
8	原始中华龙鸟	早白垩世晚期 中国	36 × 26	13.7
9	未命名	晚白垩世晚期 巴西	91 × 58	173
10	未命名	晚白垩世晚期 美国（蒙大拿州）	约160 × 70	443
11	未命名	晚白垩世晚期 乌拉圭	113 × 85	462
丛状蛋科				
12	树枝树枝蛋	晚白垩世晚期 中国	160 × 140	1 772
13	风光村树枝蛋	晚白垩世晚期 中国	170 × 150	2 295
14	分叉树枝蛋	晚白垩世晚期 中国	141 × 128	1 305
15	国清寺树枝蛋	晚白垩世晚期 中国	150 × 130	1 433
16	红寨子树枝蛋	晚白垩世晚期 中国	140 × 140	1 550
17	微孔树枝蛋	晚白垩世晚期 蒙古	70 × 60	142
18	三里庙树枝蛋	晚白垩世晚期 中国	152 × 126	1 363
19	土庙岭树枝蛋	晚白垩世晚期 中国	165 × 165	2 695
20	疣树枝蛋	晚白垩世晚期 蒙古	120 × 110	820
21	柳川树枝蛋	晚白垩世晚期 中国	160 × 120	1 302
22	干店树枝蛋	晚白垩世晚期 中国	162 × 130	1 947
23	沁阳树枝蛋	晚白垩世晚期 中国	145 × 130	1 305
24	树枝蛋未定种	晚侏罗世 葡萄牙	200 × 100	1 130
25	青龙山似树枝蛋	晚白垩世晚期 中国	160 × 145	1 782
26	湖南丛状蛋	晚白垩世晚期 中国	168 × 150	2 268
27	滔河扁圆蛋	晚白垩世晚期 中国	134 × 130	1 280
28	未命名	晚白垩世晚期 蒙古	90 × 70	242
29	未命名	晚白垩世晚期 韩国	103 × 85	421
尼亚加达蛋科				
30	巴塔哥尼亚加达蛋	晚白垩世晚期 阿根廷	约175 × 70	485
31	斯氏三棱柱蛋	晚白垩世晚期 加拿大	73 × 30	60
棱柱形蛋科				
32	科罗拉多前棱柱形蛋	晚侏罗世 美国（科罗拉多州）	110 × 60	224
33	棱柱形蛋未定种	晚侏罗世 葡萄牙	140 × 100	791
34	棱柱形蛋未定种	晚侏罗世 葡萄牙	137 × 94	684

1984 年 秘鲁 南美洲北部第一个兽脚亚目恐龙蛋

几片兽脚亚目恐龙或鸟类的蛋壳化石在秘鲁被发现。

1985 年 巴西 南美洲北部第一个兽脚亚目恐龙蛋

一个原先被认定为可能是角龙类的蛋的化石后来被重新鉴定为兽脚亚目恐龙蛋。

1989 年 美国 北美洲第一个侏罗纪兽脚亚目恐龙蛋

在犹他州发现的科罗拉多棱柱形蛋（现为前棱柱形蛋）与异特龙有关。

1991 年 蒙古 亚洲东部第一个中生代鸟蛋

索氏光滑蛋和微结核细小蛋被鉴定为是反鸟蛋。

1992 年 葡萄牙 欧洲西部第一个兽脚亚目恐龙蛋

报道称发现了一些棱柱形蛋未定种的蛋壳。在此之前还有一篇与之相关的未经审定的文章公布。

1995 年 印度 亚洲南部（印度斯坦）第一个中生代鸟蛋

克钦细小蛋是一些鸟蛋壳化石。

1997 年 葡萄牙 欧洲第一个侏罗纪兽脚亚目恐龙蛋

前棱柱形蛋未定种是一些被鉴定属于安氏卢雷亚楼龙的蛋化石。之前发现的另一个蛋化石有可能属于兽脚亚目恐龙，但目前对此仍有疑问。

1998 年 西班牙 欧洲第一枚鸟蛋？

范特隆阿氏蛋是几片可能是大型鸟类的蛋壳化石，它与现代鸵鸟蛋非常相似。

1998 年 巴西 南美洲北部第一枚兽脚亚目恐龙蛋壳

在巴西北部发现了一些蛋化石的碎片。

1998 年 印度 亚洲南部（印度斯坦）第一枚兽脚亚目恐龙蛋

凯达椭圆形蛋是一些完整的蛋，在一些巢穴中发现了足足 13 枚。预计它们可能是阿贝力龙科的蛋。

2001 阿根廷 南美洲南部第一枚中生代鸟蛋

发现了一些反鸟的蛋壳和完整的蛋，其中一些里面有胚胎。

2003 年 摩洛哥 非洲北部第一枚兽脚亚目恐龙蛋蛋壳

报道称发现了三种类型的蛋壳：阿里乌鲁道夫蛋壳、蒂布尔伪壁虎蛋蛋壳和阿克鲁伊尖蛋蛋壳。

2012 年 阿根廷 南美洲南部第一只与蛋在一起的兽脚亚目恐龙

在一篇公开发表的文章中，第一次同时命名了兽脚亚目恐龙与其蛋化石，即发现了阿瓦拉慈龙科的新波氏爪龙时与两枚蛋在一起，这些蛋化石被称为巴塔哥尼亚加达蛋。

2012 年 罗马尼亚 欧洲西部第一枚中生代鸟蛋

发现的几枚反鸟的鸟蛋化石被鉴定为马丁鸟所留。

2012 年 罗马尼亚 欧洲西部第一个巢

这个巢中有非常多反鸟的鸟蛋、蛋壳和骨骼化石，包括胚胎、幼体和成体化石。

2013 年 中国 第一次鉴定中生代鸟类的性别

一个国际团队检查了圣贤孔子鸟的一百多个标本，揭示在这种鸟身上存在二型性。一个容易观察的特征是它具有长长的尾羽，这在雄性中是独一无二的。

2014 年 巴西 南美洲北部第一枚鸟蛋

一枚保存非常完好的反鸟的蛋被发现于圣保罗。

2015 年 中国 兽脚亚目恐龙蛋化石上的第一片膜

在瑶屯巨形蛋中发现了它的原始色素，呈蓝绿色，这使它们更容易将自己伪装在环境中。这一发现是恐龙蛋壳化石中保存有外层膜的第一个证据。

编号	属名和种名	活动时间与范围	尺寸 / mm	质量 / g
35	戈壁棱柱形蛋	晚白垩世晚期 蒙古	116 × 48	151
36	汉水棱柱形蛋	晚白垩世晚期 中国	150 × 130	1 433
37	河源棱柱形蛋	晚白垩世晚期 中国	95 × 50	134
38	李维斯棱柱形蛋	晚白垩世晚期 加拿大、美国（蒙大拿州）	160 × 70	443
39	天台棱柱形蛋	晚白垩世晚期 中国	110 × 50	155
40	平滑原角龙蛋	晚白垩世晚期 蒙古	150 × 57	275
41	最小原角龙蛋	晚白垩世晚期 蒙古	110 × 50	155
42	真原角龙蛋	晚白垩世晚期 蒙古	120 × 50	170
43	派雷内卡桑科法蛋	晚白垩世晚期 西班牙	70 × 40	64
44	未命名	晚白垩世晚期 蒙古	153 × 56.5	276
长形蛋科				
45	凯达椭圆形蛋	晚白垩世晚期 印度	110 × 80	398
46	安氏长形蛋	晚白垩世晚期 中国	151 × 77	506
47	赤城山长形蛋	晚白垩世晚期 中国	70 × 35	48
48	赤眉长形蛋	晚白垩世晚期 中国	100 × 45	114
49	长形蛋	晚白垩世晚期 中国	149 × 67	378
50	优雅长形蛋	晚白垩世晚期 蒙古	110 × 40	99
51	迷惑长形蛋	晚白垩世晚期 蒙古	约170 × 70	471
52	建昌长形蛋	晚白垩世晚期 中国	100 × 40	90
53	赖家长形蛋	晚白垩世晚期 中国	80 × 38	65
54	巨型长形蛋	晚白垩世晚期 中国	172 × 82	653
55	花式长形蛋	晚白垩世晚期 蒙古	160 × 70	443
56	薄棱长形蛋	晚白垩世晚期 蒙古	约170 ×70	471
57	太平湖长形蛋	晚白垩世晚期 中国	170 × 70	471
58	多变巨型蛋	晚白垩世晚期 蒙古	约170 × 80	615
59	粗皮巨型蛋	晚白垩世晚期 中国	181 × 85	739
60	姚屯巨型蛋	晚白垩世晚期 中国、蒙古	208 × 94	1 038
61	巨型蛋未定种	晚白垩世晚期 中国	175 × 80	633
62	主田南雄蛋	晚白垩世晚期 中国	145 × 76	473
63	网纹副长形蛋	晚白垩世晚期 中国	约170 ×72	498
64	长塔夸伦博蛋	晚白垩世晚期 乌拉圭	118 × 76	388
65	预言牵蛋	晚白垩世晚期 蒙古	约75 × 30	38
66	彭氏波纹蛋	晚白垩世晚期 中国	194 × 83.5	763
67	未命名	晚白垩世晚期 乌拉圭	100 × 80	362
68	未命名	晚白垩世晚期 乌拉圭	130 × 77	436
69	未命名	晚白垩世晚期 中国	155 × 55	256
70	未命名	晚白垩世晚期 中国	190 × 72	567
巨型长形蛋				
71	卡氏巨型长形蛋	早白垩世晚期 美国（爱达荷州、蒙大拿州、犹他州）	398 × 108	2 785
72	固城巨型长形蛋	晚白垩世晚期 韩国	390 × 115	3 095

恐龙形态类、兽脚亚目恐龙和中生代鸟类生长与发育的纪录

1868 年 美国 发现的第一只幼年兽脚亚目恐龙

绝妙后弯齿龙是一只在美国蒙大拿州发现的未确定暴龙科幼年恐龙。正如专家提出的疑问，它曾生存的年代对于暴龙未定种来说太早了。

1932 年 英格兰 第一只幼年侏罗纪兽脚亚目恐龙

匿名"斑龙"（现为"髂鳄龙"）被认为是类似于暴龙超科的史托龙，然而，它有可能是未确定的兽脚亚目恐龙。

1947 年 美国 第一只三叠纪新生兽脚亚目恐龙

报道称在美国新墨西哥州的幽灵牧场发现了一些腔骨龙的幼体化石。

1972 年 蒙古 第一个恐龙胚胎

从在戈壁沙漠中发现的一些蛋化石中鉴定出一个胚胎，尽管它属于何种类型的恐龙尚未明确，但它有可能是兽脚亚目。

1981 年 蒙古 亚洲东部第一个中生代鸟类胚胎

在戈壁沙漠发现了众多属于微小戈壁鸟和列氏戈壁雏鸟的不同发育状态下的胚胎化石。

1988 年 美国 北美洲西部第一个非鸟类兽脚亚目恐龙胚胎

在美国蒙大拿州发现的一些胚胎最初被确定为鸟脚类的马氏奔山龙，在此之后，一份详尽的分析证实它们属于伪齿龙似美丽种。

1993 年 蒙古 亚洲东部第一个非鸟类兽脚亚目恐龙胚胎

一个窃蛋龙的胚胎被认为可能属于嗜角窃蛋龙，但后来它被鉴定为奥氏葬火龙。

1993 年 蒙古 发育最快的非鸟类兽脚亚目恐龙

小型兽脚亚目恐龙在很短的时间内就能生长为成体。例如，阿瓦拉慈龙科的英雄游光爪龙，重 355 g；沙漠鸟面龙，重 2.7 kg，它们在 2 ~ 3 年内能达到成年阶段。

1993 年 美国 年龄最大的侏罗纪兽脚亚目恐龙

脆弱异特龙最年老的个体大概在 22 ~ 28 岁。它们的性成熟期大概在 6 ~ 8 岁，体重每年大约增长 200 kg。

1995 年 中国 第一个植食性兽脚亚目恐龙胚胎

第一个胚胎被鉴定为镰刀龙类，在 1997 年才有正式描述，尽管在这两年前它已被发布在大众刊物中。同时期发现的一枚巨型长形蛋中有一窃蛋龙的胚胎。

1995 年 摩洛哥 非洲北部第一个胚胎

几颗微小的牙齿被鉴定属于镰刀龙类、驰龙科和伤齿龙科或鸟脚类恐龙的胚胎。

1997 年 葡萄牙 欧洲第一个非鸟类兽脚亚目恐龙胚胎（也是第一个侏罗纪胚胎）

在葡萄牙发现的几个前棱柱形蛋未定种的蛋化石，它们中含有兽脚亚目原始腔骨龙科的安氏卢雷亚楼龙的胚胎。

2001 年 阿根廷 南美洲南部第一个中生代鸟类胚胎

一枚在阿根廷发现的蛋中有反鸟类胚胎（MUCPv 284），暂且将它划分至飞驰虫鸟门鸟类。

2003 年 中国 发育最快的中生代鸟类

圣贤孔子鸟在 5 个月内就成年了。尽管与其他现代鸟类相比，这段时间很长，但是比其他非鸟类兽脚亚目恐龙的成熟期短多了。

编号	属名和种名	活动时间与范围	尺寸 / mm	质量 / g
73	西峡巨型长形蛋	晚白垩世晚期 韩国	430 × 165	7 024
74	西峡巨型长形蛋	晚白垩世晚期 中国	450 × 170	7 803
75	西峡巨型长形蛋	早白垩世早期 中国	610 × 179	11 727
76	桥下巨型长形蛋	早白垩世早期 中国	400 × 130	4 056
77	张氏巨型长形蛋	早白垩世早期 中国	450 × 150	6 075
78	未命名	早白垩世早期 中国	417 × 143	5 096
蒙坦蛋科				
79	强壮蒙坦蛋	早白垩世早期 美国（蒙大拿州）	120 × 60	244
椭圆蛋科				
80	平滑椭圆蛋	早白垩世早期 蒙古	约110 × 40	99
羽状蛋科				
81	下坪披针蛋	晚白垩世晚期 中国	100 × 80	362
82	石塘羽片蛋	晚白垩世晚期 中国	105 × 95	535
未确定或未定科的中生代鸟蛋				
83	曲小蛋	晚白垩世晚期 蒙古	40 × 25	14
84	土门洞原始鸟蛋	晚白垩世晚期 中国	40 × 约29	19
85	未命名	晚白垩世晚期 蒙古	16 × 13	1.5
86	未命名	晚白垩世晚期 蒙古	25.8 × 1.6	3.7
87	圣贤孔子鸟	早白垩世早期 中国	25 × 17	4.1
88	未命名	晚白垩世晚期 巴西	31.4 × 1.95	6.7
89	未命名	早白垩世早期 中国	35 × 20	7.9
90	未命名	晚白垩世晚期 罗马尼亚	40 × 25	14
91	未命名	晚白垩世晚期 阿根廷	47 × 29	22.3
92	未命名	晚白垩世晚期 中国	47.5 × 22.3	13.3
93	未命名	乌兹别克斯坦	约55 × 约23	13.3
94	未命名	晚白垩世晚期 乌拉圭	110 × 81	408
光滑蛋科				
95	索氏光滑蛋	晚白垩世晚期 蒙古	约110 × 37	80.0
96	未命名	乌兹别克斯坦	46 × 24	15
戈壁蛋科				
97	大戈壁蛋	晚白垩世晚期 蒙古	53.5 × 32	31
98	小戈壁蛋	晚白垩世晚期 蒙古	46 × 24	15
99	列氏戈壁雏鸟	晚白垩世晚期 蒙古	36 × 24	11.7
细小蛋科				
100	微结核细小蛋	晚白垩世晚期 蒙古	72 × 30	36.6
101	萨氏柱形蛋	晚白垩世晚期 蒙古	70 × 32	40.5
不是兽脚亚目恐龙的蛋				
102	未命名	早白垩世晚期 泰国	18 × 11	1.2
103	巴坦盘形蛋	中侏罗世 英格兰	46 × 26	18.3

2004 年 加拿大和美国 白垩纪年龄最大的兽脚亚目恐龙

君王暴龙 FMNH PR2801 是最年老的，它的年龄为 28 岁。我们知道它们 16 岁成年，到 19 岁就停止了生长。另外，还有一个肉食艾伯塔龙的标本达到了 28 岁。

2009 年 美国 三叠纪年龄最大的兽脚亚目恐龙

鲍氏腔骨龙在 3 岁的时候重 3 kg，到 4 岁的时候达到性成熟，最大的标本大约 7 岁。

2013 年 美国 北美洲西部第一个侏罗纪兽脚亚目恐龙卵细胞

在美国怀俄明州发现了一些异特龙卵细胞的化石。

三叠纪最小的幼体
未命名
标本：TTU P 9201
化石材料：跖骨
泛大陆西北部（现美国得克萨斯州）它原被认为是得克萨斯原鸟的部分化石，但实际上它是一只长 43 cm，重 110 g 的腔骨龙超科恐龙。

白垩纪最小的幼年鸟类
列氏戈壁雏鸟
标本：PIN 4492-4
化石材料：部分骨架和蛋壳
劳亚古陆东部（蒙古）体长为 4.7 cm，体重为 2 g 的反鸟。该胚胎的名字从 1995 年起正式生效。

侏罗纪最小的幼年兽脚亚目恐龙
宁城树息龙
标本：IVPP V12653
化石材料：部分骨架和细丝
泛大陆东北部（中国）体长为 13 cm，体重为 6.7 g 的近鸟。它的前掌非常大。

侏罗纪最小的幼年鸟类
印石板始祖鸟
标本：JM SoS 2257
化石材料：部分骨骼和羽毛
泛大陆东北部（德国）体长为 28 cm，体重为 60 g 的初鸟。它曾被当成厦曲侏鸟。

同时被描述两次的鸟类
娇小辽西鸟
小凌源鸟
标本：GMV 2156
IVPP V 130723
化石材料：部分骨骼和羽毛
劳亚古陆东部（中国）一只幼年反鸟的两半骨骼同时被描述，分别被命名和分类，这是因为它们被放置于两个不同的博物馆中。

白垩纪最小的
幼年兽脚亚目恐龙
未命名
未分类
化石材料：不完整腰带骨
冈瓦纳古陆东部（新西兰）一只体长为 20 cm，体重为 5.3 g 的阿贝力龙超科恐龙。

蛋壳

属名和种名	蛋壳厚度/mm	年代和位置
未确定的恐龙蛋		
混合龙蛋（不等蛋）	-	晚白垩世晚期，哈萨克斯坦
粗龙蛋（格鲁穆尔蛋）	-	晚白垩世晚期，哈萨克斯坦
斑龙蛋（格鲁穆尔蛋）	-	晚白垩世晚期，哈萨克斯坦
瘤突龙蛋（格鲁穆尔蛋）	-	晚白垩世晚期，哈萨克斯坦
多样龙蛋（华丽蛋）	-	晚白垩世晚期，哈萨克斯坦
怪异龙蛋（华丽蛋）	-	晚白垩世晚期，哈萨克斯坦
丛龙蛋（华丽蛋）	-	晚白垩世晚期，哈萨克斯坦
南马东阳蛋	-	晚白垩世晚期，中国
未确定或未定科的兽脚亚目恐龙蛋		
水南安氏蛋	-	晚白垩世晚期，中国
延续蛋未定种	1.2～1.28	晚白垩世晚期，美国（新墨西哥州）
似延续蛋	0.51～0.81	晚白垩世晚期，美国（得克萨斯州）
分枝日本蛋	0.37～0.53	早白垩世晚期，日本
未命名	-	早白垩世晚期，美国（蒙大拿州）
丛状蛋科		
"短凸树枝蛋"	-	晚白垩世晚期，中国
天台扁圆蛋	-	晚白垩世晚期，中国
未命名	0.7～0.9	晚白垩世晚期，蒙古
棱柱形蛋科		
科罗拉多棱柱形蛋	0.7～1.14	晚侏罗世，美国（科罗拉多州）
棱柱形蛋未定种	0.7～0.99	晚侏罗世，葡萄牙
棱柱形蛋未定种	1.2	晚侏罗世，葡萄牙
棱柱形蛋	0.5～0.6	晚白垩世晚期，法国
湖口棱柱蛋	0.7～1	晚白垩世晚期，中国
延氏棱柱形蛋	0.83～1.16	晚白垩世晚期，美国（犹他州）
李维斯棱柱形蛋	0.72～0.98	晚白垩世晚期，加拿大、美国（蒙大拿州）
曼特尔棱柱形蛋	1.06～1.22	晚白垩世晚期，法国
细棱柱形蛋	0.24～0.6	晚白垩世晚期，法国
特氏棱柱形蛋	0.25～0.53	晚白垩世晚期，西班牙
棱柱形蛋未定种	1	晚白垩世晚期，摩洛哥
结节伪壁虎蛋	0.3～0.35	晚白垩世晚期，西班牙
蒂布尔伪壁虎蛋	0.22～0.36	晚白垩世晚期，摩洛哥
凝缩球状棱柱蛋	0.66～0.94	晚白垩世晚期，美国（犹他州）
"网球状棱柱蛋"	0.66～0.94	晚白垩世晚期，加拿大
阿氏三角蛋	0.33～1.04	早白垩世晚期，西班牙
长形蛋科		
天台长形蛋	1.55	晚白垩世早期，中国
杨家沟长形蛋	0.6	晚白垩世晚期，中国
河南西峡蛋	0.9～1.4	早白垩世晚期，中国
过风楼美丽蛋	0.6～1.6	晚白垩世晚期，中国

属名和种名	蛋壳厚度/mm	年代和位置
腊树园巨形蛋	2.3～2.7	晚白垩世晚期，中国
薄皮圆形蛋	-	晚白垩世晚期，中国
华纳波里结蛋	0.5～0.65	晚白垩世晚期，加拿大
波里结节蛋未定种	0.42～0.5	晚白垩世晚期，美国（新墨西哥州）
波里结节蛋未定种	-	晚白垩世晚期，美国（新墨西哥州）
波里结节蛋未定种	-	晚白垩世晚期，美国（得克萨斯州）
阿里乌鲁道夫蛋	0.23～0.55	晚白垩世晚期，摩洛哥
"神秘绵状蛋"	0.94～1.24	晚白垩世晚期，美国（犹他州）
赫氏绵状蛋	1.2～1.55	晚白垩世晚期，美国（犹他州）
牵蛋未定种	-	晚白垩世晚期，印度
未命名	1.255	晚白垩世早期，巴西
巨型长形蛋		
未命名	2.14～2.4	早白垩世早期，韩国
羽状蛋科		
黄塘披针蛋	0.3～0.8	晚白垩世晚期，中国
准噶尔披针蛋	2.6	晚白垩世晚期，中国
南雄羽片蛋	1.7	晚白垩世晚期，中国
三个泉羽片蛋	3	晚白垩世晚期，中国
未确定或未定科的中生代鸟蛋		
范特隆阿氏蛋	0.25～0.36	晚白垩世早期，西班牙
阿氏蛋未定种	0.278	晚白垩世早期，法国
细散结节蛋	0.26～0.28	晚白垩世晚期，加拿大
福井创蛋	0.44	早白垩世晚期，日本
"华纳瑞尔结节蛋"	0.7～0.9	晚白垩世晚期，加拿大
克拉西奥伊德斯翠特拉古蛋	0.15	晚白垩世晚期，加拿大
提顿结节蛋	0.831～1.186	晚白垩世晚期，美国（蒙大拿州）
光滑龙蛋（光滑蛋）	-	晚白垩世晚期，哈萨克斯坦
未命名	0.166	晚白垩世晚期，蒙古
光滑蛋科		
未命名	-	晚白垩世晚期，法国
细小蛋科		
克钦细小蛋	0.35～0.45	晚白垩世晚期，印度
阿兰普伊夫蛋	0.19～0.22	晚白垩世晚期，摩洛哥
萨瓦拉形蛋	0.25	晚白垩世晚期，蒙古

生长

　　兽脚亚目恐龙呈现出多样化的个体发育模式（从出生到成熟的发育）。一些幼龙与成年恐龙非常相似，而另一些幼龙在外表上却非常不同，并且变化非常明显。它们身体的某些部分比其他部分生长得更快，这就是所谓的异速生长。这会导致当从不完整的化石重建一个已灭绝动物模型时会不准确，因为并不是所有的骨骼都以相似的方式生长。比如：上游永川龙的亚成体标本 CV 00215 的股骨比颅骨长9%，但在成体标本 ZDM 0024 身上，股骨比颅骨短13%。

　　恐龙的生长并不是匀速的，因为在生命早期，它们（部分物种）的成长速度非常快，然后继续生长，但在成年阶段生长却变得非常缓慢。

奇趣事

　　兽脚亚目恐龙非常早熟，因为在长到最大体型之前，它们就开始繁殖了。相反的情况发生在鸟类身上，它们会延缓性成熟的时间，直到完全发育成熟。

转变

　　在白垩纪甲壳虫出现之前，恐龙的尸体和它们的遗落物会被蟑螂或白蚁清理掉。异特龙的尸体上表现出被食腐性昆虫（这些昆虫以腐烂变质的物质为食）啃食过骨头后留下的痕迹。

兽脚亚目恐龙亚成年和成年的岁数	
种名	纪录
三叠纪兽脚亚目恐龙	
鲍氏腔骨龙（7 岁成体）	三叠纪年龄最大的兽脚亚目恐龙
侏罗纪兽脚亚目恐龙	
难逃泥潭龙（5 岁亚成体晚期）	
脆弱异特龙（6～28 岁成体）	晚侏罗世北美洲年龄最大的兽脚亚目恐龙
五彩冠龙（12 岁成体）	中侏罗世年龄最大的兽脚亚目恐龙
罗德西亚合踝龙（7～13 岁成体）	早侏罗世年龄最大的兽脚亚目恐龙
侏罗纪鸟类	
印石板始祖鸟（1 岁 3 个月～1 岁 5 个月亚成体晚期）	侏罗纪年龄最大的鸟类
白垩纪兽脚亚目恐龙	
英雄游光爪龙（2 岁成体）	年龄最小的成年兽脚亚目恐龙
沙漠鸟面龙（3 岁成体）	
短三似鹈鹕龙（或埃德蒙顿似鹈鹕龙）（2～3 岁亚成体晚期）	
鸶龙（4 岁成体晚期）	
桑普森氏塔罗斯龙（4 岁成体晚期）	
杨氏长羽盗龙（5 岁亚成体）	
伤齿龙未定种（5～12 岁成体）	
平衡恐爪龙（6～14 岁成体）	早白垩世年龄最大的兽脚亚目恐龙
董氏中国似鸟龙（7 岁亚成体晚期）	
纳氏大盗龙（7～12 岁成体）	
二连巨盗龙（11 岁成体）	
奥氏葬火龙（13 岁成体）	
阿贝力龙超科 mmCh-PV 69（14 岁成体）	南美洲年龄最大的兽脚亚目恐龙
君王暴龙（16～28 岁成体）	晚白垩世晚期北美洲年龄最大的兽脚亚目恐龙
惧龙 AMNH 5438（17～21 岁成体）	
埃及棘龙（17 岁亚成体晚期）	晚白垩世早期非洲年龄最大的兽脚亚目恐龙
肉食艾伯塔龙（17～26 岁成体）	
蛇发女怪龙（14～22 岁成体）	
白垩纪鸟类	
圣贤孔子鸟（5 个月成体）	年龄最小的成体鸟类
朝阳会鸟（1 岁亚成体晚期）	早白垩世亚洲年龄最大的鸟类
强壮巴拉乌尔龙（7 岁成体）	
恋酒卡冈杜亚鸟（10 岁成体）	晚白垩世欧洲年龄最大的鸟类

欧洲东部年龄最大的中生代鸟类
强壮巴拉乌尔龙
标本：FGGUB R. 1581
该成年标本大概有 7 岁。

就可能食用的食物类型而言，兽脚亚目恐龙涉及的范围是所有恐龙中最广泛的。

肉食性（以动物为食）

肉食性：它们以动物身体中任何的柔软部分为食，恐龙无论是肉、皮肤还是脏器等。它们的牙齿通常是刀形的，有些具有锯齿边缘，有些没有。大部分兽脚亚目和原始蜥臀目，以及部分恐龙形类是肉食性动物。

食活物：只吃活猎物的肉食性动物。狩猎的类型有小型猎捕和大型猎捕。有证据表明，兽脚亚目恐龙曾袭击过活猎物，从某些幸存猎物身上愈合的伤口可以得知。

食腐肉：不捕获也不杀死猎物的肉食性动物，它们只取用找到的腐肉。也许一些兽脚亚目恐龙只吃这种类型的食物，但这很难确定。

"食甲壳"：这个术语可以用来指代捕食介形类、虾类、蟹类等甲壳类的肉食性动物。在反鸟和现代鸟类中也存在。

食虫或昆虫：专门狩猎昆虫和其他节肢动物的肉食性动物。它们的牙齿通常是球茎状，小而多，或者有些种类没有牙齿。某些阿瓦拉慈龙和中生代鸟类可能会猎捕这些小动物。

> **食蜂**：猎捕蜜蜂和其他类似昆虫的食虫动物。某些现代鸟类就是食蜂的。
> **食蚊**：取食蚊子的食虫动物。除了现代鸟类，没有这一食性的任何证据存在。
> **食蚁**：吃蚁类的食虫动物。它们通常有长长的鼻子，可粘黏的舌头和可以打破蚁类建立的巢穴的强壮的臂膀。某些阿瓦拉慈龙被认为专门取食白蚁或蚂蚁。

食软体动物：取食带有或没有壳的软体动物的肉食性动物。目前有专门捕获蜗牛或蛤蜊的，并且具有很长或弯曲的喙来取出食物的鸟类，还有其他鸟类连壳一起吃。

食蛇：主要取食蛇的肉食性动物。这种食性只在现代鸟类中才存在。

食鸟：喜欢食用鸟类的肉食性动物。在一个食丸中发现有三个不同种类的反鸟残骸。

食雏：以其他物种的幼崽为食的肉食性动物。有些兽脚亚目恐龙与其他恐龙的巢穴和幼龙在一起，因而这种食性在某些物种中是常见的。

食鱼：通常吃鱼的肉食性动物。它们有圆锥形的长牙齿，可以穿透光滑的猎物，还有一个可以快速闭合的长下颌。一些兽脚亚目恐龙和中生代鸟类显然是鱼食性动物。

食蠕虫：仅仅取食蠕虫的肉食性动物。一些现代鸟类利用这种自然资源。

食粪：以粪便为食。某些现代鸟类常常吃粪便。

食乳或乳养：以乳汁为食。某些现代鸟类能产生富含蛋白质和脂肪的乳汁以喂养幼崽。

食石：吃石头以帮助消化或从中获得矿物质。这一食性在各种兽脚亚目恐龙和现代鸟类中都被发现。

食血或吸血：经常舔舐或吸血。在恐龙中只食用血液的习惯没有得到证实，但是现在有些鸟类偶尔会吃这种食物。

食蛋或食卵：以蛋为食。有人怀疑某些兽脚亚目恐龙食用其他恐龙的蛋。

食骨：取食骨头。据了解，一些肉食性恐龙也吞食骨头，它们具有深深的牙根和强健的咬肌，因而可以食用这种资源。

食羽毛：取食羽毛。一些现代鸟类吃掉自己的羽毛或者将它们提供给幼鸟。这是一种由于营养不足而引起的强化习惯。

植食性（以植物为食）

食花：取食花朵。某些现代鸟类以花为食是一种罕见的情况。

食草：取食草。在中生代，禾草（牧草）和蕨类植物（阔叶）是稀有植物。

食叶：取食叶子。有些动物还能取食植物的枝条。他们通常有锯齿状牙齿，有些没有牙齿。有些利用嘴鞘来切割叶片，并抵挡由于采集食物所产生的持续磨损。几种兽脚亚目恐龙是食叶动物。

食果：取吃水果。一些中生代的鸟类体内有种子，也许是在它们吃果实的时候一并吞下的。

食豆：以豆科植物种子为食。第一批豆科植物出现在白垩纪起始前的印度斯坦。

食种子：收集种子吃。一些中生代鸟类的体内有成熟的种子，由此可以知道它们在吃水果之外，还要吃种子。它们通常有一个非常坚硬的喙，需要胃石或强韧平滑磨消化以吃种子。

食蜜蜡：取食蜜蜡。一些现代鸟类通常从蜜蜂和其他昆虫处偷取蜜蜡，或直接从橡树等树脂中提取它。虽然这是一种罕见的习性，但是一些反鸟可能会有这种食性。

专食：仅取食一种植物。尚没有已知的证据显示兽脚亚目恐龙只吃单一类型的植物。

食蜜：以花蜜为食，是重要的传粉者。目前有些鸟类只取食一种食物来源。

食花粉：吃植物的花粉，像蜜蜂等动物一样，它们也可以是授粉者。

食根茎：取食根茎。尚未在兽脚亚目恐龙中查证。

食木：取食木材。没有兽脚亚目或鸟类只以木材为食，但已知某些类型的恐龙有时也吃木材。

其他类型

"食蜡"：吃蜡的动物。这个术语可以用来指代吃蜜蜂产生的蜂蜡的现代鸟类的食性。这是脊椎动物中的特例，在化石物种中尚未见报道。

食坚硬食物：吃坚硬材料的动物。它们有非常坚韧的牙齿或喙部，牙齿边缘并不十分锋利，也没有特别强大的下颌肌肉。他们通常利用其他动物剩下的东西，如贝壳、骨头、植物、种子或其他食物。有些兽脚亚目恐龙有能力咬破猎物身体中最坚硬的部分。一些渤海鸟科反鸟具有强韧的牙齿，这被认为是取食硬质材料的特征。

食微粒：取食的颗粒太小，无法做出精确的选择。

> **滤食**：取食悬浮在水中的微生物有机体的食微粒动物。某些中生代鸟类也许有这一食性。
> **食泥**：在烂泥里生，以收集其中食物的食微粒动物。中生代的某些鸟类可能合用长而细的喙作为源上，以挖寻食物。

食菌或磨菇为食：取食真菌。没有鸟类仅以这一食物为食。

单食性：只吃一种食物。现代鸟类有几种属于此类，但没有已知的化石物种可以证明这一点。

杂食性或多食性：利用各种食物来源。它们能利用不同食物能量的机会性物种。据推测，多种兽脚亚目恐龙都有这种食性，因为在它们胃中被发现的猎物各不相同。

食腐：取食正在分解中的有机物质。包括食腐肉动物，但也包括其他食物来源，如腐烂的植物。

掠食者与猎物的差距

如果只通过一副带齿印的恐龙骨架就要来判断它是否曾被一只或一群兽脚亚目恐龙猎杀，或是在死亡之后才被取食的，这是很难的。如果我们检查现有掠食者和它们猎物之间的关系，无论是在哺乳动物还是在鸟类中，都存在一些限制，这些条件让我们难以推测某些常见的场景。

单独狩猎者

猫科动物、狐獴、浣熊、熊、狗等肉食性哺乳动物通常会杀死比自身体型小得多的猎物，而一些猫科动物或鼬鼠则可以单独捕食体重几乎达到自身五倍的猎物。然而，体型更大的掠食者通常不会猎食比自己大三倍以上的猎物。这表明，单独一个大型的兽脚亚目恐龙要捕杀超过其体重三倍的猎物是非常困难的，此外，要降服这种猎物也是相当危险的。相比之下，非常小的食肉动物倾向于猎捕比自己更小的生物体，但也存在一些例外情况。此外，我们还要考虑到现存的大型厚皮类动物（如大象、河马和犀牛），它们的体型和力量之大，使得它们非常危险并难以降服，就像它们坚硬的皮肤一样。所以我们可以推测出，一只单独的 3 t 重的异特龙杀死一只 20 t 的雷龙的画面是不可能出现的。如今，虎鲸采取了一种特殊的方式来捕食一些巨大的鲸鱼。它们咬伤并撕裂猎物的一块肉，而不杀死它。这种被称为"撕食者"的习性，一些兽脚亚目恐龙在对付巨型蜥脚形亚目动物时也可能会使用，但是这种情况目前还没有得到证实。

路氏迷惑龙
标本：CM 3018　　巨食蜥王龙
标本：OMNH 1935

路氏迷惑龙 CM 3018（20 t）vs. 巨食蜥王龙 OMNH 1935（4.5 t）：4.4 倍的差距。

路氏迷惑龙 CM 3018（20 t）vs. 脆弱异特龙 NMMNH 26083（2.9 t）：7 倍的差距。

卡内基梁龙 vs. 脆弱异特龙
标本：CM 84 vs.AMNH 680

两者的差距是 5.2 倍（体重 11.5 t vs. 2.2 t），因而这个掠食者可能需要协助才能制服类似体型的猎物。

集体狩猎者

很多个体一起合作进行狩猎时，捕猎成功的可能性明显提高。通过这种方式，鬣狗和猫科动物通常可以捕获达到自身重量 5 倍甚至以上的猎物。对狗而言，这一限制数量还要加上 8 倍，达到 13 倍。对于 40 kg 的狼群来说，它们可以捕杀超过 500 kg 的野牛。通过比较这些数据，我们可以推测出，当一群恐爪龙遇到一只重达 1 t 的提氏腱龙（YPM 5466）时，将其捕获并不是不可能的。在这种情况下，体重的差异大约是 15 倍，实际上这与在狮群、幼象或成年长颈鹿之间所观察到的情形相同。与之相反的是另一个常见的情形，即一群蜥鸟盗龙想要降服一只中型的赖氏龙是不太可能的，因为它们体型之间的差别相当大，大约是 30 倍。另外，当一只巨型泰坦巨龙遇到一群魁纣龙时，尽管对于属于肉食性动物的后者来说是危险的，但它们还是有可能会进行集体狩猎。

未确定泰坦巨龙　　丘布特魁纣龙
标本：MPEF-PV

未确定泰坦巨龙（28 吨）vs. 丘布特魁纣龙 MPEF-PV（7 吨）：4 倍差距。

平衡恐爪龙
标本：YPM 5201,5202,5203,5205 和 5206

提氏腱龙
标本：YPM 5466

提氏腱龙 YPM 5466（1 t）vs. 平衡恐爪龙 YPM 5201,5202,5203,5205 和 5206（68 kg+57 kg+48 kg+48 kg+43 kg=264 kg）：15～18 倍差距。

蜥鸟盗龙似蓝斯顿氏种
标本：ALMNH 2001.1　　赖氏赖氏龙
标本：ROM 1218

蜥鸟盗龙似蓝斯顿氏种 ALMNH 2001.1（87 kg）vs. 赖氏赖氏龙 ROM 1218（2.5 t）：29 倍差距。

分享或争夺食物

很少有鸟类或爬行动物组成一个群体进行狩猎之后和谐地分发猎物。对它们而言，通常来说最强壮和最敏锐的个体会成为统治者。这就表明为什么一些兽脚亚目恐龙身上较深的伤口与其同类留下的类似，或者是某些幼年或亚成体个体身上出现了由肉食性动物造成伤口的痕迹。其中的例子有：脆弱异特龙、强健惧龙、平衡恐爪龙、伊斯基瓜拉斯托艾雷拉龙、董氏中华盗龙、君王暴龙。虽然它们几乎不进行食物分配，但有足迹证据显示它们存在社会性。也许因为这个原因，一些暴龙科的幼体比成年个体速度更快，这样它们就避免受到成体恐龙的伤害。

超级掠食者

超级掠食者是在一个既定的生态系统中比其他肉食性动物更具优势的物种。例如，虎鲸能够战慑大型的鲨鱼，狮子可以把鬣狗赶走，或者熊可以把猎物从狼群处偷走。除非它们专门猎捕不同的猎物，否则在同一片领地上存在多个统治级的掠食者是不常见的。在个同的空间和时间占据了食物链顶端的兽脚亚目恐龙有：阿贝力龙科、原始斑龙超科、斑龙科、中棘龙科、异特龙科、鲨齿龙科、原始大盗龙类、大盗龙科、暴龙超科、暴龙科，在极少的情况下，还包括一些驰龙科恐龙。它们负责调节植食性动物的数量，因为它们的消亡通常会影响生态系统的平衡。

H. Mendiola '10

恐龙形态类、兽脚亚目和中生代鸟类的饮食纪录

1797 年 英格兰 第一只肉食性兽脚亚目恐龙

巴氏斑龙的模式标本于 1797 被描述，从那时开始我们知道它是一种巨大的食肉动物。

1838 年 法国 在兽脚亚目恐龙体内发现的第一个胃石

有人称在杂肋龙体内有胃石，但该材料在第二次世界大战中被损毁，因而无法验证是否属实。

1841 年 英格兰 第一只鱼食性兽脚亚目恐龙

刀齿鳄龙曾被误认为是鳄鱼，因为它的化石不完整，并且有食鱼的习性。它可能是重爪龙的同物异名，两者属于同一时代。

1844 年 美国 第一块恐龙的粪便化石

在美国康涅狄格山谷发现的几块早侏罗世时期的粪便化石，经鉴定属于鸟类。从其年代可知它们是恐龙产生的。

1881 年 德国 发现的第一件兽脚亚目恐龙胃容物

在长足美颌龙的模式标本体内发现了一具小的骨架。当时推测这是一个胚胎。到后来证实它是一只巴伐利亚蜥似长趾种恐龙。

1888 年 英格兰 第一只植食性兽脚亚目恐龙

对于达氏孔椎龙是似鸟龙类还是镰刀龙类尚存疑问。

1893 年 英格兰 第一篇关于腐食性兽脚亚目恐龙的错误报道

一个甲龙类利氏窃肉龙的化石曾被当作肉食性恐龙，因为它具有锯齿形的牙齿，这在许多植食性动物中是典型的特征。

1903 年 美国 第一个被兽脚亚目恐龙咬伤的证据

几块雷龙的尾椎骨上呈现出牙齿的印痕，推测这是异特龙造成的。尚不知它们是放弃了捕食，还是打算等它死后再享用。

1911 年 美国 最古老的有胃石的兽脚亚目恐龙

霍利约克快足龙的模式标本中发现有胃石，它曾生存于早侏罗世早期（赫塘期，距今 2.013 亿～ 1.993 亿年）。

1984 年 美国 第一只植食性恐龙形类恐龙

斯氏科技龙曾被认为是蜥脚形亚目或鸟臀目，因为它们的牙齿适应以植物为主的饮食习惯。现在我们知道它是恐龙形类的西里龙科恐龙。

1989 年 美国 最古老的兽脚亚目恐龙同类相食现象

在新墨西哥州发现的鲍氏腔骨龙（AMNH 7224）体内发现的遗骸被认为是一个被残杀的同种幼体。然而，一段时间后，它被证实是一个小的鳄形类。目前已知的归属于该种的粪化石和呕吐物化石中有新的证据，使人们重新确认了它们的同类相食现象。这些化石属于晚三叠世（瑞替期，距今 2.085 亿～ 2.013 亿年）。

1995 年 加拿大、美国 年代最近的非鸟类兽脚亚目恐龙的粪化石

发现了一些年代为晚白亚世晚期（马斯特里赫特期晚期，距今 6 900 万～ 6 600 万年）的大块粪便化石，它们是君王暴龙留下的。

1996 年 美国 最深的兽脚亚目恐龙咬痕

在蒙大拿州发现的三角龙（MOR 799）的骨盆和荐骨处有 58 ～ 70 个牙齿的印痕。最明显的一处伤痕宽 2.5 cm，深 3.7 cm。这个咬痕与成年君王暴龙的牙齿相符，它可能就是留下咬痕的凶手。

1996 年 蒙古 最小的食虫兽脚亚目恐龙

最小的食虫兽脚亚目恐龙是阿瓦拉慈龙科的遥远小驰龙，它也是最小的非鸟类兽脚亚目恐龙之一。

1998 年 意大利 在体内猎物最多的兽脚亚目恐龙

在幼年棒爪龙标本中，找到了种类各异的遗骸：两种硬骨鱼类、两只大小不同的蜥蜴和其他不确定的残骸。

1999 年 加拿大 最大的兽脚亚目恐龙粪化石

粪化石 TMP 98.102.7 大小 64 cm ×17 cm ×11 cm，体积约 6 L。推测它可能是由蛇发女怪龙、惧龙未定种或其他同时期的暴龙科恐龙产生的。

2000 年 阿根廷、加拿大、美国、墨西哥 最大的陆生肉食性兽脚亚目恐龙

卡氏南方巨兽龙和君王暴龙是掠食性恐龙中体型最大的，它们全长分别为 13.2 m 和 12.3 m。两者的体重约为 8.5 t。

2000 年 美国（新墨西哥州）有胃石的最古老的兽脚亚目恐龙

在卡岩塔合踝龙标本中发现了一块可能是胃石的物质。

2000 年 美国 有胃石的最新的非鸟类兽脚亚目恐龙

在君王暴龙体内发现有胃石存在，它曾生存于晚白亚世晚期（马斯特里赫特期，距今 7 210 万～ 6 600 万年）。

2000 年 中国 有胃石的最小的非兽脚亚目恐龙

邹氏尾羽龙体内的胃石长约 4 ～ 4.5 mm。

2001 年 中国 体内有最多种子的兽脚亚目恐龙

在中华神州鸟标本中发现了 50 多颗种子的印痕，有可能是在吃果实或者整块被吞进去的。

2001 年 中国 第一个也是唯一吞下有毒猎物的兽脚亚目恐龙

在原始中华龙鸟体内发现了张和兽的化石。据了解，这种对齿兽类哺乳动物的后肢上有毒的刺。

2001 年 西班牙 第一个有最多种类的兽脚亚目恐龙的反刍物

发现了一个兽脚亚目或者是鸟类的食丸（由未消化和反刍食物残余物形成的球体）残骸。其中含有三个不同种类和大小的幼年鸟类骨骼。

2001 年 中国 第一只侏罗纪植食性兽脚亚目恐龙

出口峨山龙是一种神秘的兽脚亚目或蜥脚形亚目恐龙，它与镰刀龙类似，但年代比之更古老。一个相似的情况是迭氏智利龙（现智利），但由于其特征混杂，因而很难对其分类。

2003 年 中国 第一个有胃石的中生代鸟类

一个朝阳会鸟的标本嗉囊内含有多个直径为 2 ～ 2.5 mm 的胃石。

2003 年 波兰 欧洲西部第一个植食性恐龙形类恐龙

一共发现了 20 件奥波来西里龙标本，它们的牙齿适应于咀嚼，它们以植物为食。

2003 年 加拿大 第一个有肌肉痕迹的粪化石

在暴龙科恐龙的粪化石 RTMP 98.102.7 中，观察到了它的猎物的肌肉纤维。

胃冠最大的杂食性兽脚亚目恐龙
维氏安祖龙
标本：ROM 1247

窃蛋龙类喙部的形状不适合粉碎植物，所以它们更可能使用植物、小型动物，甚至蛋。安祖龙的头冠在已知白垩纪兽脚亚目恐龙中是最大的，它长约 30 cm，高约 21 cm。

2004 年 中国 体内有吃了一半的猎物的中生代鸟类

有一些化石中，可观察到被吃了一半的猎物。鸟类的第一个例子是马氏燕鸟，在它的鸟喙中有一只长头吉南鱼。9 年之后又发现了相似的标本。

2004 年 中国 中生代鸟类最常见的猎物

在建昌"孔子鸟"、圣贤孔子鸟和马氏燕鸟的很多标本中都发现了作为食物的骨舌鱼目的吉南鱼。

2004 年 巴西 兽脚亚目还是鸟脚类恐龙的尿迹化石？

只有一个尿迹化石被记录在案。这是与鸵鸟小便时产生的痕迹非常相似的奇怪印痕。这个事实有助于推测其主人应该有一个类似于现生鸟类，但只有其大小 3% 的阴茎。

2004 年 巴西 第一个恐龙的尿迹化石

在一个未确定的双足类恐龙的足迹旁边，发现了尿渍痕迹化石，形态类似于鸵鸟留下的。

2005 年 阿根廷 最古老的原始蜥臀目恐龙粪化石

一项对伊斯基瓜拉斯托艾雷拉龙的化石粪便分析表明，这种掠食者有消化骨头的能力。它曾生存于晚三叠世（卡尼期早期，距今 2.37 亿～ 2.32 亿年）。

2005 年 阿尔及利亚、埃及和摩洛哥 最大的鱼食性兽脚亚目恐龙

埃及棘龙非常适应水生环境，它在陆地上行走很困难。最大的标本（MSNM V4047）是最长的兽脚亚目恐龙，体长 16 m，但其体重只有 7.5 t，因为它的身体比例很轻。从它圆锥形牙齿和长脸推测，它主要是以鱼为食的。

2005 年 美国（新墨西哥州）最古老的胃中物质

一个属于鲍氏腔骨龙的肠胃化石 NMMNH P 42352 发现于晚三叠世（瑞替期，距今 2.085 亿～ 2.013 亿年）地层中，推测它含有一个被啃食的幼龙残骸。

2005 年 美国（新墨西哥州）最古老的兽脚亚目恐龙粪化石

一些属于鲍氏腔骨龙的粪化石在大量这种掠食者的化石附近被发现。它们都来自晚三叠世（瑞替期，距今 2.085 亿～ 2.013 亿年）。

2005 年 中国 最小的植食性兽脚亚目恐龙

在高冠红山鸟的体内发现了一些种子。这表明它是一种食谷鸟（以谷物为食）。它是最小的今鸟形类鸟之一，长约 12 cm，重 58 g。

2006 年 中国 胃石最小的中生代鸟类

马氏燕鸟体内的胃石相当小。它们直径约 0.2 ～ 2.7 mm。在高冠红山鸟这种体型更小的鸟类体内，胃石的平均直径约 1 mm。

2007 年 中国 猎物种类最多的兽脚亚目恐龙

在一个巨型中华丽羽龙标本体内发现了千禧中国鸟龙（驰龙科）和孔子鸟科的残骸。在

同种恐龙的另一个标本中，找到了鸟臀目的化石。此外，在董氏东北巨龙的肋骨上还镶嵌了一颗这种恐龙的牙齿，从而揭示出它是一名机会掠食者。相似的情况发生在赵氏小盗龙身上，它体内有三种不同遗骸：一只哺乳动物、一只反鸟和几条鱼。

君王暴龙的情况更复杂，因为不是所有留下它牙齿痕迹的骨骼都可以肯定，它们曾被这个巨型掠食者追捕。在骨骼上留下伤痕的还有埃德蒙顿龙、奇异龙、三角龙，甚至其他暴龙。

2008 年 黎巴嫩 最令人意想不到的胃中物质

在嗜珀反凤鸟体内发现了几块 0.5 ～ 1.8 mm 的琥珀。这表明它们要食用植物的浆液或花蜜。这些物质的残渣在变成化石期间变硬。它们食用琥珀也有可能把它作为胃石使用。目前很少有脊椎动物吃植物也吃树脂，除了蓝色松鸡和普通松鸡，但是它们也只在必要时才食用。

2008 年 美国 第一个被兽脚亚目恐龙捕食的证据

许多被兽脚亚目恐龙咬杀的痕迹被认为可能是疥癣、意外事故或受攻击所致，但是造成它们的情形是未知的。在一个幼年三角龙标本上存在几处愈合的伤口，这被证实是它活着的时候遭到攻击的证据。

2009 年 加拿大 基于兽脚亚目恐龙咬痕创建的第一个足迹化石种

足迹学主要研究足部留下的痕迹，尽管在某些情况下它们可能是诸如休息、抓挠或咬合等活动的痕迹。特此创建了锯齿线遗，用于鉴定在骨头上留下的特殊形式的咬痕。

2009 年 中国 最古老的植食性兽脚亚目恐龙

难逃泥潭龙生存于晚侏罗世（牛津期，距今 1.635 亿～ 1.573 亿年）。比它更古老的存疑的兽脚亚目出口峨山龙，来自早侏罗世（赫塘期，距今 2.013 亿～ 1.993 亿年），可能是与镰刀龙类有某些相似特征的蜥脚形亚目恐龙。

2010 年 中国 最古老的食虫恐龙

从它细长的面部、细小的牙齿、特别的前臂、发达的胸部和较小的体型推测，阿瓦拉慈龙科是以蚂蚁或白蚁等昆虫为食的。最原始的种类是灵巧简手龙，它有强壮的前臂和一个明显增大的拇指，所以可能当时它们也会取食白蚁。

2010 年 美国 非鸟类兽脚亚目恐龙最新的同类相食行为

至少在 4 个君王暴龙的标本中存在同类相食行为的证据，它发生在晚白垩世晚期（马斯特里赫特期，距今 7 210 万～ 6 600 万年）。

2011 年 中国 最小的鱼食性兽脚亚目恐龙

据推测，长有蹼的反鸟会吃水生动物，包括鱼类和甲壳类动物。其中最小的是库氏扇尾鸟，它体长 9 cm，体重约 10.5 g。

2011 年 中国 第一只有毒的兽脚亚目恐龙

据一些研究人员介绍，千禧中国鸟龙异常长的尖牙上有一个细小的凹槽，他们推测是用

来把有毒物质注入猎物体内的。但是，这个凹槽在所有兽脚亚目恐龙的牙齿中很常见。千禧中国鸟龙另一个不寻常的特征是它的颌骨上有个可能有腺体的皱褶结构。其他专家提出，这个物种的有些个体缺乏这种结构。那么，它到底有没有毒性呢？我们也许永远不会知道答案。

2011 年 韩国 最大的兽脚亚目恐龙咬痕

在蜥脚形亚目恐龙千禧釜庆龙的尾椎骨上发现了几处被咬伤的痕迹，长 17 cm，宽 2 cm，深度有 1.5 cm。

2012 年 阿根廷 最大的食虫兽脚亚目恐龙

衍化的阿拉慈龙表现出以昆虫为食的解剖特征。包括其中最大的一种——新波氏爪龙，其体长 3 m，体重 35 kg，不及巨大食蚁兽，它每天要吃 30 000 ～ 35 000 只蚂蚁。

2014 年 中国 最小的食坚硬食物的兽脚亚目恐龙

反鸟类渤海鸟科的突出特征是它们的牙齿非常适合吃坚硬的食物。其中最小的是库氏长爪鸟，它体长 18 cm，体重 88 g。

2014 年 阿根廷 被兽脚亚目恐龙吃掉的最大的恐龙

与兽脚亚目恐龙进食活动有关的最大的化石，是一只至少约 24 m 和重约 28 t 的泰坦巨龙类。此外还发现了五具零散不全的骨骼和 57 颗魁纣龙、阿贝力龙科的牙齿，以及其他类似于驰龙科的未确定的牙齿。

2014 年 加拿大、美国、墨西哥 最大的食坚硬食物的兽脚亚目恐龙

由于具有粗壮的牙齿和强有力的颌骨，暴龙科恐龙能够咬碎骨头。最大的一只君王暴龙（UCMP 137538）体长达到 12.3 m，体重 8.5 t。在墨西哥找到了该种的四颗牙齿，但对此还存有疑问。

2014 年 蒙古 最大的植食性兽脚亚目恐龙

具有植食性动物解剖特征的所有兽脚亚目恐龙中，最大的是奇异恐手龙。其最大的个体（IGM 100/127）长达 12 m，体重 7 t。

2014 年 蒙古 胃石数量最多的兽脚亚目恐龙

这一纪录的保持者是奇异恐手龙。

2014 年 蒙古 胃石最大的兽脚亚目恐龙

在奇异恐手龙体内的胃石直径从 8 ～ 87 mm 不等。在鸵鸟体内，胃石可以达到 100 mm，但通常不会超过其体重的 1%。

2015 年 蒙古 最大的杂食性兽脚亚目恐龙

有直接证据表明，窃蛋龙类要捕食其他兽脚亚目恐龙的幼龙，但它们的颌骨又表现出植食性动物的适应性。其中最大的是一个巨型标本是二连巨盗龙（MPC D 107/17），它体长为 8.9 m，体重为 2.7 t。

2015 年 中国 最小的肉食性兽脚亚目恐龙

它是一个类似于中国鸟龙，体长 46 cm，体重 175 g 的原始驰龙科成年个体。一些反鸟有锋利的牙齿（呈刀状），但可用于狩猎无脊椎动物。

最大的兽脚亚目恐龙粪化石
标本：TMP 98.102.7

　　这一化石来自晚白垩世晚期的劳亚古陆西部（现加拿大），长 64 cm，宽 17 cm，高 11 cm。它的总体积约为 6 L。

独特的恐龙尿化石
标本：MPA-001

　　在鸟脚类动物和兽脚亚目恐龙的足迹旁边，发现三处与由鸵鸟小便时产生痕迹类似的奇怪印痕。它们来自早白垩世晚期的冈瓦纳古陆西部（现巴西）。最大一个长 75 cm，宽 45 cm。

颌骨弯曲程度最高的兽脚亚目恐龙
雷氏西北阿根廷龙
标本：MACN-PV 622

　　可能所有西北阿根廷龙科都有一个弯曲的下颌，其门牙向外和向下突出，因而它只吃特定的食物。在恶龙中也可以看到这个特征，但不像西北阿根廷龙那样明显。

牙齿占身体比例最大的兽脚亚目恐龙
显齿邪灵龙
标本：CM 76821

　　其名字意为"长着大牙齿的恶魔蜥蜴"，它们的牙很细长，覆盖了颌部的大部分长度。这是原始兽脚亚目恐龙之间一个独特的结构特征。

当我们谈到恐龙的病理时，我们是指给其骨骼造成损坏和影响的疾病或伤口的证据。在某些情况下，可以在足迹、牙齿、皮肤和蛋中识别出病状。在这里，我们将古生物的病理分为两类：(1) 物理创伤性疾病或创伤，包括意外伤害或来自另一生物体的攻击（骨折、叮咬、划伤、击打或类似伤害）；(2) 非创伤性骨病（或仅是骨关节病），包括不涉及物理冲击的损伤引起的其他疾病（例如变形、骨融合、畸形、肿瘤和感染）。

原始蜥臀目、兽脚亚目恐龙和中生代鸟类的病理纪录

1838 年 法国 第一个兽脚亚目恐龙的疾病

在杂肋龙的"人"形骨中检测到脊椎炎（炎症），在趾骨中长有外生骨疣（良性肿瘤）和一个未知的病状。

1879 年 美国 第一个兽脚亚目恐龙的创伤性疾病

强悍贪食龙出现了受伤的特征，它身体的其它部分是基于脆弱异特龙推断而出的。

1884 年 美国 第一个兽脚亚目恐龙足部的创伤性疾病

角鼻角鼻龙模式标本唯一保存下来的脚上有三块跗骨呈现出奇怪的融合现象，让人想起鸟类身上出现的骨融合特征，后来它们被认为是骨折修复造成的。

1896 年 美国（怀俄明州）第一个被诊断出具有创伤性病理特征的兽脚亚目恐龙

强悍贪食龙，它可能是脆弱异特龙的同物异名，之前被认为是一种奇怪的掠食者，直到人们认识到它是一个生前由于某些创伤而导致下颌变形的个体。

1915 年 埃及、美国 在兽脚亚目恐龙身上发现的第一个骨折现象

在脆弱异特龙的肩胛骨中发现了愈合的骨折痕迹。同一年，据报道称在埃及棘龙的神经棘中也发现了骨折现象。

1919 年 美国 白垩纪兽脚亚目恐龙的第一个疾病

报告称在君王暴龙的脊椎中发现有病理性融合。

1933 年 美国 在恐龙身上发现的第一个血管瘤

在一只来自犹他州未鉴定的恐龙身上，发现了血管异常积聚的印痕。

1935 年 美国 第一篇关于兽脚亚目恐龙的足迹中创伤性病理的报道

实雷龙足迹显示其一根趾头可能被截断，在康涅狄格州，人们还发现一个出现明显跛行的足迹。在它之前 91 有一份关于异常蜥龙足迹病理的报道，但它似乎不属于兽脚亚目恐龙。

1947 年 美国 最古老的兽脚亚目恐龙群体死亡

在新墨西哥州的幽灵牧场，发现了数以百计的鲍氏腔骨龙骨架。它们的大小不同，年龄也不同，死于河水泛滥。它们曾生存于晚三叠世（瑞替期，距今 2.085 亿～ 2.013 亿年）。

1966 年 罗马尼亚 发现的第一个可能患有骨质疾病的恐龙

一种罕见的疾病被称为"骨硬化病"，因为密度极高的骨头出现在一个未确定的恐龙标本 BMNH R. 5505 06 身上。

1969 年 蒙古 亚洲第一个有病状的恐龙蛋

一项对蛋壳微观结构的研究揭示它有多层外壳，这是一种在压力下鸟类和爬行动物发生的异常现象。

1971 年 蒙古 第一个处于战斗状态的兽脚亚目恐龙

人们发现一只蒙古伶盗龙与安氏原角龙纠缠在一起的情形，两者都有意使对方受伤。伶盗龙的镰刀形爪子戳向原角龙的脖子，同时后者咬住了伶盗龙的臂膀。两只恐龙不得不同时赴死，最后可能在沙尘暴下被掩埋。

1971 年 美国（得克萨斯州）第一个被认定为恐龙之间"战斗"证据的足迹

一些大型兽脚亚目恐龙的踪影与蜥脚形目恐龙的足迹平行，它们似乎在追赶后者。但是，目前没有足够的证据表明这种情况发生过。其他行迹上也有类似的解释，但是没有得到足够的证据支持这一说法。

1972 年 美国 兽脚亚目恐龙中第一个退化性疾病

除了特别短，异特龙的脉弧表面还很粗糙。

1972 年 美国 第一个断肢的兽脚亚目恐龙

有人提到，一个脆弱异特龙的标本有断肢和脚趾感染（骨髓炎）的证据。一些古生物学家认为这不是真正的病理证据，而是死后形成的特征。

1976 年 美国 兽脚亚目恐龙同类相食的第一个证据

一些未确定的暴龙科恐龙骨头显示出被同一物种相互咬伤的迹象。

1977 年 威尔士 最古老的有疾病的兽脚亚目恐龙足迹

在托氏安琪龙足迹的第 Ⅲ 趾上发现一处可能的变形。

1982 年 美国（怀俄明州）最年轻的有骨病的兽脚亚目恐龙

巴氏"胶齿龙"幼龙标本 UCM 41666 的齿骨表现出一处先天性缺陷。

1982 年 加拿大 第一个在幼年兽脚亚目恐龙身上的创伤

在美丽伤齿龙的一个幼年标本 TM P 79.8.1

的颅骨上有一个囊肿。

1987 年 兽脚亚目恐龙的牙齿中的第一个创伤形病状

对兽脚亚目恐龙牙齿的检查揭示牙齿存在裂缝和珐琅质骨折。

1988 年 美国 第一个被兽脚亚目恐龙咬伤的痕迹

在埃德蒙顿龙的尾椎骨上有一处推测是由暴龙造成的损伤。但一些专家怀疑有可能是被其他鸭嘴龙科恐龙意外踩伤的。

1991 年 美国（怀俄明州）具有最多创伤的兽脚亚目恐龙标本

绰号"大奥"的脆弱异特龙 MOR 693 幼年夭折。在它的肋骨、椎骨和指骨之间有 19 块骨头断裂，还有脚趾感染（骨髓炎）的迹象。另一个更新的标本 SMA 0005 或"大奥 2 号"，有 13 块受损的骨头，其中包括牙齿、颈椎和背椎、肋骨、肩胛骨、肱骨、坐骨和趾骨。

1992 年 德国 三叠纪兽脚亚目恐龙的第一个创伤性病状

在三叠原美颌龙的腓骨上鉴定出一处骨折。

1993 年 阿根廷 原始蜥臀目恐龙的第一个创伤性病状

艾雷拉龙的一个标本上呈现出可能由另一个相同的物种或肉食性主龙类留下的咬痕。

1993 年 蒙古 发现的第一个被哺乳动物吃掉的兽脚亚目恐龙的遗体

小龙原鸟形龙是一只驰龙科恐龙，其化石呈现出被哺乳动物咬过并经过了食肉动物的消化道的痕迹。

1994 年 葡萄牙 最大的有疾病的兽脚亚目恐龙足迹

在晚侏罗世（现葡萄牙）地层发现的几个长为 67 cm 的足迹化石留下的脚步并不一致，其中有可能来自一个跛行的个体。

1995 年 中国 侏罗纪兽脚亚目恐龙之间种内斗争的第一个证据

董氏中华盗龙头部的一些牙齿印痕被解释为与另一只中华盗龙相互争夺领地或食物打斗的证据，其行为类似于现在的鳄鱼。

1995 年 加拿大 白垩纪兽脚亚目恐龙之间种内斗争的第一个证据

报道称在似艾伯塔龙的颅骨上发现了一些牙齿的印痕，它是由相同物种的另一个标本产生的。

1991 年 美国 兽脚亚目恐龙的第一个撕扯伤

报道称在君王暴龙的前臂发现一处肌腱损伤。

1991 年 蒙古 在兽脚亚目恐龙蛋上发现的第一个疾病

在安氏长形蛋、长形长形蛋和粗皮巨型蛋的一些标本上出现了蛋壳异常的情况。

1992 年 美国 第一个患癌症的兽脚亚目恐龙

在脆弱异特龙的肱骨中观察到一种被称为软骨肉瘤的恶性肿瘤。

1993 年 阿根廷 原始蜥臀目恐龙之间最古老的种内捕食的印痕

专家怀疑在伊斯基瓜拉斯托艾雷拉龙标本上发现的伤口可能是由同一物种的另一个体所造成的。它们曾生存于晚三叠世（卡尼期早期，距今 2.37 亿～ 2.32 亿年）。

1993 年 美国 兽脚亚目恐龙之间最新的种内捕食的印痕

有证据表明，在晚白垩世晚期（马斯特里赫特期晚期，距今 6 900 万～ 6 600 万年）的君王暴龙骨头上的咬痕是由同一物种的其他个体产生的，该痕迹是嵌入脖子的齿印或咬伤的痕迹。

1993 年 加拿大和美国 兽脚亚目恐龙最新的种间捕食的印痕

在幼年三角龙标本（SUP 9713）中，在鳞骨中显示出有愈合的伤口，以及被咬伤撕裂的角。伤病部分已经愈合，我们知道它在被一只君王暴龙袭击的过程中幸免于难。在一些埃德蒙特龙标本中发现有咬痕，甚至有一颗牙齿的尖端嵌入了骨头。

1996 年 美国 第一个兽脚亚目恐龙受到感染的证据

在君王暴龙的颅骨中观察到可能是受到感染之后留下的伤痕。

1993 年 阿根廷 最古老的患有创伤性骨病的原始蜥臀目恐龙

在一个艾雷拉龙的标本中，发现了三个来自某个未知掠食者的咬痕。它生存于晚三叠世（卡尼期早期，距今 2.37 亿～ 2.32 亿年）。

1996 年 美国（科罗拉多州）最古老的有病状的兽脚亚目恐龙蛋

晚侏罗世（钦莫利期，距今 1.573 亿～ 1.521 亿年）的科罗拉多前棱柱形蛋（MWC 122.2/HEC 418 R2）的蛋壳上显示出不同的异常情况。一个碎片显示不规则的结构，而另一个碎片有几个更多的增长单位。

1996 年 蒙古 最新的有病状的非鸟类兽脚亚目恐龙蛋

报道称在安氏长形蛋、长形长形蛋和瑶屯巨形蛋的蛋壳中呈现出一些不规则的地方。它们都来自晚白垩世晚期（马斯特里赫特期，距今 7 210 万～ 6 600 万年）。

1996 年 中国 可能是最古老的恐龙寄生虫

中国大蚤是一只来自中侏罗世（卡洛夫期，距今 1.661 亿～ 1.635 亿年）的原始跳蚤。由于它们体型巨大，它们被认为是大型翼龙类和恐龙类的寄生虫。一项新的研究表明，它们更可能只寄生在中生代的哺乳动物身上。

1996 年 美国 最古老的可能感染恐龙的虱子

在新泽西州发现一个琥珀中保存下来的一根羽毛上有个虱子——泽氏卡尔斯蜱。它属于隐喙蜱科。目前，这些蛛形纲动物在短期内以温血动物为食。一个更古老但存疑的例子是位于一个化石羽毛（现巴西）中的一些身长为 70 μm 的微小生物，但有专家怀疑它们属于甲壳纲介形类动物，是碰巧被保存在羽毛上的淡水动物。

1996 年 蒙古 蛹和恐龙之间的第一次有关联

在一些恐龙巢穴附近，发现了 15 ～ 18 mm×8 ～ 9 mm 的昆虫蛹。这些蛹被命名为戈壁谎蛋，它们起初被认为是甲虫，但目前它们被认为是黄蜂的蛹。

1996 年 第一种起源于中生代鸟类病毒的疾病

据推测，乙肝最初源于大约 8 200 多万年前的新鸟类，后来又传染给了哺乳动物。这可以通过测序病毒的基因组来确定。

2000 年 美国（新墨西哥州）最古老的患骨病的兽脚亚目恐龙

腔骨龙超科 NMMNH P 29168 呈现后肢骨骼（胫骨、腓骨、距骨和跟骨）融合的现象。它来自晚三叠世（诺利期晚期，距今 2.18 亿～ 2.085 亿年）。

2000 年 美国（阿拉斯加州）最北部的患骨病的兽脚亚目恐龙

几个被鉴定为艾伯塔驰龙、美丽伤齿龙和一个未确定的暴龙类恐龙有异常的牙齿都来自 AK 化石集合。它们被发现的地址纬度是现在的 70.1° N，但是在白垩纪时纬度为 84.1° N。

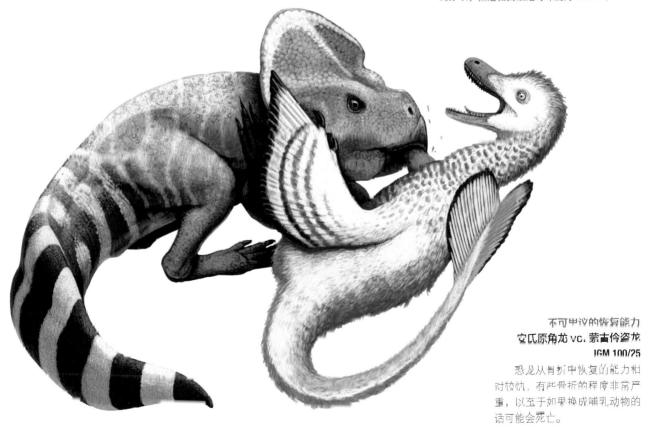

不可思议的恢复能力
安氏原角龙 vc. 蒙古伶盗龙
IGM 100/25

恐龙从骨折中恢复的能力相对较快，有些骨折的程度非常严重，以至于如果换成哺乳动物的话可能会死亡。

191

2001 年 澳大利亚 最南部有创伤的兽脚亚目恐龙

赫氏似提姆龙的趾骨 QM F34621 呈现骨折迹象。发现它的地址位于现在的 38.8° S，但在白垩纪时纬度为 76.1° S。

2001 年 美国（怀俄明州）兽脚亚目恐龙受伤最严重的部位

兽脚亚目恐龙大部分的骨折发生在背肋，其次在尾椎骨。

2001 年 加拿大 创伤性骨病最多的白垩纪兽脚亚目恐龙标本

蛇发女怪龙的一根肋骨，几根腹肋，一根腓骨上发生骨折，此外，还有两个指骨变形。专家认为所有这些伤害是同时发生的。

2002 年 南极洲 最南部的有骨病的兽脚亚目恐龙

格氏极地鸟 TTU P 9265 在西摩岛（64.3° S）被发现，它的胫骨呈现类似于肥大性骨关节病的病变。

2002 年 加拿大、美国 发现骨病最多的白垩纪物种

在君王暴龙的不同个体中，报道有肱骨不对称，癌症，牙齿有双尖端或双锯齿边缘，咬合不正（牙齿错位），真菌、细菌或原生动物感染，以及像是骨赘（骨骼赘生物）骨骼过度生长的情况。

2002 年 加拿大、美国 发现创伤性骨病最多的白垩纪物种

在君王暴龙的不同个体中，报道或暗示有断肢、撕脱、同类相食、骨折、感染、创伤、咬伤和锯齿性损伤的病例。

2002 年 美国 发现骨病最多的侏罗纪物种

在几个归属于脆弱异特龙的化石中，已发现有肿瘤、骨骼过度生长、关节炎以及像是骨髓炎感染的病例。

2002 年 美国 发现创伤性疾病最多的侏罗纪物种

在几个归属于脆弱异特龙的化石中，已发现了脓肿（炎症）、断肢、牙齿破碎和长骨骨折的病例。

2002 年 兽脚亚目和原始蜥臀目恐龙最常见的创伤性疾病

骨折是在一些兽脚亚目的种类中被辨识出得最多的损害。报道称在高棘龙、艾伯塔龙、异特龙、鲨齿龙、纤手龙、惧龙、蛇发女怪龙、艾雷拉龙、黄昏鸟、单脊龙、蜥鸟盗龙、中华盗龙、特暴龙、暴龙和伶盗龙的一些标本中都有发现。

2002 年 兽脚亚目恐龙最常见的创伤性骨病

不同骨头的融合是由于各种原因造成的，比如，从骨折、感染、关节炎疾病和肿瘤中修复。在兽脚亚目恐龙中发现发生在尾椎中的融合最频繁。报道称该情况发生在异特龙、阿巴拉契亚龙、北票龙、角鼻龙、大盗龙、单脊龙、天青石龙和暴龙中。

2002 年 兽脚亚目和原始蜥臀目恐龙最常见的埋葬痕迹（化石损伤）

叮咬的痕迹（穿孔或划痕）发现于高棘龙属、艾伯塔龙、异特龙、鲨齿龙、纤手龙、惧龙、恐手龙、恐爪龙、蛇发女怪龙、埃雷拉龙、单脊龙、蜥鸟盗龙、中华盗龙、特暴龙、暴龙和伶盗龙化石中。

2003 年 兽脚亚目恐龙最常见的骨病

在各种兽脚亚目恐龙中，患有报道的肿瘤或骨肿瘤最多，其中有：高棘龙、艾伯塔龙、异特龙、古似鸟龙、鲨齿龙、腔骨龙、恐手龙、似鸸鹋龙、伤形龙、蛇发女怪龙、蜥鸟盗龙、棘龙、史托龙 / 马什龙、似鸵龙、伤齿龙、暴龙和犹他盗龙。

2003 年 加拿大 病状最多的白垩纪兽脚亚目恐龙标本

一个雌性蛇发女怪龙的标本呈现出很多病状：腹肋骨折，钙化血肿，趾甲分叉，骨折愈合后的肩胛骨支骨折，左股骨大转子变形，骨髓炎引起的牙齿脱落，以及颅骨后部有个肿瘤，它可能使其丧失活力并导致其死亡。

2007 年 马达加斯加 兽脚亚目恐龙最极端的断肢情况

凹齿玛君龙的标本 FMNH PR 2295 的尾巴约有十块椎骨被切除。其余三块因受到伤害而融合，而且还有感染。

2009 年 中国 蜥脚类动物受到蜥脚类动物伤害的第一个证据

一只和平中华盗龙在肩胛骨的高度有一处骨折，由于其位置很高，推测它是由马门溪龙或其他同时期的蜥脚形目动物尾部撞击而造成的。在纪录片《恐龙星球》的一集中，学者提出加氏奥卡龙在颅骨的创伤可能是由泰坦巨龙类造成的。

2014 年 加拿大 有病状的最新兽脚亚目恐龙足迹

弗雷德隆德氏贝拉龙足迹化石的模式标本的第 II 趾被截断了，它来自晚白垩世晚期（坎潘期，距今 8 360 万～ 7 210 万年）。

2015 年 加拿大 病状最奇怪的兽脚亚目恐龙足迹

足迹 PRPRC 2002.01.001 呈现出了一个弯曲非常严重的趾头，看上去像是一个严重的错位，可能造成了脚部其余位置的变形。

谣言：最凶猛的恐龙

大众媒体经常提到的一个想法就是将某种兽脚亚目恐龙（通常是君王暴龙）作为最具攻击性的物种。其实体积和凶猛程度没有太大的关系，例如：目前被认为最可怕和最勇敢的动物其实是蜜獾。它身高仅约 85 cm，重量不及 14 kg。因此，我们还不能确定哪个恐龙才是真正最凶猛的。

有病状的第一个中生代鸟类
格氏极地鸟
TTU P 9265

模式标本在胫骨中呈现外部和内部的损伤，类似于由病毒引起的肥大性骨关节病（骨骼中的生长和异常增厚）。

病状奇趣事

有人提出，驰龙科可能会攀爬到大型植食性动物身上，使得后者演化出许多防御措施，如骨冠、刺棘、护盾和鞭状尾巴等来攻击它们。这个假说的问题在于，植食动物这些结构早在兽脚亚目恐龙出现之前就已经存在了，并且也存在于这些驰龙科恐龙没有生存过的地方，所以这个假说并不合理。

因为有奇怪的形状，一些有病状的牙齿被鉴定为近爪牙龙。现在知道它其实是伤齿龙科特殊的一种类型，但尚未找到其他骨骼化石。

恐龙具有惊人的骨折恢复能力。一些恐龙可以恢复的严重伤口，可能对哺乳动物而言是致命的。

兽脚亚目和其他原始蜥臀目恐龙的病症
非创伤性骨病
三叠纪
鲍氏腔骨龙
侏罗纪
脆弱异特龙、小齿角鼻龙、角鼻角鼻龙、长足美颌龙、魏氏双脊龙、马什龙或史托龙、巴氏斑龙、罗德西亚合踝龙、将军庙单脊龙、巴氏杂肋龙、赫氏提米穆斯龙、谭氏蛮龙、米氏旧鲨齿龙
白垩纪
阿托卡高棘龙、欧氏阿莱龙、肉食艾伯塔龙、蒙氏阿巴拉契亚龙、亚洲古似鸟龙、加里多氏奥卡龙、费氏斑比盗龙、希氏虐龙、撒哈拉鲨齿龙、尾羽龙未定种、纤手龙未定种、孔子鸟未定种、强健惧龙、平衡恐爪龙、驰龙未定种、似鸸鹋龙、鹰爪伤龙、犹他铸镰龙、气腔似鸡龙、奥氏葬火龙、蛇发女怪龙、凹齿玛君龙、纳氏大盗龙、顾氏小盗龙、萨氏新猎龙、戈壁天青石龙、巴氏胶齿龙、格氏极地鸟、杨氏中国鸟脚龙、蜥鸟盗龙、埃及棘龙、高似鸵龙、美丽伤齿龙、君王暴龙、蒙古伶盗龙
创伤性骨病
三叠纪
鲍氏腔骨龙、伊斯基瓜拉斯托艾雷拉龙、罗德西亚合踝龙、三叠原美颌龙
侏罗纪
脆弱异特龙、角鼻角鼻龙、长足美颌龙、五彩冠龙、强悍贪食龙、两百周年马什龙、将军庙单脊龙、赫氏嗜鸟龙、董氏中华盗龙、和平中华盗龙
白垩纪
阿托卡高棘龙、肉食艾伯塔龙、欧氏阿莱龙、长棘比克尔斯棘龙、撒哈拉鲨齿龙、纤手龙未定种、奥氏葬火龙、强健惧龙、惧龙未定种、奇异恐手龙、平衡恐爪龙、单足龙、蛇发女怪龙、伊氏西爪龙、黄昏鸟、凹齿玛君龙、鹰嘴单爪龙、厄俄斯侏儒鸟、萨氏新猎龙、似鸟龙未定种、奥氏犹他盗龙、蜥鸟盗龙、桑普森氏塔罗斯龙、勇士特暴龙、蒙古伶盗龙、美丽伤齿龙、君王暴龙、独特速龙
有病状的兽脚亚目恐龙足迹
托氏安琪龙足迹、跷脚龙足迹、实雷龙足迹、弗雷德隆德氏贝拉足迹
有病状的兽脚亚目恐龙蛋
科罗拉多前棱柱形蛋、斯氏三棱柱蛋、安氏长形蛋、长形长形蛋、瑶屯巨形蛋

1 : 1.14

巨似蚤
长度：22.8 mm
纪录：
最大的中生代跳蚤。

长足蜥虱
长度：12 mm
纪录：
最北端的中生代寄生虫，位于53.3°N，古代纬度66.0°N。

弗氏蜥咬虫
长度：18.5 mm
纪录：
最大的中生代虱子。

密毛枪喙蝽
长度：12 mm
纪录：
最古老的体内有血液的昆虫。

南方塔温亚蚤
长度：7 mm
纪录：
最南端的中生代寄生虫，位于38.6°S，古代纬度77.0°S。

有最多兽脚亚目恐龙的陷阱
五彩冠龙和难逃泥潭龙
标本：IVPP V14531、IVPP V14532、IVPP V 15923、IVPP V 15924 和 IVPP V16134
发现有五只兽脚亚目恐龙，一个叠着另一个被掩葬。故事可能是，一个幼年冠龙可能准备吃二只被困的泥潭龙，之后一个成年个体却意图攻击它，成年个体可能在啃断幼年冠龙的脖子时，也跌入陷阱里。所有恐龙都足迹这个沉潭的受害者，泥潭就像流沙一样，把这些恐龙都"吞食"了。

石头上的见证
兽脚亚目恐龙足迹化石

纪录：最大的、最小的、最古老的、最新的和最奇怪的
及其他足迹。

化石痕迹是过去生物体活动的间接证据。这些痕迹有可能是足迹、咬痕、划痕、休息迹、外皮（皮肤或羽毛），以及其他遗迹。

"当一个人看到一块骨头、一具骨骼时，只看到了它的死亡。但当你看到痕迹时，你就能窥见它部分的生命。" ——古生物学家 伊格纳西奥·迪亚斯·马丁内斯

三叠纪

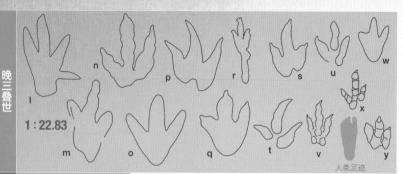

晚三叠世

1:22.83

人类足迹

中三叠世

d　e　f　g

h　i　j　k

早三叠世

a　b

c

晚三叠世最大恐龙足迹 等级：大型

三叠纪最长的两个足迹化石长度达到 50 cm（l 和 m），45 cm 长的实雷龙足迹未定种也很特殊，因为它还没包括突出的脚跟印。

最古老的兽脚亚目恐龙尾巴印痕

最久远的两个化石是极大龙足迹和郁足迹，它们都来自晚三叠世（诺利期，距今 2.27 亿～2.085 亿年）的帕塞伊克组。一些作者认为它们来自早侏罗世（美国新泽西州）。

哥斯拉的足迹（右图）

一个 2 m 的地质断层（加拿大新斯科舍省）被误认为是三叠纪掠食者的足迹。如果是这样，它的主人体型将会相当巨大！

1:68.48

中三叠世最大的恐龙足迹 等级：中型

由于具有高度发达的脚跟，斯芬克斯足迹（d）长于塞森多夫虚骨龙足迹（e）。一个 45 cm 长的足迹（阿根廷）是从中三叠世地层发现的，但现在已知它是来自晚三叠世初期。

早三叠世最大的恐龙足迹 等级：微型

跑者旋趾足迹（a，美国亚利桑那州）和旋趾足迹未定种（b，德国）是包括了第 I 趾（后趾）在内的 7 cm 长的恐龙形类恐龙的足迹化石。最初的鸟跖主龙类的足迹尺寸非常小。

1:3.42

恐龙形态类恐龙最大的前足足迹（左图）

怀俄明阿吉亚足迹（美国怀俄明州）标本是一枚 7 cm 长的前足迹。

三叠纪最长的兽脚亚目恐龙复步

来自晚三叠世的实雷龙足迹未定种（法国）的行迹呈现出的复步长达 3 m。遗憾的是该标本已被损毁。

三叠纪最长的原始蜥臀目恐龙复步

该纪录由来自南方组（泰国）的类似极大龙足迹巨大足迹保持，其复步为 2.7 m。它有非常长的第 I 趾（拇趾），类似于艾雷拉龙这样的原始蜥臀目恐龙。

从三叠纪兽脚亚目恐龙足迹来判断的最快速度

从一些跷脚龙足迹未定种（加拿大）预估的速度为 22 km/h。这些足迹长为 10 cm，平均复步长为 1.7 m。

特别的大型三叠纪足迹化石		
种类、尺寸（长度）	纪录、类别	国家（或地区）
早三叠世		
a. 跑者旋趾足迹 6 cm	北美洲早三叠世最大足迹 （恐龙形态类）	美国（亚利桑那州）
b. 旋趾足迹未定种 5 cm	欧洲早三叠世最大足迹 （恐龙形态类）	德国
c. 神奇原旋趾足迹 4.7 cm	欧洲早三叠世最大足迹 （鸟跖主龙类）	波兰
中三叠世		
d. 斯芬克斯足迹 28 cm	欧洲中三叠世最长足迹 （恐龙形态类）	意大利
e. 塞森多夫虚骨龙足迹 25.6 cm	欧洲中三叠世最大足迹 （恐龙形态类）	法国
f. 布朗纳氏副三趾龙足迹 18 cm	欧洲中三叠世最宽足迹 （恐龙形态类）	瑞士
g. 跷脚龙足迹 8.7 cm	南美洲中三叠世最大足迹 （恐龙形态类）	阿根廷
h. 麦氏旋趾足迹 8 cm	北美洲中三叠世最大足迹 （恐龙形态类）	美国（亚利桑那州）
i. 跷脚龙足迹未定种 约 6.2 cm	欧洲中三叠世最大足迹 （原始蜥臀目）	法国
j. 未命名 4.5 cm	欧洲中三叠世最大足迹 （鸟跖主龙类）	西班牙
k. 旋趾足迹未定种 3.4 cm	非洲中三叠世最大足迹 （恐龙形类）	摩洛哥
晚三叠世		
l. 未命名 50 cm	亚洲晚三叠世最大足迹（辛梅利亚） （原始蜥臀目）	泰国
m. 实雷龙足迹未定种 50 cm	欧洲晚三叠世最长足迹 （兽脚亚目）	法国
n. 实雷龙足迹未定种 45 cm	欧洲晚三叠世最大足迹 （兽脚亚目）	斯洛伐克
o. 实雷龙足迹未定种 43 cm	大洋洲晚三叠世最大足迹 （兽脚亚目）	澳大利亚
p. 未命名 43 cm	南美洲晚三叠世最大足迹 （兽脚亚目）	巴西
q. 未命名 40 cm	非洲晚三叠世最大足迹 （兽脚亚目）	摩洛哥
r. 未命名 40 cm	欧洲晚三叠世最大足迹 （原始蜥臀目）	波兰
s. 首要酋恩三趾龙足迹 35 cm	非洲晚三叠世最大足迹 （原始蜥臀目）	莱索托
t. 未命名 30 cm	南美洲晚三叠世最大足迹 （原始蜥臀目）	阿根廷
u. 阿特雷足迹未定种 27.7 cm	北美洲晚三叠世最大足迹 （恐龙形态类）	美国（犹他州）
v. 未命名 27 cm	亚洲（古亚洲）晚三叠世最大足迹	中国
w. 实雷龙足迹未定种 27 cm	北美洲晚三叠世最大足迹 （兽脚亚目）	美国（弗吉尼亚州）
x. 未命名 24 cm	北美洲晚三叠世最大足迹 （原始蜥臀目）	格陵兰
y. 恐龙足迹未定种 约 20 cm	欧洲晚三叠世最大足迹 （恐龙形态类）	德国

1:2.28

三叠纪最奇怪的恐龙足迹（左图）

恐龙的某些足迹通常很奇怪，因为它们的对称性差，非常偏轴，而大多数恐龙通常有一个轴对称的后足。在中三叠世发现的一道足迹（西班牙）表现出中趾比其他的足迹短得多，这是在发现的任何中三叠世动物骨骼中从未见过的异常情况。

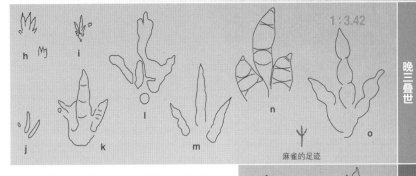

麻雀的足迹

晚三叠世最小恐龙足迹 等级：微型

最小的足迹有些是恐龙形态类，一些可能为幼年兽脚亚目恐龙。膨大旋趾足迹（英格兰）是这一时期最小的，长约 2.1 cm。这个物种还可能有一个更小的足迹（约 1.94 cm），但没有详细描述。

1∶1.14

恐龙形类最小的恐龙前足足迹（左图）

阿特雷足迹 - 跷脚龙足迹（摩洛哥）的前足迹长 6 mm。它的主人来自中三叠世，并不属于该地最小的个体。

发现数量最多的恐龙形类恐龙足迹

在索林组（德国）保存有近千个马氏旋趾足迹化石。

恐龙形类最狭窄的恐龙足迹

跑者旋趾足迹（美国亚利桑那州）的一些足迹的宽度大约相当于包括第 I 趾（拇趾）在内的足迹长度的 43%。

恐龙形类最宽的恐龙足迹

侧副三趾龙足迹（瑞士）足迹化石的宽度比长度多约 14%。

原始蜥臀目最宽的恐龙足迹

足迹"类型 3"（阿根廷）的宽度几乎与长度一样。

最古老的原始鸟跖主龙类足迹

发现于斯特里佐维斯组（波兰）的原旋趾足迹未定种来自早三叠世（奥伦尼克期，距今 2.512 亿～ 2.472 亿年）。恐龙形类和鸟跖主龙类都有偏轴的后足。

最古老的恐龙形态类足迹

旋趾足迹未定种发现于泛大陆中部（德国和波兰）的早三叠世（奥伦尼克期晚期，距今 2.492 亿～2.472 亿年）。

最古老的恐龙足迹

跷脚龙足迹未定种（法国）可能是原始蜥臀目最古老的足迹。它来自中三叠世（安尼期—拉丁期，距今 2.42 亿年）。

最古老的兽脚亚目恐龙足迹

未命名的足迹化石"类型 2"（阿根廷）属于晚三叠世早期（卡尼期早期，距今 2.37 亿～2.368 亿年）。

中三叠世最小的恐龙足迹 等级：迷你型

在泛大陆中南部（摩洛哥）发现了归属于恐龙形类的最小足迹化石。这些足迹直径长仅在 0.8 ～ 1.3 cm，其中最小的可能属于一个幼年标本（d）。

早三叠世最小的恐龙足迹 等级：较小型

这一时期最小的足迹是原趾足迹未定种（b），它可能是由四足行走的原始鸟跖主龙类留下的。它长为 2 cm。在这里，我们将它与 5 cm 长的原鸽足迹进行比较。宾氏似鸟迹（a）长 1.9 cm，但它是一个未确定的足迹。

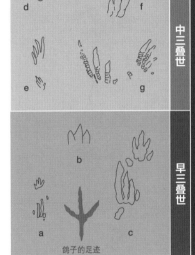

鸽子的足迹

特别的小型三叠纪足迹化石		
种类、尺寸（长度）	纪录、类别	国家（或地区）
早三叠世		
a. 宾氏似鸟迹 1.9 cm	早三叠世最小足迹 （鉴定存疑）	英格兰
b. 原趾足迹未定种 2 cm	早三叠世最小足迹 （鸟跖主龙类）	德国
c. 旋趾足迹未定种 4 cm	早三叠世最小足迹 （恐龙形态类）	波兰
中三叠世		
d. 阿特雷足迹 - 跷脚龙足迹 0.8 cm	非洲中三叠世最小足迹 （恐龙形态类）	摩洛哥
e. 路特夫原旋趾足迹 2.5 cm	欧洲中三叠世最小足迹 （鸟跖主龙类）	法国
f. 旋趾足迹似跑者种 约 3 cm	欧洲中三叠世最小足迹 （恐龙形态类）	法国
g. 寿氏旋趾足迹 4.1 cm	北美洲中三叠世最小足迹 （恐龙形态类）	美国（亚利桑那州）
晚三叠世		
h. 膨大旋趾足迹 2 cm	欧洲晚三叠世最小足迹 （恐龙形态类）	英格兰
i. 布瓦索巴尼斯特贝茨足迹 2.4 cm	北美洲晚三叠世最小足迹 （恐龙形态类）	美国（弗吉尼亚州）
j. 未确定 约 2.4 cm	北美洲晚三叠世最小足迹 （兽脚亚目）	美国（弗吉尼亚州）
k. 比萨跷脚龙足迹 7 cm？	欧洲晚三叠世最小足迹 （原始蜥臀目）	意大利
l. 旋趾足迹未定种 8.4 cm	非洲晚三叠世最小足迹 （原始蜥臀目）	纳米比亚
m. 跷脚龙足迹未定种 7.2 cm	大洋洲晚三叠世最小足迹 （原始蜥臀目）	澳大利亚
n. 跷脚龙足迹未定种 8.8 cm	南美洲晚三叠世最小足迹 （兽脚亚目）	巴西
o. 跷脚龙足迹未定种 10 cm	北美洲晚三叠世最小足迹 （原始蜥臀目）	美国（科罗拉多州）

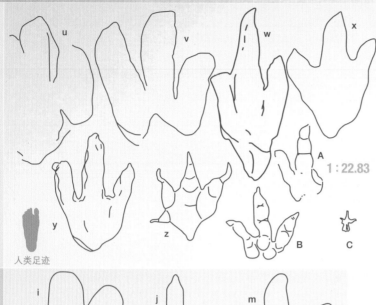

人类足迹

晚侏罗世最大恐龙足迹 等级：超大型

摩洛哥的伊乌莱涅向斜（v）发现了几个特殊尺寸的足迹。其中一些长度为 70～82 cm，最大的长达 90 cm（u），但包括了一部分跖骨印。

中侏罗世最大的恐龙足迹 等级：超大型

库吉唐土库曼龙（i）是一个 86 cm 长的巨大足迹，可能是巨型斑龙超科恐龙留下的。有一些关于归属于彭氏巨龙迹（葡萄牙）92 cm 长足迹的报道，化石不幸遗失，但它可能是路西塔尼亚尤蒂足迹，因为常常保留了大部分跖骨印痕。

早侏罗世最大的恐龙足迹 等级：超大型

木拉特巨三趾龙足迹（a）长 85 cm，包括了完整的跖骨印记。实际上，从第 III 趾的尖端到第 I 趾的足迹长度为 45 cm。另一个尺寸更大的足迹来自波兰（b）其长度为 65 cm。

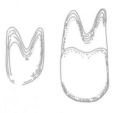

侏罗纪最奇怪的恐龙足迹（上图）

在莱索托，来自早侏罗世的一些足迹表现出奇特的形状和大型的尺寸，其长度在 70～114 cm 之间。有人认为它们可能是兽脚亚目恐龙的足迹，但它们似乎不是。也许它们是由于迄今未知的原因凹陷成的或由某种动物造成的痕迹。

侏罗纪兽脚亚目恐龙最长的痕迹

在土库曼斯坦发现的一道由 41 个乌兹别克斯坦斑龙足迹组成的行迹，长达 311 m；另一条长 271 m 的行迹有 108 个足迹。另外两道来自摩洛哥的行迹可能是同一系列足迹的一部分，每一道的长度分别为 507 m 和 567 m，如果保存完整，其总长度可能达到 2 km 左右。

从侏罗纪兽脚亚目恐龙足迹推测的最大速度（上图）

根据这些长 40 cm，平均复步为 5.12 m 的足迹，对于实雷龙足迹（美国犹他州）来说，估计速度可能为 41 km/h。

最古老带病理的兽脚亚目恐龙足迹（右图）

一个来自早侏罗世的实雷龙足迹轨行迹显示右侧的足迹只有两个趾头，可能是断肢或先天性缺陷造成的。异常蜥龙迹（模式足迹）的后掌中呈现出奇怪的扭曲，但不确定这些足迹是否属于恐龙（赫塘期，距今 2.013 亿～1.993 亿年）（美国马萨诸塞州）。

好动的尾巴（右图）

尾巴的痕迹很少被保存下来。当这种情况发生时，它通常会留下一条直线，然而，有尾极大龙足迹（以前称为有尾极大龙迹）呈现出尾巴留下的弯曲痕迹，呈波纹状连续出现（美国马萨诸塞州）。

1 : 22.83

侏罗纪最长的复步

在英格兰发现的一道共 92 枚足迹的行迹，复步长为 2.12 ～ 5.65 m。

1 : 45.66

最完整的印痕（上图）

一个实雷龙足迹标本（美国犹他州）留下了两个带跗骨的后足迹、两个前足迹、腹部和坐骨迹，以及在休息时留下重新调整位置的压痕。

1 : 11.41

带膜的最古老兽脚亚目足迹（上图）

来自法国的特氏塔尔蒙足迹化石标本呈现出膜状的脚蹼。一些学者提出，它们实际上是由沉积较软并承受一定的压力形成的。它属于晚三叠世或早侏罗世（瑞替期或赫塘期，距今 2.085 亿～ 1.993 亿年）。

最古老的兽脚亚目游泳划痕

报道称，头骨龙足迹和兽脚亚目足迹（美国犹他州）的造迹者保留了水中前进的证据。它们来自早侏罗世（赫塘期，距今 2.013 亿～ 1.993 亿年）。

1 : 22.83

侏罗纪最长的兽脚亚目游泳划痕（上图）

二趾锐刮足迹代表兽脚亚目或其他脊椎动物的印痕，比如当鳄鱼在水中漂浮时在基底上留下长长的痕迹。这一时期在英格兰发现的最长的标本长度达到 35 cm。

特别的大型侏罗纪足迹化石		
种类、尺寸（长度）	纪录、类别	国家（或地区）
早侏罗世		
a. 木拉特巨三趾龙足迹 85 cm	非洲早侏罗世最长足迹（兽脚目）	莱索托
b. 未命名 65 cm	欧洲早侏罗世最大足迹（兽脚目）	波兰
c. 硕大斯泰罗足迹 63.5 cm	北美洲早侏罗世最长足迹（兽脚亚目）	美国（康涅狄格州）
d. 似实雷龙足迹 60.5 cm	北美洲早侏罗世最大足迹（兽脚亚目）	美国（亚利桑那州）
e. 卡梅尔足迹未定种 53 cm	非洲早侏罗世最大足迹（兽脚亚目）	摩洛哥
f. 似格伦罗斯实雷龙足迹 45 cm	亚洲早侏罗世最大足迹（兽脚目）	中国
g. 未命名 39 cm	中东早侏罗世最大足迹（兽脚亚目）	伊朗
h. 未命名 30 cm	大洋洲早侏罗世最大足迹（兽脚亚目）	澳大利亚
中侏罗世		
i. 库吉唐土库曼龙 86 cm	欧洲中侏罗世最长足迹（兽脚亚目）	英格兰
j. 未命名 82 cm	北美洲中侏罗世最长足迹（兽脚亚目）	美国（犹他州）
k. 斑龙足迹未定种 约 76 cm	大洋洲中侏罗世最大足迹（兽脚亚目）	澳大利亚
l. 未命名 71 cm	欧洲中侏罗世最大足迹（兽脚亚目）	葡萄牙
m. 未命名 70 cm	印度斯坦中侏罗世最大足迹（兽脚亚目）	巴基斯坦
n. 苏氏沙门野兽足迹 60 cm	北美洲中侏罗世最大足迹（兽脚亚目）	美国（犹他州）
o. 斑龙足迹未定种 53 cm	马达加斯加中侏罗世最大足迹（兽脚亚目）	马达加斯加
p. 未命名 46 cm	非洲中侏罗世最大足迹（兽脚亚目）	尼日尔
q. 二趾平行足迹 35.6 cm	中东中侏罗世最大足迹（兽脚亚目）	伊朗
r. 塔尔蒙足迹未定种 18 cm	欧洲中侏罗世最大足迹（鸟类）	英格兰
s. 未命名 约 7 cm	非洲中侏罗世最大足迹（鸟类）	摩洛哥
t. 未命名 5.7 cm	非洲中侏罗世最大足迹（鸟类）	摩洛哥
u. 未命名 90 cm	非洲晚侏罗世最长足迹（兽脚目）	摩洛哥
v. 未命名 82 cm	非洲晚侏罗世最长足迹（兽脚亚目）	摩洛哥
w. 未命名 105 cm	欧洲晚侏罗世最长足迹（兽脚亚目）	西班牙
x. 斑龙足迹未定种 77 cm	欧洲晚侏罗世最大足迹（兽脚亚目）	葡萄牙
y. 乌兹别克斯坦巨兽足迹 72 cm	亚洲晚侏罗世最大足迹（兽脚亚目）	塔吉克斯坦
z. 未命名 54 cm	南美洲晚侏罗世最大足迹（兽脚亚目）	智利
A. 异特龙 47 cm	北美洲晚侏罗世最大足迹（兽脚亚目）	美国（怀俄明州）
B. 异特龙 44 cm	北美洲晚侏罗世最大足迹（兽脚亚目）	美国（科罗拉多州）
C. 未命名 12.5 cm	欧洲晚侏罗世最大足迹（鸟类）	法国

中侏罗世最小足迹 等级：微型

在 2004 年 6 月出版的《吉尼斯世界纪录》中，标本 GLAHM 114913/1（右图和 h）被认为是世界上最小的恐龙足迹，尼尔·克拉克测量并报道，其长度为 1.78 cm。目前在世界的不同地区发现了更小的足迹，已测量的最小足迹看上去并不明显，其中大趾的长度为 1.5 cm（g）。在同一地区，学者还发现了一些最古老的中生代鸟类的足迹。

1 : 1.14

特别的小型侏罗纪足迹化石		
种类、尺寸（长度）	纪录、类别	国家（或地区）
早侏罗世		
a. 跷脚龙足迹未定种 1.5 cm	北美洲早侏罗世最小足迹 （兽脚亚目）	美国（新泽西州）
b. 皮鲁拉图斯近鸟迹 4.6 cm	欧洲早侏罗世最小足迹 （兽脚亚目）	波兰
c. 微小跷脚龙足迹（马斯提斯龙足迹） 6.2 cm	非洲早侏罗世最小足迹 （兽脚亚目）	莱索托
d. 小谷分叉翘脚龙足迹 23 cm	亚洲早侏罗世最短足迹 （兽脚亚目）	日本
e. 泽巴伊氏龙足迹 23 cm	中东早侏罗世最小足迹 （兽脚亚目）	伊朗
f. 孤独实雷龙足迹（似虚骨龙足迹） 25.5 cm	亚洲早侏罗世最小足迹 （兽脚亚目）	中国
中侏罗世		
g. 未命名 1.5 cm	非洲中侏罗世最短足迹 （兽脚亚目）	摩洛哥
h. 未命名 1.78 cm	欧洲中侏罗世最小足迹 （兽脚亚目）	苏格兰
i. 王尔德足迹未定种 2 cm	非洲中侏罗世最小足迹 （兽脚亚目）	摩洛哥
j. 斯氏萨米恩托足迹 3.46 cm	南美洲中侏罗世最小足迹 （兽脚亚目）	阿根廷
k. 未命名 6 cm	中东中侏罗世最小足迹 （兽脚亚目）	美国（犹他州）
l. 王尔德足迹 5.3 cm	北美洲中侏罗世最小足迹 （兽脚亚目）	伊朗
m. 铜川陕西足迹 9.8 cm	亚洲中侏罗世最小足迹 （兽脚亚目）	中国
n. 未命名 10.9 cm	大洋洲中侏罗世最小足迹 （兽脚亚目）	澳大利亚
晚侏罗世		
o. 王尔德足迹未定种 3.7 cm	欧洲晚侏罗世最小足迹 （兽脚亚目）	波兰
p. 水生鸟足迹未定种 4.4 cm	亚洲晚侏罗世最小足迹 （鸟类）	中国
q. 金黄鸡鸟足迹 4.7 cm	亚洲晚侏罗世最小足迹 （鸟类）	中国
r. 中国猛龙足迹 6.7 cm	亚洲晚侏罗世最小足迹 （兽脚亚目）	中国
s. 未命名 7.5 cm	北美洲晚侏罗世最小足迹 （兽脚亚目）	美国（怀俄明州）
t. 未命名 17 cm	南美洲晚侏罗世最小足迹 （兽脚亚目）	智利

兽脚亚目恐龙最狭窄的足迹（右图）

斯氏萨米恩托足迹（内氏卡萨奎拉足迹）(j) 标本的宽度约为其总长度的 25%。这是因为第 II 和 IV 趾并不总能被保留下来。

1 : 4.57

趾头间隔最宽的侏罗纪恐龙足迹（右图）

来自法国的兰氏诰普基亚鸟足迹的第 II 至第 IV 趾之间趾间角为 90°，正如鸟类和其他一些近鸟类兽脚亚目恐龙足迹表现的特征那样。

1 : 11.41

早侏罗世最小的恐龙足迹 等级：微型

跷脚龙足迹未定种的最小标本仅有 1.5 cm 长。艾尔登·乔治在加拿大报道的其他足迹长度不到 2 cm；最小的长度达到约 1.67 cm。它们没有被正式描述，但在一些资料中被提及。

晚侏罗世最小的恐龙足迹 等级：较小型

王尔德足迹可能是由幼年兽脚亚目恐龙或非常小的物种留下的，因为它们的尺寸都很小。王尔德足迹未定种（o）甚至比水生鸟足迹未定种（p）还要小，后者是最小的侏罗纪鸟类足迹。

谣言：不存在的雨水

有一些足迹化石，特别是侏罗纪时期的，伴随有直径达 1 cm 的小圆形痕迹。很长一段时间，它们被解释为雨滴落在柔软的泥土中，并被永久保存下来。目前，一些学者认为它们是气体逸出气泡的痕迹，因为其边缘略微高出周围基层，这种形态与预想中雨滴的形态大不相同。

1 : 11.41

带幼龙的成体恐龙足迹（上图）

一个莫里杰跷脚龙足迹（新三趾龙足迹）的足迹化石标本旁边有一些形态类似但更小的足迹，大小约占它的 18% ～ 22%。它们被认为可能是一群伴随着成年恐龙的幼龙（现莱索托）。

最古老的伶盗龙足迹？（右图）

古大陆辛梅利亚大陆（伊朗）的一些两趾足迹类似于伶盗龙足迹。它们位于早侏罗世和中侏罗世地层之间（托阿尔期—阿林期，距今 1.827 亿～ 1.703 亿年）。

1 : 11.41

不一致的恐龙足迹（右图）

在阿甘宁组（摩洛哥）发现的足迹呈现出不一致的印痕，一长一短的足迹连续出现，这被解释为该兽脚亚目恐龙可能是跛脚。

1 : 22.83

发现最多侏罗纪恐龙足迹的地层

在土库曼斯坦的库吉塘塔乌组共发现 2 700 个足迹，在葡萄牙的卡皮埃皮切尔组约有 2 200 个足迹。

发现侏罗纪恐龙足迹的最大面积化石点

被称为霍贾皮塔坑化石点（哈萨克斯坦）的面积大约有 30 km²。

海拔最高的侏罗纪兽脚亚目恐龙足迹发现地

在杰贝尔瓦古尔扎特（摩洛哥）的高山上，海拔 2 700 m 处发现了各种类型的兽脚亚目恐龙足迹。

1 : 3.42

最古老的鸟类足迹（上图）

由于早侏罗世一些足迹（英格兰和摩洛哥）的趾头很宽，因此它们可能是鸟类留下的。来自巴柔期（距今 1.703 亿～1.683 亿年）。在伊朗发现的其他足迹更古老（阿林期，距今 1.741 亿～1.703 亿年），这些足迹趾间间隔很大，但也许是由近鸟类兽脚亚目恐龙留下的。

最古老的兽脚亚目恐龙群体足迹

在康涅狄格山谷（美国马萨诸塞州），有一些证据表明兽脚亚目恐龙以多达七八只的种群数量生活在一起。它们来自早侏罗世（赫塘期，距今 2.013 亿～1.993 亿年）。

1 : 22.83

带羽毛印痕的最古老兽脚亚目恐龙足迹（上图）

迷你跳脚龙足迹标本 AC 1/7 呈现出造迹者的腹部有单丝的痕迹。另一个足迹结节安琪龙足迹（奇夫近鸟迹）的标本 AC 51/16 似乎呈现出羽毛的印痕，但其他专家对此表示怀疑。两者均来自早侏罗世（赫塘期—辛涅缪尔期，距今 2.013 亿～1.908 亿年，美国马萨诸塞州）。

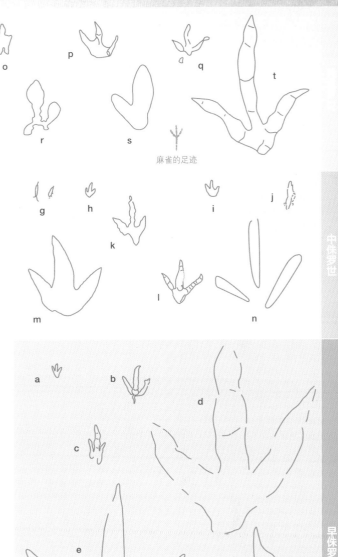

麻雀的足迹

鸽子的足迹

1 : 4.57

人类足迹

1 : 22.83

早白垩世晚期最大的恐龙足迹 等级：超大型

一个类似于大鸟足迹（k）的足迹化石具有奇怪的细长形状，脚跟处增加了足迹的尺寸并改变了形态。也许它是造迹者通过踩踏深而软的泥土而产生的，正如我们所知的，现代鸟类踩在类似的基底上也会产生类似的变化。另一个鲨齿龙科（l）的足迹较短，但属于一个体型较大的动物。这一时期最长的鸟类足迹长度达 17 cm，但是包括了趾头拖拽的长度，实际上真正的足迹长 9.1 cm。

早白垩世早期最大的恐龙足迹 等级：超大型

长为 81 cm（a）的足迹由于形状非常强壮而曾被认为是大型鸟脚类恐龙留下的，现在知道它们来自兽脚亚目恐龙。梅氏古鸟足迹（g）是长达 16.6 cm 的涉水鸟留下的足迹。

特别的大型白垩纪足迹化石		
种类、尺寸（长度）	纪录、类别	国家（或地区）
早白垩世早期		
a. 未命名 81 cm	南美洲早白垩世早期最大足迹 （兽脚亚目）	秘鲁
b. 未命名 70 cm	欧洲早白垩世早期最长足迹 （兽脚亚目）	西班牙
c. 未命名 69 cm	欧洲早白垩世早期最大足迹 （兽脚亚目）	西班牙
d. 斑龙足迹未定种 约 60 cm	北美洲早白垩世早期最大足迹 （兽脚亚目）	加拿大
e. 布鲁姆巨龙足迹 53 cm	大洋洲早白垩世早期最大足迹 （兽脚亚目）	澳大利亚
f. 未命名 48 cm	亚洲早白垩世早期最大足迹 （兽脚亚目）	中国
g. 梅氏古鸟足迹 16.6 cm	欧洲早白垩世早期最大足迹 （鸟类）	西班牙
h. 未命名 9 cm	非洲早白垩世早期最大足迹 （鸟类）	尼日尔
i. 未命名 8.6 cm	北美洲早白垩世早期最大足迹 （鸟类）	加拿大
j. 道氏韩国鸟足迹 6.3 cm	亚洲早白垩世早期最大足迹 （鸟类）	中国
早白垩世晚期		
k. 未命名 110 cm	北美洲早白垩世晚期最长足迹 （兽脚亚目）	美国（新墨西哥州）
l. 未命名 78 cm	非洲早白垩世晚期最大足迹 （兽脚亚目）	阿尔及利亚
m. "嗜鸟龙" 约 61.7 cm	欧洲早白垩世晚期最大足迹 （兽脚亚目）	西班牙
n. 未命名 60 cm	北美洲早白垩世晚期最大足迹 （兽脚亚目）	墨西哥
o. 未命名 59 cm	亚洲早白垩世晚期最长足迹 （兽脚亚目）	中国
p. 洛氏查布足迹 58.2 cm	亚洲（辛梅利亚）早白垩世晚期最大足迹 （兽脚亚目）	中国
q. 未命名 43 cm	亚洲早白垩世晚期最大足迹 （兽脚亚目）	泰国
r. 未命名 17 cm	大洋洲早白垩世晚期最大足迹 （鸟类）	澳大利亚
s. 敏捷舞足迹 10.5 cm	亚洲早白垩世晚期最大足迹 （鸟类）	中国
t. 柯氏泥泞鸟足迹 10.1 cm	北美洲早白垩世晚期最大足迹 （鸟类）	加拿大
u. 未命名 约 8.65 cm	欧洲早白垩世晚期最大足迹 （鸟类）	西班牙

发现恐龙足迹种类最多的地层

1985 年，学者在玻利维亚一家水泥厂的采石场附近的卡尔奥尔科组发现了恐龙足迹。截至 2006 年，总计 5 055 个足迹被分成 332 种形态。目前这个数字已经翻了两倍。

发现恐龙足迹最多的地层

在属于纳摩盖吐组（蒙古）的沙尔塔夫，已经报道了 18 000 多个长度在 6～70 cm 之间的恐龙足迹。大多数被确定为兽脚亚目恐龙足迹（大约 13 500 个），但一些与帕克索龙类似的鸟臀目恐龙有非常尖的趾甲，因此这个结果可能需要审查修订。

最宽广的白垩纪含恐龙足迹地层

美国得克萨斯州玫瑰谷组地层有大面积的含足迹岩层，面积约 100 km²。

白垩纪兽脚亚目恐龙最长的游泳划痕

一组 12 个兽脚亚目恐龙足迹（西班牙）显示，它在游泳时大步划动，努力保持直线方向，而水的流动将其躯体冲移。最大的划痕长达约 60 cm。

1 : 22.83

晚白垩世晚期最大的恐龙足迹 等级：超大型

皮氏暴龙足迹（E）是可能由君王暴龙产生的足迹。其他如彼氏暴龙迹结果是鸭嘴龙类留下的。鸟类的最大足迹长度约为 20 cm（K）。

晚白垩世早期最大的恐龙足迹 等级：超大型

SLPG-D（v）足迹化石可能属于大型鲨齿龙科恐龙。报道称它们是在晚白垩世早期的岩层中发现的最大的足迹化石。在加拿大发现的鸟类足迹类似于金氏金东鸟足迹，它长 16 cm，是该时期最大的。不幸的是，它尚未有正式描述。它可能属于一只长 1.85 m、重 30 kg 的陆生鸟。

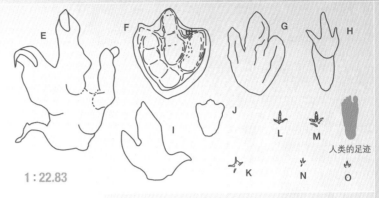

1 : 22.83

人类的足迹

特别的大型白垩纪足迹化石		
种类、尺寸（长度）	纪录、类别	国家（或地区）
晚白垩世早期		
v. 未命名 78.2 cm	南美洲晚白垩世早期最大足迹 （兽脚亚目）	巴西
w. 重趾龙足迹 56 cm	亚洲晚白垩世早期最长足迹 （兽脚亚目）	塔吉克斯坦
x. 未命名 约 45.7 cm	北美洲晚白垩世早期最大足迹 （兽脚亚目）	美国（新泽西州）
y. 未命名 43 cm	非洲晚白垩世早期最大足迹 （兽脚亚目）	摩洛哥
z. 未命名 27 cm	中东晚白垩世早期最大足迹 （兽脚亚目）	以色列
A. 未命名 27 cm	欧洲晚白垩世早期最大足迹 （兽脚亚目）	葡萄牙
B. 未命名 16 cm	北美洲晚白垩世早期最大足迹 （鸟类）	加拿大
C. 韩国鸟未定种 14.3 cm	非洲晚白垩世早期最大足迹 （鸟类）	突尼斯
D. 未命名 约 12.2 cm	中东晚白垩世早期最大足迹 （鸟类）	以色列
晚白垩世晚期		
E. 皮氏暴龙足迹 86 cm	北美洲晚白垩世晚期最大足迹 （兽脚亚目）	美国（南达科他州）
F. 未命名 55 cm	亚洲晚白垩世晚期最大足迹 （兽脚亚目）	蒙古
G. 实雷龙足迹 51 cm	南美洲晚白垩世晚期最大足迹 （兽脚亚目）	玻利维亚
H. 未命名 约 28 cm	非洲晚白垩世晚期最大足迹 （兽脚亚目）	摩洛哥
I. 未命名 40 cm	欧洲晚白垩世晚期最大足迹 （兽脚亚目）	西班牙
J. 未命名 22.6 cm	印度斯坦晚白垩世晚期最大足迹 （兽脚亚目）	印度
K. 半蹼萨基特足迹 9.5 cm	北美洲晚白垩世晚期最大足迹 （鸟类）	美国（印第安纳州）
L. 威尔氏鸟足迹 约 9 cm	南美洲晚白垩世晚期最大足迹 （鸟类）	阿根廷
M. 禽雅克雷特足迹 8 cm	南美洲晚白垩世晚期最大足迹 （鸟类）	阿根廷
N. 韩国鸟未定种 4.9 cm（3.3 cm）	亚洲晚白垩世晚期最大足迹 （鸟类）	韩国
O. 水生鸟足迹未定种 4 cm	亚洲晚白垩世晚期最大足迹 （鸟类）	韩国

白垩纪兽脚亚目恐龙最长的印痕

在科尔古奥尔科组地层（玻利维亚），有一道绵延约 581 m 的行迹，这可能是同时代世界上最长的，以前的纪录是 347 m。

谣言：恐龙足迹化石点占地面积越大，造迹者的体型就越大

这种说法并不完全正确，因为一些恐龙的趾头较短，后足在身体比例上也有大有小。有时脚跟或跖骨迹会进一步增加足迹的长度。另外，较软的基质有时会使原始足迹变形并增加其长度。

白垩纪最奇怪的恐龙足迹（右图）

在加拿大发现的麦氏艾氏龙足迹足迹与一些长约 81 cm 的痕迹在一起。看上去是兽脚亚目恐龙在用前肢或后肢挖掘土地留下的。

1 : 22.83

发现地海拔最高的白垩纪兽脚亚目恐龙足迹

在华里省（秘鲁）海拔 4 600 m 处发现了足迹化石。

1 : 11.41

根据足迹推测的白垩纪兽脚亚目恐龙最高速度（左图）

有人估测了一种白垩纪暴龙足迹未定种 Muz PIG 1704 II.6（波兰）恐龙的速度，根据其复步长得出，时速为 50 km/h，相当于其足迹大小的 12.3 倍。其他足迹化石推测出的最快速度依次为 44.1 km/h（中国）、42.8 km/h（美国得克萨斯州）、40 km/h（中国）、37 km/h（西班牙）和 25.7 km/h（韩国）。

白垩纪兽脚亚目恐龙最长的复步

长为 38 cm 的足迹 O94/98（美国得克萨斯州）的复步达到 6.6 m，因此估计该兽脚亚目恐龙以大约 39.9 ~ 43.6 km/h 的速度前进。

中生代鸟类最长的复步

欧纪录的仿行者月梅氏古鸟足迹（西班牙）报道称其复步为 50 ~ 75 cm。

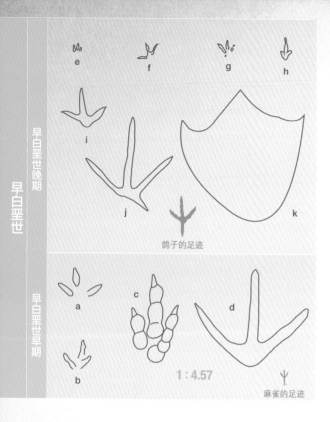

鸽子的足迹

1 : 4.57

麻雀的足迹

早白垩世

早白垩世晚期

早白垩世早期

早白垩世晚期最小足迹 等级：迷你型

恐龙产生的最小足迹仅有 1 cm 长，可能属于一个新生儿（美国马里兰州）。哈曼韩国鸟（韩国）中最小的标本只有 1.77 cm，这使它成为整个中生代鸟类足迹中最小的一个。

早白垩世早期最小足迹 等级：较小型

它是一个来自侏罗纪 - 白垩纪交界的 3.4 cm 长的鸟类足迹（中国）。另一个是属于兽脚亚目恐龙的幼龙（西班牙），足迹长 3.5 cm，但形状更窄。

特别的小型白垩纪足迹化石		
种类、尺寸（长度）	纪录、类别	国家（或地区）
早白垩世早期		
a. 未命名 3.4 cm	亚洲早白垩世早期最短足迹（鸟类）	中国
b. 未命名 3.5 cm	欧洲早白垩世早期最小足迹（兽脚亚目）	西班牙
c. 南方安琪龙足迹 10.7 cm	南美洲早白垩世早期最小足迹（兽脚亚目）	阿根廷
d. 未命名 11.8 cm	大洋洲早白垩世早期最小足迹（兽脚亚目）	澳大利亚
早白垩世晚期		
e. 未命名 1 cm	北美洲早白垩世晚期最小足迹（兽脚亚目）	美国（马里兰州）
f. 哈曼韩国鸟 1.55 cm	亚洲早白垩世晚期最小足迹（鸟类）	韩国
g. 未命名 2 cm	欧洲早白垩世晚期最小足迹（鸟类）	西班牙
h. 峨眉新跷脚龙足迹 2.7 cm	亚洲早白垩世晚期最小足迹（兽脚亚目）	中国
i. 巴布科和平鸟足迹 3.36 cm	北美洲早白垩世晚期最小足迹（鸟类）	加拿大
j. 未命名 11.4 cm	大洋洲早白垩世晚期最短足迹（兽脚亚目）	澳大利亚
k. 未命名 16 cm	非洲早白垩世晚期最小足迹（兽脚亚目）	摩洛哥

最小的足迹（右图）

在 K5001 足迹标本（韩国）的旁边发现了鸟类的啄痕。这些啄痕的最大尺寸为 4 mm×7.6 mm，此外还有一些更小的痕迹。

1 : 1.14

1 : 1.14

被确定为恐龙的最小足迹

保存最完好的足迹

足迹 CLS-F-7（西班牙）的深度约为 50 cm，因此，它可以被视为 3D 立体雕塑。有一份以前关于该足迹的报告，但仍未发表。（美国南达科他州）。

4D 足迹

在一些密实的泥质沉积物中形成的足模中（西班牙），可以看到五边形和六边形两种形状的皮肤印痕以及运动产生的刮痕。它们被称为"四维足迹"，保存了造迹者的运动轨迹。

发现有最多中生代鸟类足迹的地方

在哈曼组和金东组（韩国）中发现的中生代鸟类的足迹多于世界其他地区同类足迹的总和。

年代最近的兽脚亚目恐龙尾迹

在泾川组（中国）和萨尼里组（韩国）中，发现有兽脚亚目恐龙尾迹。两者都来自早白垩世。

迷思：追逐蜥臀类恐龙的兽脚亚目恐龙

在一些行迹中，观察到格伦罗斯巨龙迹（美国得克萨斯州）的运动方向与蜥脚形目类恐龙伯氏雷龙足迹基本一致，最终两道行迹重叠在一起，这被解释为兽脚亚目恐龙狩猎活动的证据，但是没有更多证据表明这是真实的，很可能只是巧合。

最神秘的足迹

丕阳龙足迹是发现于韩国早白垩世晚期的金东组。目前还不知道它们属于哪种类型的恐龙，只知道它们是在 1982 年被发现的。兽脚亚目足迹的其他神秘名称有来自白垩纪（阿根廷）的"非马食肉牛龙足迹"、来自白垩纪（塔吉克斯坦）的"科法尔尼洪龙足迹"和来自早侏罗世的"马洛蒂三趾龙足迹"（莱索托）。此外，还有一些非学术刊物提到的，例如，来自美国得克萨斯州，早白垩世的"席博罗龙足迹"和"Sucresaurupis bolivienses"〔可能是"玻利维亚苏克雷龙足迹"（*Sucresauripus boliviense*）的错误写法〕，这是一种来自玻利维亚晚白垩世的兽脚亚目足迹。

晚白垩世晚期最小足迹 等级：微型

韩国鸟未定种（r）的足迹长度在 1.9～2.5 cm 之间。最小的非鸟类兽脚亚目足迹长 2.7 cm，但有些作者认为它是鸟类足迹。

晚白垩世早期最小足迹 等级：微型

韩国鸟似哈曼种（l）是一些长度在 2.5～2.9 cm 之间的鸟类足迹。哥伦布足迹似爱莫拉种（n）是在该时期非鸟类兽脚亚目恐龙足迹中最小的一个。

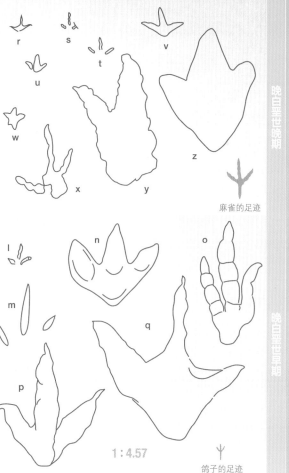

1:4.57

麻雀的足迹

鸽子的足迹

特别的小型白垩纪足迹化石		
种类、尺寸（长度）	纪录、类别	国家（或地区）
晚白垩世早期		
l. 韩国鸟似哈曼种 2.5 cm	北美洲晚白垩世早期最小足迹（鸟类）	美国（犹他州）
m. 未命名 7.5 cm	南美洲晚白垩世早期最小足迹（鸟类）	阿根廷
n. 爱莫拉哥伦布足迹 10 cm	非洲晚白垩世早期最小足迹（兽脚亚目）	阿尔及利亚
o. 未命名 15 cm	南美洲晚白垩世早期最小足迹（兽脚亚目）	阿根廷
p. 未命名 15 cm	亚洲晚白垩世早期最小足迹（兽脚亚目）	日本
q. 未命名 20 cm	北美洲晚白垩世早期最小足迹（兽脚亚目）	美国（新墨西哥州）
晚白垩世晚期		
r. 韩国鸟未定种 1.9 cm	亚洲晚白垩世晚期最小足迹（鸟类）	韩国
s. 未命名 2 cm	北美洲晚白垩世晚期最小足迹（鸟类）	美国（怀俄明州）
t. 未命名 2 cm	北美洲晚白垩世晚期最小足迹（鸟类）	美国（怀俄明州）
u. 斯氏巴罗斯足迹 2.1 cm	南美洲晚白垩世晚期最小足迹（鸟类）	阿根廷
v. 未命名 约 2.67 cm	非洲晚白垩世晚期最小足迹（兽脚亚目）	摩洛哥
w. 未命名 3.5 cm	非洲晚白垩世晚期最小足迹（鸟类）	摩洛哥
x. 未命名 9 cm	北美洲晚白垩世晚期最小足迹（兽脚亚目）	美国（阿拉斯加州）
y. 安琪龙足迹未定种 15 cm	南美洲晚白垩世晚期最小足迹（兽脚亚目）	玻利维亚
z. 伶盗龙足迹未定种 16 cm	欧洲晚白垩世晚期最小足迹（兽脚亚目或鸟类？）	波兰

趾间距最宽的足迹（右图）

足迹中最大的趾间距（分叉）发生在鸟类身上，██████████████████████████████，据报道，鸟类足迹中趾间距最大的是沐霞山东鸟足迹 LRH-dz66，该值为 142°。这一足迹化石非常特别，因为它的趾头呈现之字形，就像一些现代鸟类，其中包括啄木鸟、走鹃、杜鹃、长嘴鸟和一些猛禽。呈现这种特征的唯一一种中生代的鸟类是利伟大凌河鸟。

发现中生代鸟类足迹最多的国家

大约有 49 个地方发现了各种早白垩世晚期的鸟类足迹，其中 43 个位于韩国。

海啸造成了更多恐龙足迹的保存

一项研究表明，早白垩世晚期的一波巨浪侵袭了现在的特鲁埃尔省（西班牙）。它形成的沉积物使数百种恐龙足迹被留存下来，并形成了已知欧洲面积最大的地层。

兽脚亚目最宽的足迹

在圣普拉亚（葡萄牙）发现的一个足迹宽度大约是长度的 50%，有部分原因是它的脚跟没有被保存下来，这大大减小了它的长度。

中生代鸟类最窄的足迹

韩国鸟未定种（韩国）的足迹宽度大约占长度（包括第 I 趾）的 58%。

中生代鸟类最宽的足迹

一个哈曼韩国鸟（韩国）的足迹宽度大约是长度的 85%。

年代最近的兽脚亚目足迹

有一些足迹处于中生代末期。其中年代最近的是皮氏暴龙足迹（美国新墨西哥州），它处于距离白垩纪与新生代的沉积界限 20 m 的地方。

恐龙形态类、兽脚亚目恐龙和中生代鸟类足迹在历史上的纪录

约公元前 1600 年 波兰 带有恐龙足迹的最古老的岩画

在康特威尔斯发现的足迹化石上雕刻着长有犄角、触角在跳舞的魔鬼。

公元前 1000 ～公元前 900 年 西班牙 第一批发现的兽脚亚目恐龙足迹

在建造雷文加布尔戈斯墓时，罗马人毁掉了一些保存在石材上的三趾型恐龙足迹。

约 1000 ～ 1200 年 美国 第一个代表性兽脚亚目恐龙足迹

犹他州 "实雷龙" 三个足迹的象形图被阿纳扎西人认为是一只大鸟的足迹。

1802 年 美国 对恐龙足迹的第一次解释

在康涅狄格山谷（马萨诸塞州）发现的第一批兽脚亚目恐龙足迹，最初被认为是火鸡的足迹。在世界其他地方，它们还曾被归为鹰、乌鸦或鸽子，甚至是巨型鸟类。

1835 年 美国（马萨诸塞州）第一次推测鸟类足迹所属的年代

詹姆斯·迪恩发现了几道 3000 年前的古老火鸡的行迹。这条行迹发现于靠近美国马萨诸塞州的格林菲尔德。

1835 年 德国 第一批来自三叠纪的足迹

手兽足迹于 1834 年被西克勒在图林根州发现。它们是第一批已知的三叠纪足迹。学者认为它们可能属于不同的动物，其中包括恐龙，但实际上它们是主龙类的足迹。

1836 年 美国 第一批兽脚亚目三趾型足迹

硕大鸟形迹（现为斯泰罗足迹）和结节鸟形迹（现为安琪龙足迹）都留下了三个趾头的印痕。

1836 年 美国 第一批兽脚亚目四趾足迹

巨大鸟形迹（现称为实雷龙足迹）和相异鸟形迹（现称为斯泰罗足迹）呈现出脚拇趾的印痕。

1836 年 美国 第一批带羽毛印痕的兽脚亚目恐龙足迹

来自马萨诸塞州早侏罗世的清晰相异鸟形迹、扁趾相异鸟形迹和硕大鸟形迹（现称为斯泰罗足迹），在它们的足跟处呈现出毛丛印痕。

1836 年 美国 第一批被命名的来自侏罗纪北美洲东部的兽脚亚目恐龙足迹

爱德华·希区柯克发表了相异鸟形迹、巨大鸟形迹、硕大鸟形迹和结节鸟形迹（现归属于足迹化石属安琪龙足迹、实雷龙足迹和斯泰罗足迹）。它们发现于马萨诸塞州康涅狄格山谷，这些兽脚亚目恐龙足迹原被认为属于三叠纪，但现在我们知道它们可以追溯到早侏罗世。

1840 年 哥伦比亚 第一份关于南美洲北部兽脚亚目恐龙足迹的报道

卡尔·德根哈特于 1840 年发表了来自 "墨西哥" 的大量鸟类足迹，但事实上它们来自哥伦比亚。但其发表时没有写明发现的确切位置，足迹所属的年代也是未知的，并且并没有配有插图。

1841 年 美国 第一次更改名称的兽脚亚目恐龙足迹

爱德华·希区柯克对鸟类（鸟类迹）、爬行动物（蜥龙迹、铲形迹）和哺乳动物（四趾迹）的足迹化石进行了区分。

1850 年 英格兰 第一批在欧洲西部发现的鸟跖主龙类足迹

宾氏似鸟迹被确定为兽脚亚目恐龙的足迹。事实上，我们不可能识别出它们的造迹者，因为通过它们的时代（中三叠世）及其形状可得出，宾氏似鸟迹可以是具有中轴对称脚趾的任何主龙类。

1858 年 美国 第一个兽脚亚目恐龙尾巴的印迹

报道称在美国马萨诸塞州康涅狄格河谷中，在有尾极大龙迹化石上发现了巨大的尾迹。

1867 年 美国 第一批辨识的兽脚亚目恐龙足迹

爱德温克·柯普首次确认在康涅狄格河谷（美国马萨诸塞州）发现的足迹属于兽脚亚目恐龙。足迹的发现者爱德华·希区柯克拒不接受这种观点，因为他认为恐龙是具有大体重的四足动物，而这些足迹是双足的，印痕轻巧，除此之外，一些足迹还呈现有羽毛的证据。

1868 年 美国 北美洲西部的第一批兽脚亚目恐龙足迹

报道称在美国怀俄明州阿尔德蒙组发现了大型鸟类的足迹，其实这些足迹有些是兽脚亚目恐龙的足迹。

1879 年 威尔士 欧洲西部第一个三叠纪兽脚亚目恐龙足迹

在威尔士描述了托氏 "勃朗迹"（现称为安琪龙足迹）的足迹标本。

1881 年 阿尔及利亚 非洲北部第一批白垩纪兽脚亚目恐龙足迹

非洲发现的第一批恐龙足迹属于小型兽脚亚目恐龙。

1882 年 塔吉克斯坦 亚洲西部第一批侏罗纪兽脚亚目恐龙足迹

天山实雷龙足迹化石发现于格诺布河。160 年后，这个名字变成了加布里龙，后来它又变成了加布里龙足迹。

1883 年 英格兰 欧洲东部第一个白垩纪兽脚亚目恐龙足迹

一些发现于海绿石砂岩地层的足迹被描述，其中一些可能属于兽脚亚目恐龙。

1886 年 意大利 欧洲西部第一批恐龙形态类恐龙足迹？

具疣迹（现为 "槽齿龙足迹"）与副手兽足迹非常相似，被认为是恐龙形态恐龙的足迹。

1889 年 美国 第一个巨型兽脚亚目恐龙足迹化石集合

在描述康涅狄格河谷足迹的最后，爱德华·希区柯克设法收集了约 2 万个足迹化石，其中许多属于兽脚亚目恐龙。

1895 年 美国 北美洲东部第一批三叠纪兽脚亚目恐龙足迹

第一批三叠纪足迹发现于弗吉尼亚州。以前发表的来自康涅狄格州、马萨诸塞州和新泽西州的足迹现在被认为来自早侏罗世。

1897 年 英格兰 欧洲西部第一批恐龙形态类恐龙足迹

膨大喙头龙（现为旋趾足迹）原被认为是小型蜥蜴的足迹。

1898 年 美国 北美洲西部第一批侏罗纪兽脚亚目恐龙足迹

一些由威尔斯在莫里森组发现的足迹在一年后有了描述。它们的形态与异特龙的后足相似。

1908 年 美国 第一个被混淆为人类足迹的恐龙足迹

在得克萨斯州发现的一些来自早白垩世晚期的足迹，它们有着保存良好的跖骨印。一些非专业人员将其解释为人类足迹。这一事件影响巨大，尽管有非常明显的解剖错误，但仍有许多伪造品生产出来，之后出售给游客。类似的情况还发生在 1961 年法国发现的中三叠世足迹，以及 1984 年在土库曼斯坦发现的晚侏罗世足迹。

1916 年 葡萄牙 欧洲西部第一个侏罗纪兽脚亚目恐龙足迹

不包括 15 世纪的非正式发现，因为它们无法确切鉴定，第一份关于兽脚亚目恐龙足迹的正式报告是在 1916 年发表的。

1917 年 美国 第一份关于北美洲西部白垩纪兽脚亚目恐龙足迹的报告

在得克萨斯州发现了几个大型足迹，其中一些足迹与 33 年后描述的鲨齿龙科的高棘龙有关。

1920 年 巴西 南美洲北部第一批白垩纪兽脚亚目恐龙足迹

1920 年发现了几种不同大小的兽脚亚目恐龙足迹。这些发现于四年后被公布。

1925 年 纳米比亚 非洲南部第一批侏罗纪兽脚亚目恐龙足迹

1925 年，发现了一些足迹，它们在一年后有了描述。命名的种名有鹅状蜥龙足迹、达马蜥龙足迹、双带蜥龙足迹和四蜥龙足迹，它们属于各种差异巨大的动物，所以现在该足迹属被弃用了。

1926 年 加拿大 北美洲西部第一个被命名的白垩纪兽脚亚目恐龙足迹

发现于艾伯塔省的窄似鸟足迹被解释为似鸟龙类留下的足迹。

1929年 阿根廷 第一批南美洲南部白垩纪兽脚亚目恐龙足迹

一些小型兽脚亚目恐龙足迹在发现后两年被公布。

1933年 澳大利亚 大洋洲第一个侏罗纪兽脚亚目恐龙足迹

在两篇关于澳大利亚足迹的出版物发行的34年前,一份简要的报告就已发表。

1935年 中国 第一份关于"四足"兽脚亚目恐龙足迹的错误报道

一个小型和一个大型标本混杂的足迹被描述成了石炭张北足迹。它被认为是同一动物的前肢和后肢留下的。

1939年 中国 亚洲东部第一个侏罗纪兽脚亚目恐龙足迹?

几位作者认为佐藤热河足迹是鸟臀目或兽脚亚目恐龙足迹,因为在这两个类群中都着长着尖尖趾甲的足部,就像肉食性动物那样。

1940年 中国 亚洲东部第一个被命名的侏罗纪兽脚亚目恐龙足迹?

佐藤热河足迹在其命名前一年被发现。实际上它们可能是鸟臀目恐龙的足迹。

1941年 莱索托 非洲南部第一个被命名的侏罗纪兽脚亚目恐龙足迹

优肢龙足迹的名称在29年后被改为强健扁龙足迹。

1942年 阿根廷 南美洲南部第一个被命名的白垩纪兽脚亚目恐龙足迹

南方安琪龙足迹与北美东部发现的早侏罗世足迹非常相似。

1948年 美国 北美洲西部第一批恐龙形态类恐龙足迹

布氏旋趾足迹、跑者旋趾足迹和麦氏旋趾足迹发现于美国亚利桑那州。

1949年 阿尔及利亚 非洲北部第一批白垩纪兽脚亚目恐龙足迹

在阿尔及利亚,报道称发现了一些小型肉食性恐龙足迹。

1951年 格鲁吉亚 欧洲东部第一批被命名的白垩纪兽脚亚目恐龙足迹

德氏萨塔利亚龙、坎氏萨塔利亚龙和沙氏萨塔利亚龙被命名。格鲁吉亚被一些作者认为属于欧洲大陆,而其他作者则将其纳入亚洲。

1952年 加拿大 北美洲东部第一批恐龙形态类恐龙足迹

在新斯科舍省发现的米尔福德极大龙足迹(现为阿特雷足迹)有了描述。

1952年 澳大利亚 大洋洲第一批白垩纪兽脚亚目恐龙足迹

报道称在布鲁姆市首次发现了足迹的存在。

1952年 美国 北美洲东部第一个三叠纪兽脚亚目恐龙足迹

格温内思安琪龙足迹(现为安琪龙足迹)发现于宾夕法尼亚州。它们属于晚三叠世。康涅狄格州、马萨诸塞州和新泽西州的足迹发现得更早,但现在已知它们来自早侏罗世。

1954年 摩洛哥 非洲北部第一个白垩纪中生代鸟类足迹

发现了几个不同的类似鸟类的足迹,因为足迹全趾之间的间隔很大。

1954年 中国 亚洲东部第一批侏罗纪兽脚亚目恐龙足迹

在被命名前6年,有报告称发现了石炭张北足迹。在其之前发现了佐藤热河足迹,它们是一些可能属于兽脚亚目或鸟臀目恐龙的足迹。

1955年 德国 欧洲西部第一个被命名的白垩纪兽脚亚目恐龙足迹

巨巨龙迹在几年后被更名为比克堡足迹,后来又更正为比克堡足迹。

1956年 智利 南美洲南部第一批侏罗纪兽脚亚目恐龙足迹

一些足迹被发现的六年后有了正式报道,但直到1965年才公布插图。

1960年 中国 亚洲东部第一个被命名的侏罗纪兽脚亚目恐龙足迹

在佐藤热河足迹之后,石炭张北足迹(现为实雷龙足迹)有了描述,但后者可能是鸟臀目恐龙的足迹。

1962年 以色列 中东第一批兽脚亚目恐龙足迹

归属于似鸟龙类的一些足迹可能是其他类型的兽脚亚目恐龙足迹。

1962年 摩洛哥 非洲北部第一个三叠纪兽脚亚目恐龙足迹

在摩洛哥发现了几个中型足迹。在其发现的19年后被描述。

1964年 阿根廷 南美洲南部第一批恐龙形态类恐龙足迹

报道称发现了来自晚三叠世的"虚骨龙类"或小型"前恐龙"的足迹。此外由圣胡安、神农巴发现的足迹最有可能属于恐龙形态类。直到大约25年之后,它们才被正式发表,迄今为止它们还没有被描述。

1964年 塔吉克斯坦 亚洲西部第一批白垩纪兽脚亚目恐龙足迹

首批发现的镰刀龙类的足迹被命名为重长足龙迹。

1964年 阿根廷 南美洲南部第一批三叠纪兽脚亚目恐龙足迹

在圣克鲁斯,保存有一些来自晚三叠世、归属于"虚骨龙类"的足迹。它们由罗多尔福·卡萨米基拉在1964年公布。

1904年 阿根廷 南美洲南部第一批被命名的侏罗纪兽脚亚目恐龙足迹

斯氏萨米恩托足迹和纳维斯王尔德足迹在阿根廷圣克鲁斯省被公布。

1964年 澳大利亚 大洋洲第一个三叠纪兽脚亚目恐龙足迹

报道称在澳大利亚发现了实雷龙足迹。

1964年 阿根廷 第一个单趾兽脚亚目恐龙足迹

在某些情况下,斯氏萨米恩托足迹会留下一至三个趾印。这是因为中趾支撑着大部分体重,就像独特速龙这类善于奔跑的兽脚亚目龙足迹一样。

1966年 以色列 中东地区第一批中生代鸟类足迹

所发现的足迹与在世界其他地区发现的其他涉水鸟足迹类似。

1967年 法国 欧洲东部第一批侏罗纪兽脚亚目恐龙足迹

被命名的遗迹种有韦永实雷龙足迹、巨跷脚龙足迹、奥龙跷脚龙足迹、多变跷脚龙足迹、伊加尔萨尔托足迹和特氏塔尔蒙足迹。

1967年 澳大利亚 大洋洲第一个白垩纪兽脚亚目恐龙足迹

布鲁姆巨龙足迹是一些中等大小的三趾型足迹。

1968年 法国 欧洲西部第一批原始蜥臀目恐龙足迹

来自早三叠世的跷脚龙足迹未定种是最古老的恐龙足迹。

1969年 韩国 亚洲东部第一个中生代鸟类足迹

哈曼韩国鸟足迹是数量众多的中生代鸟类足迹之一。

1970年 莱索托 非洲南部第一批三叠纪兽脚亚目恐龙足迹

在一份篇幅大于两卷的巨著中,描述了大量兽脚亚目恐龙足迹:比布拉龙跷脚龙足迹、德氏跷脚龙足迹、马西恩跷脚龙足迹、莫里杰新三趾龙足迹、莫氏新三趾龙足迹、木拉特巨三趾龙足迹、漂泊新三趾龙足迹、拉康新三趾龙足迹、莱里贝新三趾龙足迹、莫氏新三趾龙足迹、墙澳托足迹、梦幻澳托足迹、小澳托足迹、沼泽澳托足迹、帕维扁龙足迹、硕人扁龙足迹(扁龙足迹)、最小原三趾龙域迹、威趾原一趾龙足迹、和原扁扁龙足迹、迪氏扁龙足迹。

1970年 莱索托 非洲南部第一批原始蜥臀目恐龙足迹

小酋恩三趾龙足迹和首要酋恩三趾龙足迹的足迹特征与原始蜥臀目恐龙足迹相似。

1971年 阿尔及利亚 非洲北部第一个侏罗纪兽脚亚目恐龙足迹

报道称发现了一些来自侏罗纪的肉食性恐龙足迹。另一份在尼日尔的足迹报道公布时间更早,但它可能来自白垩纪。

1971年 阿尔及利亚 非洲北部第一个被命名的白垩纪兽脚亚目恐龙足迹

恩莫拉所伊布尔足迹被命名。该足迹属最初

创建于 39 年前的北美洲。

1971 年 澳大利亚 大洋洲第一批侏罗纪兽脚亚目恐龙足迹

足迹种巴氏张北足迹属于 11 年前在中国创建的一个足迹属，但是它们是否属于同一个足迹属尚存疑问。

1972 年 伊朗 辛梅利亚大陆第一个侏罗纪兽脚亚目恐龙足迹

这些足迹略早于同年一份阿富汗的报告被公布。

1975 年 伊朗 中东地区第一个被命名的兽脚亚目恐龙足迹

泽拉本伊氏龙足迹来自早侏罗世。

1975 年 克罗地亚 欧洲东部第一批白垩纪兽脚亚目恐龙足迹

在克罗地亚发现了各种足迹，之后还有了更多来自早白垩世晚期和早白垩世早期的发现。

1975 年 圭亚那 南美洲南部第一个侏罗纪兽脚亚目恐龙足迹

报道称学者发现了几个归属于鸟类或小型兽脚亚目恐龙的足迹。在此之前哥伦比亚有发现其他的足迹化石，但没有插图或描述，因此不知道它们的真实情况。

1982 年 中国 亚洲东部第一批白垩纪兽脚亚目恐龙足迹

辰溪湘西足迹和杨氏湘西足迹可能是窃蛋龙类的足迹。

1983 年 匈牙利 欧洲东部第一个侏罗纪兽脚亚目恐龙足迹

卡尔博尼康美龙曾被解释为鸟臀目恐龙的足迹，然而 28 年后，它成为卡岩塔足迹（兽脚亚目恐龙足迹）的同义词。

1985 年 泰国 辛梅利亚大陆第一批白垩纪兽脚亚目恐龙足迹

描述了几个中等大小的肉食性恐龙足迹。

1986 年 中国 亚洲东部第一个被命名的白垩纪兽脚亚目恐龙足迹

创建了非正式名称"恐爪龙足迹"，九年之后该名称被改为了伶盗龙足迹。

1986 年 中国 第一批白垩纪二趾兽脚亚目恐龙足迹

非正式命名了"恐爪龙足迹"，这是一些仅呈现出两趾的足迹，后来它们被更名为伶盗龙足迹。

1986 年 印度 亚洲南部（印度斯坦）第一批白垩纪兽脚亚目恐龙足迹

几个被归属于蜥脚形亚目的足迹具有典型的兽脚亚目恐龙足迹形态。

1986 年 阿根廷 南美洲第一个白垩纪中生代鸟类足迹

在萨尔塔大学自然科学与古生物系的藏品中，禽雅克雷特足迹（Yacoraitichnus avis）的名称显示为"Iacoraitichnus avis"。

1987 年 中国 亚洲东部第一个三叠纪兽脚亚目恐龙足迹

有人提出，26 年前描述并确定为原始蜥脚形亚目动物足迹的磁峰彭县足迹可能是兽脚亚目恐龙留下的。两种恐龙会留下的足迹非常相似，因此，很难确定它们。

1987 年 美国 北美洲东部第一个原始蜥臀目恐龙足迹

在弗吉尼亚州发现的跷脚龙足迹未定种可能属于原始蜥臀目恐龙。

1988 年 摩洛哥 第一个侏罗纪二趾兽脚亚目恐龙足迹

一些阿尔戈足迹呈现出两到三个趾头印痕。它们是由善奔跑的兽脚亚目恐龙留下的。

1990 年 中国 亚洲东部第一个侏罗纪中生代鸟类足迹

报道称在土城子组发现了一些鸟类足迹，它们在 2006 被命名为金黄鸡鸟足迹和似水生鸟足迹。

1994 年 玻利维亚 发现了最大的白垩纪恐龙足迹地层

克劳斯·佩德罗·舒特发现了一个目前拥有 10 000 多个足迹的区域，其中包括几百道行迹。它被称为"卡尔奥尔科露头"。可惜的是，几次山体滑坡已经摧毁了很多足迹。

1994 年 中国 亚洲东部第一批被命名的白垩纪兽脚亚目恐龙足迹

峨眉跷脚龙足迹和四川伶盗龙足迹是小型兽脚亚目恐龙留下的足迹化石。

1996 年 法国 欧洲东部第一个侏罗纪中生代鸟类足迹

一个未命名的足迹似乎是鸟类足迹，其足跟呈现出毛状痕迹；另一个足迹兰氏浩普基亚鸟足迹在 33 年前发现，它趾间角非常宽，但可能属于近鸟类兽脚亚目恐龙。

1996 年 西班牙 欧洲东部第一批白垩纪中生代鸟类足迹

梅氏古鸟足迹是大型涉水鸟留下的足迹。

1996 年 秘鲁 南美洲北部第一个白垩纪兽脚亚目恐龙足迹

热拉尔氏似鸟足迹可能属于兽脚亚目角鼻龙类，因为也许在南美洲没有似鸟龙类生存。

1997 年 美国 北美洲东部第一个白垩纪兽脚亚目恐龙足迹

巨龙足迹未定种是在弗吉尼亚州发现的一些早白垩世足迹。

1998 年 德国 发现了最大的恐龙形类恐龙足迹地层

在中三叠世的索林组中，每平方米保存有 600～1 000 个旋趾足迹足迹。它们从 20 世纪 60 年代开始被收集。

1998 年 澳大利亚 大洋洲第一个原始蜥臀目恐龙足迹

似跷脚龙足迹未定种可能属于原始蜥臀目恐龙。

2000 年 波兰 最新命名的恐龙形类恐龙足迹

神奇原旋趾足迹是已知最原始的鸟跖主龙类足迹。在 2016 年本书编辑结束之前，没有其他更新的命名。

2001 年 英格兰 第一个代表恐龙和其他动物浮水的足迹属

锐刮足迹代表兽脚亚目恐龙、鳄鱼、海龟或两栖动物在浮水时留下的足迹。

2003 年 美国 北美洲西部第一个原始蜥臀目恐龙足迹

在科罗拉多州发现的三叠纪跷脚龙足迹未定种可能属于原始蜥臀目恐龙。

2004 年 阿尔及利亚 非洲北部第一个恐龙形类恐龙足迹

报道称发现了来自中三叠世的旋趾足迹似贝氏种足迹。

2006 年 中国 亚洲东部第一个被命名的侏罗纪中生代鸟类足迹

金黄鸡鸟足迹和似水生鸟足迹在中国被命名。它们位于晚侏罗世和早白垩世分界之间的地层，因此，它们所处的年代可能会有所不同。

2006 年 泰国 辛梅利亚大陆第一个被命名的白垩纪兽脚亚目恐龙足迹

考艾暹罗足迹可能是兽脚亚目或是鸟脚类恐龙足迹。

2006 年 西班牙 最大的兽脚亚目恐龙足模

一个足模长度为 105 cm，包括了跖骨的一部分，单纯的足部有 82 cm。

2007 年 巴基斯坦 亚洲南部（印度斯坦）第一个被命名的侏罗纪兽脚亚目恐龙足迹

苏氏沙门野兽足迹缺乏恰当的描述，因而它的名字尚存疑问。

2007 年 阿根廷 南美洲南部第一个原始蜥臀目恐龙足迹

一篇出版物描述了各种恐龙的足迹，其中一些可能是原始蜥臀目足迹，其他属于兽脚亚目恐龙。

2007 年 西班牙 逆流而上的兽脚亚目恐龙

几个足迹呈现出与水流逆流 30°。

2008 年 巴西 南美洲南部第一个三叠纪兽脚亚目恐龙足迹

跷脚龙足迹长 8.5 cm，发现于巴西南部。它是南美洲最小的三叠纪恐龙足迹。

2010 年 美国 第一个兽脚亚目恐龙挖掘活动的证据

一些遗迹化石上有典型的驰龙科或伤齿龙科恐龙的镰刀状指爪的痕迹，学者认为它们与中生代哺乳动物的洞穴有关。

2010 年 葡萄牙 第一篇关于恐龙足迹世界纪录的正式文章

加西亚·奥尔蒂斯·兰达卢塞、奥尔特

加·吉利娜、乌尔塔多·雷耶斯和迪亚斯·马丁内斯在 2009 年对拉里奥哈（西班牙）大型和小型兽脚亚目、鸟脚类和蜥脚形亚目恐龙足迹进行修订，并将之与世界纪录：吉尼斯世界纪录进行比较。

2011 年 尼日尔 非洲北部第一个被命名的侏罗纪兽脚亚目恐龙足迹

二趾平行足迹是一个二趾足迹。虽然有人认为它可能是一种古老的驰龙科恐龙留下的，但它与阿戈足迹类似，是一种善奔跑的兽脚亚目恐龙足迹，它还具有三个甚至四个趾的印痕。

2011 年 摩洛哥 非洲北部第一批侏罗纪鸟类足迹

一些类似中侏罗世鸟类足迹可能是近鸟类留下的。

2011 年 西班牙 第一个三维兽脚亚目恐龙足迹

一个足迹被保存在一个较深的模具中，保持了完整的形状，就像是雕塑一样。

2013 年 澳大利亚 大洋洲第一个中生代鸟类足迹

报道称发现了几个中等大小的鸟类足迹，还包括一个足部拖行的痕迹。

2013 年 西班牙 第一批有运动痕迹的足迹

一些在行走时滑动带凹槽的足迹被印在密实的泥土中。它们被称为"四维足迹"，可以揭示留下它们的兽脚亚目恐龙的运动。

2013 年 中国 最长的兽脚亚目恐龙浮水足迹

1991 年发现的足迹显示一只兽脚亚目恐龙在浅水中漂浮的场景。它通过滑动后肢前进了至少 15 m 的距离。这些印痕被称为锐刮足迹未定种。

2014 年 中国 亚洲东部第一个原始蜥臀目恐龙足迹

一个类似于跷脚龙足迹的足迹是亚洲最古老的足迹。它可能是原始蜥臀目恐龙留下的。

2015 年 加拿大 最新命名的中生代鸟类足迹

巴布科克和平鸟足迹与在阿根廷发现的斯氏巴罗斯足迹非常相似。

2015 年 中国 最新命名的兽脚亚目恐龙足迹

张氏伶盗龙足迹是唯一留下了三趾型足迹的驰龙科恐龙足迹，因为所有之前发现的足迹都只有两趾印痕，因为它们的第 II 趾非常发达但不接触地面。

 1:1.14

马蹄鲎看起来像恐龙
马蹄鲎的足迹与兽脚亚目恐龙的足迹十分相似，以至于它们常常被混淆。在英格兰发现的一个来自中三叠世的标本被命名为"虚骨龙足迹未定种"，它被认为是有史以来发现的最小的足迹之一。

对称和非对称足迹
奥索尼美扭椎龙 & 阿氏似松鼠龙
BMMS BK 11 和 OUM J13558
在所有的斑龙超科恐龙中，这两个是唯一几乎完整保留了后肢的物种。由此，我们知道它们的足部形态与巨龙相似，它们趾头之间的比例不对称。相比之下，其他同时期的大型兽脚亚目恐龙的趾头长度则更为对称，如异特龙超科恐龙亚亚。

鸟跖主龙类足迹

编号	足迹种名	国家（或地区）	时期
1	怀俄明阿吉亚足迹	美国（怀俄明州）	晚三叠世
2	比布拉克安琪龙足迹	法国	中三叠世
3	阿加底亚阿特雷足迹	加拿大	晚三叠世
4	梅氏阿特雷足迹	德国、法国	晚三叠世
5	米尔福德阿特雷足迹	美国（宾夕法尼亚州）	晚三叠世
6	槽阿特雷足迹	美国（新泽西州）	晚三叠世
7	布瓦索巴尼斯特贝茨足迹	美国（弗吉尼亚州）	晚三叠世
8	阿泽纽斯虚骨龙足迹	德国	晚三叠世
9	克氏虚骨龙足迹	德国	晚三叠世
10	克氏虚骨龙足迹	德国	晚三叠世
11	拉根提尔虚骨龙足迹	法国	中三叠世
12	摩氏虚骨龙足迹	德国	晚三叠世
13	帕氏虚骨龙足迹	法国	中三叠世
14	佩氏虚骨龙足迹	法国	中三叠世
15	拉特姆虚骨龙足迹	荷兰	中三叠世
16	萨宾虚骨龙足迹	法国	中三叠世
17	塞森多夫虚骨龙足迹	法国	晚三叠世
18	施劳尔巴赫虚骨龙足迹	法国	晚三叠世
19	舍伦贝格虚骨龙足迹	德国	晚三叠世
20	虚骨龙足迹	意大利	中三叠世
21	齐格朗虚骨龙足迹	德国	晚三叠世
22	后手兽形副手兽足迹	法国	中三叠世
23	布氏副三趾龙足迹	瑞士	中三叠世
24	侧副三趾龙足迹	瑞士	中三叠世
25	神奇副三趾龙足迹	瑞士	中三叠世
26	宾氏似鸟迹	英格兰	中三叠世
27	路特夫原旋趾足迹	法国	中三叠世
28	神奇原旋趾足迹	波兰	早三叠世
29	贝氏旋趾足迹	法国	中三叠世
30	布氏旋趾足迹	美国（亚利桑那州）	中三叠世
31	跑者旋趾足迹	美国（亚利桑那州）	早三叠世
32	克罗纳赫旋趾足迹	德国	中三叠世
33	卢氏旋趾足迹	意大利	中三叠世
34	马氏旋趾足迹	德国	中三叠世
35	麦氏旋趾足迹	美国（亚利桑那州）	中三叠世
36	膨大旋趾足迹	英格兰	晚三叠世
37	迅捷旋趾足迹	法国	中三叠世
38	强悍斯芬克斯足迹	法国	中三叠世
39	斯芬克斯足迹	意大利	中三叠世
40	具疣槽齿龙足迹	意大利	晚三叠世

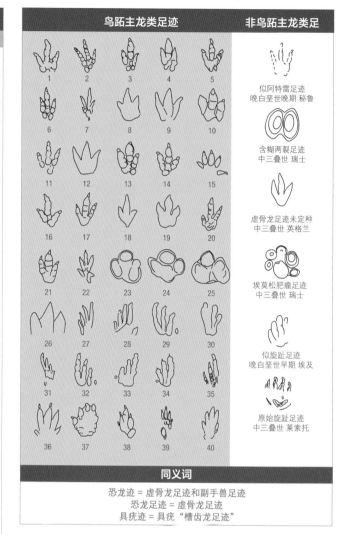

鸟跖主龙类足迹　　　非鸟跖主龙类足

似阿特雷足迹
晚白垩世晚期 秘鲁

含糊两裂足迹
中三叠世 瑞士

虚骨龙足迹未定种
中三叠世 英格兰

埃莫松肥瘤足迹
中三叠世 瑞士

似旋趾足迹
晚白垩世早期 埃及

原始旋趾足迹
中三叠世 莱索托

同义词

恐龙迹 = 虚骨龙足迹和副手兽足迹
恐龙足迹 = 虚骨龙足迹
具疣迹 = 具疣"槽齿龙足迹"

仅通过前足迹获知的足迹种

拉特姆虚骨龙足迹（荷兰）。

1 : 1.14

鸟跖主龙类最健壮的前足迹

不同于大部分近亲，迅捷旋趾足迹（法国）的前后足迹都非常宽。

1 : 2.28

鸟跖主龙类最古老的前足足迹

原旋趾足迹来自斯特里佐维斯组（波兰），起源于早三叠世（奥伦尼克期早期，距今 2.512 亿～2.49 亿年）。

1 : 1.14

原始蜥臀目恐龙足迹

编号	足迹种名	国家（或地区）	时期
1	格氏虚骨龙足迹	法国	晚三叠世
2	金氏奎德三趾龙足迹	法国	晚三叠世
3	最小奎德三趾龙足迹	法国	晚三叠世
4	比萨跷脚龙足迹	意大利	晚三叠世
5	直线原三趾龙足迹	莱索托	晚三叠世
6	小酋恩三趾龙足迹	莱索托	晚三叠世
7	首要酋恩三趾龙足迹	莱索托	晚三叠世
8	鹅状蜥龙足迹	纳米比亚	晚三叠世

原始蜥臀目恐龙足迹

编号	足迹种名	国家（或地区）	时期
1	阿斯蒂加拉加阿贝力足迹	阿根廷	晚白垩世早期
2	澳大利亚安琪龙足迹	阿根廷	早白垩世晚期
3	达那俄斯安琪龙足迹	美国（马萨诸塞州）	早侏罗世
4	具瘤安琪龙足迹	美国（康涅狄格州、马萨诸塞州）	早侏罗世
5	格温内思安琪龙足迹	美国（宾夕法尼亚州）	晚三叠世
6	希区柯克安琪龙足迹	美国（康涅狄格州）	早侏罗世
7	迷你安琪龙足迹	美国、法国	早侏罗世
8	平行安琪龙足迹	美国（康涅狄格州、马萨诸塞州）	早侏罗世
9	斯氏安琪龙足迹	美国（康涅狄格州、马萨诸塞州、新泽西州）	早侏罗世
10	托氏安琪龙足迹	英格兰	早侏罗世
11	隆凸安琪龙足迹	美国（马萨诸塞州）	早侏罗世
12	结节安琪龙足迹	美国、匈牙利	早侏罗世
13	钩状安蒂克艾尔足迹	美国（马萨诸塞州）	早侏罗世
14	皮鲁拉图斯安蒂克艾尔足迹	美国（马萨诸塞州）	早侏罗世
15	长趾阿尔戈足迹	美国（马萨诸塞州、新泽西州）	早侏罗世
16	最小阿尔戈足迹	美国（马萨诸塞州）	早侏罗世
17	雷氏阿尔戈足迹	美国（马萨诸塞州）	早侏罗世
18	弗氏贝拉足迹	加拿大	晚白垩世晚期
19	巴塔哥布雷桑足迹	阿根廷	晚白垩世早期
20	巨比克堡足迹	德国	早白垩世早期
21	马比卡博小足迹	美国（加利福尼亚州）	中侏罗世
22	巴氏张北足迹	澳大利亚	中侏罗世
23	石炭张北足迹	中国	中侏罗世
24	棋盘张北足迹	中国	早侏罗世
25	洛氏查布足迹	中国	早白垩世晚期
26	克氏阿吉龙足迹	土库曼斯坦	晚侏罗世
27	何氏重庆足迹	中国	中侏罗世
28	小重庆足迹	中国	中侏罗世
29	南岸重庆足迹	中国	中侏罗世
30	野苗溪重庆足迹	中国	中侏罗世
31	多变大斯塔基龙足迹	塔吉克斯坦	晚侏罗世
32	塔特里克斯虚骨龙足迹	斯洛伐克	晚三叠世
33	爱莫拉哥伦布足迹	阿尔及利亚	晚白垩世早期
34	有蹄哥伦布足迹	加拿大	早白垩世晚期
35	马普奇德法拉足迹	阿根廷	晚白垩世早期

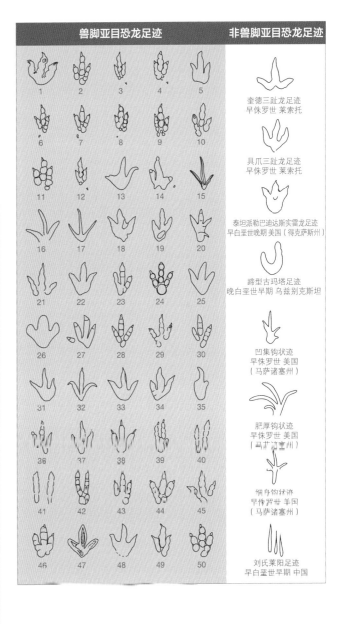

编号	足迹种名	国家（或地区）	时期
36	漂泊次三趾龙足迹	法国	晚三叠世
37	聚次三趾龙足迹	莱索托	早侏罗世
38	威氏双脊龙足迹	美国、法国	早侏罗世
39	山东驰龙足迹	中国	早白垩世晚期
40	哈曼驰龙型足迹	韩国	早白垩世晚期
41	晋州驰龙型足迹	韩国	早白垩世晚期
42	永靖驰龙足迹	中国	早白垩世晚期
43	近似实雷龙足迹	美国（康涅狄格州）	早侏罗世
44	分叉实雷龙足迹	美国、法国	早侏罗世
45	展开实雷龙足迹	美国（马萨诸塞州）	早侏罗世
46	巨大实雷龙足迹	美国（康涅狄格州、马萨诸塞州）	早侏罗世
47	玫瑰实雷龙足迹	中国	早侏罗世
48	玫瑰实雷龙足迹	美国（得克萨斯州）	早白垩世晚期
49	洛克斯实雷龙足迹	美国（马萨诸塞州）	早侏罗世
50	扁实雷龙足迹	中国、美国	早侏罗世
51	索尔蒂科夫实雷龙足迹	匈牙利、波兰	早侏罗世
52	韦永实雷龙足迹	法国	早侏罗世
53	伍德拜恩三长叉足迹	美国（得克萨斯州）	晚白垩世早期
54	天山加布里龙足迹	塔吉克斯坦	晚侏罗世
55	有尾极大龙足迹	美国（康涅狄格州）	早侏罗世
56	安德欧跷脚龙足迹	法国	早侏罗世
57	楔状跷脚龙足迹	美国（康涅狄格州）	早侏罗世
58	跑者跷脚龙足迹	美国（康涅狄格州）	早侏罗世
59	德氏跷脚龙足迹	莱索托	早侏罗世
60	美丽跷脚龙足迹	美国（马萨诸塞州）	早侏罗世
61	纤细跷脚龙足迹	美国（马萨诸塞州）	早侏罗世
62	泥泞翘脚龙足迹	中国	早侏罗世
63	马氏跷脚龙足迹	美国（亚利桑那州）	晚三叠世
64	最大跷脚龙足迹	法国	晚三叠世
65	莫氏跷脚龙足迹	莱索托	早侏罗世
66	奥龙跷脚龙足迹	法国	晚三叠世
67	希氏跷脚龙足迹	法国	早侏罗世
68	细跷脚龙足迹	美国、印度、波兰	早侏罗世
69	多变跷脚龙足迹	法国	晚三叠世
70	齐氏跷脚龙足迹	波兰	早侏罗世
71	南方鸭嘴龙足迹	阿根廷	晚白垩世晚期
72	郝氏伊斯帕诺龙足迹	西班牙	晚侏罗世
73	九曲湾湖南龙足迹	中国	早白垩世晚期
74	菲氏郁足迹	美国（马萨诸塞州）	早侏罗世
75	重伊伊韦尔龙足迹	西班牙	晚侏罗世
76	泽氏龙足迹	伊朗	早侏罗世
77	尖艾氏龙足迹	加拿大	早白垩世晚期
78	西部艾氏龙足迹	加拿大	早白垩世晚期
79	纤细艾氏足迹	加拿大	早白垩世晚期
80	碾盘山金李井足迹	中国	早侏罗世
81	莫里杰新三趾龙足迹	莱索托	早侏罗世
82	莫氏新三趾龙足迹	莱索托	早侏罗世
83	卡尔库什卡克希龙足迹	塔吉克斯坦	晚侏罗世
84	海流图卡岩塔足迹	中国	早侏罗世
85	霍皮卡岩塔足迹	美国（亚利桑那州）	早侏罗世
86	最小卡岩塔足迹	美国、波兰	早侏罗世

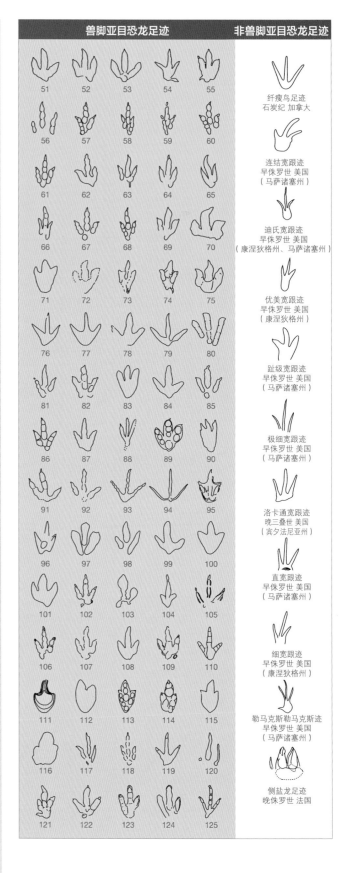

兽脚亚目恐龙足迹　　　　非兽脚亚目恐龙足迹

纤瘦鸟足迹
石炭纪 加拿大

连结宽跟迹
早侏罗世
（马萨诸塞州）

迪氏宽跟迹
早侏罗世 美国
（康涅狄格州、马萨诸塞州）

优美宽跟迹
早侏罗世 美国
（康涅狄格州）

趾级宽跟迹
早侏罗世 美国
（马萨诸塞州）

极细宽跟迹
早侏罗世 美国
（马萨诸塞州）

洛卡通宽跟迹
晚三叠世 美国
（宾夕法尼亚州）

直宽跟迹
早侏罗世 美国
（马萨诸塞州）

细宽跟迹
早侏罗世 美国
（康涅狄格州）

勒马克斯勒马克斯迹
早侏罗世 美国
（马萨诸塞州）

侧盐龙足迹
晚侏罗世 法国

编号	足迹种名	国家（或地区）	时期
87	最小卡岩塔足迹	美国（弗吉尼亚州）	晚三叠世
88	奥莱龙拉伯足迹	法国	晚侏罗世
89	董氏禄丰足迹	中国	早侏罗世
90	重长足龙足迹	塔吉克斯坦	晚白垩世早期
91	亚洲大鸟足迹	中国	早白垩世晚期
92	康氏大鸟足迹	美国（科罗拉多州）	晚白垩世早期
93	德纳里大鸟足迹	美国（阿拉斯加州）	晚白垩世晚期
94	劳氏大鸟足迹	美国（得克萨斯州）	晚白垩世早期
95	窄马斯提斯龙足迹	莱索托	早侏罗世
96	微小马斯提龙足迹	莱索托	早侏罗世
97	鸡爪石巨大足迹	中国	早侏罗世
98	布里翁巨龙足迹	克罗地亚	早白垩世早期
99	布鲁姆巨龙足迹	澳大利亚	早白垩世早期
100	条顿巨龙足迹	德国	晚侏罗世
101	乌兹别克斯坦巨龙足迹	塔吉克斯坦、乌兹别克斯坦	晚侏罗世
102	木拉特三趾龙足迹	莱索托	早侏罗世
103	中国猛龙足迹	中国	晚侏罗世
104	峨眉新跷脚龙足迹	中国	早白垩世晚期
105	马氏新三趾域迹	莱索托	早侏罗世
106	漂泊新三趾龙足迹	莱索托	早侏罗世
107	兰氏新三趾龙足迹	莱索托	早侏罗世
108	莱里贝新三趾龙足迹	莱索托	早侏罗世
109	莫卡拿梅颂新三趾龙足迹	莱索托	早侏罗世
110	窄似鸟足迹	加拿大	晚白垩世晚期
111	热氏似鸟足迹	秘鲁	晚白垩世晚期
112	坡澳托足迹	莱索托	早侏罗世
113	梦幻澳托足迹	美国（康涅狄格州）	早侏罗世
114	小澳托足迹	美国（康涅狄格州）	早侏罗世
115	沼泽澳托足迹	莱索托	早侏罗世
116	普氏澳托足迹	美国（宾夕法尼亚州）	晚三叠世
117	孤独似虚骨龙足迹	中国	早侏罗世
118	马西恩副跷脚龙足迹	莱索托	早侏罗世
119	杨氏副跷脚龙足迹	中国	早白垩世晚期
120	二趾平行足迹	尼日尔	中侏罗世
121	唐氏皮村足迹	阿根廷	晚白垩世早期
122	硕大扁龙足迹	莱索托	早侏罗世
123	强健扁龙足迹	莱索托	早侏罗世
124	拉鼎扁三趾龙足迹	莱索托	早侏罗世
125	皮鲁拉图斯近鸟迹	美国、波兰	早侏罗世
126	最小扁三趾龙足迹	莱索托	早侏罗世
127	威趾原三趾龙足迹	莱索托	早侏罗世
128	粗趾原三趾龙足迹	莱索托	早侏罗世
129	细原三趾龙足迹	莱索托	早侏罗世
130	马氏列加尔龙足迹	塔吉克斯坦	晚侏罗世
131	导师萨非足迹	阿根廷	晚白垩世晚期
132	伊加尔萨尔托足迹	法国	早侏罗世
133	沙氏萨尔托足迹	巴基斯坦	中侏罗世
134	斯氏萨米恩托足迹	阿根廷	早侏罗世
135	德氏萨塔利亚龙	格鲁吉亚	早白垩世早期
136	乔氏萨塔利亚龙	格鲁吉亚	早白垩世早期
137	恺卡萨塔利亚龙	格鲁吉亚	早白垩世早期

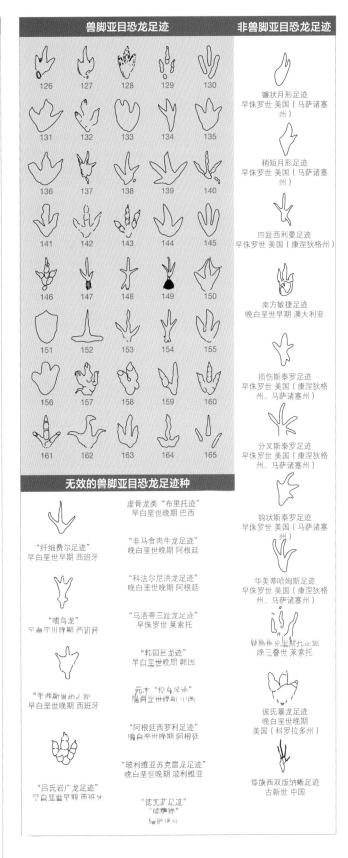

兽脚亚目恐龙足迹　　　**非兽脚亚目恐龙足迹**

126　127　128　129　130

131　132　133　134　135

136　137　138　139　140

141　142　143　144　145

146　147　148　149　150

151　152　153　154　155

156　157　158　159　160

161　162　163　164　165

镰状月形足迹
早侏罗世 美国（马萨诸塞州）

稍短月形足迹
早侏罗世 美国（马萨诸塞州）

四趾西利曼足迹
早侏罗世 美国（康涅狄格州）

南方敏捷足迹
晚白垩世早期 澳大利亚

损伤斯泰罗足迹
早侏罗世 美国（康涅狄格州、马萨诸塞州）

分叉斯泰罗足迹
早侏罗世 美国（康涅狄格州、马萨诸塞州）

钩状斯泰罗足迹
早侏罗世 美国（马萨诸塞州）

华美蒂哈姆斯足迹
早侏罗世 美国（康涅狄格州、马萨诸塞州）

钵状维克里托足迹
晚三叠世 莱索托

彼氏暴龙足迹
晚白垩世晚期
美国（科罗拉多州）

傣族西双版纳鸯蜥足迹
古新世 中国

无效的兽脚亚目恐龙足迹种

"纤细费尔足迹"
早白垩世早期 西班牙

虚骨龙类"布里托迹"
早白垩世晚期 巴西

"非马食肉牛龙足迹"
晚白垩世晚期 阿根廷

"科法尔尼洪龙足迹"
晚白垩世晚期 阿根廷

"嗜鸟龙"
早白垩世晚期 西班牙

"马洛蒂三趾龙足迹"
早侏罗世 莱索托

"韩国巨龙迹"
早白垩世晚期 韩国

元才"似鸟足迹"
晚白垩世晚期 四川

"剃刀敏捷龙足迹"
早白垩世晚期 西班牙

"阿根廷西罗利足迹"
晚白垩世晚期 阿根廷

"玻利维亚苏克雷龙足迹"
晚白垩世晚期 玻利维亚

"吕氏岩广龙足迹"
早白垩世早期 西班牙

"德尤扩足迹"
"像脚物"

编号	足迹种名	国家（或地区）	时期
138	心形蜥伊洛尔足迹	加拿大	晚白垩世早期
139	洛氏蜥伊洛尔足迹	美国（怀俄明州）	晚白垩世晚期
140	斯氏蜥伊洛尔足迹	美国（怀俄明州）	晚白垩世晚期
141	达马蜥龙足迹	纳米比亚	晚三叠世
142	小谷分叉跷脚龙足迹	日本	早侏罗世
143	小河坝分叉跷脚龙足迹	中国	早侏罗世
144	铜川陕西足迹	中国	中侏罗世
145	石根特石根特龙足迹	塔吉克斯坦	晚侏罗世
146	侧狭足迹	美国（康涅狄格州）	早侏罗世
147	优美斯忒罗珀足迹	美国（马萨诸塞州）	早侏罗世
148	清晰相异斯泰罗足迹	美国（马萨诸塞州）	早侏罗世
149	硕大斯泰罗足迹	美国（马萨诸塞州、新泽西州）	早侏罗世
150	特氏塔尔蒙足迹	法国	早侏罗世
151	多氏杀戮足迹	阿根廷	晚白垩世晚期
152	兰氏诰普基亚鸟足迹	英格兰	晚侏罗世
153	增井富山龙足迹	日本	早白垩世晚期
154	勒氏三叉足迹	美国（康涅狄格州）	早侏罗世
155	水南沱江足迹	中国	中侏罗世
156	库吉唐土库曼龙	土库曼斯坦	中侏罗世
157	皮氏暴龙足迹	美国（新墨西哥州）	晚白垩世晚期
158	四川伶盗龙足迹	中国	早白垩世晚期
159	张氏伶盗龙足迹	中国	早白垩世晚期
160	自贡威远足迹	中国	早侏罗世
161	纳维斯王尔德足迹	阿根廷	中侏罗世
162	辰溪湘西足迹	中国	早白垩世晚期
163	夕阳杨氏足迹	中国	早侏罗世
164	晋宁郑氏足迹	中国	早侏罗世
165	五马资中足迹	中国	中侏罗世

三类兽脚亚目和原始蜥臀目恐龙

具瘤安琪龙足迹布氏亚种
美国（康涅狄格州）

直线原三趾龙足迹重亚种
晚三叠世 莱索托

直线原三趾龙足迹慢亚种
晚三叠世 莱索托

莫氏新三趾龙足迹华美亚种
早侏罗世 莱索托

莫氏新三趾龙足迹硕大亚种
早侏罗世 莱索托

莫氏新三趾龙足迹深冯亚种
早侏罗世 莱索托

窄马斯提斯龙足迹跑亚种
早侏罗世 莱索托

微小马斯提斯龙足迹红亚种
早侏罗世 莱索托

结节鸟类迹疑惑亚种
早侏罗世 美国（康涅狄格州）

被确定为兽脚亚目恐龙足迹，但可能是鸟脚类恐龙的足迹

跟垫亚洲足迹
早白垩世早期 日本

路西塔尼亚尤蒂足迹
晚侏罗世 葡萄牙

张三丰副强壮足迹
晚白垩世晚期 中国

强壮亚洲足迹
早白垩世晚期 中国

和平河鹜足迹
早白垩世晚期 加拿大

法氏副鸟足迹
早侏罗世 法国

阿特拉斯布塔基奥足迹
晚侏罗世 摩洛哥

岳池嘉陵足迹
晚侏罗世 中国

考艾暹罗足迹
早白垩世早期 泰国

徐氏张北足迹
中侏罗世 中国

卡尔博尼康美龙
早侏罗世 匈牙利

徐氏暹罗足迹
早白垩世晚期 中国

东方强壮百合足迹
早白垩世晚期 中国

川主小龙足迹
早白垩世晚期 中国

奥卡尔窄足龙足迹
早白垩世早期 西班牙

戈氏尤蒂足迹
晚侏罗世 葡萄牙

甄朔南小龙足迹
早白垩世晚期 韩国

普遍窄足龙足迹
早白垩世早期 阿根廷、土库曼斯坦、美国（犹他州）

同义词

柏洛娜足迹 = 实雷龙足迹

极大龙迹 = 极大龙足迹

毕里辛锡亚足迹 = 阿尔戈足迹

优肢龙足迹 = 扁龙足迹

勃朗迹 = 实雷龙足迹

雷普顿足迹 = 狭足迹

内氏卡萨奎拉足迹 = 萨米恩托足迹

长足龙足迹 = 长足龙

滦平张北足迹 = 石炭张北足迹

鹜迹 = 安琪龙足迹

徐氏张北足迹 = 石炭张北足迹

普拉斯龙足迹 = 扁龙足迹

西布莉足迹 = 安琪龙足迹

萨塔利亚龙足迹 = 萨塔利亚龙

"恐爪龙足迹" = 伶盗龙足迹

"舒勒足迹" = 泰坦派勒巴迪达斯实雷龙足迹

"伊洛尔足迹" = 蜥伊洛尔足迹

学位论文中的名称

"约氏实雷龙足迹"

"李氏跷脚龙足迹"

"新平行实雷龙足迹"

近鸟足迹

"弯曲跷脚龙足迹"

"阿氏里奥哈足迹"

"老虎口跷脚龙足迹"

"黄河伶盗龙足迹"

未确定的恐龙足迹种

"丕阳龙足迹"
早白垩世晚期 韩国

中生代鸟类足迹			
编号	足迹种名	国家（或地区）	时期
1	和泉水生鸟足迹	日本	早白垩世早期
2	斯氏水生鸟足迹	加拿大	早白垩世晚期
3	梅氏古鸟足迹	西班牙	早白垩世早期
4	斯氏巴罗斯足迹	阿根廷	晚白垩世晚期
5	中国东阳鸟足迹	中国	晚白垩世晚期
6	马氏固城鸟足迹	韩国	早白垩世晚期
7	小个鹤足迹	美国（阿拉斯加州）	晚白垩世晚期
8	洛氏尚南道鸟足迹	韩国	早白垩世晚期
9	赵氏黄山足迹	韩国	晚白垩世晚期
10	具蹼鸟足迹	韩国	早白垩世晚期
11	麦氏具蹼鸟足迹	美国（科罗拉多州）	早白垩世晚期
12	杨氏具蹼鸟足迹	韩国	早白垩世晚期
13	金氏金东鸟足迹	韩国	早白垩世晚期
14	安徽韩国鸟足迹	中国	早白垩世晚期
15	道氏韩国鸟足迹	中国	早白垩世晚期
16	哈曼韩国鸟足迹	韩国	早白垩世晚期
17	中国韩国鸟足迹	中国	早白垩世晚期
18	柯氏泥泞鸟足迹	加拿大	早白垩世晚期
19	强壮魔鬼鸟足迹	中国	早白垩世晚期
20	威氏巴塔哥鸟足迹	阿根廷	晚白垩世晚期
21	巴布科克和平鸟足迹	加拿大	早白垩世晚期
22	金黄鸡鸟足迹	中国	晚侏罗世
23	半蹼萨基特足迹	美国（怀俄明州）	晚白垩世晚期
24	沐霞山东鸟足迹	中国	早白垩世晚期
25	查布鞑靼鸟足迹	中国	早白垩世晚期
26	春氏乌班吉足迹	韩国	晚白垩世晚期
27	禽雅克雷特足迹	阿根廷	晚白垩世晚期
28	敏捷舞足迹	中国	早白垩世晚期

最长的蹼足中生代鸟类足迹
　　包括第 I 趾（拇趾）在内，半蹼萨基特足迹（美国怀俄明州）长度为 9.5 cm。

最大的蹼足中生代鸟类足迹
　　春氏乌班吉足迹（美国阿拉斯加州）长约 7.4 cm。

1 : 4.57

最小的蹼足中生代鸟类足迹
　　洛氏庆尚南道鸟足迹（韩国）长度在 2.8 ～ 3.4 cm。

最古老的蹼足中生代鸟类足迹
　　洛氏具蹼鸟足迹（中国）所在的年代为阿普特期（距今 1.25 亿～ 1.13 亿年）。

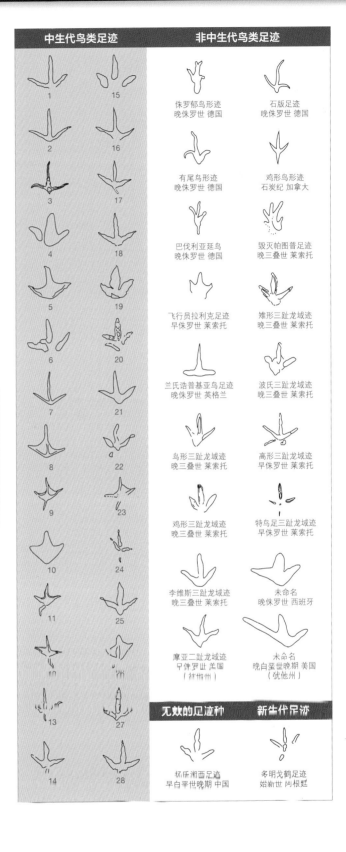

恐龙热与大事记
恐龙的历史和文化

纪录：历史和文化事件。

一些学者已经完成了关于恐龙的古生物学历史汇编，指出了特殊的化石、革命性的发现、突出的科学进展、调查的新方向或在本学科课题中具有影响力的事件。很多学者提议成立一个基于时间顺序清晰划分的体系，以便于呈现在历史演变过程中不同的研究进程和趋势。在这里我们不打算复述这些汇编的完整内容，而是对其进行补充完善，并且只采用其中我们感兴趣的题材，那就是各种纪录！

兽脚亚目恐龙纪录编年史

迈克尔·布雷特 斯尔曼于 1997 年创造了"英雄""经典""现代"和"复兴"几个时期。在这里，我们加入何塞·路易斯·桑兹（1999）的"古代"时期，还提出了一个"神话"时期。他们被分成两个小组，以便更好地分析这些令人振奋的数据。

神话时期	神话早期（约前 130 000—前 3300 年）
	神话晚期（约前 3300—公元 1670 年）
古代时期	古代早期（1671—1762 年）
	古代晚期（1763—1823 年）
英雄时期	英雄早期（1824—1857 年）*
	英雄晚期（1858—1896 年）*
经典时期 **	经典早期（1897—1928 年）
	经典晚期（1929—1938 年）
现代时期 **	现代早期（1938—1946 年）
	现代晚期（1947—1968 年）
复兴时期	复兴早期（1969—1995 年）
	复兴晚期（1996—今天）

* 古时期根据 Sanz 2007 划分
** 前现代时期根据 Sanz 2007 划分
　　后现代时期根据 Sanz 2007 划分

神话早期（约前 130 000—前 3300 年）持续约 126 700 年

史前时期发现的第一具恐龙遗骸

在古代，由于人们对恐龙骨骼和足迹化石真实属性和所处年代不了解，因而对它们有许多奇妙且相当实用的解释。在当时，知识主要是通过语言和简短的文字传递的。

约前 10 000 年 蒙古 最古老的带有恐龙蛋化石的物件
旧石器时代晚期或新石器时代早期的一些古代人把恐龙的蛋壳打磨作为项链饰品。

约前 6200—前 5400 年 中国 最古老的龙的形象
1994 年，在兴隆洼文化遗址发现了一条近 20 m 的红褐色巨龙。最初的一些龙的图腾其实是蛇身猪龙结合体。有关龙的神话并没有如同人们普遍认为的那样是来自于恐龙化石遗骸的发现，但是如果这种联系存在的话，在某些情况下也是有可能的。

神话晚期（约前 3300—公元 1670 年）持续约 4 970 年

龙的确存在过

从书面文字开始，其中有些提到了化石的存在。为了解释化石遗骸，盛行着各类神奇生物的传说和观点。

约前 300 年 中国 第一批被认定是龙的化石骨骼
中国历史学家常璩（晋）在《华阳国志》中描述了发现的龙骨。但它们究竟是恐龙还是大型鸟类的骨骼仍然存疑。

约 1133 年 比利时 欧洲第一个被认为是龙的化石颅骨
比利时的蒙斯教堂展出了一个已灭绝的鳄鱼头骨，作为在海恩的沼泽地区被吉尔斯·德·金击败的"Le Lumeçon"龙的遗体。

1614 年 英格兰 第一只基于恐龙化石的欧洲龙
据猜测，"一只三米长的奇怪可怕的龙"的报道可能来源于恐龙骨骼的发现。

1669 年 西班牙 第一批恐龙骨骼
1981 年，1669 年和 1671 年曾报道发现了"巨形骨骼"。遗憾的是，它们没有被描述或保存下来，所以其真实性无法得到证实。

古代早期（1671—1762 年）持续 91 年

第一批恐龙化石的收集者

化石开始被视为被石化的巨型动物，人类第一批可辨认为恐龙的遗骸已经找到。建立了双名法分类制度。

1699 年 英格兰 第一个被编录的兽脚亚目恐龙化石
爱德华·卢伊德所展示的一颗牙齿，在其所属的集合中被编录为"1328"号。

古代晚期（1763—1823 年）持续 60 年

巨大爬行动物的存在被证实

恐龙的研究正在逐渐形成，尽管它们仍然被认为是与现有蜥蜴类似的巨大爬行动物。

1821 年 英格兰 第一次提到斑龙
在关于这个兽脚亚目恐龙的第一个出版物中，它被称为一只"巨大的蜥蜴"。

英雄早期（1824—1857 年）持续 33 年

恐龙的古生物学开始

开始将恐龙确定为与现代爬行动物不同的群体。生成了恐龙的第一个正式名称。第一个恐龙足迹被解释为巨型鸟类的足迹。

1824 年 英格兰 兽脚亚目的第一个科学描述
随着威廉·巴克兰的《巨齿龙》的出版，恐龙开始有了正式的命名，但它们还没有获得种名。

1839 年 瑞士 第一个被归为中生代的鸟类化石
格拉尼延鸟是一种佛法僧目鸟，在被发现五年后的一篇文章中被命名。它原被认为来自晚白垩世，但现在我们知道它属于渐新世。

1855 年 法国 海洋沉积物中发现的最古老的兽脚亚目恐龙
泰氏"斑龙"是仅基于来自早侏罗世的一颗牙齿和一个前肢化石推测出的。它的鉴定存疑：它可能是一个兽脚亚目、蜥脚形亚目或主龙类属的其他类型恐龙。

英雄晚期（1858—1896 年）持续 38 年

恐龙变为用双足行走，开始出现恐龙热潮

开始认识一些两足行走的恐龙种类。"骨头之战"爆发，这次事件有助于提高各种化石标本的收集数量与认识的大幅进展。发起了第一批寻找恐龙化石的考察。第二次"恐龙热"在这个时期结束时开始出现。在不同的大洲开始有了许多发现。

1859 年 英格兰 关于鸟类起源的第一个出版物
第一批关于鸟类起源的科学研究，几乎是在《物种起源》发表和发现印石板始祖鸟的第一个骨架之后立即出现的。

1861 年 德国 发现了第一个被认为是"缺失的环节"的兽脚亚目恐龙
在达尔文的书出版后不久，德国公布了第一个被认为是印石板始祖鸟的骨架。从历史上看，这是一个非常幸运的巧合，因为它呈现了达尔文所预测的鸟类和"爬虫类"的中间环节，从而产生了巨大的影响。

1862 年 德国 第一次对中古代鸟类化石进行拍卖
卡尔·哈伯莱因出价 700 英镑竞拍印石板始祖鸟化石，这在当时是一个相当高的价格。英国人买下了它，把它交给理查德·欧文做研究。第二个更完整的标本在 1877 年以 1 000 英镑的价格售出，它最初的报价是 1 800 英镑。

1863 年 德国 关于鸟类起源的第一个理论
胚胎学家和解剖学家卡尔·杰根鲍尔第一次提出了鸟类与恐龙之间的关系。五年后，托马斯·赫胥黎对其进行了总结。

1863 年 持续了最长时间的恐龙科学争论
1825 年，有人提出鸟类翅膀末端的骨骼对应于第 I、II 和第 III 指骨，在 38 年之后，有人提出它们实际上对应于第 II、III 和第 IV 指骨。自那以后，这个讨论持续了 123 年（1863—1986 年），直到它被大量的胚胎学、解剖学和系统发育实验解开了谜底。另一场持续了 118 年（1868—1986 年）的争论，甚至最后持续了 146 年的是关于鸟类的起源。 秉持不同意见的鸟类学家对鸟类起源于恐龙持怀疑态度，他们掌握了多个与之相反的证据。

1863 年 德国 被认为是"缺失的环节"的第一个化石鸟类
理查德·欧文将印石板始祖鸟描述为鸟类和爬行动物之间的中间鸟。另外，达尔文指出它是演化存在的无可辩驳的证明。

1868 年 德国 被认为是"缺失的环节"的第一个恐龙
对始祖鸟与几个动物化石以及现代动物进行了详细的解剖比较。其结果是，它更类似于长足美颌龙，尽管后者直到 1896 年才被认为是恐龙。

1870 年 美国 第一次寻找化石的考察
在耶鲁大学的学生团陪同下，奥塞内尔·查利斯·马什发起了第一次专门为收集古生物化石为目的而进行的考察。

1871 年 加拿大 第一个基于恐龙化石而提及的神话
让巴蒂斯特提到了一个地方，在那里当地部落认为这些化石是"美洲野牛的先祖"的遗骸。

1877 年 美国 第一次关于恐龙的大规模争论
一场被称为"骨头之战"的争论始于 1877 年，于 1892 年结束，但他们之间的论战一直持续到 1897 年柯普去世。该事件在恐龙研究上带来了诸多偏见和益处。论战由柯普和马什主导，他们的争执使得彼此成了仇敌。他们不惜采用贿赂、抢劫、破坏骨头、侮辱、诽谤、散播谣言等不诚实的手段，来质疑其他同事的科学权威。其中有益的方面在于他们描述了 89 个新的恐龙的有效种与可接种（几 150 种），发现了一批完整的骨骼以及促进了恐龙相关信息在科学界之外的普及。

古生物学创立

古生物学研究开始应用于恐龙。巴纳姆·布郎引发了第二次恐龙热，并吸引了媒体的兴趣，复原了第一具有真正骨头的骨架。

1898 年 美国 第一个恐龙骨骼小屋

在科罗拉多州发现的恐龙和其他已灭绝物种的骨骼数量之多，以至于有牧羊人建立了著名的"化石小屋"。

1902 年 美国 第一枚被审查的中生代鸟类化石

一群人提议奥斯尼尔·查尔斯·马什教授把鱼鸟（一种有牙齿的鸟）的标本藏起来。这是因为它的存在能极大地支持达尔文在其著作《物种起源》提及的自然选择理论。

1905 年 加拿大 第一次发现一群兽脚亚目恐龙

在艾伯塔省发现了十件肉食性艾伯塔龙标本。

1905 年 美国 第一个装架的兽脚亚目恐龙骨架

脆弱异特龙 AMNH 5753 标本装架并展览在公众面前，其姿势似乎是在扑向一只雷龙的尾部。该标本从未被正式描述过。

1913 年 美国 第一份关于第三纪非鸟类恐龙的报道

目前，除了一些由于自然原因而再沉积的化石，所有非鸟类恐龙化石都是属于中生代。

1915 年 美国 首次提出关于兽脚亚目恐龙有"四个翅膀"的理论

一项有关鸟类飞行起源的猜想提出，假想恐龙有一个四翼阶段，也就是其四肢都存在飞羽。这一猜想在 2003 年的小盗龙标本中首次得到证实。

1915 年 美国 第一个受保护的恐龙遗址

伍德罗·威尔逊总统给位于科罗拉多州和犹他州之间的"恐龙国家纪念公园"举行落成典礼。目前该遗址达到 853.26 km²，包括一堵含有 1 500 多个骨头的岩壁。

1917 年 美国 被损毁最快的已有描述的兽脚亚目恐龙

霍利约克快足龙的模式标本在被发现的 6 年后，也就是捐献给博物馆的 5 年后被烧毁。幸运的是，纽约自然历史博物馆留下了它的石膏模型。

鸟类起源于恐龙被重新认定

针对恐龙和鸟类之间的联系发现了新的解剖学证据。对第一个恐龙足迹中的病状进行了解释。

1933 年 美国 第一只被发现有锁骨的兽脚亚目恐龙

由于在那之前还没有发现一种带锁骨的兽脚亚目恐龙化石，所以鸟类被认为是类似于鳄形类或其他主龙类的后裔，并推测恐龙不应该有锁骨。斯基龙是第一个被发现有锁骨的个体，后来在各种其他恐龙中也发现有锁骨。鸟类的叉骨或"如愿骨"起源于恐龙融合的锁骨。

恐龙研究最糟糕的时期

第二次世界大战导致各地科学研究停滞不前，恐龙学也不例外。

1944 年 德国 首批在第二次世界大战中被摧毁的兽脚亚目恐龙化石

在巴伐利亚国家博物馆——慕尼黑博物馆内，很多安装好或展出的恐龙化石在炮弹的轰击下化成灰烬，其中包括巴哈利亚龙、鲨齿龙和棘龙的模式标本。

恐龙热潮再次回归

恐龙研究重新红火起来，相关论文数量不断增加，并开始了新的化石搜集与产地考察。

1947 年 美国 第一次同时发现数以百计的兽脚亚目恐龙

在新墨西哥州的幽灵牧场发现了上百具腔骨龙骨骼，其中甚至可以看到两种不同的形态类型：雄性和雌性。腔骨龙是目前保存最多标本的三叠纪恐龙。

1948 年 命名了最多恐龙形类足迹种的年份

1948 年、1950 年、1976 年和 1982 年创造了四个种名。

1966 年 美国 第一个叫"恐龙"的村镇

科罗拉多州一个小镇阿蒂西亚改名为恐龙小镇，以便更好地利用其邻近的恐龙国家纪念公园带来旅游经济效益。小镇上甚至还有雷龙大道、剑龙高速路、三角龙小径和暴龙公路等。

1968 年 美国 第一个关于非鸟类恐龙是否是变温动物的争议

鲍勃·巴克尔展示了各种证据来证明恐龙是"温血动物"，这引起了巨大的争议，直至今日仍未休止。

复兴早期（1969—1995 年）持续 26 年

恐龙的血液变热了

鸟类和恐龙之间的系统发育关系出现了新的证据。恐爪龙的发现成为恐龙古生物学最重要的事实之一。恐龙的代谢类似于鸟类和哺乳动物得到证实。分支学方法首次应用于恐龙的系统发育中。大多数新物种的鉴定有了更好的材料，而非以化石碎片作为依托。

1969 年 美国 第一个关于恐龙脑电图系数的研究

恐龙的智力是根据异速生长模型，根据真实脑质量与为特定大小的动物预测的脑质量之间的关系推测出的。

1970 年 命名了最多兽脚亚目恐龙足迹种的年份

1970 年，有 25 个足迹被命名。到目前为止，其中有些被认为是无效的。另外，在 1985 年和 1987 年分别创建了 8 个属名。

1971 年 蒙古 第一个处于战斗状态被保存下来的兽脚亚目恐龙

波兰和蒙古在戈壁沙漠的一次联合考察中，考察队发现了一只蒙古伶盗龙与一只安氏原角龙在搏斗的化石，它们可能是被沙丘或沙尘暴掩埋的。

1972 年 命名了最多原始蜥臀目恐龙足迹种的年份

这一年创建了 5 个种和 3 个属的足迹。

1973 年 黎巴嫩 第一个被保存在蛋白石里的兽脚亚目恐龙遗骸

一个来自早白垩世早期的羽毛在琥珀中被保存下来。

1973 年 澳大利亚 第一个被保存在琥珀里的兽脚亚目恐龙藏品

库扬彩蛇龙（"彩虹蛇"）是一个树脂石化的胫骨，被私人收藏了 30 年。

1976 年 英格兰 第一次关于恐龙运动的生物力学研究

该年发表了一篇提出恐龙速度的估算公式的文章。

1985 年 中国 在最高海拔发现的兽脚亚目恐龙化石

"西藏斑龙"和"达布卡格西龙"的发现地海拔高达 4 900 m，但没有被正式描述发表。在南极海拔 4 000 m 处曾发现了艾氏冰脊龙和一个未确定的腔骨龙超科。

1986 年 第一次将分支系统发育学应用于恐龙中

分支方法学由雅克·高蒂耶应用于恐龙的系统发育中，证明了鸟类是从兽脚亚目恐龙衍生而来的类群。

1986 年 加拿大 第一届关于恐龙系统分类学的学术研讨会

"恐龙系统分类学研讨会"于 1986 年 6 月 3 日至 5 日举行。会上讨论了性别二态性、个体发育、变异等系统和解剖学方面的话题。

1987 年 美国 第一份关于三叠纪中生代鸟类的错误报道

得克萨斯原鸟开始被认为是一种原始鸟类，后来进一步的分析证实它其实是来自不同动物骨骼的嵌合体，其中包括幼年兽脚亚目恐龙。

1990 年 美国 三叠纪最繁盛的兽脚亚目恐龙

目前已知的鲍氏腔骨龙有 100 多个标本，从幼体到成体不一。

1992 年 美国 第一个被扫描的兽脚亚目恐龙

君王暴龙的颅骨是第一个通过计算机断层扫描的恐龙。

1992 年 美国 关于一个兽脚亚目恐龙化石持续最长的法律冲突

君王暴龙标本"苏"（FMNH PR 2081）成为一场从 1992 年开始的法律诉讼的主角，该诉讼在 1995 年被莫里斯·威廉斯终结，他在 1997 年拍卖了该化石。它的昵称是为了纪念发现者苏珊·亨德里克森。

1993 年 德国 第一个有兽脚亚目恐龙的纹章

贝德海姆的盾形纹章中包含一个红色的理理恩龙，它位于五根管风琴管（象征着当地的教堂）的下面。

1993 年 美国 第一次尝试鉴定兽脚亚目恐龙的性别

有人提出，脉弧的大小将有助于确定君王暴龙的性别。虽然这一证据受到质疑，但 MOR 1125 中存在的脊髓组织证实了雌性也会呈现出健壮的体型。

1993 年 美国 第一个兽脚亚目恐龙的生物分子样本

一个君王暴龙样本中存在的蛋白质被揭示。部分样本在提取时降解了。

1993 年 美国 第一个兽脚亚目恐龙胶原蛋白的证据

这是一个保存完好的君王暴龙标本，其中发现了胶原蛋白的证据。

1994 年 美国 第一次对兽脚亚目恐龙进行的同位素研究

对君王暴龙的化石进行了氧同位素研究，以了解它们存活时的体温。

复兴晚期（1996 今天）

开始了羽毛革命

非鸟类恐龙的细丝和发育完好的羽毛被发现。科学出版将在线开放获取出版模式视为有效，新技术应用到恐龙的研究当中。

1996 年 中国 第一个有羽毛的兽脚亚目恐龙

原始中华龙鸟的身体完全覆盖着丝状皮肤结构，因为没有化石材料加以证明，因而这一特征被怀疑是否真实存在。

1996 年 加拿大 预计脑化系数最高的恐龙

根据一项研究，短三似鸸鹋龙的脑化率可能在 7.1 -- 8.6 之间，超过伤齿龙（不平细爪龙），其脑化率最高达到 7.1。费氏斑比盗龙得到的估值史高，达到 12.68，但它是一个幼年个体。

1996 年 命名了最多中生代鸟蛋种的年份

为蛋化石创建了 6 个种名、5 个属名。

1997 年 美国 第一次关于中生代鸟类化石的欺诈事件

一位中国农民在 1997 年发现了一个不完整的马氏燕鸟化石，并将其卖给了化石贩子。为了增加它的价值，贩子把这个骨架和一个赵氏小盗龙的遗骸混合拼接在一起。该标本被称为"辽宁古盗鸟"，并在《国家地理》杂志上发表。这一事件引发了化石处理不当、非学术刊物的发表以及化石非法交易等丑闻的揭露。

1000 年 美国 价格最高的中生代鸟类化石

印石板始祖鸟化石 BMNH 37001（伦敦标本）估价为 1 000 万马克。卡尔·哈伯莱因在将它卖给伦敦自然历史博物馆（该化石在这里保存至今）时第一次定出的价格为 700 英镑（约 1 000 欧元）。

1998 年 美国 第一个上太空的兽脚亚目恐龙

一个腔骨龙的化石颅骨被送上奋进号航天飞机，转移到俄罗斯的和平号宇宙空间站，其行程超过六百万千米。

2000 年 中国 发现最集中的中生代鸟类

在一处发现的圣贤孔子鸟标本数量非比寻常：每 100 m² 有 40 个个体。由于火山灰的沉积，许多个体同时死亡。2010 年，山东天宇自然博物馆已拥有 536 个标本。据了解，还有许多标本未进入博物馆，而是以合法或非正式的方式被出售。如果把这种鸟类的化石全部放在一起，肯定超过 1 000 只。

2001 年 英格兰 发现地深度最大的兽脚亚目恐龙化石

在 12 米深的地方，发现了第一批可能为巴氏斑龙的化石。

2003 年 波兰 三叠纪最繁盛的恐龙形类

奥波莱西里龙存有有 20 多个标本。

2004 年 澳大利亚 价格最高的蛋白石化兽脚亚目恐龙化石

南澳大利亚博物馆为库扬彩蛇龙的蛋白石化胫骨标本 SAM P17926 支付了 22 000 美元。

2004 年 中国 世界上最大的恐龙博物馆

天宇自然博物馆位于山东省临沂市平邑县。其面积为 28 000 m²，共有 1 106 个恐龙标本。博物馆还拥有自己的研究中心、4D 电影院和 28 个展厅。

2005 年 美国 兽脚亚目恐龙的第一个有机物质

在君王暴龙的股骨内发现了类似于细胞、血管和纤维的结构。

2005 年 美国犹他州 白垩纪最繁盛的兽脚亚目恐龙

在雪松山镇的一个面积为 8 km² 的地方，发现了大概数百只犹他铸镰龙。

2008 年 阿根廷 第一篇关于兽脚亚目恐龙的无效的线上正式论文

气腔龙在 2008 年的一份电子出版物中被描述，但在当时，根据"国际动物命名法典"（ICZN）的规定，为了使正式论文被认为是有效的，必须打印几份纸质版本。这导致这个名字在一年之后才有效。目前，该规则已经改变，支持线上正式论文。

2009 年 命名了最多兽脚亚目恐龙种名的年份

2009 年创建了大约 21 个种名和 18 个属名。在 2010 年创建了 20 个属名，但其中有 3 个到今天依然属于无效名。

2010 年 中国 最繁盛的中生代鸟类

在 1993 年至 2000 年间，发现了近 1 000 个圣贤孔子鸟标本，其中一部分被非法出售。山东天宇自然博物馆收藏了 536 个标本。

2010 年 命名了最多中生代鸟类种名的年份

2010 年共创建了 13 个种名和 12 个属名。2015 年又创建了 12 个属名，另外还有 2 个无效种名。

2010 年 美国犹他州 侏罗纪最繁盛的兽脚亚目恐龙

山东天宇自然博物馆报道称在 2010 年收藏了 255 个赫氏近鸟龙标本。

2010 年 罗马尼亚 最新找到中生代鸟类的国家

标本 Nven 1 是一只反鸟的肱骨。先前还有其他关于中生代鸟类的报道，但最终它们都是非鸟类兽脚亚目恐龙，其中包括鸟龙、七镇鸟龙和重腿龙。

2013 年 赞比亚 最新找到并命名原始恐龙形类的国家

西特韦高髋龙是最新报道发现的恐龙形类之一。

2013 年 智利 最新找到恐龙形类的国家

报道称智利发现了标本 SGO.PV.22250，它尚未被正式公布。

2013 年 沙特阿拉伯 最新发现非鸟类兽脚亚目恐龙的国家

牙齿标本 SGS 0061 和 SGS 0090 属于一个小的阿贝力龙属恐龙。2014 年在马来西亚，有报道称发现了棘龙科牙齿（UM10575），但尚未有正式的文章公布。

2014 年 法国 第一只三维激光投影的中生代鸟类化石

采用暗箱技术，将印石板始祖鸟的骨架和羽毛用三维激光投影出来，为化石的观察开辟了新的途径。

2015 年 智利 最新命名非鸟类兽脚亚目恐龙的国家

尽管在 1929 年命名了一种今鸟类：韦氏尼欧加鸟，但迭氏智利龙是智利第一个获得学名的非鸟类兽脚亚目恐龙。1961 年该国报道过首批晚侏罗世兽脚亚目恐龙化石。

2015 年 巴西 最新命名了中生代鸟类的国家

在标本 UFRJ DG 06 Av 发现十年后，它被命名为塞阿拉克拉图鸟，它是在巴西发现的第一只中生代鸟类。

2015 年 美国 体温最高的兽脚亚目恐龙

一份详尽并充分地分析表明，君王暴龙的体温约为 11 ℃，高于金枪鱼的体温（6.9 ℃），比棱皮龟（13 ℃）的温度要低。从体型比例而言，可能它们所需的食物更少。虽然它的增长速度很快，但除了缓慢失去的热量，它还有能力进行动态性活动。

2015 年 西班牙 最大的恐龙网上文章搜索引擎

它是互联网上用于恐龙科学出版物书目检索的最强大的工具，提供了大约 13 560 条记录。

2015 年 网络中最详尽的虚拟数据库

古生物学数据库是动物、植物和微生物化石分布和分类的网上信息的来源。它由美国国家科学基金会和澳大利亚研究委员会于 2000 年创建。它包括各种恐龙物种以及它们足迹的信息。

流行（风尚）与正统（学术）

　　恐龙热是一种对恐龙着迷的社会文化现象，它可变成一种流行时尚，继而创造出以此为主题的商业空间。这种行为可能最终会曲解恐龙的自然特征，使其变成受欢迎的怪物，其行为或外观与现实相去甚远。但另一方面，这促使广大爱好者对正式的研究结果和公布的真实信息产生了更大的兴趣。

兽脚亚目恐龙雕塑的纪录

约公元前 1100 年 中国 第一个青铜铸造的龙塑像

商代的艺术作品中出现了带有各种犄角的中国龙的雕塑。

1852 年 英格兰 第一个兽脚亚目恐龙雕塑家

本杰明·沃特豪斯·霍金斯是一位热衷于自然历史的雕塑家，他创作了几个真实大小的斑龙雕塑。这项工作是在 1852 年由水晶宫公司委托的。

1854 年 英格兰 第一个展出的兽脚亚目恐龙雕塑

第一个兽脚亚目恐龙塑像在伦敦水晶宫（英格兰）展出，它由艺术家本杰明·沃特豪斯·霍金斯完成。它代表了当时人们对斑龙的认知，包括外形和大小。

1871 年 美国 第一次对恐龙雕塑的破坏

威廉·马格·特威德或特威德"老板"，是一个腐败的政治家，他下令破坏古生物雕塑家本杰明·沃特豪斯·霍金斯的作品。这些雕塑被安置在纽约一个名为"古生代公园"的博物馆内。

1907 年 德国 第一个处于战斗中的恐龙雕塑

在汉堡的哈根贝克动物园展出了一只剑龙与角鼻龙战斗的雕像。在大众印象中这是最经典的战斗场景之一。

1945 年 墨西哥 第一个伪造的恐龙雕塑

报道称在瓜纳华托州找到一个被称为"阿坎巴罗雕像"的伪造遗迹，它们被认为是楚毕库阿罗文化中（公元前 800 年～公元 200 年）存在争议的恐龙雕刻形象。然而在 1972 年，它们被确定为近代的作品。雕塑表现出了当时典型的解剖学错误，但是一些农民制造销售雕像之事，也激发了电影创作的灵感。

1966 年 秘鲁 第一个伪造的恐龙石刻

为了出售雕刻画像石，居民雕刻了各种有恐龙的场景，试图通过它们来证明外星人与恐龙同居的存在。一般来说，它们复刻了其他国家制作的恐龙插图，揭示了恐龙狩猎人类的画面。有些石刻画上留下铅笔和瓦楞纸的痕迹。

1986 年 美国 最大的兽脚亚目恐龙水泥雕塑

20 多米高、100 吨重的恐龙雕塑"君王先生"位于加利福尼亚州洛杉矶和棕榈泉之间的公路上，它是中空结构的，你可以从其中的下颌部位欣赏到风景。

2000 年 加拿大 最大的兽脚亚目恐龙塑像

在德拉姆黑勒，采用玻璃纤维和钢筋建造了一个高 25 m、长 46 m、重 72 t 的君王暴龙雕塑。

2007 年 美国 最昂贵的兽脚亚目恐龙化石的复制品

君王暴龙标本 BHI 3033 的几个骨架复制品以每个约 100 000 美元的价格出售。

2013 年 美国 用气球打造的最大兽脚亚目恐龙

由拉里·莫斯特创作了一个长 20 m、高 6 m 的高棘龙雕塑，它是由一系列连起来的气球组成的，在弗吉尼亚自然历史博物馆展览。

第一个兽脚亚目恐龙（斑龙）的复原图。它有一个鳄鱼头，背部凸起，用四足行走。后来人们认识到了这一复原图的错误。

兽脚亚目恐龙和中生代鸟类文学作品的纪录

约公元前 1100 年 伊拉克 最古老有关龙的诗歌

《Enuma Elish》是一首巴比伦诗歌，其中提到了美索不达米亚神话中的龙。

1820 年 英格兰 第一首献给古生物学家的诗歌

献给威廉·巴克兰教授：

我们应该将我们伟大的教授葬在何处？

何处能让他的骨骸安息呢？

如果我们为他凿出一个石棺，

他定会站起来打破石头

并检查周围的每个岩层，

因为这就是他骨子里的特性。

1853 年 英格兰 在科幻作品中出现的第一个兽脚亚目恐龙

在小说《荒凉山庄》中提到了斑龙，它被描述为一只 12 m 长的动物。

1864 年 法国 第一本关于古生物考察的小说

在儒勒·凡尔纳的小说《地心游记》中，出现了各种已经灭绝的动物，但没有恐龙。然而，它们出现在了基于这本小说改编的电影中。

1869 年 美国 对双足兽脚亚目恐龙的第一次复原

双足兽脚亚目恐龙的第一个图像来自鹰爪伤龙（以前称为鹰爪暴龙）。它曾被解释为类似于袋鼠的会跳跃的动物。

1886 年 荷兰 第一个足迹化石学汇编书目

1828—1886 年间，第一次将足迹化石的书目进行了汇编。

1877 年 美国科罗拉多州 第一个被命名但从未被绘制的恐龙

神奇无情齿龙被当作哺乳动物牙齿来命名，但它实际上是一个未确定的恐龙骨头。它被暂定为异特龙的同种异名，但是由于这一化石丢失了，并且从来没有被绘制过，所以无法证实它。

1893 年 英格兰 第一幅恐龙漫画

漫画家爱德华·T.里德创作了《史前一瞥》，描绘了一系列人类与恐龙、翼龙和巨型蛇类的滑稽插图。

1905—1906 年 美国 兽脚亚目恐龙最不合适的绰号

在很多场合，为了将化石展现得更夸张，在给它正式命名时会给它们取绰号，或通过指个体或它的某些特定方面，如《纽约时报》将君王暴龙取名为"古代的拳击手"。但在最早的标本中并没有发现手臂，因而该报社为这一做法表示了歉意。另一个与这个头衔有一拼的是"从林中真正的食人兽"，这一绰号来自同一份报纸。

1912 年 苏格兰 第一本关于恐龙的小说

《失落的世界》是柯南·道尔创作的一部小说，讲述了探险队前往南美高原探险的故事。那里生存有恐龙、灭绝动物和史前人类。其中出现的兽脚亚目恐龙是异特龙和斑龙。这是史上首次将恐龙置于大众想象场景中的第一部作品。

1915 年 俄罗斯 第一部有地下恐龙的小说

弗拉基米尔·奥布鲁切夫写的小说《普路塔尼亚》，讲述了一个生存着恐龙的地下世界。在此之前儒勒·凡尔纳的《地心历险记》中，出现了各种已灭绝的动物，但没有出现恐龙。

1932 年 美国 与恐龙有关的第一本连环漫画

Alley Oop 是画家文森特·哈姆林创作的连环漫画，他创作并连续绘制了四十年，约有 800 张漫画在报纸上发表。

1934 年 英格兰 第一本面向普通大众的专业恐龙书

古生物学家威廉·埃尔金·斯温顿写了一本关于恐龙的书，其中包括一份按字母顺序排列的英格兰恐龙列表。

1935 年 美国 第一本面向儿童的恐龙书

《史前动物图册》一书以彩色印刷，共 64 页，其中包含一幅在世界各地发现恐龙的地图。

1954 年 日本 第一本恐龙漫画

系列电影《哥斯拉》是由同名黑白漫画改编而来的。前面几部是由日本制作，1976 年后美国也出现了相关电影。在这两个国家的电影中，有一些漫画的改编是未经授权的。

1859 年 危地马拉 关于恐龙最短的故事

作家奥古斯托·蒙特罗索的微小说《恐龙》只有一句话，"当他醒来时，恐龙仍在这里。"

1863 年 美国 基于象声词的鸟类名字

拖拉鸟（Torotix）这个名字源自模仿火烈鸟的叫声，这种鸟类被认为是它的近亲。这个词是希腊剧作家阿里斯托芬创造的，出现在他的作品《鸟类》中，基于这个词还创造了 Torotorotorotorotix 和 Torotorotorotorolililix。

在科幻小说中，恐龙诵常看起来好像是怪物。

1969 年 美国 第一次出现恐龙的泰山系列漫画

《泰山地心记》由埃德加·赖斯·巴勒斯编写，描述了一个到处充满恐龙和爬行动物的世界，它们之间没有友情和关心，更遑论有爱。它是基于 55 年前埃德加·赖斯·巴勒斯出版的小说《地底人》改编而成的。

1972 年 美国 第一本关于恐龙的词典

《恐龙词典》是一部共 218 页的作品，按照从 A 到 Z 的顺序描述恐龙。

1977 年 日本 第一部关于"恐龙"的虚构作品

丰田有恒是一位日本科幻小说作家，他撰写了类似于驰龙科的兽脚亚目后代的类人形爬行动物的文章。在同一年，卡尔·萨根虚构了有蜥鸟盗龙的相同主题的文章。一年之后，亨利·杰瑞森在美国心理学协会就该主题发表演讲，将似鸸鹋龙作为模型。最后媒体影响最大的出版物是罗素和塞恩使用的伤齿龙（细爪龙）。

1984 年 美国 第一只兽脚亚目"变形金刚"

在漫画《变形金刚》的第四部《背水一战》中，第一次出现了恐龙，领头者是一个叫作钢索的君王暴龙。

1988 年 美国 第一本关于未来恐龙的书

《新恐龙：另类演化》是一部小说，它虚构了恐龙如果没有灭绝可能会发生的演变。其中一个例子就是，斑龙属在马达加斯加有两个物种中幸存下来：现代斑龙和侏儒斑龙。

1990 年 美国 最畅销的恐龙小说

迈克尔·克莱顿创作的小说《侏罗纪公园》是 20 世纪 90 年代最受欢迎的作品之一。它被认为是"科幻作品里的一颗宝石"，书中涉及混沌理论、遗传学和古生物学。

1991 年 中国 第一个恐龙地图集

史提夫·帕可的《恐龙地图集》，是一本平装书。

1992 年 英国 第一本精装恐龙图集

威廉·林赛的《恐龙大地图集》是一本全彩印刷而且有 350 多个插图的书。

1993 年 英格兰 有最多卷的恐龙杂志

《探索史前世界的巨兽》完整合集包含了 104 个章节，分为 12 卷。古生物学家大卫·诺曼是该书的顾问。

恐龙形类、兽脚亚目恐龙和中生代鸟类插画和图片的纪录

1671 年 英格兰 第一个兽脚亚目恐龙骨骼的插画

1671 年发现的一件化石于 1676 年交付给罗伯特·普洛特绘制，他认为它是罗马人带来的一块大象骨头，因为它的体积很大。

1699 年 英格兰 第一个被绘制的兽脚亚目恐龙牙齿

自然科学家爱德华·卢伊德描绘了一块兽脚亚目恐龙的牙齿，将其解释为一块形似有机生物的奇石。

1763 年 英格兰 第一个被重新绘制的兽脚亚目恐龙

布鲁克斯在 86 年后重新绘制了普洛特曾画过的插图。

1832 年 美国 第一个专业的兽脚亚目恐龙足迹的插画

1832 年 5 月 20 日，詹姆斯·迪恩给爱德华·希区柯克写了一封信，其中他用印度墨水画出了一幅足迹化石的图案。

1833 年 英格兰 第一次复原兽脚亚目恐龙

《便士杂志》首次绘制了一只斑龙的图像，它以一个大型的水生巨蜥的形象出现。

1854 年 英格兰 第一个兽脚亚目恐龙的复原图

1854 年 5 月，沃特豪斯·霍金斯和理查德·欧文首次向人们展示了斑龙生前的样子。

1861 年 德国 第一个中生代鸟类的插画

卡尔·哈雷因是印石板始祖鸟第一个骨骼化石的所有者，他不允许外人在其被出售之前收集数据或绘图。然而，艾伯特·奥佩尔仔细观察并记住了它，之后精确地绘制了草图。

1863 年 法国 第一次描绘兽脚亚目恐龙的战斗场景

艺术家路易斯·菲格绘了正在攻击斯禽龙的一只斑龙，它咬住前者来保护自己。

1892 年 德国 第一个有兽脚亚目恐龙的卡片

李比希大陆雪茄公司制作了"史前生物"的集换式卡片，其中巨齿龙是代表动物。

1897 年 美国 第一次描绘跳跃中的兽脚亚目恐龙

查尔斯·罗伯特·奈特绘制了两只鹰爪伤龙（以前被称为暴风龙）跳向对方的插图，第二只正在等待时机进行防卫。

在 2000—2001 年，举办了第一届国际恐龙科学插画大赛，之前叫作"国际恐龙插画大赛（CIID）"。比赛共有 10 个国家参加。

1899 年 美国 正式出版物中有关兽脚亚目恐龙足迹的第一张照片

两个来自晚侏罗世的足迹出现在同一页中，较小的一张似乎属于兽脚亚目。

1899 年 美国 正式出版物中有关兽脚亚目恐龙的第一张照片

该出版物列出了几只异特龙标本（一些可能是斑龙标本）的照片，照片细节描述得非常详细。

1905 年 美国 第一个带人类比例的插图

在君王暴龙的描述中，插图上放了人类的骨骼，便于在视觉上分辨它的大小。

1926 年 丹麦 第一个奔跑着但无尾巴的兽脚亚目恐龙的插画

丹麦艺术家格哈德·海尔曼首次在《鸟类起源》一书中绘制了一只奔跑的美颌龙。在之前的所有插图中，恐龙都拖着尾巴。

1932 年 刚果（金）第一张假的兽脚亚目恐龙照片

《罗得西亚先驱报》展出了一张应该是幸存食肉恐龙的照片。它被命名为"开赛暴龙"，正在吞食一只犀牛。它被描述为身体呈红色，并带有黑色的条纹，体长约 13 m。之后，当巨蜥与犀牛尸体上出现了一条白色的切割线时，人们发现这实际上是一张伪造的照片，这一欺诈行为最终得以证实。这张照片是由琼·约翰逊炮制的。

1941 年 美国 最昂贵的恐龙图片

卡内基自然历史博物馆花费了 10 万美元购买古生物学家亨利·费尔菲尔斯·奥斯本在 1905 ~ 1906 年间所作的原创绘画。他所绘制的是带有人类骨骼比例的君王暴龙的骨骼图。

1947 年 美国 最大的兽脚亚目恐龙壁画

艺术家鲁道夫·弗朗茨·佐林格在 1943~1947 年间绘制了《爬行动物时代》的壁画，壁画长 34 m，高 4.9 m。它表现了大约 3 亿年的演化过程，其中出现了异特龙、美颌龙、快足龙、似鸵龙和暴龙等兽脚亚目恐龙。

1947 年 美国 最大的中生代鸟类壁画

在由艺术家鲁道夫·弗朗茨·佐林格创作的壁画《爬行动物时代》中，出现了两个始祖鸟。该作品长约 34 m，高 4.9 m。

1949 年 美国 第一部获得普利策奖的恐龙作品

鲁道夫·弗朗茨·佐林格因其壁画作品《爬行动物时代》获得了普利策奖。一些古生物学家评论说，这项工作激发了他们对古生物学、恐龙学研究的热情，其中包括罗伯特·巴克和彼得·多德森。

1954 年 美国 第一个用黑色剪影表现的恐龙骨架

高似鸵龙骨架的插图通过一团阴影来表现。

1956 年 捷克 现代最具影响力的恐龙古生物艺术家

捷克画家兼插画家 Zdeněk Michael Františck Burian 在六十年的时间里一直专注于古生物的复原工作。他的第一本巨著是《史前动物》，在当时的捷克斯洛伐克印刷出版，然后翻译成许多其他国家的语言。史蒂芬·古尔德认为它是 20 世纪最有影响力的视觉书籍之一，它继续激励着无数关注灭绝动物的艺术家们。

1975 年 美国 第一个画着羽毛的兽脚亚目恐龙

萨拉·兰德里的一幅插图描绘了一个在头骨后端长有羽冠的罗德西亚合踝龙，该插图预测了羽毛的存在。

1985 年 英格兰 第一个有彩色羽毛的中生代鸟类插图

在揭示了奇特拟鸟龙长有羽毛之后不久，古生物艺术家约翰·西比克用彩色对它进行了绘制。

1995 年 巴西 第一个出现在邮票上的兽脚亚目恐龙

在被正式描述之前，查氏激龙以其同物异名的 "Angaturama limai" 被印在邮票上。

2010 年 美国 列出最多恐龙骨架复原图的书

格雷戈里·保罗编写的《普林斯顿野战恐龙指南》提供了 200 多个不同种类的幼年标本和二态性个体恐龙骨架的复原图（其中一些是从不同视角来观察的）。

2010 年 美国 列出最多兽脚亚目恐龙骨架复原图的书

格雷戈里·保罗的《普林斯顿野战恐龙指南》中包含了 80 多种不同的兽脚亚目和其他原始蜥臀目恐龙的复原图。

兽脚亚目恐龙电影的纪录

1905 年 英格兰 第一部有恐龙的电影

由 Lewin Fitzhamon 执导的无声短片《史前一瞥》，讲述的是一位科学家幻想中的史前冒险，那里出现了恐龙和以变异人为代表的野人。

1908 年 英格兰 第一部有恐龙的动画片

电影特效先驱沃尔特·R. 布斯用他手上的阴影呈现了动画短片《史前人》。人们推测短片中出现了一个恐龙，但遗憾的是这部胶片遗失了，因而无法验证。

1914 年 美国 第一部有兽脚亚目恐龙的电影长片

《蛮力》是由 D.W. 格里菲斯执导的电影。其中出现了类似于角鼻龙的兽脚亚目恐龙，但其运动能力非常有限，只能张开和闭上嘴巴，向前弯曲着走。

1914 年 美国 名字最长的恐龙电影

《恐龙与失踪的纽带：一个史前的悲剧》由威利斯·H. 奥布莱恩执导，影片中有 48 个人物。它也是第一部将恐龙一词融入标题的电影。有些消息记录该电影拍摄于 1914 年、1915 年，甚至 1917 年。

1914 年 美国 第一个恐龙定格漫画创造者

威利斯·H. 奥布莱恩是第一个重新创造恐龙运动的人，塑造了很多生动的形象。他的作品在 1950 年获得了奥斯卡最佳视觉效果奖。

1914 年 美国 第一部恐龙定格漫画电影

在电影《恐龙与失踪的纽带：一个史前的悲剧》中，活动的恐龙第一次通过照片逐帧出现。

1918 年 美国 第一部有恐龙大战的电影

一场暴龙与三角龙之间的战斗出现在由威利斯·H. 奥布莱恩执导的电影《沉睡山的幽灵》中，兽脚亚目恐龙在这场战斗中取得了胜利。

1925 年 美国 第一部改编自小说的电影

《失落的世界》是一部由哈利·霍伊特执导、威利斯·H. 奥布莱恩提供动画的电影，墨西哥学生马赛尔·德尔加多在 1912 年根据亚瑟·柯南·道尔的同名小说创作了该影片，它让一些人认为恐龙的动画模型是真实的。

1925 年 英格兰、法国 第一部投放于商业航线的电影

第一部是关于恐龙的电影，是由哈利·霍伊特执导的《失落的世界》。它曾在目前已经停止运营的皇家航空公司从伦敦飞往美洲大陆的航班上播放过。

1929 年 美国 第一只英雄兽脚亚目恐龙

在亚历山大·M. 菲利普斯创作的电影《月之消亡》中，暴龙拯救了外星人的世界。

1933 年 美国 第一部有声的恐龙电影

由梅里安·C. 库伯和欧内斯特·B. 舍德萨克执导的电影《金刚》最初名为《刚》或《第八大奇迹》，其中加入了同步音频。自 1927 以来，这种新事物开始出现在电影所中。该电影的首映式于 1933 年 3 月 2 日在无线电城音乐厅剧院举行。

1933 年 美国 第一部在战斗中兽脚亚目恐龙被击败的电影

著名的"金刚"是一只虚构物种"巨型猿"大猩猩，它赢得了对君王暴龙的战斗。它撕裂了暴龙的颌骨，这一幕在 2003 年彼得·杰克逊改编的版本中重现。

225

1933 年 美国 观众评价最好的恐龙电影

由梅里安·C.库伯和欧内斯特·B.舍德萨克执导的《金刚》在 2004 年 4 月被《帝国》杂志评选为有史以来最佳怪物电影。它也被《时代》杂志评为有史以来最佳 100 部电影之一。在 Filmaffinity 评分为 7.3 分，IMDb 评分为 8 分，烂番茄网获得 98% 好评和 86% 的公众支持率。

1940 年 美国 第一部由活体动物出演的恐龙电影

《公元前一百万年》（也被称为《洞穴居民》）由小哈尔·罗奇和哈尔·罗奇执导，是当年票房最高的电影。它被《纽约时报》评为极富想象力的杰作。恐龙由鳄鱼、鬣蜥和蜥蜴装扮而成，但是它们在拍摄时被虐待，因而也有负面评论。

1940 年 美国 第一部彩色兽脚亚目恐龙动画电影

迪士尼工作室制作的《幻想曲》包含了几个主题。在伊戈尔·斯特拉文斯基的第四部《春日之礼》中，出现了一个暴龙和剑龙打斗的场景。这是瓦尔特·迪士尼制作的第二部动画长片。

1941 年 美国 第一部获得奥斯卡奖的恐龙动画电影

《幻想曲》在 1941 年获得两个音乐类的奥斯卡奖项。

1951 年 美国 第一部有恐龙岛的电影

《迷失的大陆》由山姆·纽菲尔德执导，电影讲述了一支探险队到达南太平洋的一个岛屿，发现那里生存着恐龙的故事。

1955 年 美国 第一部有恐龙的太空电影

由伯特·戈登执导的《恐龙王》展现了一群在"新星球"上生存的恐龙。

1954 年 日本 最受欢迎的虚构兽脚亚目恐龙

"哥斯拉"或"古吉拉"是世界上最著名的虚构兽脚，共有 28 部电影和 2 部重制版，并出现在各种动画、歌曲、出版物等大众媒体上。它在电影中被定义为"哥斯拉龙"，是一种假想的兽脚亚目恐龙，拥有禽龙的前臂、剑龙的背板和蜥脚形亚目恐龙的尾巴。它体型巨大，还可以从鼻子里喷射出火焰。

1956 年 美国 第一部与恐龙有关的西部电影

《荒山大贼王》是由爱德华·纳赛尔和伊斯梅尔·罗德里格斯·奥布莱恩联合执导和制作的。剧本是由威利·奥布莱恩和罗伯特·希尔创作，讲述的是一只攻击牛和当地本土异特龙的故事。该片是由 Churubusco 工作室在墨西哥录制的。由于一些错误信息，一些资料提到，这一纪录的保持者是 13 年后吉姆·奥康诺利导演的电影《光谷山谷》或《时间停滞不前》。

1960 年 美国 两部名字相似的恐龙电影

艾尔文·S.伊沃斯执导的电影《恐龙！》和迪士尼的 3D 动画电影《恐龙》，名称只有一个感叹号的差别。

1960 年 美国 第一部翻拍的恐龙电影

《失落的世界》在第一版发行 35 年后，再次回归荧幕，这一版本是由欧文·艾伦执导。

1961 年 英格兰 名字最短的虚构兽脚亚目恐龙电影

由导演尤金·卢里执导的《戈果》是一部科幻电影，主角戈果是一个巨大的古老怪物，它被母亲抓住但最后逃脱了。

1964 年 西班牙 有隐身恐龙的电影

由尼维斯·康德执导的电影《死亡之声》或《史前的声音》，讲述了考古学家在希腊的废墟中发现一枚恐龙蛋的故事。这种食肉动物是隐形的，因而极其危险。

1966 年 墨西哥 第一部有恐龙的泰山电影

由劳伦斯·多布金罗恩·伊利执导的《恐龙踪迹》，是由 Churubusco 工作室在墨西哥城拍摄的。

1984 年 美国 运用动格拍摄的第一部恐龙电影

在菲尔·蒂贝特执导的《史前野兽》中，应用了一种变化的定格动画技术。它在连续拍照时移动布偶，从而增加了暴龙与独角龙战斗动画的真实性。

1992 年 美国 第一部有人类的恐龙电影

《恐龙城冒险》是由布雷特·汤普森执导的。该片讲述了三个青少年被电视机吸进去，来到一个有恐龙和翼龙世界的故事。

1993 年 美国 获奖最多的恐龙电影

由史蒂文·斯皮尔伯格执导的电影《侏罗纪公园》共获得了 23 个奖项，包括 3 座奥斯卡奖（14 项提名）。该影片还获得了英国电影电视艺术学院奖、美国广播音乐协会、蓝带、布拉姆·斯托克、电影音响协会、金卷轴、格莱美、雨果、金荧幕、捷克狮子、每日电影大赛、MTV 电影、土星、"人民的选择"、塞拉利昂、青年艺术家、日本电影摄影学院和每日电影竞赛奖等媒体和奖项的广泛好评。

1993 年 美国 评论接受度最好的恐龙电影

由史蒂芬·斯皮尔伯格执导的电影《侏罗纪公园》和由梅里安·C.库伯和欧内斯特 B.舍德萨克执导的《金刚》在恐龙电影评论网站获得最高评价。前者的分数在 Filmaffinity 达到了 7 分，IMDb 为 8.1 分，在烂番茄网的专业好评为 93%，大众好评为 91%。而《金刚》（1933 年）分别获得 7.3，8.8 分，98% 和 86% 的好评。

1998 年 法国 名字最长的恐龙恐怖电影

《从太空来的恐怖史前血腥怪物》是由理查德·J.汤普森执导的科幻喜剧，它被简称为《侏罗垃圾》。

2001 年 美国 名字最短的有兽脚亚目恐龙的电影

由吉姆·温诺斯基执导的《迅猛龙》是一部动作、奇幻和恐怖电影。

2013 年 美国 评论接受度最差的恐龙电影

从不同电影评论网站来看，意见可能会有分歧：在 Filmaffinity 上，安东尼·范克豪泽的《侏罗纪攻击》评分仅为 1.4 分，在 IMDb 也是最不受欢迎的分数 2.2 分。而在"烂番茄"网站上，获得平均专业评价最低的电影是彼得·海姆斯执导的《雷霆之声》，只有 6%，虽然《雷霆之声》大众评分为 18%，在同类型电影中超过了得分为 13% 的丹·毕斯霍普和 May Zur 执导的《迅猛龙牧场》。不过，要考虑到，电影《侏罗纪攻击》在该网站上没有评价。

2015 年 美国 最昂贵的恐龙系列电影

《侏罗纪公园》四部影片共耗资约 3.79 亿美元。

2015 年 美国 最成功的恐龙系列电影

《侏罗纪公园》四部影片票房共超过 36 亿美元。

2015 年 美国 最昂贵的恐龙电影

《侏罗纪世界》的预算达到 1.5 亿美元，这使得它成为预算最多的恐龙电影。

2015 年 美国 票房最高的恐龙电影

《侏罗纪世界》的票房超过 16.6 亿美元。

2014 年 日本 最大的虚构恐龙

最初"哥斯拉"的高度为 50 m，之后它越来越大，直到在建筑物中脱颖而出。1999 年它的高度增加到 55 m，1984 年增加到 80 m，1991 年增加到 100 m。在加雷思·爱德华兹导演的电影《哥斯拉 2000》中，它身高达到 108 m，体重达 90 000 t。

2015 年 阿根廷 具有古生物背景的第一类电影分类

有人建议根据古生物电影的主题或主角将古生物电影划分为四个亚类：野人、恐龙、哥斯拉怪兽和哺乳动物。

哥斯拉常常被描述为一种巨型突变恐龙

在戏剧、电视节目和其他媒体中的兽脚亚目恐龙和中生代鸟类的纪录

1897 年 法国 第一部有中生代鸟类的戏剧作品
阿尔弗雷德·雅里创作了《愚比王》，他是超现实主义的先驱之一，在该剧中灭绝的鸟被发现是通奸的产物。

1956 年 美国 第一部有兽脚亚目恐龙的纪录片
《动物世界》中展现了现在和过去的各种生物物种，其中出现有异特龙、角鼻龙和暴龙。

1960 年 美国 第一部有恐龙的电视动画剧集
1960 年 9 月 30 日出现了威廉·汉纳和约瑟夫·巴贝拉制作的最重要的系列作品《摩登原始人》，其中包括著名的"雷龙博格斯"等。

1960 年 美国 最持久的有恐龙的动画剧集
共有六季，包括 166 集特辑、电影和其他子系列，《摩登原始人》是收视率最高的动画节目，直到 1997 年被《辛普森一家》取代。

1961 年 美国 在动画剧集中第一个与恐龙一同出现的人物
在《摩登原始人》第一季第六集中，出现了英国演员凯里·格兰特，他被戏称为"冷酷的卡里"。

1977 年 美国 第一部以兽脚亚目恐龙为主角的动画剧集
翰纳芭芭拉公司的"哥斯拉"与它的儿子一同出现，它被称为"Godzuki"或"Godzooky"。它体型很小，可以飞行。

1983 年 美国 第一个以恐龙为主角的电子游戏
康懋达 64 的计算机游戏《哥斯拉》是一款以杀死攻击日本的巨大绿色怪物为目标的游戏。

1988 年 美国 有最多续集的恐龙动画剧集
唐·布鲁斯执导的《小脚板走天涯》是一部系列漫画，讲述了几只幼年恐龙的冒险故事。目前它有 13 个续集，还有其他正在进行的续集。

1991 年 中国 亚洲最早的有关恐龙的 CD
最早的光盘有曹梅的《冒险恐龙岛》、约翰·马拉姆的《恐龙》、好孩子图书编辑部的《恐龙公园》、季江洪的《恐龙世界百科全书》、邢涛的《恐龙百科全书》、邢立达的《恐龙足迹》、盛世华年的《超级恐龙总动员》等。

1992 年 美国 北美洲第一个有关恐龙的 CD
由 Doodle Art 公司制作的《恐龙多媒体 CD》于 1992 年 6 月 18 日发售。

1994 年 美国 第一部有角色死亡的恐龙电视剧集
由迈克尔·雅各布和吉姆·汉森于 1991 年创作了电视剧《恐龙》。该片向我们展示了一个叫作辛克莱的非常特别的恐龙家族的冒险经历。该电视剧的结尾向我们展示了它们是如何灭绝的。

1995 年 美国 角色最多的恐龙动画电影
《小脚板走天涯 III：大布施时代》共有 42 个角色，该片由罗伊·艾伦·史密斯执导。

1997 年 西班牙 欧洲首批有关恐龙的 CD
也许是古生物学家何塞·路易斯·桑兹·华金·莫拉塔亚和贝尔纳迪诺·P. 佩雷斯·莫雷诺的《恐龙的自然历史》。

1998 年 墨西哥 拉丁美洲第一个恐龙 CD（见右上图）
古生物学家勒内·埃尔南德斯·里维拉创作、墨西哥国立自治大学学术服务协调部组织发行了《恐龙》（Deinos Saurus，希腊语，"Deinos"意为可怕的，"Saurus"意为蜥蜴）。

1999 年 美国 最成功的恐龙纪录片
《与恐龙同行》是一部 BBC 系列纪录片，由 6 集正片和其他特辑组成。该片在大多数国家上映并获得了观众的喜爱，被认为是历史上最好的 100 部纪录片之一。它也是平均每分钟花费最多的纪录片。

2001 年 美国 第一部关于兽脚亚目病理的纪录片
《大艾尔之歌》是《与恐龙同行》系列的特辑，它讲述了脆弱异特龙标本 MOR 693 在世期间，从出生到死亡过程中遭受无数伤害的故事。该片赢得了两个音乐类艾美奖。

2013 年 阿拉斯加 第一个作为叙述者的中生代鸟类
一只叫作"亚历克斯"的反鸟作为主角出现在动画电影《与恐龙同行》中，同时它还担任电影的叙述者，配音的是哥伦比亚演员约翰·雷吉扎莫。

2013 年 美国 网络观看量最高的写实主义恐龙视频
《探索频道最佳恐龙纪录片》是对《恐龙革命》等动画和 3D 模型的各种场景的推广片。自 2013 年 7 月 3 日上传以来，已获得超过 1 亿次观看量。（截至 2015 年 12 月 31 日）

2013 年 日本 网络观看量最高的恐龙虚拟笑话
根据 YouTube 网站数据，最受欢迎的笑话是"Dinosaurs T-REX"，访问量超过 1400 万。（截至 2015 年 12 月 31 日）

2014 年 美国 网络观看量最高的恐龙视频
根据"YouTube"网站数据，最受关注的恐龙视频是《手指家族：疯狂恐龙家族育儿歌（3D）》，拥有超过 1.3 亿的观看次数。（截至 2015 年 12 月 31 日）

2015 年 在搜索引擎查询次数最多的恐龙
根据谷歌搜索引擎，"Dinosaur（恐龙）"一词有 1.06 亿个结果。其他相关的如"Dinosauria"和"Dinosauria"分别达到 5 480 万和 51.8 万个结果。（截至 2015 年 12 月 31 日）

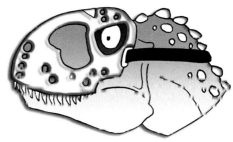

为了制作精确逼真的恐龙动画，了解它们的解剖结构非常重要。最常见的错误之一是让它们的尾巴像蜥蜴一样灵活、双手向下，或者具有与现实不符的体型。

在音乐作品中的兽脚亚目恐龙和中生代鸟类的纪录

1967 年 英格兰 第一个以兽脚亚目恐龙为名字的摇滚乐队

"君王暴龙"是一只由马克·博兰创立的迷幻民谣摇滚乐队，这是历史上第一支迷幻摇滚乐队。1970 年，该乐队名称被缩写为 *T.rex*。

1977 年 美国 第一首关于虚构恐龙的歌曲

迷幻重金属摇滚乐队蓝牡蛎在专辑《*Specters*》上演绎了歌曲《哥斯拉》。

1981 年 美国 第一首提到"恐龙"一词的歌曲

来自朋克乐队 *The Cramps* 的专辑《*Psychedelic Jungle*》中《她说》有句歌词唱道："她看向我，像是一只'即将跳出座位的'恐龙。"

1983 年 阿根廷 第一首歌名为《恐龙》的歌曲

《*Clics modernos*》专辑中收录了歌曲《恐龙》，该歌曲是由查理·加西亚创作演绎的。这是一首抗议军事专政的政客们在 1976~1983 年间蹂躏阿根廷的歌曲，被认为是拉丁音乐史上最好的主题歌曲之一。

1985 年 西班牙 重复"恐龙"一词最多的歌曲

在重金属组 *Sobredosis* 的专辑《热血年青》中，有一首时长 4 分 49 秒名为《恐龙》的歌曲，其中"恐龙"一词重复了 12 次。

诺弗勒恶龙的命名是为了纪念歌手马克·诺弗勒。

1985 年 美国 第一张名称为"恐龙"的专辑

美国另类摇滚乐队恐龙二世由 *J*·马西斯和路易·巴洛组建。它是对油渍摇滚乐影响最大的团体之一。他们的第一张专辑叫作《恐龙》。

1987 年 墨西哥 第一只以恐龙为名（也是名称最短）的乐队

由胡安·拉米雷斯领导的乐队 *Los Dinnos* 于 1995 年更名为"*Los Dinnos Aurios*"，后来重新使用 *Los Dinnos* 为乐队名称。

2008 年 美国 第一首以完整兽脚亚目恐龙名称为名的歌曲

音乐家罗伯·赞比演绎了名为《君王暴龙》的器乐曲。

2005 年 美国 以兽脚亚目恐龙属名为名的歌曲

Fourth Grade Security Risk 乐队创作了一些歌曲，收录于《恐龙足迹》专辑中，其中提到了"*Struthiomimus Strut*"或"*Gasosaurus*"等恐龙。

2005 年 美国 以中生代鸟类属名为名的歌曲

Fourth Grade Security Risk 乐队创作了一些名为《始祖鸟》和《鱼鸟》的歌曲。

2010 年 蒙古 第一个为了纪念乐队的中生代鸟类

卢塞罗荷兰鸟的属名来自于美国田纳西州孟菲斯的朋克乐队"卢塞罗"。

2010 年 中国 第一只为了纪念歌手而命名的中生代鸟类

格拉芬祁连鸟的名称是为了纪念乐队"邪教合唱团"的主唱格雷格·格拉芬，他还是加州大学古生物学教授。

2011 年 马达加斯加 第一只为了纪念歌手而命名的兽脚亚目恐龙

诺氏恶龙的属名是为了纪念歌手马克·诺弗勒，他是英国摇滚乐队 *Dire Straits* 的领队。当挖掘到诺氏恶龙化石时，它的发现者正在聆听《爵士乐的苏丹》这首歌曲。

2011 年 西班牙 第一只以中生代鸟类而命名的摇滚乐队

一个前卫摇滚和克劳特摇滚乐队名为"*Archaeopteryx Ultraavant-garda*"。

其他兽脚亚目恐龙和中生代鸟类的文化纪录

1905 年 美国 出现最著名的兽脚亚目恐龙名称

在同一份公布的文章中君王暴龙也被命名为 *Dyamosaurus imperiosus*，具有优先权的名称是该文章中首先被提到的名称。

1905 年 美国 第一种"恐龙茶"

在展示 1898 年第一个被发现的脆弱异特龙骨架化石时，提供了署名为"恐龙茶"的茶饮。

1986 年 美国 恐龙之间最有名的对抗

查尔斯·奈特在 1942 年为自然史博物馆绘制的壁画上，三角龙与暴龙之间的对抗场景非常成功。古生物学家罗伯特·巴克在 1986 年宣称："没有什么比捕食者和猎物之间的交战场面更为壮观的了。"

1989 年 加拿大 第一个以中生代鸟类为名的服装品牌

Arc'Teryx 是一个运动服装和运动品牌，其名称来源于始祖鸟。

1990 年 智利 第一个以兽脚亚目恐龙命名的小行星

11 月 15 日，*E.W.Elst* 把在 *La Silla* 天文台发现的 9951 号小行星命名为暴龙。

1991 年 智利 第一个以中生代鸟类命名的小行星

8 月 6 日，*E.S.Elst* 把在 *La Silla* 天文台发现的 9860 号小行星命名

为始祖鸟。

1995 年 加拿大 第一只以兽脚亚目恐龙为名的体育队

安大略省的篮球队"多伦多猛龙队"成立，他们的吉祥物是一只红色的驰龙。

2000 年 美国 最受欢迎的兽脚亚目恐龙

古生物学家罗伯特·巴克评价君王暴龙为"在所有年龄层、所有文化和各民族的人群中最受欢迎的恐龙"，在谷歌上搜索可以获得 725 000 个结果，最接近它的兽脚亚目恐龙是伶盗龙，拥有 450 000 个搜索结果（截至 2015 年 12 月 31 日）。君王暴龙是唯一一种通常以其完整的学名及其科学缩写 "*T.rex*"（君王暴龙）而广为人知的恐龙。

书写"恐龙"一词最短的文字

根据谷歌的在线翻译服务，海地克里奥尔语中的"恐龙"（*Dinozò*）一词用拉丁文或罗马字母写的是最简短的。在其他文字系统中占据最小空间的有简体中文"恐龙"、繁体中文"恐龍"、韩文"공룡"和日文"恐竜"。

书写"恐龙"一词最长的文字

从谷歌翻译可以知道，最长的"恐龙"一词是 "*Dinoszaurusz*"（匈牙利语）。

正式发表的作者纪录

放大镜下的作者

恐龙古生物学家的成就和工作，并非以他职业生涯中所命名的恐龙数量来衡量，而是他在调查、思索、实验及与当前动物的比较中对这些知识的贡献。随着时间的推移，名称不完整的情况或可疑遗骸正在逐渐减少，这避免了有问题的命名或不必要的同义词产生。目前，科学家的数量超过了所有其他时代科学家的总和。

1736 年 英格兰 兽脚亚目恐龙第一个无效名

一块兽脚亚目恐龙股骨的远端碎片，被称为"阴囊龙"。它有时被用来作为巴氏斑龙的同义词。然而，问题在于不能确定该碎片是属于这种斑龙科，还是另一种同时期的兽脚亚目恐龙。

1866 年 英格兰 第一个以匿名作者为名的兽脚亚目恐龙

一位不知名的作者提到了欧氏簧椎龙的名字，将所属人归于尊敬的威廉·福克斯。

1897 年 英格兰 在最长时间内命名恐龙最多的古生物学家

理查德·欧文从 1841~1897 年都在为恐龙命名，共计 56 年。

1893 年 美国 命名了最多无效恐龙的古生物学家

爱德华·德林克·科佩命名了 64 个种，其中只有 9 个种被认为是有效的（有效率 14%）。

1899 年 美国 命名了最多恐龙的古生物学家

欧瑟尼尔·查尔斯·马什命名了 80 种，其中 29 种目前被认为有效（有效率为 36%）。

1899 年 美国 命名了最多无效兽脚亚目恐龙的古生物学家

欧瑟尼尔·马什命名了如下恐龙：胜利者跳足鳄、普利斯劳翼龙、漂泊巨颌鳄、褶皱新月兽、褶皱三齿兽，结果它们都不是兽脚亚目恐龙。

1932 年 德国 重新命名了最多种兽脚亚目恐龙的古生物学家

弗雷德里克·冯·休尼对六个名字进行了修改：邓氏顶棘龙（*Dames*，1884），布氏鲨鳄龙（*Seeley*，1883），绍氏尾椎龙（*Nopcsa*，1928），傲慢挺足龙（傲慢斑龙，*Sauvage*，1882），布氏原角鼻龙（*Woodward*，1910），泰氏斑龙（*Huene*，1926）。

1934 年 德国 命名了最多兽脚亚目恐龙疑名的古生物学家

弗雷德里克·冯·休尼描述了 17 种有效性仍然存在疑问的物种，如下：迪尔斯特蒂鸟足龙、大虚骨形龙、独巧鳄龙、冠长鳄龙、重大伤形龙、长踝敏捷龙、细贾巴尔普尔龙、印度福左轻鳄龙、内森考博斑龙、莱氏斑龙、泰氏斑龙、巴拉斯尔似鸟形龙、摩比西斯似鸟形龙、似鸟盗龙、戴氏鞘虚骨龙、盖氏迅足龙、伍氏沃格特鳄龙。此外，他还创造了顶棘龙和鲨鳄龙两个学名，用来命名其他存疑的化石。

1972 年 莱索托 命名了最多原始蜥臀目恐龙足迹的古生物学家

保罗·埃伦伯格命名了 7 个类似于原始蜥臀目瓜巴龙留下的痕迹的足迹种。

1986 年 中国 被献以最多兽脚亚目恐龙足迹名字的古生物学家

杨氏湘西足迹和夕阳杨氏足迹的命名是为了纪念古生物学家杨钟健。

1993 年 莱索托 命名了最多兽脚亚目恐龙足迹的古生物学家

保罗·埃伦伯格创建了 23 个兽脚亚目恐龙足迹种。

1993 年 莱索托 命名了最多恐龙足迹的古生物学家

保罗·埃伦伯格创建了 95 个名作组合来识别人留下的恐龙足迹。值得注意的是，其中一些被认为是存疑的，因为它们缺乏足够的描述。

2006 年 阿根廷 命名有效恐龙名称比例最高的古生物学家

何塞·费尔南多·波拿巴命名了大约 27 个种，其中目前只有一种是无效的（有效率为 96%）。

2006 年 中国 被献以最多兽脚亚目恐龙名字的古生物学家

为了纪念古生物学家董枝明，三个兽脚亚目恐龙（董氏尾羽龙、董氏中华盗龙和董氏中华似鸟龙）、一个足迹（董氏禄丰足迹）和一个无效种（"董氏单脊龙"）的名称以其名字来命名。

2009 年 中国 命名了最多中生代鸟蛋的古生物学家

方晓思及其团队命名了八个鸟蛋化石的种。

2013 年 美国 命名了最多恐龙形态类的古生物学家

斯特林·内斯比特参加了多个研究小组，与其他研究人员共同撰写了有关古老阿希利龙、强臂狄奥多罗斯龙、罗氏奔股骨蜥、格氏奔股骨蜥和西特韦高髋龙的描述。

2013 年 中国 命名了最多恐龙蛋的古生物学家

赵资奎及其团队命名了 31 个恐龙蛋化石的种。

2013 年 中国 命名了最多兽脚亚目恐龙蛋的古生物学家

赵资奎命名了 17 个兽脚亚目恐龙蛋化石的种。

2014 年 中国 命名了最多有效恐龙的古生物学家

董枝明命名了约 55 个种，其中目前 40 个为有效种（有效率为 72%）。

2014 年 中国 命名了最多兽脚亚目恐龙的古生物学家

徐星命名了 27 个非鸟类兽脚亚目恐龙的有效种，另外还有 2 个无效种和 1 个存疑的属名。如果我们加上中生代鸟类，共有 32 个中生代兽脚亚目恐龙的种。目前他仍在积极工作，所以这个数字可能会改变。

2015 年 中国 命名了最多中生代鸟类的古生物学家

周忠和命名了超过 32 个中生代鸟类的种。

2015 年 中国、美国 命名了最多中生代鸟类足迹的古生物学家

马丁·洛克利和邢立达参与了同一工作小组，共同撰写了 11 种关于中生代足迹的描述。

2015 年 中国 命名中生代鸟类古生物学家中最常见的姓氏

大约有 10 位命名中生代鸟类的古生物学家都姓王，比如，王孝理、王敏、王岩、王旭日、王霞等。

2015 年 中国 被献以最多中生代鸟类名称的古生物学家

有五个种以教授兼化石保护人侯连海命名：侯氏昌马鸟、侯氏尖嘴鸟、有尾侯氏鸟、侯氏长脯鸟和侯氏腮鸟。

2008 年，在耀龙的论文手稿被其他科学家审阅之前，它错误地提前出现在了《自然》杂志的门户网站上，这引起了一场小小的混乱。

更多参与描述和命名恐龙形态类、兽脚亚目恐龙和中生代鸟类种类的作者

恐龙形态类

属名由一位作者命名的恐龙形类恐龙
埃尔金跳龙，*Huene*，1910

属名由两位作者命名的恐龙形类恐龙
鲍氏真腔骨龙，*Sullivan, Lucas*，1989

属名由三位作者命名的恐龙形类恐龙
强臂狄奥多罗斯龙，*Kammerer, Nesbitt, Shubin*，2012

属名由四位作者命名的恐龙形类恐龙
克罗姆霍无父龙，*Fraser, Padian, Walkden, Davis*，2002

属名由六位作者命名的恐龙形类恐龙
奔股骨蜥，*Nesbitt, Padian, Smith, Turner, Woody, Downs*，2007

属名由九位作者命名的恐龙形类恐龙
脆弱未知龙，*Martinez, Apaldett, Alcober, Columbi, Sereno, Fernandez, Santi Malnis, Correa, Abelin*，2013

恐龙形类恐龙足迹

属名由一位作者命名的原始蜥臀目恐龙足迹
膨大喙头龙类足迹（现为旋趾足迹），*Morton*，1897

属名由两位作者命名的原始蜥臀目恐龙足迹
怀俄明阿吉亚足迹，*Branson, Mehl*，1932

被最多作者命名的恐龙形类恐龙足迹
怀俄明阿吉亚足迹（*Branson, Mehl*, 1932），布瓦索巴尼斯特贝茨足迹（*Frasier, Olsen*，1996），拉根提尔虚骨龙足迹（*Courel, Demathieu*，1976），梅氏虚骨龙足迹（*Heller*，1952），佩里奥氏虚骨龙足迹（*Demathieu, Grand*, 1972），拉特姆虚骨龙足迹（*Demathieu, Oosterink*，1988），布朗纳氏副三趾龙足迹、侧副三趾龙足迹、神奇副三趾龙足迹（*Demathieu, Weidmann*，1982）

原始蜥臀目

属名由一位作者命名的原始蜥臀目恐龙
钝斑龙，*Henry*，1876；原"槽齿龙"，*Huene*，1905；西里西亚"镰齿龙"，*Jaekel*，1910（鉴定存疑）
阿罗霍斯槽齿龙，*Haughton*，1932

属名由两位作者命名的原始蜥臀目恐龙
戈氏圣胡安龙，*Alcober, Martínez*，2010

属名由三位作者命名的原始蜥臀目恐龙
坎德拉里瓜巴龙，*Bonaparte, Ferigolo, Ribeiro*，1999

属名由四位作者命名的原始蜥臀目恐龙
月亮谷始盗龙，*Sereno, Forster, Rogers, Monetta*，1993

属名由五位作者命名的原始蜥臀目恐龙
帕氏尼亚萨龙，*Nesbitt, Barrett, Werning, Sidor, Charig*，2013
克劳斯贝盒龙，*Hunt, Lucas, Heckert, Sullivan, Lockley*，1998

原始蜥臀目恐龙足迹

属名由一位作者命名的原始蜥臀目恐龙足迹
鹅状蜥龙足迹，*Gurich*，1926

兽脚亚目

属名由一位作者命名的兽脚亚目恐龙
斑龙，*Buckland*，1824

属名由两位作者命名的兽脚亚目恐龙
夺目斑龙，*Eudes Deslongchamps, Lennier en Lennier*，1870
艾伯塔驰龙，*Matthew , Brown*，1922

属名由三位作者命名的兽脚亚目恐龙
科拉埃斯特里斯美颌龙，*Bidar, Demay, Thomel*，1972
气腔似鸡龙，*Osmólska, Roniewics, Barsbold*，1972

属名由四位作者命名的兽脚亚目恐龙
上游永川龙，*Dong, Chang, Li, Zhou*，1978

属名由五位作者命名的兽脚亚目恐龙
亚利桑那坎普龙，*Hunt, Lucas, Heckert, Sullivan, Lockley*，1998

属名由六位作者命名的兽脚亚目恐龙
锡斯特滕龙，*Accaire, Beaudoin, Dejax, Fries, Michard, Taquet*，1995

属名由七位作者命名的兽脚亚目恐龙
美掌二连龙，*Xu, Zhang, Sereno, Zhao, Kuang, Han, Tan*，2002

属名由八位作者命名的兽脚亚目恐龙
五彩冠龙，*Xu, Clark, Forster, Norell, Erickson, Eberth, Jia, Zhao*，2006

属名由九位作者命名的兽脚亚目恐龙
敏捷三角洲奔龙，*Sereno, Dutheil, Iarochene, Larsson, Lyon, Magwene, Sidor, Varricchio, Wilson*
赫氏近鸟龙，*Xu, Zhao, Norell, Sullivan, Hone, Erickson, Wang, Han, Guo*，2008

属名由十位作者命名的兽脚亚目恐龙
单指临河爪龙，*Xu, Sullivan, Pittman, Choiniere, Hone, Upchurch, Tain, Xiao, Tan, Han*，2011

属名由十一位作者命名的兽脚亚目恐龙
精美临河盗龙，*Xu, Choiniere, Pittman, Tain, Xiao, Li, Tan, Clarke, Norell, Hone, Sullivan*，2010

属名由十二位作者命名的兽脚亚目恐龙
泰内雷似鳄龙，*Sereno, Beck, Dutheil, Gado, Larsson, Lyon, Marcot, Rauhut, Sadleir, Sidor Varricchio, Wilson, Wilson*，1998

属名由十四位作者命名的兽脚亚目恐龙
难逃泥潭龙，*Xu, Clark, Mo, Choiniere, Forster, Erickson, Hone, Sullivan, Eberth, Nesbitt, Zhao, Jia, Han, Guo*，2009

兽脚亚目恐龙足迹

属名由一位作者命名的兽脚亚目恐龙足迹
清晰相异鸟形迹、扁趾相异鸟形迹、巨大鸟形迹、硕大鸟形迹、最小鸟形迹、四趾鸟形迹和结节鸟形迹，*Hitchcock*，1836

属名由两位作者命名的兽脚亚目恐龙足迹
韦永实雷龙足迹、奥龙跷脚龙足迹、巨跷脚龙足迹、多变跷脚龙足迹、伊加尔萨尔托足迹和特氏塔尔蒙足迹，*Lapparent, Monetnat*，1967 布鲁姆巨龙足迹，*Colbert, Merrilees*，1967

属名由三位作者命名的兽脚亚目恐龙足迹
泥泞跷脚龙足迹、孤独似虚骨龙足迹、小河坝分叉跷脚龙足迹、夕阳杨氏足迹和晋宁郑氏足迹，*Zhen, Li, Rao*，1985

属名由四位作者命名的兽脚亚目恐龙足迹
"恐爪龙足迹"，*Zhen, Zhen, Chen, Zhu*，1987（无效名）
洛氏伊洛尔足迹，*Harris, Johnson, Hicks, Tauxe*，1996

属名由五位作者命名的兽脚亚目恐龙足迹
四川伶盗龙足迹，*Zhen, Li, Zhang, Chen, Zhu*，1994

属名由六位作者命名的兽脚亚目恐龙足迹
"恩西默兽跖足迹"，*Casanovas, Ezquerra, Fernández, Pérez Lorente, Santafé, Torcida*，1993（无效名）
二趾平行足迹，*Mudroch, Richter, Joger, Kosma, Idle, Maga*，2011

属名由七位作者命名的兽脚亚目恐龙足迹
热氏似鸟足迹，*Jaillard, Cappetta, Ellenberger, Feist, Grambast Fessard, Lefranc, Sige*，1993

属名由八位作者命名的兽脚亚目恐龙足迹
侧盐龙足迹，*Bernier, Barale, Bourseau, Buf-fetaut, Demathieu, Gaillard, Gall, Wenz*，1984（不是兽脚亚目恐龙足迹）
永靖驰龙型足迹，*Xing, Li, Harris, Bell, Azuma, Fujita, Lee, Currie*，2012

兽脚亚目恐龙蛋

属名由一位作者命名的兽脚亚目恐龙蛋
长形蛋，*Young*，1954

属名由两位作者命名的兽脚亚目恐龙蛋
将军顶圆形蛋、二连圆形蛋和薄皮圆形

蛋，Chao，Chiang，1974

属名由三位作者命名的兽脚亚目恐龙蛋
加拿大延续蛋、细散结节蛋、华纳波里结节蛋和克拉西奥伊德斯翠特拉古蛋，Zelenitsky，Hills，Currie，1996

属名由五位作者命名的兽脚亚目恐龙蛋
艾氏始兴蛋和 Stromatoolithus pinglingensis，Zhao，Ye，Li，Zhao，Yan，1991

属名由六位作者命名的兽脚亚目恐龙蛋
风光村树枝蛋和三王坝村副圆形蛋，Fang，Zhang，Zhang，Lu，Han，Li，2005

属名由七位作者命名的兽脚亚目恐龙蛋
阿克鲁伊尖蛋，García，Tabuce，Cappeta，Mar-andat，Bentaleb，Benabdallah，Vianey Liaud，2003

属名由九位作者命名的兽脚亚目恐龙蛋
西峡巨型长形蛋，Li，An，Zhu，Zhang，Liu，Qu，You，Liang，Li，1995

属名由十一位作者命名的兽脚亚目恐龙蛋
黄塘披针蛋、下坪披针蛋、腊树园巨形蛋、南雄羽片蛋、三个泉羽片蛋和石塘羽片蛋，Fang，Li，Zhang，Zhang，Zhang，Lin，Guo，Cheng，Li，Zhang，Cheng，2009

属名由十二位作者命名的兽脚亚目恐龙蛋
分叉树枝蛋、树枝树枝蛋、三里庙树枝蛋和赵营树枝蛋，Xiaosi，Liwu，Cheng，Zou，Pang，Qang，Chen，Zhen，Wang，Liu，Xie，Jin，1998

中生代鸟类

属名由一位作者命名的中生代鸟类
印石板始祖鸟，Meyer，1861

属名由两位作者命名的中生代鸟类
瓦尔登威利鸟，Harrison，Walker，1973（鉴定存疑）
真白垩花刺子模鸟和诺贡托索尤氏鸟，Nesov，Borkin，1983

属名由三位作者命名的中生代鸟类
喷氏帕斯基亚鸟和相氏帕斯基亚鸟，Tokaryk，Cumbaa，Storer，1997

属名由四位作者命名的中生代鸟类
圣贤孔子鸟，Hou，Zhou，Gu，Zhang，1995

属名由五位作者命名的中生代鸟类
杜氏孔子鸟，Hou，Martin，Zhou，Feduccia，Zhang，1999

属名由六位作者命名的中生代鸟类
利伟大凌河鸟，Zhang，Hou，Hasegawa，O'connor，Martin，Chiappe，2006
棘鼻大平房鸟，Li，Duan，Hu，Wang，Cheng，Hou，2006

属名由十位作者命名的中生代鸟类
奥氏始小翼鸟，Sanz，Chiappe，Perez

Moreno，Buscalioni，Moratalla，Ortega，Poyato Ariza，1996

属名由八位作者命名的中生代鸟类
中华神州鸟，Ji，Ji，You，Zhang，Yuan，Ji，Li，Li，2002

属名由最多作者命名的中生代鸟类
弥曼始今鸟，Wang，Zheng，O'Connor，Lloyd，Wang，Wang，Zhang，Zhou，2015
中华神州鸟，Ji，Ji，You，Zhang，Yuan，Ji，Li，Li，2002
格拉芬祁连鸟，Ji，Atterholt，O'connor，Lamanna，Harris，Li，You，Dodson，2011

中生代鸟类足迹

属名由一位作者命名的中生代鸟类足迹
麦氏具蹼鸟足迹，Mehl，1931

属名由两位作者命名的中生代鸟类足迹
禽雅克雷特足迹，Alonso，Marquillas，1986

属名由三位作者命名的中生代鸟类足迹
半蹼萨基特足迹，Lockley，Nadon，Currie，2003

属名由四位作者命名的中生代鸟类足迹
和泉水生鸟足迹，Azuma，Akakawa，Tomida，Currie，2002
斯氏巴罗斯足迹，Coria，Currie，Eberth，Garrido，2002

属名由五位作者命名的中生代鸟类足迹
中国水生鸟足迹，Zhen，Li，Zhang，Chen，Zhu，1987
金氏金东鸟足迹，Lockley，Yang，Matsukawa，Fleming，Lim，1992

属名由六位作者命名的中生代鸟类足迹
道氏韩国鸟足迹和强壮魔鬼鸟足迹，Xing，Harris，Jia，Luo，Wang 和 An 2011

属名由七位作者命名的中生代鸟类足迹
金黄鸡鸟足迹，Lockley，Matsukawa，Ohira，Li，Wright，White，Chen，2006

属名由八位作者命名的中生代鸟类足迹
巴布科克和平鸟足迹，McCrea，Buckley，Pam，Lockley，Matthews，Noble，Xing，Krawetz，2015

属名由十位作者命名的中生代鸟类足迹
甘肃韩国鸟足迹，Xing，Buckley，Li，Lockley，Zhang，Marty，Wang，Li，Mccrea，Peng，2015

中生代鸟蛋

属名由一位作者命名的中生代鸟蛋
索氏光滑蛋和微结核细小蛋，Mikhailov，1991

属名由两位作者命名的中生代鸟蛋
范特隆阿氏蛋，Vianey Liaud，Lopez

Martinez，1997

属名由三位作者命名的中生代鸟蛋
细散结节蛋和克拉西奥伊德斯翠特拉古蛋，Zelenitsky，Hills，Currie，1996

属名由五位作者命名的中生代鸟蛋
金国微椭圆蛋，Zhang，Jin，O'Connor，Wang，Xie，2014

属名由七位作者命名的中生代鸟蛋
阿克鲁伊尖蛋，García，Tabuce，Cappeta，Marandat，Bentaleb，Benabdallah，Vianey Liaud，2003

恐龙形类、兽脚亚目恐龙和中生代鸟类的正式论文纪录

1665 年 法国 第一本科学杂志
《学者周刊》杂志上刊登的不全是科学文章，它出现于 1665 年 1 月 5 日至 1792 年。1797 年以一个新名称《学者日记》出现，并成为一个文学杂志。

1699 年 英格兰 第一次公布兽脚亚目恐龙牙齿的插图
一块兽脚亚目恐龙的牙齿化石展示在《Lhuyd》(1699) 中。Lithophylacii Britannici Ichnographia,sive lapidium aliorumque fossilium Britannicorum singulari figura insignium. Gleditsch 和 Weidmann：伦敦。

1665 年 英格兰 第一本专门的科学杂志
皇家学会的《哲学学报》是一份发行时间最长的科学公报。即使到今天，仍然有文章在此发表。它创刊于 1665 年 3 月 6 日，其中第一篇关于兽脚亚目恐龙的文章是普拉特在 1758 年写的。

1759 年 英格兰 后林奈时期第一次公布恐龙
1759 年，普拉特关于在牛津郡伍德斯托克附近的斯通菲尔德发掘出巨大动物的大腿骨化石的报道，伦敦皇家学会《哲学学报》，第 50 卷，第 2 章，第 524—527 页。

1822 年 英格兰 第一次公布侏罗纪兽脚亚目恐龙
帕金森，1822，化石学概述。有关化石有机遗体研究的介绍，特别是在英国地层中发现的化石；旨在帮助学生查询化石的性质以及它们与地球形成之间的联系。

1829 年 英格兰 第一次公布白垩纪兽脚亚目恐龙
曼奇逊，1829，"苏塞克斯西北端地质概况"以及汉普郡和萨里郡的相邻部分，《伦敦地质学会学报》，第二辑，第 2 卷，第 97—105 页。

1836 年 美国 第一次公布兽脚亚目恐龙足迹
希区柯克，1836，鸟类足迹学 描述马

萨诸塞州新红砂岩鸟类的足迹:《美国科学杂志》，第29卷，第2章，第307 340页。

1837年 英格兰 第一次公布胃石

茉利和斯图奇伯里，1837，布里斯托尔附近达拉谟郡氧化镁的砾岩中新发现的蜥蜴类动物:英国科学促进协会第六次会议报告，*v.F.*1836（1837），第94页。

1844年 法国 第一次公布兽脚亚目恐龙的粪化石

希区柯克，1844，关于足迹化石的报告，描述了在康涅狄格河谷发现的几个鸟类新物种和粪化石，以及在哈德逊河谷的一个足迹化石:《美国科学杂志》，第2版，第二辑，第47卷，第292 322页。

1857年 德国 第一次公布中生代鸟类

Meyer 1857.*Beitrage zur naheren Kenntniss fossiler Reptilien.Neues Jahrb.Min.Geol. Pal.*532 543.（注:原文这句为德文）

1858年 德国 第一次公布三叠纪兽脚亚目恐龙

Quenstedt. 1858. Der Jura. H. Laupp'schen, Tübingen 1-842.（注:原文这句为德文）

1858年 美国 第一部关于恐龙足迹的著作

《新英格兰足迹化石学》是一本220页的专著。它包括许多足迹的描述和插图，其中有许多恐龙的足迹。

1861年 德国 第一次公布兽脚亚目恐龙胃中的东西

*Wagner 1861.Neue Beitrige zur Kenntis der urweltlichen Fauna des lithographischen Schiefers.V.Compsognathus longipes Wagn. Abh.Bayer. Akad.Wiss.*9,30 38.（注:原文这句为德文）

1901年 德国 第一次公布恐龙蛋

Huene 1909. *Skizz zu einer Systematik und Stammesgeschichte der Dinosaurier*：*Centralblatt fur Mineralogie, Geologie und Palaontologie, Stuttgart, Abhandlungen. p. 12 22.* （注:原文这句为德文）

1913年 美国 第一次公布可能存在的新生代非鸟类恐龙

Lee 1913，第三纪恐龙的最新发现:《美国科学杂志》，第4辑，第25卷，第531 534页。

1913年 美国 第一本专注于古生物学的科学杂志

12月27日，《*Copeia*》杂志诞生，是为了向爱德华·德林克·柯普致敬。这是一本以鱼类学和爬虫学为主题的季刊，由"美国鱼类学家和爬虫学家协会"正式出版。

1920年 美国第一篇关于恐龙血液的文章

Moodie 1920，关于凝固血液化石:《美国博物学家》，第54卷，第460 464卷。

1962年 美国 第一次预估兽脚亚目恐龙的体重

Colbert 1962，恐龙的体重:《美国博物馆通讯》*No.*2076。

1965年 美国 第一次公布恐龙可能是温血动物

1965年，古生物学家戴尔·罗素推测恐龙可能是"温血动物"，并且在这方面进行了全方位的研究。这一推测远远早于由约翰·奥斯特罗姆发现的恐手龙之前。

1975年 美国 第一本关于恐龙为恒温动物的书

艾德里安·*J.*德斯蒙德在《热血恐龙:古生物学革命》中阐述了恐龙的新陈代谢，这表明它们像哺乳动物一样，非常活跃。

1986年 美国 讨论最多的恐龙科学书

由罗伯特·巴克写的《恐龙的异端》一书引起了许多争议。后来，随着时间的推移，证实了巴克在某些问题上是正确的，这有助于恐龙研究的更新。目前恐龙被认为是快速和活跃的动物。

1986年 美国 第一本关于非鸟类兽脚亚目恐龙覆盖羽毛的书

罗伯特·托马斯·巴克的《恐龙的异端》是第一本展示了恐手龙有羽毛的书。这是一项革命性的工作，提出了许多有关恐龙不可能是外温动物（"冷血动物"）的观察结果和证明，这与当时所认为的相反。

1988年 美国 页数最多的关于兽脚亚目恐龙的书

格里高利·保罗写的《世界上的掠食性恐龙:完整图解指南》是一本关于非鸟类兽脚亚目恐龙的书，共464页。

1989年 美国 检索目录最多的恐龙书

由丹尼尔·舒尔和约翰·麦金塔撰写的《恐龙的检索目录》（鸟类除外），收集了76页超过6000篇引文。

1990年 页数最多的关于恐龙足迹的书

托尼·休布伦写的《恐龙足迹》一书共有410页。

1996年 美国 页数最多的关于恐龙蛋的书

《恐龙蛋和恐龙幼龙》一书由肯尼思·卡彭特编辑，共392页。

1996年 巴西 第一个献给虚构人物的兽脚亚目恐龙名

查氏激龙这一名字是为了献给恼人的查林杰教授，他是亚瑟·柯南·道尔爵士的小说《失落的世界》中的角色。

1997年 美国 最大的恐龙百科全书

唐诺·葛勒特编写的《恐龙:百科全书》系列第一本有1088页。在后来几年中继续补充:1999年（456页），2001年（686页），2003年（726页），2006年（761页），2007年（798页），2009年（715页）和2012年（876

页）。全部作品共6106页。

2002年 美国 最详尽的恐龙中病理学汇编

《恐龙:恐龙古生物学及相关主题的注释检索目录1838 2001》由达伦·坦克和布鲁斯·罗斯柴尔德编写，他们汇编、分类和分析了疾病、创伤、大规模死亡、灭绝和其他类似方面超过96页的940多份检索目录。

2002年 美国 页数最多的关于中生代鸟类的书

《中生代鸟类:恐龙头顶之上》由恰佩和威特默编写，共536页。

2003年 中国 第一次公布中生代鸟类的胃石

Zhou & Zhang 2003，中国辽宁早白垩纪原始鸟类朝阳会鸟的解剖结构，加拿大《地球科学》杂志。

2004年 美国 页数最多的关于中生代鸟类的文章

古生物学家朱莉娅·克拉克对鱼鸟和虚椎鸟两个属进行了校对，文章包含179页和66个数字。其中创建了两个新属吉尔得鸟和奥斯汀鸟，以及一个新种马忽视鸟。

2004年 美国 有最详尽生物地理地图的恐龙书

大卫·威显穆沛与合作者编写的《恐龙》第二版中"恐龙分布"一节中，用了89页的篇幅汇集了遍布全球的恐龙骨骼和足迹的地理分布图。

2005年 美国 页数最多的恐龙论文

托马斯·戴维·卡尔关于演化的暴龙类的系统发育的博士论文共有1270页。

2006年 中国 第一次公布中生代鸟类胃中的内容

Dalsätt、Zhou、Zhang 和 *Ericson* 推测在圣贤孔子鸟胃中留下的食物是一只鱼。

2008年 美国 页数最多的关于兽脚亚目恐龙的一个种的书

由彼得·拉森和肯尼思·卡彭特编辑的《君王暴龙:暴龙之王》包含了456页关于这个物种及其近亲的内容。

2009年 美国 页数最多的关于中生代鸟类的论文

邹晶梅的哲学博士论文共有234页，这是一项对反鸟复查的研究。

2009年 德国 页数最多的关于恐龙形类的论文

里贾纳·费希纳的自然科学博士论文共有211页，内容是关于蜥臀目的恐龙形类在演化中骨骼腰带骨和腿的生物力学的。

2011年 意大利 关于一种兽脚亚目恐龙最长的正式论文

由克里斯蒂亚诺·达尔·沙索和西莫内·马加努克对萨姆奈特棒爪龙的详尽分析有

282页。另外，还有两个补充材料，每个39页，共360页。

2012 年 美国 第一个关于兽脚亚目恐龙跳跃能力的生物力学研究

对驰龙科的跳跃能力和它们坚硬的尾巴在这方面的作用进行了修正。

2012 年 美国 页数最多的恐龙书

由众多作者编写，并由布雷特·苏尔曼、托马斯·霍兹和詹姆斯·法洛编辑的第二版《恐龙大全》共1128页。

2013 年 英格兰 页数最多的关于恐龙形类的文章

马克斯·兰格和乔治·费鲁利奥对阿古多塞龙进行了修正，该文章共有39页。

从 A 到 Z 的恐龙检索目录

从 A 到 Z 的古生物学家名字

所引用的恐龙古生物学按字母顺序排列的列表将以如下名称开始和结束：

Abbassi, Nasrollah. 伊朗古生物学家 (1970)

Zittel, Karl Alfred. 德国古生物学家 (1839-1904)

恐龙出版物的从 A 到 Z 的作者名字

如果我们按照字母顺序列出关于恐龙主题的正式文章的作者名单，我将以这两个引用书目开始和结束：

Abbey 1977.*Petrified dinosaur blood.Lapidary Jour.* 31(8)：1858.

Zug,Vitt, Caldwell 2001. *Herpetology :An Introductory Biology of Amphibians and Reptiles.2nd ed.Academic Press,San Diego.630 pp.*

恐龙足迹出版物的从 A 到 Z 的作者名字

Abbassi 2006.*New Early Jurassic dinosaur footprints from Shem shak Formation,Harzavil Village,western Alborz,north Iran J Geosci.*62,31 40.

Zhen,Li,Zhang,Chen,Zhu 1987.*Bird and Dinosaur Footprints from the Lower Cretaceous of Emei County,Sichuan：Abstracts of the First International Symposium on Nonmarine Cretaceous Correlation,IGCVP Project,v.245,p.37 38.*

恐龙蛋出版物从 A 到 Z 的作者名字

Amo Sanjuan,Canudo,Cuenca Bescos 2000.*First record of elongatoolithid eggshells from the Lower Barremian (Lower Cretaceous) of Europe (Cuesta Corrales 2,Galve Basin,Teruel,Spain) In ·First International Symposium on dinosaur eggs and babies,extended abstracts edited by Bravo A.M.& Reyes T.,2000,p.7 14.*

Zou,Wang,Wang 2013.*A new oospecies of parafaveoloolithids from the Pingxiang Basin,Jiangxi Province,China.Vertebrata PalAsiatica.v.51,n.2,p.102 106.*

恐龙形类出版物从 A 到 Z 的作者名字

*Arcucci,A.B.*1986.*Nuevos materiales y reinterpretación de La gerpeton chanarensis Romer (Thecodontia,Lagerpetonidae nov.)del Triásico medio de La Rioja,Argentina.Ameghiniana* 23：233 242.

Small 2009.*A Late Triassic Dinosauromorph Assemblage from the Eagle Basin (Chinle Formation),Colorado,U.S.A.Journal of Verte brate Paleontology,*29,182A.

兽脚亚目出版物中从 A 到 Z 的作者名字

Abel 1911.*Die Vorfahren der Vögel und ihre Lebensweise.Verhandlungen der Zoologischen botanischen Gesellschaft,Vienna.*61：144 191.

Zinke,Rauhut 1994.*Small theropods (Dinosauria,Saurischia) from the Upper Jurassic and Lower Cretaceous of the Iberian Peninsula.Berl.Geowiss.Abhandl.*13：163 177.

原始蜥臀目恐龙出版物中从 A 到 Z 的作者名字

Adams 1875. *On a fossil saurian vertebra (Arctosaurus osborni) from the arctic regions：Proceedings of the Royal Irish Academy. v. 2, n. 2, p. 177-179.*

Yates 2007. *Solving a dinosaurian puzzle：the identity of Aliwalia rex Galton. Historical Biology.* 19(1)，93-123.

中生代鸟类出版物中从 A 到 Z 的作者名字

Abbott 1992. *Archaeopteryx fossil disappears from private collection.Nature.*357,6.

Zhou,Zhou,O'Connor 2014. *A new piscivorous ornithuromorph from the Jehol Biota. Historical Biology.*26(5),608 618.

原始鸟跖主龙类出版物中从 A 到 Z 的作者名字

Woodward 1907.*On a New Dinosaurian Reptile (Scleromochlus Taylori.gen.Et sp.Nov.) from the Trias of Lossiemouth,Elgin.Quarterly Journal of the Geological Society* 63：140 144.

命名恐龙形类的出版物的从 A 到 Z 的作者名字

Arcucci 1987.*Un nuevo Lagosuchidae (Thecodontia Pseudosu chia) de la fauna de Los Chañares (Edad Reptil Chañarense,Triásico Medio),La Rioja,Argentina.Ameghiniana,*24,89 94.

Romer 1971.*The Chañres (Argentina) Triassic reptile fauna.X.Two new but incompletely known long limbed pseudosuchians.Breviora,*378,1 10.

Woodward 1907.*On a new dinosaurian reptile (Scleromochlus ta ylori.gen.et sp.nov.)from the Trias of Lossiemouth,Elgin.Quarterly Journal of the Geological Society,*63(1 4),140 NP.

命名原始蜥臀目的出版物的从 A 到 Z 的作者名字

Adams 1875.*On a fossil saurian vertebra (Arctosaurus osborni) from the arctic regions：Proceedings of the Royal Irish Academy. v. 2, n. 2, p. 177-179.*

Reig 1963. *La presencia de dinosaurios saurisquios en los "Estratos de Ischigualasto" (Mesotriásico superior) de las provincias de San Juan y La Rioja (República Argentina). Ameghiniana.* 3，3-20.

命名兽脚亚目的出版物的从 A 到 Z 的作者名字

Accarie,Beaudoin,Dejax,Fries,Michard 和 Taquet 1995. *Decouverte d'un Dinosaure Theropode nouveau (Genusaurus sisteronis n. g., n. sp.) dans l'Albien marin de Sisteron (Alpes de Haute- Provence, France) et extension au Cretace inferieur de la lignee ceratosaurienne：Compte rendu hebdomadaire des seances de l'Academie des Sciences Paris,*tomo 320，2nd series，p. 327-334.

Zhou 和 Wang 2000. *A new species of Caudipteryx from the Yixian Formation of Liaoning, northeast China：Vertebrata PalAsiatica. v. 38,n. 2, p. 111-127.*

命名中生代鸟类的出版物的从 A 到 Z 的作者名字

Agnolin,Martinelli 2009.*Fossil Birds from the Late Cretaceous Los Alamitos Formation,Río Negro province,Argentina.Journal of South American Earth Sciences.*27,12 49

Zhou,Zhou,O'Connor 2014.*A new piscivorous ornithuromorph from the Jehol Biota.Historical Biology.*26(5),608 618

列出完整的恐龙物属名单几乎是不可能的，虽然这些名称都曾在正式论文中被创建的，但也出现在了像学术论文、会议或低发行量的杂志等出版物中，有时难以了解它们的存在。

兽脚亚目恐龙清单

纪录：每种中最大的标本。

如今有超过 1 万种鸟类，但在中生代时期，兽脚亚目物种的数量可能少得多。现在，除了一些存疑的和无效的种，已知的非鸟类兽脚亚目和中生代鸟类约有 700 种。然而，这个数字每年都在增加；一些现在已辨认出的种，在未来也有可能被发现是同物异名。

有效的恐龙形类和兽脚亚目恐龙完整名单

在后面的图表中，列出了截至 2015 年 12 月 31 日已命名的恐龙形类、原始蜥臀目、兽脚亚目和中生代鸟类的物种。它们按照不同的系统发育类群或最相近的可能类型进行分类。

基于一个或几个体积模型推测体重和长度时，这些模型是按照最不完整和最接近可能的样本推断而出的。因为许多骨骼残骸是非常不完整的（单独的牙齿等），并且为了避免过度估计，我们尝试展示所有标本的最低计算值。

书目引文并不总是代表创建这一属的作者，而是描述（或记录）一个种最大标本的人。

用引号和斜体表示的名称是相对于有效名称的不正确归类名。

带引号且不是斜体的名称是无效名。

由于篇幅有限，完整的表格位于附录（参见第 282 页）中给出的网页地址中。除有效种外，还包含通过其地理位置、年代或物理特征确定的潜在物种。同样，电子表格的尺寸几乎是印刷表格的两倍，包括各物种的同物异名。

这里使用的缩写有：

（n.d.）= 疑难学名

（n.n.）= 裸名

? = 存疑

备注：这里给出的长度不包括羽毛，代表了以椎骨为中心的大致总长度。

表格中使用的图形示例：

所有的恐龙形态类和兽脚亚目恐龙，由右上部分所示的比例的剪影表示。顶部横条每一截代表 1 m 长。人类身高 1.8 m。

鸟跖主龙类

类似于斯克列罗龙的鸟跖主龙类：擅跳跃、身体短小、小型猎物捕食者

编号	中文名与学名	活动时间与范围	最大标本	化石数据	体型	体重
1	泰氏斯克列罗龙 *Scleromochlus taylori*	晚三叠世 欧洲西部（苏格兰）	BMNH R3556 年龄未确定	颅骨和部分躯干骨 有七个体型相似的个体。	全长：18.5 cm 臀高：7 cm	18 g

1:11.41

类似于兔蜥属的恐龙形类：擅跳跃、小型猎物捕食者

编号	中文名与学名	活动时间与范围	最大标本	化石数据	体型	体重
1	查纳尔兔蜥 *Lagerpeton chanarensis*	晚三叠世 南美洲南部（阿根廷）	UPLR 06 年龄未确定	部分躯干骨 之前被称为 MLP 64-XI-14-10。	全长：52 cm 臀高：20 cm	290 g
2	"伊斯基瓜拉斯托形" "*Ischigualasto form*"	晚三叠世 南美洲南部（阿根廷）	PVSJ 883 年龄未确定	不完整股骨 完整的股骨长度可能在 109~139mm。	全长：73 cm 臀高：28 cm	800 g
3	格氏奔股骨蜥 *Dromomeron gregorii*	晚三叠世 北美洲西部 （美国亚利桑那州、得克萨斯州）	GR 239 成体	胫骨 存在不同大小的个体。	全长：77 cm 臀高：30 cm	950 g
4	罗氏奔股骨蜥 *Dromomeron romeri*	晚三叠世 北美洲西部（美国新墨西哥州）	GR 238 成体	股骨 北美洲发现的第一个兔蜥属。	全长：85 cm 臀高：33 cm	1.2 kg

未确定恐龙形类：偶蹄目后足、小型猎物捕食者或杂食性动物

编号	中文名与学名	活动时间与范围	最大标本	化石数据	体型	体重
5	克罗姆霍无父龙 *Agnosphitys cromhallensis*	晚三叠世 欧洲西部（英格兰）	VMNH 1745 幼体	肠骨 另一个被归类的化石可能属于原始恐龙。	全长：34 cm 臀高：11 cm	50 g
6	塔兰布兔鳄（n.d.） *Lagosuchus talampayensis*	中三叠世 南美洲南部（阿根廷）	UPLR 09 幼体	部分躯干骨 有效或嵌合体？	全长：40 cm 臀高：13 cm	80 g
7	利略马拉鳄龙 *Marasuchus lilloensis*	中三叠世 南美洲南部（阿根廷）	PVL 4671 年龄未确定	部分躯干骨 加尼雷斯组地层来自晚三叠世。	全长：65 cm 臀高：21 cm	225 g
8	混合刘氏鳄 *Lewisuchus admixtus*	中三叠世 南美洲南部（阿根廷）	PULR 01（UNLR 01） 年龄未确定	部分躯干骨 部分原始材料来自加尼雷斯组地层时期。原始西里龙属？	全长：1.1 m 臀高：34 cm	1.4 kg
9	大伪兔鳄（n.d.） *Pseudolagosuchus major*	中三叠世 南美洲南部（阿根廷）	PVL 13454 年龄未确定	部分躯干骨 混合刘氏鳄。	全长：1.4 m 臀高：42 cm	2.7 kg

类似于跳龙的恐龙形类：奇蹄目后足、小型猎物捕食者或杂食性动物

编号	中文名与学名	活动时间与范围	最大标本	化石数据	体型	体重
10	埃尔金跳龙 *Saltopus elginensis*	晚三叠世 欧洲西部（苏格兰）	NHMUK R3915 年龄未确定	部分躯干骨 基础西里龙属？	全长：50 cm 臀高：15 cm	110 g
11	迪尔斯特蒂鸟足龙（n.d.） *Avipes dillstedtianus*	中三叠世 欧洲西部（德国）	未分类 年龄未确定	不完整跖骨 恐龙形类还是恐龙？	全长：90 cm 臀高：27 cm	630 g

1:57.07

类似于西里龙的西里龙科：两足和兼用四足行走、胃部宽大，植食性动物

编号	中文名与学名	活动时间与范围	最大标本	化石数据	体型	体重
1	脆弱未知龙 *Ignotosaurus fragilis*	晚三叠世 南美洲南部（阿根廷）	PVSJ 884 年龄未确定	肠骨 南美洲已知的第一个西里龙属。	全长：93 cm 臀高：30 cm	2.5 kg
2	阿古多塞龙 *Sacisaurus agudoensis*	晚三叠世 南美洲南部（巴西南部）	MCN PV10021 年龄未确定	胫骨 曾被认为是鸟臀目。	全长：1.15 m 臀高：37 cm	3.15 kg
3	西特韦高腕龙 *Lutungutali silwensis*	中三叠世 非洲南部（赞比亚）	NHCC LD32 年龄未确定	部分腰带骨和尾椎骨 被称为"N' lawero形"。	全长：1.4 m 臀高：43 cm	8.7 kg
4	真腔骨龙未定种 *Eucoelophysis sp.*	晚三叠世 北美洲西部（美国新墨西哥州）	TMP84-63-33 年龄未确定	部分躯干骨 比鲍氏真腔骨龙年代更晚。	全长：1.66 m 臀高：55 cm	11.5 kg
5	斯氏科技龙 *Technosaurus smalli*	晚三叠世 北美洲西部（美国得克萨斯州）	TTU-P 11127 年龄未确定	胫骨 这一碎片可能属于科技龙。	全长：1.65 m 臀高：53 cm	13 kg
6	奥波莱西里龙 *Silesaurus opolensis*	晚三叠世 欧洲东部（波兰）	ZPAL Ab III 361/27 成体	不完整股骨 雌性个体的体型更大。	全长：1.7 m 臀高：54 cm	15 kg
7	强臂狄奥多罗斯龙 *Diodorus tomohrachin*	晚三叠世 非洲北部（摩洛哥）	MHNM-ARG 30 年龄未确定	部分颌骨和牙齿 因其朝前倾斜的牙齿而分辨出。	全长：1.75 m 臀高：55 cm	15.5 kg
8	鲍氏真腔骨龙 *Eucoelophysis baldwini*	晚三叠世 北美洲西部（美国新墨西哥州）	NMMNH P-31293 成体	胫骨 曾被认为是一只恐龙。	全长：1.8 m 臀高：57 cm	17.7 kg
9	古老阿希利龙 *Asilisaurus kongwe*	中三叠世 非洲南部（坦桑尼亚，美国）	NMT RB 成体	肱骨、股骨和胫骨 混杂的几个标本。	全长：1.9 m 臀高：60 cm	10 kg

恐龙形类或未确定恐龙类：双足行走、身体相当强壮、可能是植食性动物

编号	中文名与学名	活动时间与范围	最大标本	化石数据	体型	体重
10	巴氏巴西大龙 *Teyuwasu barberenai*	晚三叠世 南美洲南部（巴西南部）	JVP 16：728 年龄未确定	部分躯干骨 与西里龙有些相似，体型巨大。	全长：2.3 m 臀高：70 cm	75 kg

恐龙类（原始蜥臀目）

未确定原始蜥臀目：身体轻盈、小型或中型猎物捕食者

编号	中文名与学名	活动时间与范围	最大标本	化石数据	体型	体重
1	"阿罗霍斯"槽齿龙 *"Thecodontosaurus" alophos*	中三叠世 非洲南部（坦桑尼亚）	SAM-PKK10654 年龄未确定	颈椎和背椎骨 帕氏尼亚萨龙？	全长：2.45 m 臀高：80 cm	19 kg
2	帕氏尼亚萨龙 *Nyasasaurus parringtoni*	中三叠世 非洲南部（坦桑尼亚）	NHMUK R6856 年龄未确定	不完整肱骨和椎骨 在论文发表前 46 年有了描述。	全长：2.6 m 臀高：85 cm	23 kg
3	钝"斑龙"（n.d.） *"Megalosaurus" obtusus*	晚三叠世 欧洲西部（法国）	未分类 年龄未确定	牙齿 蜥脚形亚目还是兽脚亚目？	全长：2.65 m 臀高：87 cm	25 kg
4	似逃匿椎体龙（n.d.） *cf.Spondylosoma absconditum*	中三叠世 南美洲南部（巴西南部）	GPIT 479/30/11 年龄未确定	不完整肱骨 恐龙和劳氏鳄的混杂物？	全长：2.9 m 臀高：95 cm	33 kg
5	原始"槽齿龙" *"Thecodontosaurus" primus*	中三叠世 欧洲东部（波兰）	未分类 年龄未确定	椎骨 恐龙还是古长颈龙？	全长：3.2 m 臀高：1.05 m	45 kg
6	西里西亚"镰齿龙" *"Zanclodon" silesiacus*	中三叠世 欧洲东部（波兰）	未分类 年龄未确定	牙齿 劳氏鳄科还是兽脚亚目？	全长：3.9 m 臀高：1.3 m	80 kg

类似与南十字龙的原始蜥臀目：身体轻盈、小型或中型猎物捕食者

编号	中文名与学名	活动时间与范围	最大标本	化石数据	体型	体重
7	普氏南十字龙 *Staurikosaurus pricei*	晚三叠世 南美洲南部（巴西南部）	MCZ 1669 年龄未确定	颌骨和部分躯干骨 巴西命名的第一只恐龙。	全长：2.1 m 臀高：60 cm	13 kg
8	戈氏圣胡安龙 *Sanjuansaurus gordilloi*	晚三叠世 南美洲南部（阿根廷）	未分类 年龄未确定	部分躯干骨 与伊斯基瓜拉斯托艾雷拉龙生存于同一时期。	全长：3.6 m 臀高：1 m	63 kg

类似于艾雷拉龙的原始蜥臀目：身体强壮、小型或中型猎物捕食者

编号	中文名与学名	活动时间与范围	最大标本	化石数据	体型	体重
9	卡氏伊斯龙（n.d.） *Ischisaurus cattoi*	中三叠世 南美洲南部（阿根廷）	MLP 61-VIII-2-3 幼体？	不完整股骨 幼年艾雷拉龙？	全长：2.8 m 臀高：80 cm	50 kg
10	伊斯基拉拉斯托艾雷拉龙 *Herrerasaurus ischigualastensis*	晚三叠世 南美洲南部（阿根廷）	MCZ 7064 成体	部分骨骼 富伦格里龙可能是一只成年的伊斯基瓜拉斯托艾雷拉龙。	全长：3.8 m 臀高：1.25 m	190 kg
11	伊斯基瓜拉斯托富伦格里龙 *Frenguellisaurus ischigualastensis*	晚三叠世 南美洲南部（阿根廷）	PVSJ 53 成体	颌骨、不完整骨骼和椎骨 可能是艾雷拉龙，但年代更近。	全长：5.3 m 臀高：1.55 m	360 kg

类似于钦迪龙的原始蜥臀目：身体轻盈、小型或中型猎物捕食者

编号	中文名与学名	活动时间与范围	最大标本	化石数据	体型	体重
12	克劳斯贝盒龙（n.d.） *Caseosaurus crosbyensis*	晚三叠世 北美洲西部（美国德克萨斯州）	UMMP 8870 年龄未确定	肠骨 布氏钦迪龙？	全长：2.4 m 臀高：70 cm	19 kg
13	布氏钦迪龙 *Chindesaurus bryansmalli*	晚三叠世 北美洲西部（美国亚利桑那州、新墨西哥州）	PEFO 10395 年龄未确定	部分骨骼 比艾雷拉龙衍化程度更高。	全长：2.4 m 臀高：70 cm	19 kg

类似于瓜巴龙的原始蜥臀目：身体轻盈、小型猎物捕食者，也有可能是杂食性动物

编号	中文名与学名	活动时间与范围	最大标本	化石数据	体型	体重
14	坎德拉里瓜巴龙 *Guaibasaurus candelariensis*	晚三叠世 南美洲南部（巴西南部）	MCN-PV 年龄未确定	掌骨 它的指骨指爪不是尖锐的。	全长：3 m 臀高：90 cm	35 kg

类似于始盗龙的原始蜥臀目：双足行走、身体强壮、小型或中型猎物捕食者，也有可能是杂食性动物

编号	中文名与学名	活动时间与范围	最大标本	化石数据	体型	体重
15	马勒尔沃沃克龙 *Alwalkeria maleriensis*	晚三叠世 印度斯坦（印度）	ISI R 306 年龄未确定	股骨和椎骨 其他化石不属于该样本。	全长：1.1 m 臀高：38 cm	2 kg
16	月亮谷始盗龙 *Eoraptor lunensis*	晚三叠世 南美洲南部（阿根廷）	PVSJ 559 成体	颌骨和部分骨骼 蜥脚形亚目还是原始蜥臀目？	全长：1.5 m 臀高：50 cm	5 kg

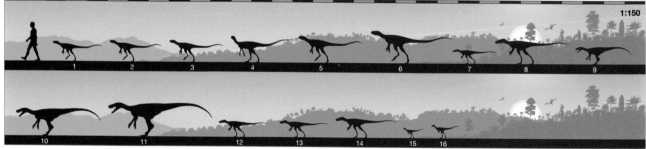

兽脚亚目

类似于曙奔龙属的兽脚亚目：身体轻盈小型猎物捕食者

编号	中文名与学名	活动时间与范围	最大标本	化石数据	体型	体重
1	似麦氏农龙（n.d.） cf. Agrosaurus macgillivrayi	晚三叠世 欧洲西部（英格兰）	BMNH 49984e 年龄未确定	牙齿 该牙齿归属于兽脚亚目。	全长：1.25 m 臀高：37 cm	2.8 kg
2	显齿邪灵龙 Daemonosaurus chauliodus	晚三叠世 北美洲西部（美国新墨西哥州）	CM 76821 年龄未确定	颅骨和颌骨 相较于其体型，它的牙齿非常巨大。	全长：1.6 m 臀高：47 cm	4.1 kg
3	墨氏曙奔龙 Eodromaeus murphi	晚三叠世 南美洲南部（阿根廷）	PVSJ 561 年龄未确定	部分骨骼 比邪灵龙和太阳神龙的头部更强壮。	全长：1.6 m 臀高：48 cm	4.2 kg
4	太阳神龙 Tawa hallae	晚三叠世 北美洲西部（美国新墨西哥州）	GR 155 年龄未确定	不完整腰带骨 还有腔骨龙超科的颅骨和原始蜥臀目的腰带骨。	全长：1.8 m 臀高：54 cm	6.2 kg
5	奥氏北极龙（n.d.） Arctosaurus osborni	晚三叠世 北美洲西部（加拿大西部）	NMI 62 1971 年龄未确定	不完整颈椎骨 兽脚亚目还是主龙形类？	全长：1.95 m 臀高：58 cm	7.7 kg
6	长踝敏捷龙 Halticosaurus longotarsus	晚三叠世 欧洲西部（德国）	SMNS 12353 年龄未确定	不完整颅骨和部分骨骼 椎骨短小且很原始。	全长：2.7 m 臀高：80 cm	21 kg

类似于原美颌龙的兽脚亚目：身体轻盈腰带骨融合小型猎物捕食者

编号	中文名与学名	活动时间与范围	最大标本	化石数据	体型	体重
7	得克萨斯原鸟（n.n.） Protoavis texensis	晚三叠世 北美洲西部（美国得克萨斯州）	TTU P 9200 幼体	不完整股骨 这是各种动物的混杂化石，包括一个腔骨龙超科。	全长：58 cm 臀高：17 cm	280 g
8	合踝龙未定种 cf. Megapnosaurus	早侏罗世 北美洲西部（墨西哥）	IGM 6624 成体	部分骨骼 将它确定为合踝龙未定种。	全长：91 cm 臀高：26 cm	1.1 kg
9	三叠原美颌龙 Procompsognathus triassicus	晚三叠世 欧洲西部（德国）	SMNS 12591 年龄未确定	颅骨和部分骨骼 该颅骨可能不属于它。	全长：1 m 臀高：28 cm	1.3 kg
10	禄丰盘古盗龙 Panguraptor lufengensis	早侏罗世 亚洲东部（中国）	LFGT-0103 成体	颈椎骨 它的头部比其他腔骨龙的更短。	全长：1.65 m 臀高：47 cm	6.4 kg
11	特氏翼椎龙（n.d.） Pterospondylus trielbae	晚三叠世 欧洲西部（德国）	未分类 年龄未确定	不完整骨骼 有效属？	全长：1.8 m 臀高：50 cm	8.7 kg
12	罗德西亚合踝龙（n.d.） Megapnosaurus rhodesiensis	早侏罗世 非洲南部（津巴布韦）	QG 1 成体	不完整骨骼 原有的名字是从一本昆虫学期刊改变而来。	全长：2.1 m 臀高：58 cm	13 kg
13	霍利约克快足龙 Podokesaurus holyokensis	早侏罗世 北美洲东部（美国马萨诸塞州）	BSNH 13656 年龄未确定	肋骨耻骨和胫骨 模式标本是一个幼体。	全长：2.25 m 臀高：63 cm	16 kg
14	破碎迷人龙 Lepidus praecisio	晚三叠世 北美洲西部（美国得克萨斯州）	M 41936-1.1 成体	带牙齿的颌骨 该名字意为"迷人的碎片"。	全长：3.15 m 臀高：90 cm	44 kg

类似于腔骨龙的兽脚亚目：相较于原始腔骨龙超科，身体更长更重；腰带骨融合，小型猎物捕食者

编号	中文名与学名	活动时间与范围	最大标本	化石数据	体型	体重
15	威氏"长颈龙"（n.d.） "Tanystropheus" willistoni	晚三叠世 北美洲西部（美国新墨西哥州）	AMNH 2726 年龄未确定	不完整肠骨 与洛氏"敏龙"是同物异名？	全长：2.6 m 臀高：62 cm	23 kg
16	鲍氏腔骨龙 Coelophysis bauri	晚三叠世 北美洲西部（美国新墨西哥州）	UCMP 129618 成体	躯干骨 另一个体型相似的标本是 NMMNHP54620。	全长：2.75 m 臀高：70 cm	32 kg
17	洛氏敏龙（n.d.） Longosaurus longicollis	晚三叠世 北美洲西部（美国新墨西哥州）	AMNH 2717 年龄未确定	躯干骨 比鲍氏腔骨龙年代更近。	全长：2.9 m 臀高：75 cm	38 kg

类似于斯基龙的兽脚亚目：牙齿相对更强劲身体轻盈腰带骨融合小型或中型猎物捕食者

编号	中文名与学名	活动时间与范围	最大标本	化石数据	体型	体重
18	霍氏斯基龙 Segisaurus halli	早侏罗世 北美洲西部（美国新墨西哥州）	UCMP 32101 亚成体	躯干骨 第一个保存有锁骨的兽脚亚目。	全长：1.55 m 臀高：40 cm	4.4 kg
19	埃氏凯恩塔猎龙（n.d.） Kayentavenator elysiae	早侏罗世 北美洲西部（美国亚利桑那州）	UCMP V128659 幼体	不完整躯干骨 是卡岩塔"合踝龙"？	全长：1.9 m 臀高：48 cm	8.4 kg
20	亚利桑那坎普龙 Camposaurus arizonensis	晚三叠世 北美洲西部（美国亚利桑那州）	UCMP 34498 年龄未确定	不完整胫骨和腓骨距跟骨 不同于腔骨龙。	全长：2.1 m 臀高：52 cm	11 kg
21	卡岩塔"合踝龙" "Syntarsus" kayentakatae	早侏罗世 北美洲西部（美国亚利桑那州）	MNA V2020 成体	躯干骨 牙齿比它们近未更强劲。	全长：3 m 臀高：73 cm	30 kg

类似于理理恩龙的兽脚亚目：身体轻盈小型猎物捕食者

编号	中文名与学名	活动时间与范围	最大标本	化石数据	体型	体重
22	克洛克"斑龙"（n.d.） "Megalosaurus" cloacinus	晚三叠世 欧洲西部（德国）	SMNS 52457 年龄未确定	牙齿 可能是未确定的兽脚亚目。	全长：2.4 m 臀高：63 cm	13.5 kg
23	库氏卡曼奇龙（n.n.） "Comanchesaurus kuesi"	晚三叠世 北美洲西部（美国新墨西哥州）	NMMNH P4569 年龄未确定	背椎骨 论文中给出的名字，可能属于腔骨龙超科。	全长：3.55 m 臀高：90 cm	44 kg
24	盖氏迅足龙（n.n.） Velocipes guerichi	晚三叠世 欧洲东部（波兰）	BMNH R38058 年龄未确定	腓骨 未确定的兽脚亚目。	全长：3.6 m 臀高：95 cm	53 kg
25	冠长鳄龙（n.d.） Dolichosuchus cristatus	晚三叠世 欧洲西部（德国）	BMNH R38058 年龄未确定	胫骨和距骨 与理理恩龙是同物异名？	全长：4 m 臀高：1 cm	60 kg
26	鲁氏楚魔龙 Zupaysaurus rougieri	晚三叠世 南美洲南部（阿根廷）	PULR-076 年龄未确定	颅骨和部分骨骼 颅骨上的骨冠缺失。	全长：4.2 m 臀高：1.05 m	70 kg
27	理氏理理恩龙 Liliensternus liliensterni	晚三叠世 欧洲西部（德国）	MB.R.2175 年龄未确定	颅骨和部分骨骼 模式种由两个个体构成。	全长：4.8 m 臀高：1.25 m	110 kg
28	艾雷勒冠椎龙 Lophostropheus airelensis	晚三叠世 欧洲西部（法国）	Caen University coll. 年龄未确定	牙齿和部分骨骼 可能来自早侏罗世。	全长：5.2 m 臀高：1.3 m	136 kg
29	奎氏哥斯拉龙 Gojirasaurus quayi	晚三叠世 北美洲西部（美国得克萨斯州）	UCM 47221 年龄未确定	耻骨和胫骨 可能是原始腔骨龙超科。	全长：5.6 m 臀高：1.45 m	177 kg

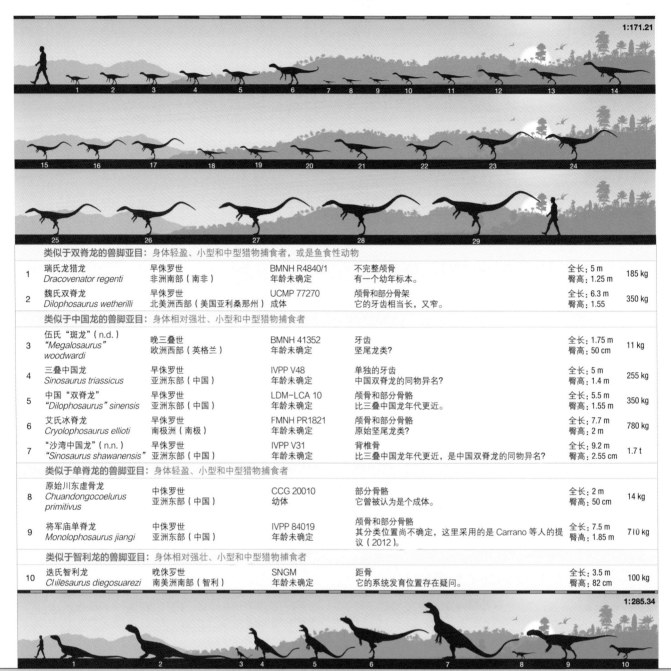

1:171.21

1:285.34

	类似于双脊龙的兽脚亚目：身体轻盈、小型和中型猎物捕食者，或是鱼食性动物					
1	瑞氏龙猎龙 *Dracovenator regenti*	早侏罗世 非洲南部（南非）	BMNH R4840/1 年龄未确定	不完整颅骨 有一个幼年标本。	全长：5 m 臀高：1.25 m	185 kg
2	魏氏双脊龙 *Dilophosaurus wetherilli*	早侏罗世 北美洲西部（美国亚利桑那州）	UCMP 77270 成体	颅骨和部分骨架 它的牙齿相当长，又窄。	全长：6.3 m 臀高：1.55	350 kg
	类似于中国龙的兽脚亚目：身体相对强壮、小型和中型猎物捕食者					
3	伍氏"斑龙"（n.d.） *"Megalosaurus" woodwardi*	晚三叠世 欧洲西部（英格兰）	BMNH 41352 年龄未确定	牙齿 坚尾龙类？	全长：1.75 m 臀高：50 cm	11 kg
4	三叠中国龙 *Sinosaurus triassicus*	早侏罗世 亚洲东部（中国）	IVPP V48 年龄未确定	单独的牙齿 中国双脊龙的同物异名？	全长：5 m 臀高：1.4 m	255 kg
5	中国"双脊龙" *"Dilophosaurus" sinensis*	早侏罗世 亚洲东部（中国）	LDM-LCA 10 年龄未确定	颅骨和部分骨架 比三叠中国龙年代更近。	全长：5.5 m 臀高：1.55 m	350 kg
6	艾氏冰脊龙 *Cryolophosaurus ellioti*	早侏罗世 南极洲（南极）	FMNH PR1821 年龄未确定	颅骨和部分骨架 原始坚尾龙类？	全长：7.7 m 臀高：2 m	780 kg
7	"沙湾中国龙"（n.n.） *"Sinosaurus shawanensis"*	早侏罗世 亚洲东部（中国）	IVPP V31 年龄未确定	背椎骨 比三叠中国龙年代更近，是中国双脊龙的同物异名？	全长：9.2 m 臀高：2.55 m	1.7 t
	类似于单脊龙的兽脚亚目：身体轻盈、小型和中型猎物捕食者					
8	原始川东虚骨龙 *Chuandongocoelurus primitivus*	中侏罗世 亚洲东部（中国）	CCG 20010 幼体	部分骨骼 它曾被认为是个成体。	全长：2 m 臀高：50 cm	14 kg
9	将军庙单脊龙 *Monolophosaurus jiangi*	中侏罗世 亚洲东部（中国）	IVPP 84019 年龄未确定	颅骨和部分骨骼 其分类位置尚不确定，这里采用的是 Carrano 等人的提议（2012）。	全长：7.5 m 臀高：1.85 m	710 kg
	类似于智利龙的兽脚亚目：身体相对强壮、小型和中型猎物捕食者					
10	迭氏智利龙 *Chilesaurus diegosuarezi*	晚侏罗世 南美洲南部（智利）	SNGM 年龄未确定	距骨 它的系统发育位置存在疑问。	全长：3.5 m 臀高：82 cm	100 kg

鸟吻类

	类似于塔奇拉盗龙的鸟吻类：身体轻盈、小型猎物捕食者					
编号	中文名与学名	活动时间与范围	最大标本	化石数据	体型	体重
1	可敬塔奇拉盗龙 *Tachiraptor admirabilis*	早侏罗世 南美洲北部（委内瑞拉）	IVIC-P-2867 年龄未确定	不完整坐骨 与角鼻龙类原始枝有关。	全长：3.5 m 臀高：90 cm	42 kg
2	剑桥牛顿龙 *"Newtonsaurus" cambrensis*	晚三叠世 欧洲西部（英格兰）	SMNH 52457 年龄未确定	带牙齿的颌骨 原始角鼻龙类？	全长：5.1 m 臀高：1.3 m	130 kg
	类似于轻巧龙的鸟吻类：身体轻盈、牙齿细小、小型猎物捕食者					
3	菲儿提佩轻巧龙（n.n.） *"Elaphrosaurus philtippettensis"*	晚侏罗世 北美洲西部（美国科罗拉多州）	USNM 8415 年龄未确定	肱骨 以非正式的形式命名。	全长：4.6 m 臀高：1.3 m	100 kg
4	斑氏轻巧龙 *Elaphrosaurus bambergi*	晚侏罗世 非洲南部（坦桑尼亚）	HMN Gr.S. 38-44 年龄未确定	部分骨骼 标本 HMN Gr.S. 38-44 存有一部分骨架。	全长：7.5 m 臀高：2.1 m	210 kg
5	戈氏棘椎龙 *Spinostropheus gauthieri*	中侏罗世 非洲北部（尼日尔）	MNHN 年龄未确定	尺骨 没有插图，也许该碎片已被损毁。	全长：8.5 m 臀高：2.4 m	600 kg
	类似于泥潭龙的鸟吻类：身体轻盈、腹部宽阔、无牙齿、小型猎物捕食者，或是杂食性动物					
6	难逃泥潭龙 *Limusaurus inextricabilis*	晚侏罗世 亚洲东部（中国）	IVPP V15924 亚成体	部分骨骼 它的外观与似鸟龙类相似。	全长：1.8 m 臀高：70 cm	15 kg

7	未命名 *Unnamed*	中侏罗世 亚洲东部（中国）	CCG 20011 亚成体	不完整肩胛骨和椎骨 一个大标本原被认作原始川东虚骨龙。	全长：4 m 臀高：1.5 m	155 kg
	类似于三角洲奔龙的鸟吻类：身体轻盈、腹部宽阔、无牙齿、小型猎物捕食者，或是杂食性动物					
8	伍氏沃格特鳄龙（n.d.） *Walgettosuchus* *woodwardi*	早白垩世晚期 大洋洲（澳大利亚）	BMNH R3717 年龄未确定	不完整尾椎骨 未确定？	全长：3.9 m 臀高：1.15 m	95 kg
9	西氏卡马利亚斯龙 *Camarillasaurus* *cirugedae*	早白垩世晚期 欧洲西部（西班牙）	MPG-KPC1-46 成体	牙齿和部分骨骼 衍化程度最高的一个。	全长：5.5 m 臀高：1.6 m	270 kg
10	敏捷三角洲奔龙 *Deltadromeus agilis*	晚白垩世早期 非洲北部（摩洛哥）	SGM-Din 2 年龄未确定	部分骨骼 归属了其他更大的标本，但看起来是错误的。	全长：7.4 m 臀高：2.15 m	650 kg

1:285.34

角鼻龙科

编号	中文名与学名	活动时间与范围	最大标本	化石数据	体型	体重
	类似于肉龙的可能角鼻龙科：身体轻盈、牙齿宽大、小型或中型猎物捕食者					
1	伍氏肉龙 *Sarcosaurus woodi*	早侏罗世 欧洲西部（英格兰）	BMNH R4840/1 成体	不完整腰带骨和碎片 原始角鼻龙科？	全长：3.35 m 臀高：1 m	71 kg
2	尹氏芦沟龙 *Lukousaurus yini*	早侏罗世 亚洲东部（中国）	V263 年龄未确定	不完整肱骨 原始角鼻龙科？	全长：4 m 臀高：1.2 m	120 kg
3	安氏肉龙（n.d.） *Sarcosaurus andrewsi*	早侏罗世 欧洲西部（英格兰）	BMNH R3542 年龄未确定	胫骨 是伍氏肉龙？	全长：5 m 臀高：1.45 m	210 kg
4	"纽氏米鲁龙"（n.n.） "*Merosaurus newmani*"	早侏罗世 欧洲西部（英格兰）	BMNH 39496 年龄未确定	股骨和部分胫骨 原被认为是肢龙。	全长：6.5 m 臀高：1.9 m	500 kg
	类似于角鼻龙的角鼻龙科：身体强壮、牙齿非常宽扁、小型或中型猎物捕食者，或是鱼食性动物					
5	舒氏福斯特猎龙 *Fosterovenator churei*	晚侏罗世 北美洲西部（美国怀俄明州）	YPM VP 058267 幼体	胫骨 坚尾龙类？	全长：2.95 m 臀高：90 cm	85 kg
6	槽角鼻龙（n.d.） "*Ceratosaurus sulcatus*"	晚侏罗世 北美洲西部（美国怀俄明州）	YPM 1936 年龄未确定	上颌牙 可能是角鼻龙属一个有效种。	全长：4.3 m 臀高：1.3 m	200 kg
7	梅里安氏角鼻龙 *Ceratosaurus meriani*	晚侏罗世 欧洲西部（瑞士）	MH 350 年龄未确定	前颌牙 有效种？	全长：4.9 m 臀高：1.5 m	390 kg
8	斯氏角鼻龙斯氏"贪食龙" "*Labrosaurus*" *stechowi*	晚侏罗世 非洲南部（坦桑尼亚）	MB R 1083 年龄未确定	前颌牙 类似于角鼻龙。	全长：5.2 m 臀高：1.6 m	465 kg
9	角鼻角鼻龙 *Ceratosaurus nasicornis*	晚侏罗世 北美洲西部（美国科罗拉多州）	USNM 4735 成体	颅骨和半完整骨骼 是该属的模式种。	全长：5.5 m 臀高：1.65 m	550 kg
10	大角角鼻龙 *Ceratosaurus magnicornis*	晚侏罗世 北美洲西部（美国科罗拉多州）	MWC 1 年龄未确定	颅骨和部分骨骼 比角鼻角鼻龙的骨冠更大，颅骨更强健，后肢也更短。	全长：5.6 m 臀高：1.7 m	560 kg
11	小齿角鼻龙 *Ceratosaurus dentisulcatus*	晚侏罗世 欧洲西部（葡萄牙）	SHN（JJS）-65 年龄未确定	股骨，胫骨和腓骨 在欧洲和北美洲都有发现。	全长：5.8 m 臀高：1.75 m	630 kg
12	劳氏角鼻龙 *Ceratosaurus roechlingi*	晚侏罗世 非洲南部（坦桑尼亚）	MB R 2162 年龄未确定	不完整尾椎骨 其他化石属于阿贝力龙科。	全长：6.25 m 臀高：1.9 m	790 kg
13	近锐颌龙 *Genyodectes serus*	早白垩世晚期 南美洲南部（阿根廷）	MLP 26-39 年龄未确定	不完整颅骨 比角鼻龙的前颌牙更多。	全长：6.25 m 臀高：1.9 m	790 kg
14	小齿角鼻龙 *Ceratosaurus dentisulcatus*	晚侏罗世 北美洲西部（美国犹他州）	UMNH 5278 年龄未确定	颅骨和部分骨骼 与角鼻角鼻龙差异非常大。	全长：6.8 m 臀高：2.05 m	1 t

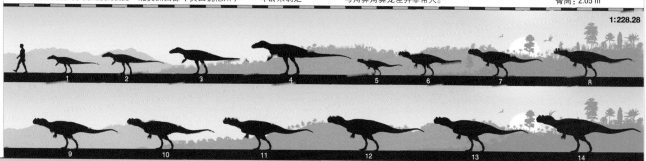

1:228.28

阿贝力龙超科

编号	中文名与学名	活动时间与范围	最大标本	化石数据	体型	体重
	可能的阿贝力龙超科：身体较轻盈、小型猎物捕食者					
1	苏波塔澳洲盗龙 *Ozraptor subotaii*	中侏罗世 大洋洲（澳大利亚）	UWA 82160 年龄未确定	不完整胫骨 可能不属于原始阿贝力龙超科。	全长：2.3 m 臀高：66 cm	13 kg
2	里阿斯柏柏尔龙 *Berberosaurus liassicus*	早侏罗世 非洲北部（摩洛哥）	MHNM-Pt9 亚成体	躯干骨 角鼻龙科还是阿贝力龙超科？	全长：5.1 m 臀高：1.65 m	220 kg

3	梅氏始阿贝力龙 *Eoabelisaurus mefi*	中侏罗世 南美洲南部（阿根廷）	MPEF PV 3990 成体	颅骨和躯干骨 阿贝力龙科还是阿贝力龙超科？	全长：7.5 m 臀高：2.1 m	445 kg

类似于阿根廷龙的阿贝力龙超科：身体轻盈、牙齿细小、小型猎物捕食者

4	小力加布龙 *Ligabueino andesi*	早白垩世晚期 南美洲南部（阿根廷）	MACN-N 42 幼体	躯干骨 西北阿根廷龙科？	全长：70 cm 臀高：18 cm	440 g
5	"拟西得龙"（n.n.） *"Sidormimus"*	早白垩世晚期 非洲北部（尼日尔）	未分类 年龄未确定	躯干骨 未公布，但在 Sereno，等，2004 提及。	全长：1 m 臀高：27 cm	1.45 kg
6	独特速龙 *Velocisaurus unicus*	晚白垩世晚期 南美洲南部（阿根廷）	MUCPv 41 年龄未确定	不完整前肢骨 它的中指比其他指头长很多。	全长：1.5 m 臀高：41 cm	4.7 kg
7	萨氏维达格里龙 *Vitakrisaurus saraiki*	晚白垩世晚期 印度斯坦（巴基斯坦）	MSM-303-2 年龄未确定	跖骨和指骨 "vitakrisauridos" 与西北阿根廷龙科是同物异名。	全长：1.55 m 臀高：42 cm	5.3 kg
8	独巧鳄龙 *Compsosuchus solus*	晚白垩世早期 印度斯坦（印度）	GSI K27/578 年龄未确定	atlas 和第二颈椎骨 是未确定的西北阿根廷龙科。	全长：2 m 臀高：56 cm	12 kg
9	细贾巴尔普尔龙 *Jubbulpuria tenuis*	晚白垩世晚期 印度斯坦（印度）	GSI K27/614 年龄未确定	远端尾椎骨 印度福左轻鳄龙？	全长：2.6 m 臀高：73 cm	28 kg
10	李氏西北阿根廷龙 *Noasaurus leali*	晚白垩世早期 南美洲北部（阿根廷）	MACN-PV 622 成体	颈椎骨 最初它被认为是窃蛋龙科。	全长：3 m 臀高：80 cm	38 kg
11	印度福左轻鳄 *Laevisuchus indicus*	晚白垩世晚期 印度斯坦（印度）	GSI K27/696 年龄未确定	颈椎骨 背脊骨化石标本 GSI K27/588 的大小相近。	全长：3.1 m 臀高：82 cm	39 kg
12	巴拉斯尔似鸟形龙（n.d.） *Ornithomimoides barasimlensis*	晚白垩世晚期 印度斯坦（印度）	GIS K27/541 年龄未确定	尾椎骨 大虚骨形龙？	全长：3.3 m 臀高：85 cm	44 kg
13	布雷膨鳄龙 *Betasuchus bredai*	晚白垩世晚期 欧洲西部（荷兰）	BMNH 42997 年龄未确定	不完整股骨 "似鸟多鲁姆"不是一个属，而是类似于似鸟龙类。	全长：4 m 臀高：1.05 m	83 kg
14	锡斯特滕龙 *Genusaurus sisteronis*	早白垩世晚期 欧洲西部（法国）	MNHN，Bev.1 年龄未确定	躯干骨 阿贝力龙科？	全长：4.4 m 臀高：1.2 m	110 kg
15	诺氏恶龙 *Masiakasaurus knopfleri*	晚白垩世晚期 非洲南部（马达加斯加）	FMNH PR 2457 亚成体	颅骨 存在强壮和轻盈的个体。	全长：4.6 m 臀高：1.25 m	128 kg
16	孤独小匪龙 *Dahalokely tokana*	晚白垩世早期 非洲南部（马达加斯加）	UA 8678 亚成体	牙齿 阿贝力龙科？	全长：4.8 m 臀高：1.3 m	150 kg
17	摩比西斯似鸟形龙 *Ornithomimoides mobilis*	晚白垩世晚期 印度斯坦（印度）	GSI K20/610 年龄未确定	尾椎骨 大虚骨形龙？	全长：5 m 臀高：1.4 m	160 kg
18	大虚骨形龙 *Coeluroides largus*	晚白垩世晚期 印度斯坦（印度）	GSI K27/562 年龄未确定	尾椎骨 与印度福左轻鳄龙有差异。	全长：5.9 m 臀高：1.65 m	265 kg
19	伊氏南手龙 *Austrocheirus isasii*	晚白垩世晚期 南美洲南部（阿根廷）	MPM-PV 10003 成体 幼体	躯干骨 巨型西北阿根廷龙？	全长：9.3 m 臀高：2.5 m	1 t
20	重大伤形龙 *Dryptosauroides grandis*	晚白垩世晚期 印度斯坦（印度）	GSI 年龄未确定	尾椎骨 它与似鸟形龙非常相似。	全长：10 m 臀高：2.8 m	1.5 t

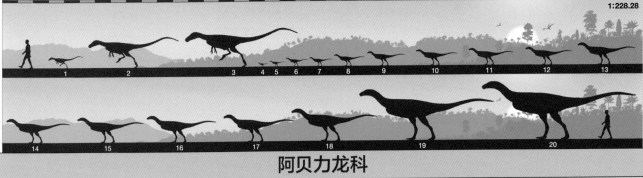

1:228.28

阿贝力龙科

类似于褶皱龙的阿贝力龙科：身体相对强壮、中型猎物捕食者

编号	中文名与学名	活动时间与范围	最大标本	化石数据	体型	体重
1	萨洛维塔哈斯克龙 *Tarascosaurus salluvicus*	晚白垩世晚期 欧洲西部（法国）	FSL 330202 成体	背椎 不清楚标本 FSL 330203 的尺寸。	全长：3.1 m 臀高：98 cm	90 kg
2	始褶皱龙 *Rugops primus*	晚白垩世早期 非洲北部（尼日尔）	MNN IGU1 年龄未确定	不完整颅骨和牙齿 它的面部有很多褶皱。	全长：5.3 m 臀高：1.7 m	410 kg
3	波氏怪踝龙 *Xenotarsosaurus bonapartei*	晚白垩世晚期 南美洲南部（阿根廷）	PVL 612 年龄未确定	后肢骨和椎骨 是原始阿贝力龙科。	全长：5.4 m 臀高：1.73 m	430 kg
4	衰隐面龙 *Kryptops palaios*	早白垩世晚期 非洲北部（尼日尔）	MNN GAD1 成体	部分上颌骨 其他骨头归属于鲨齿龙科。	全长：5.8 m 臀高：1.85 m	550 kg

类似于玛君龙的阿贝力龙科：身体强壮、腿短、中型到大型猎物捕食者

5	拉氏"大椎龙"（n.d.） *"Massospondylus" rawesi*	晚白垩世晚期 印度斯坦（印度）	BMNH R4190 年龄未确定	单独的牙齿 阿贝力龙科？	全长：2.8 m 臀高：70 cm	60 kg
6	马氏直角龙（n.d.） *Orthogoniosaurus matleyi*	晚白垩世晚期 印度斯坦（印度）	GI 年龄未确定	单独的牙齿 阿贝力龙科？	全长：3.9 m 臀高：95 cm	145 kg
7	马氏印度龙 *Indosaurus matleyi*	晚白垩世晚期 印度斯坦（印度）	GSI K27/565 年龄未确定	部分颅骨 材料保存情况差。	全长：5.6 m 臀高：1.4 m	420 kg

编号	中文名与学名	活动时间与范围	最大标本	化石数据	体型	体重
8	似凹齿"斑龙" cf. "Megalosaurus" crenatissimus	晚白垩世晚期 非洲北部（埃及）	MGUP MEGA002 年龄未确定	牙齿 存在其他材料。	全长：5.7 m 臀高：1.45 m	470 kg
9	埃斯达阿克猎龙 Arcovenator escotae	晚白垩世晚期 欧洲西部（法国）	MHNA-PV-2011. 12.1-5 和 15 年龄未确定	部分颅骨和胫骨 玛君龙？	全长：7.2 m 臀高：1.85 m	950 kg
10	凹齿玛君龙 Majungasaurus crenatissimus	晚白垩世晚期 非洲南部（马达加斯加）	MNHN.MAJ 4 成体	不完整颅骨 它原被认为是厚头龙科。	全长：8.1 m 臀高：2 m	1.3 t
11	古吉拉特容哈拉龙 Rahiolisaurus gujaratensis	晚白垩世晚期 印度斯坦（印度）	ISIR 436 成体	肠骨 与 Huene 和 Matley 1933 描述的不一样。	全长：9.2 m 臀高：2.3 m	2 t
12	盗印度鳄龙 Indosuchus raptorius	晚白垩世晚期 印度斯坦（印度）	GSI K20/350 亚成体？	部分颅骨 可能包括马氏印度龙。	全长：9.7 m 臀高：2.4 m	2.3 t
13	纳巴达胜王龙 Rajasaurus narmadensis	晚白垩世晚期 印度斯坦（印度）	未分类 年龄未确定	部分腰带骨 短胫骨可能属于另一个体。	全长：10.5 m 臀高：2.6 m	3 t
类似于胜王龙的阿贝力龙科：身体强壮、腿短、中型到大型猎物捕食者						
14	诺氏爆诞龙 Ekrixinatosaurus novasi	晚白垩世早期 南美洲南部（阿根廷）	MUCPv-294 年龄未确定	躯干骨 与普氏蝎猎龙是近亲，比例类似玛君龙。	全长：8.2 m 臀高：2 m	1.4 t
类似于蝎猎龙的阿贝力龙科：身体相对强壮、腿短、中型到大型猎物捕食者						
15	似阿根廷酋长龙 cf. Loncosaurus argentinus	晚白垩世晚期 南美洲南部（阿根廷）	未分类 年龄未确定	牙齿 该碎片原被归属于鸟脚类酋长龙。	全长：3.3 m 臀高：1.15 m	150 kg
16	"肉食龙"（n.n.） "Carnosaurus"	晚白垩世早期 南美洲南部（阿根廷）	MACN 年龄未确定	牙齿 该名字无效，是指"肉食龙"。	全长：3.4 m 臀高：1.2 m	170 kg
17	耻骨巴约龙 "Bayosaurus pubica"	晚白垩世晚期 南美洲南部（阿根廷）	MCF-PVPH-237 年龄未确定	不完整腰带骨和椎骨 该名字不是正式名，被错误的公布。	全长：4.1 m 臀高：1.4 m	295 kg
18	柯氏酋尔龙 Quilmesaurus curriei	晚白垩世晚期 南美洲南部（阿根廷）	MPCA-PV-100 年龄未确定	不完整股骨和胫骨 食肉牛龙？	全长：4.6 m 臀高：1.6 m	430 kg
19	阿瓜达格兰特肌肉龙 Ilokelesia aguadagrandensis	晚白垩世早期 南美洲南部（阿根廷）	未分类 年龄未确定	尾椎骨？ 有人推测它是西北阿根廷龙科。	全长：5.8 m 臀高：2 m	840 kg
20	普氏蝎猎龙 Skorpiovenator bustingorryi	晚白垩世早期 南美洲南部（阿根廷）	MMCH-PV 48 年龄未确定	颅骨和躯干骨 它的比例与食肉牛龙的差异很大。	全长：6 m 臀高：2.1 m	950 kg
21	内氏密林龙 Pycnonemosaurus nevesi	晚白垩世早期 南美洲北部（巴西北部）	DGM 859-R 年龄未确定	躯干骨和牙齿 与始褶皱龙非常相似。	全长：6.2 m 臀高：2.15 m	1 t
22	科马约阿贝力龙 Abelisaurus comahuensis	晚白垩世晚期 南美洲南部（阿根廷）	MC 11098 年龄未确定	不完整颅骨 它的头部比其他阿贝力龙科的恐龙都长。	全长：7.2 m 臀高：2.5 m	1.65 t
类似于食肉牛龙的阿贝力龙科：身体相对轻盈、脚长、小型猎物捕食者						
23	加氏奥卡龙 Aucasaurus garridoi	晚白垩世晚期 南美洲南部（阿根廷）	MCF-PVPH-236 成体	颅骨和躯干骨 不同于食肉牛龙，它没有犄角。	全长：5.3 m 臀高：1.8 m	600 kg
24	萨氏食肉牛龙 Carnotaurus sastrei	晚白垩世晚期 南美洲南部（阿根廷）	MACN-CH 894 年龄未确定	腰带骨、荐椎和股骨 比所有阿贝力龙科的脸部都短。	全长：7.7 m 臀高：2.4 m	1.85 t

1:285.34

斑龙超科

编号	中文名与学名	活动时间与范围	最大标本	化石数据	体型	体重
可能的斑龙超科：身体强壮、中型到大型猎物捕食者						
1	阿氏似松鼠龙 Sciurumimus albersdoerferi	晚侏罗世 欧洲西部（德国）	BMMS BK 11 年龄未确定	颅骨、躯干骨和细丝 虚骨龙？	全长：72 cm 臀高：13.5 cm	250 kg
2	马氏鲁钝龙 "Morosaurus" marchei	晚侏罗世 欧洲西部（葡萄牙）	BMNH R283 年龄未确定	尾椎骨 原被认为为似平头斑脚形中	全长：4.2 m 臀高：1.2 m	175 kg
3	"雷氏中棘龙" "Metriacanthosaurus reynoldsi"	中侏罗世 欧洲西部（英格兰）	未分类 年龄未确定	牙齿 有其他归属的股骨。	全长：5.6 m 臀高：1.0 m	410 kg

4	角形剑阁龙 *Chienkosaurus ceratosauroides*	晚侏罗世 亚洲东部（中国）	IVPP V193 年龄未确定	尺骨 中棘龙科？	全长：5.7 m 臀高：1.65 m	420 kg
5	纽氏十字手龙 *Cruxicheiros newmanorum*	中侏罗世 欧洲西部（英格兰）	WARMS G15770 年龄未确定	不完整股骨 另一个更完整的标本是 WARMS G15771。	全长：6 m 臀高：1.7 m	505 kg
6	林氏开江龙 *Kaijiangosaurus lini*	中侏罗世 亚洲东部（中国）	CCG 年龄未确定	股骨 模式种可能是另一个属。	全长：6 m 臀高：1.7 m	510 kg
7	"萨尔崔龙" *"Saltriosaurus"*	早侏罗世 欧洲西部（意大利）	MSNM V3664 年龄未确定	不完整胫骨 不是皮亚尼兹基科。	全长：6.7 m 臀高：1.9 m	680 kg
8	莫氏"蜥头龙" *"Saurocephalus" monasterii*	晚侏罗世 欧洲西部（德国）	未分类 年龄未确定	牙齿 由 Winfolf 1997 年鉴定为兽脚亚目。	全长：8.3 m 臀高：2.3 m	1.4 t
9	坦达格鲁"异特龙" *"Allosaurus" tendangurensis*	晚侏罗世 非洲南部（坦桑尼亚）	MB R 3620 年龄未确定	不完整胫骨 分类不准确。	全长：9.9 m 臀高：2.8 m	2.2 t
10	印度丹达寇龙 *Dandakosaurus indicus*	早侏罗世 印度斯坦（印度）	GSI coll. 年龄未确定	不完整椎骨和坐骨 分类不准确。	全长：1m 臀高：2.8 m	2.3 t
	类似于皮亚尼兹基龙的斑龙超科：身体相对强壮、中型到大型猎物捕食者					
11	两百周年马什龙 *Marshosaurus bicentesimus*	晚侏罗世 北美洲西部（美国科罗拉多州、犹他州）	UUVP 3454 年龄未确定	不完整齿骨 包括马什龙 sp.？	全长：4.4 m 臀高：1.3 m	225 kg
12	库氏神鹰盗龙 *Condorraptor currumili*	中侏罗世 南美洲南部（阿根廷）	MPEF-PV 1672 幼体？	不完整颅骨 MPEF 1717 是成体？	全长：4.5 m 臀高：1.35 m	280 kg
13	弗氏皮亚尼兹基龙 *Piatnitzkysaurus floresi*	中侏罗世 南美洲南部（阿根廷）	MACN CH 895 成体？	躯干骨 模式种是亚成体。	全长：4.7 m 臀高：1.4 m	320 kg
	类似于美扭椎龙的斑龙超科：身体相对强壮、小型到中型猎物捕食者					
14	牛津美扭椎龙 *Eustreptospondylus oxoniensis*	中侏罗世 欧洲西部（英格兰）	OUM J13558 亚成体	躯干骨 唯一保存有几乎完整足部的坚尾龙科。	全长：4.5 m 臀高：1.3 m	230 kg
15	阿尔道夫扭椎龙 *Streptospondylus altdorfensis*	中侏罗世 欧洲西部（法国）	MNHN 8605 亚成体	不完整腰带骨 美扭椎龙科？	全长：5.3 m 臀高：1.6 m	410 kg
16	居氏"扭椎龙" *"Streptospondylus" cuvieri*	中侏罗世 欧洲西部（英格兰）	BMMS BK 11 年龄未确定	牙齿和碎片 是阿尔道夫氏扭椎龙？	全长：5.7 m 臀高：1.7 m	500 kg
	类似于非洲猎龙的斑龙科：颅骨长，身体相对强壮，中型到大型猎物捕食者					
17	迪布勒伊洛龙 *Dubreuillosaurus valesdunensiss*	中侏罗世 欧洲西部（法国）	MNHN 1998-13 幼体	颅骨和躯干骨 是一个与杂肋龙不同的属。	全长：4 m 臀高：1.1 m	165 kg
18	内森考博大龙 *Magnosaurus nethercombensis*	中侏罗世 欧洲西部（英格兰）	OUM J12143 成体	齿骨和躯干骨 比原始坚尾龙类小。	全长：4.5 m 臀高：1.25 m	220 kg
19	犍为乐山龙 *Leshansaurus qianweiensis*	晚侏罗世 亚洲东部（中国）	QW200701 年龄未确定	颅骨和躯干骨 被 Carrano，等，2012 归属到这一科下。	全长：5.4 m 臀高：1.45 m	390 kg
20	蒂弗皮尔逊龙 *Piveteausaurus divesensis*	中侏罗世 欧洲西部（法国）	MNHN 1920-7 成体	不完整颅骨 成年迪布勒伊洛龙？	全长：5.5 m 臀高：1.7 m	420 kg
21	阿巴卡非洲猎龙 *Afrovenator abakensis*	中侏罗世 非洲北部（尼日尔）	UC UBA 1 年龄未确定	颅骨和躯干骨 它曾被认为是年代更新。	全长：6.8 m 臀高：1.9 m	790 kg
22	巴氏杂肋龙 *Poekilopleuron bucklandii*	中侏罗世 欧洲西部（法国）	MNHN 1897-2 年龄未确定	不完整胫骨 材料在第二次世界大战中被损毁。	全长：6.8 m 臀高：1.9 m	800 kg

与蛮龙类似的斑龙科：颅骨长，身体相对强壮，中型到大型猎物捕食者

1	似夺目斑龙 *cf. Megalosaurus insignis*	中侏罗世 欧洲西部（葡萄牙）	未分类 年龄未确定	不完整胫骨 属于夺目"斑龙"还存疑问。	全长：4.6 m 臀高：1.2 m	250 kg
2	西方多里亚猎龙 *Duriavenator hesperis*	中侏罗世 欧洲西部（英格兰）	BMNH R 332 年龄未确定	部分颅骨 材料由 Benson 审查（2008）。	全长：5.4 m 臀高：1.4 m	380 kg

编号	中文名与学名	活动时间与范围	最大标本	化石数据	体型	体重
3	"菲氏斑龙"（n.n.） "Megalosaurus phillipsi"	晚侏罗世 欧洲西部（英格兰）	OUMJ29886 年龄未确定	胫骨 其他化石由 Philips 在 1871 年描述。	全长：7.7 m 臀高：2 m	1.15 t
4	"雷盗龙"（n.n.） "Brontoraptor"	晚侏罗世 北美洲西部（美国怀俄明州）	TATE 0012 成体	躯干骨 该研究未公布。	全长：8.3 m 臀高：2.15 m	1.5 t
5	似巴氏斑龙 cf. Megalosaurus bucklandii	晚侏罗世 欧洲西部（英格兰）	BMNH R1027 年龄未确定	荐骨 该材料曾被认为来自早侏罗世。	全长：8.8 m 臀高：2.3 m	1.65 t
6	巴氏斑龙 Megalosaurus bucklandii	中侏罗世 欧洲西部（英格兰）	SDM 44.10 年龄未确定	背椎骨 是很多碎片标本中最大的一个。	全长：9.8 m 臀高：2.55 m	2.4 t
7	夺目斑龙 Megalosaurus insignis	晚侏罗世 欧洲西部（法国）	Museum du Havre 年龄未确定	牙齿 分类不准确。	全长：10 m 臀高：2.6 m	2.5 t
8	似彭氏"斑龙" cf. "Megalosaurus" pombali	晚侏罗世 欧洲西部（葡萄牙）	未分类 年龄未确定	尾椎骨 格氏蛮龙？	全长：10.7 m 臀高：2.75 m	3 t
9	似巴氏斑龙 cf. Megalosaurus bucklandii	中侏罗世 欧洲西部（英格兰）	未分类 年龄未确定	不完整股骨 比巴氏斑龙年代新。	全长：11.4 m 臀高：2.9 m	3 t
10	绍氏展尾龙（n.d.） Teinurosaurus sauvagei	晚侏罗世 欧洲西部（法国）	MGB 500 年龄未确定	尾椎骨 原始角鼻龙，坚尾龙类还是虚骨龙类？	全长：11.4 m 臀高：2.9 m	3.6 t
11	格氏蛮龙 Torvosaurus gurneyi	晚侏罗世 欧洲西部（葡萄牙）	ML 1100 年龄未确定	上颌骨、牙齿和尾椎骨 另一个相似标本是 ML632。	全长：11.7 m 臀高：3 m	4 t
12	谭氏蛮龙 Torvosaurus tanneri	晚侏罗世 北美洲西部 （美国科罗拉多州、犹他州、怀俄明州）	BYUVP 2003 年龄未确定	不完整齿骨 另一个体型相似的标本是 BYUVP 4882。	全长：11.9 m 臀高：3.1 m	4.1 t
13	君王艾德玛龙（n.d.） Edmarka rex	晚侏罗世 北美洲西部（美国怀俄明州）	CPS 1010 年龄未确定	不完整耻骨 谭氏蛮龙？	全长：12 m 臀高：3.1 m	4.2 t

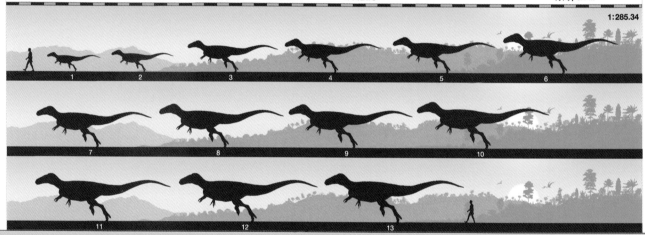

1:285.34

棘龙科

类似于重爪龙的棘龙科： 牙齿呈锯齿状、身体轻盈、小型猎物捕食者和（或）鱼食性动物

编号	中文名与学名	活动时间与范围	最大标本	化石数据	体型	体重
1	（n.n.） "Weenyonyx"	早白垩世晚期 欧洲西部（英格兰）	未分类 幼体	牙齿 沃氏重爪龙？	全长：1.8 m 臀高：45 cm	12 kg
2	刀齿鳄龙（n.d.） Suchosaurus cultridens	早白垩世早期 欧洲西部（英格兰）	BMNH R4415 年龄未确定	牙齿 第二个比重爪龙年代更古老的种？	全长：5.5 m 臀高：1.6 m	555 kg
3	厚锯齿东非龙 Ostafrikasaurus crassiserratus	晚侏罗世 非洲南部（坦桑尼亚）	MB R 1084 年龄未确定	前颌齿 可能是棘龙科或角鼻龙科。	全长：8.4 m 臀高：2.1 m	1.15 t
4	似刀齿鳄龙 cf. Suchosaurus cultridens	早白垩世晚期 欧洲西部（西班牙）	CMP-3-758 年龄未确定	牙齿 原被认为是鳄鱼。	全长：8.6 m 臀高：2.15 m	1.4 t
5	似刀齿鳄龙 cf. Suchosaurus cultridens	早白垩世早期 欧洲西部（英格兰）	BMNH R4415 年龄未确定	牙齿 未确定棘龙科。	全长：9.3 m 臀高：2.3 m	1.7 t
6	吉氏鳄龙（n.d.） Suchosaurus girardi	早白垩世晚期 欧洲西部（葡萄牙）	MMM 1190 年龄未确定	齿骨和躯干骨 鳄龙和重爪龙可能是同物异名。	全长：9.3 m 臀高：2.3 m	1.7 t
7	沃氏重爪龙 Baryonyx walkeri	早白垩世晚期 欧洲西部（英格兰）	MIWG.6527 成体？	前肢指骨 模式种 BMNH R9951 是亚成体。	全长：9.7 m 臀高：2.4 m	2 t
8	拉氏背饰龙 Cristatusaurus lapparenti	早白垩世晚期 非洲北部（尼日尔）	MNHN GDF 365 成体	前上颌骨 可能属于重爪龙属。	全长：12 m 臀高：3.2 m	4 t

类似于鱼猎龙的棘龙科： 光滑的牙齿呈圆柱形，四肢短，身体轻盈、小型猎物捕食者或捕鱼动物

编号	中文名与学名	活动时间与范围	最大标本	化石数据	体型	体重
9	扶绥暹罗龙 Siamosaurus fusuiensis	早白垩世晚期 亚洲东部（中国）	MDS BK 10 年龄未确定	牙齿 原被认为是棘龙。	全长：5.1 m 臀高：1.45 m	250 kg
10	萨氏暹罗龙 Siamosaurus suteethorni	早白垩世早期 辛梅利亚大陆（泰国）	DMR TF 2043a 年龄未确定	单独的牙齿 比泰国的暹罗龙未定种年代更古老。	全长：5.1 m 臀高：1.45 m	255 kg
11	食肉激龙 Irritator challengerii	早白垩世晚期 南美洲北部（巴西北部）	SMNS 58022 年龄未确定	不完整颅骨 有人提出 Angaturama 是该同一标本的另一碎片。	全长：8.7 m 臀高：2.45 m	1.3 t

	12	短颈斯基玛萨龙 *Sigilmassasaurus* *brevicollis*	晚白垩世早期 南美洲北部（巴西北部）	未分类 年龄未确定	尾椎骨 歌伦波奥沙拉龙？	全长：9.1 m 臀高：2.6 m	1.6 t
	13	老挝鱼猎龙 *Ichthyovenator laosensis*	早白垩世晚期 辛梅利亚大陆（老挝）	MDS BK 10 年龄未确定	躯干骨 骨骼与棘龙的 barioniquino、牙齿和颈椎骨类似。	全长：10.5 m 臀高：2.95 m	2.4 t
	14	短颈斯基玛萨龙 *Sigilmassasaurus* *brevicollis*	早白垩世晚期 非洲北部（摩洛哥）	NMC 41852 年龄未确定	不完整肱骨 比埃及棘龙的年代更古老。	全长：13 m 臀高：3.7 m	4.7 t
	15	歌伦波奥沙拉龙 *Oxalaia quilombensis*	晚白垩世早期 南美洲北部（巴西北部）	MN 6117-V 年龄未确定	不完整前上颌骨 棘龙未定种可能是奥沙拉龙。	全长：13.3 m 臀高：3.75 m	5 t
	16	摩洛哥"棘龙" *"Spinosaurus" maroccanus*	晚白垩世早期 非洲北部（埃及、摩洛哥、尼日尔）	BSPG 2011 I 118 年龄未确定	颈椎骨 比短颈斯基玛萨龙年代更新。	全长：13.9 m 臀高：4.1 m	6.5 t

类似于棘龙的棘龙科：水生动物、四肢长、身体相对轻盈、小型猎物捕食者或鱼食性动物

| | 1 | 似埃及棘龙？
cf. Spinosaurus
aegyptiacus | 晚白垩世早期
非洲北部（尼日尔） | 未分类
年龄未确定 | ？ | 全长：6.4 m
臀高：- | 450 kg |
| | 2 | 埃及棘龙
Spinosaurus aegyptiacus | 晚白垩世早期
非洲北部（阿尔及利亚、埃及、摩洛哥） | MSNM V4047
成体 | 部分颅骨
一个更小的未分类标本具有更大的骨冠。 | 全长：16 m
臀高：- | 7.5 t |

异特龙超科

类似于永川龙的异特龙超科：身体相对强壮、中型到大型猎物捕食者

编号	中文名与学名	活动时间与范围	最大标本	化石数据	体型	体重
1	七里峡宣汉龙 *Xuanhanosaurus* *qilixiaensis*	中侏罗世 亚洲东部（中国）	IVPP V6729 年龄未确定	躯干骨 原始斑龙超科？	全长：4.8 m 臀高：1.3 m	265 kg
2	自贡永川龙 *Yangchuanosaurus* *zigongensis*	中侏罗世 亚洲东部（中国）	ZDM 9011 年龄未确定	躯干骨 之前被称为自贡四川龙。	全长：6.5 m 臀高：1.75 m	490 kg
3	甘氏四川龙（n.d.） *Szechuanosaurus campi*	晚侏罗世 亚洲东部（中国）	IVPP V235 年龄未确定	牙齿 中棘龙科？	全长：7.3 m 臀高：2 m	1 t
4	上游永川龙 *Yangchuanosaurus* *shangyounensis*	晚侏罗世 亚洲东部（中国）	CV 00216 成体	颅骨和躯干骨 在幼体中颅骨比股骨短，成体中情况相反。	全长：10.5 m 臀高：2.9 m	2.9 t
类似于中华盗龙的异特龙超科：身体相对强壮、中型到大型猎物捕食者						
5	似"藏匿龙"未定种 *cf. "Cryptodraco" sp.*	中侏罗世 欧洲西部（英格兰）	R.1617 年龄未确定	背椎骨 位于发现派克氏中棘龙的地点。	全长：4 m 臀高：1.1 m	155 kg
6	金时代龙 *Shidaisaurus jinae*	中侏罗世 亚洲东部（中国）	LDM-LCA 9701-IV 年龄未确定	躯干骨 它的名字含义为"黄金时代"。	全长：7.1 m 臀高：1.9 m	950 kg
7	派克氏中棘龙 *Metriacanthosaurus* *parkeri*	晚侏罗世 欧洲西部（英格兰）	OUM J.12144 年龄未确定	躯干骨 根据其高高的椎骨推测它是棘龙科。	全长：7.5 m 臀高：2.05 m	1.1 t
8	和平中华盗龙 *Sinraptor hepingensis*	晚侏罗世 亚洲东部（中国）	ZDM 0024 年龄未确定	躯干骨 另一个标本有伤痕，可能是由马门溪龙科造成的。	全长：9.2 m 臀高：2.5 m	2 t

	名称	时期 / 地区	标本 / 年龄	材料 / 备注	尺寸	体重
9	董氏中华盗龙 *Sinraptor dongi*	晚侏罗世 亚洲东部（中国）	IVPP 15310 成体?	牙齿 模式种 IVPP 10600 是亚成体标本。	全长：11.5 m 臀高：3.1 m	3.9 t
未确定异特龙超科：身体相对强壮、中型到大型猎物捕食者						
10	萨氏挺足龙 *Erectopus superbus*	早白垩世晚期 欧洲西部（法国）	MNHN 2001-4 年龄未确定	上颌骨和躯干骨 有差异，可能构成一个独立的科。	全长：5 m 臀高：1.35 m	315 kg
11	"御船龙"（n.n.） *"Mifunesaurus"*	晚白垩世早期 亚洲东部（日本）	YNUGI 10003 年龄未确定	牙齿 原始坚尾龙类还是异特龙超科？	全长：6 m 臀高：1.6 m	550 kg
12	似萨氏挺足龙 *cf. Erectopus superbus*	早白垩世晚期 欧洲西部（葡萄牙）	未分类	不完整牙齿 类似挺足龙？	全长：7.4 m 臀高：2 m	1 t
13	萨氏挺足龙 *aff. Erectopus superbus*	晚白垩世早期 非洲北部（埃及）	IPHG 1912 VIII 85 年龄未确定	不完整胫骨 鉴定存疑。	全长：7.5 m 臀高：2 m	1.1 t
14	似夺目"斑龙" *cf. "Megalosaurus" insignis*	早白垩世晚期 欧洲西部（法国）	SV3 年龄未确定	足部趾骨 未确定兽脚亚目。	全长：8.2 m 臀高：2.2 m	1.4 t
15	aff. marchei "鲁钝龙"（n.d.） *aff. Morosaurus marchei*	早白垩世晚期 欧洲西部（葡萄牙）	IPHG 1912 VIII 85 年龄未确定	不完整胫骨 原被认为是蜥臀目。	全长：9.3 m 臀高：2.5 m	2.1 t

1:228.28

类似于异特龙的异特龙超科：身体相对强壮、中型到大型猎物捕食者

	名称	时期 / 地区	标本 / 年龄	材料 / 备注	尺寸	体重
1	克雷龙 *Creosaurus atrox*	晚侏罗世 北美洲西部（美国怀俄明州）	YPM 1890 亚成体	颅骨和躯干骨 与脆弱异特龙有差异。	全长：6.1 m 臀高：1.67 m	590 kg
2	贪食龙（n.d.） *Labrosaurus lucaris*	晚侏罗世 北美洲西部（美国怀俄明州）	YPM 1931 年龄未确定	躯干骨 脆弱异特龙？	全长：2 m 臀高：1.95 m	1 t
3	贪食龙 *Allosaurus lucasi*	晚侏罗世 北美洲西部（美国科罗拉多州）	YPM VP 57589 成体	不完整颅骨 脆弱异特龙？	全长：7.6 m 臀高：2.05 m	1.15 t
4	（n.d.） *"Camptonotus" amplus*	晚侏罗世 北美洲西部（美国怀俄明州）	YMP 1879 年龄未确定	躯干骨 脆弱异特龙还是食蜥王龙？	全长：7.6 m 臀高：2.05 m	1.2 t
5	欧洲异特龙 *Allosaurus europaeus*	晚侏罗世 欧洲西部（葡萄牙）	ML 415 年龄未确定	颅骨和躯干骨 脆弱异特龙？	全长：7.8 m 臀高：2.1 m	1.3 t
6	瓦伦斯腔躯龙（n.d.） *Antrodemus valens*	晚侏罗世 北美洲西部（美国科罗拉多州）	USNM 218 年龄未确定	不完整尾椎骨 脆弱异特龙？不能够确认。	全长：7.9 m 臀高：2.15 m	1.4 t
7	似脆弱异特龙 *cf. Allosaurus fragilis*	晚侏罗世 北美洲西部（美国）	SMA 0005 成体	躯干骨 比脆弱异特龙年代更近。	全长：9.6 m 臀高：2.6 m	2.3 t
8	合依潘龙（n.d.） *Epanterias amplexus*	晚侏罗世 北美洲西部（美国科罗拉多州）	MNH 5767 年龄未确定	躯干骨 异特龙还是食蜥王龙？	全长：10.4 m 臀高：2.8 m	2.9 t
9	脆弱异特龙 *Allosaurus fragilis*	晚侏罗世 北美洲西部（美国科罗拉多州、蒙大拿州、新墨西哥州、俄克拉荷马州、南达科塔州、犹他州、怀俄明州）	NMMNH 26083 成体	股骨 它的体系与合依潘龙类似，两者可能是同物异名。	全长：10.4 m 臀高：2.8 m	2.9 t
10	巨食蜥王龙 *Saurophaganax maximus*	晚侏罗世 北美洲西部（美国新墨西哥州、俄克拉荷马州）	OMNH 01123 年龄未确定	肱骨 可能属于巨异特龙属。	全长：13 m 臀高：3.25 m	4.5 t

1:285.34

鲨齿龙科

类似于新猎龙的鲨齿龙科： 身体相对强壮、中型到大型猎物捕食者

编号	中文名与学名	活动时间与范围	最大标本	化石数据	体型	体重
1	新猎龙未定种 *Neovenator sp*	早白垩世早期 欧洲西部（法国）	ANG 10-51 年龄未确定	牙齿 可能是新猎龙科。	全长：6 m 臀高：1.6 m	550 kg
2	希尔斯"鸟脚龙"（n.d.） *"Ornithocheirus" hilsensis*	早白垩世早期 欧洲西部（德国）	未分类 年龄未确定	足部趾骨 鉴定存疑。	全长：7 m 臀高：1.9 m	950 kg
3	萨氏新猎龙 *Neovenator salerii*	早白垩世晚期 欧洲西部（英格兰）	MIWG 6352 亚成体	躯干骨 外观类似于异特龙。	全长：9.2 m 臀高：2.5 m	2 t
4	似萨氏新猎龙 *cf. Neovenator salerii*	早白垩世晚期 欧洲西部（英格兰）	MIWG 4199 成体？	足部趾骨 萨勒氏新猎龙的成体标本？	全长：10 m 臀高：2.65 m	2.4 t

类似于高棘龙的鲨齿龙科： 身体强壮、中型到大型猎物捕食者

编号	中文名与学名	活动时间与范围	最大标本	化石数据	体型	体重
5	驼背昆卡猎龙 *Concavenator corcovatus*	早白垩世晚期 欧洲西部（西班牙）	MC cm-LH 6666 年龄未确定	颅骨和躯干骨 它是个成体。	全长：5.2 m 臀高：1.9 m	400 kg
6	毛儿图假鲨齿龙 *Shaochilong maortuensis*	晚白垩世早期 亚洲东部（中国）	IVPP V2885.1 年龄未确定	不完整颅骨 它的前额与屿峡龙相似。	全长：5.4 m 臀高：1.5 m	525 kg
7	长棘比克尔斯棘龙 *Becklespinax altispinax*	早白垩世早期 欧洲西部（英格兰）	BMNH R 1828 年龄未确定	牙齿 是第一个找到有驼峰的恐龙。	全长：6 m 臀高：2 m	640 kg
8	广西"原恐齿龙"(n.d.) *"Prodeinodon"* *kwangshiensis*	早白垩世晚期 亚洲东部（韩国）	IVPP V 4795 年龄未确定	牙齿 可能是鲨齿龙科？	全长：6.4 m 臀高：1.8 m	790 kg
9	挺足龙似傲慢种 *Erectopus cf. superbus*	早白垩世早期 欧洲东部（罗马尼亚）	UAIC (S cm1)615 年龄未确定	牙齿 鲨齿龙科。	全长：7.3 m 臀高：2.05 m	1.3 t
10	石油克拉玛依龙 *Kelmayisaurus petrolicus*	晚侏罗世 亚洲东部（中国）	IVPP V4022 年龄未确定	上颌骨和不完整齿骨 鲨齿龙科？	全长：7.9 m 臀高：2.2 m	1.55 t
11	"巨型疏骨龙"(n.n.) *"Osteoporosia gigantea"*	晚白垩世早期 非洲北部（摩洛哥）	JP Cr340 年龄未确定	牙齿 与索伦眼龙是同物异名？	全长：7.9 m 臀高：2.2 m	1.55 t
12	米氏旧鲨齿龙 *Veterupristisaurus milneri*	早白垩世晚期 亚洲东部（中国）	MB R 1938 或 ST 270 年龄未确定	尾椎骨 巨大"斑龙"的未成年标本？	全长：8 m 臀高：2.25 m	1.55 t
13	佐藤氏秋田龙(n.d.) *Wakinosaurus satoi*	早白垩世早期 亚洲东部（日本）	KMNH VP 000.016 年龄未确定	牙齿 与广西"原恐齿龙"类似。	全长：8.1 m 臀高：2.25 m	1.7 t
14	怒眼始鲨齿龙 *Eocarcharia dinops*	早白垩世早期 非洲北部（尼日尔）	MNN GAD2 年龄未确定	眶后骨 归属于隐面龙的化石是属于始鲨齿龙。	全长：8.4 m 臀高：2.35 m	1.9 t
15	广西大塘龙 *Datanglong guangxiensis*	早白垩世晚期 亚洲东部（韩国）	GMG 00001 成体	背椎骨 鲨齿龙科？	全长：8.6 m 臀高：2.4 m	2.1 t
16	兰平特暴龙(n.d.) *Tyrannosaurus* *lanpingensis*	早白垩世早期 亚洲东部（中国）	IVPP 年龄未确定	不完整牙齿 鲨齿龙科？	全长：9 m 臀高：2.5 m	2.3 t
17	中异特龙 *Allosaurus medius*	晚侏罗世 北美洲东部（美国马里兰州）	USNM 4972 年龄未确定	牙齿 类似于高棘龙。	全长：9.2 m 臀高：2.5 m	2.5 t
18	索伦眼龙 *Sauroniops pachytholus*	晚白垩世早期 非洲北部（摩洛哥）	MPM 2594 年龄未确定	额骨 与鲨齿龙共存，但更原始。	全长：10.2 m 臀高：2.95 m	3.8 t
19	阿扎卡高棘龙 *Acrocanthosaurus* *atokensis*	早白垩世晚期 北美洲西部（美国俄克拉荷马州、犹他州、得克萨斯州、怀俄明州）	OMNH 10168 年龄未确定	颅骨和躯干骨 与其近亲相比它的脊椎骨非常高。	全长：11.5 m 臀高：3.3 m	4.9 t
20	巨大"斑龙" *"Megalosaurus" ingens*	晚侏罗世 非洲南部（坦桑尼亚）	MNHUK R 6758 年龄未确定	牙齿 由 Rauhut 1995 年重新分类。	全长：12.6 m 臀高：3.6 m	6.4 t

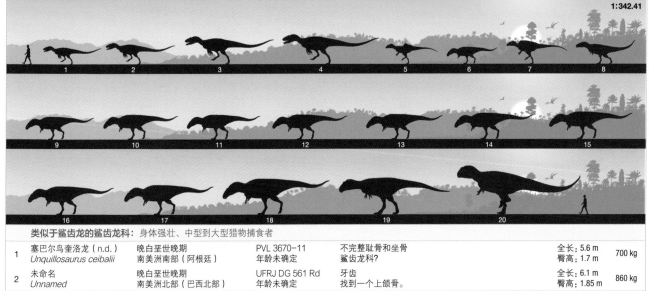

1:342.41

类似于鲨齿龙的鲨齿龙科： 身体强壮、中型到大型猎物捕食者

编号	中文名与学名	活动时间与范围	最大标本	化石数据	体型	体重
1	塞巴尔鸟奎洛龙（n.d.） *Unquillosaurus ceibalii*	晚白垩世晚期 南美洲南部（阿根廷）	PVL 3670-11 年龄未确定	不完整耻骨和坐骨 鲨齿龙科？	全长：5.6 m 臀高：1.7 m	700 kg
2	未命名 *Unnamed*	晚白垩世晚期 南美洲北部（巴西北部）	UFRJ DG 561 Rd 年龄未确定	牙齿 找到一个上颌骨。	全长：6.1 m 臀高：1.85 m	860 kg

编号	中文名与学名	活动时间与范围	最大标本	化石数据	体型	体重
3	丘布特斑龙（n.d.） *Megalosaurus chubutensis*	早白垩世晚期 南美洲南部（阿根廷）	MACN 18.189 年龄未确定	单独的牙齿 比魁纣龙年代更近。	全长：9.7 m 臀高：2.85 m	3.4 t
4	伊吉迪鲨齿龙 *Carcharodontosaurus iguidensis*	晚白垩世早期 非洲北部（尼日尔）	MNN IGU6 成体	牙齿 包括一些之前归属于撒哈拉鲨齿龙的标本。	全长：11 m 臀高：3.25 m	5.2 t
5	撒哈拉“斑龙” “*Megalosaurus*” *saharicus*	早白垩世晚期 非洲北部（阿尔及利亚）	MNNHN 年龄未确定	牙齿和尾椎骨 比撒哈拉鲨齿龙年代更近。	全长：11.3 m 臀高：3.35 m	5.5 t
6	丘布特魁纣龙 *Tyrannotitan chubutensis*	晚白垩世早期 南美洲南部（阿根廷）	MPEF–PV 1157 年龄未确定	颅骨和躯干骨 比其他南方巨兽龙更强壮。	全长：12 m 臀高：3.55 m	7 t
7	玫瑰马普龙 *Mapusaurus roseae*	晚白垩世早期 南美洲南部（阿根廷）	MCF–PVPH– 108.202 年龄未确定	腓骨 比南方巨兽龙的模式种略大。	全长：12.7 m 臀高：3.65 m	7.6 t
8	撒哈拉鲨齿龙 *Carcharodontosaurus saharicus*	晚白垩世早期 非洲北部（埃及、摩洛哥）	SGM–Din 1 年龄未确定	不完整颅骨 模式种的体型更小。	全长：12.8 m 臀高：3.75 m	7.8 t
9	卡氏南方巨兽龙 *Giganotosaurus carolinii*	晚白垩世早期 南美洲南部（阿根廷）	MUCPv–95 年龄未确定	不完整颅骨 比模式种 MUCPv–Ch1 的体型大 6.5%。	全长：13.2 m 臀高：3.85 m	8.5 t

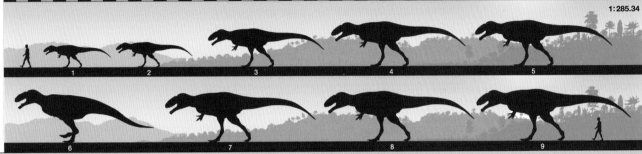

1:285.34

虚骨龙类

类似于气龙的虚骨龙： 身体相对轻盈、小型到中型猎物捕食者

编号	中文名与学名	活动时间与范围	最大标本	化石数据	体型	体重
1	建设气龙 *Gasosaurus constructus*	中侏罗世 亚洲东部（中国）	IVPP V7264 年龄未确定	躯干骨 可能是虚骨龙类。	全长：4.5 m 臀高：1.05 m	150 kg
2	安氏卢雷亚楼龙 *Lourinhanosaurus antunesi*	晚侏罗世 欧洲西部（葡萄牙）	ML 370 亚成体	躯干骨 虚骨龙类？	全长：5.7 m 臀高：1.4 m	310 kg
3	东北暹罗暴龙 *Siamotyrannus isanensis*	早白垩世晚期 辛梅利亚大陆（泰国）	PW9–1 年龄未确定	腰带骨和椎骨 原始虚骨龙类？	全长：10 m 臀高：2.5 m	1.75 t

1:228.28

未确定虚骨龙： 身体轻盈、小型猎物捕食者

编号	中文名与学名	活动时间与范围	最大标本	化石数据	体型	体重
1	似内德科尔伯特龙 cf. *Nedcolbertia*	早白垩世早期 欧洲西部（英格兰）	BMNH R36539 年龄未确定	不完整股骨 未鉴定。	全长：1 m 臀高：32 cm	1.1 kg
2	“蒙皿吐鲁茨龙”（n.n.） “*Tonouchisaurus mongoliensis*”	早白垩世早期 亚洲东部（蒙古）	未分类 幼体？	躯干骨 不是暴龙超科。	全长：1.1 m 臀高：35 cm	1.5 kg
3	赵氏敖闰龙 *Aorun zhaoi*	中侏罗世 亚洲东部（中国）	IVPP V15700 幼体？	颅骨和躯干骨 在论文中被命名为“决杀杰切拉”。	全长：1.1 m 臀高：35 cm	1.6 kg
4	小坐骨龙 *Mirischia asymmetrica*	早白垩世晚期 南美洲北部（巴西北部）	SMNK 2349 PAL 亚成体	牙齿 美颌龙科还是暴龙超科？	全长：1.65 m 臀高：53 cm	5 kg
5	厢门髂鳄龙 *Iliosuchus incognitus*	中侏罗世 欧洲西部（英格兰）	OUM J29780 幼体？	肠骨 标本 OUM J2897 是个髂鳄龙。	全长：1.8 m 臀高：57 cm	6.3 kg
6	小贼鳄龙（n.d.） *Aristosuchus pusillus*	早白垩世晚期 欧洲西部（英格兰）	BMNH R178 年龄未确定	荐椎和不完整的耻骨 可能是暴龙超科。	全长：1.9 m 臀高：60 cm	8 kg
7	小巧吐谷鲁龙 *Tugulusaurus faciles*	早白垩世晚期 亚洲东部（中国）	IVPP V4025 年龄未确定	躯干骨 它的胫骨非常长。	全长：2.3 m 臀高：75 cm	14 kg
8	“伯齿龙”（n.n.） “*Beelemodon*”	晚侏罗世 北美洲西部（美国怀俄明州）	TATE 年龄未确定	碎片和牙齿 鉴定存疑。	全长：2.3 m 臀高：75 cm	14 kg
9	脆弱虚骨龙 *Coelurus fragilis*	晚侏罗世 北美洲西部（美国犹他州、怀俄明州）	YPM 1991 年龄未确定	尾椎骨 发布了无效的“虚骨龙”科。	全长：2.5 m 臀高：80 cm	17 kg
10	新疆猎龙 *Xinjiangovenator narvus*	早白垩世晚期 亚洲东部（中国）	IVPP V 4024–2 年龄未确定	碎片和牙齿 起初已被认为是敏捷提龙的化石。	全长：2.7 m 臀高：85 cm	22 kg
11	贾氏内德科尔伯特龙 *Nedcolbertia justinhofmanni*	早白垩世晚期 北美洲西部（美国犹他州）	CEUM 5073 年龄未确定	尾椎骨和不完整骨骼 标本 CEUM 5072 的体型相似。	全长：3 m 臀高：95 cm	30 kg
12	阿根廷二百周年龙 *Bicentenaria argentina*	晚白垩世早期 南美洲南部（阿根廷）	MPCA 865 成体	个不完整颅骨 在同年的纸质出版前被公布。	全长：3.1 m 臀高：1 m	33 kg

13	萨利氏左龙 *Zuolong salleei*	晚侏罗世 亚洲东部（中国）	IVPP V15912 亚成体	颅骨和躯干骨 希尔玛·萨利为其研究成立了基金。	全长：3.35 m 臀高：1.05 m	43 kg
14	巨中华丽羽龙 *Sinocalliopteryx gigas*	早白垩世晚期 亚洲东部（中国）	CAGS-IG-T1 年龄未确定	颅骨、躯干骨和细丝 美颌龙科还是暴龙超科？	全长：3.5 m 臀高：1.1 m	48 kg
15	"加贺龙"（n.n.） "*Kagasaurus*"	早白垩世早期 亚洲东部（日本）	FPM 85050-1 年龄未确定	牙齿 由 Hisa 在 1998 年不正式命名。	全长：3.9 m 臀高：1.25 m	67 kg
16	重大"橡树龙" "*Dryosaurus*" grandis	早白垩世晚期 北美洲东部（美国马里兰州）	USNM 5701 年龄未确定	尾椎骨 它原被认为是鸟臀目。	全长：4.3 m 臀高：1.4 m	90 kg
17	似中华丽羽龙未定种 cf. *Sinocalliopteryx sp.*	早白垩世晚期 亚洲东部（中国）	LDRCv2 年龄未确定	牙齿 嵌入了东北巨龙的肋骨。	全长：4.4 m 臀高：1.4 m	97 kg
18	"弗氏阿肯色龙"（n.n.） "*Arkansaurus fridayi*"	早白垩世晚期 北美洲东部（美国阿肯色州）	UAM 74-16-2 年龄未确定	部分后肢骨 "弗雷德"种在 15 年后被创建。	全长：5.3 m 臀高：1.7 m	170 kg
类似于美颌龙的虚骨龙：身体轻盈、小型猎物捕食者						
19	斯氏侏罗猎龙 *Juravenator starki*	晚侏罗世 欧洲西部（德国）	JME Sch 200 幼体	颅骨和躯干骨 发现羽毛的证据。	全长：74 cm 臀高：19 cm	250 g
20	原始中华龙鸟 *Sinosauropteryx prima*	早白垩世晚期 亚洲东部（中国）	NIGP 127587 成体	颅骨、躯干骨和细丝 第一个发现有细丝的兽脚亚目恐龙。	全长：90 cm 臀高：33 cm	1.1 kg
21	长足美颌龙 *Compsognathus longipes*	晚侏罗世 欧洲西部（德国、法国）	MNHN CNJ 79 成体	颅骨和躯干骨 科拉埃斯特里斯美颌龙是长足美颌龙的成体标本。	全长：1.5 m 臀高：40 cm	2.3 kg
类似于华夏颌龙的虚骨龙：身体轻盈、小型猎物捕食者						
22	东方华夏颌龙 *Huaxiagnathus orientalis*	早白垩世晚期 亚洲东部（中国）	NGMC 98-5-003 成体	尾椎骨 与美颌龙的物理差异很大。	全长：2.1 m 臀高：55 cm	10 kg
类似于嗜鸟龙的虚骨龙：身体轻盈、小型猎物捕食者						
23	萨姆奈特棒爪龙 *Scipionyx samniticus*	早白垩世晚期 欧洲西部（意大利）	SBA-SA 163760 幼体	颅骨和躯干骨 年龄为 3 岁。	全长：53 cm 臀高：10 cm	100 g
24	赫氏嗜鸟龙 *Ornitholestes hermanni*	晚侏罗世 北美洲西部（美国怀俄明州）	AMNH 619 年龄未确定	颅骨和躯干骨 比其他"原始虚骨龙类"的衍化程度更高。	全长：2.1 m 臀高：55 cm	12 kg

1:171.21

1　2　3　4　5　6　7　8　9　10　11　12　13

14　15　16　17　18　19　20　21　22　23　24

大盗龙类

编号	中文名与学名	活动时间与范围	最大标本	化石数据	体型	体重
类似于吉兰泰龙的大盗龙类：身体相对强壮、中型到大型猎物捕食者						
1	北谷福井盗龙 *Fukuiraptor kitadaniensis*	早白垩世晚期 亚洲东部（日本）	FPDM-V98081540 成体	牙齿 FPDM 9712201-9712228 是躯干骨标本。	全长：4.3 m 臀高：1.45 m	590 kg
2	西伯利亚"吉兰泰龙" "*Chilantaisaurus*" sibiricus	早白垩世早期 亚洲东部（俄罗斯东部）	FMNH PR2716 亚成体	不完整跗骨 它是所知最古老的大盗龙类。	全长：8.4 m 臀高：2.3 m	1.4 t
3	阿达曼"首都龙" "*Capitalsaurus*" potens	早白垩世晚期 北美洲东部（美国马里兰州）	USNM 3049 年龄未确定	不完整尾椎骨 鉴定存疑。	全长：11.6 m 臀高：3 m	3.9 t
4	食人野兽 *Siats meekerorum*	晚白垩世早期 北美洲西部（美国犹他州）	FMNH PR2716 亚成体	牙齿和部分躯干骨 它曾被认为是新猎龙科。	全长：11.7 m 臀高：3.2 m	3.9 t
5	大水沟吉兰泰龙 *Chilantaisaurus tashuikouensis*	晚白垩世早期 亚洲东部（中国）	IVPP V2884 年龄未确定	牙齿和部分躯干骨 原始大盗龙？	全长：11.9 m 臀高：3.3 m	4.1 t
类似于南方猎龙的大盗龙类：身体相对轻盈、小型到中型猎物捕食者						
6	似鸟盗龙 *Rapator ornitholestoides*	早白垩世晚期 大洋洲（澳大利亚）	BMNH R3718 年龄未确定	跗骨 与温顿南方盗龙有差别，且较之年代更近。	全长：4.8 m 臀高：1.45 m	270 kg
7	温顿南方猎龙 *Australovenator wintonensis*	晚白垩世早期 大洋洲（澳大利亚）	AODF 604 年龄未确定	齿骨、牙齿和部分躯干骨 比南方猎龙未定种年代更近。	全长：5.7 m 臀高：1.7 m	450 kg
类似于大猛龙的大盗龙类：身体相对轻盈、中型到大型猎物捕食者						
8	"蒙那浩恩格"（n.n.） "*Mangahouanga*"	晚白垩世晚期 大洋洲（新西兰）	NZGS CD1 年龄未确定	尾椎骨 未鉴定，其名字是被错误创建的。	全长：3.5 m 臀高：1.05 m	130 kg
9	里约科罗拉多气腔龙 *Aerosteon riocoloradensis*	晚白垩世晚期 南美洲南部（阿根廷）	MCNA-PV-3137 亚成体	部分躯干骨 它的气囊非常发达。	全长：7.5 m 臀高：1.7 m	1 t
10	纳氏大盗龙 *Megaraptor namunhuaiquii*	晚白垩世早期 南美洲南部（阿根廷）	MCF-PVPH 79 成体	趾甲、趾骨和跗骨 它的爪子非常发达。	全长：8.3 m 臀高：2.35 m	1.3 t
11	burkei 齿河盗龙 *Orkoraptor burkei*	晚白垩世早期 南美洲南部（阿根廷）	MPM-Pv 3457 年龄未确定	颅骨和部分躯干骨 它的名字是指在 Aoniken 的 La Leona 河。	全长：8.4 m 臀高：2.4 m	1.4 t

类似于硕大巴哈利亚龙的大盗龙类：身体相对轻盈、小型猎物捕食者						
12	硕大似巴哈利亚龙 cf. *Bahariasaurus ingens*	晚白垩世早期 非洲北部（尼日尔）	MNHN 年龄未确定	尾椎骨 硕大巴哈利亚龙？	全长：4.1 m 臀高：1.05 m	177 kg
13	"维氏南方暴龙"（n.n.） "*Nototyrannus violantei*"	晚白垩世早期 南美洲南部（阿根廷）	未分类 年龄未确定	部分躯干骨	全长：7.6 m 臀高：2.2 m	1.1 t
14	硕大巴哈利亚龙 *Bahariasaurus ingens*	晚白垩世早期 非洲北部（埃及）	IPHG 1922 X 47 年龄未确定	部分躯干骨 它是一种与三角洲奔龙有差异的兽脚亚目恐龙。	全长：12.2 m 臀高：3.5 m	4.6 t

暴龙超科

编号	中文名与学名	活动时间与范围	最大标本	化石数据	体型	体重
类似冠龙的暴龙超科：身体相对轻盈、小型到中型猎物捕食者						
1	布氏原角鼻龙 *Proceratosaurus bradleyi*	中侏罗世 欧洲西部（英格兰）	BMNH R4860 年龄未确定	不完整颅骨和碎片化石 它原被认为是角鼻龙科。	全长：2.7 m 臀高：95 cm	95 kg
2	匿名似髂鳄龙 cf. *Iliosuchus incognitus*	中侏罗世 欧洲西部（英格兰）	OUM J28971 年龄未确定	牙齿 与原角鼻龙相似。	全长：3.4 m 臀高：1.2 m	115 kg
3	五彩冠龙 *Guanlong wucaii*	晚侏罗世 亚洲东部（中国）	IVPP V14531 年龄未确定	颅骨和部分躯干骨 与单脊龙有趋同的相似性。	全长：4 m 臀高：1.4 m	180 kg
4	aristocotus 哈卡斯龙 *Kileskus aristocotus*	中侏罗世 亚洲西部（俄罗斯西部）	ZINPH 5/117 年龄未确定	不完整上颌骨 与布氏原角鼻龙年代相同。	全长：5.2 m 臀高：1.85 m	700 kg
类似于羽王龙的暴龙超科：身体相对强壮、中型到大型猎物捕食者						
5	匈牙利"斑龙"（n.d.） "*Megalosaurus* hungaricus"	晚白垩世晚期 欧洲东部（罗马尼亚）	MAFI Ob 3106 年龄未确定	牙齿 暴龙超科还是驰龙科？	全长：2.7 m 臀高：70 cm	47 kg
6	施氏"杂肋龙"（n.d.） "*Poekilopleuron*" schmidti	晚白垩世早期 亚洲西部（俄罗斯西部）	FPDM-V98081540 年龄未确定	颈部肋骨和胃石？ 有一个掌骨被归属于蜥脚形亚目。	全长：4.6 m 臀高：1.2 m	220 kg
7	蒙古原恐齿龙（n.d.） *Prodeinodon mongoliensis*	早白垩世早期 亚洲东部（蒙古）	未分类 年龄未确定	牙齿 它也被当作蒙古原恐齿龙。	全长：4.8 m 臀高：1.25 m	265 kg
8	潘农似"斑龙" cf. "*Megalosaurus*" pannoniensis	晚白垩世晚期 欧洲西部（葡萄牙）	未分类 年龄未确定	碎片 归属存疑。	全长：6 m 臀高：1.55 m	525 kg
9	丹氏顶棘龙（n.d.） *Altispinax dunkeri*	早白垩世晚期 欧洲西部（德国）	UM 84 年龄未确定	牙齿 原恐齿龙是顶棘龙的小同义词？	全长：6.3 m 臀高：1.6 m	600 kg
10	艾里克敏捷龙（n.d.） *Phaedrolosaurus ilikensis*	早白垩世晚期 亚洲东部（中国）	IVPP V 4024-1 年龄未确定	牙齿 它原被认为是一只巨型驰龙科恐龙。	全长：6.3 m 臀高：1.6 m	600 kg
11	潘农似"斑龙" cf. "*Megalosaurus*" pannoniensis	晚白垩世晚期 欧洲西部（法国）	未分类 年龄未确定	前颌牙 鉴定存疑。	全长：6.8 m 臀高：1.75 m	750 kg
12	潘农似"斑龙" cf. "*Megalosaurus*" pannoniensis	晚白垩世晚期 欧洲东部（匈牙利）	V.01 年龄未确定	牙齿 比潘农"斑龙"更古老。	全长：6.8 m 臀高：1.75 m	750 kg
13	潘农"斑龙"（n.d.） "*Megalosaurus*" pannoniensis	晚白垩世晚期 欧洲西部（奥地利）	PIUW 年龄未确定	不完整牙齿 与顶棘龙具有相似性。	全长：6.85 m 臀高：1.75 m	780 kg
14	喀左中国暴龙 *Sinotyrannus kazouensis*	早白垩世晚期 亚洲东部（中国）	KZV-001 年龄未确定	牙齿 比它的近亲体型大得多，年代也更近。	全长：7.5 m 臀高：2 m	1.2 t
15	华丽羽王龙 *Yutyrannus huali*	早白垩世晚期 亚洲东部（中国）	ZCDMV5000 成体	颅骨和躯干骨	全长：9.5 m 臀高：2.2 m	1.5 t
16	蒙古原恐齿龙（n.d.） cf. *Prodeinodon mongoliensis*	早白垩世晚期		牙齿、不完整胫骨和腓骨 尚不完全肯定它是原恐齿龙。	全长：9.8 m 臀高：2.5 m	2.3 t

类似于帝龙的暴龙超科： 身体轻盈、小型到中型猎物捕食者

#	名称	时代/地区	标本	年龄/特征	描述	尺寸	体重
1	侏罗祖母暴龙 Aviatyrannis jurassica	晚侏罗世 欧洲西部（葡萄牙）	IPFUB Gui Th 1 年龄未确定	肠骨 可能是个幼年个体。	全长：1.3 m 臀高：40 cm	5.5 kg
2	桑塔纳盗龙 Santanaraptor placidus	早白垩世晚期 南美洲北部（巴西北部）	MN 4802-V 幼体	牙齿 暴龙超科？	全长：1.7 m 臀高：50 cm	12 kg
3	奇异帝龙 Dilong paradoxus	早白垩世晚期 亚洲东部（中国）	IVPP V14243 亚成体	颅骨、部分躯干骨和细丝 标本 IVPP V11579 年代相近。	全长：1.8 m 臀高：55 cm	15 kg
4	"祖尼暴龙"（n.n.） "Zunityrannus"	晚白垩世早期 北美洲西部（美国新墨西哥州）	AZMNH 年龄未确定	颅骨和部分躯干骨 该名字出现在 2011 年 BBC 的一部纪录片中。	全长：1.9 m 臀高：57 cm	18 kg
5	欧氏簧椎龙 Calamospondylus oweni	早白垩世早期 欧洲西部（英格兰）	IPFUB Gui Th 1 年龄未确定	不完整肠骨和荐椎 极鳄龙还是簧龙？	全长：2.4 m 臀高：72 cm	24 kg
6	福克斯氏簧龙 Calamosaurus foxii	早白垩世晚期 欧洲西部（英格兰）	BMNH R901 亚成体	颈椎骨 是奇异帝龙的近亲。	全长：2.45 m 臀高：75 cm	29 kg
7	kujani 彩蛇龙 Kakuru kujani	早白垩世晚期 大洋洲（澳大利亚）	SAM P17926 年龄未确定	不完整胫骨和腓骨 阿贝力龙超科还是暴龙超科？	全长：3.25 m 臀高：95 m	85 kg
8	破坏侦察龙 Nuthetes destructor	早白垩世早期 欧洲西部（英格兰）	DOR cm G 913 年龄未确定	部分颅骨和牙齿 它原来被认为是驰龙超科。	全长：3.4 m 臀高：1 m	100 kg
9	克里夫兰史托龙 Stokesosaurus clevelandi	晚侏罗世 北美洲西部（美国南达科塔州、犹他州）	UUVP 2320 年龄未确定	肠骨 原角鼻龙科？	全长：3.4 m 臀高：1 m	125 kg
10	蓝吉始暴龙 Eotyrannus lengi	早白垩世晚期 欧洲西部（英格兰）	MIWG 1997.550 亚成体	牙齿 暴龙超科还是大盗龙类？	全长：4.3 m 臀高：1.3 m	200 kg
11	赫氏似提姆龙 Timimus hermani	早白垩世晚期 大洋洲（澳大利亚）	NMV P186303 年龄未确定	股骨 可能是暴龙超科？	全长：4.3 m 臀高：1.3 m	200 kg
12	长臂猎龙 Tanycolagreus topwilsoni	晚侏罗世 北美洲西部（美国怀俄明州）	UUVP 2999 成体？	前上颌骨 体型较小的个体 TPI 2000-09-29 是亚成体。	全长：4.8 m 臀高：1.45 m	280 kg
13	似克里夫兰史托龙 cf. Stokesosaurus clevelandi	晚侏罗世 北美洲西部（美国科罗拉多州）	BYUVP 4862 年龄未确定	坐骨 可能是克里夫兰史托龙。	全长：5.8 m 臀高：1.7 m	500 kg
14	朗氏侏罗暴龙 Juratyrant langhami	晚侏罗世 欧洲西部（英格兰）	OUMNH J.3311 年龄未确定	牙齿 与史托龙有差异。	全长：6.7 m 臀高：1.9 m	760 kg

类似于小掠龙的暴龙超科： 身体相对轻盈、小型到中型猎物捕食者

#	名称	时代/地区	标本	年龄/特征	描述	尺寸	体重
15	奥氏小掠龙 Bagaraatan ostromi	晚白垩世晚期 亚洲东部（蒙古）	ZPAL MgD-I/108 成体	下颌骨和部分躯干骨 与其他兽脚亚目恐龙差异相当大。	全长：3.2 m 臀高：80 cm	80 kg

类似于伤龙的暴龙超科： 身体相对强壮、中型到大型猎物捕食者

#	名称	时代/地区	标本	年龄/特征	描述	尺寸	体重
16	白魔雄关龙 Xiongguanlong baimoensis	早白垩世晚期 亚洲东部（中国）	FRDC-GS JB16-2-1 成体	颅骨和部分躯干骨 属于最原始的。	全长：4.6 m 臀高：1.35 m	275 kg
17	欧氏阿莱龙 Alectrosaurus olseni	晚白垩世晚期 亚洲东部（中国）	AMNH 6554 年龄未确定	部分躯干骨 它可能是运动速度非常快的捕食者。	全长：5.8 m 臀高：1.75 m	575 kg
18	macropus 伤龙 Dryptosaurus macropus	晚白垩世晚期 北美洲东部（美国新泽西州）	AMNH 2550 年龄未确定	牙齿 它比鹰爪伤龙更古老。	全长：6.7 m 臀高：2 m	870 kg
19	鹰爪伤龙 Dryptosaurus aquilunguis	晚白垩世晚期 北美洲东部（美国新泽西州）	ANSP 9995 成体	颅骨和部分躯干骨 它是第一只以双足姿势复原的兽脚亚目恐龙。	全长：7.1 m 臀高：2.1 m	1.1 t
20	恐惧两凿齿龙（n.d.） Diplotomudon horrificus	晚白垩世晚期 北美洲东部（美国新泽西州）	ANSP 9680 年龄未确定	牙齿 鹰爪伤龙？	全长：7.4 m 臀高：2.3 m	1.2 t
21	恩巴龙（n.d.） Embasaurus minax	早白垩世早期 亚洲西部（哈萨克斯坦）	未分类 亚成体	颈椎骨和胸椎骨 它年代更古老，体型也非常大。	全长：8.4 m 臀高：2.55 m	1.7 t

类似于阿巴拉契亚龙的暴龙超科： 身体相对强壮、中型到大型猎物捕食者

#	名称	时代/地区	标本	年龄/特征	描述	尺寸	体重
22	"双叶龙"（n.n.） "Futabasaurus"	晚白垩世晚期 亚洲东部（日本）	未分类 年龄未确定	不完整胫骨 暴龙科？	全长：2.4 m 臀高：78 cm	53 kg
23	破碎金刚口龙（n.d.） Chingkankousaurus fragilis	晚白垩世晚期 亚洲东部（中国）	IVPP V636 年龄未确定	不完整肩胛骨 暴龙超科还是暴龙科？	全长：6.1 m 臀高：2 m	890 kg
24	蒙氏阿巴拉契亚龙 Appalachiosaurus montgomeriensis	晚白垩世晚期 北美洲东部（美国亚拉巴马州）	RMM 6670 亚成体	颅骨和半完整躯干骨 尽管它的外形相似，但它不是暴龙科恐龙。	全长：6.4 m 臀高：2.1 m	1.1 t
25	反常屿峡龙 Labocania anomala	晚白垩世晚期 北美洲西部（墨西哥）	LACM 20877 年龄未确定	颅骨和部分躯干骨 暴龙超科还是暴龙科？	全长：8.2 m 臀高：2.7 m	2.6 t
26	希氏虐龙 Bistahieversor sealeyi	晚白垩世晚期 北美洲西部（美国新墨西哥州）	NMMNH P-27469 成体	颅骨和部分躯干骨 暴龙科还是暴龙超科？	全长：9 m 臀高：3 m	3.3 t

1:285.34

暴龙科

类似于分支龙的暴龙科：身体轻盈、小型到中型猎物捕食者

编号	中文名与学名	活动时间与范围	最大标本	化石数据	体型	体重
1	阿尔泰分支龙 *Alioramus altai*	晚白垩世晚期 亚洲东部（蒙古）	IGM 100/1844 幼体	颅骨和部分躯干骨 比遥远分支龙年代更近。	全长：5 m 臀高：1.6 m	385 kg
2	遥远分支龙 *Alioramus remotus*	晚白垩世晚期 亚洲东部（蒙古）	GI 3141/1 幼体	颅骨和部分躯干骨 暴龙超科还是暴龙科？	全长：5.5 m 臀高：1.75 m	500 kg
3	中华虔州龙 *Qianzhousaurus sinensis*	晚白垩世晚期 亚洲东部（中国）	GM F10004-1/8 年龄未确定	颅骨和部分躯干骨 中华分支龙？	全长：6.3 m 臀高：2 m	750 kg

未确定的暴龙超科：身体轻盈、小型到中型猎物捕食者

编号	中文名与学名	活动时间与范围	最大标本	化石数据	体型	体重
4	细"似鸟龙"（n.d.） "*Ornithomimus*" *tenuis*	晚白垩世晚期 北美洲西部（美国蒙大拿州）	USNM 5814 幼体	不完整跖骨 可能是已知属的一个幼体。	全长：3.3 m 臀高：1.2 m	110 kg
5	侧后弯齿龙 *Aublysodon lateralis*	晚白垩世晚期 北美洲西部（美国蒙大拿州）	AMNH 3956 幼体	牙齿 可能是某种已知暴龙科的幼年恐龙。	全长：4.3 m 臀高：1.55 m	245 kg
6	重大"似鸟龙"（n.d.） "*Ornithomimus*" *grandis*	晚白垩世晚期 北美洲西部（美国蒙大拿州）	未分类 年龄未确定	跖骨 由于呈现 arctometatarsal，它曾被认为是似鸟龙类。	全长：7.15 m 臀高：2.4 m	1.6 t
7	恐怖恐齿龙（n.d.） *Deinodon horridus*	晚白垩世晚期 北美洲西部（美国蒙大拿州）	未分类 年龄未确定	牙齿 第一个暴龙科恐龙，并不能完全确定。	全长：8 m 臀高：2.65 m	2.2 t
8	kenabekides"伤龙"（n.d.） "*Dryptosaurus*" *kenabekides*	晚白垩世晚期 北美洲西部（美国蒙大拿州）	ANSP 9530 牙齿	是恐怖恐齿龙？	全长：9 m 臀高：3 m	3.2 t

类似于艾伯塔龙的暴龙科：身体强壮、中型到大型猎物捕食者

编号	中文名与学名	活动时间与范围	最大标本	化石数据	体型	体重
9	威肋"艾伯塔龙"（n.d.） "*Albertosaurus*" *periculosus*	晚白垩世晚期 亚洲东部（中国）	PIN 亚成体	牙齿 比勇士特暴龙年代更近，且更原始。	全长：6.7 m 臀高：2.2 m	1.3 t
10	incrassatus "艾伯塔龙" "*Albertosaurus*" *incrassatus*	晚白垩世晚期 北美洲西部（美国蒙大拿州）	AMNH 3962 亚成体	颅骨和部分躯干骨 艾伯塔龙还是蛇发女怪龙？	全长：6.8 m 臀高：2.25 m	1.4 t
11	蛇发女怪龙 *Gorgosaurus libratus*	晚白垩世晚期 北美洲西部（加拿大西部、美国蒙大拿州）	AMNH 5458 成体	颅骨和部分躯干骨 与艾伯塔龙有差异，且年代更近。	全长：8.8 m 臀高：2.9 m	2.9 t
12	肉食艾伯塔龙 *Albertosaurus sarcophagus*	晚白垩世晚期 北美洲西部（加拿大西部）	CMN 5600 年龄未确定	不完整颅骨 一些归属于该种的标本最终结果是蛇发女怪龙。	全长：9.7 m 臀高：3.2 m	4 t

1:285.34

类似于惧龙的暴龙科：身体强壮、中型到大型猎物捕食者

编号	中文名与学名	活动时间与范围	最大标本	化石数据	体型	体重
1	falculus 恐齿龙（n.d.） *Deinodon falculus*	晚白垩世晚期 北美洲西部（美国蒙大拿州）	AMNH 10960 幼体	前颌牙 从未展示细节。	全长：1.3 m 臀高：40 cm	7 kg
2	绝妙后弯齿龙（n.d.） *Aublysodon mirandus*	晚白垩世晚期 北美洲西部（美国蒙大拿州）	ANSP 9533 幼体	前颌牙 幼年惧龙？	全长：1.95 m 臀高：57 cm	12 kg
3	hazenianus 恐齿龙（n.d.） *Deinodon hazenianus*	晚白垩世晚期 北美洲西部（美国蒙大拿州）	UW 34823 幼体	前颌牙 在蒙大拿州发现了很多存疑的化石碎片。	全长：2.8 m 臀高：1 m	70 kg
4	豪氏白熊龙 *Nanuqsaurus hoplundi*	晚白垩世晚期 北美洲西部（美国阿拉斯加州）	DMNH 21461 成体	不完整颅骨 比它的近亲生存在更寒冷的气候。	全长：6 m 臀高：2 m	900 kg
5	柯氏怪猎龙 *Teratophoneus curriei*	晚白垩世晚期 北美洲西部（美国犹他州）	BYU 13719 年龄未确定	股骨 该名称是在论文中被创建的。	全长：6.4 m 臀高：2.15 m	1.15 t
6	西南风血王龙 *Lythronax argestes*	晚白垩世晚期 北美洲西部（美国犹他州）	UMNH VP 20200 年龄未确定	颅骨和部分躯干骨 与特暴龙和暴龙近似。	全长：6.8 m 臀高：2.3 m	1.4 t
7	强健惧龙 *Daspletosaurus torosus*	晚白垩世晚期 北美洲西部（加拿大西部）	CMN 8506 成体	颅骨和部分躯干骨 AMNH 5438 和 UA 11 的体型一致。	全长：8.8 m 臀高：2.95 m	2.8 t
8	"布林克曼氏阿拉摩龙"（n.n.） "*Alamotyrannus* *brinkmani*"	晚白垩世晚期 北美洲西部（美国新墨西哥州）	USNM 年龄未确定	椎骨 体型与暴龙相似。	全长：10.7 m 臀高：3.6 m	5 t

1:285.34

类似于特暴龙的暴龙科： 身体强壮、中型到大型猎物捕食者

编号	中文名与学名	活动时间与范围	最大标本	化石数据	体型	体重
1	火焰山鄯善龙 *Shanshanosaurus houyanshanensis*	晚白垩世晚期 亚洲东部（中国）	IVPP V4878 幼体	部分躯干骨 有一个与鄯善龙同时期的巨大个体。两者可能是勇士特暴龙或任何一种同时期的暴龙科恐龙。	全长：2.1 m 臀高：70 cm	23 kg
2	克氏暴蜥伏龙 *Raptorex kriegsteini*	晚白垩世晚期 亚洲东部（蒙古还是中国？）	LH PV18 幼体	胫骨和距骨 是勇士特暴龙幼体？	全长：2.6 m 臀高：85 cm	40 kg
3	似勇士特暴龙 *cf. Tarbosaurus bataar*	晚白垩世晚期 亚洲东部（蒙古）	ZPAL MgD-I/30 年龄未确定	胫骨和距骨 比勇士特暴龙年代更近？	全长：7.7 m 臀高：2.3 m	2 t
4	似甘氏四川龙（n.d.） *cf. Szechuanosaurus campi*	晚白垩世晚期 亚洲东部（中国）	IVPP V756 年龄未确定	牙齿 把甘氏四川龙当作参照是错误的。	全长：8.1 m 臀高：2.45 m	2.4 t
5	栾川特暴龙（n.d.） *Tarbosaurus luanchuanensis*	晚白垩世晚期 亚洲东部（中国）	IVPP V4733 年龄未确定	牙齿 是勇士特暴龙？	全长：9.1 m 臀高：2.75 m	3.5 t
6	诸城特暴龙（n.d.） *Tarbosaurus zhuchengensis*	晚白垩世晚期 亚洲东部（中国）	NGMC V1777 年龄未确定	牙齿 是巨型诸城暴龙？	全长：9.4 m 臀高：2.8 m	3.7 t
7	aff. 勇士"特暴龙" *"Tarbosaurus" aff. bataar*	晚白垩世晚期 亚洲西部（哈萨克斯坦）	IZK 33/MP-61 年龄未确定	不完整齿骨 该暴龙科恐龙更古老。	全长：9.5 m 臀高：2.9 m	3.8 t
8	巨型诸城暴龙 *Zhuchengtyrannus magnus*	晚白垩世晚期 亚洲东部（中国）	ZCDM V0031	上颌骨和齿骨 与诸城暴龙同时期。	全长：9.6 m 臀高：2.9 m	4 t
9	勇士特暴龙 *Tarbosaurus bataar*	晚白垩世晚期 亚洲东部（蒙古）	PIN 551-1 成体	颅骨和椎骨 许多标本被确定为不同属或新的种。	全长：10 m 臀高：3 m	4.5 t

类似于暴龙的暴龙科： 身体强壮、中型到大型猎物捕食者

编号	中文名与学名	活动时间与范围	最大标本	化石数据	体型	体重
10	兰斯矮暴龙（n.d.） *Nanotyrannus lancensis*	晚白垩世晚期 北美洲西部（美国蒙大拿州）	BMRP 2002.4.1 幼体	颅骨和部分躯干骨 是君王暴龙未成熟个体，还是其他的种？	全长：5.5 m 臀高：2 m	520 kg
11	似君王暴龙 *cf. Tyrannosaurus rex*	晚白垩世晚期 北美洲西部（墨西哥）	ERNO 8549 年龄未确定	牙齿 有可能是幼年君王暴龙。	全长：9.1 m 臀高：2.75 m	2.5 t
12	君王暴龙 *Tyrannosaurus rex*	晚白垩世晚期 北美洲西部（美国蒙大拿州、新墨西哥州、南达科他州、北达科塔州、得克萨斯州、怀俄明州；加拿大西部）	UCMP 137538 成体	趾骨 UCMP 137538 的标本有些混淆之处。据说趾骨比同种标本"苏"FMNH PR2081 长17%。这是不正确的，因为这两个化石碎片的测量方式各不同。在进行形态测量和照相分析后，趾骨化石 UCMP 137538 比"苏"宽（约1.5%），所以它可能代表比"苏"更大的个体。	全长：12.3 m 臀高：3.75 m	8.5 t

1:285.34

似鸟龙下目

类似于恩霹渥巴龙的似鸟龙下目： 身体轻盈、小型猎物捕食者

编号	中文名与学名	活动时间与范围	最大标本	化石数据	体型	体重
1	可游鳞手龙（n.d） *Lepidocheirosaurus natatilis*	中侏罗世 亚洲东部（俄罗斯东部）	PIN 5435/1 年龄未确定	距骨和趾骨 属于鸟臀目萨尔卡尔库林达奔龙？	全长：1.1 m 臀高：32 cm	1.9 kg
2	恩霹渥巴龙 *Nqwebasaurus thwazi*	早白垩世早期 非洲南部（南非）	AM 6040 亚成体	颅骨和部分躯干骨 原始阿瓦拉慈龙超科？	全长：1.2 m 臀高：35 cm	2.5 kg
3	达尔文安尼柯龙 *Aniksosaurus darwini*	晚白垩世早期 南美洲南部（阿根廷）	MTD-PV 1/17 年龄未确定	不完整尺骨 与恩霹渥巴龙类似，是阿瓦拉慈龙超科？	全长：2.6 m 臀高：80 cm	25 kg

类似于似鸟身女妖龙的似鸟龙下目： 身体轻盈、牙齿小呈圆锥形、小型猎物捕食者、杂食或植食性动物

编号	中文名与学名	活动时间与范围	最大标本	化石数据	体型	体重
4	轻翼鹤形龙 *Hexing qingyi*	早白垩世晚期 亚洲东部（中国）	JLUM-JZ07b1 成体	颅骨和部分躯干骨 它的脑袋较体型来说很大。	全长：1.2 m 臀高：45 cm	4.5 kg
5	东方神州龙 *Shenzhousaurus orientalis*	早白垩世晚期 亚洲东部（中国）	NGMC 97-4-002 年龄未确定	颅骨和部分躯干骨 它的牙齿数量比似鹈鹕龙少。	全长：1.7 m 臀高：60 cm	12 kg
6	孔敬似金娜里龙 *Kinnareemimus khonkaenensis*	早白垩世晚期 辛梅利亚大陆（泰国）	PW5A-110 年龄未确定	不完整距骨 有 artcometatarsal 跖骨的最古老恐龙。可能是阿瓦拉慈龙科。	全长：1.8 m 臀高：64 cm	13 kg
7	多锯似鹈鹕龙 *Pelecanimimus polyodon*	早白垩世晚期 欧洲西部（西班牙）	LH 7777 年龄未确定	颅骨和部分躯干骨 这是发现有最多齿骨的兽脚亚目恐龙化石。	全长：1.9 m 臀高：70 cm	17 kg
8	似鸟身女妖龙 *Harpymimus okladnikovi*	早白垩世晚期 亚洲东部（中国）	IGM 100/29 成体	颅骨和部分躯干骨 并不是认为的那样具有 arctometatarsal 的条件。	全长：4.45 m 臀高：1.6 m	215 kg

类似于似金翅鸟龙的似鸟龙下目：身体相当轻巧、无齿、小型猎物捕食者、杂食或植食性动物

#	名称	年代/地区	标本	年龄	描述	尺寸	体重
9	短脚似金翅鸟龙 *Garudimimus brevipes*	晚白垩世早期 亚洲东部（蒙古）	GIN 100/13	年龄未确定	颅骨和部分躯干骨 "骨冠"是一块残损的骨头。	全长：2.8 m 臀高：1.05 m	90 kg
10	欧氏威尔顿盗龙 *Valdoraptor oweni*	早白垩世早期 欧洲西部（英格兰）	BMNH R2559	年龄未确定	不完整跖骨 是一只似鸟龙。	全长：4.8 m 臀高：1.8 m	435 kg
11	巨大北山龙 *Beishanlong grandis*	早白垩世晚期 亚洲东部（中国）	FRDC-GS GJ（06）01-18 亚成体		部分躯干骨 几乎与似鸡龙一样大。	全长：5 m 臀高：1.85 m	500 kg
12	"山出龙"（n.n.） *"Sanchusaurus"*	早白垩世晚期 亚洲东部（日本）	GMNH-PV-028	年龄未确定	荐椎 有可能是似鸟女妖龙或似金翅鸟龙的近亲。	全长：5.9 m 臀高：2.9 m	815 kg

比例 1:228.28

类似于恐手龙的似鸟龙下目：身体强壮、无齿、杂食或植食性动物

#	名称	年代/地区	标本	年龄	描述	尺寸	体重
1	奇异恐手龙 *Deinocheirus mirificus*	晚白垩世晚期 亚洲东部（蒙古）	IGM 100/127	成体	颅骨和不完整躯干骨 是具有驼峰的最衍化的兽脚亚目恐龙。	全长：12 m 臀高：4.4 m	7 t
2	恐手龙未定种 *Deinocheirus sp.*	晚白垩世早期 亚洲东部（蒙古）	未分类 年龄未确定		尺骨 该化石没被描述。这个尺骨的尺寸对于恐手龙来说太大了。也许它属于另一类群的恐龙，或者实际上是另一种长形骨骼。它比奇异恐手龙年代更近。	全长：5.7 m？ 臀高：5.7 m？	15.7t？

比例 1:285.34

类似于似鸟龙的似鸟龙下目：身体轻盈、背部短、无齿、杂食或植食性动物

#	名称	年代/地区	标本	年龄	描述	尺寸	体重
1	似鹤天鹤龙（n.n.） *"Grusimimus tsuru"*	晚白垩世早期 亚洲东部（蒙古）	GIN 960910KD 亚成体		部分躯干骨 在一份物种清单中出现。	全长：2.15 m 臀高：75 cm	27 kg
2	古空骨龙 *"Coelosaurus" antiquus*	晚白垩世晚期 北美洲东部（美国新泽西州）	ANSP 9222 成体		胫骨 该名称是由欧文在 1854 年占用。	全长：2.8 m 臀高：1 m	60 kg
3	似古空骨龙 cf. *"Coelosaurus" antiquus*	晚白垩世晚期 北美洲东部（美国马里兰州）	USNM 256614	年龄未确定	尾椎骨 不可能与虚骨龙相比。	全长：2.85 m 臀高：1 m	63 kg
4	河南秋扒龙 *Qiupalong henanensis*	晚白垩世晚期 亚洲东部（中国）	HGM 41HIII-0106	年龄未确定	掌骨 与北美洲发现的属相似。	全长：2.85 m 臀高：1 m	63 kg
5	似萨尔提略龙（n.n.） *"Saltillomimus rapidus"*	晚白垩世晚期 北美洲西部（墨西哥）	SEPCP 16/237 成体		部分躯干骨 在论文中被描述。	全长：2.9 m 臀高：1.05 m	68 kg
6	短三趾鸸鹋龙 *Dromiceiomimus brevitertius*	晚白垩世晚期 北美洲西部（加拿大西部）	CMN 12228	年龄未确定	部分躯干骨 短三趾鸸鹋龙的名字之前是埃德蒙顿似鸟龙，但后者使用频率更多。	全长：3.7 m 臀高：1.3 m	140 kg
7	似亚洲古似鸟龙 *Archaeornithomimus cf. asiaticus*	晚白垩世晚期 亚洲西部（塔吉克斯坦）	PIN 3041/2	年龄未确定	不完整肱骨 不是比塞克特古似鸟龙。	全长：3.7 m 臀高：1.3 m	140 kg
8	董氏中国似鸟龙 *Sinornithomimus dongi*	晚白垩世晚期 亚洲东部（中国）	IVPP-V11797-19 成体		尺骨和股骨 保存于自然陷阱中。	全长：3.75 m 臀高：1.35 m	150 kg
9	比塞克特"古似鸟龙" *"Archaeornithomimus" bissektensis*	晚白垩世早期 亚洲西部（乌兹别克斯坦）	ZIN PH 190/16 成体？		指骨 该种自幼年标本 C cmGE 479?12457 开始创建。	全长：3.75 m 臀高：1.35 m	150 kg
10	塞氏鸸鹋龙 *Dromiceiomimus samueli*	晚白垩世晚期 北美洲西部（加拿大西部）	CMN 12441 成体		部分躯干骨 比短三趾鸸鹋龙年代更近。	全长：3.95 m 臀高：1.4 m	165 kg
11	扁爪似鹅龙 *Anserimimus planinychus*	晚白垩世晚期 亚洲东部（中国）	ZPAL MgD-I/65 年龄未确定		部分躯干骨 简论文中描述了一件更大的标本。	全长：4.4 m 臀高：1.55 m	245 kg

比例 1:228.28

类似于似鸡龙的似鸟龙下目：身体轻盈、背部短、无齿、杂食或植食性动物

#	名称	年代/地区	标本	年龄	描述	尺寸	体重
1	急速似鸟龙 *Ornithomimus velox*	晚白垩世晚期 北美洲西部（美国科罗拉多州、蒙大拿州）	YPM 542	年龄未确定	不完整后肢骨 归属的 AMNH 5881 长 4.9 m，重 200 kg。	全长：2.45 m 臀高：80 cm	22 kg
2	高似鸵龙 cf. *Struthiomimus altus*	晚白垩世晚期 北美洲西部（墨西哥）	BENC 1/2-0081	年龄未确定	不完整股骨 不确定属。	全长：3.25 m 臀高：1.1 m	77 kg
3	帕卡德似多多鸟龙 *Tototlmimus packardensis*	晚白垩世晚期 北美洲西部（墨西哥）	ERNO 8553	年龄未确定	部分后肢骨 其名字意为"鸟类的模仿者"。2005 年一些资料对其进行了展示。	全长：3.8 m 臀高：1.25 m	125 kg
4	亚洲古似鸟龙 *Archaeornithomimus asiaticus*	晚白垩世晚期 亚洲东部（中国）	AMNH 21787	年龄未确定	颈椎骨 保存有很多更完整的标本。	全长：3.9 m 臀高：1.3 m	140 kg

5	蒙古 "似鸡龙" *"Gallimimus" mongoliensis*	晚白垩世晚期 亚洲东部(蒙古)	IGM 950818 年龄未确定	齿骨和部分躯干骨 不属于似鸡龙属。	全长:4.1 m 臀高:1.35 m	150 kg
6	高似鸵龙 *Struthiomimus altus*	晚白垩世晚期 北美洲西部(加拿大西部)	UCMZ 1980.1 年龄未确定	部分躯干骨 第一个被完整描述的属。	全长:4.5 m 臀高:1.5 m	210 kg
7	轿似鸵龙 *Struthiomimus sedens*	晚白垩世晚期 北美洲西部(美国蒙大拿州、怀俄明州;加拿大西部)	BHI 1266 年龄未确定	颅骨和部分躯干骨 是最大的南美洲似鸟龙。	全长:5.8 m 臀高:1.95 m	420 kg
8	气腔似鸡龙 *Gallimimus bullatus*	晚白垩世晚期 亚洲东部(蒙古)	IGM 100/11 成体	颅骨和部分躯干骨 其体型达到了以最佳条件保持奔跑的最大值。	全长:6 m 臀高:2 m	500 kg

1:228.28

阿瓦拉慈龙超科

类似于简手龙的阿瓦拉慈龙超科:身体轻盈、小型猎物捕食者

编号	中文名与学名	活动时间与范围	最大标本	化石数据	体型	体重
1	灵巧简手龙 *Haplocheirus sollers*	晚侏罗世 亚洲东部(中国)	IVPP V15988 亚成体	颅骨和部分躯干骨 是阿瓦拉慈龙超科中最古老和原始的。	全长:2.1 m 臀高:60 cm	15 kg

类似于阿瓦拉慈龙的阿瓦拉慈龙超科:身体轻盈、耻骨盆、杂食动物、食虫动物或植食性

编号	中文名与学名	活动时间与范围	最大标本	化石数据	体型	体重
2	警丘纤腿龙 *Alnashetri cerropoliciensis*	晚白垩世早期 南美洲南部(阿根廷)	MPCA-477 年龄已确定	部分后肢骨 比阿瓦拉慈龙更衍化。	全长:70 cm 臀高:25 cm	500 g
3	卡氏阿瓦拉慈龙 *Alvarezsaurus calvoi*	晚白垩世晚期 南美洲南部(阿根廷)	MUCPv 54 亚成体	股骨 是第一个被发现的南半球阿瓦拉慈龙。	全长:1.05 m 臀高:32 cm	1.7 kg
4	玛氏阿基里斯龙 *Achillesaurus manazzonei*	晚白垩世晚期 南美洲南部(阿根廷)	MACN-PV-RN 1116 成体	部分躯干骨 其体型与巴塔哥尼亚龙非常相似。	全长:2.8 m 臀高:90 cm	30 kg
5	巴塔哥尼亚爪龙 *Patagonykus puertai*	晚白垩世早期 南美洲南部(阿根廷)	PVPH 37 年龄未确定	部分躯干骨 是发现的第一个大型阿瓦拉慈龙。	全长:2.8 m 臀高:90 cm	30 kg
6	新波氏爪龙 *Bonapartenykus ultimus*	晚白垩世晚期 南美洲南部(阿根廷)	MPCA 1290 成体	部分躯干骨 它是一个雌性个体,因为在其体内有两枚卵。	全长:2.9 m 臀高:95 cm	34 kg

类似于鸟面龙的阿瓦拉慈龙超科:身体轻盈、opistopubic 骨盆、杂食动物、食虫动物或植食性

编号	中文名与学名	活动时间与范围	最大标本	化石数据	体型	体重
7	遥远小驰龙 *Parvicursor remotus*	晚白垩世晚期 亚洲东部(蒙古)	PIN 4487/25 成体	部分躯干骨 是最小的陆生非鸟类兽脚亚目恐龙其中之一。	全长:50 cm 臀高:19 cm	185 g
8	英雄游光爪龙 *Albinykus baatar*	晚白垩世晚期 亚洲东部(蒙古)	IGM 100/3004 成体	部分躯干骨 仅为 2 岁,但是成年已久。	全长:60 cm 臀高:23 cm	355 g
9	张氏西峡爪龙 *Xixianykus zhangi*	晚白垩世早期 亚洲东部(中国)	XMDFEC V0011 亚成体	部分躯干骨 是少数有胃石的阿瓦拉慈龙之一。	全长:65 cm 臀高:25 cm	440 g
10	单指临河爪龙 *Linhenykus monodactylus*	晚白垩世晚期 亚洲东部(中国)	IVPP V17608 亚成体	部分躯干骨 它的前肢比其他阿瓦拉慈龙科恐龙更萎缩。	全长:65 cm 臀高:25 cm	440 g
11	斑点角爪龙 *Ceratonykus oculatus*	晚白垩世晚期 亚洲东部(蒙古)	MPC 100/24 年龄未确定	颅骨和部分躯干骨 很多骨骼的尺寸没有被公布。	全长:75 cm 臀高:30 cm	760 g
12	小 "似鸟龙" *"Ornithomimus" minutus*	晚白垩世晚期 北美洲西部(美国科罗拉多州)	YPM 1049 成体	不完整跖骨 该标本被遗失。	全长:1.1 m 臀高:44 cm	2.3 kg
13	沙漠鸟面龙 *Shuvuuia deserti*	晚白垩世晚期 亚洲东部(蒙古)	IGM 100/975 年龄未确定	颅骨和部分躯干骨 标本 IGM 100/1276 的体型相同。	全长:1.15 m 臀高:46 cm	2.7 kg
14	北方亚伯达爪龙 *Albertonykus borealis*	晚白垩世晚期 北美洲西部(加拿大西部)	RTMP 2000.45.98 成体	颅骨和部分躯干骨 是北美洲最小的陆生兽脚亚目恐龙。	全长:1.25 m 臀高:48 cm	3 kg
15	鹰嘴单爪龙 *Mononykus olecranus*	晚白垩世晚期 亚洲东部(蒙古)	IGM N107/6 成体	颅骨和部分躯干骨 原被命名为 *Mononychus*,但已被占用。	全长:1.25 m 臀高:50 cm	3.5 kg
16	安氏七镇鸟龙(n.d.) *Heptasteornis andrewsi*	晚白垩世晚期 欧洲东部(罗马尼亚)	BMNH A1528 年龄未确定	不完整胫跗骨 原被认为是另一种兽脚亚目恐龙。	全长:2.05 m 臀高:80 cm	15 kg
17	美足龙 *Kol ghuva*	晚白垩世晚期 亚洲东部(蒙古)	IGM 100/2011 年龄未确定	不完整躯干骨 是拟鸟窃蛋龙?	全长:2.4 m 臀高:95 cm	24 kg

1:114.14

镰刀龙类

类似于铸镰龙的镰刀龙:身体相对轻盈、杂食或植食性动物

编号	中文名与学名	活动时间与范围	最大标本	化石数据	体型	体重
1	义县建昌龙 *Jianchangosaurus yixianensis*	早白垩世晚期 亚洲东部(中国)	41HIII-0308A 幼体	颅骨、部分躯干骨和细丝 是第二个呈现出细丝的镰刀龙。	全长:2.2 m 臀高:50 cm	21 kg
2	出口峨山龙 *Eshanosaurus deguchiianus*	早侏罗世 亚洲东部(中国)	V11579 年龄未确定	不完整下颌骨和牙齿 是镰刀龙还是蜥脚形亚目恐龙?	全长:2.65 m 臀高:60 cm	37 kg
3	达氏鞘虚骨龙(n.d.) *Thecocoelurus daviesi*	早白垩世晚期 欧洲西部(英格兰)	BMNH R181 年龄未确定	颈椎骨 是似鸟龙?	全长:3.2 m 臀高:75 cm	70 kg

编号	中文名与学名	活动时间与范围	最大标本	化石数据	体型	体重
4	犹他铸镰龙 Falcarius utahensis	早白垩世晚期 北美洲西部（美国犹他州）	UMNH VP 14526 成体?	带牙齿的上颌骨 是北美最古老的镰刀龙之一。	全长：4 m 臀高：95 cm	135 kg

类似于北票龙的镰刀龙： 身体强壮、杂食和（或）植食性动物

编号	中文名与学名	活动时间与范围	最大标本	化石数据	体型	体重
5	特德福阴龙 Inosaurus tedreftensis	早白垩世晚期 非洲北部（尼日尔）	MNNHN 年龄未确定	椎骨和不完整胫骨 可能是镰刀龙，或者另一种兽脚亚目恐龙。	全长：1.2 m 臀高：43 cm	13 kg
6	意外北票龙 Beipiaosaurus inexpectus	早白垩世早期 亚洲东部（中国）	IVPP 11559 亚成体	颅骨、部分躯干骨和细丝 它的尾巴具有一个尾综骨。	全长：1.8 m 臀高：65 cm	43 kg
7	杨氏内蒙龙 Neimongosaurus yangi	晚白垩世晚期 亚洲东部（中国）	LH V0001 年龄未确定	颅骨和部分躯干骨 其脖子在比例上是最长的。	全长：2.7 m 臀高：90 cm	115 kg
8	格林河玛氏盗龙 Martharaptor greenriverensis	早白垩世晚期 北美洲西部（美国犹他州）	UMNH VP 21400 幼体	部分躯干骨 是窃蛋龙？	全长：2.6 m 臀高：1 m	122 kg
9	美掌二连龙 Erliansaurus bellamanus	晚白垩世晚期 亚洲东部（中国）	LH V0002 年龄未确定	部分躯干骨 与内蒙龙生存于同一时期。	全长：2.85 m 臀高：1,05 m	165 kg
10	似内蒙龙 cf. Neimongosaurus	晚白垩世晚期 亚洲西部（哈萨克斯坦）	N 601/12457 成体	股骨 原被认为是暴龙科恐龙。	全长：3.5 m 臀高：1.3 m	315 kg
11	阿乐斯台阿拉善龙 Alxasaurus elesitaiensis	早白垩世晚期 亚洲东部（中国）	IVPP 88402a 年龄未确定	颅骨和部分躯干骨 阿拉善是发现地的名称。	全长：3.8 m 臀高：1.35 m	400 kg
12	步氏南雄龙 "Nanshiungosaurus" bohlini	早白垩世晚期 亚洲东部（中国）	IVPP V 11116 年龄未确定	下颌骨 不是"南雄龙"属。	全长：5 m 臀高：1.8 m	900 kg
13	蒙古秘龙 Enigmosaurus mongoliensis	晚白垩世早期 亚洲东部（蒙古）	IGM 100/84 成体	颈椎骨 是镰刀龙还是镰刀龙科恐龙？	全长：5 m 臀高：1.8 m	900 kg
14	浙江"吉兰泰龙" "Chilantaisaurus" zheziangensis	晚白垩世早期 亚洲东部（中国）	ZhM V.001 年龄未确定	部分后肢骨 体型是标本 PIN 551-483 的 77%。	全长：5.5 m 臀高：2 m	1.2 t
15	始丰天台龙 (n.n.) "Tiantaiosaurus sifengensis"	早白垩世晚期 亚洲东部（中国）	未分类 年龄未确定	部分后肢骨 尚未有正式的描述。	全长：5.5 m 臀高：2 m	1.2 t

类似于懒爪龙的镰刀龙： 身体非常强壮、杂食和（或）植食性动物

编号	中文名与学名	活动时间与范围	最大标本	化石数据	体型	体重
16	安氏死神龙 Erlikosaurus andrewsi	晚白垩世晚期 亚洲东部（中国）	IGM 100/111 年龄未确定	颅骨和部分躯干骨 是镰刀龙中保存最好的一个颅骨。	全长：3.55 m 臀高：1.25 m	280 kg
17	麦氏懒爪龙 Nothronychus mckinleyi	晚白垩世早期 北美洲西部（美国新墨西哥州）	AzMNH P-2117 年龄未确定	颅骨和部分躯干骨 是该属的模式种。	全长：4.85 m 臀高：1.7 m	700 kg
18	短棘南雄龙 Nanshiungosaurus brevispinus	晚白垩世晚期 亚洲东部（中国）	IVPP V4731 年龄未确定	部分躯干骨 它的腰带骨非常奇怪。	全长：4.9 m 臀高：1.7 m	730 kg
19	葛氏懒爪龙 Nothronychus graffami	晚白垩世早期 北美洲西部（美国犹他州）	UMNH VP 16420 成体	部分躯干骨 是从最完整的化石材料种获知的。	全长：5 m 臀高：1.75 m	785 kg
20	似大地懒肃州龙 Suzhousaurus megatheroides	早白垩世晚期 亚洲东部（中国）	FRDC-GSJB-2004-001 年龄未确定	部分躯干骨 可能来自晚白垩世晚期？	全长：5.8 m 臀高：2.1 m	1.4 t
21	戈壁慢龙 Segnosaurus galbinensis	晚白垩世晚期 亚洲东部（蒙古）	IGM 100/82 年龄未确定	部分躯干骨 生存于晚白垩世晚期？	全长：6.9 m 臀高：2.4 m	2 t
22	龟型镰刀龙 Therizinosaurus cheloniformis	晚白垩世晚期 亚洲东部（蒙古）	IGM 100/15 成体	喙突状肩胛骨和前臂 它巨大的指爪曾被当成了巨型海龟的壳。	全长：9 m 臀高：3.1 m	4.5 t

1:342.41

窃蛋龙类

类似于原始祖鸟的窃蛋龙： 身体轻盈，杂食或植食性动物

编号	中文名与学名	活动时间与范围	最大标本	化石数据	体型	体重
1	粗壮原始祖鸟 Protarchaeopteryx robusta	早白垩世晚期 亚洲东部（中国）	NGMC 2125 年龄未确定	颅骨、部分躯干骨和羽毛 最初它被认为是原始祖鸟。	全长：75 cm 臀高：40 cm	1.8 kg
2	王氏宁远龙 Ningyuansaurus wangi	早白垩世晚期 亚洲东部（中国）	未分类 年龄未确定	颅骨、部分躯干骨和胃容物 不确定它是否是窃蛋龙。	全长：80 cm 臀高：43 cm	2.3 kg
3	高氏切齿龙 Incisivosaurus gauthieri	早白垩世晚期 亚洲东部（中国）	IVPP V13326 年龄未确定	颅骨和不完整椎骨 它的牙齿比原始祖鸟多。	全长：1 m 臀高：55 cm	4.6 kg

类似于尾羽龙的窃蛋龙： 身体轻盈、杂食或植食性动物

编号	中文名与学名	活动时间与范围	最大标本	化石数据	体型	体重
4	似义县异尾羽龙 cf. Similicaudipteryx yixianensis	早白垩世晚期 亚洲东部（中国）	STM 4-1 幼体	部分躯干骨 比义县似尾羽龙年代更近。	全长：27 cm 臀高：10 cm	105g

5	邹氏尾羽龙 *Caudipteryx zhoui*	早白垩世晚期 亚洲东部（中国）	NGMC 97-9-A 年龄未确定	颅骨、部分躯干骨和羽毛 标本 IVPP V11819 与之相似。	全长：78 cm 臀高：44 cm	2.2 kg
6	董氏尾羽龙 *Caudipteryx dongi*	早白垩世晚期 亚洲东部（中国）	IVPP V 12344 年龄未确定	椎骨和不完整胫骨 是邹氏尾羽龙？	全长：80 cm 臀高：45 cm	2.3 kg
7	义县似尾羽龙 *Similicaudipteryx yixianensis*	早白垩世晚期 亚洲东部（中国）	IVPP V12556 成体	部分躯干骨和羽毛 一些特征与近颌龙类似。	全长：1.15 m 臀高：65 cm	6.7 kg
8	刘店洛阳龙 *Luoyanggia liudianensis*	晚白垩世早期 亚洲东部（中国）	41HIII-00011 年龄未确定	齿骨 比尾羽龙类年代更新。	全长：1.2 m 臀高：70 cm	8.5 kg

类似于拟鸟龙的窃蛋龙： 身体相对轻盈、杂食和（或）植食性动物

9	奇特拟鸟龙 *Avimimus portentosus*	晚白垩世晚期 亚洲东部（蒙古）	PIN 3907/5 年龄未确定	部分腰带骨 是第一批以间接方式认识羽毛存在的恐龙。	全长：1.5 m 臀高：77 cm	15 kg

1:114.14

类似于巨盗龙的窃蛋龙： 身体轻盈、杂食或植食性动物

1	敏捷小猎龙 *Microvenator celer*	早白垩世晚期 北美洲西部（美国蒙大拿州）	AMNH 3041 幼体	颅骨和部分躯干骨 一个巨大的牙齿化石 YPM 5366 曾被认为属于该标本，但它是平衡恐爪龙的。	全长：90 cm 臀高：35 cm	3 kg
2	马氏亚洲近颌龙 *Caenagnathasia martinsoni*	晚白垩世早期 亚洲西部（乌兹别克斯坦）	ZIN PO 4603 年龄未确定	颈椎骨 是蒙氏银河龙？	全长：1.1 m 臀高：45 cm	5.5 kg
3	盖氏细喙龙 *Leptorhynchos gaddissi*	晚白垩世晚期 北美洲西部（美国得克萨斯州）	TMM 45920-1 年龄未确定	不完整下颌骨 该属名被一种植物所占。	全长：1.75 m 臀高：70 cm	19 kg
4	蒙氏银河龙 *Kuszholia mengi*	晚白垩世早期 亚洲西部（乌兹别克斯坦）	ZIN PO	荐椎 它原被认为是鸟类。	全长：1.95 m 臀高：77 cm	26 kg
5	华美细喙龙 *Leptorhynchos elegans*	晚白垩世晚期 北美洲西部（加拿大西部、美国蒙大拿州）	RTMP 2001.12.12 年龄未确定	不完整跖骨 该标本被当作纤瘦纤手龙描述，但可能是文雅"单足龙"。	全长：2.1 m 臀高：82 cm	32 kg
6	稀罕单足龙 *Elmisaurus rarus*	晚白垩世早期 亚洲东部（蒙古）	ZPAL MgD-I 年龄未确定	掌骨和指骨 该属的代表是单足龙。	全长：2.2 m 臀高：93 cm	40 kg
7	似文雅单足龙 *cf. Elmisaurus elegans*	晚白垩世晚期 北美洲西部（美国蒙大拿州）	NS.31996.114H 年龄未确定	不完整跖骨 文雅单足龙？	全长：2.4 m 臀高：95 cm	50 kg
8	二连巨盗龙 *Gigantoraptor erlianensis*	晚白垩世晚期 亚洲东部（中国）	LH V0011 亚成体	下颌骨和不完整躯干骨 与其他窃蛋龙相比体型巨大。	全长：8 m 臀高：3.2 m	2 t
9	似巨盗龙 *cf. Gigantoraptor*	晚白垩世晚期 亚洲东部（蒙古）	MPC-D 107/17 成体	不完整下颌骨 它被怀疑是二连巨盗龙的一个标本。	全长：8.9 m 臀高：3.5 m	2.7 t

1:342.41

类似于安祖龙的窃蛋龙： 身体轻盈、杂食和（或）植食性动物

1	博氏奥哈盗龙 *Ojoraptorsaurus boerei*	晚白垩世晚期 北美洲西部（加拿大西部）	SMP VP-1458 年龄未确定	不完整耻骨 来自杨树眼组。	全长：2.5 m 臀高：1 m	38 kg
2	纤瘦纤手龙 *Chirostenotes pergracilis*	晚白垩世晚期 北美洲西部（加拿大西部）	RTMP 79.14.499 年龄未确定	指骨 最初它的化石被认为是大型中生代鸟类。	全长：2.6 m 臀高：1.05 m	40 kg
3	巨型哈格里芬龙 *Hagryphus giganteus*	晚白垩世晚期 北美洲西部（美国犹他州）	UMNH VP 12765 年龄未确定	部分躯干骨 最粗壮的掌骨。	全长：2.9 m 臀高：1.2 m	110 kg
4	纤瘦似纤手龙 *cf. Chirostenotes pergracilis*	晚白垩世晚期 北美洲西部（加拿大西部）	CMN 957 年龄未确定	跖骨 比纤瘦纤手龙年代更近。	全长：3.1 m 臀高：1.25 m	130 kg
5	柯氏后纤手龙 *Epichirostenotes curriei*	晚白垩世晚期 北美洲西部（加拿大西部）	ROM 43250 成体	颅骨和部分躯干骨 是纤瘦纤手龙？	全长：3.2 m 臀高：1.3 m	145 kg
6	维氏安祖龙 *Anzu wyliei*	晚白垩世晚期 北美洲西部（美国北达科他州、南达科他州、蒙大拿州）	MRF 319 年龄未确定	前额骨 已知第二大窃蛋龙。	全长：3.8 m 臀高：1.55 m	240 kg

未确定的窃蛋龙： 身体轻盈、杂食或植食性动物

7	迷你豫龙 *Yulong mini*	晚白垩世晚期 亚洲东部（中国）	HGM 41HIII-0107 1 岁幼体	颅骨和部分躯干骨 找到了其他更小的标本。	全长：50 cm 臀高：21 cm	525g
8	戈壁天青石龙 *Nomingia gobiensis*	晚白垩世晚期 亚洲东部（中国）	IGM 100/119 年龄未确定	部分躯干骨 被错误列为 GIN 94024 类。	全长：2.1 m 臀高：85 cm	32 kg

类似于葬火龙的窃蛋龙： 身体轻盈、前臂纤长、杂食和（或）植食性动物

9	斑嵴龙 *Banji long*	晚白垩世晚期 亚洲东部（中国）	IVPP V16896 幼体	颅骨和下颌骨 它在鼻嵴上有独特的条纹。	全长：70 cm 臀高：30 cm	1.25 kg
10	似嗜角窃蛋龙 *cf. Oviraptor philoceratops*	晚白垩世晚期 亚洲东部（蒙古）	IVPP V9608 年龄未确定	部分躯干骨 嗜角窃蛋龙还是奥氏葬火龙？	全长：1.7 m 臀高：70 cm	17 kg

编号	中文名与学名	活动时间与范围	最大标本	化石数据	体型	体重
11	戈壁乌拉特龙 *Wulatelong gobiensis*	晚白垩世晚期 亚洲东部（中国）	IVPP V18409 成体	颅骨和部分躯干骨 可能是该亚科的成员。	全长：1.85 m 臀高：75 cm	21 kg
12	嗜角窃蛋龙 *Oviraptor philoceratops*	晚白垩世晚期 亚洲东部（蒙古）	AMNH 6517 年龄未确定	颅骨和部分躯干骨 另一个被归属的颅骨是属于葬火龙的。	全长：1.9 m 臀高：75 cm	22 kg
13	蒙古瑞钦龙 *Rinchenia mongoliensis*	晚白垩世晚期 亚洲东部（蒙古）	GI 100/32A 年龄未确定	前上颌骨 "瑞钦龙"属是由巴思体在 1997 年创立的。	全长：2.2 m 臀高：90 cm	36 kg
14	葬火龙新种 *Citipati sp. nov.*	晚白垩世晚期 亚洲东部（蒙古）	IGM 100/42 年龄未确定	颅骨和部分躯干骨 与奥氏葬火龙属于同一时代。	全长：2.25 m 臀高：90 cm	38 kg
15	赣州华南龙 *Huanansaurus ganzhouensis*	晚白垩世晚期 亚洲东部（中国）	HGM41HIII-0443 年龄未确定	颅骨和部分躯干骨 与其他五个属的窃蛋龙共存。	全长：2.9 m 臀高：1.05 m	60 kg
16	江西南康龙 *Nankangia jiangxiensis*	晚白垩世晚期 亚洲东部（中国）	GMNH F10003 年龄未确定	部分躯干骨 似乎作为乌拉特龙来说非常巨大。	全长：2.75 m 臀高：1.1 m	69 kg
17	奥氏葬火龙 *Citipati osmolskae*	晚白垩世晚期 亚洲东部（蒙古）	IGM 100/1004 年龄未确定	部分躯干骨 最大的标本被称为"大姑妈"。	全长：2.9 m 臀高：1.15 m	83 kg

类似于耐梅盖特母龙的窃蛋龙：身体轻盈、前臂相对较短粗、杂食和（或）植食性动物

编号	中文名与学名	活动时间与范围	最大标本	化石数据	体型	体重
18	麦氏可汗龙 *Khaan mckennai*	晚白垩世晚期 亚洲东部（蒙古）	IGM 100/973 年龄未确定	颅骨和部分躯干骨 它曾被认为是似雌驼龙。	全长：1.25 m 臀高：49 cm	9.5 kg
19	细爪曲剑龙 *Machairasaurus leptonychus*	晚白垩世晚期 亚洲东部（中国）	IVPP V15980 年龄未确定	部分躯干骨 它的爪子非常长。	全长：1.3 m 臀高：50 cm	10 kg
20	巴氏耐梅盖特母龙 *Nemegtomaia barsboldi*	晚白垩世晚期 亚洲东部（蒙古）	IGM 100/2112 年龄未确定	前上颌骨 它原有的名字已被占用。	全长：1.45 m 臀高：55 cm	15 kg
21	赣州江西龙 *Jiangxisaurus ganzhouensis*	晚白垩世晚期 亚洲东部（中国）	HGM41HIII0421 亚成体	部分躯干骨 与河源龙类似？	全长：1.55 m 臀高：58 cm	18 kg
22	"杨氏雌驼龙" *"Ajancingenia yanshini"*	晚白垩世晚期 亚洲东部（蒙古）	IGM 100/30 年龄未确定	颅骨和部分躯干骨 其名称的改变具有一个争议性的问题。	全长：1.6 m 臀高：60 cm	20 kg
23	黄氏河源龙 *Heyuannia huangi*	晚白垩世晚期 亚洲东部（中国）	HYMV1-1 年龄未确定	颅骨和部分躯干骨 发现时旁边有恐龙蛋。	全长：1.6 m 臀高：60 cm	20 kg
24	牛蒡沟山阳龙 (n.d.) *Shanyangosaurus niupanggouensis*	晚白垩世晚期 亚洲东部（中国）	NWUV 1111 年龄未确定	部分躯干骨 与雌驼龙类似？	全长：1.6 m 臀高：60 cm	20 kg
25	南康赣州龙 *Ganzhousaurus nankangensis*	晚白垩世晚期 亚洲东部（中国）	SDM 20090302 年龄未确定	下颌骨和部分躯干骨 窃蛋龙科还是 cenagnatido？	全长：1.65 m 臀高：63 cm	23 kg
26	遗忘始兴龙 *Shixinggia oblita*	晚白垩世晚期 亚洲东部（中国）	BPV-112 年龄未确定	部分躯干骨 是窃蛋龙科？	全长：1.8 m 臀高：69 cm	30 kg
27	纤弱窃螺龙 *Conchoraptor gracilis*	晚白垩世晚期 亚洲东部（蒙古）	IGM 100/21 年龄未确定	下颌骨 该化石碎片的发现先于创立窃螺龙属十年时间。	全长：1.05 m 臀高：70 cm	32 kg

1:171.21

近鸟类

类似于耀龙的近鸟类：会滑翔、身体轻盈、小型猎物捕食者或食虫性动物

编号	中文名与学名	活动时间与范围	最大标本	化石数据	体型	体重
1	宁城树息龙 *Epidendrosaurus ningchengensis*	中侏罗世 亚洲东部（中国）	IVPP V12653 幼体	颅骨、部分躯干骨和细丝 它的尾巴很长，不同于耀龙。	全长：13 cm 臀高：5 cm	6.7 g
2	海氏擅攀鸟龙 *Scansoriopteryx heilmanni*	早白垩世晚期 亚洲东部（中国）	CAGS02-IG-gausa-1/DM 607- 幼体	颅骨、部分躯干骨和细丝 比树息龙的年代更近。	全长：13 cm 臀高：5 cm	6.8 g
3	胡氏耀龙 *Epidexipteryx hui*	中侏罗世 亚洲东部（中国）	IVPP V15471 亚成体	颅骨、部分躯干骨和细丝 它的牙齿是向前倾斜的。	全长：25 cm 臀高：14 cm	220 g
4	奇翼龙 *Yi qi*	中侏罗世 亚洲东部（中国）	STM 31-2 成体	颅骨、部分躯干骨和细丝 在前掌呈现出一个独特的"棒状骨"。	全长：33 cm 臀高：19 cm	520 g

1:22.83

		时期/产地	标本编号	描述/备注	尺寸	体重
未确定的近鸟类：身体轻盈、小型猎物捕食者						
1	道虎沟足羽龙 *Pedopenna daohugouensis*	中侏罗世 亚洲东部（中国）	IVPP V12721 年龄未确定	部分后肢骨和细丝 原始近鸟类还是驰龙科？	全长：68 cm 臀高：25 cm	590 g
2	长掌义县龙 *Yixianosaurus longimanus*	早白垩世早期 亚洲东部（中国）	IVPP V12638 成体？	碎骨和细丝 驰龙科还是伤齿龙科？	全长：76 cm 臀高：28 cm	815 g
3	德氏重腿龙（n.d.） *Bradycneme draculae*	晚白垩世晚期 欧洲东部（罗马尼亚）	BMNH A1588 年龄未确定	不完整胫跗骨 驰龙科还是伤齿龙科？	全长：1.4 m 臀高：52 cm	5.1 kg
类似于大黑天神龙的近鸟类：身体轻盈、小型猎物捕食者						
4	南戈壁大黑天神龙 *Mahakala omnogovae*	晚白垩世晚期 亚洲东部（蒙古）	IGM 100/1033 年龄未确定	颅骨和部分躯干骨 与其他更小的标本一同被发现。	全长：77 cm 臀高：25 cm	450 g
类似于半鸟龙的近鸟类：身体轻盈、鱼食性动物或小型猎物捕食者						
5	微型彭巴盗龙 *Pamparaptor micros*	晚白垩世早期 南美洲南部（阿根廷）	MUCPv-1163 年龄未确定	颅骨和部分躯干骨 可能是半鸟龙。	全长：1.15 m 臀高：35 cm	2.6 kg
6	阿根廷鹫龙 *Buitreraptor gonzalezorum*	晚白垩世早期 南美洲南部（阿根廷）	MPCA 245 A1 成体？	牙齿 该化石比亚成体的模式种 MPCA 245 更大。	全长：1.5 m 臀高：45 cm	5.5 kg
7	阿根廷内乌肯盗龙 *Neuquenraptor argentinus*	晚白垩世早期 南美洲南部（阿根廷）	MCF PVPH 77 年龄未确定	颅骨和部分躯干骨 是半鸟龙？	全长：2.7 m 臀高：82 cm	33 kg
8	科马约半鸟 *Unenlagia comahuensis*	晚白垩世早期 南美洲南部（阿根廷）	MCF PVPH 78 年龄未确定	部分躯干骨 是第一个辨识出的半鸟龙。	全长：3.4 m 臀高：1.05 m	67 kg
9	佩氏半鸟龙 *Unenlagia paynemii*	晚白垩世早期 南美洲南部（阿根廷）	MUCPv-343 年龄未确定	指骨 与科马约半鸟属于同一时期。	全长：3.5 m 臀高：1.1 m	75 kg
10	卡氏南方盗龙 *Austroraptor cabazai*	晚白垩世晚期 南美洲南部（阿根廷）	MML-195 成体？	颅骨和部分躯干骨 伤齿龙科？	全长：6.2 m 臀高：1.5 m	340 kg
类似于理察伊斯特斯龙的近鸟类：身体轻盈、鱼食性动物或小型猎物捕食者						
11	理察伊斯特斯龙似吉氏种 *Richardoestesia* cf. *gilmorei*	中侏罗世 欧洲西部（英格兰）	GLRCM G.50823 年龄未确定	牙齿 是最古老的一种，它与吉氏理察伊斯特斯龙无法区分。	全长：38 cm 臀高：10 cm	100 g
12	理察伊斯特斯龙似等边种 *Richardoestesia* cf. *isosceles*	晚侏罗世 欧洲西部（葡萄牙）	IPFUB GUI D 118/155 年龄未确定	牙齿 比理察伊斯特斯龙等边种更古老。	全长：45 cm 臀高：12.5 cm	138 g
13	理察伊斯特斯龙似等边种 *Richardoestesia* cf. *isosceles*	晚白垩世晚期 北美洲西部（美国得克萨斯州）	LSUMG 年龄未确定	牙齿 比标本 SMU 73779 年代更近。	全长：52 cm 臀高：14 cm	200 g
14	理察伊斯特斯龙似吉氏种 *Richardoestesia* cf. *gilmorei*	晚白垩世晚期 北美洲西部（美国得克萨斯州）	LSUMG V-6237 年龄未确定	不完整牙齿 可能是吉氏理察伊斯特斯龙。	全长：57 cm 臀高：15.5 cm	270 g
15	理察伊斯特斯龙似等边种 *Richardoestesia* cf. *isosceles*	早白垩世晚期 北美洲西部（美国犹他州）	未分类 年龄未确定	单独的牙齿 是南美洲发现的第二古老的标本。	全长：62 cm 臀高：17 cm	340 g
16	理察伊斯特斯龙似等边种 *Richardoestesia* cf. *isosceles*	晚白垩世早期 北美洲西部（美国得克萨斯州）	SMU 73779 年龄未确定	牙齿 新的种。	全长：64 cm 臀高：17.5 cm	380 g
17	理察伊斯特斯龙似吉氏种 *Richardoestesia* cf. *gilmorei*	晚侏罗世 欧洲西部（葡萄牙）	ML 939 年龄未确定	牙齿 与吉氏理察伊斯特斯龙相似。	全长：64 cm 臀高：17.5 cm	380 g
18	理察伊斯特斯龙似等边种 *Richardoestesia* cf. *isosceles*	早白垩世晚期 欧洲西部（西班牙）	IPFUB Uña Th 年龄未确定	牙齿 细锯齿不一样。	全长：74 cm 臀高：20 cm	740 g
19	理察伊斯特斯龙似等边种 *Richardoestesia* cf. *isosceles*	晚白垩世早期 北美洲西部（美国新墨西哥州）	NMMNH P-32753 年龄未确定	牙齿 是一个新的种。	全长：84 cm 臀高：23 cm	1 kg
20	理察伊斯特斯龙似吉氏种 *Richardoestesia* cf. *gilmorei*	晚白垩世晚期 欧洲西部（法国）	VIC 17 年龄未确定	牙齿 与吉氏理察伊斯特斯龙非常相似。	全长：90 cm 臀高：24.5 cm	1.3 kg
21	似吉氏理察伊斯特斯龙 cf. *Richardoestesia gilmorei*	晚白垩世晚期 北美洲西部（美国怀俄明州）	AMNH5545.2 年龄未确定	单独的牙齿 吉氏理察伊斯特斯龙年代更近。	全长：1.03 m 臀高：28 cm	1.9 kg
22	理察伊斯特斯龙似等边种 *Richardoestesia* cf. *gilmorei*	晚白垩世晚期 北美洲西部（加拿大西部）	RTMP 年龄未确定	单独的牙齿 可能是一个新的种。	全长：1.1 m 臀高：30 cm	2 kg
23	理察伊斯特斯龙似等边种 *Richardoestesia* cf. *isosceles*	晚白垩世早期 北美洲西部（美国蒙大拿州、南达科他州）	UCMP186840 年龄未确定	牙齿 另一个体形类似的标本是 UCMP 213975。	全长：1.13 m 臀高：30.5 cm	2.3 kg
24	似等边理察伊斯特斯龙 cf. *Richardoestesia gilmorei*	晚白垩世晚期 北美洲西部（加拿大西部）	未分类 年龄未确定	牙齿 与伊氏黄昏鸟属于同一时期。	全长：1.2 m 臀高：33 cm	2.9 kg
25	似等边理察伊斯特斯龙 cf. *Richardoestesia gilmorei*	晚白垩世早期 北美洲西部（美国犹他州）	UMNH VP 24115 年龄未确定	牙齿 比吉氏理察伊斯特斯龙更古老。	全长：1.29 m 臀高：35 cm	3.7 kg
26	理察伊斯特斯龙似等边种 *Richardoestesia* cf. *isosceles*	晚白垩世早期 北美洲西部（美国怀俄明州）	AMNH5382.2 年龄未确定	牙齿 比理察伊斯特斯龙等边种年代更近。	全长：1.47 m 臀高：40 cm	5.5 kg
27	理察伊斯特斯龙似等边种 *Richardoestesia isosceles*	晚白垩世晚期 北美洲西部（加拿大西部）	未分类 年龄未确定	牙齿 与多拉托鳄的牙齿非常类似。	全长：1.48 m 臀高：40 cm	5.7 kg

编号	中文名与学名	活动时间与范围	最大标本	化石数据	体型	体重
28	似等边理察伊斯特斯龙 *cf. Richardoestesia isosceles*	晚白垩世晚期 北美洲西部（美国犹他州）	UALVP48343 年龄未确定	牙齿 年代介于圣通期－坎潘期之间。	全长：1.5 m 臀高：41 cm	6 kg
29	理察伊斯特斯龙似等边种 *Richardoestesia cf. isosceles*	晚白垩世晚期 北美洲西部（加拿大西部）	nmckno23b 年龄未确定	牙齿 与吉氏理察伊斯特斯龙明显不同。	全长：1.5 m 臀高：41 cm	6 kg
30	似吉氏理察伊斯特斯龙 *cf. Richardoestesia gilmorei*	晚白垩世晚期 北美洲西部（加拿大西部）	LSUMG 489：6237 年龄未确定	牙齿 比吉氏理察伊斯特斯龙年代更近。	全长：1.6 m 臀高：43 cm	7 kg
31	似吉氏理察伊斯特斯龙 *cf. Richardoestesia gilmorei*	晚白垩世晚期 北美洲西部（美国蒙大拿州）	UCMP123543 年龄未确定	牙齿 最大的牙齿归属于吉氏理察伊斯特斯龙。	全长：1.8 m 臀高：49 cm	10 kg
32	亚洲理察伊斯特斯龙 *Richardoestesia asiatica*	晚白垩世早期 亚洲西部（乌兹别克斯坦）	N 460/12457 年龄未确定	牙齿 与理察伊斯特斯龙是同义词。	全长：1.95 m 臀高：53 cm	13 kg
33	吉氏理察伊斯特斯龙 *Richardoestesia gilmorei*	晚白垩世晚期 北美洲西部（加拿大西部）	P83452 年龄未确定	齿骨和牙齿 标本 CMN 是一个带牙齿的不完整下颌骨。	全长：3.3 m 臀高：90 cm	63 kg

类似于小盗龙的近鸟类： 身体轻盈、小型猎物捕食者

编号	中文名与学名	活动时间与范围	最大标本	化石数据	体型	体重
34	福氏气腔盗龙 *Pneumatoraptor fodori*	晚白垩世晚期 欧洲东部（匈牙利）	MTM PAL 2011.18 成体	胫跗骨 比成体模式种 MTM V.2008.38.1 更大。	全长：67 cm 臀高：18 cm	510 g
35	阿希勒佛舞龙 *Shanag ashile*	早白垩世晚期 亚洲东部（蒙古）	IGM 100/1119 年龄未确定	不完整颅骨和牙齿 在其他地方发现了一些牙齿。	全长：84 cm 臀高：23 cm	1 kg
36	赵氏小盗龙 *Microraptor zhaoianus*	早白垩世晚期 亚洲东部（中国）	LVH 0026 成体	颅骨、部分躯干骨和羽毛 小盗龙的三个标本可能是同义词。	全长：95 cm 臀高：26 cm	1.45 kg
37	陆家屯纤细盗龙 *Graciliraptor lujiatunensis*	早白垩世晚期 亚洲东部（中国）	IVPP V13474 年龄未确定	上颌骨和部分躯干骨 是小盗龙？	全长：1.05 m 臀高：28 cm	2 kg
38	千禧中国鸟龙 *Sinornithosaurus millenii*	早白垩世晚期 亚洲东部（中国）	IVPP V12811 年龄未确定	颅骨、部分躯干骨和细丝 与小盗龙一起，是已知最全面的小盗龙类。	全长：1.18 m 臀高：32 cm	2.9 kg
39	杨氏长羽盗龙 *Changyuraptor yangi*	早白垩世晚期 亚洲东部（中国）	HG B016 成体	颅骨、部分躯干骨和实习 它尾部的羽毛非常长。	全长：1.22 m 臀高：33 cm	3.2 kg
40	伊氏西爪龙 *Hesperonychus elizabethae*	晚白垩世晚期 北美洲西部（加拿大西部）	RTMP 1983.67.7 年龄未确定	趾骨 是北美洲发现的最小非鸟类兽脚亚目恐龙之一。	全长：1.27 m 臀高：35 cm	3.6 kg
41	孙氏振元龙 *Zhenyuanlong suni*	早白垩世晚期 亚洲东部（中国）	JPM-0008 年龄未确定	颅骨、部分躯干骨和羽毛 它的前臂与奥氏天宇盗龙一样短。	全长：1.55 m 臀高：42 cm	6.4 kg
42	奥氏天宇盗龙 *Tianyuraptor ostromi*	早白垩世晚期 亚洲东部（中国）	STM1-3 亚成体	颅骨、部分躯干骨和羽毛 小盗龙类？	全长：1.6 m 臀高：43 cm	7.1 kg
43	"朱莉盗龙"（n.n.） *"Julieraptor"*	晚白垩世晚期 北美洲西部（加拿大西部）	ROM 年龄未确定	颅骨和躯干骨 未发表，与斑比盗龙或者蜥鸟盗龙类相似？	全长：1.6 m 臀高：43 cm	7.1 kg
44	费氏斑比盗龙 *Bambiraptor feinbergi*	晚白垩世早期 北美洲西部（美国蒙大拿州）	FIP 002-136 成体	长骨和椎骨 蜥鸟盗龙类还是小盗龙类？	全长：1.8 m 臀高：49 cm	10 kg
45	汤氏古老翼鸟龙 *Palaeopteryx thompsoni*	晚侏罗世 北美洲西部（美国科罗拉多州）	BYU 2022 年龄未确定	桡骨 与小盗龙类似。	全长：1.9 m 臀高：51 cm	11.5 kg

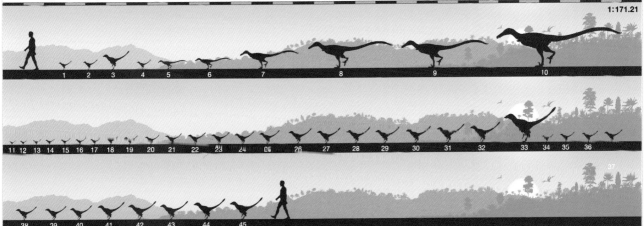

1:171.21

真驰龙类

未确定真驰龙： 身体相对健壮、中型或大型猎物捕食者

编号	中文名与学名	活动时间与范围	最大标本	化石数据	体型	体重
1	小龙原鸟形龙 *Archaeornithoides deinosauriscus*	晚白垩世晚期 亚洲东部（蒙古）	ZPAL MgD-II/29 幼体	牙齿 驰龙科或者伤齿龙类。	全长：50 cm 臀高：9.6 cm	90 g
2	"纤弱"驰龙 *"Dromaeosaurus" gracilis*	早白垩世晚期 北美洲东部（美国马里兰州）	USNM 8176 年龄未确定	牙齿 归属化石材料，模式种是指骨标本 USNM 4973。	全长：1.2 m 臀高：38 cm	7 kg
3	臀环联鸟龙 *Ornithodesmus cluniculus*	早白垩世晚期 欧洲西部（英格兰）	BMNH R18/ 年龄未确定	荐骨 驰龙科？	全长：1.25 m 臀高：40 cm	8 kg

#	名称	时代/地点	标本编号	材料	备注	尺寸	体重
4	"北谷龙"（n.n.） *"Kitadanisaurus"*	早白垩世晚期 亚洲东部（日本）	FPDM-V98081115 年龄未确定	肱骨	有一具尚未描述的骨骼。	全长：1.5 m 臀高：48 cm	13 kg
5	兰泽"斑龙" *"Megalosaurus"* *lonzeensis*	早白垩世晚期 欧洲西部（比利时）	ALMNH 2001.1 年龄未确定	指骨	西北阿根廷龙科还是驰龙科？	全长：2.5 m 臀高：85 cm	60 kg

类似于蜥鸟盗龙的真驰龙：身体相对健壮、中型或大型猎物捕食者

#	名称	时代/地点	标本编号	材料	备注	尺寸	体重
6	沙氏蜥鸟盗龙 *Saurornitholestes sullivani*	晚白垩世晚期 北美洲西部（美国新墨西哥州）	SMP VP-1901 年龄未确定	牙齿	曾被归属于 robustus "蜥鸟盗龙"。	全长：2.4 m 臀高：65 cm	31 kg
7	蓝氏蜥鸟盗龙 *Saurornitholestes langstoni*	晚白垩世晚期 北美洲西部（美国蒙大拿州）	RTMP 95.92.16 成体？	牙齿	保存有更完整的标本。	全长：3.2 m 臀高：85 cm	65 kg
8	蜥鸟盗龙似蓝氏种 *Saurornitholestes* *cf. langtoni*	晚白垩世晚期 北美洲西部（美国得克萨斯州）	LSUMG 年龄未确定	牙齿	比蓝斯顿氏蜥鸟盗龙年代更古老。	全长：3.5 m 臀高：95 cm	87 kg

类似于恐手龙的真驰龙：身体相对健壮、中型或大型猎物捕食者

#	名称	时代/地点	标本编号	材料	备注	尺寸	体重
9	似平衡恐爪龙 *cf. Deinonychus antirhophus*	早白垩世晚期 北美洲东部（美国马里兰州）	USNM Coll. 年龄未确定	牙齿	不确定它是否是平衡恐爪龙。	全长：1.45 m 臀高：40 cm	6.7 kg
10	白魔龙 *Tsaagan mangas*	晚白垩世晚期 亚洲东部（蒙古）	IVPP V16923 成体	颅骨和部分躯干骨	两个属的同义词。	全长：2.15 m 臀高：60 cm	23 kg
11	平衡恐爪龙 *Deinonychus antirrhopus*	早白垩世晚期 北美洲西部（美国蒙大拿州、 俄克拉荷马州、怀俄明州）	YPM 5236 成体	乌喙骨	标本 AMNH 3015 和 MCZ 4371 保存非常完好。	全长：3.55 m 臀高：1 m	103 kg

类似于伶盗龙的真驰龙：身体相对健壮、中型或大型猎物捕食者

#	名称	时代/地点	标本编号	材料	备注	尺寸	体重
12	"伊卡博德克兰龙"（n.n.） *"Ichabodcraniosaurus"*	晚白垩世晚期 亚洲东部（蒙古）	IGM 100/980 年龄未确定	部分躯干骨	是伶盗龙的同义词？	全长：1.35 m 臀高：37 cm	5.2 kg
13	河南栾川盗龙 *Luanchuanraptor* *henanensis*	晚白垩世晚期 亚洲东部（中国）	41HIII-0100 年龄未确定	颅骨和部分躯干骨	是伶盗龙类？	全长：1.8 m 臀高：49 cm	11.8 kg
14	奥氏伶盗龙 *Velociraptor osmolkae*	晚白垩世晚期 亚洲东部（中国）	IMM 99NM-BYM-3/3 年龄未确定	不完整上颌骨和内眼角	该属第二个辨识出的种。	全长：1.85 m 臀高：50 cm	13 kg
15	特氏冥河盗龙 *Acheroraptor temertyorum*	晚白垩世晚期 北美洲西部（美国蒙大拿州）	ROM 63777 年龄未确定	不完整上颌骨和牙齿	相关的牙齿是属于伶盗龙的。	全长：2.3 m 臀高：63 cm	25 kg
16	蒙古伶盗龙 *Velociraptor mongoliensis*	晚白垩世晚期 亚洲东部（蒙古）	AMNH 6518 成体	颅骨和部分身体骨	生存于沙漠环境中。	全长：2.65 m 臀高：72 cm	38 kg
17	蒙古恶灵龙 *Adasaurus mongoliensis*	晚白垩世晚期 亚洲东部（蒙古）	IGM 100/21 成体	颅骨和部分身体骨	模式种是成体，并且体型相当小。	全长：3.5 m 臀高：95 cm	87 kg
18	"韩国龙"（n.n.） *"Koreanosaurus"*	早白垩世晚期 亚洲东部（韩国）	DGBU-78 年龄未确定	股骨	与恶灵龙和伶盗龙类似。	全长：3.8 m 臀高：1.05 m	114 kg

类似于驰龙的真驰龙：身体相对健壮、中型或大型猎物捕食者

#	名称	时代/地点	标本编号	材料	备注	尺寸	体重
19	似艾伯塔驰龙 *cf. Dromaeosaurus* *albertensis*	晚白垩世晚期 北美洲西部（美国阿拉斯加州）	AK-153-V-1 年龄未确定	牙齿	比艾伯塔驰龙年代更近。	全长：53 cm 臀高：17 cm	420 g
20	似研磨彻剪龙 *cf. Zapsalis abradens*	晚白垩世晚期 北美洲西部（加拿大西部）	UA 103 年龄未确定	牙齿	比研磨彻剪龙年代更近。	全长：1.1 m 臀高：35 cm	3.5 kg
21	似艾伯塔驰龙 *cf. Dromaeosaurus* *albertensis*	晚白垩世晚期 北美洲西部（加拿大西部）	UA KUA-1：106 年龄未确定	牙齿	比艾伯塔驰龙年代更古老。	全长：1.25 m 臀高：40 cm	5.3 kg
22	似研磨彻剪龙 *cf. Zapsalis abradens*	晚白垩世晚期 北美洲西部（美国怀俄明州）	UA 132 年龄未确定	牙齿	比研磨彻剪龙年代更古老。	全长：1.25 m 臀高：40 cm	5.5 kg
23	米氏瓦尔盗龙 *Variraptor mechinorum*	晚白垩世晚期 欧洲西部（法国）	MDE-D169 年龄未确定	荐骨	驰龙？	全长：1.65 m 臀高：54 cm	12.8 kg
24	马氏野蛮盗龙 *Atrociraptor marshalli*	晚白垩世晚期 北美洲西部（加拿大西部）	RTMP 95.166.1 年龄未确定	部分颅骨和牙齿	起初它被认为可能是蜥鸟盗龙未定种。	全长：1.8 m 臀高：57 cm	15.5 kg
25	研磨彻剪龙 *Zapsalis abradens*	晚白垩世晚期 北美洲西部（美国蒙大拿州、 加拿大西部）	TMP 1982.019.0007 年龄未确定	牙齿	模式种化石标本 AMNH 3953 是在蒙大拿州发现的一个幼体。	全长：1.95 m 臀高：63 cm	20 kg
26	奥运似火盗龙 *cf. Pyroraptor olympius*	晚白垩世晚期 欧洲西部（西班牙）	MCNA-14623 年龄未确定	牙齿	可能是奥运火炬龙的一个成体。	全长：2.15 m 臀高：68 cm	27 kg
27	奥运火盗龙 *Pyroraptor olympius*	晚白垩世晚期 欧洲西部（法国）	MNHN BO003 年龄未确定	跖骨	是米氏瓦尔盗龙的同义词？	全长：2.2 m 臀高：70 cm	29 kg
28	艾伯塔驰龙 *Dromaeosaurus albertensis*	晚白垩世晚期 北美洲西部（美国，加拿大）	TMP 1984.36.19 成体	牙齿	AMNH 5356 体型更小，且是成体。	全长：2.3 m 臀高：74 cm	34 kg
29	博恩霍尔姆似驰龙 *Dromaeosauroides* *borholmensis*	早白垩世早期 欧洲西部（丹麦）	MGUH DK No. 315 年龄未确定	牙齿	是在丹麦发现的第一个恐龙	全长：2.6 m 臀高：83 cm	49 kg
30	德氏郊狼龙 *Yurgovuchia doellingi*	早白垩世晚期 北美洲西部（美国犹他州）	UMNH VP 20211 成体	背椎骨	是驰龙还是伶盗龙？	全长：3 m 臀高：97 cm	76 kg
31	属髓伊特米龙 *Itemirus medullaris*	晚白垩世晚期 亚洲西部（乌兹别克斯坦）	ZIN PH 2352/16 成体	牙齿 –	标本 PIN 327/699 体型更小，且为成体。	全长：3.1 m 臀高：1 m	85 kg
32	巨大阿基里斯龙 *Achillobator gigantus*	晚白垩世晚期 亚洲东部（蒙古）	FR.MNUFR-15 成体	颅骨和部分躯干骨	亚洲最大的驰龙科恐龙。	全长：3.9 m 臀高：1.25 m	165 kg

| 33 | 斯氏达科他盗龙
Dakotaraptor steini | 晚白垩世晚期
北美洲西部（美国南达科他州） | PBMNH.P.10.113.T
成体 | 部分躯干骨
有两种形态，一个纤细，另一个健壮。 | 全长：4.35 m
臀高：1.4 m | 220 kg |
| 34 | 奥氏犹他盗龙
Utahraptor ostrommaysorum | 早白垩世晚期
北美洲西部（美国犹他州） | BYU 15465
成体 | 股骨
超估计为 11 m 是因为 9 个标本被混合在一起，包括幼体、亚成体和成体化石。 | 全长：4.65 m
臀高：1.5 m | 280 kg |

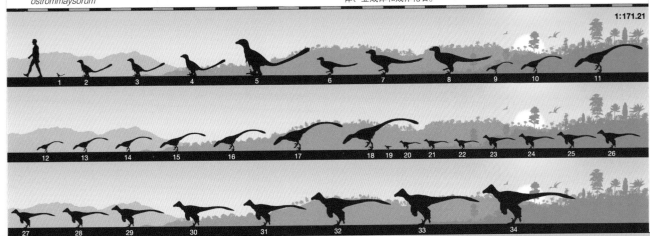

伤齿龙科

类似于近鸟龙的伤齿龙科：身体轻盈、树栖性，小型猎物捕食者和（或）食虫性动物

编号	中文名与学名	活动时间与范围	最大标本	化石数据	体型	体重
1	短羽始中国羽龙 *Eosinopteryx brevipenna*	中侏罗世 亚洲东部（中国）	YFGP-T5197 亚成体	颅骨、部分躯干骨和羽毛 原始近鸟类还是伤齿龙科？	全长：30 cm 臀高：15 cm	100 g
2	徐氏始鸟龙 *Aurornis xui*	中侏罗世 亚洲东部（中国）	YFGP-T5198 成体	颅骨、部分躯干骨和羽毛 是赫氏近鸟龙的近亲。	全长：40 cm 臀高：15 cm	260 g
3	郑氏晓廷龙 *Xiaotingia zhengi*	中侏罗世 亚洲东部（中国）	STM 27-2 成体	颅骨、部分躯干骨和羽毛 原始伤齿龙科恐龙的外观类似于最原始的初鸟类。	全长：50 cm 臀高：20 cm	530 g
4	赫氏近鸟龙 *Anchiornis huxleyi*	中侏罗世 亚洲东部（中国）	STM 0-8 成体	股骨 是第一种获知其在世时颜色的中生代恐龙。	全长：50 cm 臀高：20 cm	570 g

类似于金凤鸟的伤齿龙科：身体轻盈、杂食或植食性动物

5	华美金凤鸟 *Jinfengopteryx elegans*	早白垩世晚期 亚洲东部（中国）	CAGS-IG-04-0801 年龄未确定	颅骨、部分躯干骨和羽毛 可能是植食性动物。	全长：55 cm 臀高：21 cm	370 g

类似于中国盗龙的伤齿龙科：身体轻盈、小型猎物捕食者

1	珀氏胡山足龙 *Hulsanpes perlei*	晚白垩世晚期 亚洲东部（蒙古）	ZPAL MgD-I/173 幼体	不完整跖骨和趾骨 原始伤齿龙科恐龙。	全长：35 cm 臀高：14 cm	135 g
2	龙寐龙 *Mei long*	早白垩世晚期 亚洲东部（中国）	IVPP V12733 亚成体	颅骨和部分躯干骨 其名字意为"深沉的睡梦"。	全长：50 cm 臀高：21 cm	430 g
3	湖畔似爪牙龙 cf. *Paronychodon lacustris*	晚白垩世晚期 北美洲西部（美国新墨西哥州）	NMMNH P-20470 年龄未确定	牙齿 真驰龙类，是彻剪龙？	全长：54 cm 臀高：22 cm	510 g
4	葡萄牙似爪牙龙（n.d.） *Euronychodon portucalensis*	晚白垩世晚期 欧洲西部（葡萄牙）	CEPUNL TV 18 年龄未确定	牙齿 与近爪牙龙是同义词？	全长：54 cm 臀高：22.5 cm	545 g
5	张氏中国猎龙 *Sinovenator changii*	早白垩世晚期 亚洲东部（中国）	IVPP V12615 成体	牙齿 晚侏罗世，葡萄牙	全长：75 cm 臀高：30 cm	1.3 kg
6	近爪牙龙似湖畔种 *Paronychodon* cf. *lacustris*	晚白垩世晚期 北美洲西部（加拿大西部）	UA MR-48 年龄未确定	牙齿 比湖畔近爪牙龙年代更近。	全长：75 cm 臀高：32 cm	1.45 kg
7	褶皱近爪牙龙（n.d.） *Paronychodon caperatus*	晚白垩世晚期 北美洲西部（美国怀俄明州）	UCM 38288 年龄未确定	牙齿 近爪牙龙化石后来被认为是带病理的牙齿，或者是哺乳动物的牙齿。	全长：87 cm 臀高：36.5 cm	2.2 kg
8	大牙窦鼻龙 *Sinusonasus magnodens*	早白垩世晚期 亚洲东部（中国）	IVPP V 11527 亚成体	颅骨和部分躯干骨 被错误当作"中华角鼻龙"。	全长：87 cm 臀高：37 cm	2.3 kg
9	比托拉斯雅尔龙 *Yaverlandia bitholus*	早白垩世晚期 欧洲西部（英格兰）	MIWG 1530 年龄未确定	部分颅骨 是一种伤齿龙科恐龙。	全长：87 cm 臀高：37 cm	2.3 kg
10	诺氏沼泽鸟龙（n.d.） *Elopteryx nopcsai*	晚白垩世早期 欧洲东部（罗马尼亚）	BMNH A1234 成体	不完整股骨 伤齿龙科还是阿瓦拉慈龙科？	全长：93 cm 臀高：39 cm	2.7 kg
11	张氏中国猎龙 cf. *Sinovenator changii*	晚白垩世晚期 亚洲东部（中国）	IVPP 年龄未确定	下颌骨和部分躯干骨 作为张氏中国猎龙，它的体型太大了。	全长：1.3 m 臀高：54 cm	7 kg
12	桑氏塔罗斯龙 *Talos sampsoni*	晚白垩世晚期 北美洲西部（美国犹他州）	UMNH VP 19479 亚成体	部分躯干骨 其爪子在生前被某种意外损伤。	全长：1.4 m 臀高：58 cm	9 kg

#	名称	时代/地区	标本/年龄	化石描述	尺寸	体重
13	伊特米乌尔巴克龙 *Urbacodon itemirensis*	晚白垩世早期 亚洲西部（乌兹别克斯坦）	ZIN PH 944/16 年龄未确定	齿骨和牙齿 保存有其他更大，但年代更近的化石。	全长：1.45 m 臀高：62 cm	11 kg
14	湖畔近爪牙龙（n.d.） *Paronychodon lacustris*	晚白垩世晚期 北美洲西部（美国大拿那州、新墨西哥州；加拿大西部）	AMNH 8522 年龄未确定	牙齿 一些归属于该种的牙齿可能在未来的修订中变成另一种。	全长：1.6 m 臀高：67 cm	13 kg
15	塞特北方爪龙 *Boreonykus certekorum*	晚白垩世晚期 北美洲西部（加拿大西部）	TMP 1989.055.0047 年龄未确定	不完整前额骨 不是驰龙科恐龙。	全长：1.65m 臀高：68 cm	13.5 kg
16	亚洲近细爪龙 *Paronychodon asiaticus*	晚白垩世早期 亚洲西部（乌兹别克斯坦）	ZIN PH 年龄未确定	牙齿 "蛇颈齿龙"是在 1985 年被 Nesov 提出的一个非正式名称。	全长：1.7 m 臀高：70 cm	16 kg

类似于中国鸟脚龙的伤齿龙科： 身体轻盈、小型猎物捕食者

#	名称	时代/地区	标本/年龄	化石描述	尺寸	体重
17	河南西峡龙 *Xixiasaurus henanensis*	晚白垩世晚期 亚洲东部（中国）	41HIII-0201 年龄未确定	颅骨和部分躯干骨 是拜伦龙的近期？	全长：1.05 m 臀高：37 cm	2.3 kg
18	道氏剖齿龙 *Koparion douglassi*	晚侏罗世 北美洲西部（美国犹他州）	DINO 3353 年龄未确定	牙齿 唯一的化石仅为 2 mm 长。	全长：1.05m 臀高：37 cm	2.4 kg
19	杨氏中国鸟脚龙 *Sinornithoides youngi*	早白垩世晚期 亚洲东部（中国）	IVPP V9612 年龄未确定	颅骨和部分躯干骨 直到 1994 年才被公布。	全长：1.1 m 臀高：38 cm	2.5 kg
20	杰氏拜伦龙 *Byronosaurus jaffei*	晚白垩世晚期 亚洲东部（蒙古）	IGM 100/983 年龄未确定	颅骨和部分躯干骨 保存有基于一个牙齿复原的成体标本 IGM 100/1003。	全长：1.55 m 臀高：55 cm	7.2 kg
21	苏氏双子盗龙 *Geminiraptor suarezarum*	早白垩世晚期 北美洲西部（美国犹他州）	CEUM 73719 年龄未确定	上颌骨 该名字是为了纪念双胞胎医生苏亚雷斯。	全长：2 m 臀高：70 cm	16 kg

类似于中国鸟脚龙的伤齿龙科： 身体轻盈、小型猎物捕食者

#	名称	时代/地区	标本/年龄	化石描述	尺寸	体重
22	柯氏菲利猎龙 *Philovenator curriei*	晚白垩世晚期 亚洲东部（中国）	IVPP V 10597 成体	部分躯干骨 曾被认为是幼年蜥鸟龙。	全长：75 cm 臀高：23 cm	980 g
23	蒙古戈壁猎龙 *Gobivenator mongoliensis*	晚白垩世晚期 亚洲东部（蒙古）	IGM 100/86 年龄未确定	颅骨和部分躯干骨 是所发现的最完整的伤齿龙科恐龙。	全长：1.65 m 臀高：51 cm	10.5 kg
24	强壮"蜥鸟盗龙" *"Saurornitholestes" robustus*	晚白垩世晚期 北美洲西部（美国新墨西哥州）	NMMNH P-68396 年龄未确定	牙齿 该标本比标本 SMP VP-1955 的体型更大。	全长：1.9 m 臀高：60 cm	17 kg
25	细脚无聊龙 *Borogovia gracilicrus*	晚白垩世晚期 亚洲东部（蒙古）	ZPAL MgD-I/174 年龄未确定	部分后肢骨 是 junior 扎纳巴扎尔龙？	全长：2 m 臀高：62 cm	18 kg
26	蒙古蜥鸟盗龙 *Saurornithoides mongoliensis*	晚白垩世晚期 亚洲东部（蒙古）	IGM 100/1083 年龄未确定	牙齿 标本 AMNH 6516 的体型更小。	全长：2 m 臀高：64 cm	19.5 kg
27	谭氏临河猎龙 *Linhevenator tani*	晚白垩世晚期 亚洲东部（中国）	LH V0021 成体	颅骨和部分躯干骨 前掌短小粗壮。	全长：2.05 m 臀高：65 cm	21 kg
28	年幼扎纳巴扎尔龙 *Zanabazar junior*	晚白垩世晚期 亚洲东部（蒙古）	IGM 100/1 成体	颅骨和部分躯干骨 "蒙古牙龙"是在一篇论文中使用的名称。	全长：2.15 m 臀高：67 cm	24 kg
29	纳摩盖吐鸵鸟龙 *Tochisaurus nemegtensis*	晚白垩世晚期 亚洲东部（蒙古）	PIN 551-224 年龄未确定	牙齿 与无聊龙和扎纳巴扎尔龙属于同一时期。	全长：2.35 m 臀高：72 cm	31 kg
30	巴氏伤齿龙 *Troodon bakkeri*	晚白垩世晚期 北美洲西部（美国蒙大拿州、怀俄明州）	UCM 38445 年龄未确定	牙齿 胶齿龙与伤齿龙是同义词。Olshevsky 1991	全长：2.4 m 臀高：73 cm	32 kg
31	不平伤齿龙 *Troodon inequalis*	晚白垩世晚期 北美洲西部（加拿大西部）	CMN 12433 年龄未确定	尺骨 是美丽伤齿龙？	全长：3 m 臀高：92 cm	64 kg
32	似美丽伤齿龙 *cf. Troodon formosus*	晚白垩世晚期 北美洲西部（墨西哥）	IGM 年龄未确定	牙齿 未确定属。	全长：3.15 m 臀高：97 cm	76 kg
33	美丽伤齿龙 *Troodon formosus*	晚白垩世晚期 北美洲西部（美国蒙大拿州）	MOR 553-7.24.8.64 成体	胫骨 标本 MOR 748 是一个长 4.1 m，重 170 kg，年龄为 12 岁的成体。	全长：4.3 m 臀高：1.35 m	195 kg
34	伤齿龙似美丽种 *Troodon cf. formosus*	晚白垩世晚期 亚洲东部（俄罗斯东部）	ZIN PH 1/28 年龄未确定	不完整牙齿 亚洲最大的伤齿龙科恐龙。	全长：4.4 m 臀高：1.4 m	208 kg

1:171.21

初鸟类

编号	中文名与学名	活动时间与范围	最大标本	化石数据	体型	体重
类似于始祖鸟的初鸟类： 能滑翔、身体轻盈、适应树栖生活、小型猎物捕食者						
1	印石板始祖鸟 *Archaeopteryx lithographica*	晚侏罗世 欧洲西部（德国）	"索恩霍芬标本" BMMS 500 亚成体	颅骨、部分躯干骨和羽毛 不是所有作者认同它是初鸟类，有些人将它确定为原始近鸟类。	全长：53 cm 臀高：20 cm	420 g
类似于胁空鸟龙的可能初鸟类： 能滑翔、身体相对轻盈、小型猎物捕食者						
2	奥氏胁空鸟龙 *Rahonavis ostromi*	晚白垩世晚期 非洲南部（马达加斯加）	UA 8656 年龄未确定	部分躯干骨 半鸟龙还是初鸟类？	全长：80 cm 臀高：25 cm	950 g
类似于热河鸟的初鸟类： 身体轻盈、适应树栖生活、杂食或植食性动物						
3	粗颌大连鸟 *Dalianraptor cuhe*	早白垩世晚期 亚洲东部（中国）	D2139 年龄未确定	颅骨、部分躯干骨和羽毛 可能是恐龙怪兽嵌合体。	全长：55 cm 臀高：13 cm	200 g
4	中华神州鸟 *Shenzhouraptor sinensis*	早白垩世晚期 亚洲东部（中国）	LPM 0193 年龄未确定	颅骨、部分躯干骨和羽毛 是 prima 热河鸟的同义词？	全长：62 cm 臀高：14.5 cm	290 g
5	棕尾"热河鸟" *"Jeholornis" palmapenis*	早白垩世晚期 亚洲东部（中国）	SDM 20090109 年龄未确定	颅骨、部分躯干骨 是中华神州盗龙？	全长：65 cm 臀高：16 cm	350 g
6	曲足"热河鸟" *"Jeholornis" curvipes*	早白垩世晚期 亚洲东部（中国）	YFGP-yb2 年龄未确定	颅骨、部分躯干骨 是东方吉祥鸟？	全长：85 cm 臀高：21 cm	780 g
7	中华神州鸟 *Shenzhouraptor sinensis*	早白垩世晚期 亚洲东部（中国）	IVPP V13274 成体	部分躯干骨 与中华神州盗龙是同义词？	全长：90 cm 臀高：23 cm	850 g
8	东方吉祥鸟 *Jixiangornis orientalis*	早白垩世晚期 亚洲东部（中国）	STM2-51 成体	不完整椎骨 这是一个雌性标本。	全长：1 cm 臀高：25 cm	1.2 kg
类似于雁荡鸟的初鸟类： 能滑翔、身体相对轻盈、杂食或植食性动物						
9	长尾雁荡鸟 *Yandangornis longicaudus*	晚白垩世晚期 亚洲东部（中国）	M1326 年龄未确定	颅骨和部分躯干骨 适应于陆地生活。	全长：60 cm 臀高：27 cm	1 kg
类似于巴拉乌尔龙的初鸟类： 身体相对健壮、每条后腿上有两个镰刀型的爪子，杂食或植食性动物						
10	敏氏矾鸟 *Bauxitornis mindszentyae*	晚白垩世晚期 欧洲东部（匈牙利）	MTM V 2009.38.1 年龄未确定	不完整跗跖骨 类似于巴拉乌尔龙还是属于反鸟？	全长：1.9 m 臀高：55 cm	16 kg
11	强壮巴拉乌尔龙 *Balaur bondoc*	晚白垩世晚期 欧洲东部（罗马尼亚）	FGGUB R.1581 成体	不完整尺骨 初鸟类？	全长：1.9 m 臀高：55 cm	16 kg
类似于会鸟的初鸟类： 能滑翔、身体相对轻盈、适应树栖生活、杂食或植食性动物						
12	朝阳会鸟 *Sapeornis chaoyangensis*	早白垩世晚期 亚洲东部（中国）	IVPP V12698 亚成体？	部分躯干骨 朝阳会鸟的所有近亲可能都是同义词。	全长：40 cm 臀高：20 cm	880 g
类似于孔子鸟的初鸟类： 能飞行、身体相对轻盈、适应树栖生活、杂食或植食性动物						
13	郝氏中鸟 *Zhongornis haoae*	早白垩世晚期 亚洲东部（中国）	D2455/6 幼体	颅骨、部分躯干骨和羽毛 擅攀鸟龙科？	全长：8 cm 臀高：4 cm	6 g
14	横道子长城鸟 *Changchengornis hengdaoziensis*	早白垩世早期 亚洲东部（中国）	CMV 2129a/b 成体	颅骨、部分躯干骨和羽毛 比孔子鸟更原始。	全长：17.5 cm 臀高：9 cm	60 g
15	杜氏孔子鸟 *Confuciusornis dui*	早白垩世晚期 亚洲东部（中国）	IVPP V11553 成体	颅骨、部分躯干骨和羽毛 和圣贤孔子鸟属于同一时期。	全长：18.5 cm 臀高：9.5 cm	70 g
16	郑氏始孔子鸟 *Eoconfuciusornis zhengi*	早白垩世早期 亚洲东部（中国）	IVPP V11977 亚成体	颅骨和部分躯干骨 比孔子鸟科年代更古老。	全长：18.5 cm 臀高：9.5 cm	70 g
17	张吉营锦州鸟 *Jinzhouornis zhangjiyingia*	早白垩世晚期 亚洲东部（中国）	IVPP V12352 年龄未确定	颅骨和部分躯干骨 是圣贤孔子鸟？	全长：22 cm 臀高：11 cm	120 g
18	建昌"孔子鸟" *"Confuciusornis" jianchangensis*	早白垩世晚期 亚洲东部（中国）	PMOL-AM00114 年龄未确定	颅骨和部分躯干骨 可能不是孔子鸟科。	全长：22 cm 臀高：11 cm	120 g
19	似圣贤孔子鸟 *cf. Confuciusornis sanctus*	早白垩世晚期 亚洲东部（中国）	IVPP V13313 年龄未确定	颅骨和部分躯干骨 比圣贤孔子鸟年代更近。	全长：24.5 cm 臀高：12 cm	200 g
20	川州孔子鸟 *Confuciusornis chuonzhous*	早白垩世晚期 亚洲东部（中国）	IVPP V10919 年龄未确定	不完整后肢骨 鉴定不太切。	全长：26 cm 臀高：13 cm	200 g
21	"科氏前鸟"（？） *"Proornis coreae"*	早白垩世晚期 亚洲东部（韩国）	未分类 年龄未确定	颅骨、部分躯干骨和羽毛 是孔子鸟的近亲。	全长：27.5 cm 臀高：14 cm	240 g
22	费氏孔子鸟 *Confuciusornis feducciai*	早白垩世晚期 亚洲东部（中国）	D2454 成体	胸骨、部分躯干骨和羽毛 有一些鸟胸骨类的特征。	全长：30.5 cm 臀高：15 cm	325 g
23	圣贤孔子鸟 *Confuciusornis sanctus*	早白垩世晚期 亚洲东部（中国）	BSP 1999 I 15 成体	桡骨 保存有一百多个标本，其中很多保存完整，雌性体型更大，所知体长能达到 30 cm，体重达 330 g。	全长：31 cm 臀高：15.5 cm	340 g

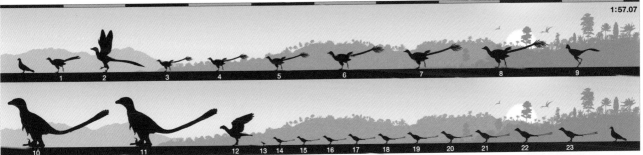

1:57.07

反鸟类

类似于原羽鸟的反鸟类： 会飞行、身体轻盈、小型猎物捕食者或鱼食性动物

编号	中文名与学名	活动时间与范围	最大标本	化石数据	体型	体重
1	利伟大凌河鸟 *Dalingheornis liweii*	早白垩世晚期 亚洲东部（中国）	CNU VB2005001 幼体	是唯一长有"之"字形爪子的反鸟。	全长：5.7 cm 臀高：2.8 cm	2.7 g
2	罗氏伊比利亚鸟 *Iberomesornis romerali*	早白垩世晚期 欧洲西部（西班牙）	LH-22 成体	部分躯干骨和羽毛 它的尾综骨非常发达。	全长：8.7 cm 臀高：4.3 cm	9.5 g
3	丰宁原羽鸟 *Protopteryx fengningensis*	早白垩世晚期 亚洲东部（中国）	IVPP V11665 幼体？	颅骨、部分躯干骨和羽毛 标本 IVPP V11844 的体型相似。	全长：11.4 cm 臀高：5.6 cm	21 g
4	滦河冀北鸟 *Jibeinia luanhera*	早白垩世晚期 亚洲东部（中国）	IVPP 幼体	颅骨和部分躯干骨 在 1997 年展示出插图。	全长：11.5 cm 臀高：5.7 cm	21 g
5	秀丽似原羽鸟 *Paraprotopteryx gracilis*	早白垩世晚期 亚洲东部（中国）	STM V001 亚成体	颅骨、部分躯干骨和羽毛 颅骨和两根飞羽被人为摆放到位。	全长：11.5 cm 臀高：5.7 cm	21 g
6	马氏始鹏鸟 *Eopengornis martini*	早白垩世早期 亚洲东部（中国）	STM 24-1 亚成体	颅骨、部分躯干骨和羽毛 是所获知的第二古老的反鸟。	全长：14 cm 臀高：7 cm	39 g
7	成吉思汗鄂托克鸟 *Otogornis genghisi*	早白垩世晚期 亚洲东部（蒙古）	IVPP V9607 年龄未确定	部分躯干骨 是反鸟类还是今鸟形类？	全长：15 cm 臀高：7 cm	42 g
8	瓦尔登威利鸟（n.d.） *Wyleyia valdensis*	早白垩世早期 欧洲西部（英格兰）	BMNH A3658 年龄未确定	不完整肱骨 是原始反鸟类还是未确定手盗龙类？	全长：15.5 cm 臀高：7.5 cm	52 g
9	阔尾副鹏鸟 *Parapengornis eurycaudatus*	早白垩世晚期 亚洲东部（中国）	VPP V18687 幼体	颅骨和部分躯干骨 可能适应了垂直爬升。	全长：18.8 cm 臀高：10.2 cm	126 g
10	侯氏鹏鸟 *Pengornis houi*	早白垩世晚期 亚洲东部（中国）	IVPP V15336 成体	颅骨和部分躯干骨 "鹏鸟科"是存疑的。	全长：23 cm 臀高：12.3 cm	210 g
11	诺氏叶夫根鸟 *Evgenavis nobilis*	早白垩世晚期 亚洲东部（中国）	ZIN PH 1/154 年龄未确定	不完整跗跖骨 不是孔子鸟科。	全长：33 cm 臀高：16 cm	515 g
12	肯氏埃尔斯鸟 *Elsornis keni*	晚白垩世晚期 亚洲东部（蒙古）	MPD-b 100/201 年龄未确定	部分躯干骨 尽管年代更近，但它是最原始的一种。	全长：35.9 cm 臀高：17.5 cm	660 g
13	豪氏曲肩鸟 *Flexomornis howei*	晚白垩世晚期 北美洲西部（美国得克萨斯州）	DMNH 18137 年龄未确定	部分躯干骨 可能是埃尔斯鸟的近亲。	全长：50.7 cm 臀高：25 cm	1.85 kg

类似于长翼鸟的反鸟： 能飞行、身体轻盈、在淤泥中取食

编号	中文名与学名	活动时间与范围	最大标本	化石数据	体型	体重
14	郑氏波罗赤鸟 *Boluochia zhengi*	早白垩世晚期 亚洲东部（中国）	IVPP V9770 年龄未确定	颅骨和部分躯干骨 是长翼鸟？	全长：15 cm 臀高：7 cm	34 g
15	杨氏弯齿鸟 *Camptodontus yangi*	早白垩世晚期 亚洲东部（中国）	SG2005-B1 年龄未确定	颅骨和部分躯干骨 是郑氏波罗赤鸟？	全长：17 cm 臀高：8 cm	51 g
16	朝阳长翼鸟 *Longipteryx chaoyangensis*	早白垩世晚期 亚洲东部（中国）	DNHM D2889 年龄未确定	颅骨、部分躯干骨和羽毛 标本 IVPP V 2325 的体系相似。	全长：18 cm 臀高：8.5 cm	57 g
17	杨氏盛京鸟 *Shengjingornis yangi*	早白垩世晚期 亚洲东部（中国）	PMOL AB00179 年龄未确定	颅骨和部分躯干骨 是长翼鸟科？	全长：21.5 cm 臀高：10 cm	100 g

类似于抓握鸟的反鸟： 能飞行、身体轻盈、食鱼性动物

编号	中文名与学名	活动时间与范围	最大标本	化石数据	体型	体重
18	库珀扇尾鸟 *Shanweiniao cooperorum*	早白垩世晚期 亚洲东部（中国）	DMNH D1878 成体	颅骨、部分躯干骨和羽毛 是最小的一种原始反鸟。	全长：9 cm 臀高：4 cm	10.5 g
19	贡萨雷斯诺盖尔鸟 *Noguerornis gonzalezi*	早白垩世晚期 欧洲西部（西班牙）	LP.1702 年龄未确定	部分躯干骨 与长嘴鸟相似。	全长：10 cm 臀高：4.5 cm	13 g
20	潘氏抓握鸟 *Rapaxavis pani*	早白垩世晚期 亚洲东部（中国）	DMNH D2522 亚成体	颅骨、部分躯干骨和羽毛 与长嘴鸟类似。	全长：10 cm 臀高：4.5 cm	14 g
21	韩氏长嘴鸟 *Longirostravis hani*	早白垩世晚期 亚洲东部（中国）	IVPP V11309 年龄未确定	颅骨和部分躯干骨 长有像抓握鸟和扇尾鸟一样长、锥形的口鼻。	全长：12.5 cm 臀高：5.5 cm	28 g

类似于华夏鸟的反鸟： 能飞行、身体轻盈、小型猎物捕食者

编号	中文名与学名	活动时间与范围	最大标本	化石数据	体型	体重
22	燕都华夏鸟 *Cathayornis yandica*	早白垩世晚期 亚洲东部（中国）	IVPP V 9769 年龄未确定	颅骨和部分躯干骨 唯一确定的种是来自华夏鸟科。	全长：12 cm 臀高：5.3 cm	24 g

类似于渤海鸟的反鸟： 能飞行、身体轻盈、小型坚硬猎物捕食者

编号	中文名与学名	活动时间与范围	最大标本	化石数据	体型	体重
23	库氏长爪鸟 *Longusunguis kurochkini*	早白垩世晚期 亚洲东部（中国）	IVPP V17964 亚成体	颅骨和部分躯干骨 曾数次被错误写成"Longusunguis"。	全长：18 cm 臀高：9 cm	88 g
24	马氏副渤海鸟 *Parabohaiornis martini*	早白垩世晚期 亚洲东部（中国）	IVPP V18690 亚成体	部分躯干骨 模式标本 IVPP V 的体型更小。	全长：18.5 cm 臀高：9.5 cm	100 g
25	吉氏齿槽鸟 *Sulcavis geeorum*	早白垩世晚期 亚洲东部（中国）	BMNHC Ph-000805 年龄未确定	颅骨、部分躯干骨和羽毛 它的牙齿非常显著地突出石板。	全长：21 cm 臀高：10.5 cm	135 g
26	孟氏神七鸟 *Shenqiornis mengi*	早白垩世晚期 亚洲东部（中国）	DNHM D2950-51 亚成体	颅骨、部分躯干骨和羽毛 "孟氏大连鸟"是一个被错误公布的名称。	全长：21 cm 臀高：10.5 cm	135 g
27	郭氏渤海鸟 *Bohaiornis guoi*	早白垩世晚期 亚洲东部（中国）	IVPP V17963 成体	颅骨、部分躯干骨和羽毛 在该标本中发现了一些胃石。	全长：21.5 cm 臀高：11 cm	147 g
28	韩式周鸟 *Zhouornis hani*	早白垩世晚期 亚洲东部（中国）	CNUVB-0903 亚成体	颅骨和躯干骨 是最大的一个渤海鸟科。	全长：22.5 cm 臀高：11.5 cm	168 g

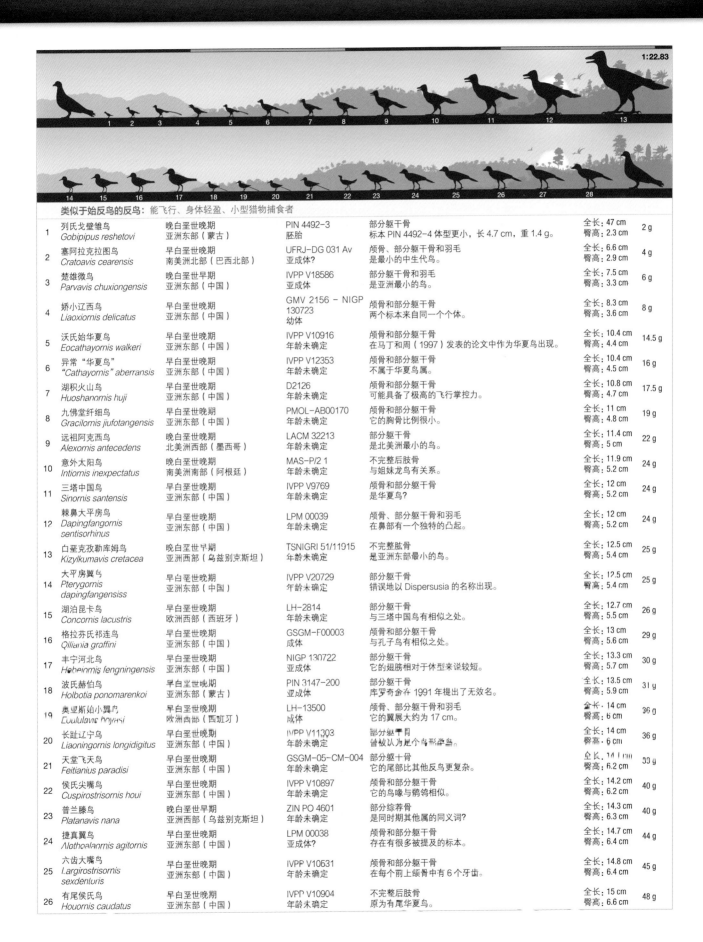

类似于始反鸟的反鸟： 能飞行、身体轻盈、小型猎物捕食者

#	名称	时期/地点	标本	描述	尺寸	体重
1	列氏戈壁雏鸟 *Gobipipus reshetovi*	晚白垩世晚期 亚洲东部（蒙古）	PIN 4492-3 胚胎	部分躯干骨 标本 PIN 4492-4 体型更小，长 4.7 cm，重 1.4 g。	全长：47 cm 臀高：2.3 cm	2 g
2	塞阿拉克拉图鸟 *Cratoavis cearensis*	早白垩世晚期 南美洲北部（巴西北部）	UFRJ-DG 031 Av 亚成体？	颅骨、部分躯干骨和羽毛 是最小的中生代鸟。	全长：6.6 cm 臀高：2.9 cm	4 g
3	楚雄微鸟 *Parvavis chuxiongensis*	晚白垩世早期 亚洲东部（中国）	IVPP V18586 亚成体	部分躯干骨和羽毛 是亚洲最小的鸟。	全长：7.5 cm 臀高：3.3 cm	6 g
4	娇小辽西鸟 *Liaoxiornis delicatus*	早白垩世晚期 亚洲东部（中国）	GMV 2156 - NIGP 130723 幼体	颅骨和部分躯干骨 两个标本来自同一个个体。	全长：8.3 cm 臀高：3.6 cm	8 g
5	沃氏始华夏鸟 *Eocathayornis walkeri*	早白垩世晚期 亚洲东部（中国）	IVPP V10916 年龄未确定	颅骨和部分躯干骨 在马丁和周（1997）发表的论文中作为华夏鸟出现。	全长：10.4 cm 臀高：4.4 cm	14.5 g
6	异常"华夏鸟" *"Cathayornis" aberransis*	早白垩世晚期 亚洲东部（中国）	IVPP V12353 年龄未确定	颅骨和部分躯干骨 不属于华夏鸟属。	全长：10.4 cm 臀高：4.5 cm	16 g
7	湖积火山鸟 *Huoshanornis huji*	早白垩世晚期 亚洲东部（中国）	D2126 年龄未确定	颅骨和部分躯干骨 可能具备了极高的飞行掌控力。	全长：10.8 cm 臀高：4.7 cm	17.5 g
8	九佛堂纤细鸟 *Gracilornis jiufotangensis*	早白垩世晚期 亚洲东部（中国）	PMOL-AB00170 年龄未确定	颅骨和部分躯干骨 它的胸骨比例很小。	全长：11 cm 臀高：4.8 cm	19 g
9	远祖阿克西鸟 *Alexornis antecedens*	晚白垩世晚期 北美洲西部（墨西哥）	LACM 32213 年龄未确定	部分躯干骨 是北美洲最小的鸟。	全长：11.4 cm 臀高：5 cm	22 g
10	意外太阳鸟 *Intiornis inexpectatus*	晚白垩世晚期 南美洲南部（阿根廷）	MAS-P/2 1 年龄未确定	不完整后肢骨 与姐妹龙鸟有关系。	全长：11.9 cm 臀高：5.2 cm	24 g
11	三塔中国鸟 *Sinornis santensis*	早白垩世晚期 亚洲东部（中国）	IVPP V9769 年龄未确定	颅骨和部分躯干骨 是华夏鸟？	全长：12 cm 臀高：5.2 cm	24 g
12	棘鼻大平房鸟 *Dapingfangornis sentisorhinus*	早白垩世晚期 亚洲东部（中国）	LPM 00039 年龄未确定	颅骨、部分躯干骨和羽毛 在鼻部有一个独特的凸起。	全长：12 cm 臀高：5.2 cm	24 g
13	白垩克孜勒库姆鸟 *Kizylkumavis cretacea*	晚白垩世早期 亚洲西部（乌兹别克斯坦）	TSNIGRI 51/11915 年龄未确定	不完整肱骨 是亚洲东部最小的鸟。	全长：12.5 cm 臀高：5.4 cm	25 g
14	大平房翼鸟 *Pterygornis dapingfangensiss*	早白垩世晚期 亚洲东部（中国）	IVPP V20729 年龄未确定	部分躯干骨 错误地以 Dispersusia 的名称出现。	全长：12.5 cm 臀高：5.4 cm	25 g
15	湖泊昆卡鸟 *Concornis lacustris*	早白垩世晚期 欧洲西部（西班牙）	LH-2814 年龄未确定	部分躯干骨 与三塔中国鸟有相似之处。	全长：12.7 cm 臀高：5.5 cm	26 g
16	格拉芬氏祁连鸟 *Qiliania graffini*	早白垩世晚期 亚洲东部（中国）	GSGM-F00003 成体	颅骨和部分躯干骨 与孔子鸟有相似之处。	全长：13 cm 臀高：5.6 cm	29 g
17	丰宁河北鸟 *Hebeinmis fengningensis*	早白垩世晚期 亚洲东部（中国）	NIGP 130722 亚成体	部分躯干骨 它的翅膀相对于体型来说较短。	全长：13.3 cm 臀高：5.7 cm	30 g
18	波氏赫伯鸟 *Holbotia ponomarenkoi*	早白垩世晚期 亚洲东部（蒙古）	PIN 3147-200 亚成体	部分躯干骨 库罗奇金 1991 年提出了无效名。	全长：13.5 cm 臀高：5.9 cm	31 g
19	奥亚斯始小翼鸟 *Eoalulavis hoyasi*	早白垩世晚期 欧洲西部（西班牙）	LH-13500 成体	颅骨、部分躯干骨和羽毛 它的翼展大约为 17 cm。	全长：14 cm 臀高：6 cm	36 g
20	长趾辽宁鸟 *Liaoningornis longidigitus*	早白垩世晚期 亚洲东部（中国）	IVPP V11303 年龄未确定	部分躯干骨 曾被认为是一个鸟形兽脚类。	全长：14 cm 臀高：6 cm	36 g
21	天堂飞天鸟 *Feitianius paradisi*	早白垩世晚期 亚洲东部（中国）	GSGM-05-CM-004 年龄未确定	部分躯干骨 它的尾部比其他反鸟更复杂。	全长：14.1 cm 臀高：6.2 cm	39 g
22	侯氏尖嘴鸟 *Cuspirostrisornis houi*	早白垩世晚期 亚洲东部（中国）	IVPP V10897 年龄未确定	颅骨和部分躯干骨 它的鸟喙与鹈鹕相似。	全长：14.2 cm 臀高：6.2 cm	40 g
23	普兰滕鸟 *Platanavis nana*	晚白垩世早期 亚洲西部（乌兹别克斯坦）	ZIN PO 4601 年龄未确定	部分综荐骨 是同时期其他属的同义词？	全长：14.3 cm 臀高：6.3 cm	40 g
24	捷真翼鸟 *Alethoalaornis agitornis*	早白垩世晚期 亚洲东部（中国）	LPM 00038 亚成体？	颅骨和部分躯干骨 存在有很多被提及的标本。	全长：14.7 cm 臀高：6.4 cm	44 g
25	六齿大嘴鸟 *Largirostrisornis sexdenluris*	早白垩世晚期 亚洲东部（中国）	IVPP V10531 年龄未确定	颅骨和部分躯干骨 在每个前上颌骨中有 6 个牙齿。	全长：14.8 cm 臀高：6.4 cm	45 g
26	有尾侯氏鸟 *Houornis caudatus*	早白垩世晚期 亚洲东部（中国）	IVPP V10904 年龄未确定	不完整后肢骨 原为有尾华夏鸟。	全长：15 cm 臀高：6.6 cm	48 g

	名称	年代	标本	描述	尺寸	体重
27	步氏始反鸟 *Eoenantiornis buhleri*	早白垩世晚期 亚洲东部（中国）	IVPP V11537 年龄未确定	颅骨和部分躯干骨 系统发育上它是一个中间属。	全长：15 cm 臀高：6.6 cm	48 g
28	查布"华夏鸟" *"Cathayornis" chabuensis*	早白垩世晚期 亚洲东部（中国）	BMNHC-Ph000110 年龄未确定	部分躯干骨 不确定它是否是华夏鸟。	全长：15.6 cm 臀高：6.8 cm	53 g
29	普利库斯土鸟 *Sazavis prisca*	晚白垩世晚期 亚洲西部（乌兹别克斯坦）	ZIN PO 3472 年龄未确定	不完整胫跗骨 是同时期其他属的同义词？	全长：15.6 cm 臀高：6.8 cm	53 g
30	凌源葛利普鸟 *Grabauornis lingyuanensis*	早白垩世晚期 亚洲东部（中国）	IVPP V14595 成体	部分躯干骨 可能是具有很好掌控力的鸟。	全长：16.2 cm 臀高：7.1 cm	63 g
31	涅氏发现鸟 *Explorornis nessovi*	晚白垩世早期 亚洲西部（乌兹别克斯坦）	ZIN PO 4819 年龄未确定	不完整乌喙骨 是同时期其他属的同义词？	全长：16.4 cm 臀高：7.1 cm	63 g
32	崔氏敦煌鸟 *Dunhuangia cuii*	早白垩世晚期 亚洲东部（中国）	CAGS-IG-05-cm-030 年龄未确定	部分躯干骨 与肖台子强壮爪鸟相似。	全长：17.1 cm 臀高：7.5 cm	70 g
33	续存鸟 *Catenoleimus anachoretus*	晚白垩世早期 亚洲西部（乌兹别克斯坦）	ZIN PO 4606 年龄未确定	不完整乌喙骨 是同时期其他属的同义词？	全长：18.7 cm 臀高：8.2 cm	91 g
34	肖台子强壮爪鸟 *Fortunguavis xiaotaizicus*	早白垩世晚期 亚洲东部（中国）	IVPP V18631 成体	颅骨和部分躯干骨 它的爪子非常弯。	全长：21.3 cm 臀高：9.3 cm	140 g
35	西氏栖息鸟 *Incolornis silvae*	晚白垩世早期 亚洲西部（乌兹别克斯坦）	ZIN PO 4604 年龄未确定	不完整乌喙骨 是同时期其他属的同义词？	全长：21.8 cm 臀高：9.5 cm	144 g
36	强壮原家窝鸟 *Yuanjiawaornis viriosus*	早白垩世晚期 亚洲东部（中国）	PMOL-AB00032 年龄未确定	不完整跗跖骨 是早白垩世最大的一种。	全长：22.3 cm 臀高：9.8 cm	155 g
37	马氏利尼斯鸟 *Lenesornis maltshevskyi*	晚白垩世早期 亚洲西部（乌兹别克斯坦）	ZIN PO 3434 年龄未确定	不完整综荐骨 曾被认为是鱼鸟属。	全长：22.6 cm 臀高：9.9 cm	160 g
38	迷你"鱼鸟" *"Ichthyornis" minusculus*	晚白垩世早期 亚洲西部（乌兹别克斯坦）	ZIN PO 3941 年龄未确定	背脊骨 不是鱼鸟属。	全长：22.9 cm 臀高：10 cm	166 g
39	微小戈壁鸟 *Gobipteryx minuta*	晚白垩世晚期 亚洲东部（蒙古）	ZPAL MgR-I/12 亚成体？	颅骨和脊骨 获知的胚胎长 7.5 cm，重 4 g。	全长：23.4 cm 臀高：10.2 cm	175 g
40	西氏神秘鸟 *Mystiornis cyrili*	早白垩世晚期 亚洲西部（俄罗斯西部）	PM TSU 16/5-45 年龄未确定	跗跖骨 可能是一种潜水鸟。	全长：24.6 cm 臀高：10.8 cm	206 g
41	波氏曾祖鸟 *Abavornis bonaparti*	晚白垩世早期 亚洲西部（乌兹别克斯坦）	TSNIGRI 56/11915 年龄未确定	不完整乌喙骨 是同时期其他属的同义词？	全长：24.7 cm 臀高：10.8 cm	209 g
42	嗜珀反凤鸟 *Enantiophoenix electrophyla*	晚白垩世晚期 中东地区（黎巴嫩）	MSNM V3882 年龄未确定	部分躯干骨和羽毛 在中东地区发现唯一的鸟。	全长：26.3 cm 臀高：11.5 cm	250 g
43	厄俄斯侏儒鸟 *Nanantius eos*	早白垩世晚期 大洋洲（澳大利亚）	QM F12992 年龄未确定	不完整胫跗骨 标本 QM F16811 是在鱼龙体内发现的。	全长：29.1 cm 臀高：12.7 cm	343 g
44	格氏鸟龙鸟 *Avisaurus gloriae*	晚白垩世晚期 北美洲西部（美国蒙大拿州）	MOR 553E/ 6.19.91.64 年龄未确定	跗跖骨 比阿氏鸟龙鸟年代更古老。	全长：29.1 cm 臀高：12.7 cm	343 g
45	沃氏发现鸟 *Explorornis walkeri*	晚白垩世早期 亚洲西部（乌兹别克斯坦）	ZIN PO 4825 年龄未确定	不完整乌喙骨 是同时期最大的标本。	全长：29.4 cm 臀高：12.8 cm	350 g
46	神秘翔鸟 *Xiangornis shenmi*	晚白垩世晚期 亚洲东部（中国）	PMOL-AB00245 年龄未确定	部分躯干骨 是早白垩世最大的一个。	全长：30.1 cm 臀高：13.1 cm	375 g
47	辛氏海积鸟 *Halimornis thompsoni*	晚白垩世晚期 北美洲东部（美国亚拉巴马州）	UAMNH PV996.1.1 年龄未确定	椎骨和不完整肩胛骨 生存于海洋环境中。	全长：32.8 cm 臀高：14.3 cm	490 g
48	马氏栖息鸟 *Incolornis martini*	晚白垩世早期 亚洲西部（乌兹别克斯坦）	ZIN PO 4609 年龄未确定	不完整乌喙骨 是同时期其他属的同义词？	全长：33.8 cm 臀高：14.8 cm	535 g
49	小马丁鸟 *Martinavis minor*	晚白垩世晚期 南美洲南部（阿根廷）	PVL-4046 年龄未确定	不完整肱骨 是归属于马丁鸟最小的一个种。	全长：34.1 cm 臀高：14.9 cm	550 g
50	惠氏马丁鸟 *Martinavis whetstonei*	晚白垩世晚期 南美洲南部（阿根廷）	PVL-4028 年龄未确定	不完整肱骨 是最不完整的一个马丁鸟标本。	全长：35.5 cm 臀高：15.4 cm	620 g
51	克吕齐马丁鸟 *Martinavis cruzensis*	晚白垩世晚期 欧洲西部（法国）	ACAP-M 1957 年龄未确定	肱骨 是马丁鸟的模式种。	全长：42.7 cm 臀高：18.7 cm	1.1 kg
52	萨尔达利马丁鸟 *Martinavis saltariensis*	晚白垩世晚期 南美洲南部（阿根廷）	PVL-4025 年龄未确定	肱骨 是该属第二大的种。	全长：44.2 cm 臀高：19.3 cm	1.2 kg
53	南方姐妹龙鸟 *Soroavisaurus australis*	晚白垩世晚期 南美洲南部（阿根廷）	PVL-4048 年龄未确定	胫跗骨 毫无意义是最大的标本。	全长：48.6 cm 臀高：21.1 cm	1.55 kg
54	文斯马丁鸟 *Martinavis vincei*	晚白垩世晚期 南美洲南部（阿根廷）	PVL-4054 年龄未确定	肱骨 标本 PVL-4059 的体型一样。	全长：51 cm 臀高：22.3 cm	1.8 kg
55	涅氏格日勒鸟 *Gurilynia nessovi*	晚白垩世晚期 亚洲东部（蒙古）	PIN 4499-12 年龄未确定	不完整肱骨 它是蒙古最大的鸟类。	全长：53 cm 臀高：23.2 cm	2.1 kg
56	cf.archibaldi 鸟龙鸟 *cf. Avisaurus archibaldi*	晚白垩世晚期 北美洲西部（美国犹他州）	RAM 14306 年龄未确定	不完整乌喙骨 比模式标本 UCMP 117600 的体型还大。	全长：72 cm 臀高：31.5 cm	5.1 kg
57	"腔尾龙"（n.n.） *"Coelurosaurus"*	晚白垩世晚期 南美洲南部（阿根廷）	MLP CS 1478 年龄未确定	指骨 可能是鸟类，但要确定非常困难。	全长：76.4 cm 臀高：33.5 cm	6.25 kg
58	莱尔氏反鸟 *Enantiornis leali*	晚白垩世晚期 南美洲南部（阿根廷）	PVL-4267 年龄未确定	尺骨 标本 PVL-4039 的体型一样。	全长：78.5 cm 臀高：34 cm	6.75 kg
59	似南方姐妹龙鸟 *cf. Soroavisaurus australis*	晚白垩世晚期 南美洲南部（阿根廷）	PVL-4033 年龄未确定	胫跗骨 似南方姐妹龙鸟标本？	全长：80 cm 臀高：35 cm	7.25 kg

类似于内乌肯鸟的反鸟： 能飞行、身体轻盈、后腿善涉水、小型猎物捕食者

1	三燕龙城鸟 *Longchengornis sanyanensis*	早白垩世晚期 亚洲东部（中国）	IVPP V10530 年龄未确定	颅骨和部分躯干骨 是最古老的涉水反鸟。	全长：11 cm 臀高：7.5 cm	20 g
2	飞鱼座内乌肯鸟 *Neuquenornis volans*	晚白垩世晚期 南美洲南部（阿根廷）	MUCPv-142 年龄未确定	颅骨和部分躯干骨 南美洲发现的最完整鸟。	全长：23.5 cm 臀高：17 cm	205 g
3	波氏伊拜尔特鸟 *Elbretornis bonapartei*	晚白垩世晚期 南美洲南部（阿根廷）	PVL-4022 年龄未确定	部分躯干骨 是勒库鸟还是云加鸟？	全长：33 cm 臀高：24 cm	570 g
4	布雷廷可勒勒库鸟 *Lectavis bretincola*	晚白垩世晚期 南美洲南部（阿根廷）	PVL-4021 年龄未确定	胫跗骨和不完整跗骨 它的后肢非常善于涉水。	全长：41 cm 臀高：30 cm	1.15 kg

类似于云加鸟的反鸟： 能飞行、身体轻盈、后腿非常健壮

5	矮脚云加鸟 *Yungavolucris brevipedalis*	晚白垩世晚期 南美洲南部（阿根廷）	PVL-4052 年龄未确定	不完整跗跖骨 它的后肢非常健壮。	全长：50 cm 臀高：25 cm	1.75 kg

今鸟形类

类似于古喙鸟的今鸟形类： 能飞行、身体轻盈、半水生涉水鸟、小型猎物捕食者和（或）鱼食性动物

编号	中文名与学名	活动时间与范围	最大标本	化石数据	体型	体重
1	匙吻古喙鸟 *Archaeorhynchus spathula*	早白垩世晚期 亚洲东部（中国）	IVPP V14287 亚成体	颅骨、部分躯干骨和羽毛 有个先前的描述。	全长：20 cm 臀高：15.5 cm	275 g
2	小齿建昌鸟 *Jianchangornis microdonta*	早白垩世晚期 亚洲东部（中国）	IVPP V16708 亚成体	颅骨、部分躯干骨和羽毛 它长有完整的牙齿。	全长：33 cm 臀高：26 cm	1.2 kg
	类似于星海鸟的今鸟形类： 能飞行、脸部前长、身体轻盈、小型猎物捕食者和（或）食鱼性动物					
3	张氏觉华鸟 *Juehuaornis zhangi*	早白垩世晚期 亚洲东部（中国）	CJC 0000010 亚成体	完整躯干骨 是星海鸟的同义词？	全长：17 cm 臀高：7 cm	80 g
4	林氏星海鸟 *Xinghaiornis lini*	早白垩世晚期 亚洲东部（中国）	XHPM 1121 成体	部分躯干骨和羽毛 它的头部及其长。	全长：24 cm 臀高：10 cm	225 g
	类似于荷兰鸟的今鸟形类： 能飞行、身体轻盈、善奔跑、小型猎物捕食者					
5	卢塞罗荷兰鸟 *Hollanda luceria*	晚白垩世晚期 亚洲东部（蒙古）	MPC-b100/202 年龄未确定	不完整后肢骨 它的跗骨非常长，可能不是今鸟形类。	全长：55 cm 臀高：35 cm	3 kg
	未确定今鸟形类： 身体轻盈、涉水半水生动物、小型猎物捕食者和（或）食鱼性动物					
6	赛巴维斯鸟 *Cerebavis cenomanica*	晚白垩世早期 亚洲西部（俄罗斯西部）	PIN 5028/2 年龄未确定	不完整颅骨 它曾被当成一个"大脑"。	全长：18 cm 臀高：13.5 cm	180 g
7	牛氏酒泉鸟 *Jiuquanornis niui*	早白垩世晚期 亚洲东部（中国）	GSGM-05-CM-021 年龄未确定	叉骨和胸骨 是被命名的最不完整的化石之一。	全长：21 cm 臀高：16 cm	300 g
8	李氏叉尾鸟 *Schizooura lii*	早白垩世晚期 亚洲东部（中国）	IVPP V16861 年龄未确定	颅骨和部分躯干骨 它的尾巴有炫耀的功能。	全长：24 cm 臀高：19 cm	500 g

9	北山朝阳鸟 *Chaoyangia beishanensis*	早白垩世晚期 亚洲东部（中国）	IVPP V9934 年龄未确定	部分躯干骨 一种植物曾经被命名为"Chaoyangia"，发现重名之后改为朝阳果。	全长：24 cm 臀高：19 cm / 500 g
10	杨氏钟健鸟 *Zhongjianornis yangi*	早白垩世晚期 亚洲东部（中国）	IVPP V15900 年龄未确定	颅骨和部分躯干骨 是真鸟类还是原始初鸟类？	全长：26 cm 臀高：20 cm / 600 g
11	李氏食鱼鸟 *Piscivoravis lii*	早白垩世晚期 亚洲东部（中国）	IVPP V17078 亚成体	颅骨和部分躯干骨 在其体内发现了几块鱼的骨骼。	全长：30 cm 臀高：24 cm / 960 g
12	贝里沃特乌如那鸟 *Vorona berivotrensis*	晚白垩世晚期 非洲南部（马达加斯加）	FMNH PA 717 年龄未确定	不完整股骨 是反鸟类？	全长：51 cm 臀高：40 cm / 4.5 kg

1:45.66

类似于巴塔哥鸟的今鸟形类：身体相对沉重、小型猎物的捕食者或杂食性

1	小阿拉米特鸟 *Alamitornis minutus*	晚白垩世晚期 南美洲南部（阿根廷）	MACN PV RN 1108 年龄未确定	不完整肱骨 标本 MACN PV RN 是一个长 5.5 cm，重 13 g 的幼体。	全长：8.5 cm 臀高：5.5 cm / 20 g
2	德氏巴塔哥鸟 *Patagopteryx deferrasii*	晚白垩世晚期 南美洲南部（阿根廷）	MACN-N-03 年龄未确定	部分躯干骨 获知的第一个中生代陆生鸟。	全长：40 cm 臀高：26 cm / 2 kg
3	恋酒卡冈杜亚鸟 *Gargantuavis philoinos*	欧洲西部（法国）	MDE-A08 年龄未确定	颅骨和部分躯干骨 标本 IVPP V12325 的体形类似。	全长：1.8 m 臀高：1.3 m / 120 kg

1:114.14

类似于红山鸟的今鸟形类：能飞行、有或无牙齿、身体轻盈、半水生、小型猎物捕食者和或食鱼性动物

1	高冠红山鸟 *Hongshanornis longicresta*	早白垩世晚期 亚洲东部（中国）	IVPP V14533 年龄未确定	颅骨和部分躯干骨 标本 DNHM D2945/6 与之类似。	全长：12 cm 臀高：4 cm / 58 g
2	陈氏天宇鸟 *Tianyuornis cheni*	早白垩世晚期 亚洲东部（中国）	STM 7-53 年龄未确定	下颌骨和部分躯干骨 第一个呈现牙齿的标本。	全长：12.8 cm 臀高：4.3 cm / 71 g
3	弥曼始今鸟 *Archaeomithura meemannae*	早白垩世晚期 亚洲东部（中国）	STM 7-145 年龄未确定	部分躯干骨 是最古老的今鸟形类鸟之一。	全长：13 cm 臀高：4.4 cm / 74 g
4	朝阳副红山鸟 *Parahongshanornis chaoyangensis*	早白垩世早期 亚洲东部（中国）	PMOL.AB00161 年龄未确定	部分躯干骨 是红山鸟科？	全长：13 cm 臀高：4.4 cm / 75 g
5	侯氏长腿鸟 *Longicrusavis houi*	早白垩世早期 亚洲东部（中国）	PKUP V1069 年龄未确定	颅骨和部分躯干骨 是红山鸟科？	全长：13.5 cm 臀高：4.5 cm / 78 g

类似于燕鸟的今鸟形类：能飞行、半水生、身体轻盈、鱼食性动物

6	凌河松岭鸟 *Songlingornis linghensis*	早白垩世晚期 亚洲东部（中国）	IVPP V10913 年龄未确定	颅骨和部分躯干骨 松岭鸟科先于燕鸟科被创建。	全长：18 cm 臀高：11 cm / 170 g
7	葛氏义县鸟 *Yixianornis grabaui*	早白垩世晚期 亚洲东部（中国）	IVPP V12631 年龄未确定	颅骨、部分躯干骨和羽毛 可能是昼行性鸟。	全长：19 cm 臀高：11.5 cm / 200 g
8	吴氏异齿鸟 *Aberratiodontus wui*	早白垩世晚期 亚洲东部（中国）	LHV0001a/b 年龄未确定	颅骨和部分躯干骨 是马氏燕鸟？	全长：25 cm 臀高：15 cm / 450 g
9	国章燕鸟 *Yanornis guozhangi*	早白垩世晚期 亚洲东部（中国）	XHPM 1205 年龄未确定	颅骨和部分躯干骨 比马氏燕鸟更古老。	全长：25 cm 臀高：15 cm / 450 g
10	马氏燕鸟 *Yanornis martini*	早白垩世晚期 亚洲东部（中国）	IVPP V12444 年龄未确定	颅骨、部分躯干骨和羽毛 标本 MPP V13358 呈现出正在吞食一只鱼的样子。	全长：30 cm 臀高：18 cm / 775 g

类似于甘肃鸟的今鸟形类：能飞行、半水生或陆生、身体轻盈、小型猎物捕食者或杂食性动物

11	柔弱雷吉尔得鸟 *Guildavis tener*	晚白垩世晚期 北美洲东部（美国堪萨斯州）	YPM 1760 年龄未确定	不完整综荐骨 比鱼鸟更原始。	全长：14 cm 臀高：11.5 cm / 100 g
12	侯氏昌马鸟 *Changmaornis houi*	早白垩世晚期 亚洲东部（中国）	GSGM-08-CM-002 年龄未确定	部分躯干骨 类似于甘肃鸟。	全长：14 cm 臀高：12 cm / 107 g
13	黄氏玉门鸟 *Yumenornis huangi*	早白垩世晚期 亚洲东部（中国）	GSGM-06-CM-013 年龄未确定	部分躯干骨 可能是 Iteravis 的近亲。	全长：16 cm 臀高：12 cm / 155 g
14	洛氏者勒鸟 *Zhyraornis logunovi*	晚白垩世早期 亚洲西部（乌兹别克斯坦）	ZIN PO 4600 年龄未确定	不完整综荐骨 是亚洲西部最小的兽脚亚目恐龙。	全长：17 cm 臀高：14.5 cm / 183 g
15	真白垩花剌子模鸟 *Horezmavis eocretacea*	晚白垩世晚期 亚洲西部（乌兹别克斯坦）	ZIN PO 3390 年龄未确定	不完整跗跖骨 它原被认为是一只鹤。	全长：17 cm 臀高：14.5 cm / 192 g
16	赫氏旅鸟 *Iteravis huchzermeyeri*	早白垩世晚期 亚洲东部（中国）	IVPP V18958 亚成体	颅骨和部分躯干骨	全长：18 cm 臀高：15 cm / 205 g
17	甄氏甘肃鸟 *Gansus zheni*	早白垩世晚期 亚洲东部（中国）	BMNHC-Ph1342 成体	颅骨和部分躯干骨 是赫氏旅鸟？	全长：18.5 cm 臀高：16 cm / 230 g
18	玉门甘肃鸟 *Gansus yumenensis*	早白垩世晚期 亚洲东部（中国）	CAGS-IG-04-CM-002 年龄未确定	部分躯干骨 在标本 IVPP V15083 上有一个皮肤的印痕。	全长：19 cm 臀高：16 cm / 240 g
19	卡氏者勒鸟 *Zhyraornis kashkarovi*	晚白垩世早期 亚洲西部（乌兹别克斯坦）	TSNIGRI 43/11915 年龄未确定	不完整综荐骨 它原被认为是反鸟。	全长：20 cm 臀高：16.5 cm / 260 g
20	似卡氏者勒鸟 *cf. "Zhyraornis kashkarovi"*	晚白垩世晚期 亚洲西部（乌兹别克斯坦）	TSNIGRI 43/11915 年龄未确定	背脊骨 可能是另外任何一种鸟。	全长：28 cm 臀高：24 cm / 850 g

1:45.66

类似于鱼鸟的今鸟形类： 能飞行、身体轻盈、鱼食性动物

编号	中文名与学名	活动时间与范围	最大标本	化石数据	体型	体重
1	似先驱鱼鸟 cf. *Ichthyornis antecessor*	晚白垩世早期 北美洲西部（美国得克萨斯州）	ET 4396 年龄未确定	不完整腕掌骨 比标本 TMM 31051-24 年代更古老。	全长：19 cm 臀高：8 cm	57 g
2	似两面鱼鸟 *Ichthyornis* cf. *anceps*	晚白垩世早期 北美洲西部（加拿大西部）	UA 18456 年龄未确定	颅骨和部分躯干骨 比标本 SMNH P2077.111 年代更近。	全长：21.3 cm 臀高：9 cm	83 g
3	似两面鱼鸟 *Ichthyornis* cf. *anceps*	晚白垩世早期 北美洲西部（美国得克萨斯州）	TMM 31051-24 年龄未确定	颅骨和部分躯干骨 作为两面鱼鸟太古老了。	全长：27.5 cm 臀高：11.6 cm	163 g
4	两面鱼鸟 *Ichthyornis anceps*	晚白垩世早期 北美洲东部（美国堪萨斯州、墨西哥）	YPM 1739 成体	腕掌骨 第一个创建的名字是两面鱼鸟，但通常异鱼鸟更常用。据报道，墨西哥的标本 MUZ-689A 的尺寸约为 24 cm 和 118 g。	全长：31 cm 臀高：13 cm	260 g

类似于抱鸟的今鸟形类： 能飞行、身体轻盈、小型猎物捕食者或以采集种子和果实为食食

编号	中文名与学名	活动时间与范围	最大标本	化石数据	体型	体重
5	乌哈神翼鸟 *Apsaravis ukhaana*	晚白垩世晚期 亚洲东部（蒙古）	IGM 100/1017 年龄未确定	颅骨和部分躯干骨 生存在非常干旱的环境中。	全长：20.5 cm 臀高：12 cm	265 g
6	得氏抱鸟 *Ambiortus dementjevi*	早白垩世晚期 亚洲东部（蒙古）	PIN 3790-271/272 年龄未确定	部分躯干骨和羽毛 尽管是个衍化的属，但还是非常古老。	全长：28 cm 臀高：17 cm	700 g
7	钝回足鸟 *Palintropus retusus*	晚白垩世晚期 北美洲西部（美国怀俄明州）	YPM 513 年龄未确定	不完整乌喙骨 原被认为是鸡形目鸟。	全长：31 cm 臀高：19 cm	900 g

1:114.14

黄昏鸟目

类似于帕斯基亚鸟的黄昏鸟目： 身体相对沉重、水生鱼食性动物

编号	中文名与学名	活动时间与范围	最大标本	化石数据	体型	体重
1	勇敢帕斯基亚鸟 *Pasquiaornis hardiei*	晚白垩世早期 北美洲西部（加拿大西部）	SMNH P2077.60 年龄未确定	股骨 类似十大洋鸟	全长：57 cm 臀高：-	1.55 kg
2	斯酷奇波塔姆鸟 *Potamornis skutchi*	晚白垩世早期 北美洲西部（美国怀俄明州）	UCMP 73103 年龄未确定	方形骨 另一个标本 UCMP 117605 也归于该种。	全长：64 cm 臀高：-	2.2 kg
3	塞氏大洋鸟 *Enaliornis sedgwicki*	早白垩世晚期 欧洲西部（英格兰）	SMC B55315 成体	不完整胫跗骨 保存有多个成年个体标本。	全长：67 cm 臀高：-	2.3 kg
4	西氏"大洋鸟" "*Enaliornis*" *seeleyi*	早白垩世晚期 欧洲西部（英格兰）	SMC B55317 成体	不完整胫跗骨 可能是另一个不同的属。	全长：76 cm 臀高：-	3.5 kg
5	巴氏大洋鸟 *Enaliornis barretti*	早白垩世晚期 欧洲西部（英格兰）	SMC B55331 年龄未确定	不完整跗跖骨 是该属的模式种。	全长：86 cm 臀高：-	5.1 kg
6	坦氏"帕斯基亚鸟" "*Pasquiaornis*" *tankei*	晚白垩世早期 北美洲西部（加拿大西部）	SMNH P2077.63 年龄未确定	不完整跗跖骨 可能异另一个不同的属。	全长：90 cm 臀高：-	5.7 kg

类似于潜水鸟的黄昏鸟目： 身体长且重、水生鱼食性动物

编号	中文名与学名	活动时间与范围	最大标本	化石数据	体型	体重
7	马氏"黄昏鸟" "*Hesperornis*" *macdonaldi*	晚白垩世晚期 北美洲西部（美国南达科他州）	LACM 9728 成体	股骨 比黄昏鸟更原始。	全长：55 cm 臀高：-	1.55 kg
8	诺冈察布尤氏鸟 *Judinornis nogontsavensis*	晚白垩世晚期 亚洲东部（蒙古）	ZIN PO 3389 年龄未确定	不完整背椎骨 最初它被认为是海鸥的近亲。	全长：58 cm 臀高：-	1.85 kg
9	斯氏似斯堪鸟 *Parascaniornis stensioei*	晚白垩世晚期 欧洲西部（瑞典）	RM PZ R1261 年龄未确定	不完整背椎骨 模式标本是 背椎骨 MGUH 1980.214。	全长：71 cm 臀高：-	2.8 kg
10	外来浸水鸟 *Baptornis advenus*	晚白垩世晚期 北美洲东部（美国堪萨斯州）	KUVP 2290 成体	部分躯干骨 另一些体形类似的标本是成体。	全长：82 cm 臀高：-	4.2 kg

类似布罗戴维鸟的黄昏鸟目： 身体长且重、水生鱼食性动物

编号	中文名与学名	活动时间与范围	最大标本	化石数据	体型	体重
11	贝氏布罗戴维鸟 *Brodavis baileyi*	晚白垩世晚期 北美洲西部（美国南达科他州）	USNM 50665 年龄未确定	不完整跗跖骨 该化石可能比美洲布罗戴维鸟还要长。	全长：62 cm 臀高：-	1.55 kg
12	美洲布罗戴维鸟 *Brodavis americanus*	晚白垩世晚期 北美洲西部（加拿大西部）	RSM P2315.1 年龄未确定	不完整跗跖骨 处于贝氏布罗戴维鸟和瓦氏布罗戴维鸟中间。	全长：92 cm 臀高：-	5 kg
13	蒙古布罗戴维鸟 *Brodavis mongoliensis*	晚白垩世晚期 亚洲东部（蒙古）	PIN 4491-8 年龄未确定	不完整跗跖骨 是布罗戴维鸟属的代表。	全长：96 cm 臀高：-	5.7 kg
14	瓦氏布罗戴维鸟 *Brodavis varneri*	晚白垩世晚期 北美洲西部（美国南达科他州）	SDSM 68430 成体	部分躯干骨 它原被认为是潜水鸟属。	全长：1.15 m 臀高：-	9.2 kg

类似于黄昏鸟的黄昏鸟目： 身体轻盈、小型猎物捕食者或杂食动物

编号	中文名与学名	活动时间与范围	最大标本	化石数据	体型	体重
15	高黄昏鸟 *Hesperornis altus*	晚白垩世晚期 北美洲西部（美国蒙大拿州）	YPM 515 成体	不完整胫跗骨 很难确定。	全长：80 cm 臀高：-	3.8 kg
16	孟氏黄昏鸟 *Hesperornis mengeli*	晚白垩世晚期 北美洲西部（加拿大西部）	BO 780106 年龄未确定	不完整跗跖骨 可能是不同于黄昏鸟的属。	全长：88 cm 臀高：-	5 kg

编号	中文名与学名	活动时间与范围	最大标本	化石数据	体型	体重
17	霍氏烟山鸟 *Fumicollis hoffmani*	晚白垩世晚期 北美洲东部（美国堪萨斯州）	UNSM 20030 年龄未确定	部分躯干骨 原被认为是外来黄昏鸟。	全长：95 cm 臀高：-	6.4 kg
18	亚氏似黄昏鸟 *Parahesperornis alexi*	晚白垩世早期 北美洲东部（美国堪萨斯州）	KUVP 2287 亚成体	颅骨、部分躯干骨和羽毛 有鳞片和羽毛的印痕。	全长：1.05 m 臀高：-	8.4 kg
19	贝氏黄昏鸟 *Hesperornis bairdi*	晚白垩世晚期 北美洲西部（美国南达科他州）	PU 17208A 年龄未确定	部分躯干骨 与马克唐纳氏"黄昏鸟"处于同一时期。	全长：1.05 m 臀高：-	8.6 kg
20	北极加拿大鸟 *Canadaga arctica*	晚白垩世晚期 北美洲西部（加拿大西部）	NMC 41050 年龄未确定	部分躯干骨 是中生代最靠北端的兽脚亚目恐龙。	全长：1.15 m 臀高：-	11.5 kg
21	似高白垩鸟 *cf. Coniornis altus*	晚白垩世晚期 北美洲西部（美国南达科他州）	¿YPM PU 17208D? 年龄未确定	部分后肢骨 尚未有描述。	全长：1.15 m 臀高：-	11.7 kg
22	巴氏亚洲黄昏鸟 *Asiahesperornis bazhanovi*	晚白垩世晚期 亚洲西部（哈萨克斯坦）	IZASK 5/287/86a 年龄未确定	不完整跗跖骨 另一个体型相似的标本是 IZASK 1/KM 97。	全长：1.25 m 臀高：-	14.8 kg
23	纤细黄昏鸟 *Hesperornis gracilis*	晚白垩世晚期 北美洲东部（美国堪萨斯州）	YPM 1478 年龄未确定	不完整跗跖骨和趾骨 它的跗骨比帝王黄昏鸟的跗骨更长。	全长：1.3 m 臀高：-	17.5 kg
24	厚足黄昏鸟 *Hesperornis crassipes*	晚白垩世晚期 北美洲东部（美国堪萨斯州）	YPM 1474 年龄未确定	下颌骨和部分躯干骨 与帝王黄昏鸟处于同一时期，但两者有差异。	全长：1.35 m 臀高：-	19.4 kg
25	帝王黄昏鸟 *Hesperornis regalis*	晚白垩世晚期 北美洲西部，北美洲东部（美国堪萨斯州、南达科他州）	YPM 1476 年龄未确定	部分躯干骨 标本 YMP 1206 是黄昏鸟目鸟中最完整的一个。	全长：1.4 m 臀高：-	20.4 kg
26	周氏黄昏鸟 *Hesperornis chowi*	晚白垩世晚期 北美洲西部（美国南达科他州）	PU 17208 年龄未确定	跗跖骨 不同于帝王黄昏鸟，且年代更近。	全长：1.4 m 臀高：-	20.6 kg
27	似帝王黄昏鸟 *Hesperornis cf. regalis*	晚白垩世晚期 北美洲西部（加拿大西部）	UA 9716 年龄未确定	跗跖骨 比帝王黄昏鸟更靠北端，且年代更近。	全长：1.48 m 臀高：-	25.6 kg
28	俄罗斯黄昏鸟 *Hesperornis rossicus*	晚白垩世晚期 亚洲西部（俄罗斯西部）	ZIN PO 5463 成体？	不完整跗跖骨 其他更小的标本是亚成体。	全长：1.6 m 臀高：-	30 kg
29	俄罗斯黄昏鸟 *Hesperornis rossicus*	晚白垩世晚期 欧洲西部（瑞士）	SGU 3442 Ve02 成体？	背椎骨 瑞士发现的最大标本可能与俄罗斯发现的标本体型一样。	全长：1.6 m 臀高：-	30 kg

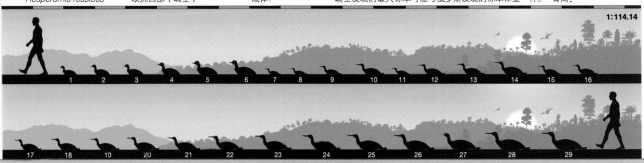

1:114.14

今鸟亚纲

编号	中文名与学名	活动时间与范围	最大标本	化石数据	体型	体重
未确定今鸟类： 能飞行、身体轻盈、小型猎物捕食者或杂食性动物						
1	敏捷虚椎鸟 *Apatornis celer*	晚白垩世晚期 北美洲东部（美国堪萨斯州）	YPM 1451 年龄未确定	不完整综荐骨 它曾被认为是鱼鸟之外的另一个种。	全长：13 cm 臀高：12 cm	100 g
2	马什忽视鸟 *Iaceornis marshi*	晚白垩世晚期 北美洲东部（美国堪萨斯州）	YPM 1734 年龄未确定	部分躯干骨 与敏捷虚雄鸟类似。	全长：14 cm 臀高：13.5 cm	145 g
3	斯氏高卢鸟 *Gallornis straeleni*	晚白垩世晚期 欧洲西部（法国）	RBINS 年龄未确定	不完整肱骨和股骨 其年代存疑。	全长：27.5 cm 臀高：23.5 cm	775 g
类似于阈鸟的今鸟类： 能飞行、身体轻盈、小型猎物捕食者或杂食性动物						
4	巴塔哥尼亚阈鸟 *Limenavis patagonica*	晚白垩世晚期 南美洲南部（阿根廷）	PVL 4731 年龄未确定	部分前肢骨 与 lithornis 类似？	全长：20 cm 臀高：15.5 cm	600 g
类似于奥斯汀鸟的今鸟类： 能飞行、身体轻盈、小型猎物捕食者或杂食性动物						
5	迟缓奥斯汀鸟 *Austinornis lentus*	晚白垩世晚期 北美洲西部（美国得克萨斯州）	YPM 1796 年龄未确定	不完整跗跖骨 它曾被认为是鱼鸟。	全长：30 cm 臀高：18 cm	370 g
类似于维加鸟的今鸟类： 能飞行、身体轻盈、小型猎物捕食者和（或）滤食性动物						
6	阿极协维加鸟 *Vegavis iaai*	晚白垩世晚期 南极洲（南极）	MLP 93-I-3-1 成体	不完整躯干骨	全长：46 cm 臀高：27 cm	340 g
7	戈壁特氏鸟 *Teviornis gobiensis*	晚白垩世晚期 亚洲东部（蒙古）	PIN 4499-1 年龄未确定	部分前肢骨 该名称由 Voctor Tereschenko 命名。	全长：58 cm 臀高：33 cm	680 g
8	"似拉水土鸟" *"cf. Cimolopteryx rara"*	晚白垩世晚期 北美洲西部（美国怀俄明州）	UCMP 53964 年龄未确定	腕掌骨 曾被认为是拉水土鸟的标本。	全长：1.15m 臀高：67 cm	5.2 kg
9	"洛氏斯待居莱塔鸟"（n.n.） *"Stygenetta lofgreni"*	晚白垩世晚期 北美洲西部（美国蒙大拿州）	RAM 6707（V94078） 年龄未确定	不完整乌喙骨 在论文中被描述。	全长：1.2 m 臀高：70 cm	6 kg
类似于极地鸟的今鸟类： 能飞行、水生、身体相对轻盈、鱼食性动物						
10	韦氏尼欧加鸟 *Neogaeornis wetzeli*	晚白垩世晚期 南美洲南部（智利）	GPMK 123 年龄未确定	跗跖骨 有另一个被提及过的标本。	全长：68 cm 臀高：-	3 kg
11	格氏极地鸟 *Polarornis gregorii*	晚白垩世晚期 南极洲（南极）	TTU P 9265 年龄未确定	颅骨和部分躯干骨 是中生代最完整的今鸟类鸟。	全长：75 cm 臀高：-	4 kg

类似于长潜鸟的今鸟类：能飞行、身体轻盈、鱼食性动物						
12	埃氏长潜鸟 *Lonchodytes estesi*	晚白垩世晚期 北美洲西部（美国得克萨斯州）	UCMP 53954 年龄未确定	不完整跗跖骨 是潜鸟目还是鹱形目？	全长：32 cm 臀高：-	610 g
类似于伏尔加鸟的今鸟类：能飞行、身体轻盈、鱼食性动物						
13	克氏拖拉鸟 *Torotix clemensi*	晚白垩世晚期 北美洲西部（美国怀俄明州）	UCMP 53958 年龄未确定	不完整肱骨 是鹱形目？	全长：32 cm 臀高：12 cm	140 g
14	海洋伏尔加鸟 *Volgavis marina*	晚白垩世晚期 亚洲西部（俄罗斯西部）	ZIN PO 3638 年龄未确定	部分颅骨 与军舰鸟非常相似。	全长：60 cm 臀高：24 cm	1 kg

1:114.14

类似于水土鸟的今鸟类：能飞行、身体轻盈、小型猎物捕食者或肉食动物						
1	南方拉马克鸟 *Lamarqueavis australis*	晚白垩世晚期 南美洲南部（阿根廷）	MML 207 年龄未确定	不完整乌喙骨 是南美洲最小的飞鸟。	全长：9.5 cm 臀高：7 cm	18 g
2	最小拉马克鸟 *Lamarqueavis minima*	晚白垩世晚期 北美洲西部（美国怀俄明州）	UCMP 53976 年龄未确定	不完整乌喙骨 原先被当作最小水土鸟。	全长：11.5 cm 臀高：8 cm	31 g
3	佩特拉拉马克鸟 *Lamarqueavis petra*	晚白垩世晚期 北美洲西部（美国怀俄明州）	AMNH 21911 年龄未确定	不完整乌喙骨 与拉拉水土鸟非常相似。	全长：15.3 cm 臀高：11 cm	73 g
4	鳍"长潜鸟"（n.d.） *"Lonchodytes" pterygius*	晚白垩世晚期 北美洲西部（美国怀俄明州）	UCMP 53961 年龄未确定	不完整腕掌骨 是鸻形目鸟的近亲。	全长：16.2 cm 臀高：11.8 cm	88 g
5	拉拉水土鸟 *Cimolopteryx rara*	晚白垩世晚期 北美洲西部（美国怀俄明州）	YPM 1805 年龄未确定	不完整乌喙骨 该名称不正式地出现在 March 1889 的文章中。	全长：20.4 cm 臀高：14.8 cm	175 g
6	大土塑鸟 *Ceramornis major*	晚白垩世晚期 北美洲西部（美国怀俄明州）	UCMP 53959 年龄未确定	不完整乌喙骨 其名称意为"用黏土模塑而成的鸟"。	全长：26.7 cm 臀高：19 cm	390 g
7	最大水土鸟 *Cimolopteryx maxima*	晚白垩世晚期 北美洲西部（美国怀俄明州）	UCMP 53973 年龄未确定	不完整乌喙骨 是最大的水土鸟种。	全长：30 cm 臀高：22 cm	550 g
8	似最大水土鸟 *cf. Cimolopteryx maxima*	晚白垩世晚期 北美洲西部（美国怀俄明州）	UCMP 53957 年龄未确定	不完整乌喙骨 曾被当作"今鸟类 F"。	全长：32 cm 臀高：23 cm	660 g
9	崇高革瑞克鸟 *Graculavus augustus*	晚白垩世晚期 北美洲西部（美国怀俄明州）	AMNH 25223 年龄未确定	不完整肱骨 在 1985 年被描述。	全长：34.5 cm 臀高：25 cm	840 g

1:34.24

术语表

棒状骨
形状细长，细而尖，类似于针头或锥子的骨骼。

被子植物
能开花和结果的植物类群。

鼻骨
形成了鼻腔通道或开口形状的平整骨头。

表皮
皮肤最表面的一层。

并系
在支序分类学中，它是一个包括其成员的共同祖先，但不是其所有后代的群体。

哺乳形类
在爬行动物和真正的哺乳动物之间呈现中间形态的羊膜脊椎动物演化支。

不对称足迹
指（趾）头右侧和左侧之间具有不同比例的足迹。

沧龙
大型海洋蜥蜴类群。

错位咬合
牙齿排列不对齐。

动物区系列表
某区域或地区的物种列表。

对称足迹
指（趾）头右侧和左侧之间比例相近的足迹。

俄里翁龙类
包括斑龙超科、异特龙超科和虚骨龙类，但不包括腔骨龙超科和角鼻龙类的兽脚亚目坚尾龙类。

发展史
一个生物类群的演化历史。

飞羽
翅膀上的羽毛。

分类学
负责对所有生物进行分级的生物学学科。

个体发育
是一个有机体从胚胎到成体的生长和发育的过程。

古代石刻
由人刻在石头上。

骨关节炎
随着年龄增长因关节磨损而引起的疾病。

骨髓炎
骨髓和骨骼的炎症。

骨突
作为固定关节或肌肉的骨骼凸出部。

骨硬化病
骨骼密度增加的鸟类疾病。

骨疣
骨骼的异常增生凸出。

骨赘
骨骼组织在炎症附近的小部分沉积物。

含气骨
在内部有空洞含有气腔的骨骼，比如鸟的骨骼。

黑色素体
含有色素并位于黑素细胞内的细胞器。它们负责给皮肤、羽毛和毛发显色。

鲎类
与蜘蛛和蝎子是近亲，非常原始的海洋节肢动物，著名的活化石是鲎。

化石
以自然方式保持下来的古生物的任何证据。

喙头目
包含现生物种喙头蜥的蜥蜴类群。

火山碎屑
火山活动喷发的气体或物质的混合物。

原始的
是指从系统发生角度来说，具有原始特征的性状。

脊椎炎
椎骨感染。

甲龙科
四足和植食性恐龙科，其特点是身披装甲，具有非常宽和低矮的身体。有些种类的尾部有一个尾锤。

坚蜥类
生活于三叠纪末期，长有胃板的植食性主龙形类。

渐新世
起始于 3 400 万年前，结束于 2 300 万年前的新生代的一个时期。

角龙科
四足行走的植食性恐龙科，其特点是在头部长有数个角和一个巨大的颈盾。

节肢动物门
具有外骨骼、和一节节连接起来的腿和触角组成的无脊椎动物类群，包括昆虫、蜘蛛和甲壳类动物。

介形虫
与蛤蜊一样，由两个壳保护的小型海洋甲壳动物。

鲸目
包括鲸鱼、海豚和鼠海豚在内的海洋哺乳动物类群。

锯齿
尖锐而小的结构，它们共同形成了兽脚亚目恐龙大部分牙齿的锯齿状边缘。

恐龙蛋种
完全基于蛋化石创建的种。

髋臼

由肠骨、坐骨和耻骨形成的空腔或空洞，其中连接着股骨和大腿上部的骨骼。

劳氏鳄科

存活于三叠纪的食肉性和植食性主龙类群。

镰刀状的

具有镰刀或钐刀的形状。

两指（趾）的

只有两个指（趾）头。

陆缘

位于大陆架上的浅海。

埋葬学

研究影响有机物遗骸保存或破坏因素的古生物学学科。

模式种

在公布一个物种时所指示的主要化石（完整的躯体或其中的一部分）。

鸟臀目

特征是在吻部呈现一个角质鸟喙的植食性恐龙，如甲龙、剑龙、角龙、厚头龙和鸟脚类恐龙。

呕吐物

吐出来的物质的化石。

喷发

由于水和岩浆之间的相互作用引起的喷发产物，例如间歇泉。

庑螠科

以各种食物：如腐肉，排泄物或花粉为食的甲虫科。

皮内成骨

是某些骨化动物皮肤的一部分，就像鳄鱼背部的骨板和犰狳的盔甲一样。

蹼 / 叶趾

圆形或非常宽的趾。

蹼足类

在脚趾之间有膜的鸟。它们通常是小型动物。

气囊

某些恐龙（包括鸟类）拥有的与肺部互通的器官。

前额骨

位于颅骨前额部的骨骼。

趋同演化

它是不同谱系物种中出现类似特征的独立演化。

三棱龙目

生存于三叠纪的植食性主龙形类群。

善奔跑动物

适应于奔跑的动物。

上颞孔

位于颅骨背部的孔洞，它可以用来固定下颌肌肉。

生物力学

采用力学理论来研究生物体内物质运动的学科。

食丸

有些鸟在吞食整个猎物后，排出的含有羽毛或毛发或骨骼的球，在化石中也有发现。

兽孔目

演化出哺乳动物的合弓纲动物类群。

双足动物

仅使用后肢运动的动物。

撕脱伤

韧带严重撕裂。

四足动物

呈现两对肢体的脊椎动物类群，包括除鱼以外的所有脊椎动物。

头后骨

它是骨骼的一部分，包括椎骨和长骨，不包括颅骨。

头颅运动

在头骨骨骼之间存在的运动能力，这有助于生物体的摄食。

腿部软组织

围绕鸟或兽脚亚目恐龙腿部的皮，由皮肤，鳞片和肉垫形成。

鸵鸟目

不能飞翔的鸟类群类，包括鸵鸟、鹤鸵、鸸鹋、鹬鸵和一些已灭绝的鸟类。

腕部

它是前肢或后肢的一个区域，包括腕骨、跗骨以及掌骨或跖骨。

围产儿

新生儿。

尾羽

尾巴上的羽毛。

尾综骨

由尾椎骨的最后一部分，以及某些非鸟类兽脚亚目恐龙尾椎末端融合而产生的骨骼。

胃容物

胃内残留物质的化石。

胃石

某些动物摄入的石头，这有利于消化或作为矿物质补充剂。

蜥脚形类

包括了蜥脚类及其原始类群的植食性恐龙类群。

蜥臀目

包括兽脚亚目和蜥脚形亚目的恐龙类群。

蜥形纲
包括爬行动物和鸟类，但不包括合弓纲或哺乳形爬行动物的羊膜脊椎动物类群。

腺体
产生和排出液体物质的细胞，它是机体功能所必需的。

新陈代谢
保证有机体正常功能的一组基本化学反应。

性别二态性
在同一物种的雄性和雌性之间出现的形态和生理的差异。

血管瘤
由于血管异常生长而引起的良性肿瘤。

迅猛鳄科
在三叠纪期间存活的的食肉四足主龙类科。

鸭嘴龙科
兼性和植食性的双足恐龙科，俗称有鸭嘴恐龙。

衍化
具有专门或演化出新颖特征的形状或机体。

演化
生物随着时间变迁而变化与诞生的过程。

演化支
它是包含来自共同祖先的几个相关生物的一个群类。

羊膜动物
一类能发育出一个由壳、多层膜和羊水保护的胚胎的脊椎动物群类，包括爬行动物、鸟类和哺乳动物。

遗迹化石
显示有机体直接或间接与沉积物相互作用的化石。

遗迹种
完全基于足迹或痕迹创建的种。

异速生长
同个生物体的不同部分以不同的速度生长发育，随着生长，生物体的外观发生变化。

引鳄科
生存在三叠纪期间的食肉和四足主龙类科。

硬脑膜
围绕大脑最外面的一层膜。

幼体
新生的动物。

鱼龙
生活在中生代时期，外观类似于海豚的水生爬行类。

羽冠
在某些鸟头顶呈现的一撮羽毛。

原生生物
微型单细胞有核生物，如变形虫，纤毛虫和顶复门。

原蜥形目
生存于二叠纪到三叠纪的陆生、水生或树栖蜥蜴类群。

运动
从一个地方移动到另一个地方的行为。

造山运动
在一个区域中出现一片山，也被称为山系或造山带。

长形骨
长形或圆柱形的骨骼，如股骨、趾骨和桡骨。

正羽
遍布全身，包括翅膀和尾巴的羽毛，一些覆盖了涵盖了尾羽和飞羽的根部。

支序分类学
它是生物学的一个分支，根据衍化的相似性来定义生物之间的演化关系。

植龙
类似于鳄鱼，生存在三叠纪末期的原始主龙类。

植食性动物
以植物为食的动物。

跖弓
中间跖骨在两个跖骨之间向近侧压缩的情况。

跖行动物
完全靠手掌和脚掌着地走路的动物。

种加词
指双名法中物种名的第二部分，另一部分为属名。

种内作用
同种成员之间的生物相互作用。

轴对称
最长的是中指（趾）的前肢或后肢。

轴偏
最长的是第IV或第V指（趾）的前肢或后肢。

主龙类
在颅骨上有几个孔洞的羊膜脊椎动物类群，它包括翼龙、已灭绝的恐龙，以及鸟类和鳄形类。

主龙形类
包括主龙类和其他更原始的物种，如古鳄科或三棱龙目的脊椎动物类群。

椎弓
它是椎骨的上半部分，包括神经弓和神经棘。

足迹种
完全基于足迹化石创建的种。

坐骨印
坐骨区域的化石印痕。

中外文学名对照

鸟跖主龙类

阿希利龙	*Asilisaurus*
巴西大龙	*Teyuwasu*
奔股骨蜥	*Dromomeron*
狄奥多罗斯龙	*Diodorus*
高髋龙	*Lutungutali*
科技龙	*Technosaurus*
刘氏鳄	*Lewisuchus*
马拉鳄龙	*Marasuchus*
鸟足龙	*Avipes*
塞龙	*Sacisaurus*
斯克列罗龙	*Scleromochlus*
跳龙	*Saltopus*
兔鳄	*Lagosuchus*
兔蜥	*Lagerpeton*
伪兔鳄	*Pseudolagosuchus*
未知龙	*Ignotosaurus*
无父龙	*Agnosphitys*
西里龙	*Silesaurus*
真腔骨龙	*Eucoelophysis*

原始蜥臀目

艾雷拉龙	*Herrerasaurus*
艾沃克龙	*Alwalkeria*
富伦格里龙	*Frenguellisaurus*
"齿槽齿龙"	*"Thecodontosaurus"*
瓜巴龙	*Guaibasaurus*
盒龙	*Caseosaurus*
"镰齿龙"	*"Zanclodon"*
南十字龙	*Staurikosaurus*
尼亚萨龙	*Nyasasaurus*
钦迪龙	*Chindesaurus*
圣胡安龙	*Sanjuansaurus*
始盗龙	*Eoraptor*
完臼龙	*Teleocrater*
伊斯龙	*Ischisaurus*
椎体龙	*Spondylosoma*

兽脚亚目恐龙

阿巴拉契亚龙	*Appalachiosaurus*
阿贝力龙	*Abelisaurus*
阿基里斯龙(阿瓦拉慈龙科)	
	Achillesaurus
阿基里斯龙(驰龙科)	*Achillobator*
阿克猎龙	*Arcovenator*
阿肯色龙	*Arkansaurus*
阿拉善龙	*Alxasaurus*
阿莱龙	*Alectrosaurus*
阿瓦拉慈龙	*Alvarezsaurus*
阿瓦隆尼亚	*Avalonia*
阿瓦隆尼亚龙	*Avalonianus*
矮暴龙	*Nanotyrannus*
艾伯塔龙	*Albertosaurus*
艾德玛龙	*Edmarka*
艾沃克龙	*Walkeria*
安尼柯龙	*Aniksosaurus*
安祖龙	*Anzu*
暗脉龙	*Stygivenator*
敖闰龙	*Aorun*
奥哈盗龙	*Ojoraptorsaurus*
奥卡龙	*Aucasaurus*
奥沙拉龙	*Oxalaia*
澳洲盗龙	*Ozraptor*
巴哈利亚龙	*Bahariasaurus*
巴塔哥尼亚爪龙	*Patagonykus*
巴约龙	*Bayosaurus*
白垩小鸟龙	*Cretaaviculus*
白魔龙	*Tsaagan*
白熊龙	*Nanuqsaurus*
柏柏尔龙	*Berberosaurus*
拜伦龙	*Byronosaurus*
斑比盗龙	*Bambiraptor*
斑嵴龙	*Banji*
半鸟龙	*Unenlagia*
棒爪龙	*Scipionyx*
暴龙	*Tyrannosaurus*
爆诞龙	*Ekrixinatosaurus*
北方爪龙	*Boreonykus*
北谷龙	*Kitadanisaurus*
北极龙	*Arctosaurus*
北票龙	*Beipiaosaurus*
北山龙	*Beishanlong*
背饰龙	*Cristatusaurus*
比克尔斯棘龙	*Becklespinax*
愍鳄龙	*Betasuchus*
冰脊龙	*Cryolophosaurus*

波氏爪龙	*Bonapartenykus*
伯齿龙	*Beelemodon*
彩虹龙	*Kakuru*
彻剪龙	*Zapsalis*
成吉思汗龙	*Jenghizkhan*
驰龙	*Dromaeosaurus*
齿河盗龙	*Orkoraptor*
崇高龙	*Angaturama*
川东虚骨龙	*Chuandongocoelurus*
雌驼龙	*Ajancingenia*
达科他盗龙	*Dakotaraptor*
大盗龙	*Megaraptor*
大黑天神龙	*Mahakala*
大龙	*Magnosaurus*
大塘龙	*Datanglong*
丹达寇龙	*Dandakosaurus*
单脊龙	*Monolophosaurus*
单爪龙	*Mononykus*
单足龙	*Elmisaurus*
盗暴龙	*Raptorex*
盗龙	*Rapator*
迪布勒伊洛龙	*Dubreuillosaurus*
帝龙	*Dilong*
蒂弗皮尔逊龙	*Piveteausaurus*
顶棘龙	*Altispinax*
威尔顿盗龙	*Valdoraptor*
东非龙	*Ostafrikasaurus*
窦鼻龙	*Sinusonasus*
多孔椎龙	*Manospondylus*
多里亚猎龙	*Duriavenator*
峨山龙	*Eshanosaurus*
恶灵龙	*Adasaurus*
恶龙	*Masiakasaurus*
恶魔龙	*Gojirasaurus*
鳄龙	*Suchosaurus*
恩巴龙	*Embasaurus*
恩霁渥巴龙	*Nqwebasaurus*
二百周年龙	*Bicentenaria*
二连龙	*Erliansaurus*
法拉杰切拉龙	*Farragochela*
非洲猎龙	*Afrovenator*
菲利猎龙	*Philovenator*
分支龙	*Alioramus*

佛舞龙	Shanag	简手龙	Haplocheirus	猎龙	Concavenator
福井盗龙	Fukuiraptor	江西龙	Jiangxisaurus	临河盗龙	Linheraptor
福斯特猎龙	Fosterovenator	郊狼龙	Yurgovuchia	临河猎龙	Linhevenator
福左轻鳄龙	Laevisuchus	胶齿龙	Pectinodon	临河爪龙	Linhenykus
赣州龙	Ganzhousaurus	角鼻龙	Ceratosaurus	鳞手龙	Lepidocheirosaurus
高棘	Acrocanthus	金凤鸟	Jinfengopteryx	伶盗龙	Velociraptor
高棘龙	Acrocanthosaurus	金刚口龙	Chingkankousaurus	龙猎龙	Dracovenator
戈壁猎龙	Gobivenator	亚洲近颌龙	Caenagnathasia	卢沟龙	Lukousaurus
哥斯拉龙	Gojirasaurus	近颌龙	Caenagnathus	卢雷亚楼龙	Lourinhanosaurus
格西龙	Ngexisaurus	近鸟龙	Anchiornis	栾川盗龙	Luanchuanraptor
孤独小匪龙	Dahalokely	近爪牙龙	Paronychodon	洛阳龙	Luoyanggia
古老翼鸟龙	Palaeopteryx	旧鲨齿龙	Veterupristisaurus	马普龙	Mapusaurus
古似鸟龙	Archaeornithomimus	鹫龙	Buitreraptor	马什龙	Marshosaurus
怪踝龙	Xenotarsosaurus	巨齿龙	Megalosaurus	玛君龙	Majungasaurus
怪猎龙	Teratophoneus	巨盗龙	Gigantoraptor	玛君颅龙	Majungatholus
冠龙	Guanlong	惧龙	Daspletosaurus	玛氏盗龙	Martharaptor
冠椎龙	Lophostropheus	卡马利亚斯龙	Camarillasaurus	蛮横龙	Dynamosaurus
哈格里芬龙	Hagryphus	开江龙	Kaijiangosaurus	蛮龙	Torvosaurus
哈卡斯龙	Kileskus	开孔龙	Fenestrosaurus	慢龙	Segnosaurus
韩国龙	Koreanosaurus	凯恩塔猎龙	Kayentavenator	美颌龙	Compsognathus
合踝龙	Megapnosaurus	坎普龙	Camposaurus	美扭椎龙	Eustreptospondylus
合踝龙（原名）	Syntarsus	可汗龙	Khaan	寐龙	Mei
河源龙	Heyuannia	克拉玛依龙	Kelmayisaurus	蒙古牙龙	Mongolodon
鹤形龙	Hexing	克雷龙	Creosaurus	蒙那浩恩格	Mangahouanga
后弯齿龙	Aublysodon	克利夫兰暴龙	Clevelanotyrannus	米鲁龙	Merosaurus
后纤手龙	Epichirostenotes	空骨龙	Coelosaurus	秘龙	Enigmosaurus
胡山足龙	Hulsanpes	恐暴龙	Dinotyrannus	密林龙	Pycnonemosaurus
华南龙	Huanansaurus	恐齿龙	Deinodon	敏捷龙（三叠纪）	Halticosaurus
华夏颌龙	Huaxiagnathus	恐手龙	Deinocheirus	敏捷龙（白垩纪）	Phaedrolosaurus
簧龙	Calamosaurus	恐爪龙	Deinonychus	敏龙	Longosaurus
簧椎龙	Calamospondylus	快足龙	Podokesaurus	冥河盗龙	Acheroraptor
火盗龙	Pyroraptor	魁纣龙	Tyrannotitan	耐梅盖特母	Nemegtia
机灵龙（雌驼龙早期学名）		拉米塔龙	Lametasaurus	耐梅盖特母龙	Nemegtomaia
	Ingenia	懒爪龙	Nothronychus	南方暴龙	Nototyrannus
肌肉龙	Ilokelesia	乐山龙	Leshansaurus	南方盗龙	Austroraptor
激龙	Irritator	雷盗龙	Brontoraptor	南方巨兽龙	Giganotosaurus
吉兰泰龙	Chilantaisaurus	里阿斯龙	Liassaurus	南方猎龙	Australovenator
极鳄龙	Aristosuchus	理查德伊斯特斯龙	Richardoestesia	南手龙	Austrocheirus
棘龙	Spinostropheus	理察伊斯特斯龙	Ricardoestesia	南雄龙	Nanshiungosaurus
棘椎龙	Spinosaurus	理理恩龙	Liliensternus	内德科尔伯特龙	Nedcolbertia
加贺龙	Kagasaurus	联鸟龙	Ornithodesmus	内蒙龙	Neimongosaurus
贾巴尔普尔龙	Jubbulpuria	镰刀龙	Therizinosaurus	内乌肯盗龙	Neuquenraptor
假鲨齿龙	Shaochilong	两凿齿龙	Diplotomodon	泥潭龙	Limusaurus

拟鸟龙	*Avimimus*	山出龙	*Sanchusaurus*	曙奔龙	*Eodromaeus*
拟西得龙	*Sidormimus*	山阳龙	*Shanyangosaurus*	曙光鸟	*Aurornis*
鸟面龙	*Shuvuuia*	擅攀鸟龙	*Scansoriopteryx*	树息龙	*Epidendrosaurus*
宁远龙	*Ningyuansaurus*	伤齿龙	*Troodon*	双脊龙	*Dilophosaurus*
牛顿龙	*Newtonsaurus*	伤龙	*Dryptosaurus*	双叶龙	*Futabasaurus*
扭椎龙	*Streptospondylus*	伤形龙	*Dryptosauroides*	双子盗龙	*Geminiraptor*
奴透梅格龙	*Notomegalosaurus*	蛇发女怪龙	*Gorgosaurus*	斯基龙	*Segisaurus*
虐龙	*Bistahieversor*	蛇颈齿龙	*Plesiosaurodon*	斯基玛萨龙	*Sigilmassasaurus*
欧爪牙龙	*Euronychodon*	神鹰盗龙	*Condorraptor*	死神龙	*Erlikosaurus*
盘古盗龙	*Panguraptor*	神州龙	*Shenzhousaurus*	四川龙	*Szechuanosaurus*
彭巴盗龙	*Pamparaptor*	胜王龙	*Rajasaurus*	肃州龙	*Suzhousaurus*
皮亚尼兹基龙	*Piatnitzkysaurus*	十字手龙	*Cruxicheiros*	速龙	*Velocisaurus*
剖齿龙	*Koparion*	时代龙	*Shidaisaurus*	索伦龙	*Sauroniops*
七镇鸟龙	*Heptasteornis*	食人野兽龙	*Siats*	塔哈斯克龙	*Tarascosaurus*
奇翼龙	*Yi*	食肉牛龙	*Carnotaurus*	塔罗斯龙	*Talos*
气龙	*Gasosaurus*	食蜥王龙	*Saurophaganax*	塔奇拉盗龙	*Tachiraptor*
气腔盗龙	*Pneumatoraptor*	史托龙	*Stokesosaurus*	太阳神龙	*Tawa*
气腔龙	*Aerosteon*	始阿贝力龙	*Eoabelisaurus*	贪食龙	*Labrosaurus*
髂鳄龙	*Iliosuchus*	始暴龙	*Eotyrannus*	特暴龙	*Tarbosaurus*
虔州龙	*Qianzhousaurus*	始鲨齿龙	*Eocarcharia*	天青石龙	*Nomingia*
腔骨龙	*Coelophysis*	始兴龙	*Shixinggia*	天台龙	*Tiantaiosaurus*
腔躯龙	*Antrodemus*	似奥克龙	*Orcomimus*	天宇盗龙	*Tianyuraptor*
腔尾龙	*Coelurosaurus*	似驰龙	*Dromaeosauroides*	吐谷鲁龙	*Tugulusaurus*
巧鳄龙	*Compsosuchus*	似多多鸟龙	*Tototlmimus*	吐鲁茨龙	*Tonouchisaurus*
鞘虚骨龙	*Thecocoelurus*	似鹅龙	*Anserimimus*	鸵鸟龙	*Tochisaurus*
切齿龙	*Incisivosaurus*	似鳄龙	*Suchomimus*	瓦尔盗龙	*Variraptor*
窃蛋龙	*Oviraptor*	似鸸鹋龙	*Dromiceiomimus*	维达格里龙	*Vitakrisaurus*
窃螺龙	*Conchoraptor*	似鸡龙	*Gallimimus*	尾羽龙	*Caudipteryx*
轻巧龙	*Elaphrosaurus*	似金翅鸟龙	*Garudimimus*	沃格特鳄龙	*Walgettosuchus*
秋扒龙	*Qiupalong*	似金娜里龙	*Kinnareemimus*	乌尔巴克龙	*Urbacodon*
秋山龙	*Wakinosaurus*	似鸟多鲁姆龙	*Ornithomimidorum*	乌奎洛龙	*Unquillosaurus*
西尔龙	*Quilmesaurus*	似鸟龙	*Ornithomimus*	乌拉特龙	*Wulatelong*
曲剑龙	*Machairasaurus*	似鸟形龙	*Ornithomimoides*	无聊龙	*Borogovia*
容哈拉龙	*Rahiolisaurus*	似萨尔提略龙	*Saltrillomimus*	西北阿根廷龙	*Noasaurus*
肉龙	*Sarcosaurus*	似松鼠龙	*Selurumimus*	西峡龙	*Xixiasaurus*
肉食龙	*Carnosaurus*	似提姆龙	*Timimus*	西峡爪龙	*Xixianykus*
锐齿龙	*Tomodon*	似鹈鹕龙	*Pelecanimimus*	西爪龙	*Hesperonychus*
锐颌龙	*Genyodectes*	似天鹤龙	*Grusimimus*	蜥鸟盗龙	*Saurornitholestes*
瑞钦龙	*Rinchenia*	似鸵龙	*Struthiomimus*	蜥鸟龙	*Saurornithoides*
萨尔崔龙	*Saltriosaurus*	似尾羽龙	*Similicaudipteryx*	蜥头龙	*Saurocephalus*
三角洲奔龙	*Deltadromeus*	嗜鸟龙	*Ornitholestes*	膝龙	*Genusaurus*
桑塔纳盗龙	*Santanaraptor*	首都龙	*Capitalsaurus*	细喙龙	*Leptorhynchos*
鲨齿龙	*Carcharodontosaurus*	疏骨龙	*Osteoporosia*	细爪龙	*Stenonychosaurus*

279

纤手龙	*Chirostenotes*	豫龙	*Yulong*	祖尼暴龙	*Zunityrannus*
纤瘦纤手龙	*Macrophalangia*	御船龙	*Mifunesaurus*	左龙	*Zuolong*
纤腿龙	*Alnashetri*	原角鼻龙	*Proceratosaurus*		
纤细盗龙	*Graciliraptor*	原恐齿龙	*Prodeinodon*	**中生代鸟类**	
暹罗盗龙	*Siamotyrannus*	原美颌龙	*Procompsognathus*		
暹罗龙	*Siamosaurus*	原鸟	*Protoavis*	阿克西鸟	*Alexornis*
显齿邪灵龙	*Daemonosaurus*	原鸟形龙	*Archaeornithoides*	阿拉米特鸟	*Alamitornis*
小驰龙	*Parvicursor*	原始祖鸟	*Protarchaeopteryx*	埃尔斯鸟	*Elsornis*
小盗龙	*Microraptor*	杂肋龙	*Poekilopleuron*	奥斯汀鸟	*Austinornis*
小力加布龙	*Ligabueino*	葬火龙	*Citipati*	巴拉乌尔龙	*Balaur*
小猎龙	*Microvenator*	扎纳巴扎尔龙	*Zanabazar*	巴塔哥鸟	*Patagopteryx*
小掠龙	*Bagaraatan*	展尾龙	*Teinurosaurus*	白垩鸟	*Coniornis*
小坐骨龙	*Mirischia*	长臂猎龙	*Tanycolagreus*	抱鸟	*Ambiortus*
晓廷龙	*Xiaotingia*	长鳄龙	*Dolichosuchus*	波罗赤鸟	*Boluochia*
蝎猎龙	*Skorpiovenator*	长颈龙	*Tanystropheus*	波塔姆鸟	*Potamornis*
新疆猎龙	*Xinjiangovenator*	长羽盗龙	*Changyuraptor*	渤海鸟	*Bohaiornis*
新猎龙	*Neovenator*	沼泽鸟龙	*Elopteryx*	布罗戴维鸟	*Brodavis*
雄关龙	*Xiongguanlong*	褶皱龙	*Rugops*	曾祖鸟	*Abavornis*
虚骨龙	*Coelurus*	侦察龙	*Nuthetes*	叉尾鸟	*Schizooura*
虚骨形龙	*Coeluroides*	振元龙	*Zhenyuanlong*	昌马鸟	*Changmaornis*
迅足龙	*Velocipes*	芝加哥暴龙	*Chicagotyrannus*	朝阳鸟	*Chaoyangia*
雅尔龙	*Yaverlandia*	直角龙	*Orthogoniosaurus*	齿槽鸟	*Sulcavis*
亚伯达爪龙	*Albertonykus*	智利龙	*Chilesaurus*	大连鸟	*Dalianraptor*
耀龙	*Epidexipteryx*	中国暴龙	*Sinotyrannus*	大临河鸟	*Dalingheornis*
野蛮盗龙	*Atrociraptor*	中国猎龙	*Sinovenator*	大平房鸟	*Dapingfangornis*
伊卡博德克兰龙	*Ichabodcraniosaurus*	中国龙	*Sinosaurus*	大洋鸟	*Enaliornis*
伊特米龙	*Itemirus*	中国龙鸟	*Sinosauropteryx*	大嘴鸟	*Largirostrisornis*
依潘龙	*Epanterias*	中国鸟脚龙	*Sinornithoides*	戴尔玛鸟	*Telmatornis*
义县龙	*Yixianosaurus*	中国鸟龙	*Sinornithosaurus*	敦煌鸟	*Dunhuangia*
异特龙	*Allosaurus*	中国似鸟龙	*Sinornithomimus*	鄂托克鸟	*Otogornis*
翼椎龙	*Pterospondylus*	中国虚骨龙	*Sinocoelurus*	二指鸟	*Didactylornis*
阴龙	*Inosaurus*	中华盗龙	*Sinraptor*	发现鸟	*Explorornis*
阴囊龙	*Scrotum*	中华丽羽龙	*Sinocalliopteryx*	矾鸟	*Bauxitornis*
银河龙	*Kuszholia*	中棘龙	*Metriacanthosaurus*	反凤鸟	*Enantiophoenix*
隐面龙	*Kryptops*	重腿龙	*Bradycneme*	反鸟	*Enantiornis*
印度鳄龙	*Indosuchus*	重爪龙	*Baryonyx*	飞天鸟	*Feitianius*
印度龙	*Indosaurus*	侏儒暴龙	*Juratyrant*	伏尔加鸟	*Volgavis*
永川龙	*Yangchuanosaurus*	侏儒猎龙	*Juravenator*	副渤海鸟	*Parabohaiornis*
犹他盗龙	*Utahraptor*	诸城暴龙	*Zhuchengtyrannus*	副红山鸟	*Parahongshanornis*
游光爪龙	*Albinykus*	铸镰龙	*Falcarius*	副鹏鸟	*Parapengornis*
鱼猎龙	*Ichthyovenator*	足龙	*Kol*	副原羽鸟	*Paraprotopteryx*
屿峡龙	*Labocania*	足羽龙	*Pedopenna*	甘肃鸟	*Gansus*
羽龙	*Cryptovolans*	祖母暴龙	*Aviatyrannis*	高卢鸟	*Gallornis*
				戈壁雏鸟	*Gobipipus*

戈壁鸟	Gobipteryx	辽西鸟	Liaoxiornis	斯待居莱塔鸟	Stygenetta
革瑞克鸟	Graculavus	凌源鸟	Lingyuanornis	松岭鸟	Songlingornis
格日勒鸟	Gurilynia	领先鸟	Ilerdopteryx	太阳鸟	Intiornis
葛利普鸟	Grabauornis	龙城鸟	Longchengornis	泰特爪鸟	Tytthostonyx
古盗鸟	Archaeoraptor	旅鸟	Iteravis	特氏鸟	Teviornis
古喙鸟	Archaeorhynchus	马丁鸟	Martinavis	天宇鸟	Tianyuornis
古鸟	Archaeornis	米斯提鸟	Mystiornis	土鸟	Sazavis
古鹬鸟	Palaeotringa	内乌肯鸟	Neuquenornis	土塑鸟	Ceramornis
海积鸟	Halimornis	尼欧加鸟	Neogaeornis	托拉鸟	Torotix
荷兰鸟	Hollanda	鸟龙鸟	Avisaurus	弯齿鸟	Camptodontus
赫伯鸟	Holbotia	诺盖尔鸟	Noguerornis	威利鸟	Wyleyia
红山鸟	Hongshanornis	帕斯基亚鸟	Pasquiaornis	微鸟	Parvavis
侯氏鸟	Houornis	鹏鸟	Pengornis	维加鸟	Vegavis
候伯西亚加鸟	Kholbotiaka	普兰滕鸟	Platanavis	伪齿鸟	Pelagornis
忽视鸟	Iaceornis	栖息鸟	Incolornis	沃氏鸟	Wellnhoferia
花刺子模鸟	Horezmavis	祁连鸟	Qiliania	乌如那鸟	Vorona
华夏鸟	Cathayornis	契氏鸟	Chiappeavis	无常鸟	Anatalavis
黄昏鸟	Hesperornis	前鸟	Proornis	细弱鸟	Vescornis
回足鸟	Palintropus	潜水鸟	Baptornis	纤细鸟	Gracilornis
会鸟	Sapeornis	强壮爪鸟	Fortunguavis	翔鸟	Xiangornis
火山鸟	Huoshanornis	曲肩鸟	Flexomornis	胁空龙	Rahona
吉尔德鸟	Guildavis	热河鸟	Jeholornis	胁空鸟龙	Rahonavis
吉祥鸟	Jixiangornis	赛巴维斯鸟	Cerebavis	新泽西鸟	Novacaesareala
极鸟	Polarornis	扇尾鸟	Shanweiniao	星海鸟	Xinghaiornis
冀北鸟	Jibeinia	神秘龙	Griphosaurus	虚椎鸟	Apatornis
加拿大鸟	Canadaga	神秘鸟	Griphornis	续存鸟	Catenoleimus
尖嘴鸟	Cuspirostrisornis	神七鸟	Shenqiornis	亚洲黄昏鸟	Asiahesperornis
建昌鸟	Jianchangornis	神翼鸟	Apsaravis	烟山鸟	Fumicollis
觉化鸟	Juehuaornis	神州鸟	Shenzhouraptor	雁荡鸟	Yandangornis
姐妹龙鸟	Soroavisaurus	沈师鸟	Shenshiornis	燕鸟	Yanornis
锦州鸟	Jinzhouornis	盛京鸟	Shengjingornis	叶夫根鸟	Evgenavis
酒泉鸟	Jiuquanornis	食鱼鸟	Piscivoravis	伊拜尔特鸟	Elbretornis
卡冈杜亚鸟	Gargantuavis	始反鸟	Eoenantiornis	伊比利亚鸟	Iberomesornis
科隆龙	Colonosaurus	始华夏鸟	Eocathayornis	义县鸟	Yixianornis
克拉图鸟	Cratoavis	始今鸟	Archaeornithura	异齿鸟	Aberratiodontus
克孜勒库姆鸟	Kizylkumavis	始孔子鸟	Eoconfuciusornis	翼鸟	Pterygornis
孔子鸟	Confuciusornis	始鹏鸟	Eopengornis	尤氏鸟	Judinornis
昆卡鸟	Concornis	始扇尾鸟	Eoornithura	鱼鸟	Ichthyornis
拉马克鸟	Lamarqueavis	始小翼鸟	Eoalulavis	玉门鸟	Yumenornis
拉鸟	Laornis	始祖鸟	Archaeopteryx	阈鸟	Limenavis
勒库鸟	Lectavis	似黄昏鸟	Parahesperornis	原家窑鸟	Yuanjiawaornis
利尼斯鸟	Lenesornis	似斯堪鸟	Parascaniornis	原羽鸟	Protopteryx
辽宁鸟	Liaoningornis	水土鸟	Cimolopteryx	云加鸟	Yungavolucris

杂食鸟	Omnivoropteryx	布里托迹	Britoichnium	康美龙	Komlosaurus
长城鸟	Changchengornis	查布足迹	Chapus	科法尔尼洪龙足迹	Kafirniganosauropus
长潜鸟	Lonchodytes	驰龙型足迹	Dromaeosauripus	恐龙迹	Dinosaurichnium
长腿鸟	Longicrusavis	驰龙足迹	Dromaeopodus	恐龙足迹	Dinosauripus
长翼鸟	Longipteryx	次三趾龙足迹	Deuterotrisauropus	恐爪龙足迹	Deinonychosaurichnus
长爪鸟	Longusunguis	鞑靼鸟足迹	Tatarornipes	奎德三趾龙足迹	Cridotrisauropus
长嘴鸟	Longirostravis	大鸟足迹	Magnoavipes	拉伯足迹	Lapparentichnus
者勒鸟	Zhyraornis	德法拉利迹	Deferrariischnium	雷普顿足迹	Leptonyx
真翼鸟	Alethoalaornis	德克萨足迹	Texapodus	里奥哈足迹	Riojapodus
中国鸟	Sinornis	德萨迹	Texipes	列加尔龙足迹	Regarosauropus
中鸟	Zhongornis	德萨足迹	Texipus	伶盗龙足迹	Velociraptorichnus
钟健鸟	Zhongjianornis	东阳鸟足迹	Dongyangornipes	禄丰足迹	Lufengopus
周鸟	Zhouornis	费尔足迹	Filichnites	马洛蒂三趾龙足迹	Malutitrisauropus
侏鸟	Jurapteryx	分叉翘脚龙足迹	Schizograllator	马斯提斯龙足迹	Masitisauropus
侏儒鸟	Nanantius	副跷脚龙足迹	Paragrallator	猛龙足迹	Menglongipus
抓握鸟	Rapaxavis	副三趾龙足迹	Paratrisauropus	魔鬼鸟足迹	Moguiornipes
		富山龙足迹	Toyamasauripus	泥泞鸟足迹	Limiavipes

恐龙分类未定

		诰普基亚鸟迹	Taupezia	鸟类迹	Ornithoidichnites
前鸟	Praeornis	哥伦布龙足迹	Columbosauripus	鸟形迹	Ornithichnites
		古鸟足迹	Archaeornithipus		Deogmyeongosauripus

足迹化石属

		固城鸟足迹	Goseongornipes	丕阳龙足迹	Deogmyeongosauripus
阿贝力足迹	Abelichnus	韩国鸟足迹	Koreanaornis	皮村足迹	Picunichnus
阿尔戈足迹	Argoides	和平鸟足迹	Paxavipes	平行足迹	Paravipus
阿吉龙足迹	Chodjapilesaurus	鹤足迹	Gruipeda	普拉斯龙足迹	Plastisauropus
阿吉亚足迹	Agialopus	湖南足迹	Hunanpus	跷脚龙足迹	Grallator
阿特雷足迹	Atreipus	黄山足迹	Hwangsanipes	庆尚南道鸟足迹	Gyeongsangornipes
艾氏龙足迹	Irenesauripus	鸡鸟足迹	Pullornipes	酋恩三趾龙足迹	Qemetrisauropus
艾氏足迹	Irenichnites	极大龙迹	Gigantitherium	锐刮足迹	Characichnos
安蒂克艾尔足迹	Anticheiropus	极大龙迹	Gigandipus	萨尔托足迹	Saltopoides
安琪龙足迹	Anchisauripus	加布里龙	Gabirutosaurus	萨非足迹	Salfitichnus
澳托足迹	Otouphepus	加布里龙足迹	Gabirutosaurichnus	萨基特足迹	Sarjeantopodus
巴罗斯足迹	Barrosopus	金东鸟足迹	Jindongornipes	萨米恩托足迹	Sarmientichnus
巴尼斯特贝茨足迹	Banisterobates	金李井足迹	Jinlijingpus	萨塔利亚龙	Satapliasaurus
柏洛娜足迹	Bellona	近鸟迹	Plesiornis	萨塔利亚龙足迹	Satapliasauropus
暴龙迹	Tyrannosauropus	巨龙迹	Megalosauripus	三叉戟足迹	Tridentipes
暴龙足迹	Tyrannosauripus	巨龙足迹	Megalosauropus	三叉足迹	Triaenopus
贝拉足迹	Bellatoripes	巨三趾龙足迹	Megatrisauropus	三长叉足迹	Fuscinapedis
比克堡足迹	Buckeburgichnus	巨足迹	Megaichnites	杀戮足迹	Taponichnus
毕里辛锡亚足迹	Berecynthia	具蹼鸟足迹	Ignotornis	沙门野兽足迹	Samanadrinda
扁龙足迹	Platysauropus	卡克希龙足迹	Karkushosauropus	山东鸟足迹	Shandongornipes
扁三趾龙足迹	Platytrisauropus	卡梅尔足迹	Carmelopodus	陕西足迹	Shensipus
勃朗迹	Brontozoum	卡萨奎拉足迹	Casamiquelichnus	神翼鸟足迹	Patagonichnornis
布雷桑足迹	Bressanichnus	卡岩塔足迹	Kayentapus	石根特龙足迹	Shirkentosauropus
				实雷龙足迹	Eubrontes

参考书目与附录

全书

www.eofauna.com/book/theropoda_records_ref.pdf

科学网站

Mortimer, Mickey-Theropod Database

www.theropoddatabase.com

Ford, Tracy - Paleofile

www.paleofile.com

www.dinohunter.info

Tweet, Justin-Thescelosaurus page (extinta)

www.thescelosaurus.com

Aragosaurus

www.aragosaurus.com

Stuchlik, Krzysztof - Tribute to Dinosaurs

www.dinoanimals.pl/pliki/Baza_Dinozaurow.xlsx

www.encyklopedia.dinozaury.com

Olshevsky , Jorge Dinogenera

www.polychora.com/dinolist.html

复原图

Paul, Gregory-The Science and Art of Gregory S. Paul

www.gspauldino.com

Hartman, Scott-Skeletal Drawing

www.skeletaldrawing.com

化石年代

The Paleobiology Database

www.paleobiodb.org

古代地图

Scotese, Robert

www.scotese.com

Blakey, Ron

www.cpgeosystems.com/paleomaps.html

相关博客

Headden, Jaime A.-The Bite Stuff

www.qilong.wordpress.com/

Cau, Andrea-Theropoda blog

www.theropoda.blogspot.com

附录

正式和待命名的物种表

www.eofauna.com/book/theropoda_appendix.pdf

统计数据

www.eofauna.com/book/theropoda_appendix2.pdf

鸣谢

在编写本书的艰辛过程中,许多朋友和同事给予了我们帮助。首先,我们要感谢所有帮助我们收集科学资料的人:奥古斯托·阿罗、特雷西·福特、何塞·鲁本·古斯曼、古铁雷斯、苏·特纳、托尼·苏尔博、亚历山大·耶斯特拉托夫、豪尔赫·阿拉贡、帕拉西奥斯、佩德罗·德·卢纳、克日什托夫·罗格斯、奥克塔维奥·马特乌斯、罗曼·乌兰斯基、理查德·霍夫曼,尤其是脸书的维基古生物组。我们还要感谢所有解决了我们对出版一本书有疑虑的作者:格雷戈里·S.保罗、迪克·摩尔、阿德里安·李斯特、斯科特·哈特曼、斯宾塞·卢卡斯和毛里西奥·安东。特别感谢米奇·莫蒂默在鉴定不完整标本时给出的建议,以及他了不起的兽脚亚目恐龙数据库网站。感谢宝拉·弗朗哥·艾切古丽在历史数据方面的帮助。我们感谢所有帮助参观各类博物馆和藏品的人们:马赛拉·米兰尼、内务恩·乔托、埃洛伊·曼萨内罗、胡安·D.普菲力和大卫·亚历杭德罗·瓦拉特。此外,非常感谢那些在童年时代启发我们持续热衷于恐龙和史前生命的人们:大卫·诺曼和比阿特丽斯·伊内斯·冈萨雷斯·得·苏索,如果没有他们,这本书就不可能完成。最后,感谢整个拉鲁斯编辑团队在完成这个项目期间给予的帮助,让我们梦想成真。对于我们不慎遗落感谢的任何人,我们表示诚挚歉意。